W0268282

Informationstechnik

P. Jung
Analyse und Entwurf
digitaler Mobilfunksysteme

Informationstechnik

Herausgegeben von

Prof. Dr.-Ing. Dr.-Ing. E. h. Norbert Fliege, Mannheim
Prof. Dr.-Ing. Martin Bossert, Ulm

In der Informationstechnik wurden in den letzten Jahrzehnten klassische Bereiche wie analoge Nachrichtenübertragung, lineare Systeme und analoge Signalverarbeitung durch digitale Konzepte ersetzt bzw. ergänzt. Zu dieser Entwicklung haben insbesondere die Fortschritte in der Mikroelektronik und die damit steigende Leistungsfähigkeit integrierter Halbleiterschaltungen beigetragen. Digitale Kommunikationssysteme, digitale Signalverarbeitung und die Digitalisierung von Sprache und Bildern erobern eine Vielzahl von Anwendungsbereichen. Die heutige Informationstechnik ist durch hochkomplexe digitale Realisierungen gekennzeichnet, bei denen neben Informationstheorie Algorithmen und Protokolle im Mittelpunkt stehen. Ein Musterbeispiel hierfür ist der digitale Mobilfunk, bei dem die ganze Breite der Informationstechnik gefragt ist.

In der Buchreihe „Informationstechnik" soll der internationale Standard der Methoden und Prinzipien der modernen Informationstechnik festgehalten und einer breiten Schicht von Ingenieuren, Informatikern, Physikern und Mathematikern in Hochschule und Industrie zugänglich gemacht werden. Die Buchreihe soll grundlegende und aktuelle Themen der Informationstechnik behandeln und neue Ergebnisse auf diesem Gebiet reflektieren, um damit als Basis für zukünftige Entwicklungen zu dienen.

Analyse und Entwurf digitaler Mobilfunksysteme

Von Dr.-Ing. habil. Peter Jung
Priv.-Doz. an der Universität Kaiserslautern

Mit 97 Bildern

B. G. Teubner Stuttgart 1997

Die Deutsche Bibliothek – CIP-Einheitsaufnahme

Jung, Peter:
Analyse und Entwurf digitaler Mobilfunksysteme /
von Peter Jung. – Stuttgart : Teubner, 1997
(Informationstechnik)
ISBN-13: 978-3-322-84853-6   e-ISBN-13: 978-3-322-84852-9
DOI: 10.1007/978-3-322-84852-9

© B. G. Teubner Stuttgart 1997
Softcover reprint of the hardcover 1st edition 1997

Vorwort

Die digitale zellulare Mobilkommunikation ist ein noch junger Bereich der Nachrichtentechnik, der seit Beginn der neunziger Jahre weltweit in eine stürmische Expansionsphase eingetreten ist. Man erwartet auch künftig wichtige Impulse für die Wirtschaft. In vielen Ländern werden erhebliche Kräfte zur Weiterentwicklung bestehender und zur Konzeption zukünftiger digitaler zellularer Mobilfunksysteme mobilisiert. Tempo und Vielfalt der weltweiten Anstrengungen machen es außerordentlich schwierig, Konzeptvorschläge und Detailergebnisse einzuordnen und zu bewerten und so einen Überblick über das Gesamtgeschehen, vor allem im Hinblick auf Zukunftsperspektiven, zu erlangen. Dabei ist das systematische Darlegen prinzipieller Schwierigkeiten und Lösungswege genauso wichtig wie die kritische Auseinandersetzung mit dem Stand der Technik. Vor allem die Luftschnittstelle (Air Interface, auch Radio Interface) verdient besonderes Augenmerk, weil sie erheblichen Einfluß auf die Wirtschaftlichkeit von Mobilfunksystemen hat.

Das vorliegende Buch entstand auf der Grundlage der Notizen und des Skripts zu meiner Vorlesung „Mobilkommunikation", die ich seit dem Wintersemester 1993/94 an der Universität Kaiserslautern regelmäßig für Studierende höherer Semester halte. Es entstand während meiner Tätigkeit als Akademischer Rat und Oberrat am Lehrstuhl für hochfrequente Signalübertragung und -verarbeitung der Universität Kaiserslautern in der Zeit von Februar 1993 bis Juli 1997. Die im Buch „Digitale Mobilfunksysteme" von K. David und T. Benkner, das 1996 in derselben Schriftenreihe erschienen ist, vorliegende Einführung in die Mobilkommunikation wird in diesem Buch weiter vertieft und mathematisch präzisiert. Das Buch soll den Leser darauf vorbereiten, digitale zellulare Mobilfunksysteme analysieren und eventuell auch entwerfen zu können.

Ich danke all jenen, die zur Entstehung dieses Buches beitrugen. Mein Dank gilt den Herren Professoren Dr.-Ing. habil. P.W. Baier und Dr. sc. techn. P.E. Leuthold für die Anregung und die Förderung meiner Arbeit. Meinen Freunden und ehemaligen wie jetzigen Kollegen am Lehrstuhl für hochfrequente Signalübertragung und -verarbeitung der Universität Kaiserslautern, am Lehrstuhl für Allgemeine Nachrichtentechnik der Universität Kaiserslautern und im Zentrum für Mikroelektronik der Universität Kaiserslautern (ZMK) gebührt Dank für die angenehme Arbeitsatmosphäre, für ihre Hilfestellungen im Kampf gegen die Unwägbarkeiten der Nachrichtentechnik und der Mobilkommunikation und nicht zuletzt für die vielen gemeinsamen privaten Unternehmungen. Ein besonderes Dankeschön für die beträchtliche Erweiterung meines Horizonts ergeht an alle Fachkollegen, mit denen ich die Ehre hatte und habe, im ACTS–Projekt FRAMES zusammenarbeiten zu dürfen. Ich verneige mich in tiefer Dankbarkeit vor meinen lieben Freunden Dr. Kai Achtmann, Friedbert Berens, Torsten Bing, Josef Blanz, Georg Böttcher, Karin Brilling, Markus Doetsch, Karlheinz Eckfelder, Dr. Florian Graf, Sigrid Ilgner, Dr. Kolio Ivanov, Georg Kempa, Dr. Peter Kosack, Norbert Metzner, Jörg Plechinger, Dr. Holger Ruse, Dr. Wolfgang Sauer–Greff, Dr. Bernd Steiner und Ralf Thomas sowie deren Familien, nicht zuletzt dafür, daß sie mir nimmermüde über so manche schwere Stunde meines Lebens hinweghalfen und mich zum Durchhalten ermutigten. Weiterhin danke ich den Herren Professoren Dr.–Ing. Norbert Fliege und Dr.–Ing. Martin Bossert für die wertvollen Hinweise bei der Erarbeitung der Endfassung des Buchmanuskripts. Außerdem gilt Herrn Dr. Jens Schlembach mein herzlicher Dank für sein bereitwilliges Eingehen auf meine Vorstellungen. Besonderer Dank gebührt den Mitarbeitern des Regionalen Hochschulrechenzentrums Kaiserslautern (RHRK), insbesondere den Herren Prof. Dr. Paul Müller, Dr.–Ing. Martin Bürkle, Dr. Werner Eicher, Dr. Rudolf Emrich, Dipl.–Math. Dieter Lunk, Dr. Reinhard Corr und Dr. Tonnis Pool, ohne deren Zutun die vielen Simulationsergebnisse nicht hätten ermittelt werden können. Mein Dank gilt allen derzeitigen und ehemaligen Studierenden, die durch Studien- und Diplomarbeiten und durch kritische Kommentare zu meiner Vorlesung zum Entstehen dieses Buches beitrugen.

Mein wärmster Dank gilt meinem lieben väterlichen Freund und Mentor Karl Kammerlander, vormals Siemens AG, München, dem Erfinder des C–Netzes, für die unschätzbaren Ratschläge in allen Lebenslagen, die geduldige Unterstützung und dafür, daß ich an seinem umfassenden, ausgezeichneten Fachwissen teilhaben durfte. Sein herrlicher Wortwitz macht Leben und Arbeit nochmal so schön.

Zu guter letzt danke ich meinen lieben Eltern, Wilhelm Heinrich und Hilde Jung von ganzem Herzen für all das Gute, das ich durch sie habe erleben dürfen und noch weiterhin erleben werde. Sie ermöglichten mir das Studium der Physik und der Elektrotechnik. Ihnen habe ich es zu verdanken, daß ich promovieren und mich habilitieren konnte. Als geringes Zeichen meiner Dankbarkeit widme ich ihnen dieses Buch.

Otterberg, den 31. Juli 1997   Peter Jung

Inhaltsverzeichnis

Kapitel 1
Einleitung

1.1 Motivation

Eine wichtige Voraussetzung zum Erzielen von Wirtschaftswachstum ist die Existenz von leistungsfähigen Kommunikationssystemen, die den weltweiten Austausch von Information gestatten. Information ist im Sinne der Nachrichtentechnik die Beseitigung einer vorher bestehenden Ungewißheit [Boc76, S. 29ff.]. Derzeit ist man bestrebt, bestehende Kommunikationssysteme auszubauen und neue Kommunikationssysteme zu errichten, die den gewünschten globalen Austausch von Information verbessern. Die Verfügbarkeit solcher Kommunikationssysteme hat erheblichen Einfluß auf die soziale Entwicklung. Unsere Gesellschaft befindet sich deshalb auf dem nicht mehr umkehrbaren Weg von der Industriegesellschaft zur Informationsgesellschaft. Als wichtige Errungenschaften der Informationsgesellschaft gelten das Sichern und Schaffen von Arbeitsplätzen, vor allem in der Telekommunikationsbranche, in der Medienbranche und in der Computerbranche. Unter anderem wird erwartet, daß ab dem Jahr 2000 weltweit jährlich etwa 1,5 Billionen DM mit leistungsfähigen Kommunikationssystemen umgesetzt werden.

Wichtiger Bestandteil der vorgenannten leistungsfähigen Kommunikationssysteme ist die Mobilkommunikation [Kat94, MoP92, Rus94]. Der Wunsch nach Mobilkommunikation ist wegen der zunehmend international gewordenen Geschäftsaktivitäten und den damit verbundenen internationalen Geschäftsreisen, aber auch wegen der Zunahme privater Reisetätigkeit während der letzten Jahrzehnte ständig gewachsen. In den nordischen Ländern ist der Einsatz der Mobilkommunikation außerdem preiswerter als derjenige der Festnetzkommunikation, da wegen der geringen Bevölkerungsdichte das Verlegen von Kabeln unwirtschaftlich ist. Die Mobilkommunikation ist deshalb weltweit einer der bedeutendsten Wachstumsbereiche der Telekommunikation.

Wichtige Voraussetzung für den Wandel der Mobilkommunikation von einer ehemals einer begüterten Minderheit vorbehaltenen Form der Telekommunikation zu einer weit verbreiteten und mehrheitlich genutzten Form der Telekommunikation ist das Trennen von gerätebezogener und personenbezogener Mobilität.

Gerätebezogene Mobilität wird durch das Verwenden mobiler Endgeräte zur Mobilkommunikation erreicht. Diese mobilen Endgeräte müssen preiswert, leicht, kompakt, einfach zu handhaben, sparsam im Energieverbrauch und damit lange mit einer einzigen Batterie einsetzbar sowie möglichst überall auf der Welt verwendbar sein. Weiterhin müssen die mobilen Endgeräte verschiedene Formen des Austausches von Information unterstützen.

Der Austausch von Information kann beispielsweise in Form von Sprache, Bild, Video und Daten sowie in Form von der als Multimedia bezeichneten Kombination aus Sprache, Bild, Video und Daten erfolgen [Arm92]. Das Realisieren einer bestimmten Form des Austausches von Information wird als Dienst bezeichnet. Beispiele für Dienste sind Telefonie, Teletex, Bildschirmtext, Telefax, Bildfernsprechen, Videoübertragung, elektronische Zeitung (Electronic Newspaper) und elektronische Post (Electronic Mail). Die genannten Dienste heißen auch Teledienste [Arm92].

Es ist nicht erforderlich, daß jedes mobile Endgerät alle Arten von Diensten bereitstellt. Es ist davon auszugehen, daß verschiedene mobile Endgeräte, die unterschiedliche Arten von Diensten bereitstellen, eingesetzt werden. Unabhängig davon, ob eine Person Eigentümer bestimmter Arten von mobilen Endgeräten ist, soll dieser Person jeder Dienst verfügbar sein. Eine Person, die sich eines Systems zur Mobilkommunikation bedient, heißt im vorliegenden Buch Teilnehmer. Um zu erreichen, daß jeder Teilnehmer jeden beliebigen Dienst nutzen kann, muß jeder Teilnehmer beim Verwenden eines bestimmten mobilen Endgeräts identifiziert werden. Das Identifizieren eines Teilnehmers kann anhand einer Kennkarte (SIM, Subscriber Identity Module) [MoP92] erfolgen, die in das mobile Endgerät eingesteckt werden muß, bevor ein Dienst in Anspruch genommen werden kann. Folge dieses Identifizierens eines Teilnehmers ist im Gegensatz zur derzeit beispielsweise im Telefonfestnetz (PSTN, Public Switched Telephone Network) üblichen standortbezogenen Telefonnummer das Einführen und Verwenden einer personenbezogenen Telefonnummer [Hau94, MoP92].

Die obengenannte personenbezogene Mobilität wird durch das geschilderte Identifizieren eines Teilnehmers ermöglicht. Jedem Teilnehmer werden entsprechend der von ihm in Anspruch genommenen Dienste Gebühren berechnet. Diese Gebühren müssen für den Teilnehmer attraktiv sein.

Das eben angeführte Trennen von gerätebezogener und personenbezogener Mobilität wird bereits beim paneuropäischen GSM (Global System for Mobile Communications) [MoP92] praktiziert und ist eine wichtige Eigenschaft des beim ETSI (European Telecommunications Standards Institute) und bei der ITU (International Telecommunications Union) als UPT (Universal Personal Telecommunications) [PCS94] bezeichneten Konzepts der Telekommunikation. UPT wird in den USA auch UPC (Universal Personal Communications) [Rus94] genannt.

Bei der Mobilkommunikation ist davon auszugehen, daß entweder sendende oder empfangende Teilnehmer beziehungsweise sendende und empfangende Teilnehmer nicht ortsfest sind [Ste92]. Deshalb ist Mobilkommunikation nur bei drahtloser Übertragung mit Funk sinnvoll möglich. Systeme zur Mobilkommunikation heißen Mobilfunksysteme. Einige Beispiele sind

- Mobilfunksysteme für Behörden und Organisationen mit Sicherheitsaufgaben [Mac91], beispielsweise für Polizei und für Feuerwehr,

- privater Mobilfunk (PMR, Private Mobile Radio) und Betriebsfunksysteme, beispielsweise Mobilfunksysteme für Taxi- und Fuhrunternehmen [Mac91, Kapitel 5],

- Bündelfunksysteme (Trunked Mobile Radio Systems) [Mac91, Kapitel 6],

- Rundfunksysteme,

- Funkruf (Paging) [Mac91, Kapitel 9],

- drahtlose lokale Computernetze (WLANs, Wireless Local Area Networks) [PPC95],

- Telepoint und schnurlose Telefonsysteme [Mac91, Kapitel 10] und

- zellulare Mobilfunksysteme [Mac91, Kapitel 9 und 10], beispielsweise digitale zellulare Mobilfunksysteme (DZM).

Gegenstand dieses Buches sind die letztgenannten digitalen zellularen Mobilfunksysteme. Insbesondere wird deren Analyse und Entwurf behandelt. Allerdings gelten viele dargestellten Erkenntnisse auch für andere Bereiche der Mobilkommunikation. In diesem Buch werden ausschließlich Aspekte der Luftschnittstelle (Air Interface [PCS94]) betrachtet. Die Luftschnittstelle betrifft die Nachrichtenübertragung aufgrund der physikalischen Repräsentierung der Nachrichten durch Signale. Netzaspekte und Aspekte der Vermittlung werden außer acht gelassen.

1.2   Entwicklung zellularer Mobilfunksysteme

1.2.1   Anfänge

Bereits Ende des vergangenen Jahrhunderts gelang es dem italienischen Ingenieur und späteren Nobelpreisträger für Physik Guglielmo Marconi, die drahtlose Nachrichtenübertragung nachzuweisen [Cal88]. In der ersten Hälfte unseres Jahrhunderts wurden eine Reihe von Mobilkommunikationsversuchen durchgeführt. Die Entwicklung der Mobilkommunikation begann schließlich in den fünfziger Jahren unseres Jahrhunderts. Beispiele erster Mobilfunksysteme sind [KeH93]

- das A-Netz, das in der Bundesrepublik Deutschland im 200 MHz–Band arbeitete und bis 1971 knapp elftausend Teilnehmer hatte, und

- das B-Netz, das in der Bundesrepublik Deutschland, in Luxemburg, in den Niederlanden und in Österreich im 200 MHz–Band arbeitete und 1986 in der Bundesrepublik Deutschland etwa siebenundzwanzigtausend Teilnehmer hatte.

1.2.2   Erste Generation

In den siebziger Jahren wurden zellulare Mobilfunksysteme der ersten Generation entwickelt. Diese zellularen Mobilfunksysteme der ersten Generation sind untereinander kaum kompatibel [MoP92]. Die sechs wichtigsten zellularen Mobilfunksysteme der ersten Generation werden im folgenden angeführt, siehe Bild 1.1.

Im Jahr 1979 wurde AMPS als erstes zellulares Mobilfunksystem der Welt in den USA eingeführt [Sie95]. AMPS wird derzeit auch in Kanada, in Mittel- und Südamerika, in Australien und in Südostasien eingesetzt. AMPS arbeitet im 800 MHz–Band und gehört zu den am weitesten verbreiteten zellularen Mobilfunksystemen der ersten Generation.

Die im folgenden angeführten fünf zellularen Mobilfunksysteme der ersten Generation wurden in der ersten Hälfte der achtziger Jahre dieses Jahrhunderts eingeführt [MoP92]. Neben AMPS ist NMT (Nordic Mobile Telephone) ein weiteres weitverbreitetes zellulares Mobilfunksystem der ersten Generation. NMT wird in den nordischen Ländern Dänemark, Finnland, Norwegen und Schweden sowie in zahlreichen anderen europäischen Ländern wie beispielsweise den Beneluxstaaten, Frankreich, Österreich und Spanien sowohl im 450 MHz–Band als auch im 900 MHz–Band eingesetzt.

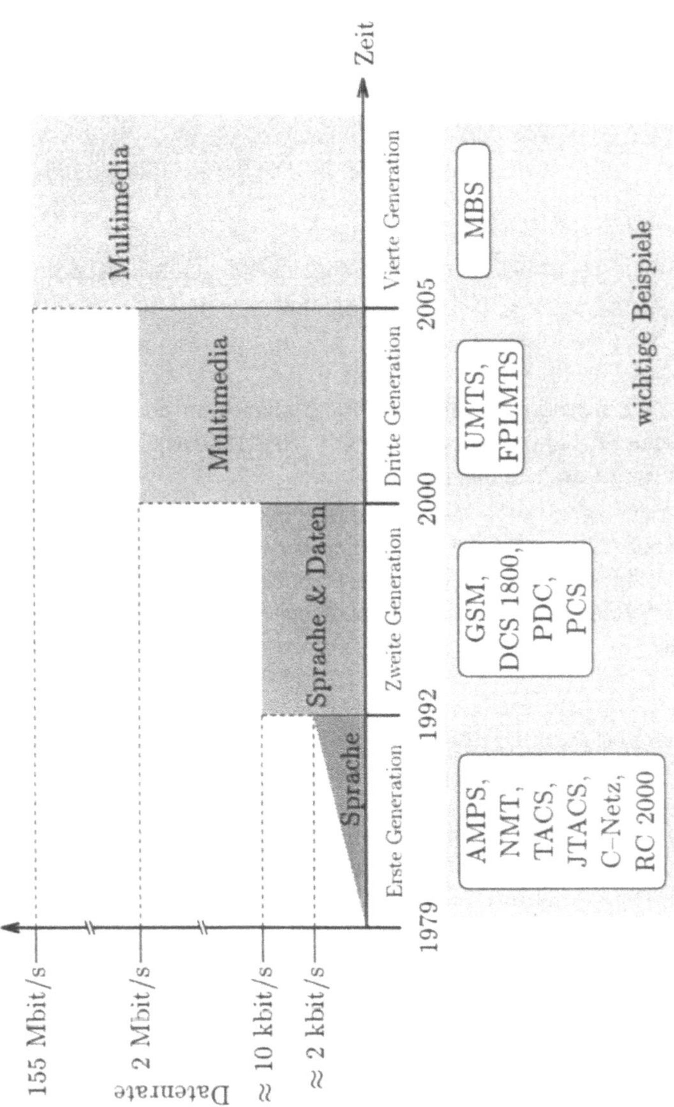

Bild 1.1. Entwicklung zellularer Mobilfunksysteme (nachempfunden [SiF95, Bild 2])

Das britische TACS (Total Access Communication System) hat weltweit die derzeit drittgrößte Verbreitung unter den zellularen Mobilfunksystemen der ersten Generation. TACS arbeitet im 900 MHz–Band und wird in Großbritannien, Spanien, Italien, Nigeria und China eingesetzt.

Das in Japan verwendete zellulare Mobilfunksystem der ersten Generation heißt JTACS (Japan Total Access Communication System) und arbeitet im 900 MHz–Band.

Das in der Bundesrepublik Deutschland entwickelte zellulare Mobilfunksystem der ersten Generation heißt C–Netz [Kam86] und arbeitet im 450 MHz–Band. Das deutsche C–Netz wird auch in Portugal und in Südafrika eingesetzt.

Das sechste hier angeführte zellulare Mobilfunksystem der ersten Generation ist das französische RC 2000 (RadioCom 2000). RC 2000 arbeitet im 200 MHz–Band, im 400 MHz–Band und im 900 MHz–Band.

Zellulare Mobilfunksysteme der ersten Generation werden fast ausschließlich zur analogen Sprachübertragung verwendet. Datenübertragung ist bei einigen zellularen Mobilfunksystemen der ersten Generation bis zu einer Datenrate von etwa 2 kbit/s möglich.

1.2.3 Zweite Generation

Da der Bedarf nach Mobilkommunikation schnell das Angebot durch die zellularen Mobilfunksysteme der ersten Generation überstieg und auch Datenübertragung mit höheren Datenraten angestrebt wurde, war der Entwurf und die Inbetriebnahme von zellularen Mobilfunksystemen der zweiten Generation erforderlich. Zellulare Mobilfunksysteme der zweiten Generation verwenden digitale Übertragung und werden seit Beginn der neunziger Jahre dieses Jahrhunderts eingeführt, siehe Bild 1.1 und [MoP92]. Beispiele sind

- das paneuropäische GSM [MoP92], siehe Abschnitt 6.2, das im 900 MHz–Band arbeitet,

- das ebenfalls paneuropäische, auf GSM beruhende DCS (Digital Cellular System) 1800 [MoP92], das im 1800 MHz–Band arbeitet und in Großbritannien als PCN (Personal Communications Network) bezeichnet wird, und

- das PDC (Personal Digital Cellular System) [PGH95], das in Japan sowohl im 900 MHz–Band als auch im 1500 MHz–Band arbeitet.

GSM nimmt unter den Mobilfunksystemen der zweiten Generation einen herausragenden Platz ein, da es weltweit eingeführt wurde, obwohl GSM ein europäischer Standard ist. Hauptziele bei der Entwicklung von GSM waren die koordinierte Einführung von GSM–basierten Mobilfunknetzen, die koordinierte Beschaffung von GSM–Infrastruktur, um den industriellen Herstellern Unterstützung zu gewähren, die Pflicht zur Gremienarbeit um einen gemeinsamen europäischen Standard zu erstellen, eine gemeinsame Gebührenpolitik, die angestrebte internationale personenbezogene Mobilität (engl. International Roaming) und ein gemeinsames Marketing, um GSM inner- und außerhalb Europas zu verbreiten. All diese Ziele wurden erreicht.

Die zweite Generation wird in den USA als PCS (Personal Communications Services) [PGH95] bezeichnet. In den USA gibt es keinen einheitlichen Standard für ein DZM der zweiten Generation. Es gibt insgesamt sieben verschiedene Konzepte für PCS, nämlich [PCS94]

- OMNIPOINT der Firma Omnipoint, das ein hybrides Vielfachzugriffsverfahren aus FDMA, TDMA und CDMA verwendet,

- IS (Interim Standard)–95, das von QUALCOMM, Motorola und AT&T vorgeschlagen wurde und CDMA verwendet,

- PACS (Personal Access Communications System), das von Motorola, Hughes, Panasonic, PCSI und NEC vorgeschlagen wurde und TDMA verwendet,

- IS–54 und dessen Nachfolger IS–136, die von Ericsson, AT&T und Hughes vorgeschlagen wurden, auch ADC (American Digital Cellular) oder D–AMPS (Digital AMPS) heißen und TDMA verwenden,

- DCS 1900, das eine im 1900 MHz–Band arbeitende Variante von DCS 1800 ist und von Siemens, Ericsson, Motorola, NTI, Alcatel und Nokia vorgeschlagen wurde,

- DCT (Digital Cordless Telecommunications), das von Ericsson vorgeschlagen wurde und DECT (Digital Enhanced Cordless Telecommunications, früher Digital European Cordless Telecommunications) sehr ähnlich ist, und

- W (Wideband)–CDMA, das von InterDigital und OKI vorgeschlagen wurde.

Weitere Details zu PCS sind in [PCS94]. Mobilfunksysteme der zweiten Generation sind sowohl für Sprachübertragung als auch für niederratige Datenübertragung mit Datenraten von etwa 10 kbit/s ausgelegt.

1.2.4 Dritte Generation

Weder die zellularen Mobilfunksysteme der ersten Generation noch die der zweiten Generation können den in Zukunft stark steigenden Bedarf an mobiler Kommunikation decken. Aus diesem Grund besteht die Notwendigkeit, ein DZM der dritten Generation zu entwickeln. Dieses DZM der dritten Generation soll etwa ab dem Jahr 2000 eingeführt werden, siehe Bild 1.1. Für die Übergangszeit zwischen der zweiten und der dritten Generation ist in Europa eine Generation „2,5" geplant. Die Generation „2,5" heißt auch Generation „2+" und besteht aus der Kombination von GSM und DCS 1800 mit dem schnurlosen Telefonsystem DECT. Momentan ist man bestrebt, die Generation „2,5" in der zweiten Hälfte der neunziger Jahre zu realisieren.

Derzeit wird weltweit an der Entwicklung eines DZM der dritten Generation gearbeitet. In Europa laufen vielfältige Forschungsarbeiten. Die Standardisierung des DZM der dritten Generation soll gegen Ende dieses Jahrtausends erfolgen.

Man unterscheidet zwei Mobilfunksysteme der dritten Generation. UMTS (Universal Mobile Telecommunication System) [UMTS] wird in Europa entwickelt. Weltweit wird an der Entwicklung von FPLMTS (Future Public Land Mobile Telecommunications System) [PCS94] gearbeitet. FPLMTS heißt seit kurzem IMT–2000 (International Mobile Telecommunications 2000) [PCS94]. Die angestrebte maximale Datenrate in UMTS beziehungsweise in FPLMTS beträgt 2 Mbit/s. Die terrestrische Komponente von UMTS beziehungsweise von FPLMTS soll im 2 GHz–Band arbeiten. Dies wurde bei der WARC'92 (World Administrative Radio Conference 1992) festgelegt. Der Frequenzbereich der Satellitenkomponente von UMTS und FPLMTS ist ebenfalls um 2 GHz.

Wegen der hohen Investitionskosten zur Inbetriebnahme der Mobilfunksysteme der zweiten Generation GSM und DCS 1800, wegen der hohen Akzeptanz von GSM, DCS 1800 und DECT sowie wegen des großen wirtschaftlichen Erfolgs und der weiten Verbreitung von GSM, DCS 1800 und DECT sind die Kompatibilität von UMTS und FPLMTS mit GSM, DCS 1800 und DECT und die Integrierbarkeit von GSM, DCS 1800 und DECT in UMTS und FPLMTS wichtig. UMTS und FPLMTS müssen deshalb die Konvergenz derzeit separater Funksysteme zu einem einheitlichen und universellen DZM sicherstellen. UMTS und FPLMTS werden sich daher mit großer Wahrscheinlichkeit in evolutionärer Weise aus den Funksystemen der zweiten Generation, insbesondere aus GSM, DCS 1800 und DECT ergeben.

1.2.5 Vierte Generation

Derzeit wird erwartet, daß selbst UMTS und FPLMTS nicht ausreichen werden, um alle Wünsche vollständig zu erfüllen. Vor allem Dienste mit extrem hohen Datenraten von bis zu 155 Mbit/s und darüber, wie sie in zukünftigen WLANs auftreten werden, werden durch UMTS und FPLMTS nicht bereitgestellt. Im Hinblick auf die Integration von WLANs ist deshalb die Entwicklung von DZM der vierten Generation erforderlich [Sil94], siehe Bild 1.1.

Das europäische DZM der vierten Generation heißt MBS (Mobile Broadband System) [Sil94, UMTS] und soll etwa ab dem Jahr 2005 in Betrieb genommen werden. Die terrestrische Komponente von MBS wird im Frequenzbereich zwischen 60 GHz und 70 GHz arbeiten. Der Frequenzbereich der Satellitenkomponente von MBS ist derzeit noch offen. Mögliche Frequenzbereiche für diese Satellitenkomponente sind das Ka–Band, das heißt der Frequenzbereich zwischen 20 GHz und 30 GHz, sowie der Frequenzbereich um 60 GHz.

1.3 Komplexität und Validierung

1.3.1 Komplexität digitaler zellularer Mobilfunksysteme

Entwurfsdauer, Personalaufwand und letztlich Entwicklungskosten sowie Marktpreise eines DZM werden durch dessen Komplexität beeinflußt. Anschaulich ist die Komplexität der Gesamtaufwand des zu entwerfenden DZM. Der Begriff Komplexität ist beispielsweise in der Codierungstheorie klar definiert [ViO79, S. 374f.].

Die Komplexität eines DZM hängt von einer schier unendlichen Zahl verschiedener Faktoren ab, wie zum Beispiel

- Bauteile, das heißt ASICs (Application Specific Integrated Circuits), Prozessoren, Mikrokontroller, Speicher, Antennen, Verstärker, Platinen und so weiter,

- Rechenoperationen pro Sekunde bei der digitalen Signalverarbeitung,

- Energie, die zum Betreiben der Mobilstationen und der Basisstationen verbraucht wird,

- Mietkosten für Festnetze und Richtfunkstrecken und

– Personalkosten der Netzbetreiber und der Diensteanbieter.

Es ist verständlich, daß bislang keine allgemein anerkannte Definition des Begriffs Komplexität eines DZM existiert. Es ist daher noch ungeklärt, wie die Komplexität eines DZM quantitativ zu erfassen ist. Deshalb wird der Begriff der Komplexität hier nicht weiter behandelt.

1.3.2 Validierung

Der erfolgreiche Entwurf von Kommunikationssystemen erfordert das Validieren der entwickelten Konzepte für diese Kommunikationssysteme. Wegen des großen Aufwands von Mobilfunksystemen ist eine pauschale analytische Abschätzung ihres Verhaltens oft zu ungenau. Deshalb müssen andere Möglichkeiten der Validierung in Betracht gezogen werden.

Das Validieren erfolgt herkömmlicherweise auf experimentelle Art durch Anfertigen von Prototypen und anschließendes Durchführen von Meßkampagnen. Werden beim Validieren der entwickelten Konzepte Unzulänglichkeiten entdeckt, so müssen sowohl Konzepte als auch Prototypen verbessert und weitere Meßkampagnen durchgeführt werden. Die herkömmliche Vorgehensweise ist zeitaufwendig, personalintensiv und teuer und kann deshalb beim Entwurf eines DZM nicht angewendet werden.

Das Validieren des Konzepts eines DZM findet statt dessen zunächst durch realitätsnahe Simulationen mit leistungsfähigen Computern statt, bevor Prototypen angefertigt und Meßkampagnen durchgeführt werden. Die Simulation nachrichtentechnischer Systeme wird ausführlich in [JBS92] erläutert. Simulation ist das softwaremäßige Durchführen von Experimenten mit dem als Simulationsmodell bezeichneten Computerprogramm, welches das zu untersuchende DZM nachbildet [Nas95]. Diese Simulationsmodelle enthalten stets Zufallsgrößen. Werden Simulationsmodelle mit Zufallsgrößen verwendet, so spricht man von stochastischer Simulation oder Monte–Carlo–Simulation.

Durch Monte–Carlo–Simulation ist der Entwurf eines DZM gegenüber der oben geschilderten herkömmlichen Methode erheblich preiswerter und schneller. Deshalb verringern sich sowohl Entwicklungskosten als auch Produkteinführungszeiten (Time To Market). Deshalb wird die Monte–Carlo–Simulation im vorliegenden Buch zur Konzeptvalidierung verwendet.

1.4 Präsentation und Gliederung des Buches

1.4.1 Erläuterungen zur Präsentation

Das Buch wendet sich in erster Linie an Studierende der Elektrotechnik und benachbarter Fachgebiete. Außerdem soll es als Grundlage für Weiterbildungsveranstaltungen dienen. Es werden mathematische Kenntnisse und Grundkenntnisse der Nachrichten- und Informationstechnik vorausgesetzt, die üblicherweise im Grundstudium eines ingenieurwissenschaftlichen Studiengangs erworben werden.

Die in diesem Buch verwendeten technischen Begriffe werden in der Regel mit ihren deutschen Bezeichnungen angegeben. Englische Bezeichnungen werden nur dann verwendet, wenn keine deutsche Übersetzung sinnvoll ist.

Alle mathematischen Darstellungen erfolgen im äquivalenten Tiefpaßbereich. In diesem Buch werden Vektoren mit fettgedruckten Kleinbuchstaben bezeichnet. Matrizen werden mit fettgedruckten Großbuchstaben bezeichnet. Komplexe Größen, seien es skalare Größen, Vektoren oder Matrizen, sind unterstrichen. Die komplexe Konjugation von skalaren Größen, Vektoren und Matrizen wird durch $(\cdot)^*$ angezeigt. Die Transposition von Vektoren und Matrizen wird mit $(\cdot)^T$ bezeichnet. Das Bilden der Vektornorm, das Bilden des Erwartungswerts sowie das Bilden der Varianz werden durch $\|\cdot\|$, $E\{\cdot\}$ und $\text{Var}\{\cdot\}$ angedeutet. Die Matrixinversion wird durch $(\cdot)^{-1}$ angezeigt. Wahrscheinlichkeiten werden mit $\Pr\{\cdot\}$ und Wahrscheinlichkeitsdichten mit $p(\cdot)$ bezeichnet.

1.4.2 Aufbau des Buches

Das Buch ist in fünf weitere Kapitel eingeteilt, von denen die ersten vier der Strukturierung des Problems „zellularer Mobilfunk" gewidmet sind. Kapitel 6 illustriert die gewonnenen Erkenntnisse an zwei konkreten Beispielen.

Kapitel 2 bringt eine Definition des Begriffs der digitalen zellularen Mobilkommunikation durch Angabe von Anforderungen und Architekturprinzipien. Weiterhin wird die Spektrumeffizienz η als quantitatives Bewertungsmaß eingeführt und erläutert. Zudem werden Einflußfaktoren beim Entwurf von Mobilfunksystemen betrachtet.

Die wohl größte Herausforderung beim Entwurf eines DZM besteht darin, daß das Übertragungsmedium Mobilfunkkanal sehr unangenehme Eigenschaften hat. Frequenzselektivität und Zeitvarianz erfordern besondere Anstrengungen zum Erzielen einer befriedigenden Spektrumeffizienz und Übertragungsqualität, wobei diese Anstrengungen nur dann erfolgreich abgeschlossen werden können, wenn man die Eigenschaften des Mobilfunkkanals hinreichend gut kennt. In Kapitel 3 werden deshalb die Eigenschaften des Mobilfunkkanals behandelt.

Kapitel 4 bringt wesentliche Grundlagen der Mobilfunkübertragung. Zunächst werden Diversitätstechniken erläutert, die dem Erreichen einer hohen Spektrumeffizienz η dienen. Weiterhin wird der wichtige Problemkreis des Vielfachzugriffs behandelt. Es werden sowohl elementare Vielfachzugriffsprinzipien als auch hybride Vielfachzugriffsverfahren erläutert. Außerdem behandelt Kapitel 4 die Wiederbenutzung von Frequenzbändern in unterschiedlichen Zellen des Zellnetzes. Schließlich wird die Übertragung von Nachrichten in Mobilfunksystemen mathematisch behandelt.

Die empfängerseitige Kenntnis der Kanaleigenschaften ist eine unerläßliche Voraussetzung für die adaptive kohärente Datendetektion. In Kapitel 5 werden deshalb sowohl Verfahren zur Kanalschätzung als auch Prinzipien der adaptiven kohärenten Datendetektion erörtert.

Kapitel 6 bringt konkrete Systembeispiele. Zunächst wird das Global System for Mobile Communications (GSM) kurz erläutert. Dann wird ein neuartiges Luftschnittstellenkonzept für Mobilfunksysteme der dritten Generation behandelt. Dieses Konzept verwendet das hybride Vielfachzugriffsverfahren F/T/CDMA in Verbindung mit gemeinsamer Detektion (engl. Joint Detection) und heißt deshalb JD (Joint Detection)–CDMA. JD–CDMA (Joint Detection Code Division Multiple Access) ist konform zu den Anforderungen, die an UMTS–Konzepte gestellt werden.

Kapitel 2

Was ist digitale zellulare Mobilkommunikation?

2.1 Übersicht

Im vorliegenden Kapitel werden wichtige Grundlagen der digitalen Mobilkommunikation diskutiert. Abschnitt 2.2 bringt Anforderungen und Architekturprinzipien. In Abschnitt 2.3 wird die Spektrumeffizienz als wichtiges Bewertungsmaß eingeführt. Der Entwurf eines DZM ist Gegenstand des Abschnitts 2.4.

2.2 Anforderungen und Architekturprinzipien

2.2.1 Motivation

Das Erläutern des Begriffs DZM geschieht durch die Angabe wesentlicher Anforderungen und Architekturprinzipien. Ein DZM muß den in Bild 2.1 gezeigten wesentlichen Anforderungen und Architekturprinzipien genügen. Aus den dreizehn in Bild 2.1 dargestellten wesentlichen Anforderungen ergeben sich sechs Architekturprinzipien. Wird ein bestimmtes Architekturprinzip durch eine bestimmte Anforderung bestimmt, so wird dies in Bild 2.1 durch einen bei der betreffenden Anforderung beginnenden und beim besagten Architekturprinzip endenden Pfeil angezeigt. Die Architekturprinzipien gehen gemäß Bild 2.1 in den Entwurf eines DZM ein. Dies wird in Bild 2.1 durch bei den Architekturprinzipien beginnende und beim DZM endende Pfeile veranschaulicht. Nachstehend werden die in Bild 2.1 gezeigten Zusammenhänge ausführlich erläutert.

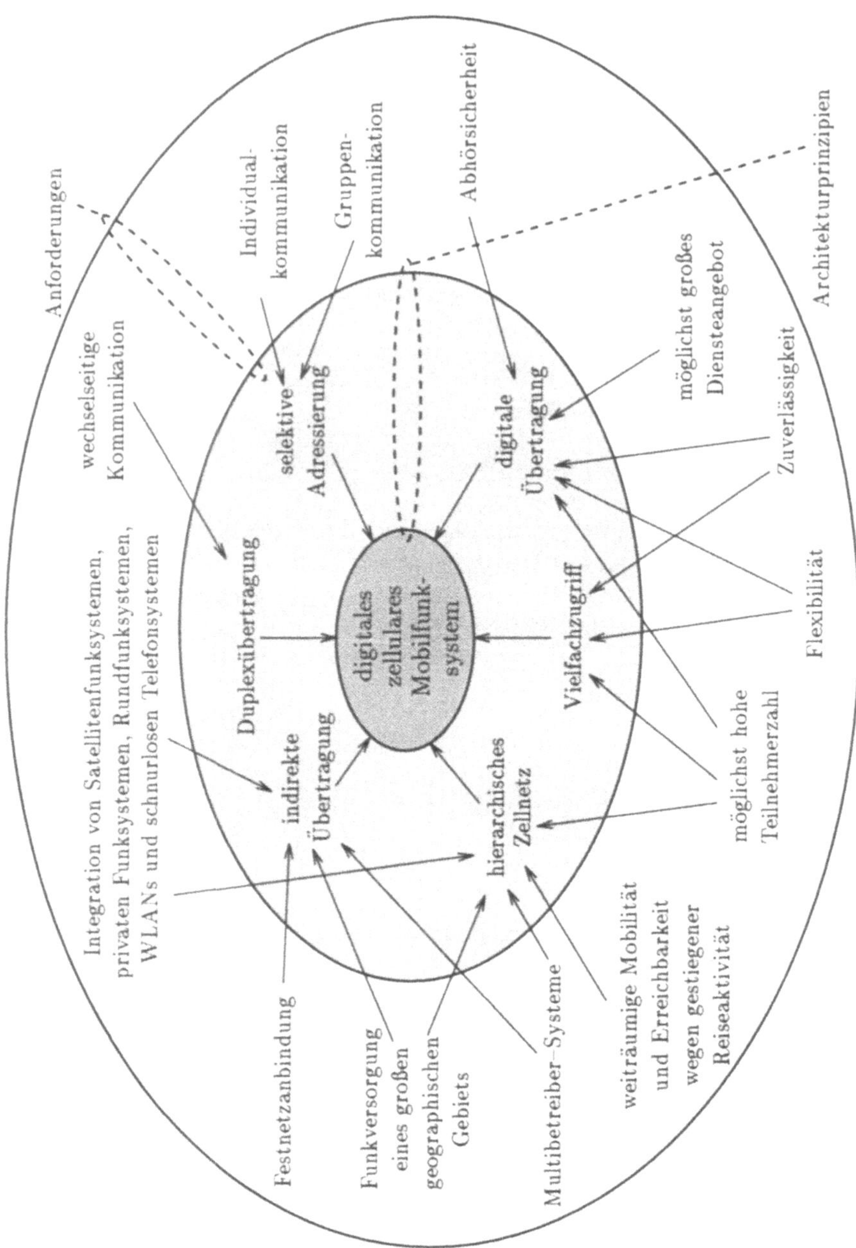

Bild 2.1. Wesentliche Anforderungen und Architekturprinzipien

2.2.2 Indirekte Übertragung

In einem DZM wird indirekte Übertragung [Rus94] verwendet. Im Gegensatz zur
in Bild 2.2a schematisch gezeigten direkten Übertragung, bei welcher der mobile
Sender die zu sendende Nachricht direkt zum mobilen Empfänger überträgt, findet bei der indirekten Übertragung nach Bild 2.2b beziehungsweise Bild 2.2c die
Übertragung der zu sendenden Nachricht vom Sender zum Empfänger über ein
Zwischenmedium statt. Unter Nachricht versteht man jede Art von Mitteilung in
jeder Form [Boc76, S. 18ff.].

Mobile Sender und mobile Empfänger heißen auch Mobilstationen. Das Zwischenmedium ist eine ortsfeste Infrastruktur, die aus Basisstationen und Vermittlungseinheiten besteht, wobei die Basisstationen die Übertragung auf der Luftschnittstelle abwickeln. Die indirekte Übertragung erlaubt die Festnetzanbindung und
somit die Integration von Mobilfunksystemen in bestehende Kommunikationssysteme [Rus94]. Außerdem ist durch indirekte Übertragung die Integration von
Funksystemen wie beispielsweise Satellitenfunksystemen, WLANs sowie schnurlosen Telefonsystemen in ein DZM möglich.

In diesem Zusammenhang bedeutet Integration, daß ein reibungsloses Zusammen-
spiel der einzelnen vorgenannten Funksysteme mit einem DZM erzielt wird. Die
Integration verschiedener existierender und noch zu schaffender Funksysteme und
Festnetze erlaubt das Etablieren eines universellen Systems zur integrierten Breit-
bandkommunikation (IBC, Integrated Broadband Communication) [ACTS], in
dem alle denkbaren Dienste verfügbar sind. „Integriert" bedeutet im Zusammenhang mit IBC sowohl Integration bestehender und noch zu entwickelnder Kommunikationssysteme als auch Integration der mit diesen Kommunikationssystemen
realisierbaren Dienste. „Breitband" bezieht sich im Zusammenhang mit IBC auf
die Koexistenz unterschiedlicher Dienste, die verschieden hohe Datenraten benötigen.

Die indirekte Übertragung vereinfacht weiterhin die Koexistenz von Funksystemen, die von mehreren unterschiedlichen Netzbetreibern unterhalten werden. Solche Funksysteme heißen Multibetreiber–Systeme.

Bild 2.2b zeigt den Fall der indirekten Übertragung bei mobilem Sender und mobilem Empfänger. Die beiden in Bild 2.2b dargestellten Mobilstationen können dank
der indirekten Übertragung große räumliche Entfernungen voneinander haben, da
die ortsfeste Infrastruktur Zwischenmedium die Übertragung über Festnetze be-
werkstelligen kann. Somit unterstützt die indirekte Übertragung die Funkversorgung eines großen geographischen Gebiets, wünschenswerterweise des gesamten

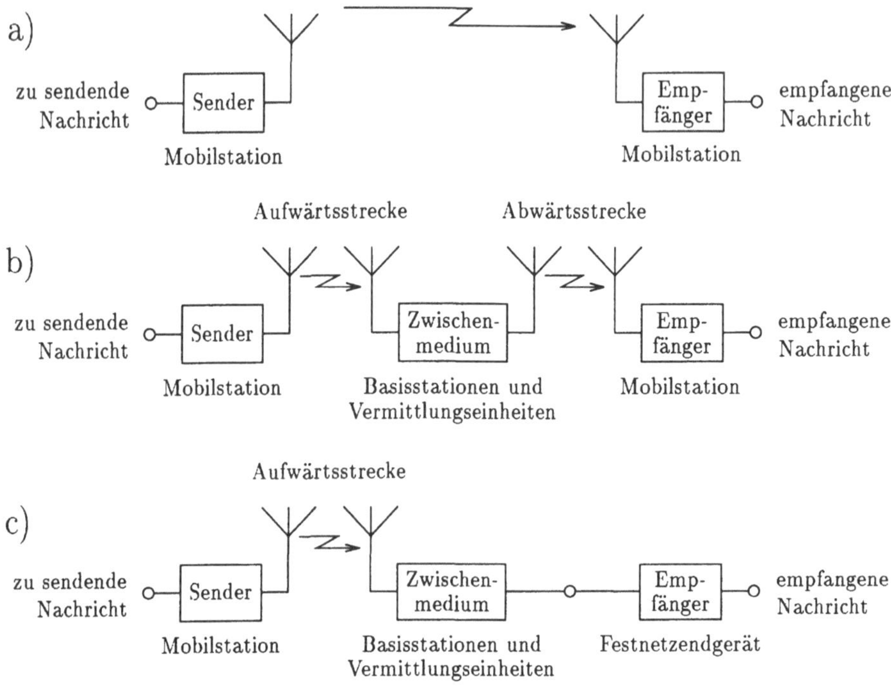

Bild 2.2. Direkte und indirekte Übertragung

- a) direkte Übertragung; sowohl Sender als auch Empfänger sind mobil

- b) indirekte Übertragung über ein Zwischenmedium; sowohl Sender als auch Empfänger sind mobil

- c) indirekte Übertragung über ein Zwischenmedium; der Sender ist mobil, der Empfänger ist ortsfest

Globus. Bild 2.2c zeigt die indirekte Übertragung bei mobilem Sender und ortsfestem Empfänger in einem Festnetzendgerät.

Bei der indirekten Übertragung wird zwischen der Aufwärtsstrecke (Uplink, Reverse Link), bei der die Mobilstationen senden und die in den Zwischenmedien enthaltenen Basisstationen empfangen, und der Abwärtsstrecke (Downlink, Forward Link), bei der die Mobilstationen empfangen und die in den Zwischenmedien befindlichen Basisstationen senden, unterschieden [Ste92]. Bild 2.2b zeigt beispielhaft eine Abwärtstrecke, die durch einen beim Zwischenmedium beginnenden und bei der rechts gezeigten Mobilstation endenden Blitz angezeigt wird, sowie eine Aufwärtsstrecke, die durch einen bei der links gezeigten Mobilstation beginnenden und beim Zwischenmedium endenden Blitz angedeutet wird. Bild 2.2c hingegen zeigt die Aufwärtsstrecke, die durch einen bei der Mobilstation beginnenden und beim Zwischenmedium endenden Blitz angedeutet wird.

2.2.3 Duplexübertragung

Ein DZM verwendet Duplexübertragung [Rup93]. Durch Duplexübertragung wird wechselseitige Kommunikation, das heißt Senden und Empfangen mit demselben mobilen Endgerät, ermöglicht. Bei der in Bild 2.3a schematisch dargestellten Duplexübertragung befinden sich in jedem mobilen Endgerät, das beispielsweise ein tragbares Telefon ist, sowohl ein Sender als auch ein Empfänger. Sender 1 im ersten Endgerät gemäß Bild 2.3a überträgt die zu sendende Nachricht 1 an Empfänger 1, der sich im zweiten Endgerät befindet und aus dem Empfangssignal die empfangene Nachricht 1 ermittelt. Die genannte Übertragung wird in Bild 2.3a durch einen beim ersten Endgerät beginnenden und beim zweiten Endgerät endenden Blitz angedeutet. Neben dieser Übertragung überträgt Sender 2 im zweiten Endgerät die zu sendende Nachricht 2 an Empfänger 2 im ersten Endgerät, der die empfangene Nachricht 2 bestimmt. Diese Übertragung wird in Bild 2.3a durch einen beim zweiten Endgerät beginnenden und beim ersten Endgerät endenden Blitz verdeutlicht.

Man unterscheidet zwei Arten der Duplexübertragung, das Frequenzduplex (FDD, Frequency Domain Duplex) und das Zeitduplex (TDD, Time Domain Duplex). Bei FDD arbeiten Sender 1 und Empfänger 1 in einem anderen Frequenzbereich als Sender 2 und Empfänger 2. Deshalb ist bei FDD die Übertragung zwischen Sender 1 und Empfänger 1 sowie zwischen Sender 2 und Empfänger 2 gleichzeitig möglich. Bei TDD arbeiten Sender 1 und Empfänger 1 im selben Frequenzbereich wie Sender 2 und Empfänger 2. Deshalb findet bei TDD die Übertragung zwischen Sender 1 und Empfänger 1 sowie zwischen Sender 2 und Empfänger 2 nacheinander statt.

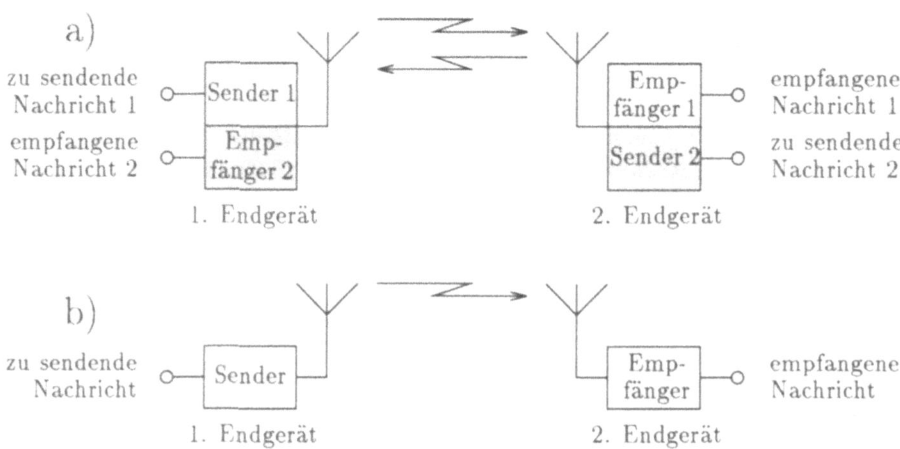

Bild 2.3. Duplex- und Simplexübertragung

    a) Duplexübertragung

    b) Simplexübertragung

Das Gegenstück zur Duplexübertragung ist die in Bild 2.3b schematisch gezeigte
Simplexübertragung [Rup93]. Im Gegensatz zur gerade betrachteten Duplexübertragung werden bei der in Bild 2.3b dargestellten Simplexübertragung zwei verschiedene Arten von Endgeräten verwendet. Die erste Art von Endgeräten enthält
lediglich einen Sender, aber keinen Empfänger, während die zweite Art von Endgeräten nur einen Empfänger, jedoch keinen Sender hat. Das erste Endgerät in
Bild 2.3b ist von der erstgenannten Art und überträgt die zu sendende Nachricht
an das zweite Endgerät, das von der zweitgenannten Art ist und deshalb nur einen
Empfänger hat. Die letztgenannte Übertragung wird in Bild 2.3b durch einen beim
ersten Endgerät beginnenden und beim zweiten Endgerät endenden Blitz angedeutet. Der Empfänger im zweiten Endgerät gemäß Bild 2.3b ermittelt aus dem
Empfangssignal die empfangene Nachricht.

2.2.4 Selektive Adressierung

Ein DZM verwendet selektive Adressierung [KeH93]. Durch die selektive Adressierung wird erreicht, daß für bestimmte Empfänger gedachte Nachrichten auch
nur von diesen Empfängern verarbeitet werden, ohne daß andere Empfänger diese Nachrichten aus den empfangenen Teilnehmersignalen ermitteln. Die selekti-

ve Adressierung wird durch das Zusammenwirken verschiedener Kommunikationsschichten eines DZM realisiert. Unter anderem sind Verbindungsaufbau, Verschlüsselung der Nachrichten und der Vielfachzugriff verwoben. Ein empfangenes Teilnehmersignal ist derjenige Anteil im Empfangssignal, welcher von einem bestimmten Teilnehmer herrührt. In analoger Weise heißt ein Sendesignal, das einem bestimmten Teilnehmer zugeordnet ist, gesendetes Teilnehmersignal.

Durch selektive Adressierung werden Individualkommunikation und Gruppenkommunikation ermöglicht. Unter Individualkommunikation versteht man den Austausch von Information zwischen zwei bestimmten Teilnehmern. Gruppenkommunikation bedeutet Austausch von Information zwischen mehreren Teilnehmern, die als Gruppe angesehen werden.

Die selektive Adressierung ist in Bild 2.4a schematisch für die Abwärtsstrecke gezeigt. In Bild 2.4a wird Individualkommunikation betrachtet. Im Beispiel nach Bild 2.4a gibt es eine Basisstation β_1, welche die zu sendenden Nachrichten 1, 2 und 3 sendet, und drei selektiv zu adressierende Mobilstationen μ_1, μ_2 und μ_3. Nachricht 1 ist für Mobilstation μ_1 bestimmt, Nachricht 2 ist für Mobilstation μ_2 vorgesehen, und Nachricht 3 ist für Mobilstation μ_3 bestimmt. Die Basisstation β_1 überträgt die Nachrichten 1, 2 und 3 an die drei Mobilstationen μ_1, μ_2 und μ_3, wie dies durch die bei der Basisstation β_1 beginnenden und bei der jeweiligen Mobilstation μ_1, μ_2 und μ_3 endenden Blitze angedeutet wird.

Aufgrund der selektiven Adressierung gelingt es in jeder Mobilstation, die für sie bestimmte Nachricht von der Gesamtheit der drei Nachrichten zu separieren. Dies wird in Bild 2.4a durch unterschiedliche Stricharten verdeutlicht. Beispielsweise ermittelt der Empfänger 2, der in Mobilstation μ_2 enthalten ist, die empfangene Nachricht 2, die auf der zu sendenden Nachricht 2 beruht.

Das vorgenannte Separieren kann aufgrund bestimmter Eigenschaften der zu sendenden Nachrichten erfolgen. Beispielsweise können diese Nachrichten eine Adresse enthalten, anhand derer der jeweilige Empfänger erkennt, ob die betreffende Nachricht für ihn bestimmt ist.

Das Gegenstück zur selektiven Adressierung ist die nichtselektive Adressierung, wie sie zum Beispiel im Rundfunk angewendet wird. Die nichtselektive Adressierung ist schematisch in Bild 2.4b veranschaulicht. Bei nichtselektiver Adressierung überträgt der Sender eine einzige zu sendende Nachricht an alle Empfänger, die aus dem jeweiligen Empfangssignal die auf der zu sendenden Nachricht beruhende empfangene Nachricht bestimmen. Diese Übertragung ist in Bild 2.4b durch drei Blitze angedeutet, die beim Sender beginnen und bei den drei Empfängern 1, 2 und 3 enden.

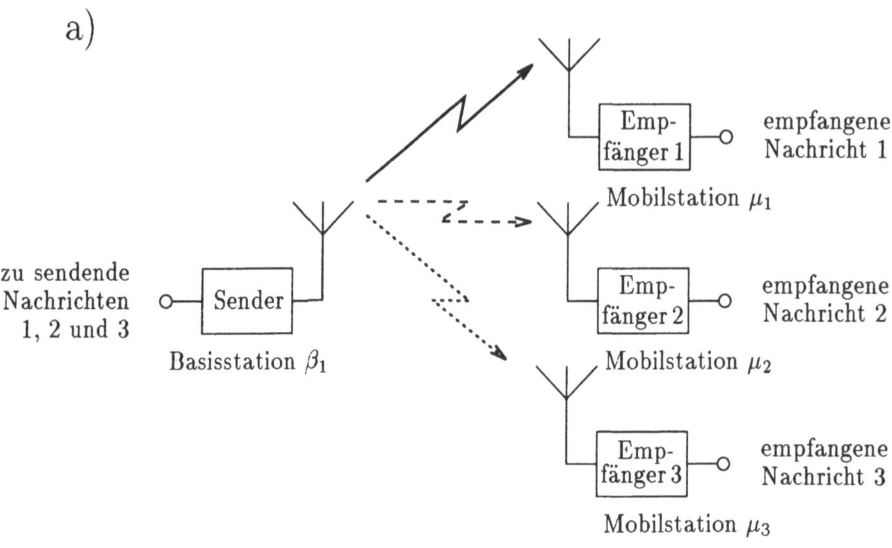

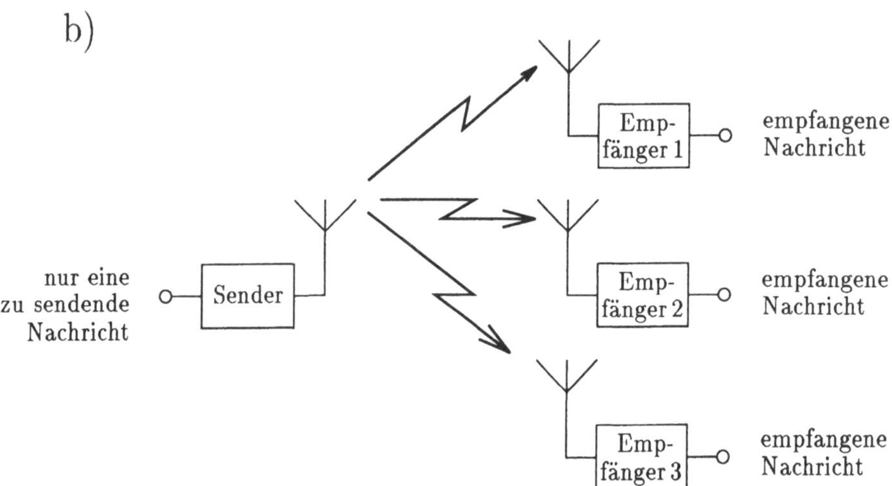

Bild 2.4. Arten der Adressierung

     a) selektive Adressierung, Beispiel Abwärtsstrecke in einem DZM

     b) nichtselektive Adressierung, Beispiel Rundfunk

2.2.5 Digitale Übertragung

Ein DZM verwendet digitale Übertragung [Rus94, UMTS]. Durch den Einsatz digitaler Übertragung bieten digitale Mobilfunksysteme gegenüber analogen Mobilfunksystemen bessere Abhörsicherheit, höhere Zuverlässigkeit, höhere Flexibilität, die zum Befriedigen individueller Wünsche von Teilnehmern bis hin zum Bereitstellen innovativer und derzeit möglicherweise noch nicht vorhersehbarer Dienste erforderlich ist, höhere Frequenzökonomie, das heißt ein besseres Ausnutzen der für ein Mobilfunksystem zum Austausch von Information verfügbaren Gesamtübertragungsbandbreite B, und dadurch eine höhere Teilnehmerzahl sowie eine vergleichbar den von Festnetzen bereitgestellte Anzahl von Diensten.

2.2.6 Vielfachzugriff

Eng verbunden mit der selektiven Adressierung ist der Vielfachzugriff. Damit die Kommunikation zwischen einem bestimmten Sender und einem bestimmten Empfänger möglichst wenig durch die Aktivitäten der anderen Sender beeinflußt wird, ist ein geordneter Vielfachzugriff erforderlich. Ein geeignet geordneter Vielfachzugriff gestattet neben der Zuverlässigkeit der Übertragung hohe Flexibilität und eine möglichst große Teilnehmerzahl. Deshalb verwendet ein DZM Vielfachzugriffsverfahren [SOS85]. Zum Zweck des Vielfachzugriffs werden Kombinationen der vier wichtigen Vielfachzugriffsprinzipien Codemultiplex (CDMA, Code Division Multiple Access), Frequenzmultiplex (FDMA, Frequency Division Multiple Access), Zeitmultiplex (TDMA, Time Division Multiple Access) und Raummultiplex (SDMA, Space Division Multiple Access) eingesetzt, die in Abschnitt 4.3.2 erläutert werden. Kombinationen der genannten Vielfachzugriffsprinzipien führen zu hybriden Vielfachzugriffsverfahren, siehe Abschnitt 4.3.3.

2.2.7 Hierarchisches Zellnetz

Die Funkreichweite wird zum einen durch die endliche Sendeleistung und zum anderen durch die begrenzte Empfängerempfindlichkeit eingeschränkt. Typische Sendeleistungen von Mobilstationen liegen zwischen wenigen zehn Milliwatt und wenigen Watt. Daraus resultieren Funkreichweiten in der Größenordnung von einigen zehn Metern bis wenigen zehn Kilometern. Ein DZM muß jedoch weiträumige Mobilität und Erreichbarkeit gestatten [Rus94]. Deshalb basiert ein DZM auf dem Einteilen des mit Funk zu versorgenden geographischen Gebiets in Zellen, deren Gesamtheit Zellnetz heißt. Das Konzept der Zellnetze wurde in den siebziger Jahren unseres Jahrhunderts von den Bell Laboratories entwickelt [MoP92]. Als erstes zellulares Mobilfunksystem der Welt gilt das 1979 in den USA eingeführte AMPS (Advanced Mobile Phone Service) [MoP92]. Durch das Einteilen des mit Funk zu versorgenden geographischen Gebiets in Zellen wird erreicht, daß unterschiedliche Funksysteme in ein DZM integriert werden können, ein großes geographisches Gebiet mit Funk versorgt werden kann und somit die geforderte weiträumige Mobilität und Erreichbarkeit sichergestellt werden, Multibetreiber–Systeme koexisitieren können und die Teilnehmerzahl hoch ist.

Die Zahl der Zellen, das zu bewältigende Verkehrsaufkommen und die in der Regel knappe Gesamtübertragungsbandbreite B erfordern zumindest in urbanen Gebieten die nachfolgend erläuterte Frequenzwiederholung (Frequency Reuse). Wie bereits erwähnt, ist in jeder Zelle des Zellnetzes eine Basisstation. Jede Basisstation verwendet zur Übertragung einen Teil der vorhandenen Gesamtübertragungsbandbreite B. Der von einer bestimmten Basisstation verwendete Teil von B ergibt sich folgendermaßen. Die Gesamtübertragungsbandbreite B wird zunächst in insgesamt N_F Teilfrequenzbänder der Breite B_T eingeteilt. Dann wird der betreffenden Basisstation eine Anzahl dieser Teilfrequenzbänder der Breite B_T zugewiesen. Die zugewiesenen Teilfrequenzbänder sind in der Regel nicht zusammenhängend. Durch die geeignete Zuweisung der Teilfrequenzbänder an unterschiedliche Basisstationen kann vermieden werden, daß sich der Funkverkehr in diesen drei Zellen gegenseitig beeinflußt.

Da die Anzahl N_F der Teilfrequenzbänder endlich ist, müssen die in einer bestimmten Zelle verwendeten Teile von B in anderen Zellen wiederverwendet werden, damit ein möglichst großes geographisches Gebiet mit Funk versorgt werden kann. All diejenigen Zellen, in welchen ein ganz bestimmtes Teilfrequenzband verwendet wird, sollten räumlich möglichst weit voneinander entfernt sein, damit das gegenseitige Beeinflussen gering ist.

Das eben beschriebene Wiederverwenden von Teilen der Gesamtübertragungsbandbreite B in mehreren Zellen des Zellnetzes ist die bereits erwähnte Frequenzwiederholung. Das Prinzip der Frequenzwiederholung in einem Zellnetz ist in Bild 2.5 verdeutlicht. Bild 2.5 zeigt einen Ausschnitt eines Zellnetzes, dessen Zellen regelmäßige Sechsecke sind [Lee82]. Diese einfache Struktur des Zellnetzes ist im Schrifttum weit verbreitet [Lee82], da theoretische Betrachtungen einfach sind. In der Mitte einer jeden Zelle ist die zur Zelle gehörende Basisstation. In Bild 2.5 wird vorausgesetzt, daß die Gesamtübertragungsbandbreite B in drei verschiedene Teile eingeteilt ist. Deshalb setzt sich das in Bild 2.5 ausschnittsweise dargestellte Zellnetz aus Zellen zusammen, in denen drei verschiedene Gruppen von Teilfrequenzbändern verwendet werden. Dies ist durch die unterschiedliche Schraffur und die Numerierung (1), (2) beziehungsweise (3) verdeutlicht. In jeweils einem Drittel der Zellen des Zellnetzes, werden die mit (i), $i = 1 \cdots 3$, gekennzeichneten Gruppen

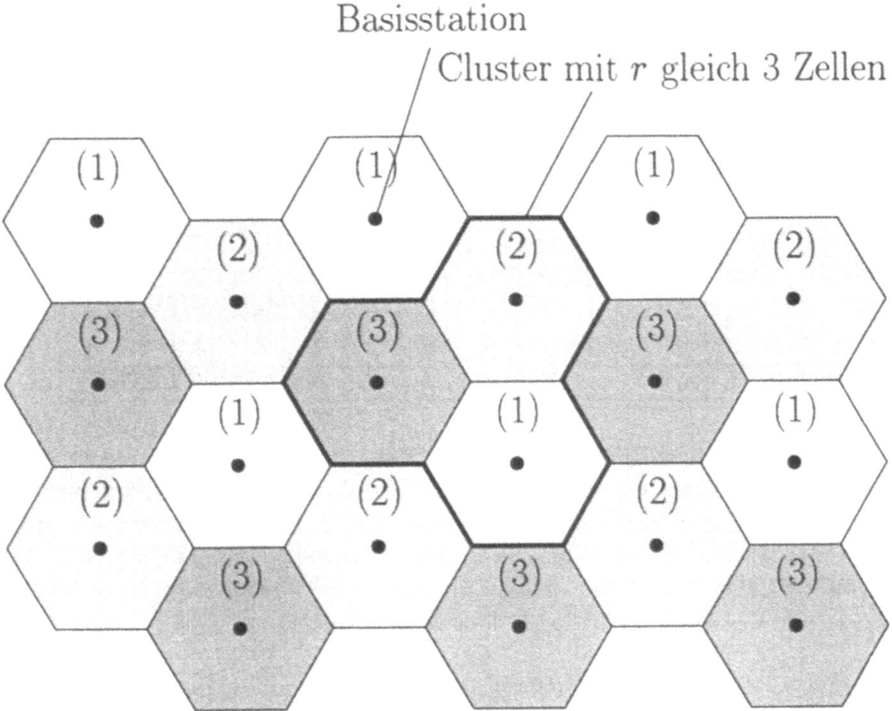

Bild 2.5. Ausschnitt eines Zellnetzes mit regelmäßigen Sechsecken und Frequenzwiederholung sowie Clusterordnung r gleich drei

von Teilfrequenzbändern eingesetzt. Mit der Randbedingung, daß im Zellnetz keine Lücken beim Zuweisen von Teilfrequenzbändern enstehen, sind die gegenseitigen Abstände derjenigen Zellen, welche die mit (i), $i = 1 \cdots 3$, gekennzeichneten Gruppen von Teilfrequenzbänder verwenden, maximal gewählt. Deshalb verwenden in Bild 2.5 einer Zelle direkt benachbarte Zellen stets andere Teilfrequenzbänder.

Diejenigen Zellen, welche unterschiedliche Teilfrequenzbänder verwenden, werden zu Clustern zusammengefaßt. Die Anzahl r, $r \in \mathbb{N}$, der Zellen in einem Cluster, heißt Clusterordnung oder Reuse–Faktor. In Bild 2.5 ergeben sich Cluster aus drei Zellen; der Reuse–Faktor r ist daher gleich drei. Bei vollständiger Pflasterung der zweidimensionalen Ebene mit regelmäßigen Sechsecken ist der Reuse–Faktor r gemäß Anhang A und (A.46) eine rhombische Zahl der Form

$$r = i^2 + j^2 + ij, \quad i, j \in \mathbb{N}_0, \quad i \geq j, \quad i + j \neq 0. \tag{2.1}$$

Tab. 2.1 enthält mögliche Reuse–Faktoren $r \leq 31$ nach (2.1). Unter der Vorausset-

Tab. 2.1. Mögliche Reuse–Faktoren r nach (2.1)

i	1	1	2	2	3	2	3	4	3	4	5	3	4	5
j	0	1	0	1	0	2	1	0	2	1	0	3	2	1
r	1	3	4	7	9	12	13	16	19	21	25	27	28	31

zung der vollständigen Belegung der zweidimensionalen Ebene mit regelmäßigen Sechsecken konstruiert man bei gegebenen r aus den zugehörigen Werten für i und j, siehe Tab. 2.1, die Cluster im Zellnetz durch Rotieren des Vektors $i\boldsymbol{p}_1 + j\boldsymbol{p}_2$ nach Bild A.3 in Abschnitt A.3 sowie dessen ganzzahliger Vielfacher, dem anschließenden Identifizieren von Zellen, in denen dieselben Teilfrequenzbänder verwendet werden, und dem abschließenden Festlegen der Cluster.

Das Zellnetz muß hierarchisch [Rus94] sein, damit die globale Funkversorgung bedarfsgerecht, das heißt abhängig von der in bestimmten Umgebungen erwarteten Teilnehmerzahl und Nachfrage nach Diensten, erfolgen kann. Hierarchische Zellnetze vereinfachen die bereits erwähnte Integration verschiedener Funksysteme in Mobilfunksysteme. Die Zellgrößen müssen in hierarchischen Zellnetzen variabel sein, und größere Zellen müssen kleinere Zellen umfassen können. Dies führt zur vorgenannten Hierarchie im Zellnetz.

In hierarchischen Zellnetzen für Mobilfunksysteme unterscheidet man vier Umgebungen. Diese vier Umgebungen heißen Zonen [UMTS]. Zone 1 ist die Umgebung sowohl innerhalb von Gebäuden als auch innerhalb von öffentlichen Verkehrsmitteln wie Bussen, Bahnen, Schiffen und Flugzeugen. Zone 2 bezieht sich auf innerstädtische Gebiete. Zone 3 ist die Umgebung in dichtbesiedelten Gebieten, in

Industriegebieten und entlang von Autobahnen, und Zone 4 beinhaltet dünnbesiedelte und ländliche Gebiete.

Entsprechend dieser vier Zonen werden die folgenden vier Zelltypen unterschieden. Pikozellen haben Zellradien bis zu etwa 100 m und stellen die Funkversorgung in Zone 1 sicher. Mikrozellen mit Zellradien zwischen etwa 100 m und 1 km versorgen Zone 2. Makrozellen haben Zellradien zwischen etwa 1 km und 20 km und gewährleisten die Funkversorgung in Zone 3. Hyperzellen, die auch Megazellen heißen, haben Zellradien von mehr als etwa 20 km und versorgen Zone 4. Die Funkversorgung in Zone 4 wird wesentlich durch den Einsatz von Satellitenfunksystemen geprägt. Hyperzellen können Makrozellen umfassen, die ihrerseits Mikrozellen enthalten können. Schließlich können Pikozellen in Mikrozellen enthalten sein. Bild 2.6 zeigt den Aufbau dieser Hierarchie schematisch.

Ein DZM ist interferenzbegrenzt [Ste92], da aufgrund der Mehrwegeausbreitung im Empfänger Intersymbolinterferenz (ISI, Intersymbol Interference), das heißt Interferenz zwischen benachbart gesendeten Datensymbolen, ensteht und wegen der angestrebten hohen Teilnehmerzahl unweigerlich Vielfachzugriffsinterferenz (MAI, Multiple Access Interference), im Empfänger ensteht. Wegen der Mobilität von Sendern beziehungsweise Empfängern sind ISI und MAI zeitlich veränderlich. Sowohl für das Verständnis der Funktionsweise eines bestehenden DZM als auch für den Entwurf eines neuen DZM ist das Begreifen der Interferenzproblematik bedeutsam. Die Interferenzproblematik wird in Abschnitt 3.2 behandelt.

2.3 Spektrumeffizienz

2.3.1 Bewertungsmaße

Eine wichtige Kenngröße eines DZM ist die als Kapazität bezeichnete maximal erreichbare Teilnehmerzahl [Kit94, Ste96]. Kapazität ist eine andere Bezeichnung für Füllmenge. Um beurteilen zu können, wie aufwandsgünstig bereits bestehende, aber auch zukünftige Mobilfunksysteme ihren in Abschnitt 2.2 betrachteten Anforderungen gerecht werden, ist das Schaffen von quantitativen Bewertungsmaßen erforderlich.

Derzeit besteht über die Wahl dieser Bewertungsmaße weltweit Uneinigkeit, jedoch wird an einem systematischen Analysemodell gearbeitet. Ein wichtiger Grund für diese Uneinigkeit ist die herrschende Unklarheit über den quantitativen Einfluß

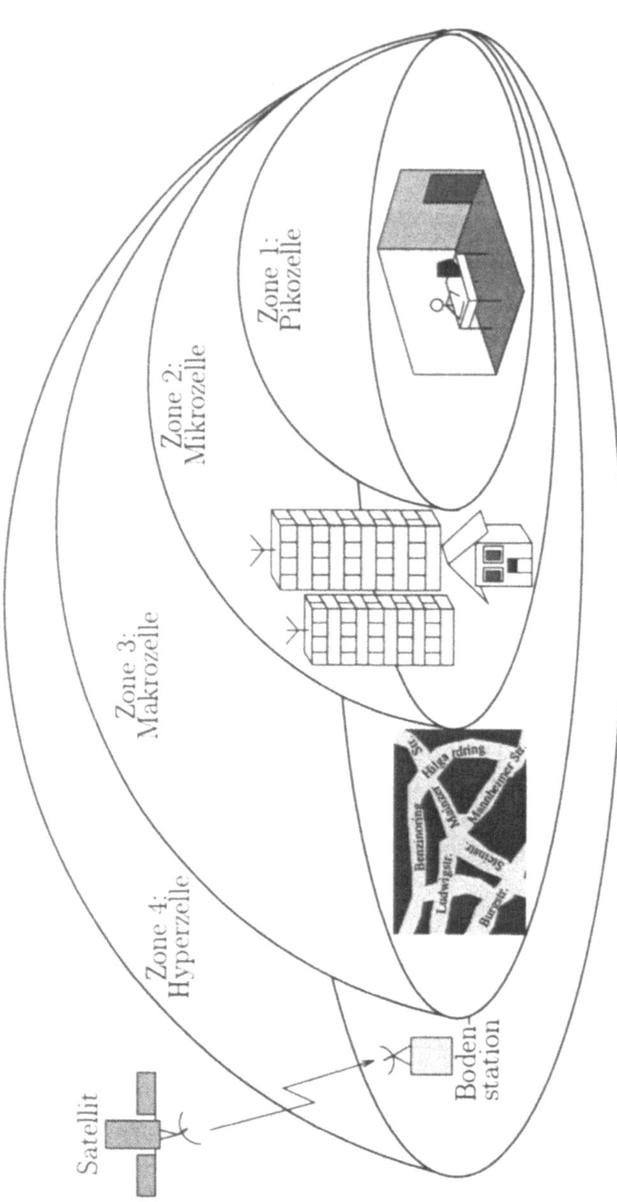

Bild 2.6. Hierarchie der Zellen im Zellnetz für digitale zellulare Mobilfunksysteme (nachempfunden [SiF95, Bild 3])

der Anforderungen gemäß Abschnitt 2.2 auf ein zu definierendes Bewertungsmaß. Hier wird als Bewertungsmaß die Spektrumeffizienz η [Kit94] verwendet.

Die volkswirtschaftliche Ressource Frequenzbereich ist knapp. Es ist deshalb nicht auszuschließen, daß das Zuteilen von Nutzungsrechten für Frequenzbereiche über ein Bietverfahren erfolgen wird, wie es derzeit in den USA schon üblich ist. Das Erteilen von Nutzungsrechten heißt Lizenzieren. Das Interesse am effizienten Ausnutzen eines lizenzierten Frequenzbereichs ist groß. Effizientes Ausnutzen eines lizenzierten Frequenzbereichs heißt, bei einem vorgegebenen lizenzierten Frequenzbereich möglichst viel Kommunikation zu erzielen. Deshalb wird das im folgenden betrachtete, bereits erwähnte Bewertungsmaß Spektrumeffizienz η an Bedeutung gewinnen. Die Spektrumeffizienz η ist das Verhältnis von Ertrag, das heißt von erzielter Kommunikation, zum Aufwand, das heißt zu den verfügbaren Ressourcen wie der lizenzierte Frequenzbereich:

$$\eta \stackrel{\text{def}}{=} \frac{\text{erzielte Kommunikation}}{\text{verfügbare Ressourcen}}. \tag{2.2}$$

2.3.2 Varianten der Spektrumeffizienz

Je nach Auffassung darüber, was erzielte Kommunikation ist, ergeben sich unterschiedliche Varianten der Spektrumeffizienz η [Kit94]. Im folgenden werden drei Beispiele genannt. Ist die erzielte Kommunikation die Übertragungsrate je Teilnehmer in einer Zelle, so ergibt sich die spektrale Übertragungseffizienz $\eta_{\text{Ü}}$ mit der Dimension bit/(s · Hz · Zelle), die auch spektrale Effizienz $\eta_{\text{Ü}}$ beziehungsweise zellulare Radiokapazität $\eta_{\text{Ü}}$ genannt wird. Geht man bei der erzielten Kommunikation von der Summe der Dauern aller aktiven Kanalbelegungen pro Zelle aus, so erhält man die spektrale Verkehrseffizienz η_{V} mit der Einheit Erl/(Hz · Zelle). Ist die erzielte Kommunikation die Summe aller Dauern der wirksamen Teilnehmerzugehörigkeiten zum betrachteten DZM, so ergibt sich die spektrale Teilnehmereffizienz η_{T} mit der Dimension Teilnehmer/(Hz · Zelle) [Kit94]. Es sei angemerkt, daß derzeit existierende Mobilfunksysteme spektrale Effizienzen $\eta_{\text{Ü}}$ in der Größenordnung von 0,1 bit/(s · Hz · Zelle) haben, siehe zum Beispiel Tab. 6.1 [RaU91].

Die Spektrumeffizienz η wird durch Monte–Carlo–Simulation bestimmt [KSS96]. Bei den Simulationen zum Ermitteln der Spektrumeffizienz η werden alle Parameter der Luftschnittstelle des betrachteten DZM berücksichtigt. Insbesondere werden Maßnahmen zur Reduktion von ISI und MAI in Betracht gezogen. Jedoch würde die Simulation eines gesamten DZM selbst die Ressourcen sehr leistungsfähiger Supercomputer weit überfordern. Um die Spektrumeffizienz η trotzdem durch

Simulation bestimmen zu können, wird in drei Schritten vorgegangen, siehe die Abschnitte 2.3.3 bis 2.3.5.

2.3.3   Systemverhalten in einer isolierten Zelle

Im ersten Schritt wird die Übertragung von Nachrichten in einer isolierten Zelle des Zellnetzes untersucht. Die Übertragung von Nachrichten heißt im folgenden kurz Nachrichtenübertragung. Der Nachrichtenübertragung fällt die Aufgabe zu, Nachrichten in ökonomischer Weise und möglichst fehlerfrei von einem Sender zu einem Empfänger zu überführen [Boc76, S. 19]. Es wird nur ein einziges, dieser isolierten Zelle zugewiesenes Teilfrequenzband betrachtet, in welchem Teilnehmer entweder in der Aufwärtsstrecke oder in der Abwärtsstrecke oder aber sowohl in der Aufwärtsstrecke als auch in der Abwärtsstrecke aktiv sind. Ein solches Teilfrequenzband, in dem Teilnehmer aktiv sind, heißt Teilnehmerfrequenzband. Erforderlichenfalls werden die Aufwärtsstrecke und die Abwärtsstrecke unabhängig voneinander betrachtet. In das Untersuchen der Situation in der vorgenannten isolierten Zelle des Zellnetzes muß das Auftreten von Interferenz einbezogen werden, siehe Abschnitt 3.2 und Tab. 3.1. Insbesondere werden sowohl ISI als auch Gleichkanalinterferenz, die in dieser isolierten Zelle entsteht, und die entsprechenden Maßnahmen zum Reduzieren von ISI und Gleichkanalinterferenz explizit einbezogen.

Die im ersten Schritt durchzuführende Analyse ist immer dann von der Systemlast L_S abhängig, wenn Gleichkanalinterferenz in der betrachteten isolierten Zelle entsteht. Dies ist beispielsweise bei Mobilfunksystemen mit CDMA–Komponente der Fall. Unter Systemlast L_S wird im folgenden die auf die maximal mögliche Teilnehmerzahl pro Teilnehmerfrequenzband bezogene tatsächliche Teilnehmerzahl pro Teilnehmerfrequenzband verstanden. Sei die maximal mögliche Teilnehmerzahl pro Teilnehmerfrequenzband gleich 96. Die tatsächliche Teilnehmerzahl pro Teilnehmerfrequenzband sei 48. Dann ist L_S gleich 0,5 beziehungsweise gleich 50 %. Bei Mobilfunksystemen, die ausschließlich FDMA, TDMA oder eine Kombination aus FDMA und TDMA einsetzen, gibt es jedoch keine Gleichkanalinterferenz innerhalb einer Zelle. Nachbarkanalinterferenz, die in der betrachteten isolierten Zelle entsteht, sowie Interzellinterferenz werden als Störung modelliert und denjenigen empfangenen Teilnehmersignalen additiv überlagert, welche auf solche Teilnehmer zurückgehenden, die im berücksichtigten Teilnehmerfrequenzband aktiv sind.

Ausgehend von der Situation in der betrachteten isolierten Zelle des Zellnetzes werden abhängig vom mittleren Signal–Stör–Verhältnis E_b/N_0 am Empfängereingang Schätzwerte für das Fehlerverhältnis ermittelt. Das mittlere Signal–Stör–Verhältnis E_b/N_0 am Empfängereingang ergibt sich aus dem Verhältnis derjenigen mittleren Energie E_b, welche einem einzigen Datenbit am Empfängereingang zugeordnet ist, und der spektralen Störleistungsdichte N_0 am Empfängereingang [Nas95]. Interessiert beispielsweise die Bitfehlerwahrscheinlichkeit, so wird ein Schätzwert für die Bitfehlerwahrscheinlichkeit durch Simulation ermittelt [JBS92]. Der durch Simulation ermittelte Schätzwert für die Bitfehlerwahrscheinlichkeit heißt Bitfehlerverhältnis (BFV) P_b, englisch „Bit Error Ratio" (BER).

Die ermittelten Schätzwerte für die Fehlerwahrscheinlichkeiten gestatten Aussagen über den Grad des Verfälschens der gesendeten Nachrichten. Da diensteabhängig eine bestimmte Fehlerwahrscheinlichkeit nicht überschritten werden darf, kann das zum Aufrechterhalten einer intakten Übertragung von Nachrichten mindestens erforderliche mittlere Signal–Stör–Verhältnis $(E_b/N_0)^G$ aus den Ergebnissen der Simulation bestimmt werden.

Bild 2.7 zeigt das typische Aussehen des Bitfehlerverhältnisses P_b als Funktion des mittleren Signal–Stör–Verhältnisses E_b/N_0. Zunächst sei die Nachrichtenübertragung ideal. Ideal bedeutet, daß die Nachrichtenübertragung nicht durch systematische Störeinflüsse wie nichtlineare Signalverzerrungen und Fehler bei der Kanalschätzung beeinträchtigt wird. In diesem Fall hat P_b einen wasserfallartigen, streng monoton fallenden Verlauf über E_b/N_0. In Bild 2.7 wird P_b^G bei idealer Nachrichtenübertragung für das mittlere Signal–Stör–Verhältnis x_0 erreicht. Je störfester und damit effizienter das Nachrichtenübertragungssystem ist, desto geringer ist x_0 bei gegebenem P_b^G. Ist E_b/N_0 größer als x_0, so ist das erreichte Bitfehlerverhältnis P_b stets kleiner als P_b^G.

In realen Mobilfunksystemen treten jedoch zahlreiche systematische Störeinflüsse auf. Es ergeben sich nichtlineare Signalverzerrungen durch den Einsatz nichtlinearer Systemkomponenten, beispielsweise Sendeverstärker in Mobilstationen. Fehler bei der Kanalschätzung führen ebenso wie die spektrale Formung in Sendern und Empfängern zur Vermehrung von Detektionsfehlern gegenüber der idealen Nachrichtenübertragung. Außerdem kann spektrale Formung das Verringern von E_b bewirken. Aus diesem Grund ist das bei einem gegebenen E_b/N_0 erzielbare P_b bei realen Mobilfunksystemen größer als im Fall der idealen Nachrichtenübertragung. Deshalb ist der Verlauf von P_b als Funktion von E_b/N_0 gegenüber dem Fall der idealen Nachrichtenübertragung flacher und zu größeren Werten von E_b/N_0 verschoben. Die systematischen Störeinflüsse führen außerdem zu einem irreduziblen Fehlerteppich, der sich mit wachsendem E_b/N_0 zunächst als Verringern der Steigung des Verlaufs von P_b ankündigt.

Sei P_b^G nun das durch einen bestimmten Dienst festgelegte maximal zulässige Bitfehlerverhältnis. Ein reales Mobilfunksystem ist nur dann brauchbar, wenn P_b^G

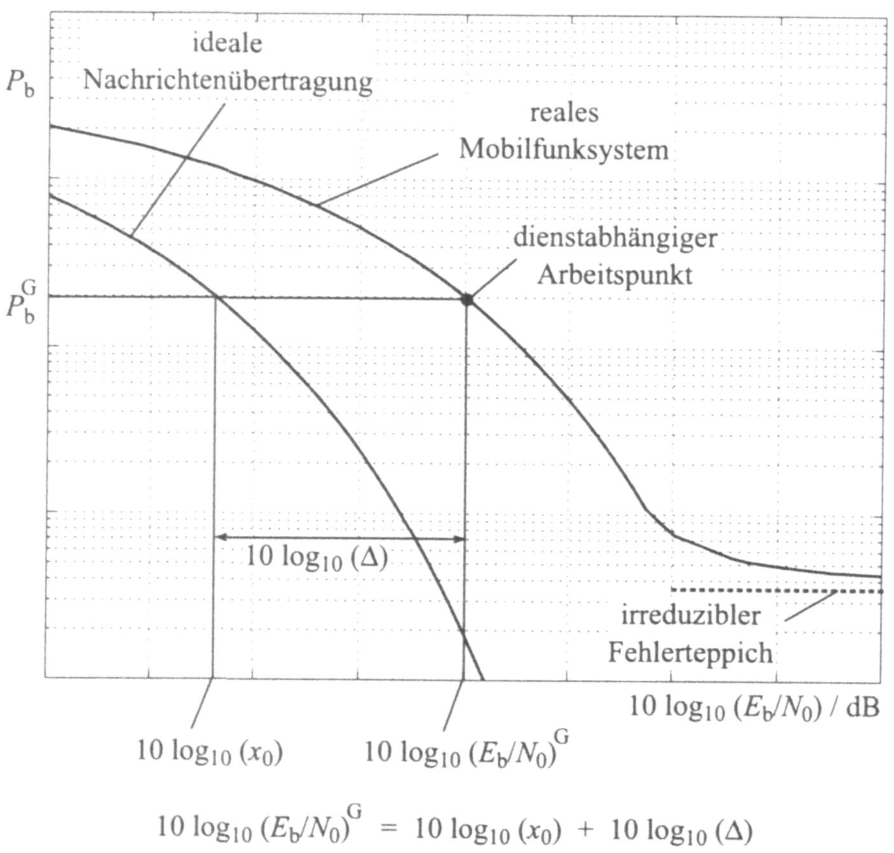

$$10 \log_{10} (E_b/N_0)^G \;=\; 10 \log_{10} (x_0) \;+\; 10 \log_{10} (\Delta)$$

Bild 2.7. Typisches Aussehen des Bitfehlerverhältnisses (BFV) P_b über dem mittleren Signal–Stör–Verhältnis E_b/N_0

oberhalb des ausflachenden Verlaufs der P_b-Kurve und damit oberhalb des irreduziblen Fehlerteppichs ist, wie dies in Bild 2.7 gezeigt ist. Ist dies nicht der Fall, so muß das Konzept des Mobilfunksystems geeignet modifiziert werden. Durch P_b^G und das zugehörige $(E_b/N_0)^G$ wird ein dienstabhängiger Arbeitspunkt des realen Mobilfunksystems festgelegt. Zum Erreichen dieses dienstabhängigen Arbeitspunkts ist ein um Δ größeres $(E_b/N_0)^G$ erforderlich als bei der idealen Nachrichtenübertragung.

Beispiel 2.1 In einem CDMA–Mobilfunksystem werde Sprache übertragen. Es sei $P_b^G = 10^{-3}$. Die Mobilstationen bewegen sich in typisch städtischen Gebieten mit Geschwindigkeiten um 30 km/h. Die Trägerfrequenz ist 1800 MHz. Abhängig von der Systemlast L_S ergeben sich im ersten Schritt die in Tab. 2.2 zusammengefaßten Werte für das mindestens erforderliche mittlere Signal–Stör–Verhältnis $(E_b/N_0)^G$.

Tab. 2.2. Mindestens erforderliches mittleres Signal–Stör–Verhältnis in Abhängigkeit von der Systemlast

	Systemlast $L_S =$			
	12,5%	25%	37,5%	50%
$10\log_{10}(E_b/N_0)^G$ / dB	7,4	7,8	8,3	8,8
$10\log_{10}(C/I)^G$ / dB	-4,1	-3,7	-3,2	-2,7
	Systemlast $L_S =$			
	62,5%	75%	87,5%	100%
$10\log_{10}(E_b/N_0)^G$ / dB	9,4	10,0	10,8	11,6
$10\log_{10}(C/I)^G$ / dB	-2,1	-1,5	-0,7	0,1

Gemäß Tab. 2.2 nimmt das mindestens erforderliche mittlere Signal–Stör–Verhältnis $(E_b/N_0)^G$ mit wachsender Systemlast L_S zu, denn mit zunehmender Systemlast L_S wird das Separieren der verschiedenen Teilnehmersignale immer schwieriger. Es ergibt sich eine erhöhte Störung am Detektorausgang. Das mit zunehmender Systemlast L_S verbundene Anwachsen dieser Störung führt zu der für bandspreizende Nachrichtensysteme typischen weichen Degradation (Graceful Degradation oder Soft Degradation).

Im betrachteten CDMA–Mobilfunksystem gelte folgender Zusammenhang zwischen dem mittleren Signal–Stör–Verhältnis E_b/N_0 und dem mittleren Träger–zu–Interferenz–Verhältnis (Carrier-to-Interference Ratio) C/I:

$$10\log_{10}(C/I) = 10\log_{10}(E_b/N_0) - 11,5\,\text{dB}. \tag{2.3}$$

Die Leistung desjenigen empfangenen Teilnehmersignals, das die zu ermittelnde Nachricht enthält, ist C, und die Leistung der Summe aller mit dem gerade genannten empfangenen Teilnehmersignal interferierenden empfangenen Teilnehmersignale ist I. Die dem jeweiligen $(E_b/N_0)^G$ gemäß (2.3) entsprechenden Werte für $(C/I)^G$ sind ebenfalls in Tab. 2.2 eingetragen. Bild 2.8 stellt die in Tab. 2.2 angegebenen Werte für $(C/I)^G$ graphisch dar.   ♣

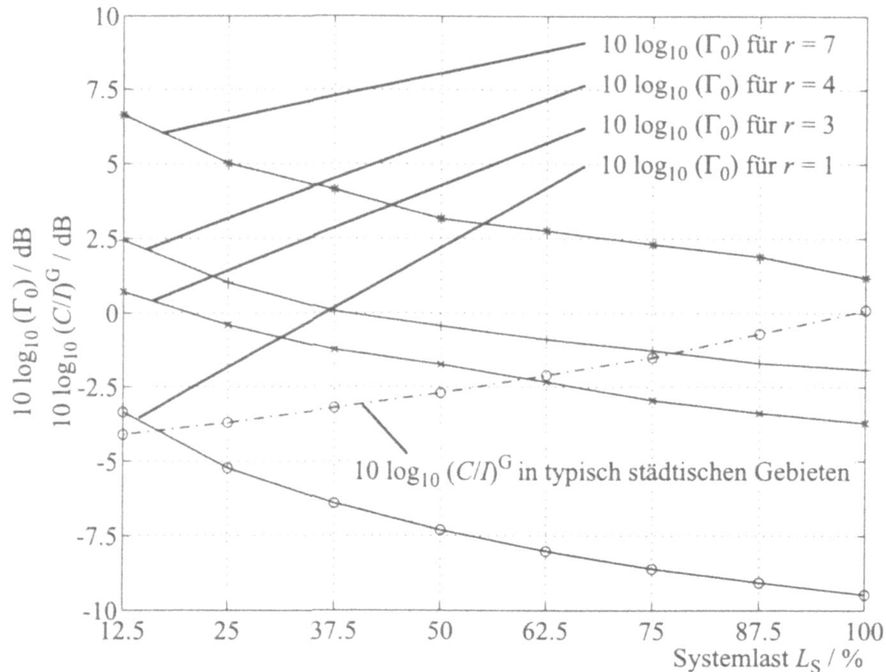

Bild 2.8. Mindestens erforderliches mittleres Träger–zu–Interferenz–Verhältnis $(C/I)^G$ und maximal zulässiges Träger–zu–Interferenz–Verhältnis Γ_0 in Abhängigkeit von der Systemlast L_S

2.3.4 Einfluß des Zellnetzes

In einem DZM ist es nicht erreichbar, daß das Aufrechterhalten einer intakten Nachrichtenübertragung immer garantiert werden kann. Als tolerierbar wird das Abreißen einer intakten Nachrichtenübertragung in wenigen Prozent aller Fälle angesehen. Um eine quantitative Aussage über die Wahrscheinlichkeit des Abreißens einer intakten Nachrichtenübertragung zu erhalten, muß die Statistik der Interzellinterferenz untersucht werden [KSS96].

Interzellinterferenz tritt sowohl als Nachbarkanalinterferenz als auch als Gleichkanalinterferenz auf. Nachbarkanalinterferenz ist immer dann vernachlässigbar, wenn die einer Zelle zugewiesenen Teilnehmerfrequenzbänder hinreichend große Abstände voneinander haben, die gesendeten Teilnehmersignale im Vergleich zur Breite B_T dieser Teilnehmerfrequenzbänder sowie im Vergleich zu den Abständen der Teilnehmerfrequenzbänder entsprechend schmalbandig sind und ein geeignetes Zuteilen direkt benachbarter Teilnehmerfrequenzbänder zu benachbarten Zellen im Zellnetz erfolgt ist. Sind diese Bedingungen erfüllt, so braucht man die Nachbarkanalinterferenz beim Ermitteln der Spektrumeffizienz η nicht zu berücksichtigen. Die Spektrumeffizienz η wird neben der im ersten Schritt betrachteten Situation in einer isolierten Zelle des Zellnetzes daher von derjenigen Gleichkanalinterferenz bestimmt, welche durch die Nachrichtenübertragung in den anderen Zellen des Zellnetzes entsteht.

Im zweiten Schritt zum Bestimmen der Spektrumeffizienz η bleibt der Einfluß von ISI und Intrazellinterferenz unberücksichtigt. Dieser zweite Schritt setzt deshalb voraus, daß keine Intrazellinterferenz betrachtet werden muß. Diese Annahme ist gerechtfertigt, da der Einfluß von Intrazellinterferenz bereits explizit im ersten Schritt des hier beschriebenen Verfahrens berücksichtigt wird. Erforderlichenfalls werden auch in diesem zweiten Schritt zum Ermitteln der Spektrumeffizienz η die Aufwärtsstrecke und die Abwärtsstrecke getrennt analysiert.

Um die Statistik der Gleichkanalinterferenz aus anderen Zellen zu ermitteln, wird in der Simulation die Interferenzsituation in vielen möglichen Szenarien bestimmt und aus den Ergebnissen die Verteilungsfunktion des sich an den Empfängern einstellenden mittleren Träger–zu–Interferenz–Verhältnisses C/I ermittelt.

Die Verteilungsfunktion $\Pr\{C/I \leq \Gamma\}$ sagt aus, mit welcher Wahrscheinlichkeit das C/I einen bestimmten Wert Γ nicht überschreitet. Diese Wahrscheinlichkeit, mit der das C/I den Wert Γ nicht überschreitet, entspricht der Ausfallwahrscheinlichkeit P_{out} (Outage Probability), mit der eine intakte Nachrichtenübertragung zusammenbricht [KSS96].

Bild 2.9 zeigt das typische Aussehen der Verteilungsfunktion $\Pr\{C/I \leq \Gamma\}$ über Γ. Zunächst seien die Verhältnisse im Zellnetz ideal, das heißt, daß es keine Systemimperfektionen wie fehlerhafte Leistungsregelung oder Verzögerungen beim Zuordnen von Mobilstationen zu Basisstationen gibt. In diesem Fall hat $\Pr\{C/I \leq \Gamma\}$ für praktisch relevante Werte von P_{out} einen streng monoton steigenden, wendepunktfreien Verlauf über Γ. Gemäß Bild 2.9 wird $P_{\mathrm{out}}^{\mathrm{G}}$ bei idealen Verhältnissen

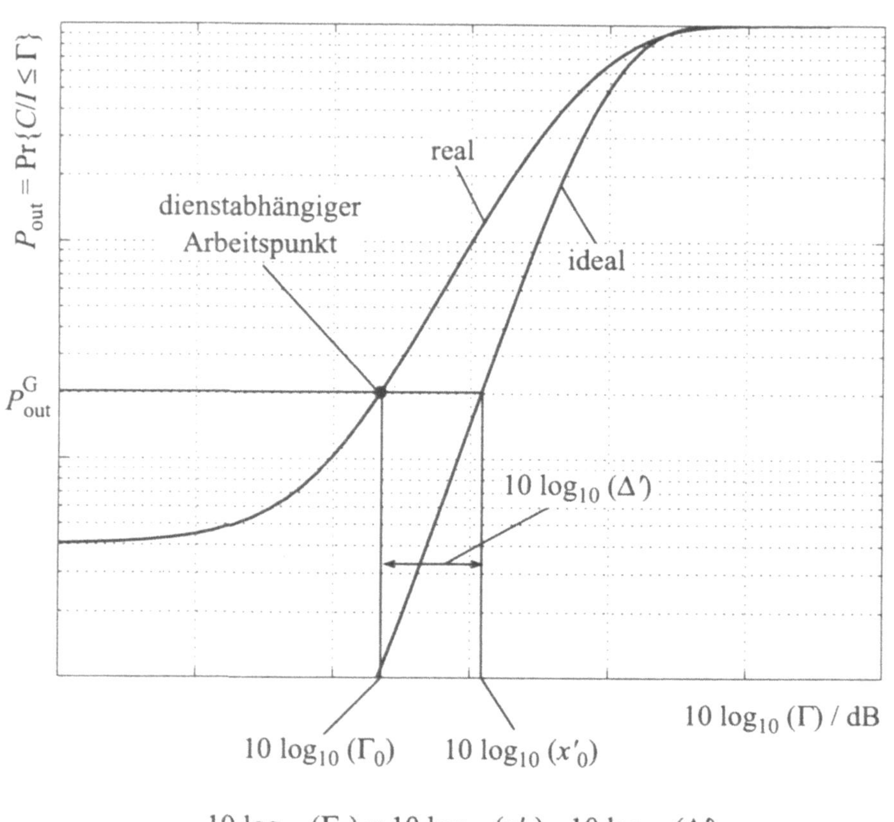

$$10 \log_{10} (\Gamma_0) = 10 \log_{10} (x'_0) - 10 \log_{10} (\Delta')$$

Bild 2.9. Typisches Aussehen der Verteilungsfunktion $\Pr\{C/I \leq \Gamma\}$

bei x'_0 erreicht. Je größer der Reuse–Faktor r und somit je geringer der Einfluß der Gleichkanalinterferenz aus anderen Zellen ist, umso größer ist x'_0 bei gegebenem $P_{\mathrm{out}}^{\mathrm{G}}$. Bei gegebenem Reuse–Faktor r kann x'_0 bei festem $P_{\mathrm{out}}^{\mathrm{G}}$ durch geeignete Maßnahmen wie beispielsweise Handover, Senderstummschalten, Sektorisieren der Zellen, Zeit- und Frequenzsprungverfahren, dynamische Kanalzuweisung, Einsatz geeigneter Algorithmen zur Mehrteilnehmerdetektion und Leistungsregelung vergrößert werden. Ist Γ kleiner als x'_0, so ist P_{out} stets kleiner als $P_{\mathrm{out}}^{\mathrm{G}}$.

In realen Mobilfunksystemen treten jedoch zahlreiche Systemimperfektionen auf. Deshalb ist der Verlauf von $\mathrm{Pr}\{C/I \leq \Gamma\}$ als Funktion von Γ gegenüber idealen Verhältnissen flacher und zu kleineren Werten von Γ verschoben. In der Regel gibt es einen Wendepunkt und somit ein Ausflachen der $\mathrm{Pr}\{C/I \leq \Gamma\}$–Kurve bei kleinen Γ.

Aus der Verteilungsfunktion $\mathrm{Pr}\{C/I \leq \Gamma\}$ ergibt sich das maximal zulässige mittlere Träger–zu–Interferenz–Verhältnis Γ_0, das zum Aufrechterhalten einer intakten Nachrichtenübertragung in einem bestimmten Anteil aller Fälle erlaubt ist. Bei diesem maximal zulässigen mittleren Träger–zu–Interferenz–Verhältnis Γ_0 ist die Ausfallwahrscheinlichkeit P_{out} kleiner als oder gleich einer durch das Qualitätskriterium des betrachteten Dienstes festgelegte Schranke $P_{\mathrm{out}}^{\mathrm{G}}$. Dieses maximal zulässige mittlere Träger–zu–Interferenz–Verhältnis Γ_0 ist von der Systemlast L_{S} abhängig. Ein reales Mobilfunksystem ist nur dann brauchbar, wenn $P_{\mathrm{out}}^{\mathrm{G}}$ oberhalb des ausflachenden Verlaufs der $\mathrm{Pr}\{C/I \leq \Gamma\}$–Kurve ist, siehe Bild 2.9. Ist dies nicht der Fall, so muß das Konzept des Mobilfunksystems geeignet modifiziert werden. Durch $P_{\mathrm{out}}^{\mathrm{G}}$ und das zugehörige Γ_0 wird ein dienstabhängiger Arbeitspunkt im realen Zellnetz festgelegt. Zum Erreichen dieses dienstabhängigen Arbeitspunkts ist ein um Δ' kleineres Γ_0 als bei idealen Verhältnissen einzuhalten.

Beispiel 2.2 Im folgenden wird das in Beispiel 2.1 betrachtete CDMA–Mobilfunksystem mit Sprachübertragung erneut behandelt. Es sei $P_{\mathrm{out}}^{\mathrm{G}} = 0.01$. In Abhängigkeit vom Reuse–Faktor r ergeben sich die in Tab. 2.3 angeführten Werte für das maximal zulässige mittlere Träger–zu–Interferenz–Verhältnis Γ_0 als Funktion der Systemlast L_{S}.

Gemäß Tab. 2.3 nimmt Γ_0 mit wachsender Systemlast L_{S} ab. Dies liegt an der mit wachsender Systemlast L_{S} zunehmenden Interzellinterferenz. Die in Tab. 2.3 angegebenen Werte für Γ_0 sind in Bild 2.8 eingezeichnet. Es fällt auf, daß die entstehenden Kurven für hohe Systemlast flacher verlaufen als für geringe Systemlast. Dies ist eine Auswirkung der Interferenzdiversität, siehe Abschnitt 4.2. ♣

Tab. 2.3. $10\log_{10}(\Gamma_0)$ in dB in Abhängigkeit von Reuse–Faktor r und Systemlast L_S

	Systemlast L_S							
	12,5%	25%	37,5%	50%	62,5%	75%	87,5%	100%
$r = 1$	-3,3	-5,2	-6,4	-7,3	-8,0	-8,6	-9,0	-9,5
$r = 3$	0,7	-0,4	-1,3	-1,7	-2,3	-2,9	-3,4	-3,7
$r = 4$	2,4	1,0	0,1	-0,4	-0,9	-1,3	-1,7	-1,9
$r = 7$	6,6	5,0	4,1	3,2	2,8	2,3	1,9	1,2

2.3.5 Ermitteln der Spektrumeffizienz

Aus dem mindestens erforderlichen mittleren $(E_b/N_0)^G$ beziehungsweise $(C/I)^G$ nach Schritt eins und dem maximal zulässigen mittleren Träger–zu–Interferenz– Verhältnis Γ_0 nach Schritt zwei ergibt sich zusammen mit der Datenrate je Teilnehmer und mit der von einem Teilnehmer belegten Teilnehmerbandbreite B_u gleich B_T im dritten Schritt des Verfahrens ein Schätzwert für die Spektrumeffizienz η. Dazu wird zunächst die maximal zulässige Systemlast $\bar{L}_S^G$ abhängig vom Reuse–Faktor r bestimmt.

Beispiel 2.3 Die Beispiele 2.1 und 2.2 werden fortgeführt. Es wird Bild 2.8 betrachtet. Aus den Schnittpunkten der mit dem mindestens erforderlichen mittleren $(C/I)^G$ korrespondierenden Kurve mit denjenigen Kurven, welche für Γ_0 gelten, erhält man die maximal zulässige Systemlast L_S^G. Tab. 2.4 faßt die erhaltenen Ergebnisse zusammen.

Tab. 2.4. Maximal zulässige Systemlast L_S^G

	$r = 1$	$r = 3$	$r = 4$	$r = 7$
L_S^G / %	16,7	60,3	77,3	100

Die maximal zulässige Systemlast L_S^G steigt mit zunehmendem Reuse–Faktor r. Dies liegt an dem sinkenden Einfluß der Interzellinterferenz. Bei r gleich eins wird jedes Teilnehmerfrequenzband lediglich zu 1/6 ausgenutzt. Die Ausnutzung eines jeden Teilnehmerfrequenzbandes ist bereits 3/5 bei r gleich drei und mehr als 3/4 bei r gleich vier. Bei r gleich sieben ist L_S^G gleich 100 %, und somit ist die tatsächliche Teilnehmerzahl pro Teilnehmerfrequenzband gleich der maximal möglichen.

Im folgenden wird die spektrale Effizienz $\eta_{\text{Ü}}$ stellvertretend für alle anderen Varianten der Spektrumeffizienz betrachtet. Allgemein gilt

$$\eta_{\text{Ü}} \propto \frac{L_{\text{S}}^{\text{G}}}{r}. \qquad (2.4)$$

Bei konstanter maximal zulässiger Systemlast L_{S}^{G} sinkt $\eta_{\text{Ü}}$ mit wachsendem Reuse–Faktor r. Bei gegebenem Reuse–Faktor r wächst $\eta_{\text{Ü}}$ mit wachsendem L_{S}^{G}. Zur Maximierung der spektralen Effizienz ist also die Maximierung von L_{S}^{G} bei gleichzeitiger Minimierung von r erforderlich.

Die Proportionalitätskonstante zwischen $\eta_{\text{Ü}}$ und $L_{\text{S}}^{\text{G}}/r$ ist systemabhängig. Für das hier betrachtete CDMA–Mobilfunksystem gelte

$$\eta_{\text{Ü}} = 384 \, \frac{\text{kbit}}{\text{s\,MHz}} \cdot \frac{L_{\text{S}}^{\text{G}}}{r}. \qquad (2.5)$$

Bild 2.10 veranschaulicht (2.5) für die in Tab. 2.4 angegebenen Werte von L_{S}^{G}. Die maximale spektrale Effizienz wird für r gleich drei erzielt. ♣

Das Ermitteln der Spektrumeffizienz η ist in Abschnitt 6.3.6 am Beispiel der Aufwärtstrecke von JD–CDMA dargelegt [JuS94].

2.4 Entwurf digitaler zellularer Mobilfunksysteme

2.4.1 Basisstationsflächendichte und Verkehrsdichte

Wie bereits in Abschnitt 2.2.7 erläutert wurde, basiert ein DZM auf einem Zellnetz mit einer großen Anzahl von Basisstationen [Kam86]. Es ist wünschenswert, ein bestimmtes Gebiet durch eine möglichst geringe Anzahl von Basisstationen mit Funk zu versorgen. Die Anzahl der insgesamt benötigten Basisstationen und damit auch die Basisstationsflächendichte, das heißt die Anzahl der Basisstationen pro Fläche, und der Zellradius ϱ_0 hängen von der Flächendichte des Funkverkehrs, kurz Verkehrsdichte D, von der Funkreichweite und vom gewählten Reuse–Faktor r ab. Im folgenden wird dieser Zusammenhang anhand eines einfachen Modells mathematisch formuliert.

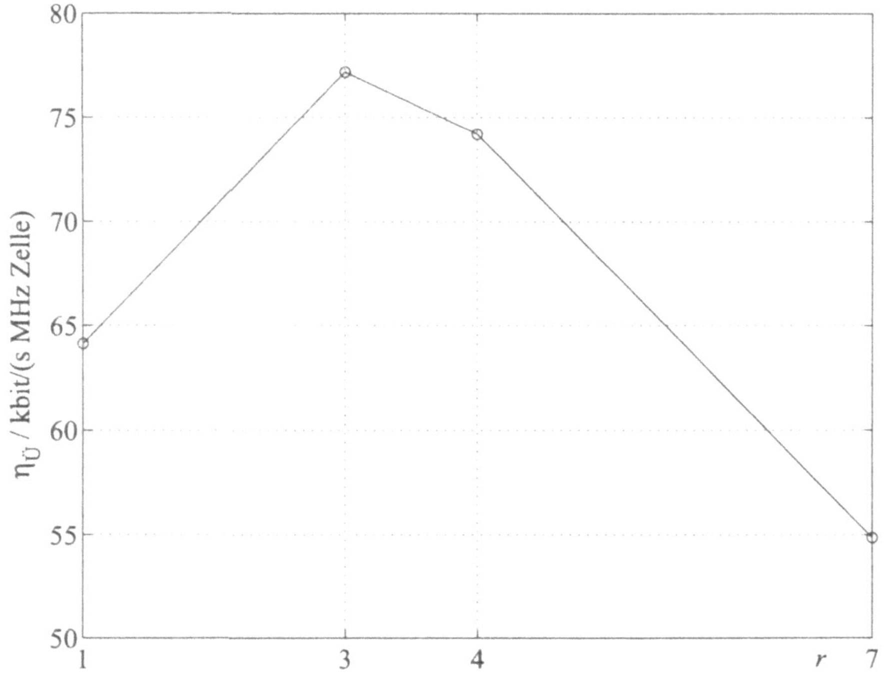

Bild 2.10. Spektrale Effizienz $\eta_{\ddot{U}}$ in Abhängigkeit vom Reuse–Faktor r

Bei gleichmäßiger Aufteilung der Gesamtübertragungsbandbreite B auf die r Zellen eines Clusters und unter der Annahme eines einzigen bestimmten Dienstes verfügt jede Basisstation über

$$N_{\mathrm{E}} = \left\lfloor \frac{N_{\mathrm{E,ges}}}{r} \right\rfloor \tag{2.6}$$

Verkehrskanäle zur Realisierung von Verbindungen, die den erwähnten Dienst nutzen. In (2.6) ist $\lfloor N_{\mathrm{E,ges}}/r \rfloor$ der ganzzahlige Anteil von $N_{\mathrm{E,ges}}/r$. Somit ist N_{E} immer kleiner oder gleich $N_{\mathrm{E,ges}}/r$. In (2.6) ist $N_{\mathrm{E,ges}}$ die Gesamtzahl der Verkehrskanäle, die im Cluster und somit mit der Gesamtübertragungsbandbreite B realisierbar sind. Gemäß (2.6) wächst N_{E} mit sinkendem Reuse–Faktor r. Tab. 2.5 gibt exemplarisch die sich ergebenden Werte für N_{E} bei $N_{\mathrm{E,ges}}$ gleich 2400 und abhängig vom Reuse–Faktor r an.

Tab. 2.5. Anzahl N_{E} der Verkehrskanäle pro Basisstation beziehungsweise pro Zelle nach (2.6); $N_{\mathrm{E,ges}} = 2400$

	Reuse–Faktor r						
	1	3	4	7	9	12	13
N_{E}	2400	800	600	342	266	200	184

	Reuse–Faktor r						
	16	19	21	25	27	28	31
N_{E}	150	126	114	96	88	85	77

Die Größen N_{E} beziehungsweise $N_{\mathrm{E,ges}}$ heißen in der Verkehrstheorie Anzahl der Abnehmer [Boc76, S. 250ff.], wobei N_{E} die Anzahl der Abnehmer pro Basisstation beziehungsweise pro Zelle und $N_{\mathrm{E,ges}}$ die Anzahl der Abnehmer pro Cluster ist. Das maximal bewältigbare Angebot ist N_{E} in einer Zelle und $N_{\mathrm{E,ges}}$ im Cluster. Das Angebot ist dimensionslos, wird aber nach dem dänischen Verkehrstheoretiker A.K. Erlang in Erlang (Erl) angegeben, um damit auf den Zusammenhang hinzuweisen, in dem die Angabe des Zahlenwerts erfolgt [Boc76, S. 253f.].

Sei A_{Z} die Zellfläche. Der Zellradius ϱ_0 ist definiert als der Radius eines Kreises, der die Zellfläche A_{Z} hat. Wegen der endlichen Funkreichweite können A_{Z} und ϱ_0 nicht beliebig wachsen. Der maximale Zellradius $\varrho_{0,\mathrm{max}}$ ist somit durch die Funkreichweite gegeben. Mit der üblicherweise in Erl/km^2 angegebenen maximalen Verkehrsdichte

$$D = \frac{N_{\mathrm{E}}}{A_{\mathrm{Z}}} \tag{2.7}$$

gilt für den Zellradius

$$
\varrho_0 = \begin{cases} \underbrace{\sqrt{\dfrac{1}{\pi} \cdot \dfrac{N_\mathrm{E}}{D}} \leq \sqrt{\dfrac{N_\mathrm{E,ges}}{\pi}}}_{=\text{const.}} \cdot \sqrt{\dfrac{1}{D \cdot r}} & \text{falls } A_\mathrm{Z} < \pi \cdot \varrho_{0,\max}^2 \text{ ist,} \\[3em] \varrho_{0,\max} & \text{sonst.} \end{cases}
\tag{2.8}
$$

Gemäß (2.8) ist ϱ_0 in guter Näherung proportional zur Quadratwurzel aus $1/(D \cdot r)$, falls $\sqrt{A_\mathrm{Z}/\pi} < \varrho_{0,\max}$ ist. Bei konstantem Reuse–Faktor r, das heißt bei gegebenem N_E, kann deshalb ϱ_0 mit sinkender Verkehrsdichte D wachsen. Somit kann auch die Zellfläche A_Z zunehmen, bis sie den Maximalwert $\pi \varrho_{0,\max}^2$ annimmt.

Einer sinkenden maximalen Verkehrsdichte D kann zunächst durch Vergrößern von ϱ_0 begegnet werden, zumindest solange bis der Zellradius ϱ_0 seinen Maximalwert $\varrho_{0,\max}$ annimmt. Da die Basisstationen in Gebieten mit kleiner maximaler Verkehrsdichte D jedoch nur ein kleines N_E benötigen, kann gemäß (2.6) außerdem der Reuse–Faktor r vergrößert werden. In solchen Gebieten, in denen der Zellradius $\varrho_{0,\max}$ ist, ist die Frequenzwiederholung also unkritisch. Wegen des großen r und des großen ϱ_0 sind Basisstationen, die dieselben Teilfrequenzbänder verwenden, so weit voneinander entfernt, daß Interzellinterferenz vernachlässigbar ist.

In Gebieten mit hohem Verkehrsangebot ist gemäß (2.8) der Zellradius ϱ_0 kleiner als $\varrho_{0,\max}$, und es muß Frequenzwiederholung eingesetzt werden. In solchen Gebieten ist die Frequenzwiederholung also kritisch. Es sollte ein möglichst kleiner Reuse–Faktor r realisiert werden, damit der Zellradius ϱ_0 möglichst groß gehalten werden kann. Denn ein großer Zellradius ϱ_0 führt auf eine geringe Basisstationsflächendichte. Für den Fall $N_\mathrm{E,ges}$ gleich 2400 zeigt Bild 2.11 exemplarisch die aus (2.8) unter der Voraussetzung $\varrho_0 < \varrho_{0,\max}$ folgende relative Basisstationsflächendichte

$$
\rho_\mathrm{BS} = \left\lfloor \frac{N_\mathrm{E,ges}}{4} \right\rfloor \Big/ \left\lfloor \frac{N_\mathrm{E,ges}}{r} \right\rfloor
\tag{2.9}
$$

in Abhängigkeit vom Reuse–Faktor r. Die relative Basisstationsflächendichte ρ_BS ist bezogen auf ein Cluster mit Reuse–Faktor r gleich vier.

Die dargelegten Sachverhalte werden in Bild 2.12 beispielhaft anhand des aus (2.8) folgenden Zusammenhangs

$$
D = \frac{N_\mathrm{E}}{\pi \cdot \varrho_0^2}, \quad \varrho_0 < \varrho_{0,\max},
\tag{2.10}
$$

gezeigt. Der Reuse–Faktor r wurde als Parameter gewählt. Es wird davon ausgegangen, daß die Anzahl $N_\mathrm{E,ges}$ der Abnehmer pro Cluster gleich 2400 ist. Somit

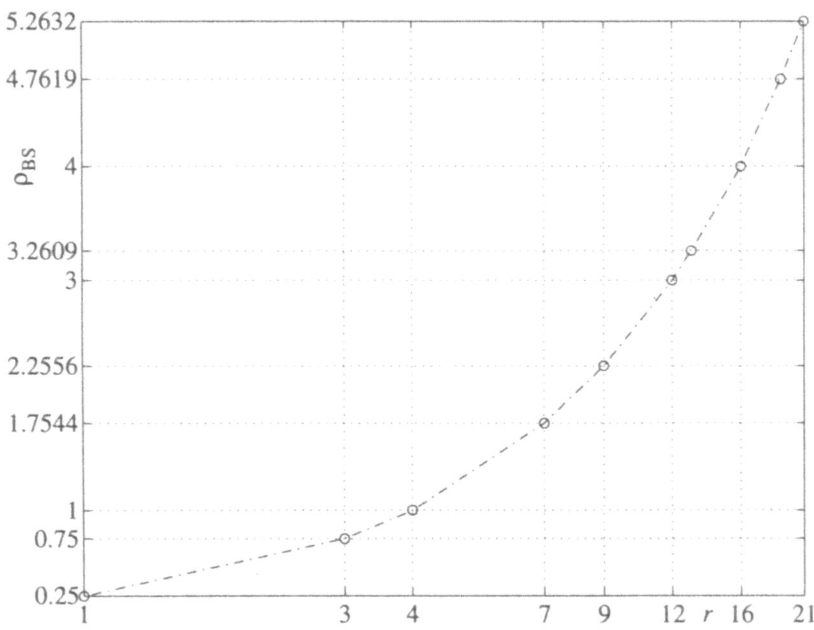

Bild 2.11. Relative Basisstationsflächendichte ρ_{BS} in Abhängigkeit vom Reuse–Faktor r für $N_{E,ges} = 2400$ und $\varrho_0 < \varrho_{0,max}$

gelten die in Tab. 2.5 angegebenen Werte für N_E. Als maximaler Zellradius $\varrho_{0,\mathrm{max}}$ wurde 10 km angenommen.

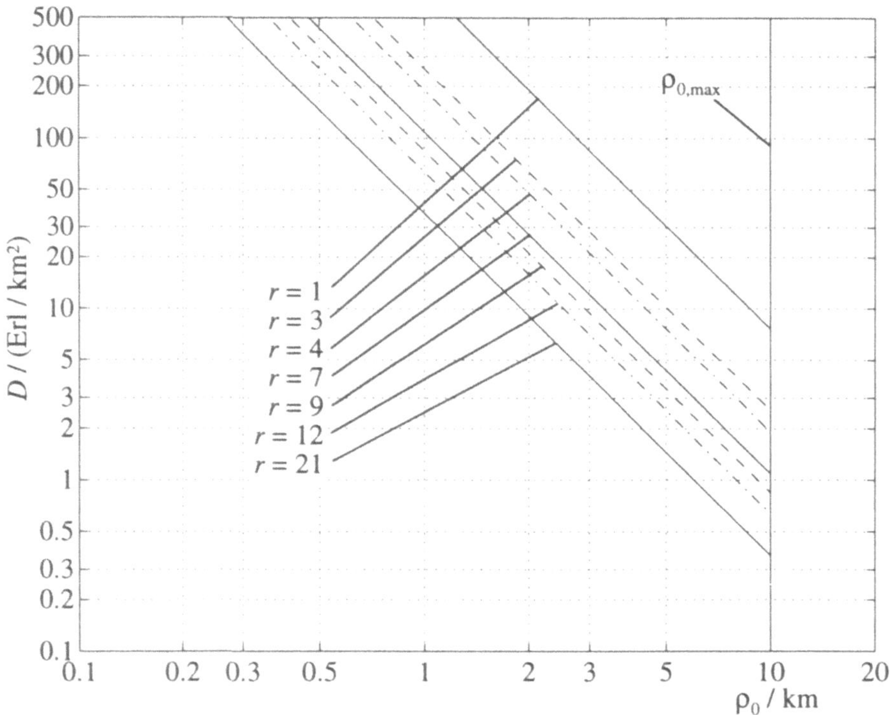

Bild 2.12. Zusammenhang zwischen maximaler Verkehrsdichte D und Zellradius ϱ_0 mit dem Reuse–Faktor r als Parameter

In Tab. 2.6 sind die Werte der maximalen Verkehrsdichte D für $N_{E,\mathrm{ges}}$ gleich 2400 und $\varrho_0 = \varrho_{0,\mathrm{max}} = 10\,\mathrm{km}$ in Abhängigkeit vom Reuse–Faktor r angegeben.

2.4.2   Minimale Anzahl der benötigten Cluster und Basisstationen

Im vorliegenden Abschnitt wird die minimale Anzahl der benötigten Cluster und Basisstationen abgeschätzt. Bei den Betrachtungen wird angenommen, daß die Anzahl der Teilnehmer $N_{T,\mathrm{ges}}$ gleichmäßig über die Fläche verteilt sind. Weiterhin wird davon ausgegangen, daß alle Verkehrskanäle nutzbar sind.

Tab. 2.6. Maximale Verkehrsdichte D in Erl/km^2 in Abhängigkeit vom Reuse–Faktor r; N_E nach Tab. 2.5 und $\varrho_0 = \varrho_{0,\mathrm{max}} = 10\,\mathrm{km}$

	Reuse–Faktor r						
	1	3	4	7	9	12	13
$\dfrac{D}{\mathrm{Erl/km}^2}$	7,64	2,55	1,91	1,09	0,85	0,64	0,59
	Reuse–Faktor r						
	16	19	21	25	27	28	31
$\dfrac{D}{\mathrm{Erl/km}^2}$	0,48	0,40	0,36	0,31	0,28	0,27	0,25

Jeder Teilnehmer verursache das Angebot

$$\lambda_\mathrm{T} = 0,03\,\frac{\mathrm{Erl}}{\mathrm{Teilnehmer}}. \tag{2.11}$$

Daraus ergibt sich die Mindestanzahl der benötigten Verkehrskanäle beziehungsweise Abnehmer im Mobilfunknetz zu

$$N_\mathrm{Abnehmer} = \lceil N_\mathrm{T,ges} \cdot \lambda_\mathrm{T} \rceil, \tag{2.12}$$

wobei $\lceil \cdot \rceil$ die kleinste ganze Zahl größer als oder gleich $\cdot$ ist.

Beispiel 2.4 Es sei $N_\mathrm{T,ges}$ gleich 2,5 Mio. Somit gilt

$$N_\mathrm{Abnehmer} = \lceil 2,5 \cdot 10^6 \cdot 0,03 \rceil\ \mathrm{Erl} = 75.000\,\mathrm{Erl}. \tag{2.13}$$

♣

Mit der Gesamtübertragungsbandbreite B, der Teilnehmerbandbreite B_u und der Anzahl $N_\mathrm{E,u}$ der Verkehrskanäle je Teilnehmerbandbreite gilt für die Anzahl $N_\mathrm{E,ges}$ der Verkehrskanäle pro Cluster

$$N_\mathrm{E,ges} = \left\lfloor \frac{B}{B_\mathrm{u}} \cdot N_\mathrm{E,u} \right\rfloor. \tag{2.14}$$

Beispiel 2.5 Es gelte B gleich 11,2 MHz, B_u gleich 1,6 MHz und $N_\mathrm{E,u}$ gleich 96. Somit folgt

$$N_\mathrm{E,ges} = \left\lfloor \frac{11,2}{1,6} \cdot 96 \right\rfloor\ \mathrm{Erl} = 672\,\mathrm{Erl}. \tag{2.15}$$

♣

Aus der Mindestanzahl N_{Abnehmer} der benötigten Verkehrskanäle und der Anzahl $N_{\text{E,ges}}$ der Verkehrskanäle pro Cluster folgt die mindestens benötigte Anzahl N_{Cluster} der Cluster zu

$$N_{\text{Cluster}} = \left\lceil \frac{N_{\text{Abnehmer}}}{N_{\text{E,ges}}} \right\rceil . \tag{2.16}$$

Beispiel 2.6 Mit N_{Abnehmer} gleich 75.000 Erl und $N_{\text{E,ges}}$ gleich 672 Erl folgt

$$N_{\text{Cluster}} = \left\lceil \frac{75.000}{672} \right\rceil = 112 . \tag{2.17}$$

♣

Mit dem Reuse–Faktor r erhält man die minimale Anzahl der Basisstationen

$$N_{\text{BS}} = N_{\text{Cluster}} \cdot r . \tag{2.18}$$

Beispiel 2.7 Für N_{Cluster} gleich 112 erhält man die in Tab. 2.7 angegebenen Werte für N_{BS}. ♣

Tab. 2.7. Minimale Anzahl N_{BS} der Basisstationen; $N_{\text{Cluster}} = 112$

	$r = 1$	$r = 3$	$r = 4$	$r = 7$
N_{BS}	112	336	448	784

2.4.3 Verkehrstheoretische Verlustwahrscheinlichkeit

In einem zellularen Mobilfunksystem stellen die Teilnehmer im Sinne der Verkehrstheorie die Verkehrsquellen dar. Der von diesen Verkehrsquellen produzierte Verkehr, das heißt Telefongespräche, Datendienstverbindungen usw., muß über den Mobilfunkkanal übertragen werden. Untersucht man ein zellulares Mobilfunksystem verkehrstheoretisch, so ist das zulässige Angebot je Zelle ein quantitatives Gütekriterium zum Beurteilen der Leistungsfähigkeit des zellularen Mobilfunksystems.

Das von den Teilnehmern eines zellularen Mobilfunksystems hervorgerufene Angebot wird als Zufallsprozeß modelliert. Setzt man voraus, daß in einer Zelle ein Verkehrskanal für die mittlere Belegungsdauer t_{m} von einem Teilnehmer genutzt wird und daß der Mittelwert der Anrufabstände t_a ist, so ergibt sich in dieser Zelle das Angebot

$$A_E = \frac{1}{t_a} \cdot t_m \qquad (2.19)$$

[Boc76, S. 253f.]. Das Angebot A_E nach (2.19) ist die mittlere Anzahl der während der Zeit t_m eintreffenden Anrufe.

Ein Anruf geht gemäß der Theorie der reinen Verlustsysteme mit vollkommener Erreichbarkeit immer dann zu Verlust, wenn alle N_E Verkehrskanäle einer Zelle belegt sind. Die Wahrscheinlichkeit für die vollständige Belegung aller N_E Verkehrskanäle ist also gleich der Verlustwahrscheinlichkeit B_E und ergibt sich mit N_E gemäß (2.6) und A_E gemäß (2.19) nach der Erlangschen Verlustformel [Boc76, S. 257] zu

$$B_E = \frac{\dfrac{A_E^{N_E}}{N_E!}}{\sum\limits_{i=0}^{N_E} \dfrac{A_E^{i}}{i!}} . \qquad (2.20)$$

Der durch (2.20) charakterisierte Zusammenhang zwischen A_E, N_E und B_E beschreibt zwei für die klassische Verkehrstheorie typische Aspekte: Zum einen erkennt man, daß A_E und die Anzahl N_E der Abnehmer bei festem B_E nicht proportional zueinander sind. Zum anderen ist B_E nach (2.20) trotz der Annahme, daß beliebig viele Verkehrsquellen auf die N_E Verkehrskanäle zugreifen, nicht gleich eins. Dieser zunächst paradox erscheinende Sachverhalt liegt in der Annahme, daß das hervorgerufene Angebot der Statistik eines Poisson–Prozesses genügt, begründet. Bei einem Poisson–Prozeß geht bei einem gegebenen beliebig kurzen Zeitintervall sowohl die Wahrscheinlichkeit, daß mehr als ein neuer Verbindungswunsch hinzukommt, als auch die Wahrscheinlichkeit, daß mehr als ein Verkehrskanal frei wird, gegen null.

Obwohl die Voraussetzung unendlich vieler Verkehrsquellen in der Praxis nicht erfüllt wird, ist doch die Anzahl der Verkehrsquellen im Vergleich zu N_E im allgemeinen so groß, daß man ohne nennenswerte Einbußen an Genauigkeit von der angeführten Voraussetzung ausgehen darf. Die unter dieser Voraussetzung ermittelten Werte liegen auf der „sicheren Seite", denn sie ergeben gegenüber den tatsächlichen Verhältnissen eine etwas zu große Verlustwahrscheinlichkeit B_E beziehungsweise ein zu niedriges Angebot A_E.

Bei konstantem Angebot A_E nach (2.19) sinkt B_E aus (2.20) mit wachsendem N_E, das heißt mit sinkendem Reuse-Faktor r, siehe (2.6). Bei kleinem Reuse-Faktor r muß jede Zelle jedoch ein höheres Angebot A_E abwickeln, als dies bei großem

Reuse–Faktor r der Fall wäre. Es ist deshalb sinnvoll, bei der Diskussion von (2.20) das auf die Anzahl der Verkehrskanäle N_E normierte Angebot

$$\frac{A_E}{N_E} \geq \frac{A_E \cdot r}{N_{E,\text{ges}}} \propto A_E \cdot r \tag{2.21}$$

zu betrachten.

Die Größe A_E/N_E kann nur Werte zwischen 0 Erl und 1 Erl annehmen. Aus (2.20) ergibt sich selbst für konstantes Verhältnis A_E/N_E, das heißt für konstantes Produkt $A_E \cdot r$, eine Verringerung der Verlustwahrscheinlichkeit B_E mit wachsendem N_E, das heißt mit sinkendem Reuse–Faktor r, siehe (2.6) [Boc76, S. 257, Bild 6.13]. Diesen allgemeingültigen Umstand bezeichnet man als Bündelgewinn.

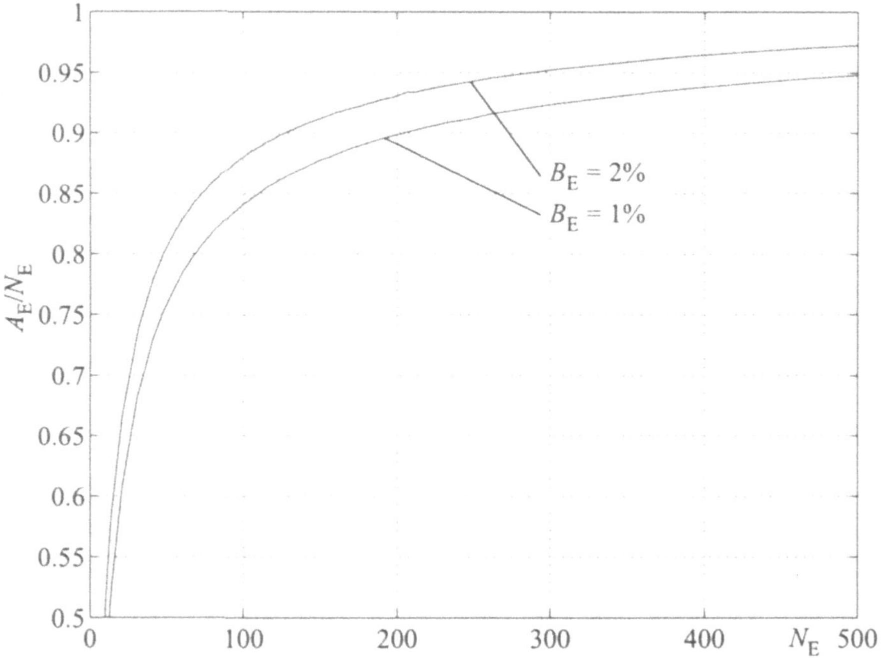

Bild 2.13. Normiertes Angebot A_E/N_E als Funktion der Anzahl N_E der Abnehmer mit der Verlustwahrscheinlichkeit B_E als Parameter

Bild 2.13 zeigt das normierte Angebot A_E/N_E als Funktion der Anzahl N_E der Abnehmer mit der Verlustwahrscheinlichkeit B_E als Parameter. Der genannte

Bündelgewinn zeigt sich in dem streng monotonen Wachsen von A_E/N_E. Außerdem wächst A_E/N_E bei gegebenem N_E mit wachsendem B_E. Wegen des Bündelgewinns ist ein kleiner Reuse–Faktor r also auch verkehrstheoretisch vorteilhaft.

Kapitel 3

Mobilfunkkanal

3.1 Übersicht

Im vorliegenden Kapitel wird der Mobilfunkkanal betrachtet [Par92]. Zunächst wird in Abschnitt 3.2 die Interferenzproblematik erläutert. Das Entstehen von Intersymbolinterferenz und Vielfachzugriffsinterferenz wird anschaulich beschrieben.

In Abschnitt 3.3 wird die Zeitvarianz behandelt. Zunächst wird der langsame Schwund betrachtet. Danach wird der schnelle Schwund erklärt. Schließlich wird der Verlauf der Empfangsleistung beispielhaft veranschaulicht. In Abschnitt 3.4 wird die Funkreichweite betrachtet, die sich als Konsequenz der Zeitvarianz ergibt.

Das Beschreiben des Mobilfunkkanals mit stochastischen Methoden erfolgt in Abschnitt 3.5. Die in Abschnitt 3.5 enthaltene Diskussion beruht auf den theoretischen Erkenntnissen von Bello [Bel63].

In Abschnitt 3.6 wird die Simulation von WSSUS (Wide Sense Stationary Uncorrelated Scattering)–Mobilfunkkanälen auf Rechnern betrachtet [Lor85]. In Abschnitt 3.7 wird ein erweitertes Modell des Mobilfunkkanals angegeben [BBJ95], das neben Zeitvarianz und Frequenzselektivität auch die Einfallsrichtungen der empfangenen Wellen explizit berücksichtigt. Ausgehend vom erweiterten Modell des Mobilfunkkanals kann der Einsatz von Richtungsdiversität quantitativ untersucht werden. Andere Modelle werden beispielsweise im RACE–Projekt TSUNA-MI (Technology in Smart Antennas for Universal Advanced Mobile Infrastructure) [Egg94] und auf der Grundlage von [FlD94] an der ETH Zürich entwickelt. Auf die letztgenannten Modelle wird nicht weiter eingegangen. Schließlich wird in Abschnitt 3.8 die Messung von Mobilfunkkanälen behandelt [Fel94, KaL91].

3.2 Interferenz

3.2.1 Intersymbolinterferenz

In Bild 3.1 ist das Entstehen von Intersymbolinterferenz (ISI, Intersymbol Interference) und Vielfachzugriffsinterferenz (MAI, Multiple Access Interference) veranschaulicht. Tab. 3.1 faßt die Arten der Interferenz übersichtlich zusammen. Bild 3.1 zeigt den Ausschnitt eines Zellnetzes mit zwei Zellen sowie mit natürlichen Geländeformationen wie Berge und Wälder und mit künstlichen Hindernissen wie Häuser, Personenkraftwagen und Lastkraftwagen. In Bild 3.1 sind drei Mobilstationen μ_1, μ_2 und μ_3 und zwei Basisstationen β_1 und β_2 gezeigt. Die Mobilstationen μ_1 und μ_2, die beide in der rechten Zelle sind, sind der Basisstation β_1 der rechten Zelle zugeordnet. Die Mobilstation μ_3 in der linken Zelle ist der Basisstation β_2 zugeordnet, die ebenfalls in der linken Zelle ist. In Bild 3.1 wird die Aufwärtsstrecke betrachtet, bei der die Mobilstationen μ_1, μ_2 und μ_3 senden und die Basisstationen β_1 und β_2 empfangen.

Zunächst wird das Entstehen von ISI am Beispiel der Aufwärtsstrecke zwischen sendender Mobilstation μ_1 und empfangender Basisstation β_1 erläutert [Par92]. Aufgrund von Inhomogenitäten des Mobilfunkkanals, die durch die vorgenannten natürlichen und künstlichen Hindernisse entstehen, breiten sich die von der Mobilstation μ_1 abgestrahlten Wellen nicht gleichmäßig im Funkfeld aus. Statt dessen finden an den erwähnten Hindernissen Beugungen, Reflexionen und Streuungen statt. Deshalb erreichen die von der Mobilstation μ_1 abgestrahlten Wellen den Empfänger der Basisstation β_1 nicht nur auf einem einzigen Weg, sondern auf mehreren Wegen. Oft besteht keine direkte Sicht (LOS, Line of Sight) zwischen Sendern und Empfängern, wie dies in Bild 3.1 für die Aufwärtsstrecke zwischen der Mobilstation μ_1 und der Basisstation β_1 gezeigt ist. Man spricht von Abschatung.

Diejenigen Wellen, welche über die einzelnen Wege des Mobilfunkkanals empfangen werden, können unterschiedliche Laufzeiten, unterschiedliche Nullphasen, unterschiedliche Dämpfungen und unterschiedliche Einfallsrichtungen haben. Die über verschiedene Wege des Mobilfunkkanals empfangenen Wellen werden als unkorreliert betrachtet, da die Beugungen, Streuungen und Reflexionen eines bestimmten Wegs unabhängig von denjenigen der anderen Wege sind. Der Mobilfunkkanal wird deshalb als Kanal mit unkorrelierter Streuung (Uncorrelated Scattering) bezeichnet.

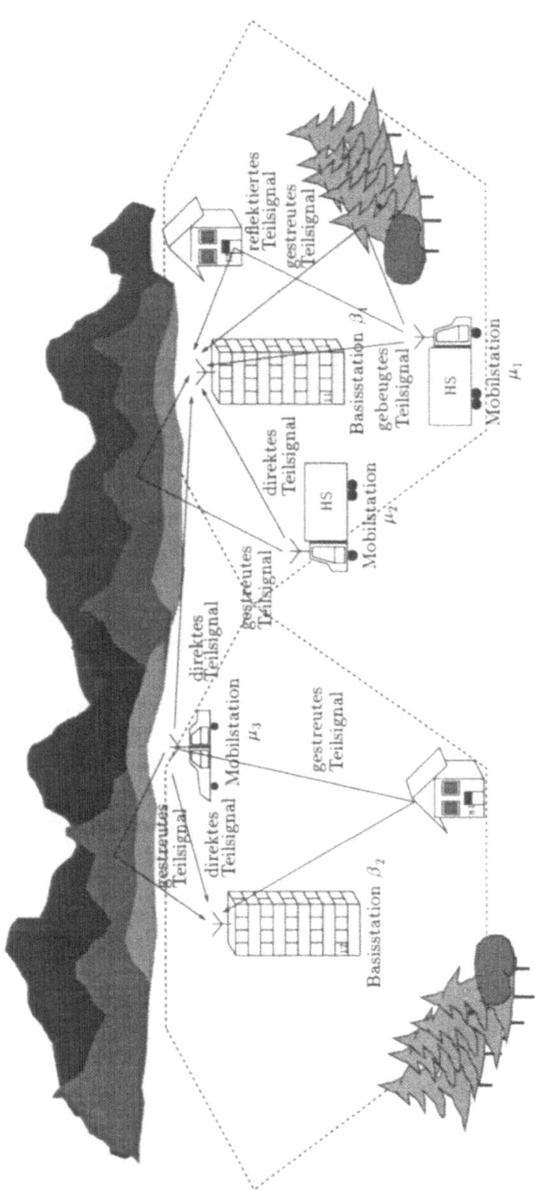

Bild 3.1. Entstehung von Intersymbolinterferenz (ISI) und Vielfachzugriffsinterferenz (MAI), gezeigt am Beispiel der Aufwärtsstrecke

Tab. 3.1. Arten der Interferenz in digitalen zellularen Mobilfunksystemen

Art der Interferenz	Entstehung
Intersymbolinterferenz (ISI)	Überlagern von aufgrund der Mehrwegeausbreitung im Mobilfunkkanal unterschiedlich verzögerter und unterschiedlich gewichteter Replika derjenigen Teilnehmersignale, welche von einem bestimmten Teilnehmer gesendet werden, wodurch sich im Empfänger Interferenz zwischen benachbart gesendeten Datensymbolen ergibt.
Vielfachzugriffsinterferenz (MAI)	Überlagern von empfangenen Teilnehmersignalen, die auf unterschiedliche Teilnehmer zurückgehen, ...
Intrazellinterferenz	..., wobei die betreffenden Teilnehmer alle derselben Zelle im Zellnetz des digitalen zellularen Mobilfunksystems zugeordnet ...
Gleichkanalinterferenz	...und im selben Frequenzbereich aktiv sind.
Nachbarkanalinterferenz	...und in einander benachbarten Frequenzbereichen aktiv sind.
Interzellinterferenz	..., wobei die betreffenden Teilnehmer unterschiedlichen Zellen im Zellnetz des digitalen zellularen Mobilfunksystems zugeordnet ...
Gleichkanalinterferenz	...und im selben Frequenzbereich aktiv sind.
Nachbarkanalinterferenz	...und in einander benachbarten Frequenzbereichen aktiv sind.

Das im Empfänger der Basisstation β_1 durch die Aktivität der Mobilstation μ_1 entstehende empfangene Teilnehmersignal ergibt sich aus der Überlagerung der unterschiedlich verzögerten und unterschiedlich gewichteten Replika des gesendeten Teilnehmersignals. Diese Replika heißen Echos und führen im Empfänger der Basisstation β_1 zur Frequenzselektivität und damit zur ISI.

Die maximale Zeitdifferenz T_M, die im Mittel zwischen zwei über verschiedene Wege empfangenen Wellen auftritt, ist endlich und heißt Mehrwegespreizung (Multipath Spread). Typische Werte für die Mehrwegespreizung T_M liegen zwischen etwa 1 ns in Pikozellen und etwa 100 μs in großen Makrozellen. Die Standardabweichung der Laufzeiten empfangener Wellen, die sich beim Berücksichtigen der mittleren relativen Häufigkeiten des Auftretens von empfangenen Wellen bestimmter Laufzeiten ergibt, heißt Verzögerungsspreizung (Delay Spread) S. Die Verzögerungsspreizung S beschreibt die mittlere zeitliche Spreizung eines über den Mobilfunkkanal übertragenen Dirac–Impulses und ist ebenso wie die Mehrwegespreizung T_M ein quantitatives Maß für die Frequenzselektivität des Mobilfunkkanals. Typische Werte der Verzögerungsspreizung S betragen beim Mobilfunkkanal einige Nanosekunden bis einige zehn Mikrosekunden.

Wenn der ISI im Empfänger der Basisstation β_1 nicht entgegengewirkt wird, so ergibt sich oft ein beträchtliches Verfälschen der gesendeten Nachrichten. Um dieses Verfälschen der gesendeten Nachrichten zu vermeiden, sind geeignete Maßnahmen erforderlich, die ISI teilweise oder ganz beseitigen.

Beispiel 3.1 In GSM werden binäre Datensymbole mit der Symboldauer T_s gleich 3,692 μs übertragen. Der zeitliche Abstand der frühesten und spätesten Echos beträgt in Makrozellen bis zu 16 μs, das heißt etwa 4,3 Symboldauern. Somit ergibt sich ISI über mehr als fünf benachbarte Symbole. ♣

3.2.2 Vielfachzugriffsinterferenz

Im folgenden wird das Entstehen von MAI kurz erläutert. Neben der Aufwärtsstrecke zwischen Mobilstation μ_1 und Basisstation β_1 gibt es in Bild 3.1 in der rechten Zelle noch die ebenfalls durch Mehrwegeausbreitung gekennzeichnete Aufwärtsstrecke zwischen Mobilstation μ_2 und Basisstation β_1, und in der linken Zelle besteht die auch durch Mehrwegeausbreitung charakterisierte Aufwärtsstrecke zwischen Mobilstation μ_3 und Basisstation β_2. Außerdem werden gemäß Bild 3.1 auf Mobilstation μ_3 zurückgehende Teilnehmersignale von Basisstation β_1 empfangen. Aufgrund der in Bild 3.1 dargestellten Situation ergibt sich im

Empfänger der Basisstation β_1 MAI zwischen denjenigen empfangenen Teilnehmersignalen, welche auf Mobilstation μ_1 zurückgehen, und denjenigen, welche von den Mobilstationen μ_2 und μ_3 herrühren.

MAI zwischen solchen empfangenen Teilnehmersignalen, welche von Teilnehmern erzeugt werden, die ein und derselben Basisstation beziehungsweise Zelle zugeordnet sind, heißt Intrazellinterferenz. Intrazellinterferenz ergibt sich in Bild 3.1 im Empfänger der Basisstation β_1 zwischen denjenigen empfangenen Teilnehmersignalen, welche von den Mobilstationen μ_1 und μ_2 herrühren.

MAI zwischen solchen empfangenen Teilnehmersignalen von Teilnehmern, die verschiedenen Basisstationen beziehungsweise Zellen zugeordnet sind, heißt Interzellinterferenz. Interzellinterferenz ergibt sich in Bild 3.1 im Empfänger der Basisstation β_1 beispielsweise zwischen denjenigen empfangenen Teilnehmersignalen, welche von den Mobilstationen μ_1 und μ_3 erzeugt werden.

Überlagern sich empfangene Teilnehmersignale, die auf solche Teilnehmer zurückgehen, die im selben Frequenzbereich aktiv sind, so spricht man von Gleichkanalinterferenz (CCI, Co–Channel Interference). Nachbarkanalinterferenz (ACI, Adjacent Channel Interference) ergibt sich beim Überlagern von empfangenen Teilnehmersignalen, die auf solche Teilnehmer zurückgehen, die in einander benachbarten Frequenzbereichen aktiv sind.

Ebenso wie ISI verursacht MAI das Verfälschen von gesendeten Nachrichten. Es ist also notwendig, MAI soweit zu reduzieren, wie es für die erforderliche Qualität der Nachrichtenübertragung erforderlich ist, ohne daß die angestrebte hohe Teilnehmerzahl beeinträchtigt wird [JBN94, Ver86].

Aus dem bisher Dargestellten geht hervor, daß die Reduktion von ISI und die Reduktion von MAI nicht voneinander isoliert betrachtet werden können [JBN94]. Vielmehr sollten Maßnahmen zur Reduktion von ISI und MAI aufeinander abgestimmt sein.

3.3 Zeitvarianz

3.3.1 Langsamer Schwund

Sowohl aufgrund der Bewegung von Mobilstationen, die in der Aufwärtsstrecke Sender und in der Abwärtsstrecke Empfänger sind, als auch aufgrund von Inhomogenitäten des Funkfelds ändert sich die Wellenausbreitung im Mobilfunkkanal ständig. Daher sind die Empfangsleistungen zeitabhängig. Diese Zeitabhängigkeit heißt Zeitvarianz, und die zeitliche Schwankung der Empfangsleistungen heißt Schwund (Fading).

Die Wellenausbreitung im Mobilfunkkanal ändert sich in der Regel vollständig, wenn die Mobilstationen Strecken von wenigen zehn Metern zurücklegen. Existierende Wege verschwinden aufgrund von Abschattung oder sind wegen zu geringer Leistungen der über sie empfangenen Wellen nicht mehr relevant, andere Wege entstehen neu. Um den eben beschriebenen, durch Abschattung hervorgerufenen Schwund herbeizuführen, der die Zeitvarianz in großräumigen Gebieten charakterisiert, müssen Mobilstationen Strecken von mehreren Metern beziehungsweise mehreren zehn Metern zurücklegen. Bei einer Geschwindigkeit von etwa 50 km/h werden solche Strecken in wenigen Sekunden zurückgelegt. Da diese Zeit im Vergleich zur Dauer T_s eines Datensymbols lang ist, wird dieser durch Abschattung hervorgerufene Schwund auch als langsamer Schwund bezeichnet.

Die statistischen Eigenschaften des langsamen Schwunds werden nachstehend erläutert. Die Funkfelddämpfung a in Dezibel, die sich aus der konstanten Sendeleistung P_s und der zeitabhängigen Empfangsleistung P_e zu

$$a/\,\mathrm{dB} = 10 \log_{10}\left\{\frac{P_\mathrm{s}}{P_\mathrm{e}}\right\} \tag{3.1}$$

ergibt, ist beim idealen Funkkanal zeitinvariant, wenn sich die Mobilstationen in konstantem Abstand ϱ von der Basisstation bewegen.

Beim realen Mobilfunkkanal fluktuiert die Funkfelddämpfung a gemäß (3.1) jedoch selbst dann, wenn sich die Mobilstationen in konstantem Abstand ϱ von der Basisstation bewegen. Die momentane Funkfelddämpfung a gemäß (3.1) kann deshalb als Zufallsvariable angesehen werden. Wie bereits erläutert, haben die über verschiedene Wege des Mobilfunkkanals empfangenen Wellen unterschiedliche Dämpfungen.

Wegen der Vielzahl der sich an der Empfangsantenne additiv überlagernden Wellen wird die Zufallsvariable gemäß des zentralen Grenzwertsatzes selbst für konstante Entfernung ϱ als normalverteilt mit Erwartungswert $a_\mathrm{m}(\varrho)$ und Standardabweichung σ_a angenommen. Für die Wahrscheinlichkeitsdichte von a gilt daher

$$p_\mathrm{a}(a) = \frac{1}{\sqrt{2\pi}\cdot\sigma_\mathrm{a}}\cdot\exp\left\{-\frac{(a-a_\mathrm{m}(\varrho))^2}{2\sigma_\mathrm{a}^2}\right\}. \tag{3.2}$$

Die Standardabweichung σ_a liegt typischerweise zwischen 0 dB und 10 dB. Der Erwartungswert $a_\mathrm{m}(\varrho)$ der Funkfelddämpfung heißt mittlere Funkfelddämpfung.

Mit den Kurzschreibweisen

$$T/\mathrm{dB} = 10\log_{10}\left\{P_\mathrm{s}/1\,\mathrm{W}\right\} \tag{3.3a}$$

$$R/\mathrm{dB} = 10\log_{10}\left\{P_\mathrm{e}/1\,\mathrm{W}\right\} \tag{3.3b}$$

folgt

$$a = T - R \tag{3.4}$$

aus (3.1). Bei konstanter Sendeleistung beziehungsweise bei konstantem T erhält man

$$p_\mathrm{R}(R) = p_\mathrm{a}(a)|_{a=f(R)}\cdot|\det(J_\mathrm{R})| = \frac{1}{\sqrt{2\pi}\cdot\sigma_\mathrm{a}}\cdot\exp\left\{-\frac{(R-R_\mathrm{m}(\varrho))^2}{2\sigma_\mathrm{a}^2}\right\} \tag{3.5}$$

mit

$$R_\mathrm{m}(\varrho) = T - a_\mathrm{m}(\varrho) \tag{3.6}$$

und mit der Jacobi–Determinante

$$\det(J_\mathrm{R}) = \left|\frac{\partial a}{\partial R}\right| = -1. \tag{3.7}$$

Bei konstanter Sendeleistung P_s genügt der Logarithmus der Empfangsleistung P_e also einer Normalverteilung. Die Wahrscheinlichkeitsdichte von P_e heißt deshalb Lognormal–Wahrscheinlichkeitsdichte, und der langsame Schwund wird auch als Lognormal–Schwund bezeichnet. Mit der stets positiven Jacobi–Determinante

$$\det(J_{P_\mathrm{e}}) = \left|\frac{\partial a}{\partial P_\mathrm{e}}\right| = \frac{10}{\log_\mathrm{e}(10)}\cdot\frac{1}{(P_\mathrm{e}/1\,\mathrm{W})}, \tag{3.8}$$

die aus (3.1) folgt, ergibt sich

$$p_{P_\mathrm{e}}(P_\mathrm{e}) = \frac{1}{\sqrt{2\pi}\cdot\dfrac{\log_\mathrm{e}(10)}{10}\sigma_\mathrm{a}\cdot(P_\mathrm{e}/1\,\mathrm{W})}\cdot \tag{3.9}$$

$$\cdot \exp\left\{ -\frac{\left[\log_{\mathrm{e}}(P_{\mathrm{e}}/1\,\mathrm{W}) - \left(\log_{\mathrm{e}}(P_{\mathrm{s}}/1\,\mathrm{W}) - \dfrac{\log_{\mathrm{e}}(10)}{10}a_{\mathrm{m}}(\varrho)\right)\right]^2}{2\left(\dfrac{\log_{\mathrm{e}}(10)}{10}\sigma_{\mathrm{a}}\right)^2} \right\}$$

für die Wahrscheinlichkeitsdichte von P_{e}.

Bei Freiraumausbreitung nimmt die Empfangsleistung P_{e} mit dem Quadrat der Entfernung ϱ ab. Beim realen Mobilfunkkanal nimmt die Empfangsleistung P_{e} in der Regel mit einer höheren Potenz von ϱ ab, das heißt, es ist ϱ^{α} mit $\alpha > 2$. Der Exponent α heißt Dämpfungsexponent. Der Dämpfungsexponent α wurde meßtechnisch zu etwa gleich vier bestimmt [Par92]. Der Umstand, daß α etwa gleich vier ist, kann anhand von Bild 3.2 plausibel werden. In Bild 3.2 wird angenommen,

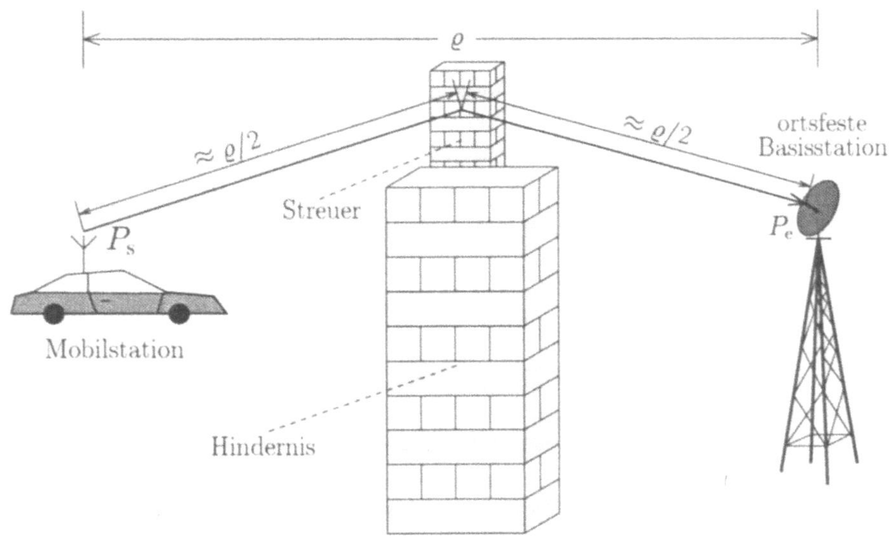

Bild 3.2. Zum Zusammenhang zwischen P_{e} und ϱ

daß die gesendeten elektromagnetischen Wellen einmal gestreut werden, bevor sie die Empfangsantenne erreichen. Für den Betrag P^*_{streu} des Poyntingvektors am Ort des Streuers in Bild 3.2 gilt

$$P^*_{\mathrm{streu}} \propto \frac{P_{\mathrm{s}}}{(\varrho/2)^2}. \tag{3.10}$$

Somit ist die Empfangsleistung

$$P_{\mathrm{e}} \propto \frac{P^*_{\mathrm{streu}}}{(\varrho/2)^2} \propto \frac{1}{\varrho^4}. \tag{3.11}$$

Die mittlere Funkfelddämpfung $a_{\mathrm{m}}(\varrho)$ wird durch viele Einflußfaktoren bestimmt.
Auf der Grundlage von theoretischen Überlegungen und Messungen wurden zahl-
reiche empirische Beziehungen für $a_{\mathrm{m}}(\varrho)$ erarbeitet [Par92]. Es sei a_0 in Dezibel
der konstante Anteil von $a_{\mathrm{m}}(\varrho)$, welcher beispielsweise durch Trägerfrequenz und
Gelände bedingt wird. Dann folgt

$$a_{\mathrm{m}}(\varrho) = a_0 + 10 \cdot \alpha \cdot \log_{10}(\varrho/\mathrm{km}) \tag{3.12}$$

für den Mobilfunk in Makrozellen.

Die mittlere Empfangsleistung $\bar{P}_{\mathrm{e}}$ ergibt sich mit (3.9) beim Lognormal–Schwund
zu

$$\bar{P}_{\mathrm{e}} = P_{\mathrm{s}} \cdot \exp\left\{-\frac{\log_{\mathrm{e}}(10)}{10} \cdot a_{\mathrm{m}}(\varrho)\right\} \cdot \exp\left\{\left(\frac{\log_{\mathrm{e}}(10)}{10}\right)^2 \frac{\sigma_{\mathrm{a}}^2}{2}\right\}. \tag{3.13}$$

Im schwundfreien Fall mit σ_{a} gleich null folgt aus (3.13)

$$\bar{P}_{\mathrm{e},0} = P_{\mathrm{s}} \cdot \exp\left\{-\frac{\log_{\mathrm{e}}(10)}{10} \cdot a_{\mathrm{m}}(\varrho)\right\}. \tag{3.14}$$

Aus (3.13) folgt, daß $\bar{P}_{\mathrm{e}}$ umso mehr nach oben von $\bar{P}_{\mathrm{e},0}$ abweicht, je größer σ_{a}
wird. Bild 3.3 zeigt beispielhaft den Verlauf von $\bar{P}_{\mathrm{e}}$ über $0\,\mathrm{dB} \leq \sigma_{\mathrm{a}} \leq 10\,\mathrm{dB}$ für
$a_{\mathrm{m}}(\varrho)$ gleich 130 dB und P_{s} gleich 5 W.

3.3.2 Schneller Schwund

Jeder der in Bild 3.1 gezeigten Wege setzt sich aus vielen Subwegen zusammen,
die durch die Beugungen, Streuungen und Reflexionen an kleinen Elementen der
Flächen dieser Hindernisse entstehen [Lan86]. Die Längenunterschiede zwischen
diesen Subwegen betragen in der Regel maximal wenige Wellenlängen λ des gesendeten Trägers. Deshalb ist das zeitliche Spreizen der von einem Sender abgestrahlten Wellen innerhalb eines bestimmten Wegs gering. Wegen der unterschiedlichen Längen der Subwege innerhalb eines Wegs ergeben sich jedoch Phasenver-
schiebungen zwischen den einzelnen Wellen, die über die Subwege innerhalb eines
bestimmten Wegs empfangen werden. Ändern sich die Phasenwinkel dieser Wellen, die über die Subwege innerhalb eines bestimmten Wegs empfangen werden,
so schwankt die Empfangsleistung P_{e}.

Bereits das Zurücklegen von Strecken durch die Mobilstation, die nur wenige Zehn-
tel der Wellenlänge λ des gesendeten Trägers lang sind, führt in Empfängern zu
diesem Schwund. Solche Strecken von wenigen Zehnteln der Wellenlänge λ sind
bei Trägerfrequenzen um 2 GHz nur einige Zentimeter lang und werden bei Geschwindigkeiten von 50 km/h und darüber in wenigen Millisekunden zurückgelegt.

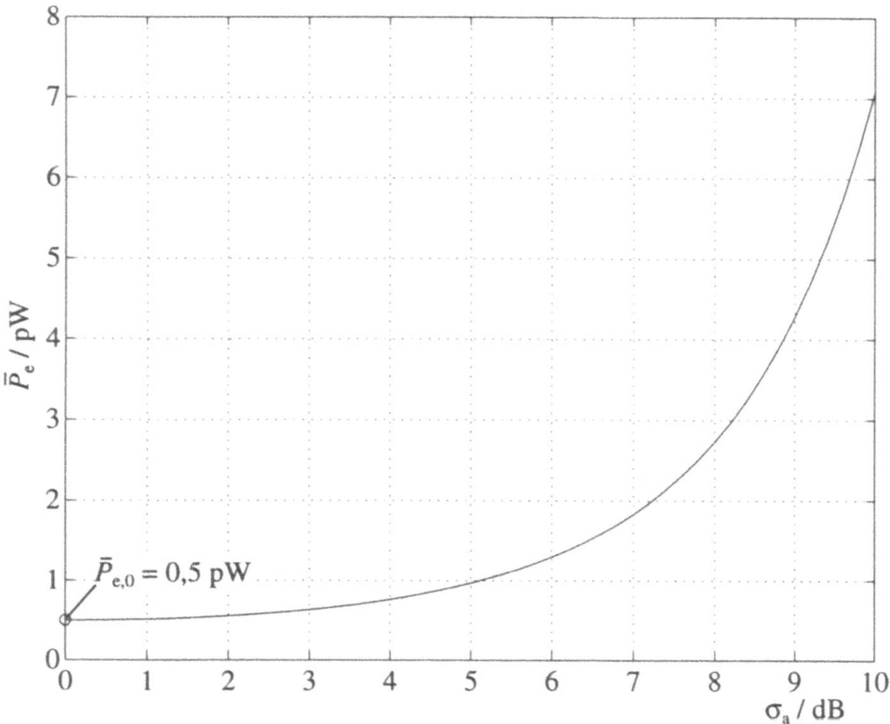

Bild 3.3. Mittlere Empfangsleistung $\bar{P}_\mathrm{e}$ in Pikowatt über σ_a in dB; $a_\mathrm{m}(\varrho) = 130$ dB, $P_\mathrm{s} = 5$ W

Deshalb wird dieser Schwund im Gegensatz zum langsamen Schwund auch als schneller Schwund bezeichnet. Der Mobilfunkkanal kann als stationär im weiteren Sinne (Wide Sense Stationary) bezüglich der Zeit t, das heißt als schwach stationär bezüglich der Zeit t, angesehen werden. Der schnelle Schwund beschreibt im Gegensatz zum langsamen Schwund die Zeitvarianz in kleinräumigen Gebieten. Die statistischen Eigenschaften des schnellen Schwunds werden in Abschnitt 3.5 behandelt.

3.3.3   Verlauf der Empfangsleistung

Um Zeitvarianz und Frequenzselektivität zu veranschaulichen, wird von dem in Bild 3.4 gezeigten modellhaften Szenario ausgegangen. Die in Bild 3.4 dargestellte

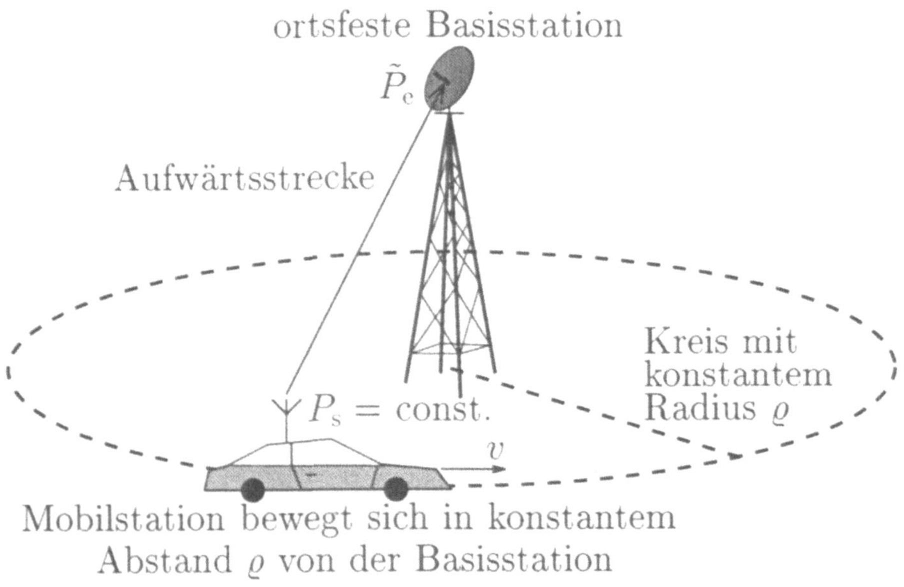

Bild 3.4. Modellhaftes Szenario zum Entstehen der zeitvarianten Empfangsleistung

Mobilstation bewegt sich in konstanter Entfernung ϱ von einer ortsfesten Basisstation und sendet bei fester Frequenz mit der konstanten Leistung P_s. Die momentane Empfangsleistung der Basisstation ist $\tilde{P}_\mathrm{e}$. Wie bereits im vorangegangenen Abschnitt 3.3.1 erklärt, hängt die momentane Empfangsleistung $\tilde{P}_\mathrm{e}$ wegen der Bewegung dieser Mobilstation von der Zeit t ab. Bild 3.5 zeigt typische Verläufe für die momentane Empfangsleistung $\tilde{P}_\mathrm{e}$ bei zwei unterschiedlichen Trägerfrequenzen

f_1 und f_2. Die momentane Empfangsleistung $\tilde{P}_e$ fluktuiert rasch um einen langsam

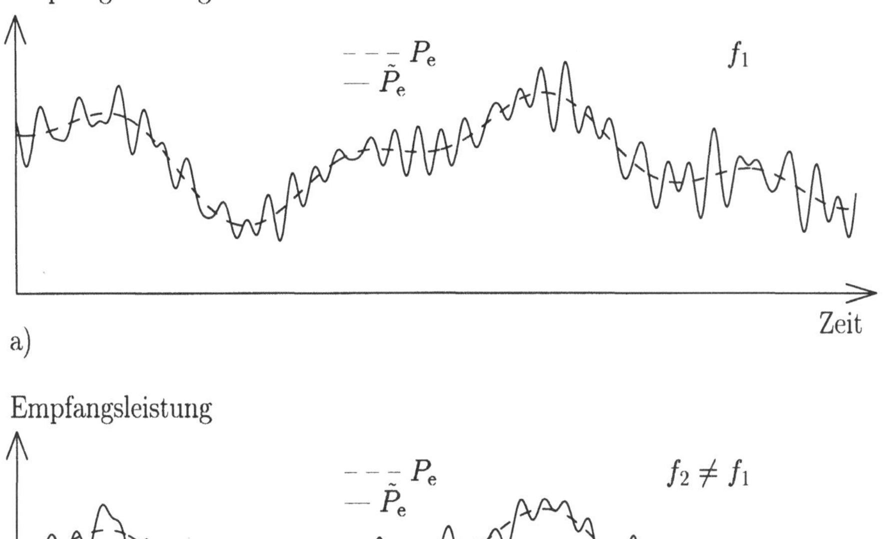

Bild 3.5. Beispielhafter Verlauf der Empfangsleistung

    a) Empfangsleistung bei Trägerfrequenz f_1

    b) Empfangsleistung bei Trägerfrequenz $f_2 \neq f_1$

veränderlichen Wert P_e. Die langsamen Fluktuationen von P_e werden durch den bereits beschriebenen langsamen Schwund hervorgerufen. Der zeitliche Abstand Δ benachbarter Maxima von P_e ergibt sich mit dem Betrag v der Geschwindigkeit $\boldsymbol{v}$ der Mobilstation und mit der Strukturbreite d der zu Beginn des vorangegangenen Abschnitts 3.3.1 erwähnten Hindernisse grob zu

$$\Delta \approx \frac{d}{v}. \tag{3.15}$$

Dieser zeitliche Abstand Δ nach (3.15) liegt bei Strukturbreiten der Hindernisse d von etwa 10 m und bei Geschwindigkeiten von etwa 50 km/h im Sekundenbereich.

Die Verläufe von P_e sind für unterschiedliche Frequenzen praktisch gleich, da das Entstehen des langsamen Schwunds für die im Rahmen dieses Buches betrachteten Frequenzbereiche kaum frequenzabhängig ist.

Die raschen Fluktuationen von $\tilde{P}_e$ um P_e entstehen durch den schnellen Schwund. Der zeitliche Abstand T_k benachbarter Maxima von $\tilde{P}_e$ ergibt sich mit dem Betrag v der Geschwindigkeit v der Mobilstation und mit der Wellenlänge λ des Trägers grob zu

$$T_k \approx \frac{\lambda/2}{v}. \tag{3.16}$$

Der zeitliche Abstand T_k heißt Korrelationsdauer oder Kohärenzzeit, denn erst nachdem mindestens T_k verstrichen ist, ist mit einem vollständig geänderten Zustand des Mobilfunkkanals zu rechnen. Für den Mobilfunkkanal ergibt sich bei Frequenzen um 2 GHz und einer Fahrzeuggeschwindigkeit von unter 250 km/h eine Korrelationsdauer T_k von mehr als 1 ms.

Die Verläufe von $\tilde{P}_e$ sind bei unterschiedlichen Trägerfrequenzen unterschiedlich, da das Entstehen des schnellen Schwunds frequenzabhängig ist, siehe Bild 3.5. Je geringer der Betrag $|f_1 - f_2|$ der Differenz der beiden Trägerfrequenzen f_1 und f_2 ist, umso mehr ähneln sich die Verläufe von $\tilde{P}_e$ bei diesen Trägerfrequenzen f_1 und f_2. Dies gilt insbesondere dann, wenn $|f_1 - f_2|$ geringer als ein bestimmter Wert B_c ist, der nur von den Eigenschaften des Mobilfunkkanals abhängt. Übersteigt der Betrag $|f_1 - f_2|$ der Differenz der beiden Trägerfrequenzen f_1 und f_2 jedoch deutlich diesen Wert B_c, so sind die Verläufe von $\tilde{P}_e$ bei den Trägerfrequenzen f_1 und f_2 in der Regel völlig verschieden. Die Größe B_c heißt Kohärenzbandbreite. Für die Kohärenzbandbreite B_c gilt näherungsweise mit der Verzögerungsspreizung S und der Mehrwegespreizung T_M

$$\frac{1}{8\,S} \approx B_c \leq \frac{1}{T_M}. \tag{3.17}$$

Beispiel 3.2 Gegeben sei ein Mobilfunkkanal mit T_M gleich 7 μs und S gleich 2 μs, typisch für städtische Gebiete. Es gilt dann mit (3.17)

$$\frac{1}{16\,\mu s} \approx B_c \leq \frac{1}{7\,\mu s} \qquad \Longleftrightarrow \qquad 62,5\,\text{kHz} \approx B_c \leq 142,9\,\text{kHz}. \tag{3.18}$$

In kleinen Makrozellen beziehungsweise in Mikrozellen kommt T_M gleich 2 μs und S gleich 0,4 μs vor. Damit folgt

$$\frac{1}{3,2\,\mu s} \approx B_c \leq \frac{1}{2\,\mu s} \qquad \Longleftrightarrow \qquad 312,5\,\text{kHz} \approx B_c \leq 500\,\text{kHz}. \tag{3.19}$$

3.4 Funkreichweite

Die Funkreichweite bestimmt den maximalen Zellradius $\varrho_{0,\text{max}}$ und damit die minimale Anzahl der Zellen beziehungsweise Basisstationen zur Funkversorgung eines Gebiets. Im vorliegenden Abschnitt wird eine Vorgehensweise zum Abschätzen von $\varrho_{0,\text{max}}$ angegeben. Die Erläuterungen gelten für den Mobilfunk in Makrozellen.

Ausgangspunkte sind die Standardabweichung σ_{a} des langsamen Schwunds und der Dämpfungsexponent α nach Abschnitt 3.3.1 sowie das gewünschte Verhältnis F_{u} derjenigen Fläche einer Zelle, die nach einem festgelegten Qualitätskriterium im Mittel mit Funk versorgt werden kann, zur gesamten Fläche $\pi \cdot \varrho_{0,\text{max}}^2$ der Zelle [Jak74, S. 126f.]. Eine sinnvolle Forderung ist F_{u} gleich 0,95. Dies bedeutet, daß im Mittel 95% der Zellfläche mit Funk versorgt werden kann.

Aus dem Verhältnis σ_{a}/α ergibt sich mit F_{u} gemäß [Jak74, S. 126f.] die Versorgungswahrscheinlichkeit P_{x_0} an der Zellgrenze, das heißt im Abstand $\varrho_{0,\text{max}}$ von der Basisstation, siehe auch [Jak74, Gleichung (2.5-7)] und [Jak74, Bild 2.5-1, S. 127]. Die Versorgungswahrscheinlichkeit P_{x_0} ist diejenige Wahrscheinlichkeit, mit der eine erfolgreiche Funkversorgung mit intakter Nachrichtenübertragung an der Zellgrenze möglich ist. Aus der Versorgungswahrscheinlichkeit P_{x_0} nach [Jak74, Gleichung (2.5-7)] ergibt sich der wegen des langsamen Schwunds erforderliche Sicherheitsabstand M_{log} (Shadow Margin) in Dezibel. Mit der Umkehrfunktion erf^{-1} von erf gilt

$$M_{\text{log}}/\text{dB} = -\sqrt{2} \cdot \sigma_{\text{a}} \cdot \text{erf}^{-1}\left\{1 - 2P_{\text{x}_0}\right\}. \tag{3.20}$$

Der Sicherheitsabstand M_{log} ist derjenige Spielraum, um welchen die minimal zulässige Empfangsleistung $P_{\text{e,min}}$ zum Gewährleisten der Funkversorgung bis zum Abstand $\varrho_{0,\text{max}}$ von der Basisstation mit der Versorgungswahrscheinlichkeit P_{x_0} zu erhöhen ist. Für gegebenes P_{x_0} wächst M_{log} nach (3.20) linear mit wachsendem σ_{a}. Im Falle eines konstanten σ_{a} nimmt M_{log} mit steigendem P_{x_0} zu. Bild 3.6 veranschaulicht den Sicherheitsabstand M_{log} als Funktion der Standardabweichung σ_{a} mit der Versorgungswahrscheinlichkeit P_{x_0} an der Zellgrenze als Parameter.

Beispiel 3.3 Für σ_{a} gleich 8 dB, α gleich vier und F_{u} gleich 0,95 ergibt sich P_{x_0} zu 0,85, und man erhält M_{log} gleich 8,3 dB. Tab. 3.2 gibt M_{log} für verschiedene Werte von P_{x_0} bei σ_{a} gleich 8 dB an. ♣

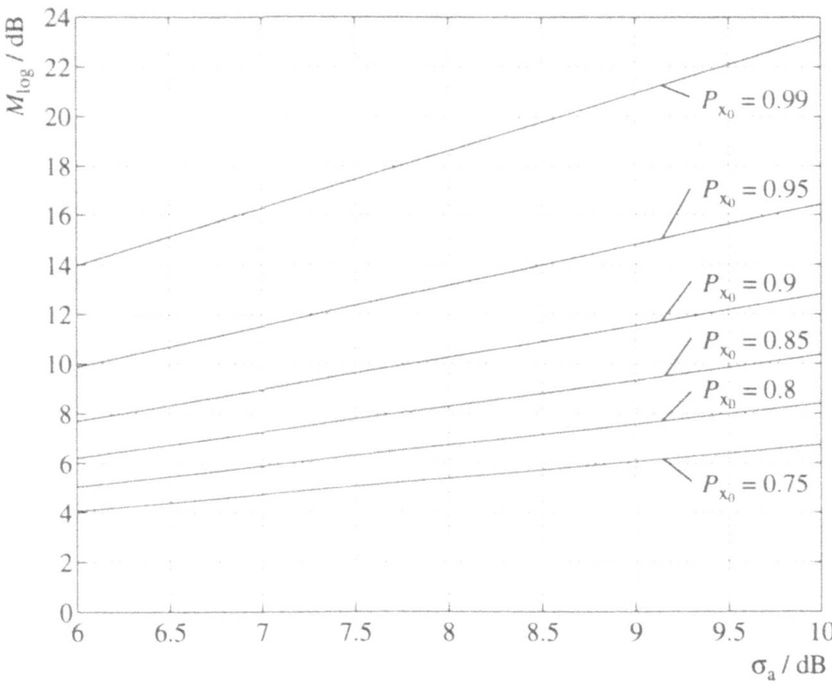

Bild 3.6. Sicherheitsabstand $M_{\log}$ (Shadow Margin) als Funktion der Standardabweichung σ_{a} mit der Versorgungswahrscheinlichkeit P_{x_0} an der Zellgrenze als Parameter

Tab. 3.2. Sicherheitsabstand $M_{\log}$ für verschiedene P_{x_0}; $\sigma_{\mathrm{a}} = 8$ dB

P_{x_0}	0,75	0,80	0,85	0,90	0,95	0,99
$M_{\log}$ / dB	5,4	6,7	8,3	10,3	13,2	18,6

Die Bestimmung des Sicherheitsabstands $M_{\log}$ geht von der Existenz einer isolierten Zelle aus. In einem Zellnetz ist im Gegensatz zur isolierten Zelle das Weiterreichen (Handover) einer Mobilstation von Basisstation zu Basisstation möglich. Durch dieses Weiterreichen reduziert sich die Ausfallwahrscheinlichkeit und die Versorgungswahrscheinlichkeit steigt. Dieser vorteilhafte Effekt des Weiterreichens wird durch den Gewinn G_{HO} in Dezibel modelliert. Abhängig von der Art des Weiterreichens liegt G_{HO} typischerweise zwischen 2 dB und 6 dB.

Zum Ermitteln der mittleren Empfangsleistung geht man wie folgt vor. Zunächst wird derjenige Faktor F_{S} ermittelt, um welchen die Übertragungsrate auf der Luftschnittstelle durch die zusätzlich benötigte Signalisierung je Teilnehmer erhöht wird. Nimmt beispielsweise die Übertragung von Signalisierungsinformation etwa 33% der Gesamtübertragungsdauer in Anspruch, wie dies in der Aufwärtsstrecke von JD–CDMA gemäß Abschnitt 6.3.3 der Fall ist, so ist F_{S} gleich 1,33. Mit dem mittleren Signal–Stör–Verhältnis E_{b}/N_0 pro Empfangssensor, das zum Einhalten des gewünschten Qualitätskriteriums benötigt wird, mit der Datenrate R je Teilnehmer, mit F_{S}, mit der Empfängerrauschzahl F_{e} und mit der Energie der Störung $k_{\mathrm{B}}T$, die sich aus der Boltzmann–Konstante k_{B} gleich $1,380658 \cdot 10^{-23}$ J/K und der absoluten Temperatur T ergibt, erhält man für die minimal zulässige Empfangsleistung

$$
10 \log_{10}\left(\frac{P_{\mathrm{e,min}}}{1\,\mathrm{mW}}\right) = \underbrace{10 \log_{10}\left(\frac{R}{1\,\mathrm{bit/s}}\right)}_{\text{festgelegt durch Dienst}}
$$

$$
+ \underbrace{10 \log_{10}(F_{\mathrm{S}}) - 10 \log_{10}(g_{\mathrm{S}})}_{\text{festgelegt durch Sender}}
$$

$$
+ \underbrace{10 \log_{10}(F_{\mathrm{e}}) + 10 \log_{10}\left(\frac{k_{\mathrm{B}}T}{1\,\mathrm{J}}\right) - 10 \log_{10}(g_{\mathrm{E}})}_{\text{festgelegt durch Empfänger}}
$$

$$
+ \underbrace{10 \log_{10}\left(\frac{E_{\mathrm{b}}}{N_0}\right)}_{\text{festgelegt durch schnellen Schwund}}
$$

$$
+ \underbrace{M_{\log} - G_{\mathrm{HO}}}_{\text{festgelegt durch langsamen Schwund}} \tag{3.21}
$$

siehe auch [Skl88]. In (3.21) ist g_{S} der Antennengewinn der Sendeantenne und g_{E} der Antennengewinn der Empfangsantenne.

Im folgenden wird Gleichung (3.21) erläutert. Mit der Teilnehmerbandbreite B_u und der Datenrate R gilt

$$\frac{E_b}{N_0} = \frac{C/R}{I/B_u} \tag{3.22}$$

allgemein bei kontinuierlicher Nachrichtenübertragung zwischen dem Signal–Stör–Verhältnis E_b/N_0 und dem Träger–zu–Interferenz–Verhältnis C/I. Bei gegebenem E_b/N_0 und konstantem I/B_u muß die Empfangsleistung C proportional mit der Datenrate R je Teilnehmer anwachsen. Deshalb wächst $P_{e,min}$ gemäß (3.21) mit wachsender Datenrate R je Teilnehmer bei sonst konstanten Parametern. Je höher die Datenrate ist, desto größer wird also $P_{e,min}$ und desto kleiner wird die Funkreichweite.

Wegen der zusätzlichen Signalisierung erhöht sich die Übertragungsrate auf der Luftschnittstelle um den Faktor F_S, und es gilt deshalb

$$\frac{E_b}{N_0} = \frac{C/(R \cdot F_S)}{I/B_u}. \tag{3.23}$$

Für ansonsten konstante Parameter wachsen C und damit auch $P_{e,min}$ proportional zu F_S.

Zunehmendes Empfängerrauschen $F_e k_B T$ wirkt sich nachteilig, das heißt vergrößernd auf $P_{e,min}$ aus. Je größer das benötigte Signal–Stör–Verhältnis E_b/N_0 ist, umso größer ist auch $P_{e,min}$. Andernfalls könnte die gewünschte Funkversorgung nicht gewährleistet werden. Die Gewinne von Sende- und Empfangsantenne reduzieren $P_{e,min}$. Entsprechend den oben gebrachten Erläuterungen erhöht M_{log} die minimal zulässige Empfangsleistung $P_{e,min}$, während G_{HO} den Wert von $P_{e,min}$ verringert.

Wird eine TDMA–Komponente mit N_Z Zeitschlitzen verwendet, so steigt die übertragene Datenrate R je Teilnehmer um den Faktor N_Z, und es folgt

$$\frac{E_b}{N_0} = \frac{C/(R \cdot F_S \cdot N_Z)}{I/B_u} \tag{3.24}$$

aus (3.23). Mit (3.24) erhält man letztlich

$$\begin{aligned}
10\log_{10}\left(\frac{P_{e,min}}{1\,\text{mW}}\right) &= 10\log_{10}\left(\frac{C}{I}\right) + 10\log_{10}\left(\frac{F_e k_B T B_u}{1\,\text{W}}\right) \\
&\quad + 10\log_{10}\left(g_S g_E\right) - 10\log_{10}\left(N_Z\right) \\
&\quad + M_{log} - G_{HO}
\end{aligned} \tag{3.25}$$

aus (3.21).

Beispiel 3.4 Betrachtet wird ein Mobilfunksystem mit einer isolierten Zelle. Es gilt deshalb G_{HO} gleich 0 dB. Weiterhin sei M_{log} gleich 8,3 dB. Es wird Sprachübertragung mit sehr niedriger Datenrate R gleich 8 kbit/s betrachtet, siehe auch Abschnitt 6.3.3. Dann gilt $10 \log_{10}(R/(1\,\text{bit/s}))$ gleich 39 dB. Mit F_S gleich 1,33 ist $10 \log_{10}(F_S)$ gleich 1,24 dB.

Weiterhin gelte $10 \log_{10}(F_e)$ gleich 7 dB und $10 \log_{10}(k_B T/(1\,\text{J}))$ gleich -174 dB. Das Produkt der Antennengewinne g_S und g_E sei 10, so daß $10 \log_{10}(g_S g_E)$ gleich 10 dB ist. Weiterhin sei $10 \log_{10}(E_b/N_0)$ gleich 6 dB. In diesem Fall ist $10 \log_{10}(P_{e,min}/1\,\text{mW})$ gleich -122,46 dB. Deshalb ist $P_{e,min}$ gleich 0,57 fW.

Betrachtet man nun dasselbe Mobilfunksystem mit Zellnetz und G_{HO} gleich 2,8 dB, so ist $10 \log_{10}(P_{e,min}/1\,\text{mW})$ gleich -125,26 dB beziehungsweise $P_{e,min}$ gleich 0,30 fW. ♣

Mit der Sendeleistung P_s und mit der minimal zulässigen Empfangsleistung $P_{e,min}$ nach (3.21) ergibt sich die maximal zulässige mittlere Funkfelddämpfung bei der Nachrichtenübertragung zu

$$a_{max}/\text{dB} \;=\; 10 \log_{10}\left(\frac{P_s}{P_{e,min}}\right). \tag{3.26}$$

Mit dem konstanten Anteil a_0 von a_{max} gilt

$$a_{max} \;=\; a_0 + 10\alpha \log_{10}\left(\varrho_{0,max}/\text{km}\right) \tag{3.27a}$$

$$\Longleftrightarrow \varrho_{0,max}/\text{km} \;=\; \exp\left\{\log_e(10)\cdot\frac{a_{max}-a_0}{10\cdot\alpha}\right\}. \tag{3.27b}$$

Beispiel 3.5 Beispiel 3.4 wird fortgesetzt. Es sei P_s gleich 5 W. Im Fall der isolierten Zelle gilt $P_{e,min}$ gleich 0,57 fW, und somit ist a_{max} gleich 159,4 dB. Falls das Zellnetz mit Weiterreichen und somit $P_{e,min}$ gleich 0,30 fW angenommen werden, ist a_{max} gleich 162,2 dB.

Mit a_0 gleich 123 dB folgt $\varrho_{0,max}$ gleich 8,1 km beim Mobilfunksystem mit isolierter Zelle und $\varrho_{0,max}$ gleich 9,6 km beim Mobilfunksystem mit Zellnetz. ♣

3.5 Stochastische Beschreibung

3.5.1 Motivation

Das deterministische Beschreiben des Mobilfunkkanals würde zu jedem Zeitpunkt der Nachrichtenübertragung die genaue Kenntnis der Beschaffenheit aller Inhomogenitäten im Funkfeld bezüglich Geometrie und Materialeigenschaften als Funktionen der Zeit t erfordern [Nas95]. Das Auswerten eines deterministischen Modells für den Mobilfunkkanal ist daher sehr aufwendig. Deshalb werden Methoden der Stochastik beim Erstellen eines Modells für den Mobilfunkkanal angewendet. Nichtstationäre Effekte machen das Modellieren des Mobilfunkkanals kompliziert.

Es hat sich als zweckmäßig erwiesen, vereinfachend die Langzeitstatistik des Mobilfunkkanals, das heißt den langsamen Schwund, und die Kurzzeitstatistik des Mobilfunkkanals, das heißt den schnellen Schwund, getrennt voneinander zu betrachten. Da innerhalb einer Zelle des Zellnetzes vom Einsatz einer Leistungsregelung ausgegangen werden kann, ist die Langzeitstatistik innerhalb einer Zelle weitgehend ausregelbar und daher unbedeutend. Innerhalb einer Zelle des Zellnetzes spielt deshalb nur die Kurzzeitstatistik eine Rolle. Die Langzeitstatistik beeinflußt die Interzellinterferenz maßgeblich und muß deshalb beim Bestimmen der Interferenzsituation betrachtet werden. Da die Langzeitstatistik eine wesentlich größere Dynamik als die Kurzzeitstatistik hat, kann die Kurzzeitstatistik bei der Analyse der Interzellinterferenz in guter Näherung außer acht gelassen werden. In den folgenden Abschnitten wird ausschließlich die Kurzzeitstatistik, das heißt der schnelle Schwund, betrachtet. Der Einfluß des langsamen Schwunds wird in Abschnitt 4.4 in Betracht gezogen.

3.5.2 Kanalimpulsantwort und Übertragungsfunktion

Im vorliegenden Abschnitt 3.5 werden die Einfallsrichtungen der über verschiedene Wege empfangenen Wellen außer acht gelassen. Es wird also implizit vom Einsatz omnidirektionaler Antennen ausgegangen. Der Mobilfunkkanal wird als linear betrachtet. Theoretisch kann der Mobilfunkkanal deshalb durch die zeitvariante Kanalimpulsantwort $\underline{h}(\tau, t)$ beziehungsweise durch die mit $\underline{h}(\tau, t)$ korrespondierende zeitvariante Übertragungsfunktion $\underline{H}(f, t)$ beschrieben werden. Der Parameter τ in $\underline{h}(\tau, t)$ heißt Verzögerungszeit und beschreibt das zeitliche Spreizen der von den Sendern abgestrahlten Wellen durch die Mehrwegeausbreitung im Mobilfunkkanal.

Das Beschreiben von reellen Bandpaßsignalen erfolgt im vorliegenden Buch im äquivalenten Tiefpaßbereich. Deshalb ist $\underline{h}(\tau, t)$ gleich der komplexen Einhüllenden der reellen, meßbaren Kanalimpulsantwort des realen Mobilfunkkanals [MeG86]. Entsprechend ist $\underline{H}(f, t)$ das Tiefpaßäquivalent der meßbaren Übertragungsfunktion des realen Mobilfunkkanals. Die zeitvariante Kanalimpulsantwort $\underline{h}(\tau, t)$ beschreibt die Antwort des Mobilfunkkanals zur Zeit t auf einen zur Zeit $t - \tau$ in den Kanal eingespeisten Dirac–Impuls.

Die Kanalimpulsantwort $\underline{h}(\tau, t)$ beziehungsweise die Übertragungsfunktion $\underline{H}(f, t)$ des Mobilfunkkanals werden durch zwei stochastische zweidimensionale Prozesse beschrieben [Nas95]. Diese stochastischen Prozesse werden durch eine zufällige Überlagerung einer großen Anzahl von Wegen modelliert. Nach dem zentralen Grenzwertsatz sind diese Prozesse normalverteilt. Deshalb genügt die Angabe von Erwartungswert und Korrelationfunktion.

Im folgenden wird angenommen, daß derjenige Prozeß, welcher die Übertragungsfunktion $\underline{H}(f, t)$ des Mobilfunkkanals beschreibt, den Erwartungswert

$$\mathrm{E}\{\underline{H}(f, t)\} = 0 \tag{3.28}$$

hat. Wegen des zentralen Grenzwertsatzes genügen Inphase– und Qudaratur–Komponente von $\underline{H}(f, t)$ einer mittelwertfrei Normalverteilung, haben identische Varianzen und sind voneinander statistisch unabhängig. Deshalb ist der stochastische Prozeß, der den Betrag $|\underline{H}(f, t)|$ der Übertragungsfunktion $\underline{H}(f, t)$ des Mobilfunkkanals beschreibt, Rayleigh–verteilt [StJ67, S. 335]. Die Kanalimpulsantwort $\underline{h}(\tau, t)$ ergibt sich durch inverse Fouriertransformation der Übertragungsfunktion $\underline{H}(f, t)$ des Mobilfunkkanals. Es gilt

$$\underline{h}(\tau, t) = \int\limits_{-\infty}^{+\infty} \underline{H}(f, t) \exp\{\mathrm{j}2\pi f\tau\}\, \mathrm{d}f. \tag{3.29}$$

Mit (3.28) und (3.29) folgt für den Erwartungswert des stochastischen Prozesses, der die Kanalimpulsantwort $\underline{h}(\tau, t)$ beschreibt,

$$\mathrm{E}\{\underline{h}(\tau, t)\} = \int\limits_{-\infty}^{+\infty} \mathrm{E}\{\underline{H}(f, t)\} \exp\{\mathrm{j}2\pi f\tau\}\, \mathrm{d}f = 0. \tag{3.30}$$

3.5.3 Spektrum am Ausgang des Mobilfunkkanals

Um ein Verständnis der Eignschaften zeitvarianter Kanäle zu erreichen, muß der Einfluß des Kanals auf gesendete Teilnehmersignale analysiert werden. Dieser

Abschnitt 3.5.3 erläutert kurz die wichtigsten Ergebnisse einer solchen Analyse [StJ67, Kapitel 16].

Nachstehend wird das gesendete Teilnehmersignal $\underline{u}(t)$ mit dem Spektrum $\underline{U}(f)$ betrachtet. Im Falle des zeitvarianten Mobilfunkkanals mit der Kanalimpulsantwort $\underline{h}(\tau, t)$ beziehungsweise mit der Übertragungsfunktion $\underline{H}(f, t)$ ergibt sich das Signal $\underline{v}(t)$ am Ausgang des Mobilfunkkanals aus der Faltung von $\underline{u}(t)$ mit $\underline{h}(\tau, t)$ gemäß

$$
\begin{aligned}
\underline{v}(t) &= \underline{u}(t) * \underline{h}(\tau, t) \\
&= \int_{-\infty}^{+\infty} \underline{u}(t - \tau) \cdot \underline{h}(\tau, t) \mathrm{d}\tau \\
&= \int_{-\infty}^{+\infty} \underline{U}(f') \cdot \underline{H}(f', t) \exp\{j2\pi f't\} \, \mathrm{d}f'.
\end{aligned} \tag{3.31}
$$

Somit folgt das Spektrum $\underline{V}(f)$ von $\underline{v}(t)$ aus der inversen Fouriertransformation:

$$
\underline{V}(f) = \int_{-\infty}^{+\infty} \int_{-\infty}^{+\infty} \underline{U}(f') \cdot \underline{H}(f', t) \exp\{j2\pi(f' - f)t\} \, \mathrm{d}f' \, \mathrm{d}t. \tag{3.32}
$$

Die Bedeutung der Beziehung (3.32) wird besonders anschaulich, wenn ein unmodulierter Träger der Trägerfrequenz $f + f''$ als gesendetes Teilnehmersignal betrachtet wird. Mit der konstanten komplexen Amplitude $\underline{A}$ gilt

$$
\underline{u}(t) = \underline{A} \cdot \exp\{j2\pi f''t\}. \tag{3.33}
$$

Dieses gesendete Teilnehmersignal ist monochromatisch, denn es ist

$$
\underline{U}(f) = \underline{A} \cdot \delta(f - f''). \tag{3.34}
$$

In diesem Fall wird (3.32) zu

$$
\underline{V}(f) = \underline{A} \cdot \int_{-\infty}^{+\infty} \underline{H}(f'', t) \exp\{j2\pi(f'' - f)t\} \, \mathrm{d}t. \tag{3.35}
$$

Aus (3.35) ist ersichtlich, daß das entstehende Signal $\underline{v}(t)$ am Ausgang des Mobilfunkkanals nicht mehr monochromatisch. Vielmehr hat es eine nichtverschwindende spektrale Breite, die durch die Zeitvarianz bestimmt wird. Die Übertragungsfunktion $\underline{H}(f, t)$ beschreibt also eine zusätzliche multiplikative Modulation, die auf das gesendete Teilnehmersignal wirkt.

Im Falle eines zeitinvarianten Kanals läßt sich $\underline{H}(f,t)$ durch $\underline{H}(f)$ ersetzen. Aus (3.32) folgt jetzt

$$\underline{V}(f) = \int_{-\infty}^{+\infty} \underline{U}(f') \cdot \underline{H}(f') \underbrace{\left(\int_{-\infty}^{+\infty} \exp\{j2\pi(f'-f)t\}\mathrm{d}t \right)}_{\delta(f'-f)} \mathrm{d}f' = \underline{U}(f) \cdot \underline{H}(f).$$

$$(3.36)$$

Dies ist der für zeitinvariante Kanäle bekannte Zusammenhang.

3.5.4 Frequenz–Zeit–Korrelationsfunktion

Im folgenden wird vorausgesetzt, daß derjenige Prozeß, welcher die Kanalimpulsantwort $\underline{h}(\tau,t)$ beschreibt, ebenso wie derjenige Prozeß, welcher die Übertragungsfunktion $\underline{H}(f,t)$ des Mobilfunkkanals beschreibt, schwach stationär bezüglich der Zeit t ist. Weiterhin wird vorausgesetzt, daß derjenige Prozeß, welcher die Übertragungsfunktion $\underline{H}(f,t)$ des Mobilfunkkanals beschreibt, schwach stationär bezüglich der Frequenz f ist. Mit den abgekürzten Schreibweisen

$$\Delta t = t_2 - t_1 \tag{3.37}$$

für die Zeitdifferenz Δt und

$$\Delta f = f_2 - f_1 \tag{3.38}$$

für die Frequenzdifferenz Δf werden ausgehend von der Autokorrelationsfunktion

$$\underline{\rho}_{\mathrm{F}}(\Delta f, \Delta t) \;=\; \frac{1}{2}\,\mathrm{E}\left\{\underline{H}^*(f_1,t_1)\,\underline{H}(f_2,t_2)\right\} \tag{3.39}$$

nun Kenngrößen des Mobilfunkkanals hergeleitet. Die Autokorrelationsfunktion $\underline{\rho}_{\mathrm{F}}(\Delta f, \Delta t)$ nach (3.39) heißt Frequenz–Zeit–Korrelationsfunktion [Hoe90], Complex Frequency Covariance [StJ67, Kapitel 16] oder Spaced–Frequency, Spaced–Time Correlation Function [Pro95, S. 763]. Der Verlauf der Frequenz–Zeit–Korrelationsfunktion $\underline{\rho}_{\mathrm{F}}(\Delta f, \Delta t)$ nach (3.39) über der Δf–Δt–Ebene läßt qualitativ erkennen, wie rasch die Übertragungsfunktion $\underline{H}(f,t)$ des Mobilfunkkanals mit f und t fluktuiert.

3.5.5 Zeit–Korrelationsfunktion

Setzt man Δf gleich null, so erhält man die Zeit–Korrelationsfunktion (Spaced–Time Correlation Function) $\underline{\rho}_{\mathrm{F}}(0, \Delta t)$ [Pro95, S. 765]. Der Betrag $|\underline{\rho}_{\mathrm{F}}(0, \Delta t)|$ der

Zeit–Korrelationsfunktion $\underline{\rho}_{\mathrm{F}}(0, \Delta t)$ klingt mit wachsendem $|\Delta t|$ ab. Die Übertragungsfunktion $\underline{H}(f, t)$ des Mobilfunkkanals fluktuiert in t–Richtung umso rascher, je schneller der Betrag $|\underline{\rho}_{\mathrm{F}}(0, \Delta t)|$ mit wachsendem $|\Delta t|$ abklingt. Die halbe Halbwertsbreite von $|\underline{\rho}_{\mathrm{F}}(0, \Delta t)|$ ist die bereits in (3.16) eingeführte Korrelationsdauer T_{k}. Der Realteil $\mathrm{Re}\{\underline{\rho}_{\mathrm{F}}(0, \Delta t)\}$ der Zeit–Korrelationsfunktion $\underline{\rho}_{\mathrm{F}}(0, \Delta t)$ ist gerade bezüglich Δt, und der Imaginärteil $\mathrm{Im}\{\underline{\rho}_{\mathrm{F}}(0, \Delta t)\}$ ist ungerade bezüglich Δt.

3.5.6 Frequenz–Korrelationsfunktion

Wählt man Δt gleich null, so ergibt sich die Frequenz–Korrelationsfunktion (Spaced–Frequency Correlation Function) $\underline{\rho}_{\mathrm{F}}(\Delta f, 0)$ [Pro95, S. 764]. Der Betrag $|\underline{\rho}_{\mathrm{F}}(\Delta f, 0)|$ der Frequenz–Korrelationsfunktion $\underline{\rho}_{\mathrm{F}}(\Delta f, 0)$ klingt mit wachsendem $|\Delta f|$ ab. Die Übertragungsfunktion $\underline{H}(f, t)$ des Mobilfunkkanals fluktuiert in f–Richtung umso rascher, je schneller der Betrag $|\underline{\rho}_{\mathrm{F}}(\Delta f, 0)|$ mit wachsendem $|\Delta f|$ abklingt. Die halbe Halbwertsbreite von $|\underline{\rho}_{\mathrm{F}}(\Delta f, 0)|$ ist die bereits in (3.17) eingeführte Kohärenzbandbreite B_{c}. Der Realteil $\mathrm{Re}\{\underline{\rho}_{\mathrm{F}}(\Delta f, 0)\}$ der Frequenz–Korrelationsfunktion $\underline{\rho}_{\mathrm{F}}(\Delta f, 0)$ ist gerade bezüglich Δf. Der Imaginärteil $\mathrm{Im}\{\underline{\rho}_{\mathrm{F}}(\Delta f, 0)\}$ der Frequenz–Korrelationsfunktion $\underline{\rho}_{\mathrm{F}}(\Delta f, 0)$ ist ungerade bezüglich Δf.

3.5.7 Verzögerungs–Zeit–Korrelationsfunktion

Bisher wurde von der Frequenz–Zeit–Korrelationsfunktion $\underline{\rho}_{\mathrm{F}}(\Delta f, \Delta t)$ nach (3.39) ausgegangen. In analoger Weise können ausgehend von der Autokorrelationsfunktion

$$\underline{R}_{\mathrm{h}}(\tau_1, \tau_2, t_1, t_2) = \frac{1}{2}\, \mathrm{E}\left\{\underline{h}^*(\tau_1, t_1)\, \underline{h}(\tau_2, t_2)\right\} \tag{3.40}$$

desjenigen Prozesses, welcher die Kanalimpulsantwort $\underline{h}(\tau, t)$ beschreibt, Kenngrößen des Mobilfunkkanals hergeleitet werden. Mit (3.29) folgt aus (3.40)

$$\underline{R}_{\mathrm{h}}(\tau_1, \tau_2, t_1, t_2) = \frac{1}{2}\, \mathrm{E}\left\{\int\limits_{-\infty}^{+\infty} \int\limits_{-\infty}^{+\infty} \underline{H}^*(f_1, t_1)\, \exp\left\{-\mathrm{j}2\pi f_1 \tau_1\right\} \right.$$

$$\left. \cdot \underline{H}(f_2, t_2)\, \exp\left\{\mathrm{j}2\pi f_2 \tau_2\right\}\, \mathrm{d}f_1\, \mathrm{d}f_2 \right\}. \tag{3.41}$$

Aus (3.41) folgt mit Δt nach (3.37), Δf nach (3.38), $\underline{\rho}_{\mathrm{F}}(\Delta f, \Delta t)$ nach (3.39) und den Substitutionen

$$x = f_2 + f_1, \tag{3.42}$$

$$f_1 = \frac{x - \Delta f}{2} \tag{3.43}$$

und

$$f_2 = \frac{x + \Delta f}{2} \tag{3.44}$$

sowie mit der aus Δf nach (3.38), x nach (3.42), f_1 nach (3.43) und f_2 nach (3.44) ermittelten Jacobi–Determinante

$$\det(J) = \begin{vmatrix} \dfrac{\partial f_1}{\partial x} & \dfrac{\partial f_2}{\partial x} \\[2mm] \dfrac{\partial f_1}{\partial(\Delta f)} & \dfrac{\partial f_2}{\partial(\Delta f)} \end{vmatrix} = \begin{vmatrix} \dfrac{1}{2} & \dfrac{1}{2} \\[2mm] -\dfrac{1}{2} & \dfrac{1}{2} \end{vmatrix} = \frac{1}{2} \tag{3.45}$$

für die Autokorrelationsfunktion

$$\underline{R}_{\mathrm{h}}(\tau_1, \tau_2, t_1, t_2) = \int\limits_{-\infty}^{+\infty} \int\limits_{-\infty}^{+\infty} \underbrace{\frac{1}{2} \mathrm{E}\left\{\underline{H}^*(f_1, t_1)\underline{H}(f_2, t_2)\right\}}_{\underline{\varrho}_{\mathrm{F}}(\Delta f, \Delta t) \text{ nach } (3.39)}$$

$$\cdot \underbrace{\exp\left\{-\mathrm{j}2\pi f_1\tau_1 + \mathrm{j}2\pi f_2\tau_2\right\}}_{\exp\left\{\mathrm{j}\pi\Delta f(\tau_1 + \tau_2) - \mathrm{j}\pi x(\tau_1 - \tau_2)\right\}}$$

$$\underbrace{\mathrm{d}f_1\,\mathrm{d}f_2}_{\frac{1}{2}\mathrm{d}(\Delta f)\,\mathrm{d}x}$$

$$= \underbrace{\int\limits_{-\infty}^{+\infty} \underline{\varrho}_{\mathrm{F}}(\Delta f, \Delta t)\exp\left\{\mathrm{j}\pi\Delta f(\tau_1 + \tau_2)\right\}\mathrm{d}(\Delta f)}_{(\mathrm{A})}$$

$$\cdot \underbrace{\frac{1}{2}\int\limits_{-\infty}^{+\infty} \exp\left\{\mathrm{j}\pi x(\tau_2 - \tau_1)\right\}\mathrm{d}x}_{\delta(\tau_2 - \tau_1)}\,. \tag{3.46}$$

Der Wert des Ausdrucks (A) nach (3.46) interessiert wegen der Multiplikation mit dem Dirac–Impuls $\delta(\tau_2 - \tau_1)$ nur an der Stelle τ_2 gleich τ_1. Deshalb folgt aus (3.46):

$$\underline{R}_{\mathrm{h}}(\tau_1, \tau_2, \Delta t) = \left(\int\limits_{-\infty}^{+\infty} \underline{\rho}_{\mathrm{F}}(\Delta f, \Delta t) \exp\left\{ \mathrm{j} 2\pi \Delta f \tau_1 \right\} \mathrm{d}(\Delta f) \right) \cdot \delta(\tau_2 - \tau_1). \qquad (3.47)$$

Mit der Fouriertransformierten

$$\underline{\rho}_{\mathrm{T}}(\tau_1, \Delta t) = \int\limits_{-\infty}^{+\infty} \underline{\rho}_{\mathrm{F}}(\Delta f, \Delta t) \exp\left\{ \mathrm{j} 2\pi \Delta f \tau_1 \right\} \mathrm{d}(\Delta f), \qquad (3.48)$$

die Verzögerungs–Zeit–Korrelationsfunktion genannt wird, folgt

$$\underline{R}_{\mathrm{h}}(\tau_1, \tau_2, \Delta t) = \underline{\rho}_{\mathrm{T}}(\tau_1, \Delta t) \cdot \delta(\tau_2 - \tau_1) \qquad (3.49)$$

aus (3.47). Die Verzögerungs–Zeit–Korrelationsfunktion $\underline{\rho}_{\mathrm{T}}(\tau_1, \Delta t)$ nach (3.48) heißt auch Multipath Time–Covariance [StJ67, Kapitel 16]. Der Verlauf der Verzögerungs–Zeit–Korrelationsfunktion $\underline{\rho}_{\mathrm{T}}(\tau_1, \Delta t)$ nach (3.48) längs der τ_1–Achse läßt erkennen, wie die Kanalimpulsantwort $\underline{h}(\tau, t)$ im Mittel längs der τ–Achse verläuft. Entsprechend zeigt der Verlauf der Verzögerungs–Zeit–Korrelationsfunktion $\underline{\rho}_{\mathrm{T}}(\tau_1, \Delta t)$ nach (3.48) längs der Δt–Achse, wie rasch die Kanalimpulsantwort $\underline{h}(\tau, t)$ im Mittel mit t fluktuiert.

Aufgrund des Produktterms $\delta(\tau_2 - \tau_1)$ in (3.49) handelt es sich beim Mobilfunkkanal um einen Kanal mit unkorrelierter Streuung. Diese Eigenschaft der unkorrelierten Streuung folgt aus der Stationarität im weiteren Sinne bezüglich der Frequenz f desjenigen stochastischen Prozesses, welcher die Übertragungsfunktion $\underline{H}(f, t)$ des Mobilfunkkanals beschreibt. Wegen der Eigenschaft der unkorrelierten Streuung und wegen der Stationarität im weiteren Sinne bezüglich t desjenigen Prozesses, welcher die Kanalimpulsantwort $\underline{h}(\tau, t)$ beschreibt, bezeichnet man den Mobilfunkkanal als WSSUS–Mobilfunkkanal.

3.5.8   Verzögerungs–Leistungsspektrum

Setzt man die Zeitdifferenz Δt nach (3.37) in $\underline{\rho}_{\mathrm{T}}(\tau_1, \Delta t)$ nach (3.48) gleich null und schreibt für τ_1 verkürzend τ, so erhält man das Verzögerungs–Leistungsspektrum

$$\underline{\rho}_{\mathrm{T}}(\tau, 0) = \int\limits_{-\infty}^{+\infty} \underline{\rho}_{\mathrm{F}}(\Delta f, 0) \exp\left\{ \mathrm{j} 2\pi \Delta f \tau \right\} \mathrm{d}(\Delta f). \qquad (3.50)$$

Das Verzögerungs–Leistungsspektrum $\underline{\rho}_\mathrm{T}(\tau,0)$ nach (3.50) heißt auch Multipath Intensity Profile [Pro95, S. 762] oder Delay Power Spectrum [Pro95, S. 762]. Das Verzögerungs–Leistungsspektrum $\underline{\rho}_\mathrm{T}(\tau,0)$ nach (3.50) ist reell und gibt an, mit welcher mittleren Leistung Wellen mit der Verzögerungszeit τ empfangen werden.

3.5.9 Verzögerungsspreizung (Delay Spread)

Die mit 2 multiplizierte Wurzel des normierten zweiten Zentralmoments $\mu_{2\mathrm{v}}$ von $\underline{\rho}_\mathrm{T}(\tau,0)$ ist die bereits eingeführte Verzögerungsspreizung S. Mit der Leistung

$$P = \int_{-\infty}^{+\infty} \underline{\rho}_\mathrm{T}(\tau,0)\,\mathrm{d}\tau \tag{3.51}$$

und

$$\mu_{2\mathrm{v}} = \frac{1}{P}\int_{-\infty}^{+\infty} \tau^2 \cdot \underline{\rho}_\mathrm{T}(\tau,0)\,\mathrm{d}\tau - \left[\frac{1}{P}\int_{-\infty}^{+\infty} \tau \cdot \underline{\rho}_\mathrm{T}(\tau,0)\,\mathrm{d}\tau\right]^2 \tag{3.52}$$

folgt also

$$S = 2\sqrt{\mu_{2\mathrm{v}}} \tag{3.53}$$

für die Verzögerungsspreizung. Je kleiner S ist, desto geringer ist die zeitliche Spreizung eines gesendeten Signals. Im Falle S gleich null erfolgt keine zeitliche Spreizung.

Beispiel 3.6 Mit A_T gleich 1 W/µs sei

$$\underline{\rho}_\mathrm{T}(\tau,0) = \begin{cases} A_\mathrm{T} \cdot \exp\left\{-\tau/b_\tau\right\} & \text{für} \quad 0 \le \tau < c_\tau, \\ 0 & \text{sonst,} \end{cases} \tag{3.54}$$

wobei b_τ gleich 1 µs und c_τ gleich 7 µs sind. Dieses Verzögerungs–Leistungsspektrum ist typisch für Gebiete in Städten und Vororten, siehe Tab. 3.4. Die Mehrwegespreizung ist

$$T_\mathrm{M} = c_\tau = 7\,\text{µs.} \tag{3.55}$$

Außerdem ist

$$P = \int_0^{c_\tau} \underline{\rho}_\mathrm{T}(\tau,0)\,\mathrm{d}\tau = A_\mathrm{T} \cdot b_\tau \cdot \left(1 - \exp\left\{-c_\tau/b_\tau\right\}\right) \approx 1\,\text{W.} \tag{3.56}$$

Weiterhin gilt

$$\frac{1}{P}\int_0^{c_\tau} \tau^2 \cdot \underline{\rho}_\mathrm{T}(\tau,0)\,\mathrm{d}\tau = \left. -\frac{A_\mathrm{T} \cdot b_\tau \cdot \exp\left\{-\tau/b_\tau\right\}}{P} \cdot \left(\tau^2 + 2b_\tau\tau + 2b_\tau^2\right)\right|_0^{c_\tau}$$

$$= \frac{A_\mathrm{T} \cdot b_\tau}{P} \cdot \left[2b_\tau^2 - \exp\left\{ -c_\tau/b_\tau \right\} \cdot \left(c_\tau^2 + 2b_\tau c_\tau + 2b_\tau^2 \right) \right]$$

$$\approx \left[2 - \exp\left\{ -7 \right\} \cdot 65 \right] \cdot (1\,\mu\mathrm{s})^2 \approx 1,94\,(\mu\mathrm{s})^2 \qquad (3.57)$$

und

$$\frac{1}{P} \int_0^{c_\tau} \tau \cdot \underline{\rho}_\mathrm{T}(\tau, 0)\,\mathrm{d}\tau = -\frac{A_\mathrm{T} \cdot b_\tau^2}{P} \cdot \exp\left\{ -\tau/b_\tau \right\} \cdot \left(\frac{\tau}{b_\tau} + 1 \right) \Big|_0^{c_\tau}$$

$$= \frac{A_\mathrm{T} \cdot b_\tau^2}{P} \cdot \left[1 - \exp\left\{ -c_\tau/b_\tau \right\} \cdot \left(\frac{c_\tau}{b_\tau} + 1 \right) \right]$$

$$\approx (1\,\mu\mathrm{s}) \cdot \left[1 - \exp\left\{ -7 \right\} \cdot 8 \right] \approx 0,99\,\mu\mathrm{s}. \qquad (3.58)$$

Daher ist

$$\mu_{2\mathrm{v}} \approx 0,96\,(\mu\mathrm{s})^2, \qquad (3.59)$$

und somit gilt

$$S \approx 2\,\mu\mathrm{s}. \qquad (3.60)$$

♣

3.5.10   Doppler–Spektrum

Die Bewegungen der mobilen Teilnehmer führen zum Auftreten des Doppler–Effekts. Mit der Lichtgeschwindigkeit c_0, der Trägerfrequenz f_0 und dem Betrag v der Geschwindigkeit v ergibt sich die maximale Dopplerfrequenz zu

$$f_{\mathrm{d,max}} = \frac{v f_0}{c_0}. \qquad (3.61)$$

Tab. 3.3 gibt maximale Dopplerfrequenzen $f_{\mathrm{d,max}}$ für unterschiedliche Beträge v der Geschwindigkeit v bei der Trägerfrequenz f_0 gleich 1,8 GHz an. Man sieht, daß die maximalen Dopplerfrequenzen $f_{\mathrm{d,max}}$ mindestens sieben Größenordnungen kleiner als die Trägerfrequenz f_0 sind.

Bildet man die Fouriertransformierte der Zeit–Korrelationsfunktion $\underline{\rho}_\mathrm{F}(0, \Delta t)$ bezüglich der Zeitdifferenz Δt, so erhält man mit der Dopplerfrequenz f_d das Doppler–Spektrum (Doppler Power Spectrum) [Pro95, S. 765]

$$S_\mathrm{c}(0, f_\mathrm{d}) = \int_{-\infty}^{+\infty} \underline{\rho}_\mathrm{F}(0, \Delta t) \exp\left\{ -\mathrm{j}2\pi f_\mathrm{d} \Delta t \right\} \mathrm{d}(\Delta t). \qquad (3.62)$$

Das Doppler–Spektrum $S_\mathrm{c}(0, f_\mathrm{d})$ ist reell und gibt an, mit welcher mittleren Leistung Wellen mit der Dopplerfrequenz f_d empfangen werden. Wenn

Tab. 3.3. Maximale Dopplerfrequenzen $f_{d,max}$ für unterschiedliche Beträge v der Geschwindigkeit v; $f_0 = 1,8$ GHz

	v / km/h					
	3	30	50	60	70	80
$\dfrac{f_{d,max}}{Hz}$	5,0	50,0	83,4	100,0	116,7	133,4
	v / km/h					
	90	100	120	150	200	250
$\dfrac{f_{d,max}}{Hz}$	150,1	166,7	200,1	250,2	333,6	417,0

der Imaginärteil $\mathrm{Im}\{\underline{\rho}_F(0, \Delta t)\}$ der Zeit–Korrelationsfunktion verschwindet, ist das Doppler–Spektrum $S_c(0, f_d)$ gerade bezüglich f_d. In diesem Fall sind $\mathrm{Re}\{\underline{H}(f,t)\}|_{f=\text{const.}}$ und $\mathrm{Im}\{\underline{H}(f,t)\}|_{f=\text{const.}}$ unkorreliert.

3.5.11 Doppler–Spreizung

Die mit 2 multiplizierte Wurzel des normierten zweiten Zentralmoments μ_{2d} von $S_c(0, f_d)$ heißt Doppler–Spreizung (Doppler Spread). Mit der Leistung

$$P = \int_{-\infty}^{+\infty} S_c(0, f_d) \, df_d \tag{3.63}$$

und

$$\mu_{2d} = \frac{1}{P} \int_{-\infty}^{+\infty} f_d^2 \cdot S_c(0, f_d) \, df_d - \left[\frac{1}{P} \int_{-\infty}^{+\infty} f_d \cdot S_c(0, f_d) \, df_d \right]^2 \tag{3.64}$$

folgt also

$$B_d = 2\sqrt{\mu_{2d}} \tag{3.65}$$

für die Doppler–Spreizung. Je größer die Korrelationsdauer T_k ist, umso kleiner ist die Doppler–Spreizung B_d. Im Sinne einer groben Näherung gilt

$$B_d \approx \frac{1}{T_k}. \tag{3.66}$$

Beispiel 3.7 Mit A_c gleich 1 W/Hz und $f_{d,max}$ gleich 100 Hz sei

$$S_c(0, f_d) = \begin{cases} \dfrac{A_c}{\sqrt{1 - (f_d/f_{d,max})^2}} & \text{für} \quad |f_d| < f_{d,max}, \\ 0 & \text{sonst,} \end{cases} \tag{3.67}$$

siehe Bild 3.9. Somit ist

$$P = A_c \cdot f_{d,\max} \cdot \arcsin\left\{\frac{f_d}{f_{d,\max}}\right\}\Bigg|_{-f_{d,\max}}^{+f_{d,\max}} = A_c \cdot f_{d,\max} \cdot \pi$$

$$\approx 314,2\,\text{W}. \tag{3.68}$$

Weiterhin ist

$$\frac{1}{P}\int_{-\infty}^{+\infty} f_d^2 \cdot S_c(0,f_d)\,\mathrm{d}f_d = \frac{A_c \cdot f_{d,\max}}{2P} \cdot \left(-f_d \cdot \sqrt{f_{d,\max}^2 - f_d^2}\right.$$

$$\left.+f_{d,\max}^2 \cdot \arcsin\left\{\frac{f_d}{f_{d,\max}}\right\}\right)\Bigg|_{-f_{d,\max}}^{+f_{d,\max}}$$

$$= \frac{A_c \cdot f_{d,\max}^3 \cdot \pi}{2P} = \frac{f_{d,\max}^2}{2}$$

$$= 5000\,(\text{Hz})^2. \tag{3.69}$$

Schließlich gilt

$$\frac{1}{P}\int_{-\infty}^{+\infty} f_d \cdot S_c(0,f_d)\,\mathrm{d}f_d = -A_c \cdot f_{d,\max} \cdot \sqrt{f_{d,\max}^2 - f_d^2}\,\Bigg|_{-f_{d,\max}}^{+f_{d,\max}}$$

$$= 0. \tag{3.70}$$

Man erhält also

$$\mu_{2d} = \frac{f_{d,\max}^2}{2} = 5000\,(\text{Hz})^2, \tag{3.71a}$$

$$B_d = \sqrt{2} \cdot f_{d,\max} \approx 141,4\,\text{Hz}, \tag{3.71b}$$

$$T_k \approx \frac{1}{\sqrt{2} \cdot f_{d,\max}} \approx 7,1\,\text{ms}. \tag{3.71c}$$

$$\clubsuit$$

3.5.12　Streufunktion

Die Fouriertransformierte der Verzögerungs–Zeit–Korrelationsfunktion $\underline{\rho}_T(\tau, \Delta t)$ nach (3.48) bezüglich der Zeitdifferenz Δt nach (3.37) ist reell und lautet

$$S(\tau, f_d) = \int_{-\infty}^{+\infty} \underline{\rho}_T(\tau, \Delta t) \exp\left\{-\mathrm{j}2\pi f_d \Delta t\right\}\,\mathrm{d}(\Delta t). \tag{3.72}$$

Die Funktion $S(\tau, f_\mathrm{d})$ nach (3.72) heißt Streufunktion (Scattering Function). Wegen (3.48) erhält man die Streufunktion durch dopplete Fouriertransformation aus der Frequenz–Zeit–Korrelationsfunktion [Pro95, S. 766]

$$S(\tau, f_\mathrm{d}) = \int\limits_{-\infty}^{+\infty} \int\limits_{-\infty}^{+\infty} \underline{\rho}_\mathrm{F}(\Delta f, \Delta t) \, \exp\{\mathrm{j}2\pi\Delta f\tau\} \, \exp\{-\mathrm{j}2\pi f_\mathrm{d}\Delta t\} \, \mathrm{d}(\Delta f)\mathrm{d}(\Delta t).$$

$$(3.73)$$

Die Streufunktion $S(\tau, f_\mathrm{d})$ nach (3.72) beziehungsweise (3.73) gestattet das anschauliche Beschreiben des Mobilfunkkanals, denn sie ist ein Maß für die mittlere Leistung am Ausgang des Mobilfunkkanals abhängig von der Verzögerungszeit τ und von der Dopplerfrequenz f_d.

Mit (3.72) gilt weiterhin für das Doppler–Spektrum [Pro95, S. 766, Bild 14–1–5]

$$S_\mathrm{c}(0, f_\mathrm{d}) \;=\; \int\limits_{-\infty}^{+\infty} S(\tau, f_\mathrm{d}) \, \mathrm{d}\tau.$$

$$(3.74)$$

Für das Verzögerungs–Leistungsspektrum erhält man [Pro95, S. 766, Bild 14–1–5]

$$\underline{\rho}_\mathrm{T}(\tau, 0) \;=\; \int\limits_{-\infty}^{+\infty} S(\tau, f_\mathrm{d}) \, \mathrm{d}f_\mathrm{d}.$$

$$(3.75)$$

Die Größe

$$P = \int\limits_{-\infty}^{+\infty} \int\limits_{-\infty}^{+\infty} S(\tau, f_\mathrm{d}) \, \mathrm{d}\tau \, \mathrm{d}f_\mathrm{d}$$

$$(3.76)$$

ist ein Maß für die mittlere Gesamtleistung am Ausgang des Mobilfunkkanals.

Beispiel 3.8 Mit A_SF gleich 1 W/ (Hz μs) und $f_\mathrm{d,max}$ gleich 100 Hz sei

$$S(\tau, f_\mathrm{d}) = \begin{cases} \dfrac{A_\mathrm{SF} \cdot \exp\{-\tau/b_\tau\}}{\sqrt{1 - (f_\mathrm{d}/f_\mathrm{d,max})^2}} & \text{für} \quad 0 \leq \tau < c_\tau \text{ und } |f_\mathrm{d}| < f_\mathrm{d,max}, \\[2ex] 0 & \text{sonst}, \end{cases}$$

$$(3.77)$$

wobei b_τ gleich 1 μs und c_τ gleich 7 μs sind, siehe auch Bild 3.11. Somit folgt aus (3.74)

$$S_\mathrm{c}(0, f_\mathrm{d}) \;=\; \begin{cases} \dfrac{A_\mathrm{SF} \cdot b_\tau \cdot (1 - \exp\{-c_\tau/b_\tau\})}{\sqrt{1 - (f_\mathrm{d}/f_\mathrm{d,max})^2}} & \text{für } |f_\mathrm{d}| < f_\mathrm{d,max}, \\[2ex] 0 & \text{sonst}, \end{cases}$$

$$
\begin{cases}
\approx \dfrac{1\,\mathrm{W/Hz}}{\sqrt{1-(f_\mathrm{d}/f_\mathrm{d,max})^2}} & \text{für } |f_\mathrm{d}| < f_\mathrm{d,max}, \\[2ex]
= 0 & \text{sonst,}
\end{cases}
\tag{3.78}
$$

siehe Beispiel 3.7 und Bild 3.9. Weiterhin folgt mit (3.75)

$$
\underline{\rho}_\mathrm{T}(\tau,0) \;=\;
\begin{cases}
A_\mathrm{SF} \cdot f_\mathrm{d,max} \cdot \pi \cdot \exp\{-\tau/b_\tau\} & \text{für } 0 \le \tau < c_\tau, \\[2ex]
0 & \text{sonst,}
\end{cases}
$$

$$
\begin{cases}
\approx 314,2\,\mathrm{W/\mu s} \cdot \exp\{-\tau/b_\tau\} & \text{für } 0 \le \tau < c_\tau, \\[2ex]
= 0 & \text{sonst,}
\end{cases}
\tag{3.79}
$$

siehe auch Beispiel 3.7 und Tab. 3.4. Aus (3.76) folgt

$$
P \;=\; A_\mathrm{SF} \cdot f_\mathrm{d,max} \cdot b_\tau \cdot \pi \cdot (1 - \exp\{-c_\tau/b_\tau\}) \approx 314,2\,\mathrm{W}.
\tag{3.80}
$$

♣

3.5.13 Wichtige Zusammenhänge

Bild 3.7 veranschaulicht die in den vorangegangenen Abschnitten erklärten wichtigen Zusammenhänge zwischen den Korrelationsfunktionen und Spektren sowie der Streufunktion [Pro95, S. 766, Bild 14-1-5].

3.6 Simulation von WSSUS–Mobilfunkkanälen

3.6.1 Modellannahmen

Als Voraussetzung für die Simulation von WSSUS–Mobilfunkkanälen auf Rechnern sind folgende Modellannahmen bezüglich der Kurzzeitstatistik des Mobilfunkkanals notwendig:

1. Derjenige stochastische Prozeß, welcher den Betrag $|\underline{H}(f,t)|$ der Übertragungsfunktion $\underline{H}(f,t)$ des Mobilfunkkanals beschreibt, ist Rayleigh–verteilt. Es ist kein direkter Weg vorhanden.

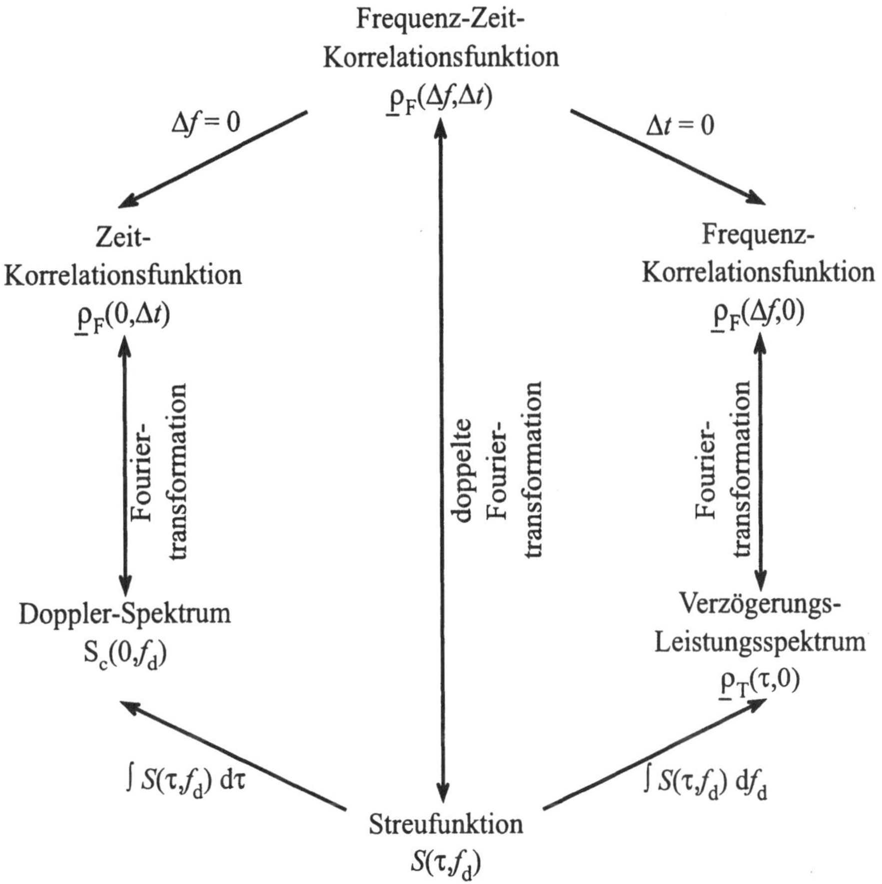

Bild 3.7. Wichtige Zusammenhänge zwischen Korrelationsfunktionen, Spektren und Streufunktion, siehe auch [Pro95, S. 766, Bild 14–1–5]

2. Es wird der WSSUS–Mobilfunkkanal verwendet, der in Abschnitt 3.5 beschrieben wurde.

3. Das Verzögerungs–Leistungsspektrum $\underline{\rho}_{\mathrm{T}}(\tau, 0)$ nach (3.50) und das Doppler–Spektrum $S_{\mathrm{c}}(0, f_{\mathrm{d}})$ nach (3.62) sind unabhängig voneinander. Deshalb kann die Verbundwahrscheinlichkeitsdichte $\mathrm{p}_{f_{\mathrm{d}}, \tau}(f_{\mathrm{d}}, \tau)$ der Dopplerfrequenz f_{d} und der Verzögerung τ als Produkt der Wahrscheinlichkeitsdichte $\mathrm{p}_{f_{\mathrm{d}}}(f_{\mathrm{d}})$ der Dopplerfrequenz f_{d} und der Wahrscheinlichkeitsdichte $\mathrm{p}_{\tau}(\tau)$ der Verzögerungszeit τ geschrieben werden:

$$\mathrm{p}_{f_{\mathrm{d}}, \tau}(f_{\mathrm{d}}, \tau) = \mathrm{p}_{f_{\mathrm{d}}}(f_{\mathrm{d}})\, \mathrm{p}_{\tau}(\tau). \tag{3.81}$$

4. Für $\underline{\rho}_{\mathrm{T}}(\tau, 0)$ nach (3.50) werden die für vier verschiedene Ausbreitungsgebiete von COST207 [COST207] festgelegten Verzögerungs–Leistungsspektren verwendet. Diese vier Ausbreitungsgebiete sind ländliches Gebiet (RA, Rural Area), typisches Gebiet in Städten und Vororten (TU, Typical Urban), typisch ungünstiges Gebiet in Städten und Vororten (BU, Bad Urban) sowie typisches Gebiet im Bergland (HT, Hilly Terrain). Die Verzögerungs–Leistungsspektren $\underline{\rho}_{\mathrm{T}}(\tau, 0)$ nach COST207 sind für die Ausbreitungsgebiete RA, TU, BU und HT in Tabelle 3.4 und in Bild 3.8 angegeben.

5. Aus allen Richtungen erreichen Wellen mit gleicher mittlerer Leistung die Empfangsantenne. Die bereits genannten Hindernisse sind räumlich gleichmäßig verteilt. Aus feldtheoretischen Ansätzen folgt mit dem maximalen Betrag $f_{\mathrm{d,max}}$ der Dopplerfrequenz f_{d} und einem Proportionalitätsfaktor A_{c} das folgende Doppler–Spektrum nach Jakes [Jak74] zu

$$S_{\mathrm{c}}(0, f_{\mathrm{d}}) = \begin{cases} \dfrac{A_{\mathrm{c}}}{\sqrt{1 - (f_{\mathrm{d}}/f_{\mathrm{d,max}})^2}} & \text{für} \quad |f_{\mathrm{d}}| < f_{\mathrm{d,max}}, \\ 0 & \text{sonst.} \end{cases} \tag{3.82}$$

Dieser Verlauf von $S_{\mathrm{c}}(0, f_{\mathrm{d}})$ wird als klassisches Doppler–Spektrum oder Jakes–Spektrum bezeichnet. Das klassische Doppler–Spektrum $S_{\mathrm{c}}(0, f_{\mathrm{d}})$ ist in Bild 3.9 dargestellt.

3.6.2   Beschreibung des Modells

Im vorliegenden Abschnitt 3.6.2 wird ein Verfahren zur Simulation von WSSUS–Mobilfunkkanälen angegeben [Nas95]. Das im vorliegenden Abschnitt 3.6.2 angegebene Simulationsverfahren basiert auf der bereits erwähnten Monte–Carlo–Simulation und geht auf den von Schulze [Sch89] im Jahr 1989 vorgeschlagenen Ansatz zurück.

Tab. 3.4. Verzögerungs–Leistungsspektren $\underline{\rho}_{\mathrm{T}}(\tau, 0)$ nach COST207 [COST207]

Ausbreitungsgebiet	$\underline{\rho}_{\mathrm{T}}(\tau, 0)$
ländliche Gebiete (RA, Rural Area)	$\propto \exp\left\{-9,2\,\tau/\mu s\right\}$ für $0 \leq \tau < 0,7\,\mu s$ 0 sonst
typische Gebiete in Städten und Vororten (TU, Typical Urban)	$\propto \exp\left\{-\tau/\mu s\right\}$ für $0 \leq \tau < 7\,\mu s$ 0 sonst
typisch ungünstige Gebiete in Städten und Vororten (BU, Bad Urban)	$\propto \exp\left\{-\tau/\mu s\right\}$ für $0 \leq \tau < 5\,\mu s$ $\propto 0,5 \cdot \exp\left\{5 - \tau/\mu s\right\}$ für $5\,\mu s \leq \tau < 10\,\mu s$ 0 sonst
typische Gebiete im Bergland (HT, Hilly Terrain)	$\propto \exp\left\{-3,5\,\tau/\mu s\right\}$ für $0 \leq \tau < 2\,\mu s$ $\propto 0,04 \cdot \exp\left\{15 - \tau/\mu s\right\}$ für $15\,\mu s \leq \tau < 20\,\mu s$ 0 sonst

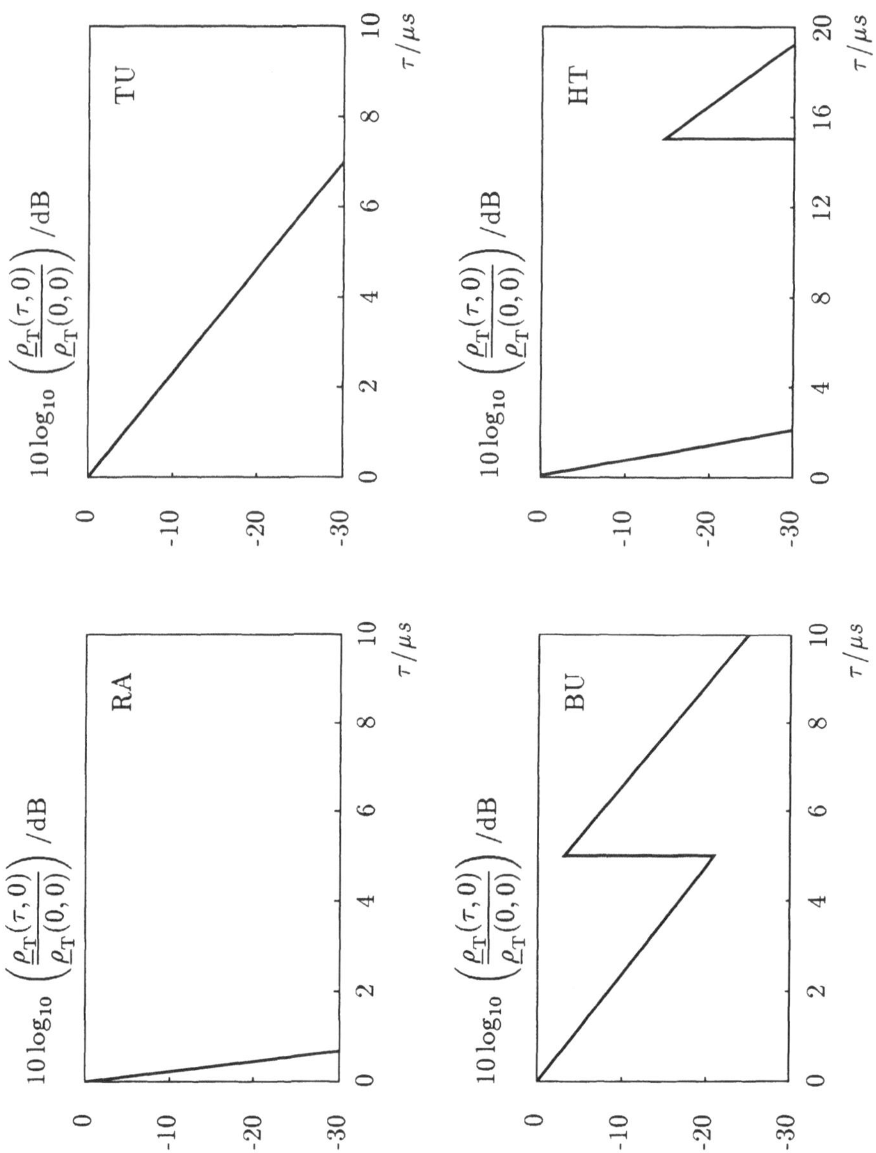

Bild 3.8. Verzögerungs–Leistungsspektren $\underline{\varrho}_{\mathrm{T}}(\tau,0)$ nach COST207 [COST207]

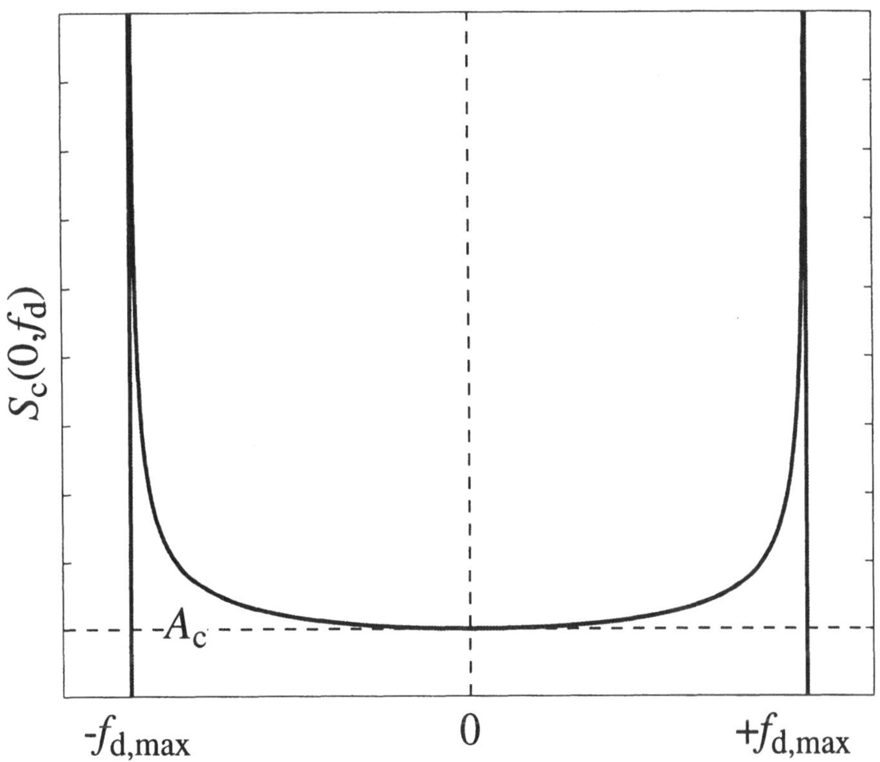

Bild 3.9. Klassisches Doppler–Spektrum $S_c(0, f_d)$ nach Jakes [Jak74]

Beim Erzeugen der Übertragungsfunktion $\underline{H}(f,t)$ des Mobilfunkkanals, die eine Musterfunktion des im Abschnitt 3.5 beschriebenen stochastischen Prozesses ist, und damit beim Erzeugen der Kanalimpulsantwort $\underline{h}(\tau,t)$, die sich durch inverse Fouriertransformation nach (3.29) ergibt, wird vom linearen Überlagern einer im Grenzfall gegen Unendlich gehenden Anzahl E von Exponentialschwingungen der Nullphasen ϑ_i, $i = 1 \cdots E$, der Dopplerfrequenzen $f_{d,i}$, $i = 1 \cdots E$, und der Verzögerungszeiten τ_i, $i = 1 \cdots E$, ausgegangen. Die Übertragungsfunktion $\underline{H}(f,t)$ des Mobilfunkkanals, die Musterfunktion des im Abschnitt 3.5 beschriebenen stochastischen Prozesses ist, ergibt sich deshalb zu

$$\underline{H}(f,t) = \lim_{E \to \infty} \frac{1}{\sqrt{E}} \sum_{i=1}^{E} \exp\left\{j\vartheta_i\right\} \exp\left\{j2\pi f_{d,i}t\right\} \exp\left\{-j2\pi f\tau_i\right\}. \tag{3.83}$$

Bei der Durchführung von Simulationen kann man E nicht unendlich groß wählen, sondern muß sich mit einem hinreichend großen E begnügen. Für die Kanalimpulsantwort gilt

$$\underline{h}(\tau,t) = \lim_{E \to \infty} \frac{1}{\sqrt{E}} \sum_{i=1}^{E} \exp\left\{j\vartheta_i\right\} \exp\left\{j2\pi f_{d,i}t\right\} \delta(\tau - \tau_i). \tag{3.84}$$

Im folgenden wird erläutert, wie die E Wertetripel $(\vartheta_i, f_{d,i}, \tau_i)$, $i = 1 \cdots E$, beschaffen sind, die zum Bilden von $\underline{H}(f,t)$ nach (3.83) beziehungsweise von $\underline{h}(\tau,t)$ nach (3.84) erforderlich sind [Nas95]. Die E Nullphasen ϑ_i, $i = 1 \cdots E$, sind Realisationen einer Zufallsvariablen mit der Wahrscheinlichkeitsdichte $p_\vartheta(\vartheta_i)$, die im halboffenen Intervall $[0, 2\pi[$ gleichverteilt ist. Die E Dopplerfrequenzen $f_{d,i}$, $i = 1 \cdots E$, sind Realisationen einer Zufallsvariablen mit der Wahrscheinlichkeitsdichte $p_{f_d}(f_{d,i})$, die vom Doppler–Spektrum $S_c(0, f_d)$ abhängt. Die E Verzögerungszeiten τ_i, $i = 1 \cdots E$, sind Realisationen einer Zufallsvariablen mit der Wahrscheinlichkeitsdichte $p_\tau(\tau_i)$, die vom Verzögerungs–Leistungsspektrum $\rho_T(\tau, 0)$ abhängt. Die drei Zufallsvariablen, welche die Nullphasen ϑ_i, die Dopplerfrequenzen $f_{d,i}$ und die Verzögerungszeiten τ_i beschreiben, sind paarweise statistisch unabhängig.

Nach [Nas95] können die E Nullphasen ϑ_i, die E Dopplerfrequenzen $f_{d,i}$ und die E Verzögerungen τ_i durch eine Variablentransformation ausgehend von einem Zufallsgenerator generiert werden, der $3E$ im halboffenen Intervall $[0, 1[$ gleichverteilte und statistisch unabhängige Größen u_i liefert. Führt man v_i als Platzhalter für ϑ_i, $f_{d,i}$ und τ_i ein, und ist $g_v(\cdot)$ die gesuchte Kennlinie der Variablentransformation, so gilt

$$v_i = g_v(u_i). \tag{3.85}$$

Sei $p_v(v_i)$ die Wahrscheinlichkeitsdichte der Zufallsvariablen v_i und

$$\mathrm{Pr}_v\{v_i\} = \int_{-\infty}^{v_i} p_v(\zeta)\,\mathrm{d}\zeta \tag{3.86}$$

die entsprechende Verteilungsfunktion. Dann ist $g_v(u_i)$ die Umkehrfunktion der Verteilungsfunktion $\mathrm{Pr}_v\{v_i\}$, das heißt, es gilt [Pap84, S.103]

$$g_v(u_i) = \begin{cases} \mathrm{Pr}_v^{-1}\{u_i\} & \text{für} \quad 0 \le u_i < 1, \\ 0 & \text{sonst.} \end{cases} \tag{3.87}$$

Ausgehend von E Werten einer im halboffenen Intervall $[0,1[$ gleichverteilten Zufallsvariablen erhält man durch Anwenden von (3.85), (3.86) und (3.87) für die E Werte ϑ_i der im halboffenen Intervall $[0,2\pi[$ gleichverteilten Nullphasen

$$p_\vartheta(\vartheta_i) = \begin{cases} \dfrac{1}{2\pi} & \text{für} \quad 0 \le \vartheta_i < 2\pi, \\ 0 & \text{sonst,} \end{cases} \tag{3.88}$$

$$\mathrm{Pr}_\vartheta\{\vartheta_i\} = \begin{cases} 0 & \text{für} \quad \vartheta_i < 0, \\ \dfrac{\vartheta_i}{2\pi} & \text{für} \quad 0 \le \vartheta_i < 2\pi, \\ 1 & \text{für} \quad \vartheta_i \ge 2\pi \end{cases} \tag{3.89}$$

und

$$\vartheta_i = 2\pi u_i, \quad 0 \le u_i < 1. \tag{3.90}$$

Mit

$$\int_{-\infty}^{+\infty} S_c(0, f_d)\,\mathrm{d}f_d = \int_{-f_{d,\mathrm{max}}}^{+f_{d,\mathrm{max}}} \frac{A_c}{\sqrt{1 - (f_d/f_{d,\mathrm{max}})^2}}\,\mathrm{d}f_d = 1 \tag{3.91}$$

folgt aus (3.82)

$$A_c = \frac{1}{\pi f_{d,\mathrm{max}}}. \tag{3.92}$$

Dem Doppler–Spektrum $S_c(0, f_d)$ nach (3.82) entspricht deshalb die Wahrscheinlichkeitsdichte

$$p_{f_d}(f_{d,i}) = \begin{cases} \dfrac{1}{\pi f_{d,\mathrm{max}}\sqrt{1 - (f_{d,i}/f_{d,\mathrm{max}})^2}} & \text{für} \quad |f_d| < f_{d,\mathrm{max}}, \\ 0 & \text{sonst,} \end{cases} \tag{3.93}$$

der Dopplerfrequenzen $f_{d,i}$ [Hoe92].

Mit (3.93) erhält man ausgehend von E Werten u_i einer im halboffenen Intervall $[0,1[$ gleichverteilten Zufallsvariablen durch Anwenden von (3.85), (3.86) und (3.87)

$$\text{Pr}_{f_\text{d}}\{f_{\text{d},i}\} = \begin{cases} 0 & \text{für} \quad f_{\text{d},i} \leq -f_{\text{d,max}}, \\[2mm] \dfrac{1}{2} + \dfrac{1}{\pi}\arcsin\left(\dfrac{f_{\text{d},i}}{f_{\text{d,max}}}\right) & \text{für} \quad -f_{\text{d,max}} < f_{\text{d},i} < f_{\text{d,max}}, \\[2mm] 1 & \text{für} \quad f_{\text{d},i} \geq f_{\text{d,max}} \end{cases} \tag{3.94}$$

und

$$f_\text{d} = -f_{\text{d,max}}\cos(\pi u_i), \quad 0 < u_i < 1. \tag{3.95}$$

Hat das Verzögerungs–Leistungsspektrum $\rho_\text{T}(\tau,0)$ nach (3.50) einen exponentiell mit wachsendem τ abfallenden Verlauf, wie das für die Ausbreitungsgebiete RA und TU nach COST207 der Fall ist, siehe Tabelle 3.4, so gilt mit den konstanten Verzögerungszeiten b_τ und c_τ

$$\underline{\rho}_\text{T}(\tau,0) \propto \begin{cases} \exp\{-\tau_i/b_\tau\} & \text{für} \quad 0 \leq \tau_i < c_\tau, \\[2mm] 0 & \text{sonst}, \end{cases} \tag{3.96}$$

und diesem Verzögerungs–Leistungsspektrum $\rho_\text{T}(\tau,0)$ nach (3.96) entspricht die Wahrscheinlichkeitsdichte

$$p_\tau(\tau_i) = \begin{cases} a_\tau \exp\{-\tau_i/b_\tau\} & \text{für} \quad 0 \leq \tau_i < c_\tau, \\[2mm] 0 & \text{sonst}. \end{cases} \tag{3.97}$$

In (3.97) ist a_τ eine reelle Konstante, die sich mit

$$\int_0^{c_\tau} p_\tau(\tau_i)\,d\tau_i = 1 \tag{3.98}$$

zu

$$a_\tau = \frac{1}{b_\tau\left(1 - \exp\{-c_\tau/b_\tau\}\right)} \tag{3.99}$$

ergibt. Mit (3.97) erhält man ausgehend von E Werten u_i einer im halboffenen Intervall $[0,1[$ gleichverteilten Zufallsvariablen durch Anwenden von (3.85), (3.86) und (3.87)

$$\text{Pr}_\tau\{\tau_i\} = \begin{cases} 0 & \text{für} \quad \tau_i < 0, \\[2mm] \dfrac{1 - \exp\{-\tau_i/b_\tau\}}{1 - \exp\{-c_\tau/b_\tau\}} & \text{für} \quad 0 \leq \tau_i < c_\tau, \\[2mm] 1 & \text{für} \quad \tau_i \geq c_\tau \end{cases} \tag{3.100}$$

und

$$\tau_i = -b_\tau \log_{\mathrm{e}} \left(1 - u_i[1 - \exp\{-c_\tau/b_\tau\}]\right), \quad 0 \leq u_i < 1. \tag{3.101}$$

Für BU und HT können ähnliche Herleitungen angegeben werden. Der Leser wird auf [Hoe90] verwiesen.

3.6.3 Simulationsergebnisse

Für das Ausbreitungsgebiet TU ist in Bild 3.10 der Betrag $|\underline{H}(f,t)|$ einer simulierten Übertragungsfunktion $\underline{H}(f,t)$ des Mobilfunkkanals für eine maximale Dopplerfrequenz $f_{\mathrm{d,max}}$ gleich 100 Hz und in Bild 3.11 die simulierte Streufunktion $S(\tau, f_{\mathrm{d}})$ des Mobilfunkkanals dargestellt. Für die Simulation wurde E gleich 600 gewählt. Der in Bild 3.10 dargestellte Betrag $|\underline{H}(f,t)|$ verdeutlicht sowohl die Frequenzselektivität als auch die Zeitvarianz des Mobilfunkkanals. Die Streufunktion $S(\tau, t)$ wurde aus einer Stichprobe von 5000 simulierten Übertragungsfunktion $\underline{H}(f,t)$ des Mobilfunkkanals erzeugt. Der exponentielle Abfall bezüglich der Verzögerungszeit τ sowie das klassische Doppler–Spektrum, vergleiche (3.82), sind in Bild 3.11 zu erkennen.

3.7 Erweitertes Modell des Mobilfunkkanals

3.7.1 Kanalimpulsantwort mit Richtungsanisotropie

Es ist bekannt, daß im Mobilfunk mit winkelmäßig anisotropem Einfall der Wellen gerechnet werden muß, siehe beispielsweise die deterministischen Wellenausbreitungsmodelle nach [KCW93] und die im RACE–Projekt TSUNAMI [Egg94] und von anderen [YoM93, BaL93] durchgeführten Messungen. Es kann deshalb davon ausgegangen werden, daß der Einsatz von richtungsselektiven Antennen in einem zukünftigen DZM vorbereitet wird, um Richtungsdiversität zu ermöglichen, siehe Abschnitt 4.3.2.4.

Um den Einfluß von richtungsselektiven Antennen auf die Übertragung in einem zukünftigen DZM untersuchen zu können, ist das Erstellen eines Simulationsmodells des Mobilfunkkanals unumgänglich, das die Richtungsanisotropien der Wellenausbreitung im Mobilfunkkanal explizit berücksichtigt. Das Erstellen eines solchen Simulationsmodells, welches das bislang in den Abschnitten 3.5 und 3.6

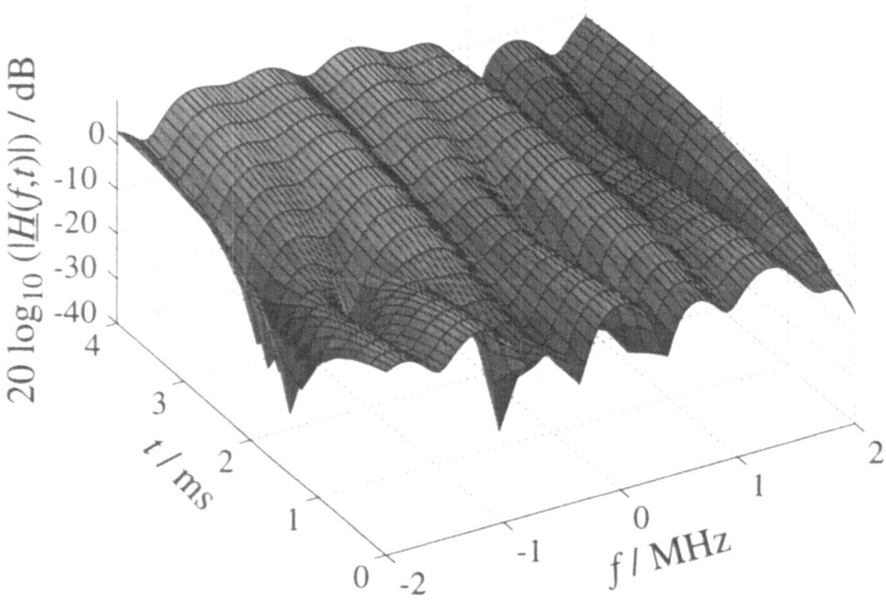

Bild 3.10. Betrag $|\underline{H}(f,t)|$ einer simulierten Übertragungsfunktion $\underline{H}(f,t)$ des Mobilfunkkanals für das Ausbreitungsgebiet TU und eine maximale Dopplerfrequenz $f_{\mathrm{d,max}}$ gleich 100 Hz, siehe [Nas95]

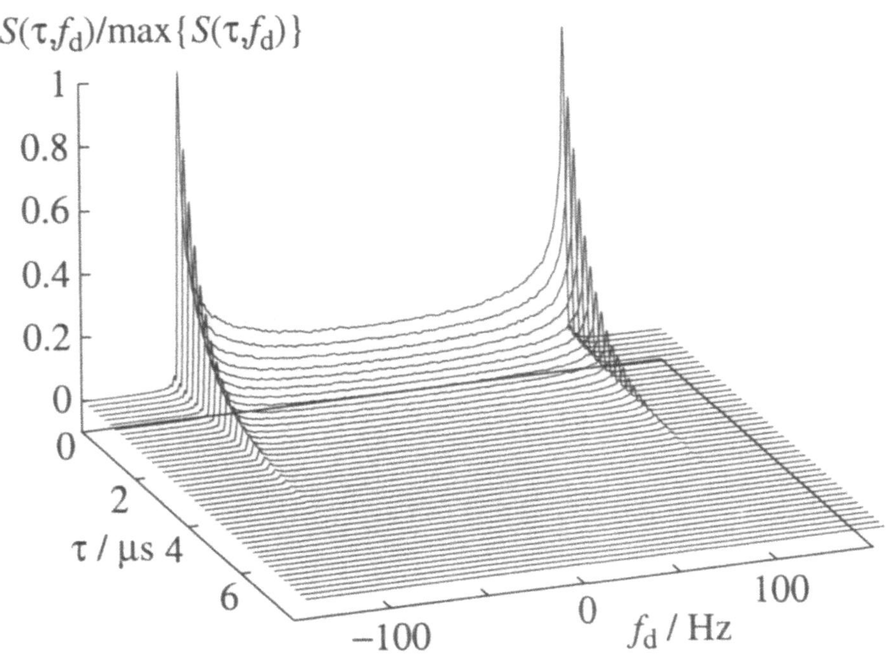

Bild 3.11. Simulierte Streufunktion $S(\tau, f_{\mathrm{d}})$ des Mobilfunkkanals für $f_{\mathrm{d,max}}$ gleich 100 Hz und für das Ausbreitungsgebiet TU, siehe [Nas95]

dargestellte Modell um das explizite Berücksichtigen von Richtungsanisotropien erweitert, ist derzeit Gegenstand verschiedener Forschungsaktivitäten und deshalb noch nicht abgeschlossen.

Im vorliegenden Abschnitt 3.7 werden die Grundzüge eines Simulationsmodells des Mobilfunkkanals dargelegt, das die Richtungsanisotropien der Wellenausbreitung im Mobilfunkkanal explizit berücksichtigt [BBJ95]. Dieses Simulationsmodell heißt im folgenden Simulationsmodell des Mobilfunkkanals mit Richtungsanisotropie.

3.7.2 Modellannahmen

Das Simulationsmodell des Mobilfunkkanals mit Richtungsanisotropie basiert auf der folgenden allgemeinen Situation im Mobilfunk [BBJ95]. Ohne Beschränkung der Allgemeingültigkeit des nachstehend mathematisch beschriebenen Simulationsmodells wird die Aufwärtsstrecke betrachtet. Es wird angenommen, daß die ortsfesten Basisstationen des Zellnetzes jeweils $K_\mathrm{a} \in \mathbb{N}$ Empfangssensoren haben. Diese Empfangssensoren können beispielsweise richtungsselektive Empfangsantennen oder auch Antennenarrays sein. In jeder Zelle des Zellnetzes gibt es K gleichzeitig im selben Teilnehmerfrequenzband der Teilnehmerbandbreite B_u aktive Mobilstationen mit jeweils einer einzigen omnidirektionalen Sendeantenne. Der Empfangssensor k_a, $k_\mathrm{a} = 1 \cdots K_\mathrm{a}$, der betrachteten Basisstation ist im Mittelpunkt einer gedachten Kugel $S^{(k_\mathrm{a})}$. Der bereits in [FlD94] verwendete Raumwinkel $\Omega^{(k_\mathrm{a})}$, der vom Mittelpunkt der Kugel $S^{(k_\mathrm{a})}$ aus gemessen wird, beschreibt in Kugelkoordinaten eindeutig eine Richtung im Raum relativ zum Empfangssensor k_a, $k_\mathrm{a} = 1 \cdots K_\mathrm{a}$, dieser Basisstation.

Die Kanalimpulsantwort $\underline{h}^{(k,k_\mathrm{a})}(\tau,t)$ zwischen dem Empfangssensor k_a, $k_\mathrm{a} = 1 \cdots K_\mathrm{a}$, der betrachteten Basisstation und der Mobilstation k, $k = 1 \cdots K$, ergibt sich zu [BBJ95]

$$\underline{h}^{(k,k_\mathrm{a})}(\tau,t) = \int\limits_{S^{(k_\mathrm{a})}} \underline{\vartheta}^{(k)}\left(\tau,t,\Omega^{(k_\mathrm{a})}\right) * \underline{g}^{(k_\mathrm{a})}\left(\tau,\Omega^{(k_\mathrm{a})}\right) * \underline{f}^{(k)}(\tau)\, \mathrm{d}\Omega^{(k_\mathrm{a})},$$

$$k = 1 \cdots K,\ k_\mathrm{a} = 1 \cdots K_\mathrm{a}, \tag{3.102}$$

wobei „$*$" die Faltung bezüglich τ bedeutet. In (3.102) werden die folgenden Größen verwendet [BBJ95]:

$\underline{\vartheta}^{(k)}(\tau,t,\Omega^{(k_\mathrm{a})})$: Zeitvariante richtungsabhängige Kanalimpulsantwortdichte von Empfangssensor k_a der Basisstation aus gesehen. Das Produkt $\underline{\vartheta}^{(k)}(\tau,t,\Omega^{(k_\mathrm{a})}) \cdot \mathrm{d}\Omega^{(k_\mathrm{a})}$ ist derjenige Beitrag zur Kanalimpulsantwort $\underline{h}^{(k,k_\mathrm{a})}(\tau,t)$, welcher aus dem Raumwinkelbereich zwischen $\Omega^{(k_\mathrm{a})}$ und

$\Omega^{(k_{\mathrm{a}})} + \mathrm{d}\Omega^{(k_{\mathrm{a}})}$ kommt. Die vom Empfangssensor k_{a} der Basisstation aus gesehene zeitvariante richtungsabhängige Kanalimpulsantwortdichte $\underline{\vartheta}^{(k)}(\tau, t, \Omega^{(k_{\mathrm{a}})})$ ist durch den Ort der Mobilstation, durch die Geschwindigkeit $\boldsymbol{v}$ der Mobilstation und durch die topographischen und morphologischen Eigenschaften des Ausbreitungsgebiets bestimmt.

$\underline{g}^{(k_{\mathrm{a}})}(\tau, \Omega^{(k_{\mathrm{a}})})$: Als zeitinvariant angesehene Eigenschaften von Empfangssensor k_{a} der Basisstation. Im Falle eines unendlich breitbandigen Empfangssensors k_{a} enthält $\underline{g}^{(k_{\mathrm{a}})}(\tau, \Omega^{(k_{\mathrm{a}})})$ einen Diracstoß bei τ.

$\underline{f}^{(k)}(\tau)$: Impulsantwort, welche die Eigenschaften von Modulator, Demodulator, Sendefilter, Empfangsfilter, Sendeverstärker, Empfangsverstärker und so weiter repräsentiert, siehe Abschnitt 4.5.5.

In (3.102) wird davon ausgegangen, daß die K_{a} Empfangssensoren der betrachteten Basisstation an unterschiedlichen Orten sind [BBJ95]. Dies ist beispielsweise dann der Fall, wenn K_{a} einzelne Empfangsantennen eingesetzt werden, wie dies bei den in Abschnitt 4.2.2 betrachteten Antennendiversität und Makrodiversität der Fall ist. Beim Verwenden einer einzigen Empfangsantenne mit K_{a} Sektoren, die alle am selben Ort und im Mittelpunkt derselben Kugel $S^{(1)}$ sind, vereinfacht sich (3.102). Mit dem vom Mittelpunkt von $S^{(1)}$ aus gemessenen Raumwinkel Ω folgt

$$\underline{h}^{(k,k_{\mathrm{a}})}(\tau, t) \;=\; \int\limits_{S^{(1)}} \underline{\vartheta}^{(k)}(\tau, t, \Omega) * \underline{g}^{(k_{\mathrm{a}})}(\tau, \Omega) * \underline{f}^{(k)}(\tau) \, \mathrm{d}\Omega,$$

$$k = 1 \cdots K, \; k_{\mathrm{a}} = 1 \cdots K_{\mathrm{a}}. \tag{3.103}$$

3.7.3 Simulationsmodell in der Ebene

Das im vorliegenden Abschnitt 3.7.3 behandelte Simulationsmodell des Mobilfunkkanals mit Richtungsanisotropie berücksichtigt vereinfachend nur ebene Geometrie [BBJ95]. Das heißt, daß nur azimutal verschiedene Richtungen, nicht aber unterschiedliche Polarwinkel betrachtet werden. Dies ist jedoch im Falle von Dipolantennen keine gravierende Einschränkung. In (3.102) und (3.103) werden $\Omega^{(k_{\mathrm{a}})}$ beziehungsweise Ω durch die Azimutwinkel $\varphi^{(k_{\mathrm{a}})}$ beziehungsweise φ ersetzt. Weiterhin wird eine Empfangsantenne mit K_{a} Sektoren betrachtet. Es folgen die Beziehungen

$$\underline{h}^{(k,k_{\mathrm{a}})}(\tau, t) \;=\; \int\limits_{0}^{2\pi} \underline{\vartheta}^{(k)}\left(\tau, t, \varphi^{(k_{\mathrm{a}})}\right) * \underline{g}^{(k_{\mathrm{a}})}\left(\tau, \varphi^{(k_{\mathrm{a}})}\right) * \underline{f}^{(k)}(\tau) \, \mathrm{d}\varphi^{(k_{\mathrm{a}})},$$

$$k = 1 \cdots K, \ k_{\mathrm{a}} = 1 \cdots K_{\mathrm{a}}, \tag{3.104}$$

und

$$\underline{h}^{(k,k_{\mathrm{a}})}(\tau, t) \ = \ \int\limits_0^{2\pi} \underline{\vartheta}^{(k)}(\tau, t, \varphi) * \underline{g}^{(k_{\mathrm{a}})}(\tau, \varphi) * \underline{f}^{(k)}(\tau) \, \mathrm{d}\varphi,$$

$$k = 1 \cdots K, \ k_{\mathrm{a}} = 1 \cdots K_{\mathrm{a}}. \tag{3.105}$$

Zum Ermitteln der Kanalimpulsantwortdichte $\underline{\vartheta}^{(k)}(\tau, t, \varphi)$ durch Simulation wird eine große Anzahl von Streupunkten im Ausbreitungsgebiet betrachtet [BBJ95]. Die Orte dieser Streupunkte werden gemäß den topographischen und morphologischen Eigenschaften des Ausbreitungsgebiets ausgewählt. Die Gesamtheit der Streupunkte ist daher ein Modell des physikalischen Ausbreitungsgebiets. Bild 3.12 zeigt beispielhaft ein Szenario mit einer Basisstation, einer Mobilstation und einem Streupunkt, der die Abstände ϱ_1 beziehungsweise ϱ_2 zu Mobilstation beziehungsweise Basisstation hat.

Der Streupunkt nach Bild 3.12 hat von der Basisstation aus gesehen den Azimut φ_{s} und den komplexen Streukoeffizienten $A \cdot \exp\{\mathrm{j}\vartheta\}$. Da sich die Mobilstation mit der Geschwindigkeit v bewegt, variiert ϱ_1 mit der Zeit. Ist die Mobilstation nach Bild 3.12 die Mobilstation k, dann ist der durch den gezeigten Streupunkt erzeugte Beitrag zur Kanalimpulsantwortdichte $\underline{\vartheta}^{(k)}(\tau, t, \varphi)$ gleich

$$\underline{\Delta}^{(k)}(\tau, t, \varphi) \ = \ (\varrho_1 \varrho_2)^{-\alpha/2} \cdot A \cdot \exp\{\mathrm{j}\vartheta\} \cdot \delta\left(\tau - \frac{\varrho_1 + \varrho_2}{c_0}\right) \cdot$$

$$\cdot \delta(\varphi - \varphi_{\mathrm{s}}) \cdot \exp\left\{-\mathrm{j}2\pi \frac{\mathrm{d}\varrho_1}{\mathrm{d}t} \cdot \frac{f_0}{c_0} \cdot t\right\}, \tag{3.106}$$

wobei f_0 die Trägerfrequenz ist. Die zweite Exponentialfunktion auf der rechten Seite von (3.106) entsteht aufgrund der Dopplerverschiebung.

Die Summe aller Beiträge $\underline{\Delta}^{(k)}(\tau, t, \varphi)$ nach (3.106) ergibt $\underline{\vartheta}^{(k)}(\tau, t, \varphi)$. Wie in Bild 3.13 gezeigt, wird das Ausbreitungsgebiet folgendermaßen hierarchisch unterteilt [BBJ95]. Es gibt Gebiete ohne Streuer. Es gibt N_{a} kreisförmige Gebiete, die Streuer enthalten und als Streugebiete bezeichnet werden. Der Durchmesser des Streugebiets n_{a} wird mit $D_{n_{\mathrm{a}}}$ bezeichnet. Die Streugebiete können zum Beispiel urbane oder suburbane Ansammlungen von Gebäuden repräsentieren. Es gibt $N_{\mathrm{s}}^{(n_{\mathrm{a}})}$ kreisförmige Streuer pro Streugebiet n_{a}. Jeder kreisförmige Streuer hat den Durchmesser $d_{n_{\mathrm{a}}}$. Die Streuer sind zum Beispiel einzelne Gebäude. Es gibt $N_{\mathrm{p}}^{(n_{\mathrm{a}})}$ Streupunkte innerhalb eines kreisförmigen Streuers im Streugebiet n_{a}. Die Streupunkte sind zum Beispiel einzelne Punkte eines Gebäudes, von denen die gestreuten Wellen ausgehen.

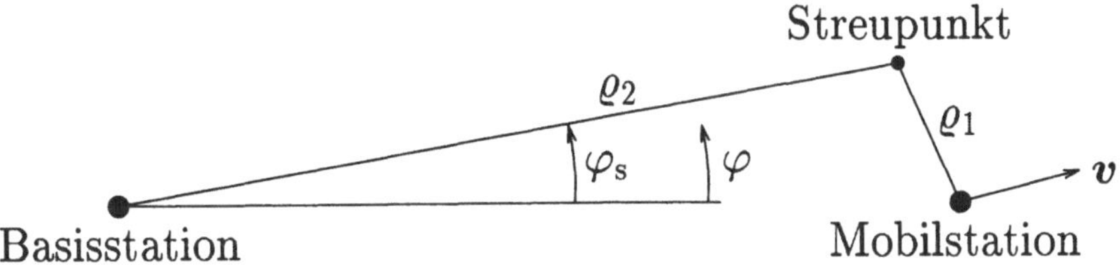

Bild 3.12. Beispielhaftes Szenario mit einer Basisstation, einer Mobilstation und einem Streupunkt [BBJ95]

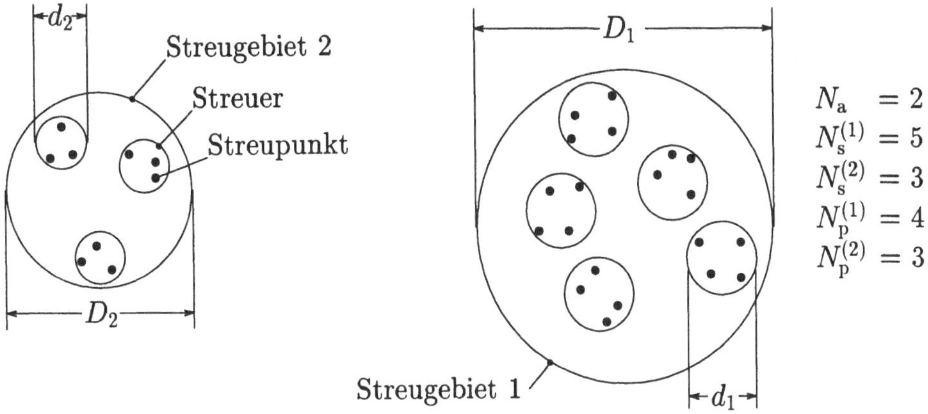

Bild 3.13. Hierarchisches Unterteilen des Ausbreitungsgebiets in Gebiete ohne Streuer, Streugebiete, Streuer und Streupunkte [BBJ95]

Ausgehend von diesem hierarchischen Unterteilen nach Bild 3.13 können verschiedene typische Ausbreitungsgebiete definiert werden. Beispiele sind [BBJ95]

- ländliches Ausbreitungsgebiet,

- urbanes Ausbreitungsgebiet 1,

- urbanes Ausbreitungsgebiet 2,

- mikrozellulares Ausbreitungsgebiet und

- pikozellulares Ausbreitungsgebiet.

In allen fünf typischen Ausbreitungsgebieten umgibt das Streugebiet 1 die Mobilstation, siehe Bild 3.14. Die typischen Ausbreitungsgebiete urbanes Ausbreitungsgebiet 1, urbanes Ausbreitungsgebiet 2, mikrozellulares Ausbreitungsgebiet und pikozellulares Ausbreitungsgebiet haben ein zweites Streugebiet, siehe die Bilder

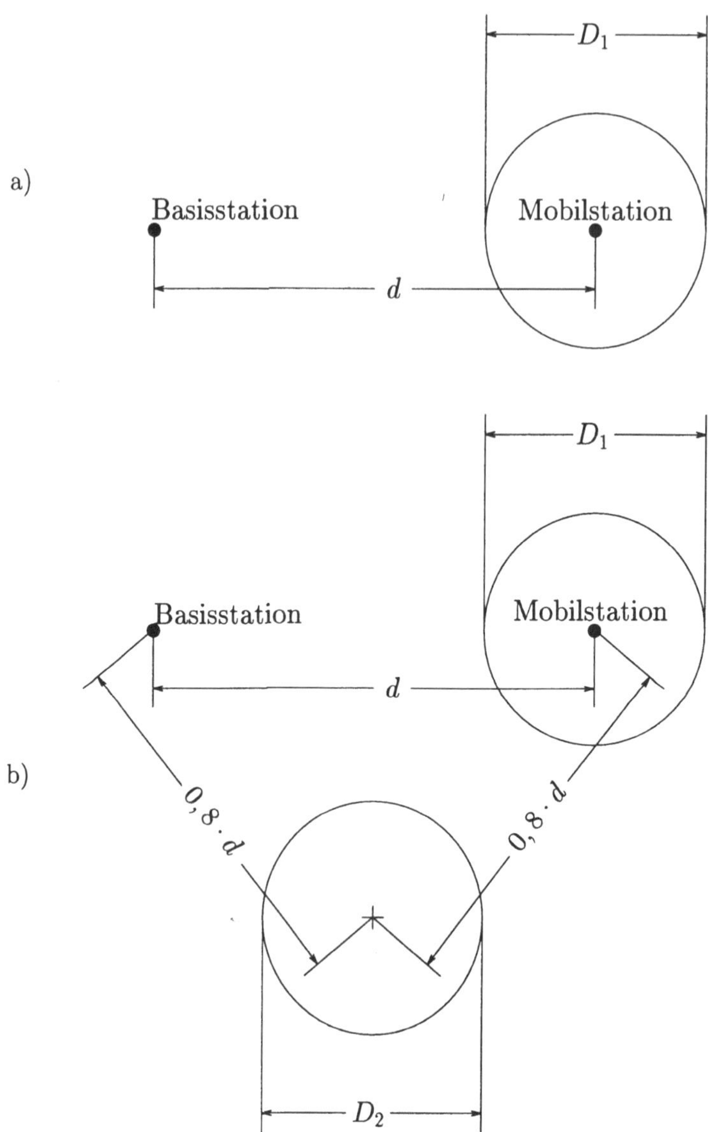

Bild 3.14. Fünf typische Ausbreitungsgebiete nach [BBJ95]

    a)   ländliches Ausbreitungsgebiet

    b)   urbanes Ausbreitungsgebiet 1

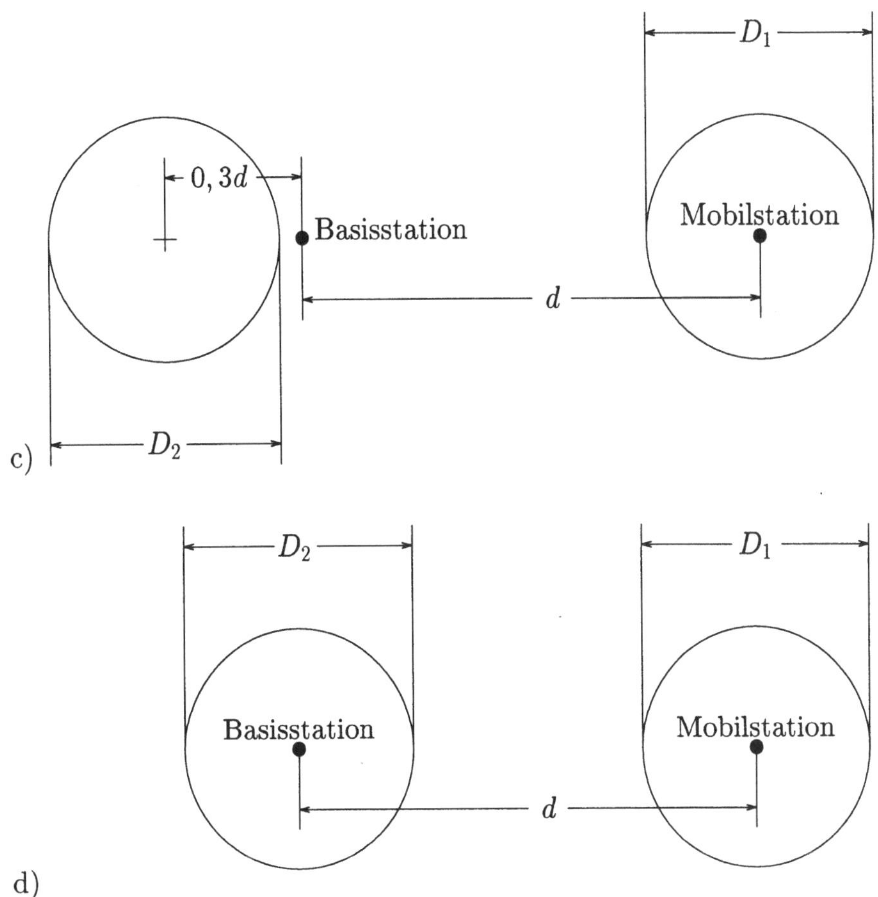

Bild 3.14. (fortgesetzt)

    c)   urbanes Ausbreitungsgebiet 2

    d)   mikrozellulares Ausbreitungsgebiet

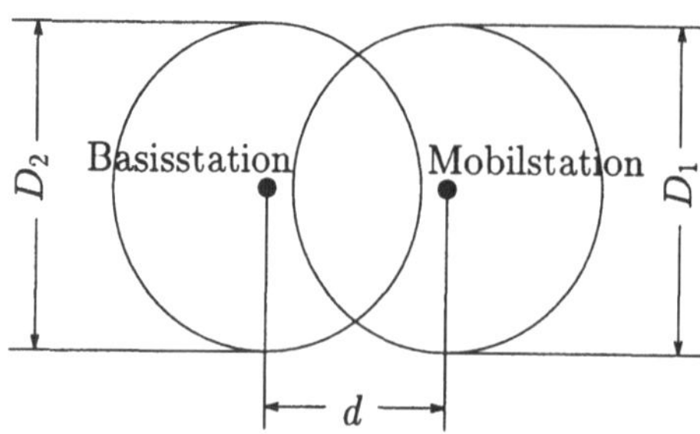

Bild 3.14. (fortgesetzt)

    e)   pikozellulares Ausbreitungsgebiet

3.14b–e. Die fünf typischen Ausbreitungsgebiete unterscheiden sich in den geometrischen Parametern d, D_1, D_2, d_1 und d_2 und den Anzahlen $N_{\mathrm{s}}^{(1)}$, $N_{\mathrm{s}}^{(2)}$, $N_{\mathrm{p}}^{(1)}$ und $N_{\mathrm{p}}^{(2)}$, siehe Tab. 3.5. Die in Tab. 3.5 angegebenen Werte wurden aufgrund geometrischer Betrachtungen ausgewählt.

Wie im Fall der Kanalmodelle nach COST207 [COST207] wird ausgehend von den in Bild 3.14 und Tab. 3.5 definierten typischen Ausbreitungsgebieten eine Monte–Carlo–Simulation des Mobilfunkkanals nach den folgenden drei Schritten durchgeführt [BBJ95]. Zuerst wird eines der fünf typischen Ausbreitungsgebiete nach Bild 3.14 und Tab. 3.5 ausgewählt. Gemäß der Werte nach Tab. 3.5 werden entsprechend dem gewählten typischen Ausbreitungsgebiet in den Streugebieten Streuer und Streupunkte für jeden Streuer ausgewürfelt. Die Bewegung der Mobilstation wird entsprechend der Geschwindigkeit v simuliert. Dies führt zu der entsprechenden Realisation der zeitvarianten Kanalimpulsantwort mit Richtungsanisotropie.

Bild 3.15 zeigt ein Simulationsbeispiel für die Kanalimpulsantwortdichte $\underline{\vartheta}^{(k)}(\tau, t, \varphi)$ gleich $\underline{\vartheta}(\tau, t, \varphi^{(E)})$ für einen beliebig gewählten Teilnehmer k [StB96, Bild 2]. Die Trägerfrequenz f_0 war gleich $1,8$ GHz, und die Geschwindigkeit v betrug 25 m/s. Weiterhin wurde das urbane Ausbreitungsgebiet 2 gemäß Bild 3.14 und Tab. 3.5 verwendet. Aus Bild 3.15 ist die Abhängigkeit der Kanalimpulsantwortdichte vom Azimut φ deutlich erkennbar.

Tab. 3.5. Festgelegte Werte für die fünf Ausbreitungsgebiete nach [BBJ95]

Ausbreitungsgebiet	d/km	D_1/km	D_2/km	d_1/m	d_2/m
ländlich	10	0,2	—	30	—
urban 1	3	1,5	1,5	20	20
urban 2	3	1,5	1,5	20	20
mikrozellular	1	1	0,3	10	20
pikozellular	0,2	0,2	0,2	5	5

Ausbreitungsgebiet	$N_\mathrm{s}^{(1)}$	$N_\mathrm{s}^{(2)}$	$N_\mathrm{p}^{(1)}$	$N_\mathrm{p}^{(2)}$
ländlich	12	—	50	—
urban 1	12	12	50	50
urban 2	12	12	50	50
mikrozellular	12	6	50	50
pikozellular	12	12	50	50

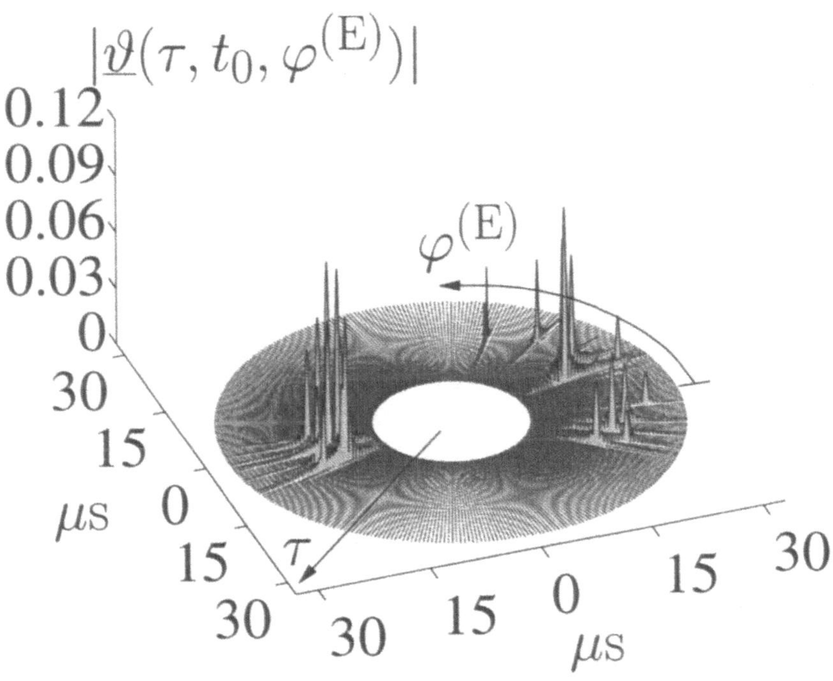

Bild 3.15. Simulationsbeispiel für die Kanalimpulsantwortdichte $\underline{\vartheta}(\tau, t, \varphi^{(E)})$ bei der Trägerfrequenz f_0 gleich $1,8$ GHz für das urbane Ausbreitungsgebiet 2 [StB96, Bild 2].

3.8 Messung von Mobilfunkkanälen

3.8.1 Probleme und Anforderungen

Der Entwurf von Mobilfunksystemen kann nur sinnvoll bei genauer Kenntnis der Eigenschaften des Mobilfunkkanals erfolgen [Fel94]. Genaue Kenntnis der Eigenschaften des Mobilfunkkanals kann ausschließlich durch Messung und durch anschließende Auswertung der Meßergebnisse gewonnen werden. Im vorliegenden Abschnitt 3.8 wird die Problematik der Messung von Mobilfunkkanälen behandelt.

Wie bei der in Abschnitt 5.2 betrachteten Kanalschätzung sind bei der Messung von Mobilfunkkanälen zwei Probleme zu lösen. Zum einen müssen geeignete Testsignale ausgewählt werden, die vom Sender der Meßeinrichtung gesendet werden. Zum anderen muß ein geeigneter Algorithmus zur Kanalschätzung gefunden werden. Beide Probleme können nicht unabhängig voneinander betrachtet werden. Die Lösung dieser beiden Probleme wurde weltweit wissenschaftlich untersucht, siehe zum Beispiel [Fel94] und das dort enthaltene Schrifttum. Es hat sich gezeigt, daß das Verwenden von optimierten periodischen Testsignalen großen Zeit–Bandbreite–Produkts und mit der Periodendauer T_p sowie der Einsatz der optimalen erwartungstreuen Kanalschätzung zum Realisieren einer Meßeinrichtung zur Messung von Mobilfunkkanälen die meisten Vorzüge haben.

Eine Meßeinrichtung zur Messung von Mobilfunkkanälen wird Kanalsonde (Channel Sounder) genannt [Fel94]. Eine Kanalsonde muß den folgenden beiden Anforderungen gerecht werden. Die Meßbandbreite B_m muß größer sein als die Teilnehmerbandbreite B_u im zu entwerfenden DZM. Zum Vermeiden einer Überfaltung im Zeitbereich muß die Periodendauer T_p des optimierten periodischen Testsignals größer als die Dauern T_M der zu messenden Kanalimpulsantworten von maximal etwa 100 μs in gebirgigen Regionen sein.

3.8.2 Stand der Technik

Zum Messen von Mobilfunkkanälen wurden verschiedene Kanalsonden entworfen, bei deren Entwurf die in Abschnitt 3.8.1 genannten Probleme gelöst wurden und welche die in Abschnitt 3.8.1 genannten Anforderungen erfüllen. An der Universität Erlangen entstanden die Kanalsonden RUSK 400, RUSK 5000, und RUSK X [Mar94]. E. Zollinger entwickelte an der ETH Zürich ebenfalls eine Kanalsonde [Zol93]. Die im vorliegenden Abschnitt 3.8 näher betrachtete Kanalsonde SIMOCS

2000 wurde von der Siemens AG in München realisiert. Die bei SIMOCS 2000 eingesetzte Signalverarbeitung wurde weitgehend am Lehrstuhl für hochfrequente Signalübertragung und -verarbeitung der Universität Kaiserslautern entwickelt [Fel94, Abschnitt 7.3].

3.8.3 Prinzipieller Aufbau einer Kanalsonde am Beispiel des SIMOCS 2000

SIMOCS 2000 stellt drei verschiedene Meßmodi bereit, nämlich

- den zeitgesteuerten Meßmodus, bei dem der zeitliche Abstand zwischen dem Beginn zweier einzelner Messungen einstellbar ist,

- den ortsgesteuerten Meßmodus, bei dem der örtliche Abstand zwischen dem Beginn zweier einzelner Messungen einstellbar ist, und

- den burstgesteuerten Meßmodus, bei dem die Anzahl der zu ermittelnden Kanalimpulsantworten innerhalb der Dauer eines Bursts, der zeitliche Abstand zweier zu messender Kanalimpulsantworten innerhalb der Dauer eines Bursts und der zeitliche Abstand zweier aufeinanderfolgender Bursts einstellbar sind.

Der letztgenannte burstgesteuerte Meßmodus ist besonders vorteilhaft, wenn das zu entwerfende DZM eine TDMA–Komponente hat.

Die Bilder 3.16 und 3.17 zeigen den Aufbau der Kanalsonde SIMOCS 2000 schematisch. Bild 3.16 zeigt das Blockschaltbild der Sendeeinrichtung der realisierten Kanalsonde. Die Sendeeinrichtung nach Bild 3.16 besteht aus einem einstellbaren Wortgenerator, einem Signalgenerator, einem HF (Hochfrequenz)-Leistungsverstärker, einer Meßeinrichtung und einem Zeit- und Frequenznormal. Die in Bild 3.16 dargestellte Kombination aus Wortgenerator und Signalgenerator erzeugt nach Vorgabe der Meßbandbreite B_m und der Periodendauer T_p ein periodisches Bandspreizsignal. Dieses periodische Bandspreizsignal ist derart optimiert, daß einerseits die Nutzsignalleistung innerhalb der vorgegebenen Meßbandbreite B_m spektral möglichst gleichmäßig verteilt ist, um den zu messenden Mobilfunkkanal bei allen Frequenzen innerhalb der Meßbandbreite B_m mit gleicher Genauigkeit messen zu können, und andererseits das periodische Bandspreizsignal eine möglichst konstante Einhüllende, das heißt einen minimalen Crestfaktor, hat, um die spektralen Störanteile aufgrund von Intermodulation am Ausgang der nichtlinearen Sendeverstärkers zu minimieren.

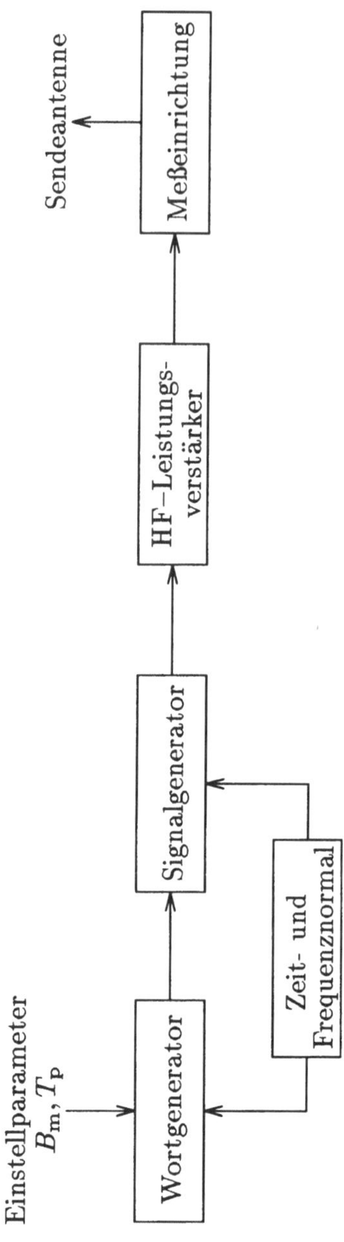

Bild 3.16. Aufbau der Sendeeinrichtung in der Kanalsonde SIMOCS 2000 zum breitbandigen Messen von Mobilfunkkanälen (nachempfunden [Fel94, Bilder 7.8 und 7.9])

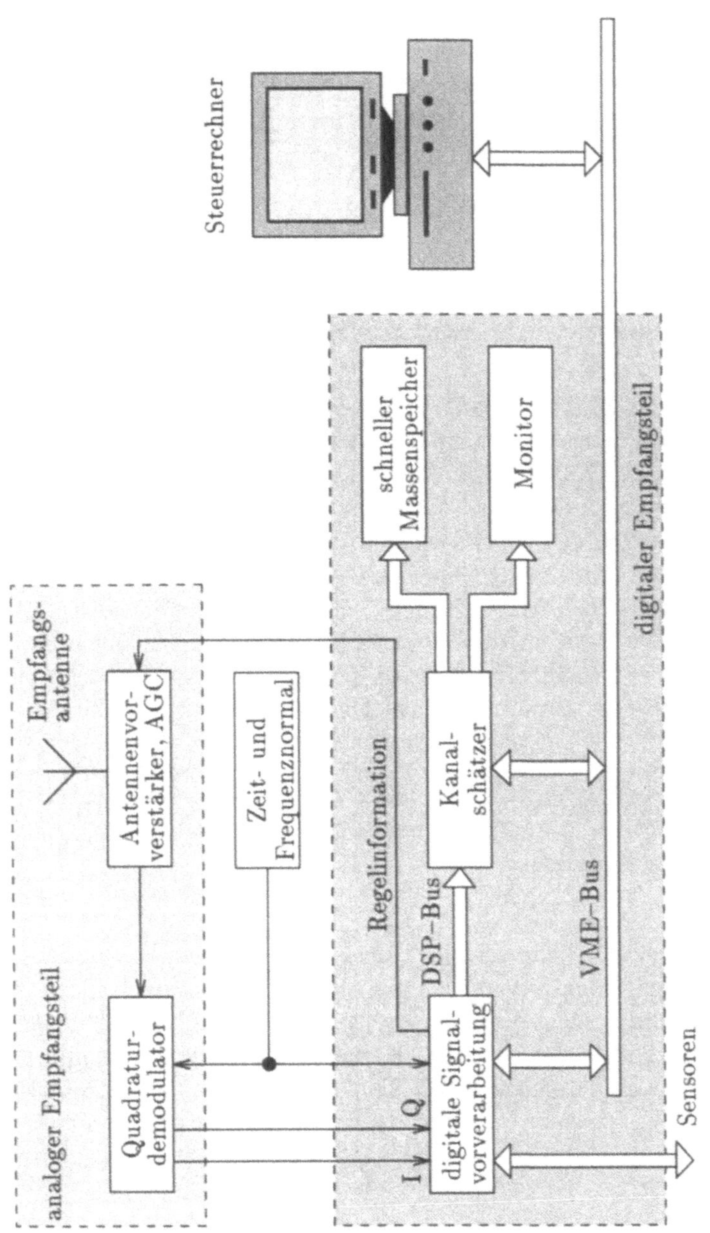

Bild 3.17. Aufbau der Empfangseinrichtung in der Kanalsonde SIMOCS 2000 zum breitbandigen Messen von Mobilfunkkanälen (nachempfunden [Fel94, Bilder 7.8 und 7.9])

Das Erzeugen dieses periodischen Bandspreizsignals beruht auf dem Auslesen von Abtastwerten mit der Taktrate 40 MHz aus einem digitalen Speicher mit der endlichen Wortbreite 8 bit. Ein Zeit- und Frequenznormal dient sowohl zum Erzeugen des Systemtakts des Wortgenerators als auch der Oszillatorfrequenz des Signalgenerators. Das digital erzeugte optimierte Bandspreizsignal wird dem HF–Leistungsverstärker zugeführt und über die Sendeantenne abgestrahlt. Als Sendeantenne wird eine omnidirektionale Dipolantenne mit dem Antennengewinn 8,15 dBi in Elevationsrichtung und mit der Hauptkeule in Horizontalrichtung verwendet. Die Sendeantenne strahlt vertikal polarisierte Wellen ab. Um das gesendete Bandspreizsignal meßtechnisch untersuchen zu können, ist die Sendeantenne über eine Meßeinrichtung an den HF–Leistungsverstärker angeschlossen.

Bild 3.17 zeigt das Blockschaltbild der Empfangseinrichtung der realisierten Kanalsonde. Die Empfangseinrichtung der Kanalsonde besteht aus einem analogen und einem digitalen Empfangsteil. Der analoge Empfangsteil nach Bild 3.17 besteht aus einer omnidirektionalen Colinearantenne als Empfangsantenne mit einem Antennengewinn von 6,5 dBi in Elevationsrichtung, einem Antennenvorverstärker, einer AGC (Automatic Gain Control) und einem Quadraturdemodulator. Die elektromagnetischen Wellen werden über die omnidirektionale Colinearantenne empfangen. Das Ausgangssignal der Antenne wird im Antennenvorverstärker verstärkt, bei einer Zwischenfrequenz von 140 MHz auf die eingestellte Meßbandbreite B_m bandbegrenzt und durch den Quadraturdemodulator in den Tiefpaßbereich umgesetzt. Der rauscharme Antennenvorverstärker mit hohem zulässigen Eingangspegel und die zweistufige AGC mit einem Regelbereich von zirka 60 dB erlauben eine Empfangsdynamik von etwa 100 dB. Diese Empfangsdynamik ist wegen starker, durch den langsamen Schwund hervorgerufener Schwankungen der Empfangsleistung erforderlich.

Die digitale Signalverarbeitungseinheit nach Bild 3.17 besteht aus einer Einrichtung zur digitalen Signalvorverarbeitung, einem Kanalschätzer, einem schnellen Massenspeicher und einem Monitor. In der digitalen Signalverarbeitungseinheit nach Bild 3.17 werden die I (Inphase)- und Q (Quadratur)-Komponenten des im Quadraturdemodulator erzeugten Tiefpaßäquivalents mit der Abtastrate B_m abgetastet und einem A/D–Umsetzer der Wortbreite 12 bit zugeführt. Aus den Abtastwerten dieses Tiefpaßäquivalents werden auch die Stellsignale für die AGC ermittelt.

Die in der digitalen Signalvorverarbeitung generierten Abtastwerte werden zusammen mit der Zusatzinformation, die beispielsweise die Fahrstrecke, die Uhrzeit und den geographischen Ort beinhaltet, über den DSP (Digital Signal Processing)–Bus an den Kanalschätzer weitergeleitet. Vor der eigentlichen Kanalvermessung wird jedoch eine Kalibriermessung durchgeführt, bei der die Sendeeinrichtung nach Bild

3.16 mit der Empfangseinrichtung gemäß Bild 3.17 direkt verbunden ist. Das Meß-
ergebnis der Kalibriermessung wird zum Entzerren des Frequenzgangs der Kanalsonde verwendet und dient weiterhin dem Berücksichtigen von Systemimperfektionen wie Versatzspannungen (Offset Voltages) der A/D– und D/A–Umsetzer
sowie Unsymmetrien der Quadraturzweige.

Der Kanalschätzer bestimmt aus den Abtastwerten, die über den DSP–Bus an-
kommen, durch die optimale erwartungstreue Kanalschätzung eine geschätzte Kanalimpulsantwort. Diese geschätzte Kanalimpulsantwort wird in einem schnellen
Massenspeicher abgelegt. Optional ist ein Echtzeit–Monitorbetrieb vorgesehen,
der das Beurteilen der Meßergebnisse während der Messung ermöglicht. Über die
Benutzeroberfläche des Steuerrechners werden Einstell- und Steuerinformationen
über den VME–Bus der Kanalsonde ausgetauscht.

Eine Differenz zwischen den Oszillatorfrequenzen der Sendeeinrichtung und der
Empfangseinrichtung würde eine die Kanalschätzung verfälschende Dopplerverschiebung vortäuschen. Um dieses Vortäuschen einer Dopplerverschiebung weitgehend auszuschließen, werden die Oszillatorfrequenzen der Sendeeinrichtung und
der Empfangseinrichtung von Rubidium–Frequenznormalen abgeleitet, die ihrerseits mit den Cäsium–Normalen der Satelliten des GPS (Global Positioning System) synchronisiert werden. Die sich ergebende relative Frequenzgenauigkeit beträgt etwa 10^{-11}, was bei Trägerfrequenzen von 2 GHz einer Frequenzgenauigkeit
von etwa 20 mHz entspricht [Fel94].

Die in den Bildern 3.16 und 3.17 schematisch in ihrer Struktur dargestellte Kanalsonde SIMOCS 2000 ist zur Messung von Mobilfunkkanälen im Frequenzbereich
von 1,8 GHz bis 2 GHz ausgelegt. Um einerseits die Kanalsonde an die verschiedenen topographischen und morphologischen Gegebenheiten des zu messenden
Mobilfunkkanals anpassen zu können und andererseits eine Begrenzung der im
Empfänger zu verarbeitenden Datenmenge zu gewährleisten, ist ein Kompromiß
zwischen einstellbarer Meßbandbreite B_m und der einstellbaren Periodendauer T_p
des optimierten periodischen Bandspreizsignals einzugehen. Die Kombinationsma-
trix zulässiger Einstellungen der Periodendauer T_p und der Meßbandbreite B_m,
welche die Kanalsonde bereitstellt, ist in Tab. 3.6 angeführt [Fel94].

Vorteilhaft für die Meßgeschwindigkeit ist außerdem das Realisieren von Zeit-
Bandbreite–Produkten $B_\mathrm{m} \cdot T_\mathrm{p}$, die Zweierpotenzen sind, da bei der optimalen
erwartungstreuen Kanalschätzung die diskrete Fouriertransformation (DFT, Discrete Fourier Transform) durch die schnelle Fouriertransformation (FFT, Fast
Fourier Transform) realisiert werden kann. Um einerseits maximale Dopplerfrequenzen $f_\mathrm{d,max}$ gemäß (3.61) von bis zu 500 Hz messen zu können und andererseits
die im Empfänger in Echtzeit zu verarbeitende Datenmenge zu begrenzen, ist die

Tab. 3.6. Kombinationsmatrix zulässiger Einstellungen der Parameter T_p und B_m [Fel94, Tab. 7.1]

Periodendauer $T_p/\mu s$	Meßbandbreite B_m/MHz		
	5	10	20
12,8	nein	nein	ja
25,6	nein	ja	ja
51,2	ja	ja	ja
102,4	ja	ja	nein
204,8	ja	nein	nein

maximale Meßrate der Kanalsonde auf 1000 Kanalimpulsantworten pro Sekunde begrenzt. Die wesentlichen Basisdaten der Kanalsonde sind in Tab. 3.7 zusammengestellt [Fel94].

Tab. 3.7. Wesentliche Basisdaten der Kanalsonde [Fel94, Tab. 7.2]

Frequenzbereich	1,8 GHz bis 2 GHz
Meßbandbreite B_m/MHz	5; 10; 20 (einstellbar)
Periodendauer $T_p/\mu s$	12,8; 25,6; 51,2; 102,4; 204,8 (einstellbar)
Zeit–Bandbreite–Produkt $T_p \cdot B_m$	256; 512; 1024 (einstellbar)
maximale Meßrate	1000 Messungen pro Sekunde; das entspricht einer maximalen Dopplerfrequenz von $f_{d,max}$ gleich 500 Hz
Empfängerrauschzahl	2 dB
Meßmodi	zeitgesteuert; ortsgesteuert; burstgesteuert
Sendesignal	optimiertes periodisches Bandspreizsignal mit minimalem Crestfaktor
Algorithmus zur Kanalschätzung	optimale erwartungstreue Kanalschätzung in Echtzeit

3.8.4 Meßergebnisse

Bild 3.18a zeigt Kanalimpulsantworten, die in einem typischen städtischen Gebiet in München mit einem optimierten periodischen Bandspreizsignal der Bandbreite B_m gleich 10 MHz und der Periodendauer T_p gleich 25,6 μs bei einer Trägerfrequenz von 1860 MHz gemessen wurden [FBK95]. Während der Messung legte der Kleintransporter mit der mobilen Empfangseinrichtung der Kanalsonde SIMOCS 2000 eine Strecke von etwa 60 m bei einer annähernd konstanten Geschwindigkeit von 50 km/h zurück. Die ortsfeste Sendeeinrichtung der Kanalsonde SIMOCS 2000 befand sich während der Messung auf dem ESG–Hochhaus in München. Der Kleintransporter mit der mobilen Empfangseinrichtung bewegte sich auf dem Leuchtenbergring in nördlicher Richtung auf den Leuchtenbergtunnel zu.

Die geschätzten Kanalimpulsantworten sind in Bild 3.18a in einem zeitlichen Abstand von etwa 8,1 ms gezeigt. Aus Bild 3.18a erkennt man, daß die Kanalimpulsantworten erst ab etwa τ gleich 4 μs relevante Anteile haben. Die Verzögerungszeit von 4 μs entspricht einer Weglänge von 1200 m, die ungefähr gleich dem Abstand zwischen der ortsfesten Sendeeinrichtung und der mobilen Empfangseinrichtung war. Die Kanalimpulsantworten klingen rasch mit τ ab. Die Mehrwegespreizung T_M des gemessenen Mobilfunkkanals ist etwa 2 μs, und seine Verzögerungsspreizung S beträgt etwa 1 μs.

Bild 3.18b zeigt die aus der Messung ermittelte Streufunktion $S(\tau, f_\mathrm{d})$, siehe auch [FBK95]. Die maximale Doppler–Frequenz $f_\mathrm{d,max}$ liegt erwartungsgemäß bei etwa 84 Hz. Im Gegensatz zu dem Simulationsmodell des Mobilfunkkanals nach Abschnitt 3.6 ergibt sich für die gemessene Streufunktion $S(\tau, f_\mathrm{d})$ keine Symmetrie bezüglich der Dopplerfrequenz f_d. Die ermittelte Asymmetrie entsteht wegen des nicht isotropen Einfalls der empfangenen Wellen. Insbesondere bei Werten von τ zwischen 5 μs und 6 μs weicht die Gestalt der gemessenen Streufunktion $S(\tau, f_\mathrm{d})$ von der in Bild 3.11 gezeigten ab. Dies läßt darauf schließen, daß Wellen mit größeren Verzögerungszeiten aus ausgeprägten Richtungen einfallen. Die Korrelationsdauer T_k des gemessenen Mobilfunkkanals ist etwa 6 ms, und seine Kohärenzbandbreite B_c beträgt etwa 1,3 MHz.

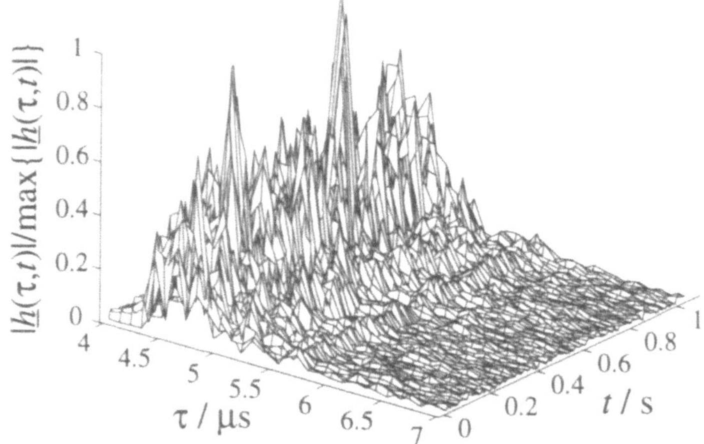

a)

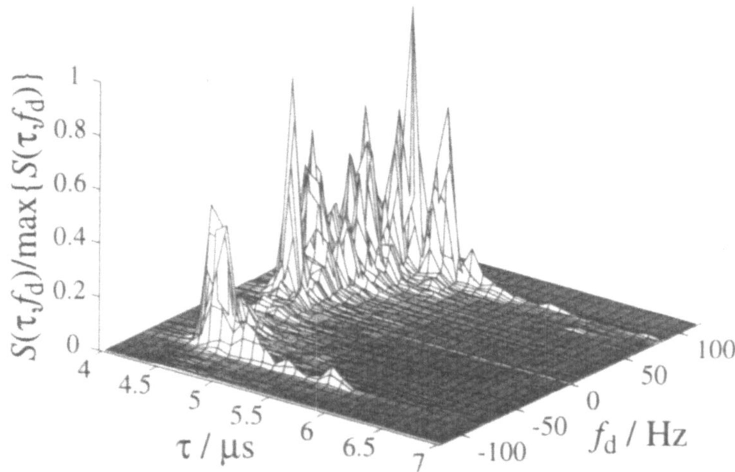

b)

Bild 3.18. Typische gemessene Kanalimpulsantworten $\underline{h}(\tau, t)$ und daraus ermittelte gemessene Streufunktion $S(\tau, f_\mathrm{d})$, siehe auch [FBK95]

    a) Gemessene Kanalimpulsantworten $\underline{h}(\tau, t)$

    b) Gemessene Streufunktion $S(\tau, f_\mathrm{d})$

Kapitel 4

Mobilfunkübertragung

4.1 Übersicht

Im vorliegenden Kapitel werden Konzepte zur Mobilfunkübertragung erörtert. Zum Erreichen einer hohen Spektrumeffizienz η ist das Ausnutzen von Diversität [SBS66] erforderlich. Deshalb wird zunächst Diversität betrachtet. Abschnitt 4.2.1 erläutert das Prinzip der Diversität. Die verschiedenen Arten von Diversität werden in Abschnitt 4.2.2 klassifiziert [KSS96].

In Abschnitt 4.3.1 werden das allgemeine Prinzip des Vielfachzugriffs und die Notwendigkeit des Separierens unterschiedlicher Teilnehmersignale veranschaulicht. Die in Abschnitt 4.3.1 enthaltene Diskussion erweitert die bereits in [JBS93] vorgeschlagene Veranschaulichung des Vielfachzugriffs. In Abschnitt 4.3.1 wird weiterhin darauf hingewiesen, daß durch geschickten Vielfachzugriff verschiedene Arten von Diversität vorteilhaft ausgenutzt werden können. In Abschnitt 4.3.2 werden die vier wichtigen Vielfachzugriffsprinzipien FDMA, TDMA, CDMA und SDMA behandelt [FaN94, SOS85]. Die jeweiligen Vor- und Nachteile dieser vier Vielfachzugriffsprinzipien FDMA, TDMA, CDMA und SDMA werden ebenfalls in Abschnitt 4.3.2 erklärt.

Digitale zellulare Mobilfunksysteme verwenden stets Kombinationen von FDMA, TDMA, CDMA und SDMA, um von den spezifischen Vorteilen der jeweiligen Vielfachzugriffsprinzipien zu profitieren und deren Nachteile möglichst zu umgehen. Durch Kombination von FDMA, TDMA, CDMA und SDMA entstehen hybride Vielfachzugriffsverfahren. Vor allem die Kombinationen der Vielfachzugriffsprinzipien FDMA, TDMA und CDMA prägen weltweite Forschungsaktivitäten, während SDMA noch wenig beachtet wird. Alle bekannten digitalen zellularen Mobilfunksysteme verwenden eines der drei hybriden Vielfachzugriffsverfahren

- frequenzgeteilter Zeitmultiplex F/TDMA, das durch Kombination von FDMA und TDMA entsteht,

- frequenzgeteilter Codemultiplex F/CDMA, das durch Kombination von FDMA und CDMA entsteht, und

- frequenz- und zeitgeteilter Codemultiplex F/T/CDMA, das durch Kombination von FDMA, TDMA und CDMA entsteht.

Diese drei bedeutenden hybriden Vielfachzugriffsverfahren werden in Abschnitt 4.3.3 betrachtet.

In Abschnitt 4.4 wird das Zellnetz betrachtet, das nach Abschnitt 2.2.7 allen zellularen Mobilfunksystemen zugrundeliegt [Ste96]. Die Kenntnis über den Aufbau des Zellnetzes gestattet das qualitative und quantitative Erfassen der Gleichkanalinterferenz und des langsamen Schwunds. Die Gleichkanalinterferenz ist wegen der Zeitvarianz des Mobilfunkkanals zeitlich veränderlich. Aufgrund der Zeitabhängigkeit der Gleichkanalinterferenz ergeben sich zeitliche Schwankungen des Träger–zu–Interferenz–Verhältnisses C/I am Empfängereingang. Um die Spektrumeffizienz η beurteilen zu können, ist nach Abschnitt 2.3 die quantitative Analyse der statistischen Eigenschaften des Träger–zu–Interferenz–Verhältnisses C/I am Empfängereingang erforderlich. Ausgehend vom Aufbau des Zellnetzes wird die quantitative Analyse der statistischen Eigenschaften des Träger–zu–Interferenz–Verhältnisses C/I am Empfängereingang betrachtet.

Danach wird der Aufbau des Zellnetzes mit einem mathematischen Modell beschrieben [Ste96]. Mit diesem Modell ist das Bestimmen des Träger–zu–Interferenz–Verhältnisses C/I am Empfängereingang in jedem beliebigen interferenzbegrenzten DZM möglich. Die Spektrumeffizienz η wird wesentlich durch Maßnahmen zur Kontrolle und Reduktion des Einflusses von Gleichkanalinterferenz bestimmt. Das allgemeine Prinzip der Kontrolle und Reduktion des Einflusses von Gleichkanalinterferenz wird in Abschnitt 4.4.2 behandelt. Weiterhin werden wichtige Maßnahmen zur Kontrolle und Reduktion des Einflusses von Gleichkanalinterferenz kurz dargestellt. Stellvertretend für Maßnahmen zur Kontrolle und Reduktion des Einflusses von Gleichkanalinterferenz werden zwei Algorithmen zum Regeln der Sendeleistung mathematisch dargelegt. Algorithmen zum Regeln der Sendeleistung heißen auch Algorithmen zur Leistungsregelung (Power Control). In Abschnitt 4.4.3 wird eine repräsentative Auswahl von Simulationsergebnissen zu den statistischen Eigenschaften des Träger–zu–Interferenz–Verhältnisses C/I am Empfängereingang angegeben und diskutiert [Ste96].

In Abschnitt 4.5 werden wesentliche Aspekte der Nachrichtenübertragung im Mobilfunk beschrieben. Ausgehend von den Forderungen an die physikalische Schicht gemäß Abschnitt 4.5.1 wird die Signalstruktur in Abschnitt 4.5.2 behandelt. Es wird erläutert, daß burstartige Sendesignale im Mobilfunk vorteilhaft sind. Abschnitt 4.5.3 bringt die Burststruktur. In Abschnitt 4.5.4 werden alternative Signalstrukturen behandelt. Systemstruktur und mathematische Beschreibung der Empfangsfolgen sind Gegenstand der Abschnitte 4.5.5 und 4.5.6.

4.2 Diversität

4.2.1 Prinzip

In einem DZM wird die Übertragungsqualität durch Zeitvarianz und Frequenzselektivität des Mobilfunkkanals und zeitlich veränderliche Vielfachzugriffsinterferenz beeinflußt. Wegen der Zeitvarianz des Mobilfunkkanals variieren das Träger–zu–Interferenz–Verhältnis C/I am Empfängereingang beziehungsweise das zu C/I proportionale E_b/N_0 mit der Zeit [Pro95, Kapitel 14].

Gesendete Teilnehmersignale, die kürzer als die Korrelationsdauer T_k des Mobilfunkkanals sind, werden bei der Nachrichtenübertragung von Zeit zu Zeit aufgrund des Schwunds stark gedämpft. Wegen der Frequenzselektivität des Mobilfunkkanals hängen das C/I beziehungsweise das E_b/N_0 von der Trägerfrequenz ab [KSS96]. Gesendete Teilnehmersignale, die schmalbandiger als die Kohärenzbandbreite B_c des Mobilfunkkanals sind, erfahren daher bei unterschiedlichen Trägerfrequenzen unterschiedliche Dämpfungen. Die Kohärenzbandbreite B_c ist abhängig vom Ausbreitungsgebiet.

Wegen der zeitlich veränderlichen Vielfachzugriffsinterferenz schwankt die Interferenzleistung I am Empfängereingang. Einem gesendeten Teilnehmersignal, für dessen Dauer sich die Situation bezüglich der Vielfachzugriffsinterferenz nicht ändert, kann sich von Zeit zu Zeit eine ausgeprägte Vielfachzugriffsinterferenz überlagern. Dies führt zu einem geringen C/I beziehungsweise zu einem kleinen E_b/N_0.

Das momentane Träger–zu–Interferenz–Verhältnis am Empfängereingang beziehungsweise das momentane Signal–Stör–Verhältnis am Empfängereingang werden als Realisationen von Zufallsvariablen angesehen. Ein allzu geringes momentanes Träger–zu–Interferenz–Verhältnis am Empfängereingang beziehungsweise ein allzu kleines momentanes Signal–Stör–Verhältnis am Empfängereingang, die aufgrund des frequenzselektiven Schwunds oder aufgrund zu hoher Interferenzleistung entstehen, führen im Empfänger zum Verfälschen der gesendeten Nachrichten und damit zu einer unzureichenden Übertragungsqualität oder sogar zum Unterbrechen intakter Nachrichtenübertragungen.

Geeignete Parameter, die sowohl den Einfluß des frequenzselektiven Schwunds auf gesendete Teilnehmersignale als auch den Einfluß der Vielfachzugriffsinterferenz enthalten, sind die normierten Standardabweichungen

$$s_{C/I} \;=\; \frac{\sqrt{\mathrm{Var}\,\{C/I\}}}{\mathrm{E}\,\{C/I\}}, \tag{4.1a}$$

$$s_{E_b/N_0} \;=\; \frac{\sqrt{\mathrm{Var}\,\{E_b/N_0\}}}{\mathrm{E}\,\{E_b/N_0\}}. \tag{4.1b}$$

Bei konstantem Erwartungswert $\mathrm{E}\,\{C/I\}$ verschlechtert sich die Übertragungsqualität mit wachsender Varianz $\mathrm{Var}\,\{C/I\}$, was zu einem großen Wert von $s_{C/I}$ nach (4.1a) führt. Umgekehrt ist ein geringer Wert von $s_{C/I}$ nach (4.1a) verbunden mit einer guten Übertragungsqualität [KSS96]. Ähnliches gilt für $\mathrm{E}\,\{E_b/N_0\}$ und $\mathrm{Var}\,\{E_b/N_0\}$.

Das Ausnutzen von Diversität hat das Erreichen eines möglichst kleinen Werts der normierten Standardabweichungen $s_{C/I}$ nach (4.1a) beziehungsweise s_{E_b/N_0} nach (4.1b) zum Ziel. Dieses Ziel wird dadurch erreicht, daß den Empfängern mindestens zwei verschiedene Versionen eines jeden gesendeten Teilnehmersignals zugeführt und in deren Empfängern geeignet kombiniert und verarbeitet werden. Der durch dieses Vorgehen erzielbare Vorteil ist umso größer, je geringer die genannten Versionen eines gesendeten Teilnehmersignals statistisch voneinander abhängig sind. Für das Kombinieren der verschiedenen Versionen des gesendeten Teilnehmersignals werden in der Regel drei verschiedene Methoden verwendet, nämlich [SBS66]

- Auswahlkombinieren (SC, Selection Combining), bei dem nur eine einzige, geeignet ausgewählte Version des gesendeten Teilnehmersignals im Empfänger verarbeitet wird,

- Gleichgewinnkombinieren (EGC, Equal Gain Combining), bei dem alle verfügbaren Versionen des gesendeten Teilnehmersignals phasenrichtig, aber ohne Rücksichtnahme auf ihre verschiedenen Amplituden kombiniert werden, und

- Maximalverhältniskombinieren (MRC, Maximal–Ratio Combining), bei dem alle verfügbaren Versionen des gesendeten Teilnehmersignals kohärent bezüglich Amplitude und Nullphase kombiniert werden.

Von den genannten Methoden SC, EGC und MRC bringt MRC den größten Vorteil, während SC den geringsten Vorteil bietet. Die in Abschnitt 5.3 angeführten adaptiven kohärenten Detektoren verwenden MRC. Der Wert von $s_{C/I}$ nach (4.1a) und der Wert von s_{E_b/N_0} nach (4.1b) sind für die Kombination der verschiedenen Versionen des gesendeten Teilnehmersignals in der Regel geringer als für eine einzige Version des gesendeten Teilnehmersignals.

Abhängig von der Art der Diversität ergeben sich zwei unterschiedliche Einflüsse:

- Entweder wird das Systemverhalten in einer einzelnen Zelle beeinflußt, weil über mehrere unterschiedliche Zustände des Mobilfunkkanals gemittelt wird, über den die verschiedenen Versionen des gesendeten Teilnehmersignals übertragen werden. Die Situation bezüglich der Vielfachzugriffsinterferenz am Empfänger ändert sich in diesem Fall kaum.

- Oder das Systemverhalten im Zellnetz wird beeinflußt, weil über mehrere unterschiedliche Situationen der Vielfachzugriffsinterferenz gemittelt und dadurch das Systemverhalten im Zellnetz verbessert wird.

Der Begriff der Diversität wird in diesem Buch deshalb allgemeiner gefaßt als in den meisten Lehrbüchern, die mit Diversität ausschließlich das Mitteln über mehrere unterschiedliche Zustände des Mobilfunkkanals und das damit verbundene Verbessern des Systemverhaltens innerhalb einer einzelnen Zelle des Zellnetzes bezeichnen. Die hier eingeführte allgemeinere Definition des Begriffs der Diversität ist wegen der Interferenzbegrenztheit eines DZM erforderlich.

Wie bereits in Abschnitt 2.3 gesagt, ist das Bitfehlerverhältnis P_b in Abhängigkeit vom mittleren Signal–Stör–Verhältnis E_b/N_0 am Empfängereingang beziehungsweise in Abhängigkeit vom C/I ein häufig verwendetes Maß für das Systemverhalten in einer einzelnen Zelle. Wird das Systemverhalten in einer einzelnen Zelle durch Diversität beeinflußt, so werden die Kurven des Bitfehlerverhältnisses mit wachsendem Grad an Diversität steiler und außerdem zu geringeren Werten des mittleren E_b/N_0 verschoben. Dies wird in Bild 4.1a gezeigt.

Das Ändern der Verläufe dieser Kurven des Bitfehlerverhältnisses P_b geht auf das Verringern der Werte von $s_{C/I}$ nach (4.1a) beziehungsweise von s_{E_b/N_0} nach (4.1b) zurück. Je größer der Grad an Diversität ist, umso weniger E_b/N_0 beziehungsweise C/I werden zum Erreichen eines bestimmten Bitfehlerverhältnisses benötigt. Mit wachsendem Grad an Diversität verbessert sich also das Systemverhalten in einer einzelnen Zelle. Somit wächst auch die Spektrumeffizienz η.

Ein geeignetes Maß zum quantitativen Beschreiben des Systemverhaltens im Zellnetz ist die bereits in Abschnitt 2.3 erwähnte Verteilungsfunktion $\Pr\{C/I \leq \Gamma\}$ des C/I. Wird das Systemverhalten im Zellnetz durch Diversität beeinflußt, so werden die Kurven der Verteilungsfunktion $\Pr\{C/I \leq \Gamma\}$ steiler und verschieben sich außerdem für kleine Ausfallwahrscheinlichkeiten zu größeren Werten von C/I.

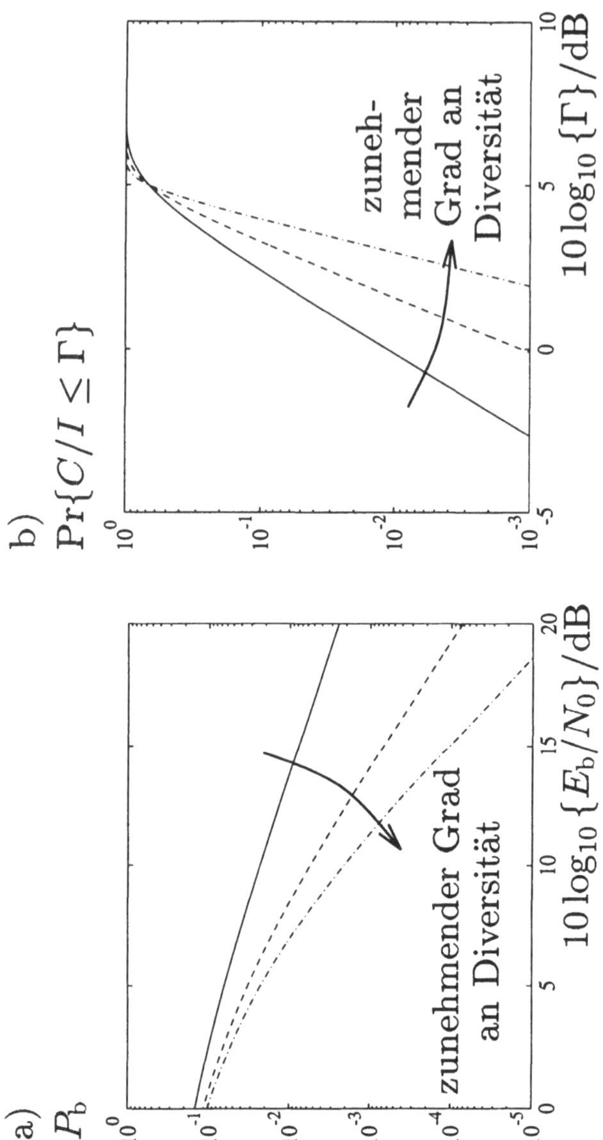

Bild 4.1. Einfluß der Diversität auf

     a)   das Systemverhalten in einer einzelnen Zelle

     b)   das Systemverhalten im Zellnetz

     (siehe zum Beispiel [KSS96])

Das Ändern der Verläufe dieser Kurven von $\Pr\{C/I \leq \Gamma\}$ geht auf das Verringern der Werte von $s_{C/I}$ nach (4.1a) beziehungsweise von s_{E_b/N_0} nach (4.1b) zurück. Dies wird in Bild 4.1b gezeigt. Je größer der Grad an Diversität ist, umso geringer ist die Ausfallwahrscheinlichkeit bei einem gegebenen Γ. Mit wachsendem Grad an Diversität verbessert sich also das Systemverhalten im Zellnetz. Somit wächst auch die Spektrumeffizienz η.

4.2.2 Klassifikation

DZM nutzen in der Regel mehrere Arten der Diversität aus. Tabelle 4.1 enthält eine Übersicht der verschiedenen Arten der Diversität und möglicher Maßnahmen zum Ausnutzen dieser Arten der Diversität, siehe auch [KSS96]. Die verschiedenen Versionen des gesendeten Teilnehmersignals ergeben sich gemäß der Art der Diversität auf unterschiedliche Weise am Empfängereingang [JBN94, KSS96]. Die verschiedenen Versionen des gesendeten Teilnehmersignals können im Frequenzbereich, im Zeitbereich oder im Raumbereich entstehen. Es ergeben sich entsprechend Frequenzdiversität (Frequency Diversity), Zeitdiversität (Time Diversity) und Raumdiversität (Space Diversity). Diese drei Arten der Diversität bewirken das Mitteln über mehrere unterschiedliche Zustände des Mobilfunkkanals und somit das Verbessern des Systemverhaltens innerhalb einer einzelnen Zelle des Zellnetzes. Bild 4.2 zeigt eine Klassifikation möglicher Arten der Diversität [KSS96].

Frequenzdiversität kann in DZM ausgenutzt werden, da der Mobilfunkkanal frequenzselektiv ist. Frequenzdiversität ist beispielsweise dann erzielbar, wenn die Teilnehmerbandbreite B_u größer als die Kohärenzbandbreite B_c des Mobilfunkkanals ist. Denn solche Versionen eines gesendeten Teilnehmersignals mit Frequenzen, die mehr als B_c unterschiedlich sind, sind nur wenig korreliert. Dies ist beispielsweise in einem DZM mit TDMA– oder CDMA–Komponenten leicht erreichbar. In diesem Fall entspricht das Ausnutzen von Frequenzdiversität dem Mitteln im Frequenzbereich [JBS93].

Falls $B_u > B_c$ ist, können im Empfänger mehrere Wege, über die gesendete Teilnehmersignale empfangen werden, aufgelöst und kohärent kombiniert werden. In diesem Fall ist Frequenzdiversität gleichbedeutend mit Mehrwegediversität (Path Diversity beziehungsweise Multipath Diversity). Werden mehrere Wege, über die gesendete Teilnehmersignale empfangen werden, im Empfänger aufgelöst, so ist die Intersymbolinterferenz im Empfänger oft nicht mehr vernachlässigbar. Frequenzdiversität beziehungsweise Mehrwegediversität können dann nur durch Verwenden geeigneter Entzerrer und Datendetektoren ausgenutzt werden.

Tab. 4.1. Übersicht verschiedener Arten der Diversität und möglicher Maßnahmen zum Ausnutzen dieser Arten der Diversität, siehe auch [KSS96]

Art der Diversität	Maßnahmen zum Ausnutzen dieser Art der Diversität
Frequenzdiversität	Teilnehmerbandbreite B_u größer als Kohärenzbandbreite B_c des Mobilfunkkanals, beispielsweise durch CDMA–Komponente oder TDMA–Komponente; Frequenzsprungverfahren (FH) in Kombination mit Kanalcodierung und Verschachtelung; Multiträgerübertragung (MCT)
Zeitdiversität	Kanalcodierung und Verschachtelung

Raumdiversität
    Antennendiv.
    Richtungsdiv.
    Polarisationsdiv.
    Makrodiv.
	
	mehrere omnidirektionale Antennen
	sektorisierte Antennen, Antennenarrays
	Antennen mit verschiedenen Orientierungen
	Remote–Antennen; Soft Handover

Interferenzdiversität	CDMA–Komponente; Frequenzsprungverfahren (FH); Zeitsprungverfahren (TH); Remote–Antennen; Soft Handover

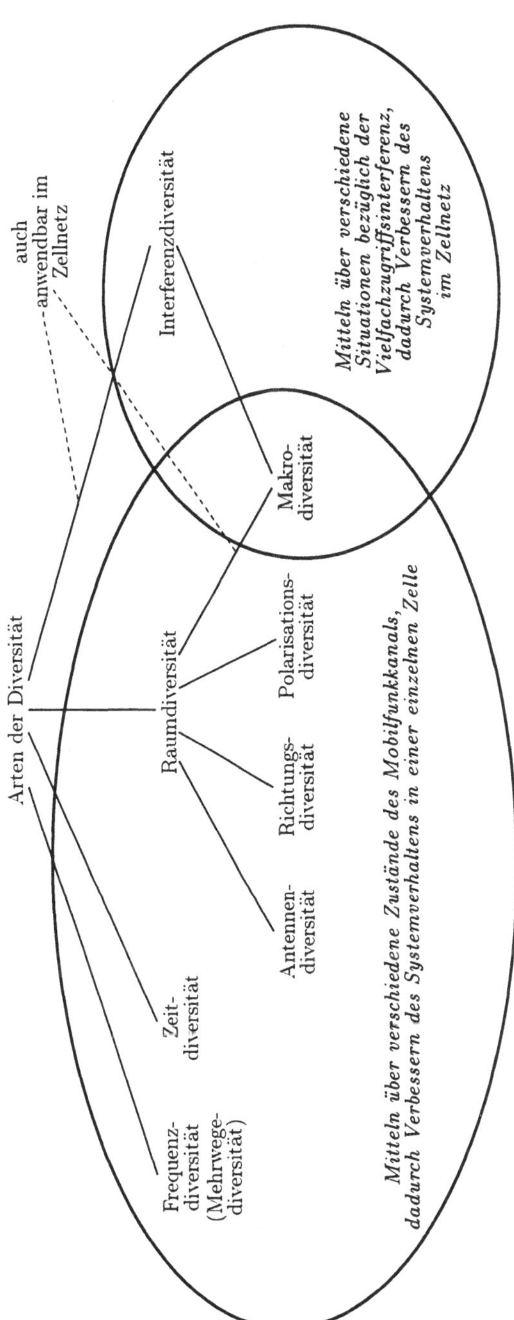

Bild 4.2. Klassifikation möglicher Arten der Diversität (siehe auch [KSS96])

Frequenzdiversität ist außerdem durch das Verwenden von Frequenzsprungverfahren (FH, Frequency Hopping) in Kombination mit Kanalcodierung und eventueller Verschachtelung (Interleaving) [ViO79] oder durch Einsatz von Multiträgerübertragung (MCT, Multicarrier Transmission) erzielbar. Bei FH und MCT müssen die einzelnen schmalbandigen Frequenzbänder jedoch mindestens um die Kohärenzbandbreite B_c voneinander entfernt sein, damit Frequenzdiversität gut ausgenutzt werden kann.

Multiträgerübertragung basiert ursprünglich auf der zyklischen Faltung, die den Übertragungskanal in schmalbandige, voneinander unabhängige Frequenzbänder überführt. Dies bedeutet physikalisch, daß die übertragenen Datensymbole derart lange dauern, daß Intersymbolinterferenz keine Rolle spielt und daher einfache Entzerrer verwendet werden können. Durch Kanalcodierung und anschließende Zuweisung unterschiedlicher codierter Datensymbole zu unterschiedlichen schmalbandigen Frequenzbändern wird die zu übertragende Nachricht frequenzmäßig gespreizt. Man erzielt Frequenzdiversität durch geeignete Kanaldecodierung im Empfänger. Kanalcodierung wird im Anhang E exemplarisch betrachtet.

Bei der Verschachtelung werden direkt aufeinander folgende Datensymbole am Eingang des Verschachtelers (Interleaver) derart verwürfelt, daß sie am Ausgang des Verschachtelers nicht mehr aufeinander folgen. Bei Verschachtelern unterscheidet man zwischen Block- und Faltungsverschachtelern.

Zeitdiversität kann deshalb ausgenutzt werden, weil der Mobilfunkkanal zeitvariant ist. Denn solche Versionen eines gesendeten Teilnehmersignals mit zeitlichen Abständen, die größer als T_k sind, sind nur wenig korreliert. Das Ausnutzen von Zeitdiversität entspricht dem Mitteln im Zeitbereich. Durch dieses Mitteln im Zeitbereich wird der Einfluß der Zeitvarianz auf die Übertragungsqualität reduziert. Zeitdiversität ist durch Kanalcodierung in Kombination mit Verschachtelung erzielbar.

Bei Raumdiversität wird zwischen [KSS96]

- Antennendiversität (Antenna Diversity),

- Richtungsdiversität (Directional Diversity), die auch Winkeldiversität (Angle–of–Arrival Diversity) heißt,

- Polarisationsdiversität (Polarization Diversity) und

- Makrodiversität (Macro Diversity), die auch als Basisstationsdiversität (Base Station Diversity) beziehungsweise Zellendiversität (Cell Diversity) bezeichnet wird,

unterschieden.

Antennendiversität ist deshalb nutzbar, weil der Zustand des Mobilfunkkanals für verschiedene Standorte der Mobil- und Basisstationen unterschiedlich ist. Bei Antennendiversität werden mehr als eine Empfangsantenne oder Sendeantenne verwendet, die in der Regel omnidirektional sind. Im folgenden wird nur der Fall mehrerer Empfangsantennen betrachtet. Der Fall mehrerer Sendeantennen wird nicht weiter verfolgt. Man unterscheidet bei Antennendiversität zwischen

- demjenigen Fall, bei welchem die Empfangsantennen weniger als eine Wellenlänge des Trägers der gesendeten Teilnehmersignale voneinander entfernt sind,

- demjenigen Fall, bei welchem die Empfangsantennen einige Wellenlängen des Trägers der gesendeten Teilnehmersignale voneinander entfernt sind, und

- demjenigen Fall, bei welchem die Empfangsantennen sehr viele Wellenlängen des Trägers der gesendeten Teilnehmersignale voneinander entfernt sind.

Der erstgenannte Fall wird bei Mobilstationen mit geringen geometrischen Ausmaßen, wie beispielsweise Handys, in der Abwärtsstrecke realisiert. Diese Art der Antennendiversität wird im japanischen PDC verwendet [Lor93]. Die an den verschiedenen Empfangsantennen empfangenen Wellen sind im ersten Fall aufgrund der Antennenverkopplung weitgehend unkorreliert. Jedoch ist die gesamte Antennenwirkfläche kleiner als in demjenigen Fall, bei welchem die Empfangsantennen mehrere Wellenlängen des Trägers der gesendeten Teilnehmersignale voneinander entfernt sind. Deshalb kann dem Wellenfeld nicht soviel Leistung entnommen werden wie in demjenigen Fall, bei welchem die Empfangsantennen mehrere Wellenlängen des Trägers der gesendeten Teilnehmersignale voneinander entfernt sind.

Im zweiten Fall sind die an den verschiedenen Empfangsantennen empfangenen Wellen nahezu unkorreliert. Die Antennenverkopplungen sind in der Regel vernachlässigbar, aber die Abschattung ist für alle Empfangsantennen in etwa dieselbe.

Im dritten Fall sind die an den verschiedenen Empfangsantennen empfangenen Wellen unkorreliert, die Antennenverkopplungen sind vernachlässigbar, und die Abschattung ist für jede Empfangsantenne eine andere. Dieser letztgenannte Fall der Antennendiversität ist eng verwandt mit der weiter unten erläuterten Makrodiversität. Der zweite und der letztgenannte Fall der Antennendiversität sind nur in der Aufwärtsstrecke sinnvoll.

Bei Richtungsdiversität werden sektorisierte Empfangsantennen oder Antennenarrays verwendet [Moz80]. Solche Empfangsantennen können wegen ihrer Ausmaße und ihrer Kosten nur bei Basisstationen verwendet werden. Deshalb wird Richtungsdiversität nur in der Aufwärtsstrecke eingesetzt.

Bei Polarisationsdiversität werden Wellen mit unterschiedlichen Polarisationen empfangen. In der Regel sind dies zwei möglichst orthogonal polarisierte Wellen. Üblicherweise wird Polarisationsdiversität wegen des Einsatzes von Antennen unterschiedlicher Orientierungen ebenfalls nur in der Aufwärtsstrecke ausgenutzt.

Bei Makrodiversität werden die verschiedenen Versionen des gesendeten Teilnehmersignals durch verschiedene Basisstationen mehrerer Zellen oder durch mehrere Empfangsantennen innerhalb einer Zelle, die auch Remote–Antennen [Fye90] beziehungsweise Repeater genannt werden und zum Beispiel wie in Bild 4.3 angeordnet sein könnten, empfangen und dann kombiniert. In Bild 4.3 sind alle drei Remote–Antennen gleich weit von der Basisstation entfernt, und die Abstände benachbarter Remote–Antennen sind immer gleich. Die Verbindung zwischen einer Remote–Antenne und der zentralen Basisstation kann beispielsweise drahtgebunden durch Kupferkabel oder Glasfaserkabel oder drahtlos über Richtfunk erfolgen. Remote–Antennen können außerdem als Ersatz für vollständige Basisstationen dienen. Gründe für den Einsatz von Remote–Antennen anstelle vollständiger Basisstationen sind Kostenersparnis und das zentralisierte Verarbeiten der empfangenen Teilnehmersignale, wodurch unter anderem das als Handover bezeichnete Weiterreichen der Mobilstationen von Basisstation zu Basisstation vereinfacht wird. Makrodiversität ist dann besonders vorteilhaft, wenn das in Abschnitt 4.4.2.2 angeführte weiche Weiterreichen (Soft Handover) verwendet wird. Durch den Einsatz von Remote–Antennen ist Soft Handover recht preisgünstig erzielbar.

Makrodiversität in der Abwärtsstrecke heißt Simulcast. Simulcast bedeutet, daß die für einen bestimmten mobilen Teilnehmer vorgesehenen Nachrichten von mehreren Basisstationen gesendet werden. Simulcast kann auch beim Gleichwellenfunk verwendet werden. Makrodiversität bewirkt sowohl das Mitteln über mehrere unterschiedliche Zustände des Mobilfunkkanals, wodurch das Systemverhalten innerhalb einer einzelnen Zelle des Zellnetzes verbessert wird, als auch das Mitteln über unterschiedliche Situationen bezüglich der Vielfachzugriffsinterferenz, wodurch das Systemverhalten im Zellnetz verbessert wird.

Wird das bereits in Abschnitt 2.3 angeführte C/I durch einige wenige vielfachzugriffsinterferenzerzeugende Teilnehmer bestimmt, so ergibt sich wegen der Zeitvarianz des Mobilfunkkanals eine große Varianz $\mathrm{Var}\{C/I\}$ bei einem bestimmten Erwartungswert $\mathrm{E}\{C/I\}$. Wird das C/I jedoch durch eine große Anzahl von vielfachzugriffsinterferenzerzeugenden Teilnehmern bestimmt, so ist $\mathrm{Var}\{C/I\}$ bei gegebenem Erwartungswert $\mathrm{E}\{C/I\}$ kleiner als im vorher genannten Fall. Dieser Effekt heißt Interferenzdiversität (Interferer Diversity). Interferenzdiversität ist wegen der Reduktion der Zeitvarianz der Vielfachzugriffsinterferenz wichtig.

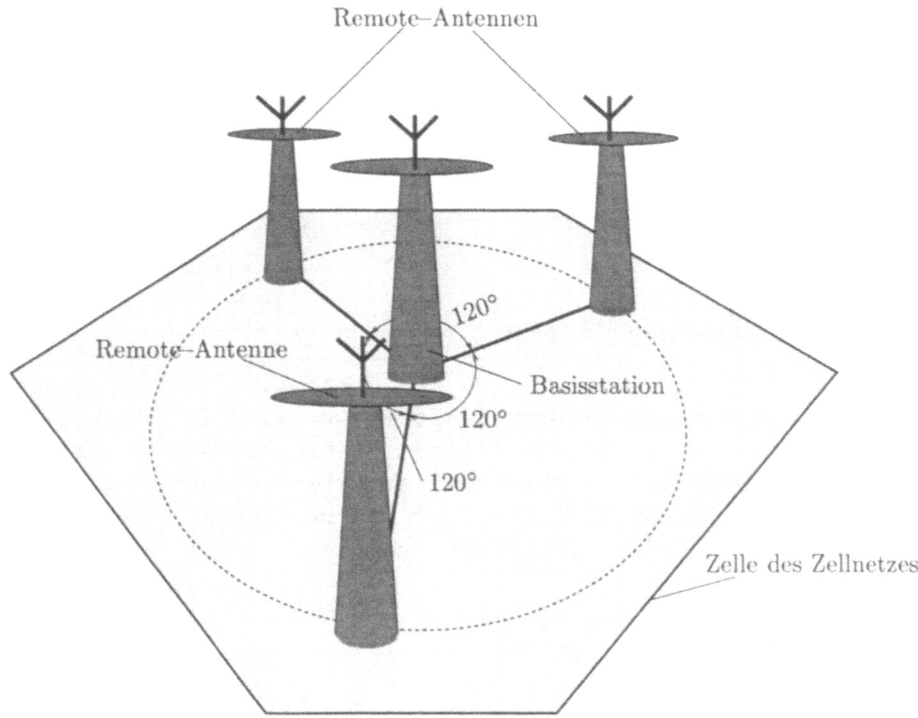

Bild 4.3. Mögliche Anordnung von Remote–Antennen in einer Zelle

Interferenzdiversität kann bei fehlender Intrazellinterferenz nur in Zellnetzen ausgenutzt werden. Bei Intrazellinterferenz ist Interferenzdiversität auch ohne Zellnetz, das heißt in einzelnen Zellen, möglich.

Zum Ausnutzen von Interferenzdiversität sind das Verwenden einer CDMA-Komponente, der Einsatz von FH, das Verwenden von Zeitsprungverfahren (TH, Time Hopping) oder der Einsatz der bereits oben erläuterten Makrodiversität geeignet. TH ist beispielsweise beim Verwenden einer TDMA–Komponente einsetzbar und bedeutet, daß anstelle eines fest zugewiesenen Zeitschlitzes pro TDMA–Rahmen die Zeitschlitze durch den Teilnehmer in aufeinanderfolgenden TDMA–Rahmen ständig gewechselt werden. Interferenzdiversität bewirkt das Mitteln über unterschiedliche Situationen bezüglich der Vielfachzugriffsinterferenz.

4.3   Vielfachzugriff

4.3.1   Allgemeines Prinzip

Wie bereits in Abschnitt 2.2.6 angedeutet, greifen in einem DZM zahlreiche Teilnehmer zur gleichen Zeit, im gleichen Frequenzbereich, nämlich der Gesamtübertragungsbandbreite B, und im gleichen Raumbereich, zum Beispiel in einem Cluster, auf den Mobilfunkkanal zu. Dieses Zugreifen muß geordnet erfolgen, damit das Funktionieren des DZM gewährleistet werden kann.

Bild 4.4 zeigt dieses Zugreifen schematisch für die Aufwärtsstrecke mit drei aktiven Teilnehmern. Wie bereits in Abschnitt 2.2.6 gesagt, müssen die den aktiven Teilnehmern zugeordneten Teilnehmersignale im Empfänger separiert werden, damit die gesendeten Nachrichten korrekt detektierbar sind. Um dieses Separieren im Empfänger zu gewährleisten, müssen die gesendeten Teilnehmersignale bestimmte Eigenschaften haben, anhand derer sie unterscheidbar sind. Das Vorhandensein solcher bestimmter Eigenschaften der gesendeten Teilnehmersignale ist in Bild 4.4 schematisch veranschaulicht. Die jeweilige Wahl dieser bestimmten Eigenschaften legt das jeweilige Vielfachzugriffsprinzip beziehungsweise das jeweilige hybride Vielfachzugriffsverfahren fest, siehe die Abschnitte 4.3.2 und 4.3.3. Der Empfänger muß Kenntnis über diese bestimmten Eigenschaften haben, damit das Separieren der verschiedenen Teilnehmersignale im Empfänger erfolgreich durchführbar ist.

Im folgenden werden sowohl das allgemeine Prinzip des Vielfachzugriffs als auch das Entstehen von Vielfachzugriffsinterferenz mit Vektoren veranschaulicht. Es

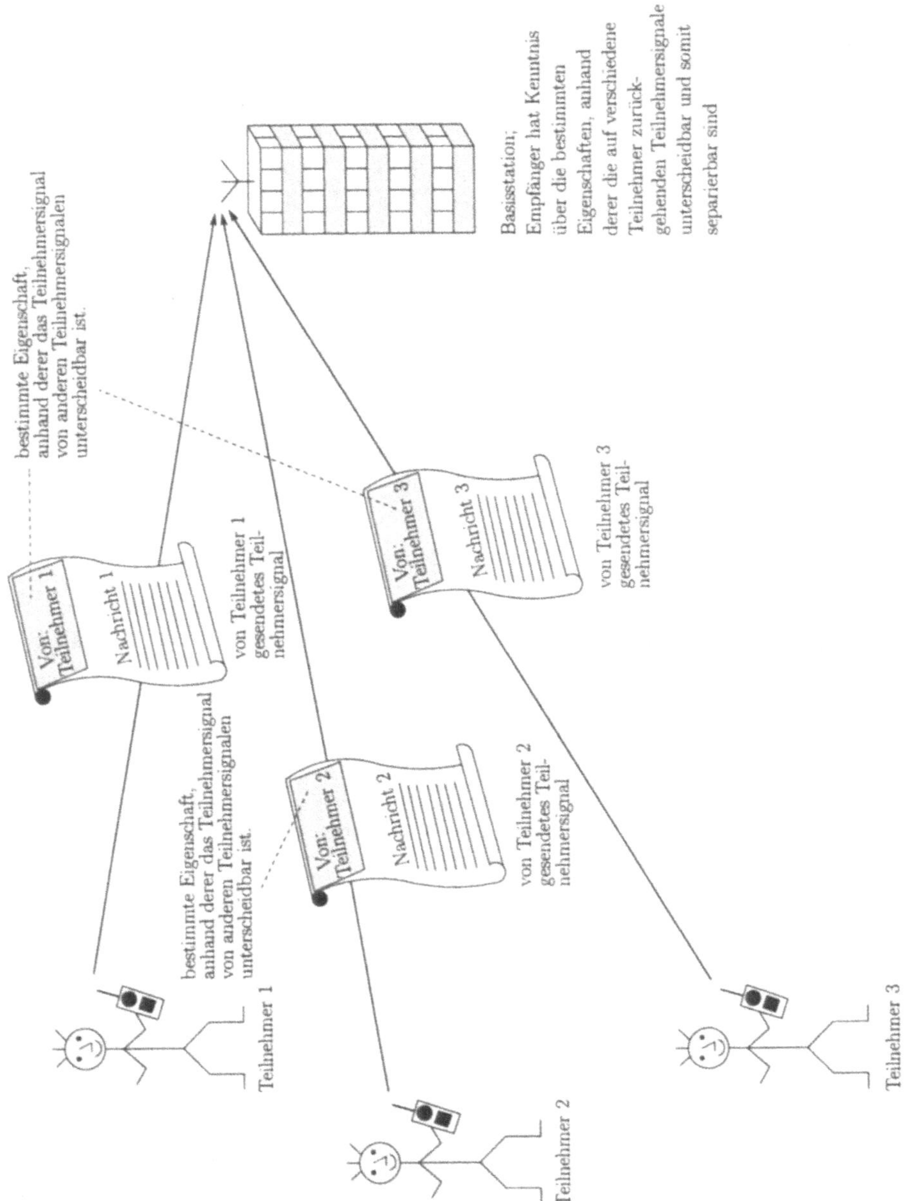

Bild 4.4. Veranschaulichen des Vielfachzugriffs in der Aufwärtsstrecke

wird vorausgesetzt, daß innerhalb der Gesamtübertragungsbandbreite B maximal K_g, $K_g \in \mathbb{N}$, Teilnehmer aktiv sind. Die vorgenannten bestimmten Eigenschaften, anhand derer die Teilnehmersignale unterscheidbar sind, werden angelehnt an [JBS93] durch die K_g Vektoren φ_k, $k = 1 \cdots K_g$, beschrieben. Jeder Teilnehmer k, $k = 1 \cdots K_g$, verfügt über jeweils eine einzige bestimmte Eigenschaft. Die gesendeten Teilnehmersignale der K_g aktiven Teilnehmer werden durch die Vektoren σ_k, $k = 1 \cdots K_g$, dargestellt. Diese K_g Vektoren σ_k, $k = 1 \cdots K_g$, sind jeweils kollinear zu den K_g Vektoren φ_k, $k = 1 \cdots K_g$, und es gilt

$$\sigma_k = \lambda_k \, \varphi_k, \quad \lambda_k \in \mathbb{R}, \quad k = 1 \cdots K_g, \tag{4.2}$$

wobei die der Einfachheit halber als reell angenommenen Größen λ_k, $k = 1 \cdots K_g$, nur von den zu übertragenden Nachrichten abhängen. Jedes gesendete Teilnehmersignal, das durch einen Vektor σ_k, $k = 1 \cdots K_g$, repräsentiert wird, erzeugt im Empfänger ein empfangenes Teilnehmersignal, das durch den Vektor

$$\epsilon_k = \sum_{l=1}^{K_g} \mu_{k,l}\varphi_l = \mu_{k,k}\varphi_k + \underbrace{\sum_{\substack{l=1 \\ l \neq k}}^{K} \mu_{k,l}\varphi_l}_{\text{Summenterm}}, \quad \mu_{k,l} \in \mathbb{R}, \quad k, l = 1 \cdots K_g, \tag{4.3}$$

beschrieben wird. Die reellen Größen $\mu_{k,l}$, $l = 1 \cdots K_g$, k fest, hängen nur von derjenigen Nachricht ab, welche von Teilnehmer k gesendet wird. Gemäß (4.3) ergibt sich jeder Vektor ϵ_k aus der linearen Überlagerung des Vektors $\mu_{k,k}\varphi_k$, der kollinear zum Vektor σ_k ist, und der jeweils mit $\mu_{k,l}$, $l = 1, 2 \cdots (k-1), (k+1) \cdots K_g$, gewichteten $(K_g - 1)$ restlichen Vektoren φ_l, $l = 1, 2 \cdots (k-1), (k+1) \cdots K_g$. Das Auftreten des Summenterms auf der rechten Seite von (4.3) wird durch Zeitvarianz und Frequenzselektivität des Mobilfunkkanals verursacht, denn das Übertragen über den Mobilfunkkanal führt zum Drehen und/oder Stauchen beziehungsweise Strecken der Vektoren σ_k, $k = 1 \cdots K_g$.

Je nach gewähltem Vielfachzugriffsprinzip beziehungsweise je nach gewähltem hybriden Vielfachzugriffsverfahren und damit je nach gewählten Vektoren φ_k ist der Beitrag des Summenterms auf der rechten Seite von (4.3) mehr oder weniger bedeutend. Falls dieser Summenterm auf der rechten Seite von (4.3) nicht vernachlässigbar ist, so ist der Vektor ϵ_k nicht mehr kollinear zu σ_k und somit nicht mehr kollinear zu φ_k. Das bedeutet anschaulich, daß dasjenige empfangene Teilnehmersignal, welches von Teilnehmer k verursacht wird, nicht mehr nur von der einzigen bestimmten Eigenschaft abhängt, die Teilnehmer k zugeordnet ist, sondern auch die bestimmten Eigenschaften anderer Teilnehmer hat.

Wegen der vorausgesetzten Aktivität von K_g Teilnehmern liegt am Eingang des Empfängers die Summe der durch alle K_g Teilnehmer verursachten empfangenen Teilnehmersignale vor, welche die Grundlage der Datendetektion bildet. Diese

Summe wird durch den Vektor

$$\epsilon = \sum_{k=1}^{K_g} \epsilon_k \;=\; \mu_{1,1}\varphi_1 + \underbrace{\sum_{k=2}^{K_g} \overbrace{\mu_{k,1}}^{\substack{\text{abhängig von den Nachrichten}\\ \text{der Teilnehmer } 2,3\cdots K_g}} \cdot\varphi_1}_{\substack{\text{MAI, die auf das von Teilnehmer 1}\\ \text{gesendete Teilnehmersignal wirkt}}}$$

$$+\mu_{2,2}\varphi_2 + \underbrace{\sum_{\substack{k=1\\k\neq 2}}^{K_g} \overbrace{\mu_{k,2}}^{\substack{\text{abhängig von den Nachrichten}\\ \text{der Teilnehmer } 1,3\cdots K_g}} \cdot\varphi_2}_{\substack{\text{MAI, die auf das von Teilnehmer 2}\\ \text{gesendete Teilnehmersignal wirkt}}}$$

$$+\cdots+$$

$$+\mu_{K_g,K_g}\varphi_{K_g} + \underbrace{\sum_{k=1}^{K_g-1} \overbrace{\mu_{k,K_g}}^{\substack{\text{abhängig von den Nachrichten}\\ \text{der Teilnehmer } 1,2\cdots(K_g-1)}} \cdot\varphi_{K_g}}_{\substack{\text{MAI, die auf das von Teilnehmer } K_g\\ \text{gesendete Teilnehmersignal wirkt}}}$$

$$(4.4)$$

dargestellt. Gemäß (4.4) wird diejenige repräsentierte Nachricht, welche von Teilnehmer k zu übertragen ist, von den durch $\mu_{k',k}$, $k' = 1\cdots(k-1),(k+1)\cdots K_g$ repräsentierten Nachrichten gestört, die von den anderen (K_g-1) Teilnehmern zu übertragen sind. Dies ist die bereits mehrfach erwähnte Vielfachzugriffsinterferenz.

Bild 4.5 zeigt beispielhaft das soeben vektoriell beschriebene allgemeine Prinzip des Vielfachzugriffs und das Entstehen von MAI anhand dreier gesendeter Teilnehmersignale, die durch die drei Vektoren σ_1, σ_2 und σ_3 dargestellt werden, und anhand der drei zugehörigen empfangenen Teilnehmersignale, die durch die drei Vektoren ϵ_1, ϵ_2 und ϵ_3 repräsentiert werden. In der linken Hälfte von Bild 4.5 sind die den drei gesendeten Teilnehmersignalen zugeordneten Vektoren σ_1, σ_2 und σ_3 gezeigt, die gemäß (4.2) jeweils kollinear zu den Vektoren φ_1, φ_2 und φ_3 sind. Der Übersicht halber sind die drei Vektoren φ_1, φ_2 und φ_3 in Bild 4.5 paarweise orthogonal zueinander dargestellt.

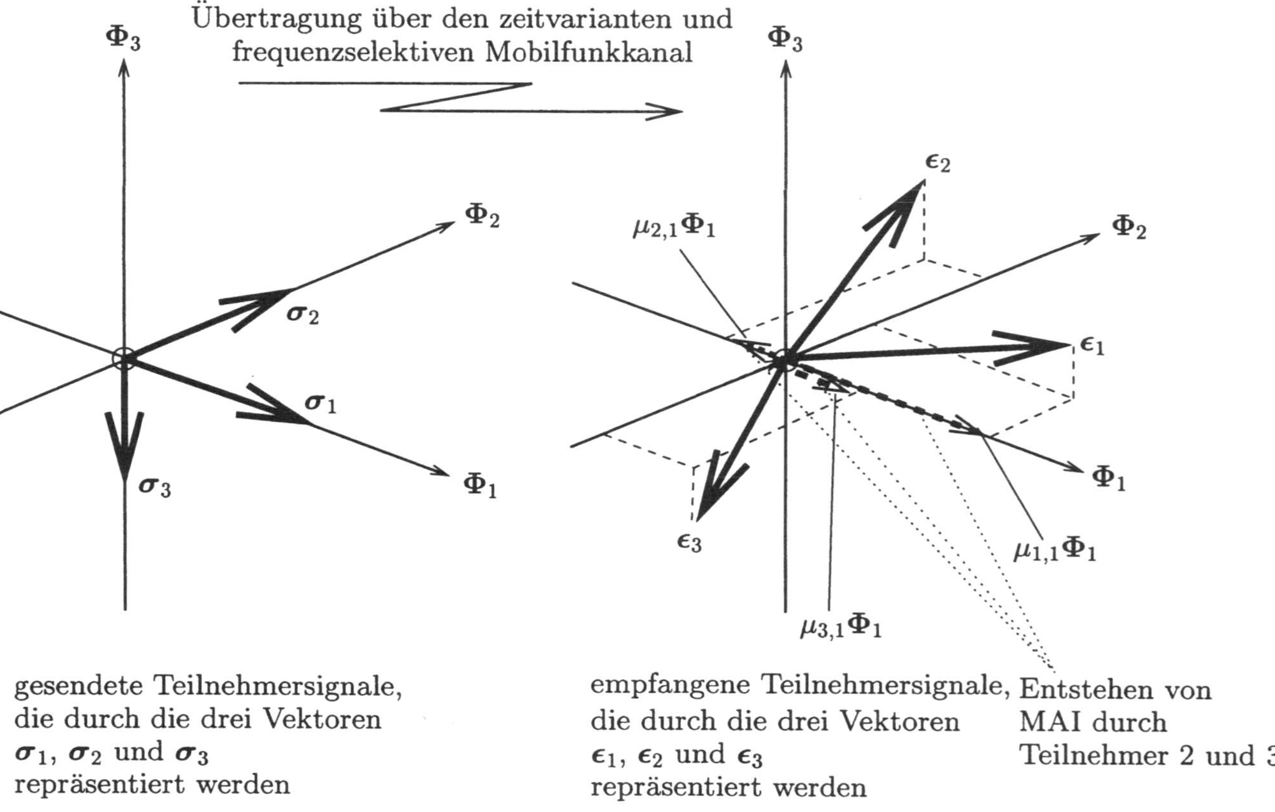

Bild 4.5. Vektorielles Veranschaulichen des Vielfachzugriffs und der Vielfachzugriffsinterferenz (MAI), φ_1, φ_2 und φ_3 sind paarweise orthogonal

Durch das Übertragen der drei gesendeten Teilnehmersignale über den zeitvarianten und frequenzselektiven Mobilfunkkanal ergeben sich die in der rechten Hälfte von Bild 4.5 gezeigten Vektoren ϵ_1, ϵ_2 und ϵ_3. Gemäß (4.3) sind diese drei Vektoren ϵ_1, ϵ_2 und ϵ_3 nicht mehr kollinear zu den jeweiligen Vektoren φ_1, φ_2 und φ_3, weil das genannte Übertragen über den Mobilfunkkanal zum Drehen und/oder Stauchen beziehungsweise Strecken von σ_1, σ_2 und σ_3 führt. Es entsteht Vielfachzugriffsinterferenz, die im Bild 4.5 für Teilnehmer 1 veranschaulicht ist. Die durch $\mu_{2,1}\varphi_1$ und $\mu_{3,1}\varphi_1$ repräsentierten Anteile der empfangenen Teilnehmersignale ϵ_2 und ϵ_3 interferieren nämlich mit $\mu_{1,1}\varphi_1$.

Das bereits mehrfach erwähnte Separieren der Teilnehmersignale, wodurch die Datendetektion erreichbar wird, ist dann besonders einfach, wenn

- die K_g Vektoren φ_k, $k = 1 \cdots K_\mathrm{g}$, ein orthogonales System bilden, das heißt falls für das Skalarprodukt $< \varphi_k, \varphi_l >$ zweier Vektoren φ_k und φ_l

$$< \varphi_k, \varphi_l > \;=\; \begin{cases} 0 & \text{für } k \neq l, \\ \|\varphi_k\|^2 & \text{für } k = l, \end{cases} \tag{4.5}$$

gilt, und

- jeder Vektor ϵ_k jeweils kollinear zum zugehörigen Vektor φ_k ist und somit

$$\mu_{k,l} = 0 \quad \forall\, k \neq l \tag{4.6}$$

gilt.

Trifft mindestens eine dieser Eigenschaften nicht zu, wie beispielsweise in Bild 4.5 gezeigt, so muß das bereits genannte Drehen und/oder Strecken beziehungsweise Stauchen der Vektoren σ_k, $k = 1 \cdots K_\mathrm{g}$, im Empfänger bei der Datendetektion explizit berücksichtigt oder vor der Datendetektion rückgängig gemacht werden.

Sowohl das erwähnte Berücksichtigen als auch das genannte Rückgängigmachen erfordert im Empfänger die Kenntnis der bestimmten Eigenschaften, anhand derer die Teilnehmersignale unterscheidbar sind, und die Kenntnis des momentanen Zustands des Mobilfunkkanals. Dieser Umstand wird in Abschnitt 5.3 ausführlich dargelegt. Da Intersymbolinterferenz und Vielfachzugriffsinterferenz gemeinsam zu bekämpfen sind, muß die Art des Vielfachzugriffs sowohl der Frequenzselektivität und der Zeitvarianz des Mobilfunkkanals als auch der Vielfachzugriffsinterferenz angemessen durch Ausnutzen von Diversität entgegenwirken.

4.3.2 Vier wichtige Vielfachzugriffsprinzipien

4.3.2.1 FDMA

Beim Vielfachzugriffsprinzip FDMA [SOS85] wird die im DZM verfügbare Gesamtübertragungsbandbreite B in N_F zusammenhängende, aber disjunkte Teilnehmerfrequenzbänder der Breite B_u eingeteilt, wie dies in Bild 4.6 gezeigt ist, siehe zum Beispiel [IS–95, Bild 2.1, S. 5]. Die Breite B_u ist die Teilnehmerbandbreite, siehe Abschnitt 2.3. Bei FDMA gilt $B_u \ll B$. Alle K_g Teilnehmer sind gleichzeitig und zeitlich ununterbrochen aktiv, und jeder der K_g Teilnehmer hat ein einziges Teilnehmerfrequenzband, siehe Bild 4.6. Es gilt deshalb bei FDMA

$$K_g = N_F. \tag{4.7}$$

Die bestimmten Eigenschaften, anhand derer die Teilnehmersignale gemäß Abschnitt 4.3.1 unterscheidbar sein müssen und die den in Abschnitt 4.3.1 eingeführten K_g Vektoren φ_k, $k = 1 \cdots K_g$, entsprechen, sind die verschiedenen Teilnehmerfrequenzbänder. Die Unterscheidbarkeit der Teilnehmersignale ist deshalb im Frequenzbereich gegeben.

Da die Teilnehmerfrequenzbänder disjunkt sind und die Übertragung über den Mobilfunkkanal die genannten bestimmten Eigenschaften nur geringfügig ändert, gelten (4.5) und (4.6) bei FDMA. Das Separieren der Teilnehmersignale ist durch den Einsatz von auf die jeweiligen Teilnehmerfrequenzbänder abgestimmten Filtern möglich. FDMA ist sowohl für analoge als auch digitale Nachrichtenübertragung geeignet.

FDMA hat folgende Vorteile: FDMA ist einfach und robust und erlaubt gemäß Abschnitt 2.2.7 Funknetzplanung. Wegen der Schmalbandigkeit der Teilnehmersignale ist das Entstehen von Intersymbolinterferenz in den Empfängern in der Regel vernachlässigbar. Bei FDMA können deshalb einfache Entzerrer verwendet werden.

FDMA hat folgende Nachteile: Bei FDMA wird den Basisstationen eine bestimmte Anzahl N_F von Teilnehmerfrequenzbändern fest zugewiesen, wie dies bereits in Abschnitt 2.2.7 angedeutet wurde. Außerdem erhält jeder Teilnehmer nur ein einziges Teilnehmerfrequenzband. FDMA hat deshalb nur eine geringe Flexibilität. Wegen der schmalbandigen Teilnehmersignale bietet FDMA kaum Frequenzdiversität, und die Empfänger sind daher anfällig für den Einfluß der Zeitvarianz des Mobilfunkkanals. FDMA bietet kaum Interferenzdiversität. Zum Gewährleisten einer akzeptablen Übertragungsqualität ist der Einsatz von Raumdiversität bei FDMA unumgänglich. Außerdem ist FDMA nur für geringe Teilnehmergeschwindigkeiten geeignet, da bei hohen Geschwindigkeiten die Korrelationsdauer T_k des

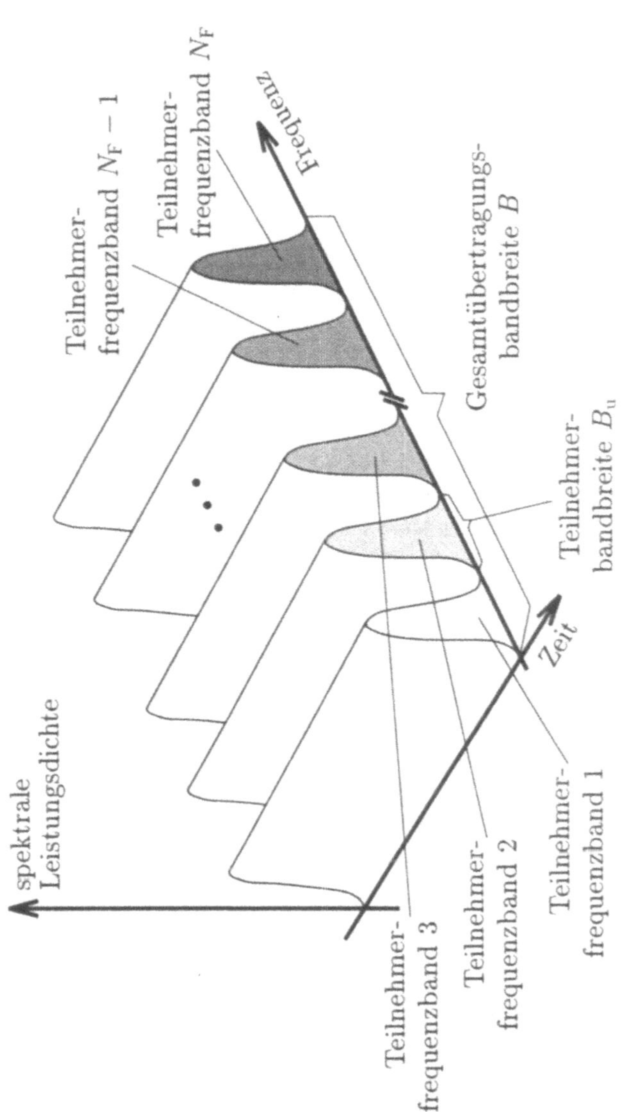

Bild 4.6. Vielfachzugriffsprinzip Frequency Division Multiple Access (FDMA) (nachempfunden [IS–95, Bild 2.1, S. 5])

Mobilfunkkanals in der Größenordnung der Dauer der gesendeten Datensymbole ist und deshalb keine zuverlässige Datendetektion erfolgen kann. Typische Reuse–Faktoren r sind bei FDMA wegen der Interzellinterferenz größer als eins.

FDMA ist für den Mobilfunk notwendig. Jedoch sind Mobilfunksysteme, die ausschließlich FDMA verwenden, nicht für die dritte Mobilfunkgeneration einsetzbar. Die Kombination mit mindestens einem der nachfolgend erläuterten Vielfachzugriffsprinzipien TDMA und CDMA ist unumgänglich. Tab. 4.2 zeigt eine Übersicht der eben diskutierten Ergebnisse.

Beispiel 4.1 Im japanischen Mobilfunksystem der ersten Generation ist B_u gleich 25 kHz und B gleich 30 MHz. Daraus folgt N_F gleich 1200. Da FDD verwendet wird, werden jedem Teilnehmer jeweils 2 Teilnehmerfrequenzbänder zugewiesen. Die Gesamtzahl $N_{E,ges}$ der Abnehmer ist also 600.   ♣

Eine spezielle Variante von FDMA ergibt sich durch den Einsatz von Multiträgerübertragung (MCT). Seit einigen Jahren wird die unter OFDM (Orthogonal Frequency Division Multiplexing) bekannte Version von MCT für den Mobilfunk untersucht, siehe zum Beispiel [Kam92, Kapitel 15] und [Pro95, Abschnitt 12–2]. Bei Multiträgersystemen werden die Datensymbole in der Regel nicht nacheinander, das heißt zu verschiedenen Zeiten übertragen. Statt dessen findet die Übertragung verschiedener Datensysmbole gleichzeitig statt, wobei einem Datensymbol ein eigener, in der Regel schmalbandiger Subträger zugewiesen wird. Die Mittenfrequenzen der Subträger sind frei wählbar. Das Spektrum der Sendesignale läßt sich deshalb leicht und flexibel beeinflussen. Dies ist gerade im Hinblick auf die Koexistenz verschiedener Funksysteme und auf die Realisierung hierarchischer Zellnetze vorteilhaft. Da die Übertragung der Datensymbole jedoch schmalbandig erfolgt, fehlen Frequenz- und Interferenzdiversität bei Systemen mit Multiträgerübertragung, sofern nicht zusätzlich eine geeignete Kanalcodierung und Verschachtelung (Interleaving) im Frequenzbereich verwendet wird.

4.3.2.2 TDMA

Beim Vielfachzugriffsprinzip TDMA [SOS85] wird die Gesamtübertragungsdauer in zusammenhängende, aber disjunkte TDMA–Rahmen der Dauer T_{fr} eingeteilt, die ihrerseits aus N_Z zusammenhängenden, aber disjunkten Teilnehmerzeitschlitzen der Dauer T_u bestehen, wie dies in Bild 4.7 gezeigt ist, siehe zum Beispiel [IS–95, Bild 2.1, S. 5]. Die Dauer T_{fr} heißt TDMA–Rahmendauer, und T_u heißt Teilnehmerzeitschlitzdauer. Es gilt $T_u \ll T_{fr}$. Alle K_g Teilnehmer sind nacheinander aktiv, und jeder der K_g Teilnehmer hat einen einzigen Teilnehmerzeitschlitz pro TDMA–Rahmen, siehe Bild 4.7. Es gilt deshalb bei TDMA

$$K_g = N_Z. \tag{4.8}$$

Tab. 4.2. Vergleich der Vielfachzugriffsprinzipien FDMA und TDMA

	Vielfachzugriffsprinzipien	
	FDMA	TDMA
Allgemeine Eigenschaften		
Grundlage	Einteilen der Gesamtübertragungsbandbreite B in N_F zusammenhängende, aber disjunkte Teilnehmerfrequenzbänder der Breite B_u, wobei $B_\mathrm{u} \ll B$ ist	Einteilen der Gesamtübertragungsdauer in zusammenhängende, aber disjunkte TDMA–Rahmen der Dauer T_fr mit je N_Z zusammenhängenden, aber disjunkten Teilnehmerzeitschlitzen der Dauer T_u, wobei $T_\mathrm{u} \ll T_\mathrm{fr}$ ist
Aktivität der Teilnehmer	die N_F Teilnehmer sind gleichzeitig und zeitlich ununterbrochen aktiv; jeder Teilnehmer hat ein einziges Teilnehmerfrequenzband	die N_Z Teilnehmer sind nacheinander kurzzeitig aktiv; jeder Teilnehmer hat einen einzigen Teilnehmerzeitschlitz pro TDMA–Rahmen
Unterscheidbarkeit der Teilnehmersignale	im Frequenzbereich	im Zeitbereich
Separieren der Teilnehmersignale	Filtern	Synchronisation; Schutzzeiten zwischen den gesendeten Teilnehmersignalen wegen der Mehrwegeausbreitung
Einsatzbereich	analoge und digitale Nachrichtenübertragung	digitale Nachrichtenübertragung
Vorteile	einfach; robust; erlaubt Funknetzplanung; einfache Entzerrung	Frequenzdiversität, Empfänger deshalb unempfindlich gegenüber Einfluß der Zeitvarianz; Zeitdiversität; hohe spektrale Effizienz $\eta_\mathrm{ü}$ wegen Frequenz- und Zeitdiversität sowie wegen fehlender Intrazellinterferenz
Nachteile	geringe Flexibilität; kaum Frequenzdiversität, Empfänger daher anfällig für Einfluß der Zeitvarianz; kaum Interferenzdiversität; Raumdiversität erforderlich; nur für geringe Geschwindigkeiten geeignet	geringe Flexibilität; Latenzzeit; Entzerrer erforderlich wegen Intersymbolinterferenz; kaum Interferenzdiversität; globale Synchronisation aller K Teilnehmer
Zellularer Aspekt		
typische Reuse–Faktoren	$r > 1$ wegen Einfluß der Interzellinterferenz	$r > 1$ wegen Einfluß der Interzellinterferenz
Bewertung		
	für Mobilfunk notwendig, Kombination mit TDMA und/oder CDMA ratsam	für Mobilfunk geeignet, Kombination mit FDMA und optional CDMA ratsam

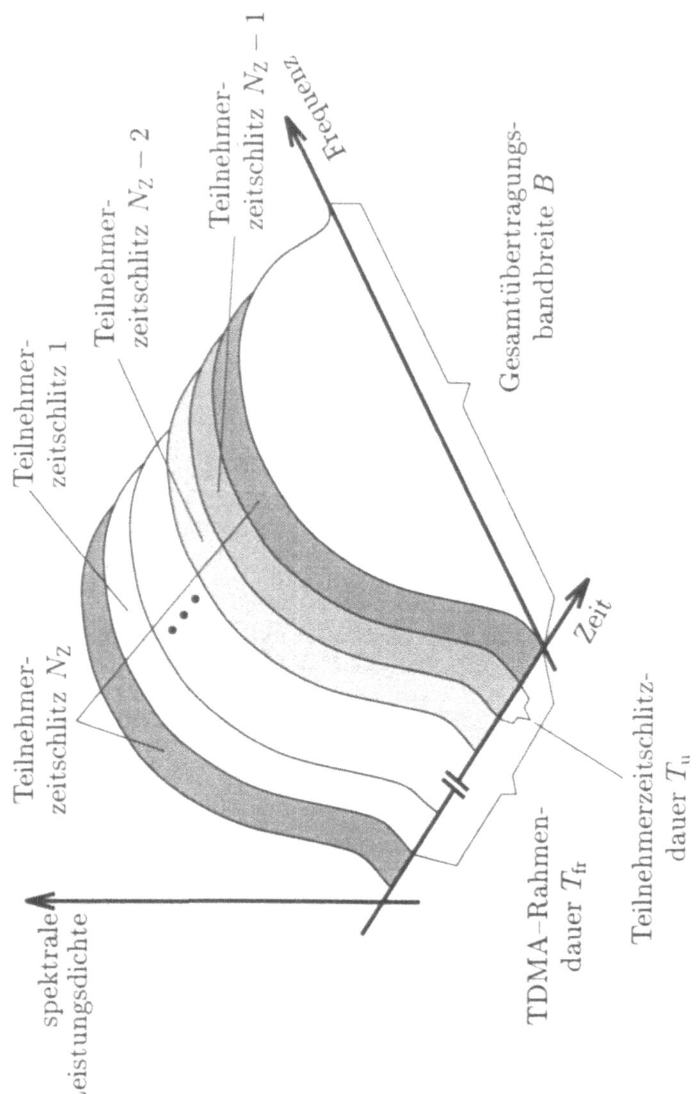

Bild 4.7. Vielfachzugriffsprinzip Time Division Multiple Access (TDMA) (nachempfunden [IS–95, Bild 2.1, S. 5])

Jeder Teilnehmer ist pro TDMA–Rahmen nur kurzzeitig aktiv, jedoch steht jedem Teilnehmer die Gesamtübertragungsbandbreite B zur Verfügung.

Die bestimmten Eigenschaften, anhand derer die Teilnehmersignale gemäß Abschnitt 4.3.1 unterscheidbar sein müssen und die den in Abschnitt 4.3.1 eingeführten K_g Vektoren φ_k, $k = 1 \cdots K_g$, entsprechen, sind die verschiedenen Teilnehmerzeitschlitze. Die Unterscheidbarkeit der Teilnehmersignale ist deshalb im Zeitbereich gegeben.

Die Übertragung über den Mobilfunkkanal ändert die genannten bestimmten Eigenschaften nicht, sofern zwischen den Teilnehmersignalen angemessen lange Schutzzeiten (GP, Guard Period) der Dauer T_g sind. Diese Schutzzeiten müssen auf das zeitliche Spreizen der gesendeten Teilnehmersignale durch die Mehrwegeausbreitung angepaßt sein. Dieses zeitliche Spreizen der gesendeten Teilnehmersignale kann durch die Mehrwegespreizung T_M charakterisiert werden. Da die Teilnehmerzeitschlitze disjunkt sind und die Übertragung über den Mobilfunkkanal die genannten bestimmten Eigenschaften nicht ändert, gelten (4.5) und (4.6) bei TDMA. Das Separieren der Teilnehmersignale ist durch Synchronisation möglich. TDMA ist besonders für digitale Übertragung geeignet, da die zu übertragenden Nachrichten zwischengespeichert werden müssen.

TDMA hat folgende Vorteile: Wegen der großen Bandbreite B der Teilnehmersignale bietet TDMA Frequenzdiversität, und die Empfänger sind deshalb unempfindlich gegenüber dem Einfluß der Zeitvarianz. TDMA unterstützt Zeitdiversität und gestattet eine hohe spektrale Effizienz $\eta_{\ddot{U}}$, weil sowohl Frequenzdiversität als auch Zeitdiversität nutzbar sind und Intrazellinterferenz fehlt.

TDMA hat folgende Nachteile: Teilnehmerbandbreite B_u und Teilnehmerzeitschlitze werden starr zugeordnet. Deshalb hat TDMA nur geringe Flexibilität. Wegen des erforderlichen Zwischenspeicherns von Nachrichten ergeben sich unter Umständen unerwünscht lange Latenzzeiten. Wegen der großen Teilnehmerbandbreite B_u gleich B ist das Entstehen von Intersymbolinterferenz in den Empfängern nicht vernachlässigbar. Deshalb ist in Empfängern der Einsatz von Entzerrern unumgänglich. Außerdem bietet TDMA kaum Interferenzdiversität. Schließlich erfordert TDMA die gegenseitige Synchronisation aller Teilnehmer, die einer bestimmten Basisstation zugeordnet sind. Typische Reuse–Faktoren r sind wegen der Interzellinterferenz größer als eins.

TDMA ist für den Einsatz in Mobilfunksystemen nur dann sinnvoll, wenn diese auch eine FDMA-Komponente haben. Optional läßt sich TDMA auch mit CDMA kombinieren. Tab. 4.2 zeigt eine Übersicht der diskutierten Ergebnisse.

Beispiel 4.2 Die Anzahl N_Z der Zeitschlitze ist beispielsweise

- 3 beim japanischen PDC und beim amerikanischen IS–54,

- 8 beim GSM,

- 24 beim DECT.

Alle genannten Systeme verwenden das hybride Vielfachzugriffsverfahren F/TDMA, siehe Abschnitt 4.3.3.1. Während PDC, IS–54 und GSM Frequenzduplex (FDD) einsetzen, verwendet DECT Zeitduplex (TDD). Im DECT sind je TDMA–Rahmen 12 Zeitschlitze für die Auf- und weitere 12 für die Abwärtsstrecke reserviert.

♣

4.3.2.3 CDMA

Beim Vielfachzugriffsprinzip CDMA [SOS85] wird weder die Gesamtübertragungsbandbreite B noch die Gesamtübertragungsdauer eingeteilt. Statt dessen werden die K_g Teilnehmersignale der gleichzeitig im selben Teilnehmerfrequenzband aktiven Teilnehmer durch Aufprägen von teilnehmerspezifischen CDMA–Codes bandgespreizt. Anschaulich gesprochen wird bei CDMA jedem Datensymbol ein möglichst unverwechselbarer Fingerabdruck aufgedrückt. Auswahlverfahren für teilnehmerspezifische CDMA–Codes sollen hier nicht betrachtet werden; der Leser wird auf das Schrifttum verwiesen, siehe zum Beispiel [Ste95].

Das genannte Aufprägen von teilnehmerspezifischen CDMA–Codes kann auf drei grundsätzlich verschiedene Arten erfolgen [SOS85]. Die erste als Frequency Hopping (FH) bezeichnete Art besteht im durch den jeweiligen teilnehmerspezifischen CDMA–Code bestimmten Wechseln der Trägerfrequenz der Teilnehmersignale. Diese erste Art heißt auch FH–CDMA (Frequency Hopping Code Division Multiple Access). Man unterscheidet zwei verschiedene Arten von FH, nämlich langsames FH (SFH, Slow Frequency Hopping) und schnelles FH (FFH, Fast Frequency Hopping). Bei SFH ist die Dauer T_s eines zu übertragenden Datensymbols kürzer als die Dauer T_c eines CDMA–Codeelements, das auch Chip genannt wird. Bei FFH ist die Dauer T_s eines zu übertragenden Datensymbols größer als die Dauer T_c eines Chips des teilnehmerspezifischen CDMA–Codes. SFH ist beispielsweise optional in GSM und DCS 1800 verfügbar [MoP92].

Die zweite Art ist das Kombinieren von Multiträgerübertragung (MCT) mit CDMA, das als MC–CDMA (Multicarrier Code Division Multiple Access) [FSA94] bezeichnet wird. MC–CDMA wird erst seit etwa 1993 für den Einsatz im Mobilfunk diskutiert [FaP93, YLF93]. Bei MC–CDMA wird ein Datensysmbol auf mehreren schmalbandigen Frequenzbändern übertragen, wobei jedem dieser Frequenzbänder ein anderes CDMA–Codeelement oder mehrere andere

CDMA–Codeelemente zugeordnet werden. Der Vollständigkeit halber sei angemerkt, daß OFDM/CDMA (Orthogonal Frequency Division Multiplexing Code Division Multiple Access) eine mögliche Form von MC–CDMA ist. In neueren Publikationen [JBP96a, JBP96b, JKB96] wurde gezeigt, daß konventionelle CDMA–Systeme und MC–CDMA–Systeme denselben mathematischen Formalismen genügen. MC–CDMA wird hier nicht vertieft. Statt dessen wird der Leser auf das obengenannte Schrifttum verwiesen.

Die dritte als Direct Sequencing (DS) bezeichnete sehr gebräuchliche Art des Aufprägens von teilnehmerspezifischen CDMA–Codes besteht im Multiplizieren des zu übertragenden Datenstroms mit dem jeweiligen teilnehmerspezifischen CDMA–Code. Diese dritte Art heißt auch DS–CDMA. Bei DS–CDMA wird grundsätzlich vorausgesetzt, daß die Dauer T_s eines zu übertragenden Datensymbols größer ist als die Dauer T_c eines Chips eines teilnehmerspezifischen CDMA–Codes. Derzeit bekannte Konzepte für ein DZM der dritten Generation, die eine ausgeprägte CDMA–Komponente haben, verwenden DS-CDMA. Deshalb wird hier ausschließlich DS–CDMA betrachtet.

Das Aufprägen der unterschiedlichen teilnehmerspezifischen CDMA–Codes auf die Teilnehmersignale ist in Bild 4.8 durch unterschiedliche Füllmuster verdeutlicht, siehe zum Beispiel [IS–95, Bild 2.1, S. 5]. Bei CDMA sind die K_g Teilnehmer gleichzeitig und zeitlich ununterbrochen aktiv, und jeder der K_g Teilnehmer hat einen einzigen teilnehmerspezifischen CDMA–Code. Jedem Teilnehmer steht die Gesamtübertragungsbandbreite B zur Verfügung. Die verschiedenen Teilnehmersignale überlagern sich zu einem Gesamtsignal, siehe Bild 4.8. Die bestimmten Eigenschaften, anhand derer die Teilnehmersignale gemäß Abschnitt 4.3.1 unterscheidbar sein müssen und die den in Abschnitt 4.3.1 eingeführten K_g Vektoren φ_k, $k = 1 \cdots K_\mathrm{g}$, entsprechen, sind die teilnehmerspezifischen CDMA–Codes.

Die Nachrichtenübertragung über den Mobilfunkkanal ändert die genannten bestimmten Eigenschaften in der Regel erheblich, da die K_g Teilnehmer gleichzeitig im selben Frequenzbereich und im selben Raumbereich aktiv sind. Deshalb gelten (4.5) und (4.6) bei CDMA nicht. Das Separieren der Teilnehmersignale setzt Synchronisation voraus und erfolgt

— entweder mit der bereits in der Bandspreiztechnik verwendeten Einzelteilnehmerdetektion (SD) mit Korrelatoren, signalangepaßten Filtern oder RAKE–Empfängern, wobei jedoch Intersymbolinterferenz und Vielfachzugriffsinterferenz oft unzureichend bekämpft werden und daher nur eine geringe Spektrumeffizienz η erzielbar ist,

— oder durch Mehrteilnehmerdetektion (MD), die sowohl Intersymbolinterferenz als auch Vielfachzugriffsinterferenz in Betracht zieht und somit eine

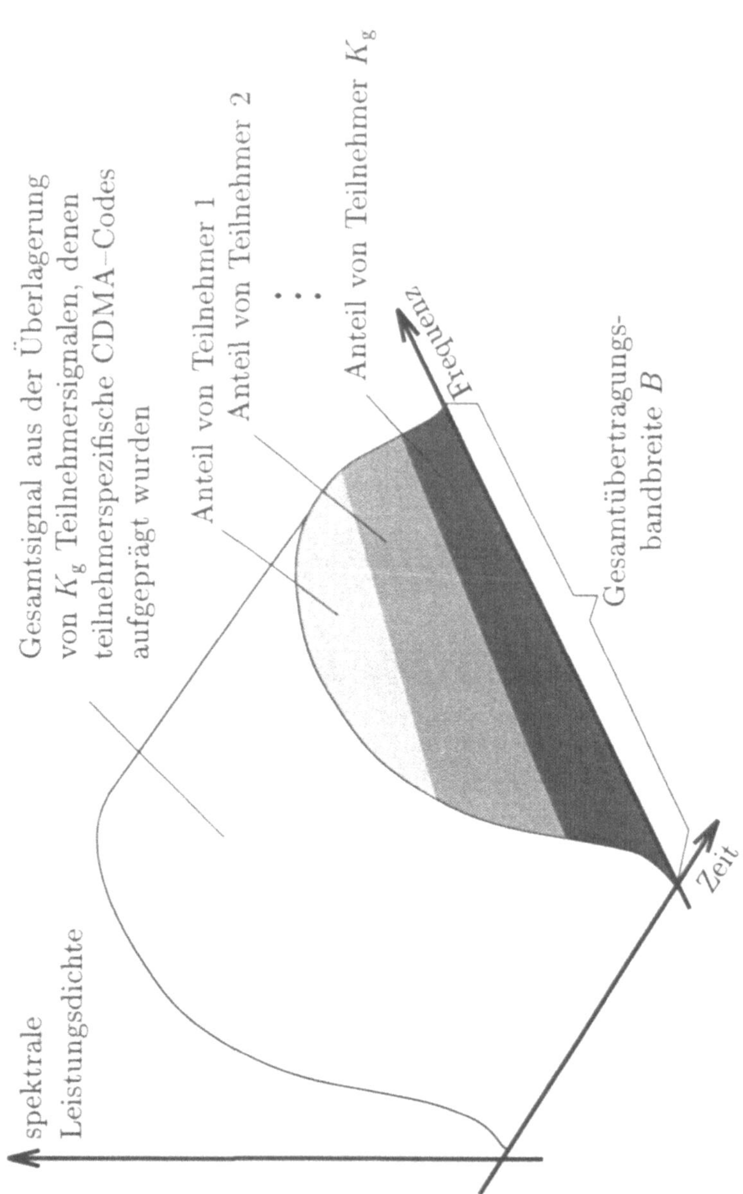

Bild 4.8. Vielfachzugriffsprinzip Code Division Multiple Access (CDMA) (nachempfunden [IS–95, Bild 2.1, S. 5])

erhöhte Spektrumeffizienz η, aber auch einen in der Regel gesteigerten Aufwand in den Empfängern gegenüber Einzelteilnehmerdetektion bringt.

CDMA ist sowohl für analoge als auch für digitale Nachrichtenübertragung geeignet.

CDMA hat folgende Vorteile: Wegen der großen Teilnehmerbandbreite B_u gleich B bietet CDMA Frequenzdiversität. Die Empfänger sind deshalb unempfindlich gegenüber dem Einfluß der Zeitvarianz. Da die große Bandbreite durch das Aufprägen von teilnehmerspezifischen CDMA–Codes auf vormals schmalbandige Teilnehmersignale erzielt wird, ist Intersymbolinterferenz unter Umständen vernachlässigbar. Dies gilt insbesondere dann, wenn die Dauer T_s eines Datensymbols viel größer als die Mehrwegespreizung T_M ist. In diesem Fall kann auf Entzerrer verzichtet werden. CDMA bietet Interferenzdiversität und weiche Degradation (Soft Degradation oder Graceful Degradation) [JBS93]. Weiche Degradation heißt, daß bei der Zunahme der Vielfachzugriffsinterferenz die Funktionstüchtigkeit des DZM allmählich und nicht schlagartig verloren geht. Deshalb kann beim Verwenden von CDMA unter Umständen auf Funknetzplanung verzichtet oder diese zumindest vereinfacht werden. Typische Reuse–Faktoren r sind bei CDMA in der Größenordnung von eins. Wichtigster Vorteil von CDMA ist Flexibilität.

CDMA hat folgende Nachteile: Wegen des aufwendigen Separierens der Teilnehmersignale ist das Anwenden von CDMA delikat. Wie bereits in diesem Abschnitt gesagt, kann beim Verwenden von CDMA eine hohe Spektrumeffizienz η nur mit Mehrteilnehmerdetektion erzielt werden.

CDMA ist für den Einsatz im Mobilfunk nur in Verbindung mit FDMA und TDMA sinnvoll. Tab. 4.3 zeigt eine Übersicht der diskutierten Ergebnisse.

Beispiel 4.3 Beim amerikanischen IS–95 wird davon ausgegangen, daß in B gleich 1,23 MHz bis zu K_g gleich vierzig möglich sein wird. ♣

4.3.2.4 SDMA

Beim Vielfachzugriffsprinzip SDMA [FaN94] wird weder die Gesamtübertragungsbandbreite B noch die Gesamtübertragungsdauer eingeteilt. Statt dessen wird jede Zelle im Zellnetz in K_g Sektoren eingeteilt, wie dies in Bild 4.9 für K_g gleich drei Sektoren gezeigt ist. Dieses Einteilen einer Zelle in Sektoren ist im einfachsten, hier betrachteten Fall starr, das heißt nicht zeitlich veränderlich, und damit identisch mit der oft als Sektorisieren bezeichneten Vorgehensweise. Jedoch kann das

Tab. 4.3. Vergleich der Vielfachzugriffsprinzipien CDMA und SDMA

	Vielfachzugriffsprinzipien	
	CDMA	SDMA
Allgemeine Eigenschaften		
Grundlage	Bandspreizen durch Aufprägen von K_g teilnehmerspezifischen CDMA–Codes	Einteilen einer jeden Zelle im Zellnetz in je K_g Sektoren
Aktivität der Teilnehmer	die K_g Teilnehmer sind gleichzeitig und zeitlich ununterbrochen aktiv; jeder Teilnehmer verwendet einen einzigen teilnehmerspezifischen CDMA–Code	die K_g Teilnehmer sind gleichzeitig und zeitlich ununterbrochen aktiv; jeder Teilnehmer arbeitet in einem einzigen Sektor
Unterscheidbarkeit der Teilnehmersignale	anhand der verwendeten teilnehmerspezifischen CDMA–Codes	im Raumbereich anhand der Einfallsrichtungen
Separieren der Teilnehmersignale	Synchronisation; Einzelteilnehmerdetektion oder Mehrteilnehmerdetektion	Antennen mit Richtcharakteristik; Antennenarrays
Einsatzbereich	analoge und digitale Nachrichtenübertragung	analoge und digitale Nachrichtenübertragung
Vorteile	Frequenzdiversität, Empfänger deshalb unempfindlich gegenüber dem Einfluß der Zeitvarianz; Einsatz einfacher Entzerrer; Interferenzdiversität; weiche Degradation; möglicher Verzicht auf Funknetzplanung; Flexibilität	einfach; Reduktion von MAI; unterstützt Funknetzplanung; unterstützt Soft Handover zwischen den Sektoren einer Zelle; unterstützt Raumdiversität; möglicher Verzicht auf Entzerrer
Nachteile	geringe Spektrumeffizienz η bei Verzicht auf die aufwendige Mehrteilnehmerdetektion wegen der nicht in Betracht gezogenen MAI	geringe Flexibilität; unter Umständen kaum Frequenzdiversität, daher Empfänger anfällig für den Einfluß der Zeitvarianz; wirkt Interferenzdiversität entgegen; geringe Spektrumeffizienz η wegen MAI
Zellularer Aspekt		
typische Reuse–Faktoren	$r \approx 1$	$r > 1$ wegen Einfluß der Interzellinterferenz
Bewertung		
	für Mobilfunk geeignet, Kombination mit FDMA und TDMA ratsam	für Mobilfunk nur in Kombination mit den anderen drei Vielfachzugriffsprinzipien geeignet

Einteilen einer Zelle in Sektoren beim Einsatz von adaptiven Antennen auch zeitlich veränderlich sein [FaN94]. In diesem adaptiven Fall können mobile Teilnehmer verfolgt werden.

Kommt es zum Überlappen von zwei oder mehr Sektoren, so ist dieser Konflikt nur durch entsprechend zu implementierende Gegenmaßnahmen zu lösen. Andernfalls kollabiert das System. Der adaptive Fall von SDMA wird hier nicht weiter betrachtet. Bei SDMA sind die K_g Teilnehmer gleichzeitig und zeitlich ununterbrochen

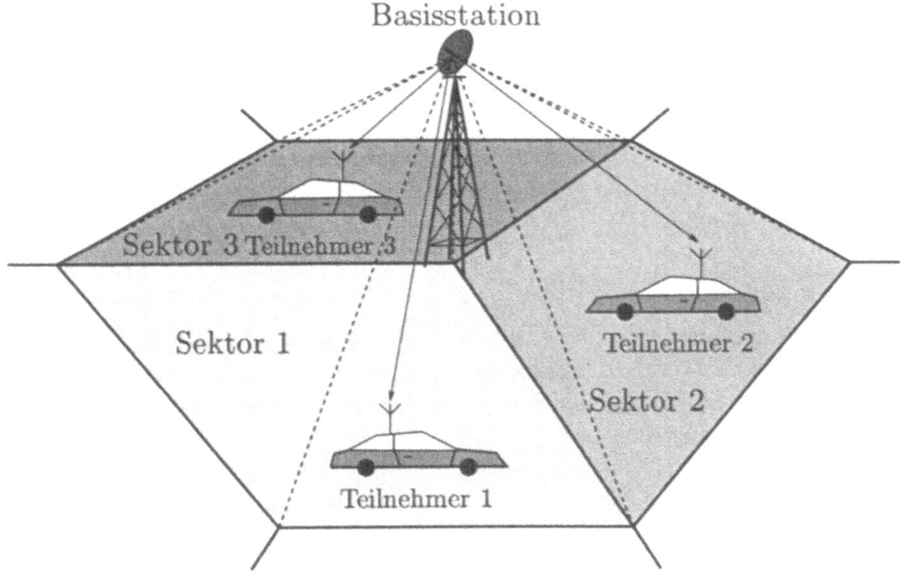

Bild 4.9. Vielfachzugriffsprinzip Space Division Multiple Access (SDMA)

aktiv, und jeder der K_g Teilnehmer arbeitet in einem einzigen Sektor einer Zelle. Jedem Teilnehmer steht die Gesamtübertragungsbandbreite B zur Verfügung. Die bestimmten Eigenschaften, anhand derer die Teilnehmersignale gemäß Abschnitt 4.3.1 unterscheidbar sein müssen und die den in Abschnitt 4.3.1 eingeführten K_g Vektoren φ_k, $k = 1 \cdots K_g$, entsprechen, sind die unterschiedlichen Einfallsrichtungen der abgestrahlten Wellen.

Bei SDMA wird angenommen, daß diese Einfallsrichtungen auf die jeweiligen Sektoren der Zellen beschränkt sind. Die Mehrwegeausbreitung im Mobilfunkkanal kann jedoch dazu führen, daß die einem Teilnehmer zugeordneten Wellen aus unterschiedlichen Richtungen in verschiedenen Sektoren einfallen. Deshalb können sich die genannten bestimmten Eigenschaften, siehe φ_k, $k = 1 \cdots K_g$, erheblich ändern. Bei SDMA muß deshalb davon ausgegangen werden, daß (4.5) und (4.6) nicht gelten. Das Separieren erfolgt mit Antennen mit Richtcharakteristik oder mit Antennenarrays. SDMA ist sowohl für analoge als auch für digitale Nachrichtenübertragung geeignet.

SDMA hat folgende Vorteile: SDMA ist einfach und gestattet die Reduktion von Vielfachzugriffsinterferenz. Im Idealfall gibt es bei SDMA wie bei FDMA und TDMA keine Intrazellinterferenz. Außerdem unterstützt SDMA die Funknetzplanung und Soft Handover, siehe Abschnitt 4.4.2.2, zwischen den Sektoren einer Zelle. Führt die Mehrwegeausbreitung im Mobilfunkkanal dazu, daß die einem Teilnehmer zugeordneten Wellen aus unterschiedlichen Richtungen in verschiedenen Sektoren einfallen und somit SDMA als einziges Vielfachzugriffsprinzip nicht anwendbar ist, so unterstützt jedoch eine SDMA–Komponente das Anwenden von Raumdiversität, da alle in unterschiedlichen Sektoren empfangenen Signale, die demselben gesendeten Teilnehmersignal zugeordnet sind, bei der Datendetektion verwendbar sind. SDMA ermöglicht den Einsatz einfacher Entzerrer, da der Effekt der Mehrwegeausbreitung reduziert ist.

SDMA hat folgende Nachteile: Wegen des starren Einteilens der Zellen in Sektoren hat SDMA nur eine geringe Flexibilität. SDMA gestattet nur wenig Frequenzdiversität, da die Mehrwegeausbreitung reduziert wird. Empfänger sind daher empfindlich für den Einfluß der Zeitvarianz. SDMA wirkt Interferenzdiversität entgegen, da die Vielfachzugriffsinterferenz durch SDMA reduziert wird. SDMA ist wegen der Notwendigkeit des Handover einer Mobilstation von Sektor zu Sektor nur bei ausgeprägten Einfallsrichtungen und bei geringen Geschwindigkeiten sinnvoll einsetzbar. Da SDMA für Intrazellinterferenz durch ausgeprägte Mehrwegeausbreitung empfindlich ist, erlaubt SDMA nur eine geringe Spektrumeffizienz η. Bei SDMA sind typische Reuse–Faktoren r sehr viel größer als eins.

SDMA ist für den Einsatz im Mobilfunk nur in Kombination mit den anderen drei Vielfachzugriffsprinzipien FDMA, TDMA und CDMA sinnvoll. Tab. 4.3 zeigt eine Übersicht der diskutierten Ergebnisse.

4.3.3 Drei wichtige hybride Vielfachzugriffsverfahren

4.3.3.1 F/TDMA

Durch Kombination von FDMA und TDMA entsteht das hybride Vielfachzugriffsverfahren frequenzgeteilter Zeitmultiplex F/TDMA, das in Bild 4.10 veranschaulicht ist. Wegen der FDMA-Komponente von F/TDMA wird die Gesamtüber-

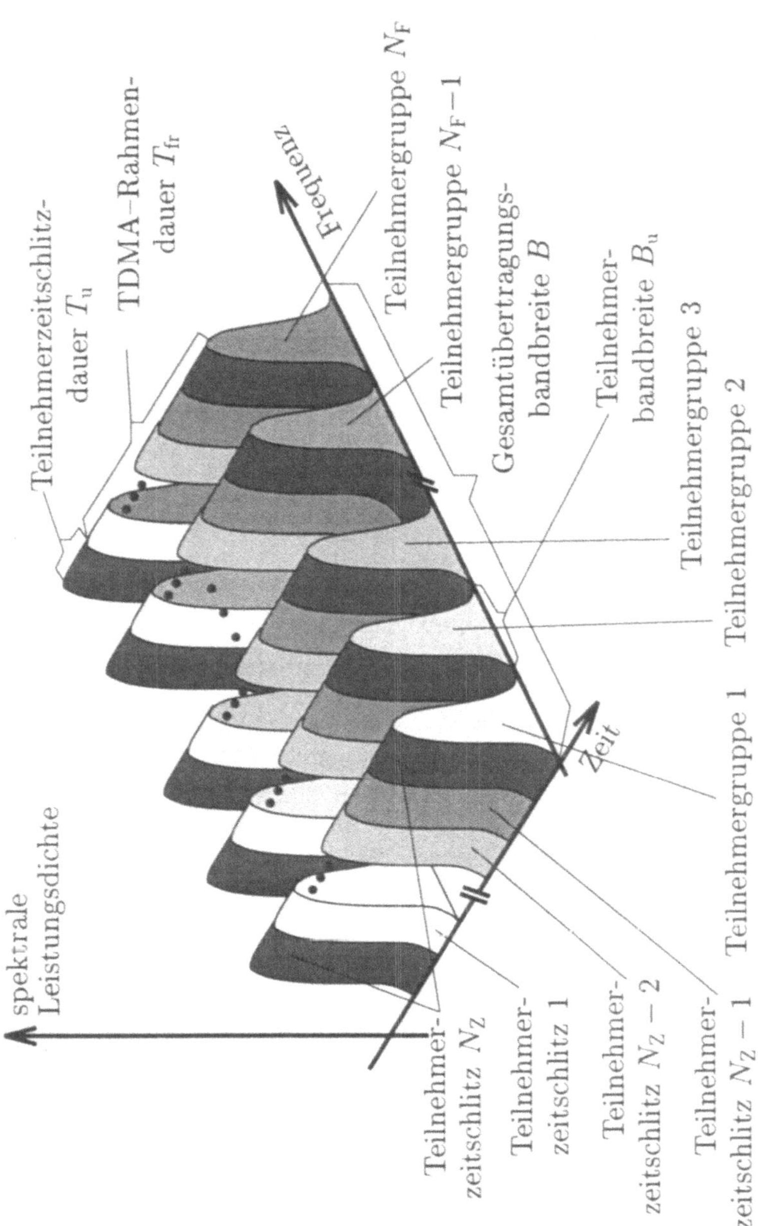

Bild 4.10. Hybrides Vielfachzugriffsverfahren F/TDMA

tragungsbandbreite B in N_F zusammenhängende, aber disjunkte Teilnehmerfrequenzbänder der Teilnehmerbandbreite B_u mit $B_u < B$ eingeteilt. Innerhalb eines jeden Teilnehmerfrequenzbandes der Teilnehmerbandbreite B_u wird TDMA verwendet. Dazu wird die Gesamtübertragungsdauer in zusammenhängende, aber disjunkte TDMA–Rahmen der Dauer T_{fr} eingeteilt, die ihrerseits aus N_Z zusammenhängenden, aber disjunkten Teilnehmerzeitschlitzen der Dauer T_u bestehen, wie dies in Bild 4.10 gezeigt ist. Es gilt $T_u < T_{fr}$. Alle N_Z Teilnehmer, die im selben Teilnehmerfrequenzband aktiv sind, bilden eine Teilnehmergruppe. Die N_Z Teilnehmer einer Teilnehmergruppe sind nacheinander innerhalb der Teilnehmerbandbreite B_u aktiv, und jeder der N_Z Teilnehmer einer Teilnehmergruppe hat einen einzigen Teilnehmerzeitschlitz der Dauer T_u, siehe Bild 4.10. Bei F/TDMA gilt deshalb

$$K_g = N_F \cdot N_Z. \tag{4.9}$$

Die bestimmten Eigenschaften, anhand derer die Teilnehmersignale gemäß Abschnitt 4.3.1 unterscheidbar sein müssen und die den in Abschnitt 4.3.1 eingeführten K_g Vektoren φ_k, $k = 1 \cdots K_g$, entsprechen, sind die verschiedenen Teilnehmerzeitschlitze in den verschiedenen Teilnehmerfrequenzbändern. Die Unterscheidbarkeit der Teilnehmersignale ist deshalb im Zeitbereich und im Frequenzbereich gegeben.

Die Übertragung über den Mobilfunkkanal ändert die genannten bestimmten Eigenschaften nicht, sofern zwischen den Teilnehmersignalen, die zur selben Teilnehmergruppe gehören, angemessen lange Schutzzeiten sind, siehe den vorangegangenen Abschnitt 4.3.2.2. Da die Teilnehmerzeitschlitze und die Teilnehmerfrequenzbänder disjunkt sind und die Nachrichtenübertragung über den Mobilfunkkanal die genannten bestimmten Eigenschaften nicht ändert, gelten (4.5) und (4.6) bei F/TDMA. Das Separieren der Teilnehmersignale ist durch Synchronisation und Filtern möglich. F/TDMA ist besonders für digitale Nachrichtenübertragung geeignet, da die zu übertragenden Nachrichten zwischengespeichert werden müssen.

F/TDMA wird in den meisten zellularen Mobilfunksystemen der zweiten Generation, beispielsweise in GSM, in DCS 1800, in PDC und in ADC, eingesetzt. Außerdem wird das hybride Vielfachzugriffsverfahren F/TDMA im RACE–Projekt ATDMA verwendet.

F/TDMA hat folgende Vorteile: F/TDMA ist robust. Je nach gewählter Teilnehmerbandbreite B_u bietet F/TDMA mehr oder weniger ausgeprägt Frequenzdiversität und damit Schutz gegen den Einfluß der Zeitvarianz. Falls Frequenzdiversität ausnutzbar ist, kann unter Umständen auf das Ausnutzen von Raumdiversität verzichtet werden. F/TDMA unterstützt Zeitdiversität, hohe spektrale Effizienz $\eta_{\ddot{U}}$ und Funknetzplanung.

F/TDMA hat folgende Nachteile: Die Flexibilität von F/TDMA ist eingeschränkt. F/TDMA hat Latenzzeiten, keine Interferenzdiversität und erfordert je nach Wahl von B_u den Einsatz von aufwendigen Entzerrern. Ist B_u klein, so entsteht in den Empfängern oft keine ISI. In diesem Fall können einfache Entzerrer verwendet werden. Jedoch verbessert der Einsatz von Raumdiversität das Systemverhalten.

Beispiel 4.4 Beim GSM ist $B \approx 25$ MHz. Die Teilnehmerbandbreite B_u ist 200 kHz. Deshalb ist $N_F \approx 125$. Ein TDMA–Rahmen enthält N_Z gleich acht Zeitschlitze. Somit ist $K_g \approx 1000$. Die als Frequenzökonomie bezeichnete Anzahl der Abnehmer pro MHz ist also ungefähr gleich $1000/(25\,\mathrm{MHz}) \approx 40/\mathrm{MHz}$. In dieser Betrachtung werden die Einflüsse der Signalisierung auf die Anzahl der Abnehmer nicht berücksichtigt. ♣

4.3.3.2 F/CDMA

Durch Kombination von FDMA und CDMA entsteht das hybride Vielfachzugriffsverfahren frequenzgeteilter Codemultiplex F/CDMA [IS–95]. Bild 4.11 veranschaulicht F/CDMA. Wegen der FDMA–Komponente von F/CDMA wird die Gesamtübertragungsbandbreite B in N_F zusammenhängende, aber disjunkte Teilnehmerfrequenzbänder der Teilnehmerbandbreite B_u mit $B_u < B$ eingeteilt. In jedem Teilnehmerfrequenzband der Teilnehmerbandbreite B_u wird CDMA verwendet. In jedem Teilnehmerfrequenzband der Teilnehmerbandbreite B_u sind die K Teilnehmer der betreffenden Teilnehmergruppe gleichzeitig aktiv. Das Aufprägen der unterschiedlichen teilnehmerspezifischen CDMA–Codes auf die Teilnehmersignale ist in Bild 4.11 durch unterschiedliche Füllmuster verdeutlicht. Bei F/CDMA sind die K Teilnehmer einer Teilnehmergruppe gleichzeitig und zeitlich ununterbrochen innerhalb der Teilnehmerbandbreite B_u aktiv. Jeder der K Teilnehmer einer Teilnehmergruppe hat einen einzigen teilnehmerspezifischen CDMA–Code. Die teilnehmerspezifischen CDMA–Codes können in jedem der N_F Teilnehmerfrequenzbänder wiederverwendet werden. Daher gilt bei CDMA

$$K_g = N_F \cdot K. \tag{4.10}$$

Die bestimmten Eigenschaften, anhand derer die Teilnehmersignale gemäß Abschnitt 4.3.1 unterscheidbar sein müssen und die den in Abschnitt 4.3.1 eingeführten K_g Vektoren φ_k, $k = 1 \cdots K_g$, entsprechen, sind die Teilnehmerfrequenzbänder und die teilnehmerspezifischen CDMA–Codes. Die Nachrichtenübertragung über den Mobilfunkkanal ändert die genannten bestimmten Eigenschaften in der Regel erheblich, da K_g Teilnehmer einer Teilnehmergruppe gleichzeitig im selben Frequenzbereich und im selben Raumbereich aktiv sind. Deshalb gelten (4.5) und (4.6) bei F/CDMA nicht. Das Separieren der Teilnehmersignale setzt Synchronisation voraus. F/CDMA ist sowohl für analoge als auch für digitale Nachrichtenübertragung geeignet.

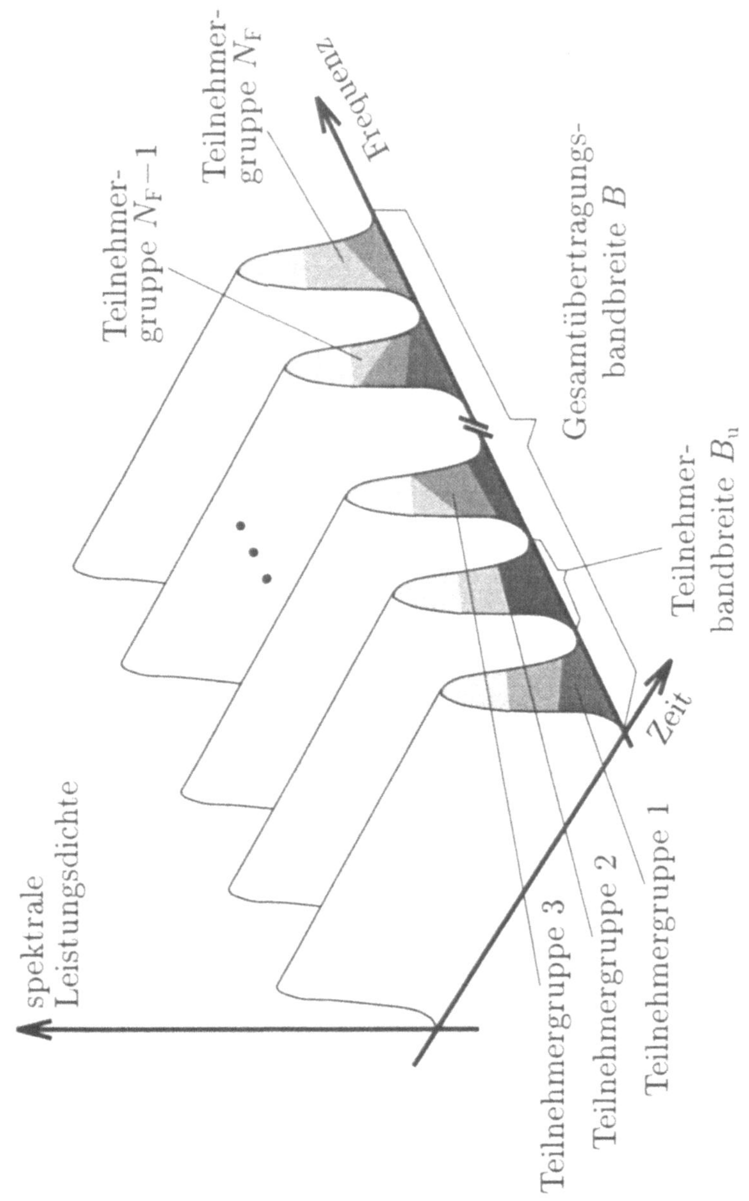

Bild 4.11. Hybrides Vielfachzugriffsverfahren F/CDMA

F/CDMA wird in IS–95 eingesetzt. Außerdem wird F/CDMA im englischen Projekt „A Rigorous Evaluation of CDMA for Third Generation Personal Communications Systems" im deutsch–englischen Projekt ATM–CDMA [MHK94] und im RACE–Projekt CODIT verwendet.

F/CDMA hat folgende Vorteile: F/CDMA bietet Frequenzdiversität, und die Empfänger sind deshalb unempfindlich gegenüber dem Einfluß der Zeitvarianz. Da die Teilnehmerbandbreite B_u durch das Aufprägen von teilnehmerspezifischen CDMA–Codes auf vor diesem Aufprägen eher schmalbandige Teilnehmersignale erfolgt, ist das Entstehen von Intersymbolintereferenz unter Umständen vernachlässigbar, vergleiche Abschnitt 4.3.2.3. In diesem Fall können einfache Entzerrer verwendet werden. F/CDMA bietet Interferenzdiversität und weiche Degradation. Deshalb kann beim Verwenden von F/CDMA unter Umständen auf Funknetzplanung verzichtet oder diese zumindest vereinfacht werden. Typische Reuse–Faktoren r sind bei F/CDMA in der Größenordnung von eins. Wichtigster Vorteil von F/CDMA ist Flexibilität.

F/CDMA hat folgende Nachteile: Wegen des aufwendigen Separierens der Teilnehmersignale ist das Anwenden von F/CDMA delikat. Da aus Aufwandsgründen in der Regel Einzelteilnehmerdetektion verwendet wird, kann keine hohe Spektrumeffizienz η mit F/CDMA erzielt werden.

Beispiel 4.5 Beim amerikanischen IS–95 ist es unter anderem vorgesehen, bis zu N_F gleich zehn Teilnehmerfrequenzbänder mit B_u gleich 1,23 MHz zu realisieren. In jedem Teilnehmerfrequenzband können bis zu etwa K gleich vierzig Teilnehmer bedient werden, siehe auch Beispiel 4.3. Es gilt also $K_g \leq 400$. Die Frequenzökonomie ist $400/(12,3\,\text{MHz}) \approx 32/\text{MHz}$. In dieser Betrachtung werden die Einflüsse der Signalisierung auf die Anzahl der Abnehmer nicht berücksichtigt. ♣

4.3.3.3 F/T/CDMA

Durch Kombination von FDMA, TDMA und CDMA entsteht das hybride Vielfachzugriffsverfahren frequenz- und zeitgeteilter Codemultiplex F/T/CDMA, das in Bild 4.12 gezeigt ist. Wegen der FDMA–Komponente von F/T/CDMA wird die Gesamtübertragungsbandbreite B in N_F zusammenhängende, aber disjunkte Teilnehmerfrequenzbänder der Teilnehmerbandbreite B_u mit $B_u < B$ eingeteilt. In jedem Teilnehmerfrequenzband der Teilnehmerbandbreite B_u wird TDMA verwendet. Dazu wird die Gesamtübertragungsdauer in zusammenhängende, aber disjunkte TDMA–Rahmen der Dauer T_{fr} eingeteilt, die ihrerseits aus N_Z zusammenhängenden, aber disjunkten Teilnehmerzeitschlitzen der Teilnehmerzeitschlitzdauer T_u bestehen, wie dies in Bild 4.12 gezeigt ist. Es gilt $T_u < T_{fr}$.

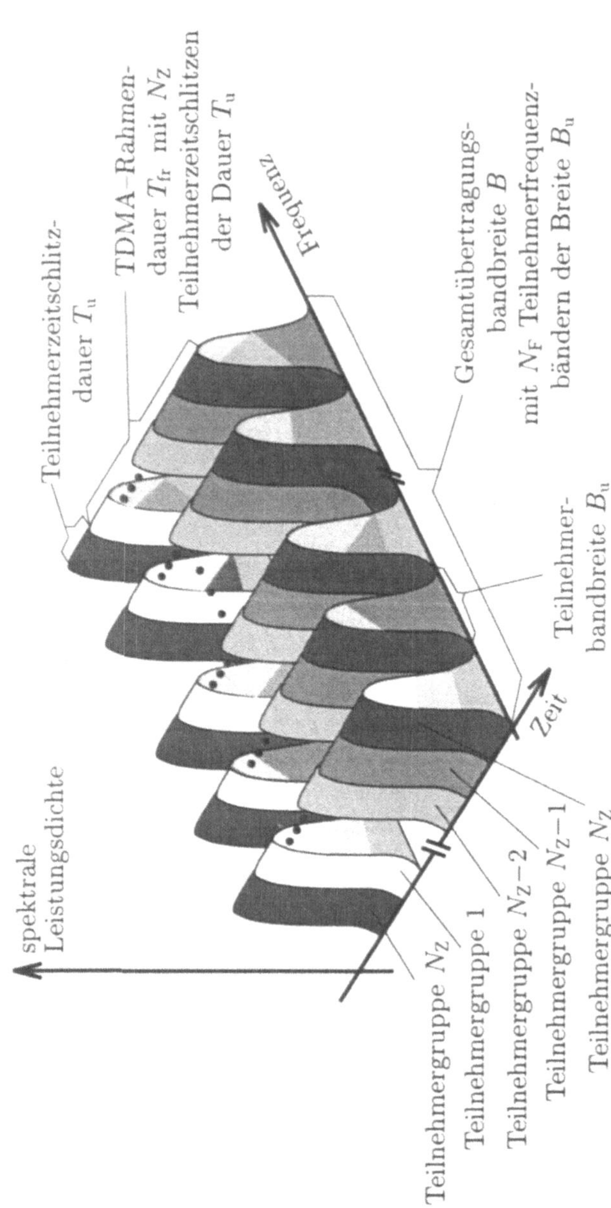

Bild 4.12. Hybrides Vielfachzugriffsverfahren F/T/CDMA

In jedem Teilnehmerzeitschlitz wird CDMA eingesetzt, so daß in jedem Teilneh-merzeitschlitz eine Teilnehmergruppe mit K Teilnehmern gleichzeitig innerhalb der Teilnehmerbandbreite B_u aktiv sein kann. Das Aufprägen der unterschiedli-chen teilnehmerspezifischen CDMA–Codes auf die Teilnehmersignale ist in Bild 4.12 durch unterschiedliche Füllmuster verdeutlicht. Jeder der K Teilnehmer ei-ner Teilnehmergruppe hat einen einzigen teilnehmerspezifischen CDMA–Code. Die teilnehmerspezifischen CDMA–Codes können in jedem der N_F Teilnehmerfre-quenzbänder und in jedem der N_Z Teilnehmerzeitschlitze wiederverwendet werden. Deshalb gilt bei F/T/CDMA

$$K_\mathrm{g} = N_\mathrm{F} \cdot N_\mathrm{Z} \cdot K. \tag{4.11}$$

Die bestimmten Eigenschaften, anhand derer die Teilnehmersignale gemäß Ab-schnitt 4.3.1 unterscheidbar sein müssen und die den in Abschnitt 4.3.1 eingeführt-ten K_g Vektoren φ_k, $k = 1 \cdots K_\mathrm{g}$, entsprechen, sind die Teilnehmerfrequenzbänder der Teilnehmerbandbreite B_u, die Teilnehmerzeitschlitze der Dauer T_u und die teilnehmerspezifischen CDMA–Codes.

Die Nachrichtenübertragung über den Mobilfunkkanal ändert die genannten be-stimmten Eigenschaften in der Regel erheblich, da K Teilnehmer einer Teilnehmer-gruppe gleichzeitig im selben Frequenzbereich und im selben Raumbereich aktiv sind. Deshalb gelten (4.5) und (4.6) bei F/T/CDMA nicht. Das Separieren der Teilnehmersignale setzt Synchronisation voraus. Da bei vorausgesetzt konstanter Teilnehmerbandbreite B_u die Anzahl K der gleichzeitig im selben Teilnehmerfre-quenzband aktiven Teilnehmer bei F/T/CDMA wegen der TDMA–Komponente um den Faktor N_Z kleiner gewählt werden kann als bei F/CDMA, siehe (4.10) und (4.11), ist bei F/T/CDMA der vorteilhafte Einsatz von Mehrteilnehmerde-tektion, beispielsweise von gemeinsamer Detektion möglich. Durch das Verwenden von Mehrteilnehmerdetektion kann bei F/T/CDMA eine hohe Spektrumeffizienz η erzielt werden. F/T/CDMA ist besonders für digitale Nachrichtenübertragung ge-eignet, da wegen der TDMA–Komponente von F/T/CDMA die zu übertragenden Nachrichten zwischengespeichert werden müssen.

Im Rahmen der COST–Aktion 231 wurde das Konzept der Luftschnittstelle ei-nes Mobilfunksystems entwickelt, das F/T/CDMA verwendet und als JD–CDMA bezeichnet wird. JD–CDMA zielt auf die dritte Mobilfunkgeneration ab.

F/T/CDMA hat folgende Vorteile: F/T/CDMA bietet Frequenzdiversität, und Empfänger sind deshalb unempfindlich gegenüber dem Einfluß der Zeitvarianz. F/T/CDMA bietet weiterhin Interferenzdiversität. Deshalb kann beim Verwen-den von F/T/CDMA unter Umständen auf Funknetzplanung verzichtet oder diese zumindest vereinfacht werden. Typische Reuse–Faktoren r sind bei F/T/CDMA in der Größenordnung von eins. Wichtigster Vorteil von F/T/CDMA ist Flexibilität, da die CDMA-Komponente adaptiv an- oder abgeschaltet werden kann. In Bild 4.13 ist der adaptive Vielfachzugriff durch F/T/CDMA schematisch für vierundzwanzig Teilnehmer gezeigt, die in drei Teilnehmergruppen zu je K gleich acht Teilnehmern in drei aufeinanderfolgenden Teilnehmerzeitschlitzen der Dauer T_u aktiv sind. Durch die CDMA-Komponente von F/T/CDMA können

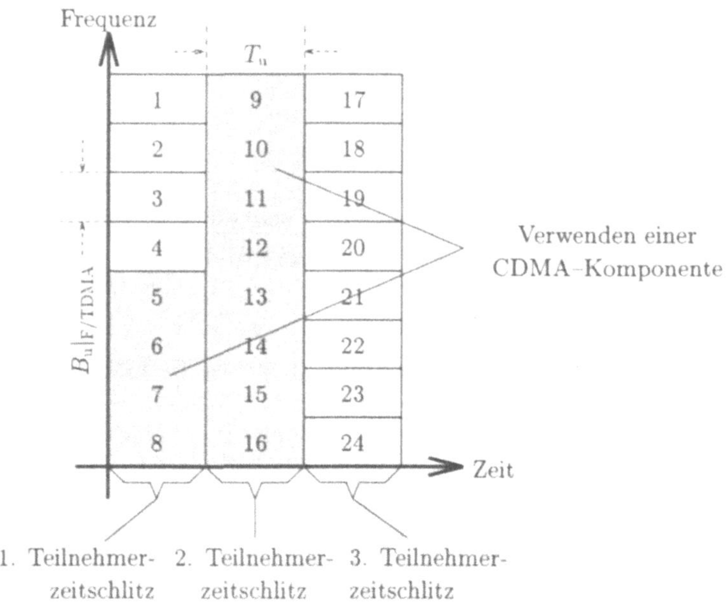

Bild 4.13. Adaptiver Vielfachzugriff durch F/T/CDMA [JuS94]

- benachbarte schmalbandige Teilnehmerfrequenzbänder der Teilnehmerbandbreite $B_\mathrm{u}|_\mathrm{F/TDMA}$ zusammengefaßt werden, wie dies in Bild 4.13 für die Teilnehmer fünf bis acht und neun bis sechzehn gezeigt ist, und

- das entstandene breitere Teilnehmerfrequenzband der Teilnehmerbandbreite B_u mit $B_\mathrm{u} > B_\mathrm{u}|_\mathrm{F/TDMA}$ von mehreren Teilnehmern gemeinsam belegt werden, indem die vormals schmalbandigen Teilnehmersignale durch Aufprägen von teilnehmerspezifischen CDMA-Codes bandgespreizt werden.

Die CDMA-Komponente ist umso ausgeprägter, je größer die Zahl der zusammengefaßten Teilnehmerfrequenzbänder ist. In jedem Teilnehmerzeitschlitz kann neu entschieden werden, ob die CDMA-Komponente zugeschaltet wird und wieviele benachbarte schmalbandige Teilnehmerfrequenzbänder der Teilnehmerbandbreite $B_u|_{F/TDMA}$ zusammengefaßt werden sollen. So sind beispielsweise in Bild 4.13 im ersten dargestellten Teilnehmerzeitschlitz vier Teilnehmerfrequenzbänder, im zweiten Teilnehmerzeitschlitz acht Teilnehmerfrequenzbänder und im dritten Teilnehmerzeitschlitz kein Teilnehmerfrequenzband zusammengefaßt.

F/T/CDMA hat folgende Nachteile: Wegen des aufwendigen Separierens der Teilnehmersignale ist das Anwenden von F/T/CDMA delikat. F/T/CDMA bietet nur geringe weiche Degradation, weil die teilnehmerspezifischen CDMA–Codes kurz sein müssen. Da die Teilnehmerbandbreite B_u sowohl durch das Aufprägen von teilnehmerspezifischen CDMA–Codes als auch durch das Verhältnis von T_u zu T_{fr} bestimmt wird, ist das Entstehen von Intersymbolinterferenz in der Regel nicht vernachlässigbar. Deshalb sind sowohl Intersymbolinterferenz als auch Vielfachzugriffsinterferenz bei der Mehrteilnehmerdetektion zu berücksichtigen. Durch F/T/CDMA ist die globale Synchronisation aller Teilnehmer erforderlich, die im selben Teilnehmerfrequenzband der Teilnehmerbandbreite B_u in einer Zelle aktiv sind.

Beispiel 4.6 Im JD–CDMA nach Abschnitt 6.3 ist B_u gleich 1,6 MHz. In B gleich 11,2 MHz sind N_F gleich sieben Teilnehmerfrequenzbänder möglich. Nach Abschnitt 6.3.3 gibt es in der Aufwärtsstrecke N_Z gleich zwölf Zeitschlitze je TDMA–Rahmen. Je Zeitschlitz sind bis zu K gleich acht Teilnehmer gleichzeitig aktiv. Somit ist K_g gleich 672. Die Frequenzökonomie ist dann $672/(11,2\,\text{MHz}) = 60/\text{MHz}$. Nach Abschnitt 6.3.4 werden in der Abwärtsstrecke N_Z gleich acht Zeitschlitze mit jeweils K gleich acht gleichzeitig aktiven Teilnehmern bereitgestellt. Somit ist K_g gleich 448, und die Frequenzökonomie beträgt wie beim GSM $448/(11,2\,\text{MHz}) = 40/\text{MHz}$, siehe auch Beispiel 4.4. In diesen Betrachtungen werden die Einflüsse der Signalisierung auf die Anzahl der Abnehmer nicht berücksichtigt. ♣

4.4 Zellnetz

4.4.1 Zuordnen von Mobil- zu Basisstationen

In allen DZM lassen sich nach Abschnitt 2.2.2 zwei verschiedene Arten von Sendern und Empfängern unterscheiden, nämlich einerseits die beweglichen Mobilstationen und andererseits die ortsfesten Basisstationen. Im hier betrachteten allgemeinen mathematischen Modell werden Mobilstationen und Basisstationen als Elemente zweier unterschiedlicher Mengen betrachtet [Ste96, Kapitel 3]. Das Zuordnen von Mobilstationen zu Basisstationen ist eine Relation, die auf diesen beiden Mengen definiert ist. Die den Basisstationen zugeordneten Mobilstationen sind gleichzeitig im selben Teilnehmerfrequenzband der Teilnehmerbandbreite B_u aktiv. Das hier betrachtete allgemeine mathematische Modell hat keine Einschränkungen bezüglich der Form und der Größe von Zellen, aus denen das Zellnetz aufgebaut ist. Es werden deshalb auch Szenarien mit unregelmäßig geformten und verschieden großen Zellen korrekt beschrieben, siehe das Beispiel nach Bild 4.14.

Bild 4.14 zeigt ein Zellnetz aus drei unregelmäßig geformten und unterschiedlich großen Zellen, drei Basisstationen β_1 bis β_3 und sechs Mobilstationen μ_1 bis μ_6. Das Zuordnen der sechs Mobilstationen μ_1 bis μ_6 zu den drei Basisstationen β_1 bis β_3 wird in Bild 4.14 durch Pfeile dargestellt, die bei den Mobilstationen μ_1 bis μ_6 beginnen und bei den Basisstationen β_1 bis β_3 enden. Auf der Grundlage des in diesem Abschnitt 4.4.1 dargelegten allgemeinen mathematischen Modells werden allgemeine Ausdrücke für das Träger–zu–Interferenz–Verhältnis C/I am Empfängereingang sowohl für die Aufwärtsstrecke als auch für die Abwärtsstrecke bestimmt.

Die Menge $\mathbb{B}$, die alle Basisstationen des Zellnetzes enthält, ist

$$\mathbb{B} \stackrel{\mathrm{def}}{=} \left\{ \beta_1 \cdots \beta_{|\mathbb{B}|} \right\}. \tag{4.12}$$

In (4.12) ist $|\mathbb{B}|$ die Kardinalität der Menge $\mathbb{B}$, das heißt, $|\mathbb{B}|$ ist die Anzahl der Basisstationen im Zellnetz. Im Beispiel nach Bild 4.14 gibt es drei Basisstationen β_1 bis β_3, die Menge $\mathbb{B}$ ist also $\{\beta_1, \beta_2, \beta_3\}$. Alle gleichzeitig im selben Teilnehmerfrequenzband aktiven Mobilstationen des Zellnetzes sind in der Menge

$$\mathbb{M} \stackrel{\mathrm{def}}{=} \left\{ \mu_1 \cdots \mu_{|\mathbb{M}|} \right\}. \tag{4.13}$$

Die Kardinalität $|\mathbb{M}|$ ist die Anzahl der Mobilstationen im Zellnetz, die gleichzeitig im selben Teilnehmerfrequenzband der Teilnehmerbandbreite B_u aktiv sind. Die sechs gleichzeitig im selben Teilnehmerfrequenzband der Teilnehmerbandbreite B_u aktiven Mobilstationen μ_1 bis μ_6 sind nach Bild 4.14 in der Menge $\mathbb{M}$ gleich $\{\mu_1 \cdots \mu_6\}$.

Jede der gleichzeitig im selben Teilnehmerfrequenzband aktiven Mobilstationen μ_m, $m = 1 \cdots |\mathbb{M}|$, wird durch eine eindeutige Zuordnungsrelation

$$m \mapsto a(m), \quad m = 1 \cdots |\mathbb{M}|, \tag{4.14}$$

einer Basisstation $\beta_{a(m)} \in \mathbb{B}$ zugeordnet. Dieses Zuordnen der Mobilstationen μ_m, $m = 1 \cdots |\mathbb{M}|$, zu den Basisstationen $\beta_{a(m)} \in \mathbb{B}$ kann nach verschiedenen

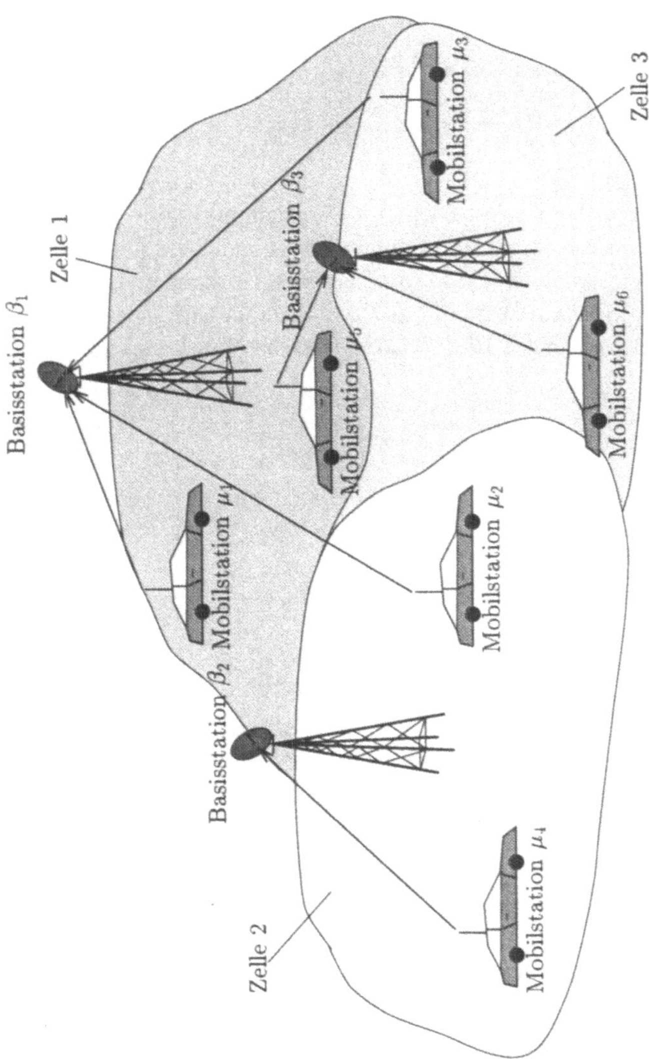

Bild 4.14. Zuorden von sechs Mobilstationen μ_1 bis μ_6 zu drei Basisstationen β_1 bis β_3 in einem Zellnetz mit drei unregelmäßig geformten und verschieden großen Zellen. Das Zuordnen der sechs Mobilstationen μ_1 bis μ_6 zu den drei Basisstationen β_1 bis β_3 wird durch Pfeile gekennzeichnet, die bei den Mobilstationen beginnen und bei den Basisstationen enden.

Kriterien erfolgen [Ste96, S. 49ff.]. Ein mögliches Kriterium ist, die Mobilstationen μ_m genau derjenigen Basisstation $\beta_{a(m)}$ zuzuordnen, zu der die Dämpfung des Mobilfunkkanals am geringsten ist. Alle Mobilstationen $\mu_m \in \mathbb{M}$, die der gleichen Basisstation $\beta_b \in \mathbb{B}$ zugeordnet sind, sind in der Menge

$$\mathbb{A}_b \stackrel{\text{def}}{=} \{\mu_m \mid a(m) = b\}, \quad b = 1 \cdots |\mathbb{B}|. \tag{4.15}$$

Die Kardinalität $|\mathbb{A}_b|$ der Menge $\mathbb{A}_b$ nach (4.15) ist gleich der Anzahl der Mobilstationen, die der Basisstation $\beta_b \in \mathbb{B}$ zugeteilt sind. Da die Mobilstationen $\mu_m \in \mathbb{M}$ gleichzeitig im selben Teilnehmerfrequenzband der Teilnehmerbandbreite B_u aktiv sind, wird ein DZM ohne CDMA–Komponente durch $|\mathbb{A}_b|$ gleich eins charakterisiert. Für ein DZM mit CDMA–Komponente ist in der Regel $|\mathbb{A}_b|$ größer als eins. Im Beispiel nach Bild 4.14 ergeben sich folgende Zuordnungen

$$1 \mapsto 1, \tag{4.16a}$$
$$2 \mapsto 1, \tag{4.16b}$$
$$3 \mapsto 1, \tag{4.16c}$$
$$4 \mapsto 2, \tag{4.16d}$$
$$5 \mapsto 3, \tag{4.16e}$$
$$6 \mapsto 3 \tag{4.16f}$$

und damit die nachstehenden Mengen

$$\mathbb{A}_1 = \{\mu_1, \mu_2, \mu_3\}, \tag{4.17a}$$
$$\mathbb{A}_2 = \{\mu_4\}, \tag{4.17b}$$
$$\mathbb{A}_3 = \{\mu_5, \mu_6\}. \tag{4.17c}$$

Aus Bild 4.14 und (4.17a) bis (4.17c) folgt, daß die Basisstationen β_1 und β_3 CDMA–Komponenten verwenden.

Die in Abschnitt 3.2.2 veranschaulichten Sachverhalte werden im folgenden mathematisch präzisiert. Unabhängig davon, ob die Aufwärtsstrecke oder die Abwärtsstrecke betrachtet wird, stammt diejenige Interferenz, welche das der Mobilstation μ_m zugeordnete empfangene Teilnehmersignal beeinflußt, von denjenigen Teilnehmersignalen, die den Mobilstationen $\mu_{\tilde{m}}$ aus der Menge

$$\mathbb{I}_m = \left\{ \mu_{\tilde{m}} \left| \begin{array}{l} \mu_{\tilde{m}} \text{ erzeugt Interferenz für } \mu_m \neq \mu_{\tilde{m}}, \text{ die} \\ \text{nicht explizit bei der Datendetektion berück-} \\ \text{sichtigt wird.} \end{array} \right. \right\}, \quad \mu_m, \mu_{\tilde{m}} \in \mathbb{M},$$
$$\tag{4.18}$$

zugeordnet sind [Ste96]. Die Menge $\mathbb{I}_m$ nach (4.18) ergibt sich aus der Vereinigung der Mengen

$$\mathbb{I}_m^{\text{intra}} = \mathbb{A}_{a(m)} \setminus \{\mu_m\} \tag{4.19}$$

und

$$\mathbb{I}_m^{\text{inter}} = \mathbb{I}_m \setminus \mathbb{I}_m^{\text{intra}}. \qquad (4.20)$$

Nach (4.19) ist $\mathbb{I}_m^{\text{intra}}$ die Menge aller Mobilstationen $\mu_{\tilde{m}}$, $\tilde{m} \neq m$, die derselben Basisstation $\beta_{a(m)}$ wie die Mobilstation μ_m zugeordnet sind, deren gesendete Teilnehmersignale nicht explizit bei der Datendetektion berücksichtigt werden und deren gesendete Teilnehmersignale das der Mobilstation μ_m zugeordnete empfangene Teilnehmersignal beeinflussen. Diese Mobilstationen $\mu_{\tilde{m}} \in \mathbb{I}_m^{\text{intra}}$ erzeugen also Intrazellinterferenz. Gemäß (4.20) ist $\mathbb{I}_m^{\text{inter}}$ die Menge aller Mobilstationen $\mu_{\tilde{m}}$, $\tilde{m} \neq m$, die nicht derselben Basisstation $\beta_{a(m)}$ wie die Mobilstation μ_m zugeordnet sind, deren gesendete Teilnehmersignale nicht explizit bei der Datendetektion berücksichtigt werden und deren gesendete Teilnehmersignale das der Mobilstation μ_m zugeordnete empfangene Teilnehmersignal beeinflussen. Diese Mobilstationen $\mu_{\tilde{m}} \in \mathbb{I}_m^{\text{inter}}$ erzeugen also Interzellinterferenz. Mit (4.19) und (4.20) gilt

$$\mathbb{I}_m = \mathbb{I}_m^{\text{intra}} \cup \mathbb{I}_m^{\text{inter}}, \quad m = 1 \cdots |\mathbb{M}|. \qquad (4.21)$$

Aus (4.18), (4.19), (4.20) und (4.21) folgt, daß die Kardinalitäten $|\mathbb{I}_m^{\text{intra}}|$ und $|\mathbb{I}_m^{\text{inter}}|$ vom Kriterium zum Realisieren der Zuordnungsrelation nach (4.14), vom verwendeten hybriden Vielfachzugriffsverfahren und vom verwendeten Algorithmus zur Datendetektion abhängen.

Bei der Datendetektion sind grundsätzlich zwei Strategien möglich [Kle96]:

1. Die Vielfachzugriffsinterferenz wird explizit bei der Datendetektion berücksichtigt. Das heißt, daß

   — Intrazellinterferenz oder

   — Interzellinterferenz oder

   — sowohl Intra- als auch Interzellinterferenz

   explizit in die Datendetektion einbezogen werden. Diese erste Strategie der Datendetektion erfordert Algorithmen zur Mehrteilnehmerdetektion.

2. Die Vielfachzugriffsinterferenz wird als Störung angesehen und nicht explizit bei der Datendetektion berücksichtigt. Die Datendetektion kann mit Algorithmen zur Einzelteilnehmerdetektion realisiert werden.

Wie bereits oben gesagt, sind Mobilstationen, deren Teilnehmersignale explizit bei der Datendetektion berücksichtigt werden, nicht in $\mathbb{I}_m^{\text{intra}}$ nach (4.19), $\mathbb{I}_m^{\text{inter}}$ nach (4.20) oder $\mathbb{I}_m$ nach (4.18) beziehungsweise (4.21) enthalten [Ste96]. Bei einem DZM ohne CDMA-Komponente ist $\mathbb{I}_m^{\text{intra}}$ nach (4.19) die leere Menge, und $\mathbb{I}_m$ nach (4.18) beziehungsweise (4.21) ist gleich $\mathbb{I}_m^{\text{inter}}$ nach (4.20). Bei einem DZM mit CDMA-Komponente ist $\mathbb{I}_m^{\text{intra}}$ nach (4.19) nur dann die leere Menge, falls

Mehrteilnehmerdetektion auf alle Teilnehmersignale angewendet wird, die den Mobilstationen aus der Menge $\mathbb{A}_{a(m)} \setminus \{\mu_m\}$ zugeordnet sind. Falls bei einem DZM mit CDMA-Komponente Mehrteilnehmerdetektion auf solche Teilnehmersignale angewendet wird, die Mobilstationen mehrerer Zellen zugeordnet sind, so kann außer der Kardinalität $|\mathbb{I}_m^{\mathrm{intra}}|$ auch die Kardinalität $|\mathbb{I}_m^{\mathrm{inter}}|$ gegenüber demjenigen Fall verringert werden, bei welchem eine solche Mehrteilnehmerdetektion nicht eingesetzt wird.

Um das Träger–zu–Interferenz–Verhältnis C/I für die Aufwärtsstrecke zu berechnen, werden die nachstehend eingeführten, durch den hochgestellten Index u gekennzeichneten Größen benötigt [Ste96, S. 35ff.]. Bei der Aufwärtsstrecke sendet jede Mobilstation $\mu_m \in \mathbb{M}$ die Leistung P_m^{u}, $m = 1 \cdots |\mathbb{M}|$. Diejenige Empfangsleistung, welche von der Mobilstation $\mu_m \in \mathbb{M}$ im Empfänger der Basisstation $\beta_b \in \mathbb{B}$ erzeugt wird, ist C_m^{u}, $m = 1 \cdots |\mathbb{M}|$. Sowohl P_m^{u} als auch C_m^{u} sind nichtnegative Werte. Die Dämpfung der Sendleistung P_m^{u} ist

$$g_{b,m}^{\mathrm{u}} = \frac{C_m^{\mathrm{u}}}{P_m^{\mathrm{u}}} \geq 0, \quad b = 1 \cdots |\mathbb{B}|, \quad m = 1 \cdots |\mathbb{M}| \qquad (4.22)$$

und wird üblicherweise als Funkfeldgewinn bezeichnet [Ste96, S. 35].

Der Funkfeldgewinn $g_{b,m}^{\mathrm{u}}$ gemäß (4.22) hängt beim hier betrachteten Modell vom Reuse–Faktor r, vom Abstand zwischen den Mobilstationen μ_m und den Basisstationen β_b sowie vom schnellen und vom langsamen Schwund ab. Nachstehend wird vorausgesetzt, daß ein interferenzbegrenztes DZM vorliegt, bei dem das thermische Rauschen vernachlässigt werden kann. Weiterhin wird angenommen, daß sich die auf unterschiedliche Mobilstationen μ_m zurückgehenden Anteile am Empfangssignal in den Empfängern der Basisstationen β_b inkohärent überlagern. Nach (4.22) ist daher die Empfangsleistung an der Basisstation $\beta_{a(m)}$, der die Mobilstation μ_m zugeordnet ist, durch

$$C_m^{\mathrm{u}} = g_{a(m),m}^{\mathrm{u}} \cdot P_m^{\mathrm{u}}, \quad m = 1 \cdots |\mathbb{M}|, \qquad (4.23)$$

gegeben. Die an dieser Basisstation $\beta_{a(m)}$ herrschende Interferenzleistung ist mit (4.18) und (4.23)

$$I_m^{\mathrm{u}} = \sum_{\{\tilde{m} | \mu_{\tilde{m}} \in \mathbb{I}_m\}} g_{a(m),\tilde{m}}^{\mathrm{u}} \cdot P_{\tilde{m}}^{\mathrm{u}}, \quad m = 1 \cdots |\mathbb{M}|. \qquad (4.24)$$

Für das Träger–zu–Interferenz–Verhältnis am Empfängereingang dieser Basisstation $\beta_{a(m)}$ ergibt sich mit (4.23) und (4.24) [Ste96, S. 36]

$$(C/I)_m^{\mathrm{u}} = \frac{C_m^{\mathrm{u}}}{I_m^{\mathrm{u}}} = \frac{g_{a(m),m}^{\mathrm{u}} \cdot P_m^{\mathrm{u}}}{\displaystyle\sum_{\{\tilde{m} | \mu_{\tilde{m}} \in \mathbb{I}_m\}} g_{a(m),\tilde{m}}^{\mathrm{u}} \cdot P_{\tilde{m}}^{\mathrm{u}}}, \quad m = 1 \cdots |\mathbb{M}|. \qquad (4.25)$$

Das Träger–zu–Interferenz–Verhältnis $(C/I)^{\mathrm{u}}_m$ nach (4.25) hängt beim hier betrachteten Modell vom Reuse–Faktor r, vom Abstand zwischen den Mobilstationen μ_m und den Basisstationen β_b, vom schnellen und vom langsamen Schwund sowie von den Sendeleistungen P^{u}_m ab. Zähler und Nenner von (4.25) können mit einem beliebigen Faktor ungleich null erweitert werden, ohne daß sich $(C/I)^{\mathrm{u}}_m$ ändert. Deshalb spielen die Absolutwerte der Funkfeldgewinne $g^{\mathrm{u}}_{b,m}$ nach (4.22) und der Sendeleistungen P^{u}_m beim Ermitteln von C/I im Falle interferenzbegrenzter Mobilfunksysteme keine Rolle.

Die Abwärtstrecke kann analog zur Aufwärtsstrecke behandelt werden [Ste96, S. 38f.]. Im Falle der Abwärtsstrecke sendet jede Basisstation $\beta_b \in \mathbb{B}$ die Leistung

$$P^{\mathrm{d}}_b = \sum_{\{m|\mu_m \in \mathbb{A}_b\}} P^{\mathrm{d}}_m, \quad b = 1 \cdots |\mathbb{B}|. \tag{4.26}$$

In (4.26) ist P^{d}_m, m fest, diejenige Sendeleistung, mit welcher die Basisstation das für die Mobilstation $\mu_m \in \mathbb{A}_b$ bestimmte Teilnehmersignal sendet. Die in der Mobilstation $\mu_m \in \mathbb{M}$ erzeugte Empfangsleistung ist C^{d}_m, und die Dämpfung der Sendeleistung P^{d}_b ist gleich dem Funkfeldgewinn

$$g^{\mathrm{d}}_{b,m} = \frac{C^{\mathrm{d}}_m}{P^{\mathrm{d}}_b} \geq 0, \quad b = 1 \cdots |\mathbb{B}|, \quad m = 1 \cdots |\mathbb{M}|. \tag{4.27}$$

Die Empfangsleistung an der Mobilstation $\mu_m \in \mathbb{A}_{a(m)}$ ist

$$C^{\mathrm{d}}_m = g^{\mathrm{d}}_{a(m),m} \cdot P^{\mathrm{d}}_{a(m)}, \quad m = 1 \cdots |\mathbb{M}|, \tag{4.28}$$

und die Interferenzleistung an dieser Mobilstation $\mu_m \in \mathbb{A}_{a(m)}$ ist

$$I^{\mathrm{d}}_m - \sum_{\{\tilde{m}|\mu_{\tilde{m}} \in \mathbb{I}_m\}} g^{\mathrm{d}}_{a(\tilde{m}),m} \cdot P^{\mathrm{d}}_{a(\tilde{m})}, \quad m = 1 \cdots |\mathbb{M}|. \tag{4.29}$$

Für das Träger–zu–Interferenz–Verhältnis am Empfängereingang der Mobilstation $\mu_m \in \mathbb{M}$ gilt mit (4.28) und (4.29)

$$(C/I)^{\mathrm{d}}_m = \frac{C^{\mathrm{d}}_m}{I^{\mathrm{d}}_m} = \frac{g^{\mathrm{d}}_{a(m),m} \cdot P^{\mathrm{d}}_{a(m)}}{\displaystyle\sum_{\{\tilde{m}|\mu_{\tilde{m}} \in \mathbb{I}_m\}} g^{\mathrm{d}}_{a(\tilde{m}),m} \cdot P^{\mathrm{d}}_{a(\tilde{m})}}, \quad m = 1 \cdots |\mathbb{M}|. \tag{4.30}$$

Wegen (4.13) bis (4.18) lassen sich (4.25) und (4.30) einfach ineinander transformieren. Die Erläuterungen zu (4.25) gelten analog für (4.30).

4.4.2 Kontrolle und Reduktion der Gleichkanalinterferenz

4.4.2.1 Allgemeines Prinzip

Das Träger–zu–Interferenz–Verhältnis $(C/I)_m^\mathrm{u}$ nach (4.25) beziehungsweise $(C/I)_m^\mathrm{d}$ nach (4.30) am Empfängereingang ist eine Zufallsvariable. Maßnahmen zur Kontrolle und Reduktion des Einflusses von Gleichkanalinterferenz sollten deshalb nicht ausgehend von einzelnen Realisierungen des Träger–zu–Interferenz–Verhältnisses $(C/I)_m^\mathrm{u}$ nach (4.25) beziehungsweise $(C/I)_m^\mathrm{d}$ nach (4.30) am Empfängereingang entworfen werden, sondern die statistischen Eigenschaften des Träger–zu–Interferenz–Verhältnisses $(C/I)_m^\mathrm{u}$ nach (4.25) beziehungsweise $(C/I)_m^\mathrm{d}$ nach (4.30) am Empfängereingang in Betracht ziehen. Mit $(C/I)_m^\mathrm{u}$ nach (4.25) und $(C/I)_m^\mathrm{d}$ nach (4.30) ergibt sich das folgende allgemeine Prinzip zur Kontrolle und Reduktion des Einflusses von Gleichkanalinterferenz:

Maximiere den Erwartungswert $\mathrm{E}\{(C/I)_m^\mathrm{u}\}$ *beziehungsweise* $\mathrm{E}\{(C/I)_m^\mathrm{d}\}$ *bei gleichzeitigem Minimieren der Varianz* $\mathrm{Var}\{(C/I)_m^\mathrm{u}\}$ *beziehungsweise* $\mathrm{Var}\{(C/I)_m^\mathrm{d}\}$.

Das Maximieren von $\mathrm{E}\{(C/I)_m^\mathrm{u}\}$ beziehungsweise $\mathrm{E}\{(C/I)_m^\mathrm{d}\}$ sorgt dafür, daß eine möglichst fehlerfreie Datendetektion erzielbar ist, siehe Abschnitt 4.2. Durch das gleichzeitige Minimieren von $\mathrm{Var}\{(C/I)_m^\mathrm{u}\}$ beziehungsweise $\mathrm{Var}\{(C/I)_m^\mathrm{d}\}$ wird der Einfluß der Zeitvarianz auf das Systemverhalten verringert, siehe Abschnitt 4.2. Jede Maßnahme, die das vorgenannte allgemeine Prinzip zumindest teilweise erfüllt, ist zur Kontrolle und Reduktion des Einflusses von Gleichkanalinterferenz geeignet. Wichtige Maßnahmen zur Kontrolle und Reduktion des Einflusses von Gleichkanalinterferenz sind die bereits in Abschnitt 4.2.2 diskutierten Maßnahmen zum Ausnutzen der verschiedenen Arten der Diversität, siehe zum Beispiel Tab. 4.1. Maßnahmen zum Ausnutzen der verschiedenen Arten der Diversität sind nach Abschnitt 4.2.2 beispielsweise das Verwenden einer CDMA–Komponente, der Einsatz von FH, das Verwenden von TH, der Einsatz von Kanalcodierung in Kombination mit Verschachtelung und das Verwenden von Remote–Antennen. In den folgenden Abschnitten werden wichtige Maßnahmen zur Kontrolle und Reduktion des Einflusses von Gleichkanalinterferenz dargelegt.

4.4.2.2 Handover

Im vorliegenden Abschnitt 4.4.2.2 wird das in Europa als Handover [MoP92] beziehungsweise in den USA als Handoff [VVG94] bezeichnete Weiterreichen der sich bewegenden Mobilstationen von Basisstation zu Basisstation behandelt und die sich durch Handover ergebenden Einflüsse auf das Träger–zu–Interferenz–Verhältnis C/I am Empfängereingang erklärt. Jedes DZM verwendet Handover, weil

– die maximalen Sendeleistungen endlich sind und ab einem bestimmten Abstand zwischen einer Basisstation und der ihr zugeordneten Mobilstation die

Empfangsleistungen zu gering sind, um eine ausreichende Übertragungsqualität zu garantieren, und

— durch dieses Weiterreichen die erforderlichen Sendeleistungen zum Aufrechterhalten einer intakten Nachrichtenübertragung mit ausreichender Übertragungsqualität gering sind, somit die Interferenzleistungen geringgehalten werden können, dadurch die Träger–zu–Interferenz–Verhältnisse ausreichend groß sind und letztlich die Spektrumeffizienz η des jeweiligen DZM groß ist.

Aus diesen beiden Gründen kommt dem Handover in einem DZM besondere Bedeutung zu. Es gibt zahlreiche unterschiedliche Kriterien, nach denen der Vorgang des Handover eingeleitet und durchgeführt wird, siehe zum Beispiel [Ste96, S. 109f.]. Hier werden nur die Grundzüge des Handover erläutert.

Das Handover beruht in der Regel auf Kriterien mit Hysterese, die das unendlich schnelle Hin- und Herreichen einer Mobilstation zwischen zwei Basisstationen vermeiden. Durch solche Kriterien mit Hysterese wird verhindert, daß eine Mobilstation fortwährend zwischen Basisstationen hin- und hergereicht wird, ohne daß Nachrichtenübertragung erfolgen kann. Im folgenden werden zwei mögliche Kriterien mit Hysterese genannt, auf deren Grundlage das Handover eingeleitet und durchgeführt wird [Ste96, S. 109f.]. Sei die Mobilstation μ_m zum Zeitpunkt t_0 der Basisstation $\beta_{a(m)}$ zugeordnet.

Das erste Kriterium mit Hysterese basiert auf einer zeitlichen Hysterese. Nach diesem ersten Kriterium mit Hysterese wird ein Handover zu der Basisstation $\beta_{\tilde{b}}$ genau dann zum Zeitpunkt $t_0 + \Delta t$, $\Delta t > 0$ fest, durchgeführt, falls $g^{\mathrm{u}}_{\tilde{b},m}$ beziehungsweise $g^{\mathrm{d}}_{\tilde{b},m}$ für das gesamte Zeitintervall $[t_0, t_0 + \Delta t]$ geringer als alle anderen $g^{\mathrm{u}}_{b,m}$, $b \neq \tilde{b}$, beziehungsweise $g^{\mathrm{d}}_{b,m}$, $b \neq \tilde{b}$ ist.

Das zweite Kriterium mit Hysterese basiert auf einer Hysterese bezüglich des Funkfeldgewinns. Nach diesem zweiten Kriterium mit Hysterese wird ein Handover zu der Basisstation $\beta_{\tilde{b}}$ genau dann durchgeführt, falls $g^{\mathrm{u}}_{\tilde{b},m}$ beziehungsweise $g^{\mathrm{d}}_{\tilde{b},m}$ um mindestens $\Delta g > 0$ kleiner als alle anderen $g^{\mathrm{u}}_{b,m}$, $b \neq \tilde{b}$, beziehungsweise $g^{\mathrm{d}}_{b,m}$, $b \neq \tilde{b}$ ist.

Es sind auch Kombinationen und Modifikationen dieser beiden Kriterien mit Hysterese möglich. Eine genaue Analyse des Einflusses solcher Kriterien auf die Häufigkeit der Handover und auf die statistischen Eigenschaften des Träger–zu–Interferenz–Verhältnisses $(C/I)^{\mathrm{u}}_m$ nach (4.25) und $(C/I)^{\mathrm{d}}_m$ nach (4.30) können [Ste96, Kapitel 6] entnommen werden.

Man unterscheidet das harte Handover (Hard Handover) und das weiche Handover (Soft Handover). Hartes Handover heißt, daß die Funkverbindung zwischen Mobilstation μ_m und Basisstation $\beta_{a(m)}$ genau dann gelöst wird, sobald die Funkverbindung zwischen Mobilstation μ_m und Basisstation $\beta_{\tilde{b}}$ aufgebaut ist. Weiches Handover bedeutet, daß zeitweilig die Funkverbindungen zwischen Mobilstation μ_m und beiden Basisstationen $\beta_{a(m)}$ und $\beta_{\tilde{b}}$ bestehen und die Funkverbindung zwischen μ_m und $\beta_{a(m)}$ erst dann gelöst wird, wenn $g^{\mathrm{u}}_{a(m),m}$ beziehungsweise $g^{\mathrm{d}}_{a(m),m}$ deutlich größer als $g^{\mathrm{u}}_{\tilde{b},m}$ beziehungsweise $g^{\mathrm{d}}_{\tilde{b},m}$ ist. Das durch weiches Handover ermöglichte gemeinsame Verarbeiten der bei beiden Basisstationen $\beta_{a(m)}$ und $\beta_{\tilde{b}}$ empfangenen Teilnehmersignale erlaubt das Verringern der zum Gewährleisten einer ausreichenden Übertragungsqualität erforderlichen Sendeleistungen. Dies ist das Anwenden der bereits in Abschnitt 4.2.2 beschriebenen Makrodiversität. Das Anwenden von Makrodiversität führt zum Vermindern der Interferenzleistung und damit zum Erhöhen der Spektrumeffizienz η gegenüber dem Fall des Verzichts auf Makrodiversität.

Das Durchführen eines Handover erfordert einen hohen Signalisierungsaufwand auf der Luftschnittstelle. Der Entwurf und das Implementieren des Handover beeinflußt deshalb die für die Nachrichtenübertragung verfügbare maximale Datenrate maßgeblich. Das Anwenden von Makrodiversität erfordert zusätzlich einen hohen Signalisierungsaufwand im Festnetz, das innerhalb der Zwischenmedien, siehe Abschnitt 2.2.2 und Bild 2.2, beispielsweise Vermittlungseinheiten und Basisstationen untereinander verbindet. Durch diesen Signalisierungsaufwand im Festnetz fallen hohe Betriebskosten an. Um diese vor allem in europäischen Ländern mit Postmonopolen entstehenden hohen Betriebskosten zu umgehen, wird in Europa bislang auf Makrodiversität verzichtet.

4.4.2.3 Senderstummschalten

Gibt es Pausen zwischen den zu übertragenden Nachrichten, so ist das Unterbrechen der Nachrichtenübertragung für die Dauer dieser Pausen eine probate Möglichkeit, um zum einen Energie zu sparen und zum anderen die Gleichkanalinterferenz zu reduzieren [Ste96, S. 94ff.]. Vorausgesetzt, daß im betrachteten DZM das genannte Unterbrechen der Nachrichtenübertragung erlaubt ist, kann die Spektrumeffizienz η gegenüber solchen DZM, die ein Unterbrechen der Nachrichtenübertragung nicht unterstützen, gesteigert werden. Beispiele für DZM, die das Senderstummschalten in Pausen zwischen den zu übertragenden Nachrichten erlauben, sind GSM [MoP92] und IS–95 [GJP91]. Das Senderstummschalten in Pausen zwischen den zu übertragenden Nachrichten heißt DTX (Discontinuous Transmission) und wird im Zusammenhang mit Sprachübertragung auch als Voice Activity Monitoring oder Voice Activity Detection bezeichnet.

Mit dem nachstehend angegebenen Modell kann der Einfluß des Senderstummschaltens auf $\Pr\{(C/I)_m^{\mathrm{u}} \leq \Gamma\}$ in der Aufwärtsstrecke ermittelt werden. Es sei v_m eine diskrete Zufallsvariable, die die Werte Υ und eins mit den Wahrscheinlichkeiten P_{Pause} beziehungsweise $1 - P_{\mathrm{Pause}}$ annimmt:

$$
\begin{aligned}
\Pr\{v_m = \Upsilon\} &= P_{\mathrm{Pause}} \\
\Pr\{v_m = 1\} &= 1 - P_{\mathrm{Pause}}
\end{aligned}
\quad , \quad m = 1, 2, \ldots, |\mathbb{M}|,
\tag{4.31}
$$

$$
\Upsilon \in [0 \ldots \infty], \; P_{\mathrm{Pause}} \in [0 \ldots 1].
$$

Der Index m der Größe v_m nach (4.31) deutet auf die Mobilstation $\mu_m \in \mathbb{M}$ hin. Multipliziert man die Sendeleistung P_m^{u} einer Mobilstation $\mu_m \in \mathbb{M}$ mit v_m nach (4.31), so haben die in (4.31) auftretenden Parameter Υ und P_{Pause} die Bedeutung des Gewichtsfaktors für die Sendeleistung P_m^{u} beziehungsweise der Wahrscheinlichkeit einer Sprechpause: In P_{Pause} aller Fälle sendet die Mobilstation $\mu_m \in \mathbb{M}$ mit der Leistung $\Upsilon P_m^{\mathrm{u}}$, in $1 - P_{\mathrm{Pause}}$ aller Fälle mit voller Leistung P_m^{u}. Ist Υ in (4.31) gleich null, so wird der Sender der Mobilstation $\mu_m \in \mathbb{M}$ in P_{Pause} aller Fälle stummgeschaltet. Mit v_m nach (4.31) ergibt sich aus (4.25) das Trägerzu–Interferenz–Verhältnis

$$
(C/I)_m^{\mathrm{u}} = \frac{C_m^{\mathrm{u}}}{I_m^{\mathrm{u}}} = \frac{v_m \cdot g_{a(m),m}^{\mathrm{u}} \cdot P_m^{\mathrm{u}}}{\displaystyle\sum_{\{\tilde{m} \mid \mu_{\tilde{m}} \in \mathbb{I}_m\}} v_{\tilde{m}} \cdot g_{a(m),\tilde{m}}^{\mathrm{u}} \cdot P_{\tilde{m}}^{\mathrm{u}}}, \quad m = 1 \cdots |\mathbb{M}|.
\tag{4.32}
$$

Mit der speziellen Wahl Υ gleich eins geht (4.32) unabhängig von P_{Pause} in (4.25) über.

4.4.2.4 Sektorisieren der Zellen

Das Sektorisieren von Zellen [Ste96, S. 97f.] entspricht gemäß Abschnitt 4.3.2.4 dem Verwenden einer SDMA–Komponente. Sei K_{s} die Anzahl der Sektoren. Die Sektoren überlappen sich idealerweise nicht. Es wird vorausgesetzt, daß alle zum Sektorisieren einer Zelle verwendeten Antennen am Ort der Basisstation $\beta_b \subset \mathbb{B}$ dieser Zelle angebracht sind. Man kann zwei Arten der Sektorisierung unterscheiden: Zum einen besteht die Möglichkeit, in jedem der K_{s} Sektoren andere Teilnehmerfrequenzbänder zu verwenden, wie es beispielsweise im GSM getan werden kann. Eine solche Art der Sektorisierung wird hier nicht weiter betrachtet. Zum anderen besteht die Möglichkeit, in jedem der K_{s} Sektoren dieselben Teilnehmerfrequenzbänder zu verwenden, wie es beispielsweise für das IS–95 vorgesehen ist. Nachfolgend wird ausschließlich die letztgenannte Möglichkeit am Beispiel der Aufwärtsstrecke betrachtet.

Teilt man jede Zelle in K_{s} gleich große Sektoren auf und setzt man ideale Sektorisierung voraus, so treten zwei Effekte auf: Zum einen reduziert sich die Interferenzleistung in jedem Sektor im Mittel um den Faktor K_{s} gegenüber dem

nicht sektorisierten Fall, während die gesamte Sendeleistung in einem einzigen
Sektor empfangen wird. Deshalb erhöht sich folglich der Erwartungswert $\mathrm{E}\{C/I\}$
des C/I. Zum anderen bewirkt die Reduktion der Interferenzleistung in einem
Sektor eine Vergrößerung der Varianz $\mathrm{Var}\{C/I\}$ des C/I, da weniger Mobilsta-
tionen $\mu_m \in \mathbb{M}$ zur Interferenzleistung in einem Sektor beitragen. Somit ist die
Interferenzdiversität bei Sektorisierung geringer als im nicht sektorisierten Fall.

4.4.2.5 Zeit- und Frequenzsprungverfahren

Das Ausnutzen von Interferenzdiversität ist in zellularen Mobilfunksystemen wegen der Reduktion der Zeitvarianz der Vielfachzugriffsinterferenz wichtig. Interferenzdiversität steigt im allgemeinen umso mehr, je größer die Anzahl der vielfachzugriffsinterferenzerzeugenden Teilnehmer ist. Die Vielfachzugriffsinterferenz setzt
sich aus Inter- und Intrazellinterferenz zusammen. Um in Mobilfunksystemen den
Grad an ausgenutzter Interferenzdiversität zu steigern, können vorteilhaft Zeitsprungverfahren (TH, Time Hopping) oder Frequenzsprungverfahren (FH, Frequency Hopping) eingesetzt werden [Ste96, Abschnitt 5.5].

Das Verwenden solcher Verfahren ist allerdings nur dann sinnvoll, wenn die zu
übertragenden Nachrichten durch den gleichzeitigen Einsatz von Kanalcodierung
und Verschachtelung (Interleaving) gespreizt werden. Die Kombination von Frequenzsprungverfahren mit Kanalcodierung und Interleaving erhöht sowohl die
Interferenz- als auch die Frequenzdiversität. Die Kombination von Zeitsprungverfahren mit Kanalcodierung und Interleaving erhöht nur die Interferenzdiversität.

Im folgenden wird angenommen, daß Kanalcodierung und Interleaving wie bei
JD–CDMA, siehe Abschnitt 6.3, über vier aufeinanderfolgende Sendeabschnitt
erfolgt. Solche Sendeabschnitte heißen Bursts. Die betrachteten Zeit- und Frequenzsprungverfahren sind also langsame Verfahren. Setzt man voraus, daß die
Interferenzszenarien von Burst zu Burst voneinander statistisch unabhängig sind,
so ergibt sich das effektive Träger–zu–Interferenz–Verhältnis mit (4.25) zu

$$\left(\widetilde{\frac{C_m}{I_m}}\right) = \frac{1}{I_\mathrm{D}} \sum_{i=1}^{I_\mathrm{D}} \frac{C_m}{I_m}, \tag{4.33}$$

wobei I_D die Anzahl der Bursts ist, über die Kanalcodierung und Interleaving
betrieben werden. Aus (4.33) folgt, daß der Erwartungswert $\mathrm{E}\{C/I\}$ des C/I
durch Anwenden von langsamem TH oder SFH unverändert bleibt. Langsames
TH oder SFH reduziert daher ausschließlich die Varianz $\mathrm{Var}\{C/I\}$ des C/I. Durch
Erhöhen von I_D kann $\mathrm{Var}\{C/I\}$ verringert werden.

4.4.2.6 Dynamische Kanalzuweisung

In einem DZM, das dynamische Kanalzuweisung (DCA, Dynamic Channel Assignment oder Dynamic Channel Allocation) [Ste96, S. 40ff.] verwendet, gibt es im Gegensatz zu den Erläuterungen nach Abschnitt 2.2.7 keine feste Zuweisung von Teilnehmerfrequenzbändern zu Basisstationen. Statt dessen geschieht das Zuweisen von Teilnehmerfrequenzbändern zu Basisstationen adaptiv, das heißt der Situation bezüglich Verbindungswünschen und Vielfachzugriffsinterferenz angepaßt.

Durch DCA wird die von Zelle zu Zelle unterschiedlich starke Vielfachzugriffsinterferenz im Zellnetz ausgeglichen und dadurch die Spektrumeffizienz η des jeweiligen DZM gegenüber dem Fall des Verzichts auf DCA erhöht. DCA wird beispielsweise bei DECT verwendet.

Das adaptive Zuweisen von Teilnehmerfrequenzbändern zu Basisstationen kann erweitert werden auf das als PRMA (Packet Reservation Multiple Access) [NGT91] bezeichnete adaptive Zuweisen von TDMA–Rahmen und TDMA–Zeitschlitzen zu Basisstationen, falls das verwendete hybride Vielfachzugriffsverfahren eine TDMA–Komponente hat, und auf das adaptive Zuweisen von CDMA–Codes zu Basisstationen, falls das verwendete hybride Vielfachzugriffsverfahren eine CDMA–Komponente hat.

4.4.2.7 Einsatz geeigneter Algorithmen zur Mehrteilnehmerdetektion

Bereits in Abschnitt 4.4.1 wurde angedeutet, daß Algorithmen zur Mehrteilnehmerdetektion dazu geeignet sind, die Kardinalitäten $|\mathbb{I}_m^{\mathrm{intra}}|$ und $|\mathbb{I}_m^{\mathrm{inter}}|$ der Mengen $\mathbb{I}_m^{\mathrm{intra}}$ nach (4.19) und $\mathbb{I}_m^{\mathrm{inter}}$ nach (4.20) zu verringern. Anschaulich bedeutet dieses Verringern von $|\mathbb{I}_m^{\mathrm{intra}}|$ und $|\mathbb{I}_m^{\mathrm{inter}}|$ die Reduktion des Einflusses von Intrazellinterferenz und Interzellinterferenz. Besonders wirkungsvoll ist die Mehrteilnehmerdetektion dann, wenn vor allem diejenigen Teilnehmersignale in die Datendetektion einbezogen werden, die den größten Anteil an der Interferenzleistung am Empfängereingang haben. Durch den Einsatz von Algorithmen zur Mehrteilnehmerdetektion kann die Spektrumeffizienz η gegenüber dem Fall des Verzichts auf solche Algorithmen zur Mehrteilnehmerdetektion maßgeblich gesteigert werden, siehe zum Beispiel [Ste96, S. 98ff.].

4.4.2.8 Lokale Leistungsregelung

Der in diesem Abschnitt 4.4.2.8 erläuterte Algorithmus zur Leistungsregelung hält die Empfangsleistungen C_m^{u} nach (4.23) beziehungsweise C_m^{d} nach (4.28) konstant und stellt deshalb die Sendeleistungen P_m^{u} beziehungsweise P_m^{d} nur aufgrund der Kenntnis eines einzigen Funkfeldgewinns $g_{a(m),m}^{\mathrm{u}}$ nach (4.22) beziehungsweise

$g^{\mathrm{d}}_{a(m),m}$ nach (4.27) ein [Ste96, S. 55f.]. Die Auswirkungen von P^{u}_m beziehungsweise P^{d}_m auf die Teilnehmersignale anderer Mobilstationen werden nicht berücksichtigt [Ste96]. Der hier betrachtete Algorithmus zur Leistungsregelung benötigt deshalb nur einen lokalen Regler, der einfach zu implementieren ist. Der hier betrachtete Algorithmus zur Leistungsregelung heißt daher Algorithmus zur lokalen Leistungsregelung.

Beim Anwenden des Algorithmus zur lokalen Leistungsregelung sind die Sendeleistungen P^{u}_m beziehungsweise P^{d}_m umgekehrt proportional zu $g^{\mathrm{u}}_{a(m),m}$ nach (4.22) beziehungsweise $g^{\mathrm{d}}_{a(m),m}$ nach (4.27). Deshalb folgt aus (4.25) beziehungsweise aus (4.30)

$$(C/I)^{\mathrm{u}}_m \;=\; \cfrac{1}{\displaystyle\sum_{\{\tilde{m}\,|\,\mu_{\tilde{m}}\in\mathbb{I}_m\}} \cfrac{g^{\mathrm{u}}_{a(m),\tilde{m}}}{g^{\mathrm{u}}_{a(\tilde{m}),\tilde{m}}}}, \quad m = 1\cdots|\mathbb{M}|, \tag{4.34a}$$

$$(C/I)^{\mathrm{d}}_m \;=\; \cfrac{1}{\displaystyle\sum_{\{\tilde{m}\,|\,\mu_{\tilde{m}}\in\mathbb{I}_m\}} \cfrac{g^{\mathrm{d}}_{a(\tilde{m}),m}}{g^{\mathrm{d}}_{a(\tilde{m}),\tilde{m}}}}, \quad m = 1\cdots|\mathbb{M}|. \tag{4.34b}$$

4.4.2.9   Zentrale Leistungsregelung

Der im vorliegenden Abschnitt betrachtete Algorithmus zur Leistungsregelung realisiert die zentrale Leistungsregelung (CPC, Centralized Power Control) [GVG93, Zan92]. Bei der zentralen Leistungsregelung werden im Gegensatz zum Algorithmus zur lokalen Leistungsregelung nach Abschnitt 4.4.2.8 nicht die Empfangsleistungen C^{u}_m nach (4.23) beziehungsweise C^{d}_m nach (4.28), sondern die Träger–zu–Interferenz–Verhältnisse $(C/I)^{\mathrm{u}}_m$ nach (4.25) beziehungsweise $(C/I)^{\mathrm{d}}_m$ nach (4.30) konstant gehalten [Ste96, S. 56ff.]. Deshalb benötigt diese Art der Leistungsregelung einen aufwendigen zentralen Regler, der die Kenntnis über alle Funkfeldgewinne $g^{\mathrm{u}}_{a(m),m}$ nach (4.22) beziehungsweise $g^{\mathrm{d}}_{a(m),m}$ nach (4.27) hat. Der hier betrachtete Algorithmus heißt deshalb Algorithmus zur zentralen Leistungsregelung. Die Analyse des Algorithmus zur zentralen Leistungsregelung ist nützlich im Hinblick auf den Entwurf und die Implementierung einfacherer Algorithmen zur Leistungsregelung.

Zuerst wird die Aufwärtsstrecke betrachtet. Mit

$$w^{\mathrm{u}}_{m,\tilde{m}} = \begin{cases} g^{\mathrm{u}}_{a(m),\tilde{m}} & \text{falls } \mu_{\tilde{m}} \in \mathbb{I}_m, \\[2mm] & \qquad\qquad\qquad\qquad m,\tilde{m} = 1\cdots|\mathbb{M}|, \\[2mm] 0 & \text{sonst,} \end{cases} \tag{4.35}$$

und mit $(C/I)_m^{\mathrm{u}}$ gleich $1/\lambda^{\mathrm{u}}$, $\lambda^{\mathrm{u}} > 0$, folgt aus (4.25) [Ste96]

$$v_m^{\mathrm{u}} \cdot \sum_{\tilde{m}=1}^{|\mathbb{M}|} w_{m,\tilde{m}}^{\mathrm{u}} \cdot P_{\tilde{m}}^{\mathrm{u}} = \lambda^{\mathrm{u}} \cdot P_m^{\mathrm{u}}, \quad m = 1 \cdots |\mathbb{M}|, \tag{4.36}$$

wobei

$$v_m^{\mathrm{u}} = \frac{1}{g_{a(m),m}^{\mathrm{u}}}, \quad m = 1 \cdots |\mathbb{M}|, \tag{4.37}$$

ist. Da die Sendeleistungen P_m^{u} so bestimmt werden müssen, daß (4.36) für alle Mobilstationen $\mu_m \in \mathbb{M}$ gültig ist, ist (4.36) ein Eigenwertproblem.

Da in einem DZM $|\mathbb{M}| < \infty$ und daher die Anzahl der Mobilstationen $\mu_m \in \mathbb{M}$ endlich sind, wird im folgenden zum einfachen Repräsentieren eine Matrix–Vektor–Notation verwendet, die das kompakte mathematische Darstellen von Eigenwertproblemen gestattet. Mit der quadratischen $|\mathbb{M}| \times |\mathbb{M}|$-Matrix

$$\boldsymbol{W}^{\mathrm{u}} = \begin{pmatrix} 0 & w_{1,2}^{\mathrm{u}} & \cdots & w_{1,|\mathbb{M}|}^{\mathrm{u}} \\ w_{2,1}^{\mathrm{u}} & 0 & \cdots & w_{2,|\mathbb{M}|}^{\mathrm{u}} \\ \vdots & \vdots & \ddots & \vdots \\ w_{|\mathbb{M}|,1}^{\mathrm{u}} & w_{|\mathbb{M}|,2}^{\mathrm{u}} & \cdots & 0 \end{pmatrix}, \tag{4.38}$$

der $|\mathbb{M}| \times |\mathbb{M}|$-Diagonalmatrix

$$\boldsymbol{V}^{\mathrm{u}} = \begin{pmatrix} \dfrac{1}{g_{a(1),1}^{\mathrm{u}}} & 0 & \cdots & 0 \\ 0 & \dfrac{1}{g_{a(2),2}^{\mathrm{u}}} & \cdots & 0 \\ \vdots & \vdots & \ddots & \vdots \\ 0 & 0 & \cdots & \dfrac{1}{g_{a(|\mathbb{M}|),|\mathbb{M}|}^{\mathrm{u}}} \end{pmatrix} \tag{4.39}$$

und dem Spaltenvektor

$$\boldsymbol{t}^{\mathrm{u}} = \left(P_1^{\mathrm{u}}, P_2^{\mathrm{u}} \cdots P_{|\mathbb{M}|}^{\mathrm{u}} \right)^{\mathrm{T}} \tag{4.40}$$

folgt aus (4.36)

$$\left(\boldsymbol{V}^{\mathrm{u}} \, \boldsymbol{W}^{\mathrm{u}} \right) \boldsymbol{t}^{\mathrm{u}} = \lambda^{\mathrm{u}} \, \boldsymbol{t}^{\mathrm{u}}. \tag{4.41}$$

Die Eigenschaften der quadratischen $|\mathbb{M}| \times |\mathbb{M}|$-Matrix $(\boldsymbol{V}^{\mathrm{u}} \, \boldsymbol{W}^{\mathrm{u}})$ nach (4.41) bestimmen den Eigenwert λ^{u} und den Eigenvektor $\boldsymbol{t}^{\mathrm{u}}$, der sich gemäß (4.40) aus den Sendeleistungen P_m^{u}, $m = 1 \cdots |\mathbb{M}|$, ergibt. Das Aussehen der $|\mathbb{M}| \times |\mathbb{M}|$-Matrix

$(\boldsymbol{V}^{\mathrm{u}}\,\boldsymbol{W}^{\mathrm{u}})$ nach (4.41) wird beim hier betrachteten Modell durch den Reuse–Faktor r, durch den Abstand zwischen den Mobilstationen μ_m und den Basisstationen β_b, durch das Kriterium zum Realisieren der Zuordnungsrelation nach (4.14), durch den schnellen und den langsamen Schwund, durch das verwendete hybride Vielfachzugriffsverfahren und durch den verwendeten Algorithmus zur Datendetektion bestimmt. Gemäß [Ste96, S. 60] gibt es nur eine einzige Lösung des Eigenwertproblems (4.41), die zu einem nichtnegativen Eigenwert $\lambda^{\mathrm{u}}_{\mathrm{max}}$ und einem entsprechenden Eigenvektor $\boldsymbol{t}^{\mathrm{u}}$ mit nichtnegativen Elementen führt. Diese einzige Lösung ist die physikalisch sinnvolle. Außerdem ist dieser nichtnegative Eigenwert $\lambda^{\mathrm{u}}_{\mathrm{max}}$ der größte aller Eigenwerte λ^{u}, die zu Lösungen des Eigenwertproblems (4.41) gehören. Beim Einsatz der zentralen Leistungsregelung ergibt sich das konstante Träger–zu–Interferenz–Verhältnis am Empfängereingang zu

$$(C/I)^{\mathrm{u}}_{m,\mathrm{max}} = \frac{1}{\lambda^{\mathrm{u}}_{\mathrm{max}}}, \quad m = 1 \cdots |\mathbb{M}|. \tag{4.42}$$

Das Träger–zu–Interferenz–Verhältnis am Empfängereingang ist erwartungsgemäß unabhängig von m.

Im Falle der Abwärtsstrecke folgt ausgehend von (4.30) mit

$$w^{\mathrm{d}}_{m,\tilde{m}} = \begin{cases} g^{\mathrm{d}}_{a(m),\tilde{m}} & \text{falls } \mu_{\tilde{m}} \in \mathbb{I}_m, \\ & \qquad\qquad\qquad m,\tilde{m} = 1 \cdots |\mathbb{M}|, \\ 0 & \text{sonst}, \end{cases} \tag{4.43a}$$

$$\boldsymbol{W}^{\mathrm{d}} = \begin{pmatrix} 0 & w^{\mathrm{d}}_{2,1} & \cdots & w^{\mathrm{d}}_{|\mathbb{M}|,1} \\ w^{\mathrm{d}}_{1,2} & 0 & \cdots & w^{\mathrm{d}}_{|\mathbb{M}|,2} \\ \vdots & \vdots & \ddots & \vdots \\ w^{\mathrm{d}}_{1,|\mathbb{M}|} & w^{\mathrm{d}}_{2,|\mathbb{M}|} & \cdots & 0 \end{pmatrix}, \tag{4.43b}$$

$$\boldsymbol{V}^{\mathrm{d}} = \begin{pmatrix} \dfrac{1}{g^{\mathrm{d}}_{a(1),1}} & 0 & \cdots & 0 \\ 0 & \dfrac{1}{g^{\mathrm{d}}_{a(2),2}} & \cdots & 0 \\ \vdots & \vdots & \ddots & \vdots \\ 0 & 0 & \cdots & \dfrac{1}{g^{\mathrm{d}}_{a(|\mathbb{M}|),|\mathbb{M}|}} \end{pmatrix}, \tag{4.43c}$$

$$\boldsymbol{t}^{\mathrm{d}} = \left(P^{\mathrm{d}}_1, P^{\mathrm{d}}_2 \cdots P^{\mathrm{d}}_{|\mathbb{M}|} \right)^{\mathrm{T}} \tag{4.43d}$$

das zu (4.41) analoge Eigenwertproblem

$$\left(V^{\mathrm{d}} \, W^{\mathrm{d}} \right) t^{\mathrm{d}} = \lambda^{\mathrm{d}} \, t^{\mathrm{d}}. \tag{4.44}$$

Dieses Eigenwertproblem (4.44) hat wie im Falle der Aufwärtsstrecke nur eine einzige physikalisch sinnvolle Lösung. Für diese Lösung gilt das bereits im Rahmen der Aufwärtsstrecke Gesagte in analoger Weise.

4.4.3 Auswahl einiger Simulationsergebnisse

4.4.3.1 Vorbemerkung

Zum quantitativen Analysieren der Spektrumeffizienz η des betrachteten DZM ist es notwendig, die Verteilungsfunktionen $\mathrm{Pr}\{(C/I)_m^{\mathrm{u}} \leq \Gamma\}$ von $(C/I)_m^{\mathrm{u}}$ nach (4.25) und $\mathrm{Pr}\{(C/I)_m^{\mathrm{d}} \leq \Gamma\}$ von $(C/I)_m^{\mathrm{d}}$ nach (4.30) zu ermitteln. Im vorliegenden Abschnitt werden exemplarisch einige gewonnene Simulationsergebnisse für die Aufwärtsstrecke eines CDMA–Mobilfunksystems mit gemeinsamer Detektion (JD–CDMA) erläutert [Ste96].

Das Gewinnen von Simulationsergebnissen über die statistischen Eigenschaften von $(C/I)_m^{\mathrm{u}}$ nach (4.25) beziehungsweise $(C/I)_m^{\mathrm{d}}$ nach (4.30) basiert auf dem bereits in Abschnitt 2.2.7 dargelegten einfachen Zellnetz aus regelmäßigen und gleich großen hexagonalen Zellen, in deren Mittelpunkten die Basisstationen sind. Thermisches Rauschen wird nicht betrachtet, da von interferenzbegrenzten DZM ausgegangen wird. Da thermisches Rauschen nicht in Betracht gezogen wird, hat die Wahl des Zellradius ϱ_0 keinen Einfluß auf die Simulationsergebnisse. Weiterhin werden regelmäßige Cluster mit Reuse–Faktor r angenommen. Gemäß Abschnitt 2.3 wird der schnelle Schwund vernachlässigt.

Die Mobilsstationen $\mu_m \in \mathbb{M}$ werden als gleichmäßig und unabhängig voneinander im Zellnetz verteilt angenommen. Dadurch ist die Wahrscheinlichkeit des Auftretens von genau K Mobilstationen $\mu_m \in \mathbb{M}$ innerhalb der Menge $\mathbb{A}_b$ nach (4.15) durch eine Poissonverteilung mit Erwartungswert $\bar{K}$ [Ste96, S. 44] gegeben. Für den Fall, daß $\mathbb{A}_b$ nach (4.15) mehr als nur ein Element enthält, wird vom Verwenden von Mehrteilnehmerdetektion mit Berücksichtigen der Intrazellinterferenz ausgegangen, das heißt, $\mathbb{I}_m^{\mathrm{intra}}$ nach (4.19) ist stets die leere Menge. Die Mehrteilnehmerdetektion von Interzellinterferenz wird nicht betrachtet. Es wird angenommen, daß eine Mobilstation μ_m genau derjenigen Basisstation β_b zugeordnet ist, zu welcher die Dämpfung $g_{b,m}^{\mathrm{u}}$ beziehungsweise $g_{b,m}^{\mathrm{d}}$ am geringsten ist. Diese Basisstation β_b ist wegen des Schwunds nicht notwendigerweise diejenige mit dem kleinsten euklidschen Abstand zur Mobilstation μ_m. Alle Simulationsergebnisse, die im vorliegenden Abschnitt 4.4.3 erläutert werden, beruhen auf mindestens zehntausend unabhängigen Realisationen von $(C/I)_m^{\mathrm{u}}$ nach (4.25) beziehungsweise $(C/I)_m^{\mathrm{d}}$ nach (4.30) und gelten, wenn nicht anders angegeben, für die Aufwärtssrecke.

4.4.3.2   Einfluß des Erwartungswerts $\bar{K}$

In Bild 4.15 [Ste96, Bild 4.4] ist der Einfluß von $\bar{K}$ auf die Verteilungsfunktion $\Pr\left\{(C/I)_m^{\mathrm{u}} \leq \Gamma\right\}$ für die Aufwärtsstrecke eines CDMA–Mobilfunksystems mit gemeinsamer Detektion dargestellt. Die Simulationsergebnisse nach Bild 4.15 gelten für r gleich eins, α gleich vier, K_{s} gleich eins, Υ gleich eins, σ_{a} gleich 8 dB und für lokale Leistungsregelung.

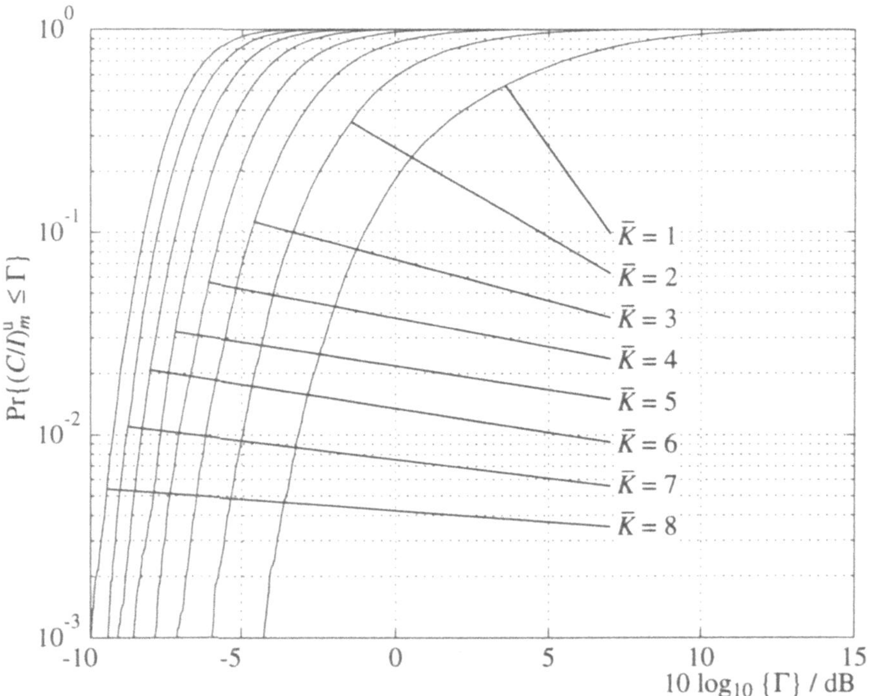

Bild 4.15. Einfluß von $\bar{K}$ auf $\Pr\{(C/I)_m^{\mathrm{u}} \leq \Gamma\}$; $r = 1$, $\alpha = 4$, $K_{\mathrm{s}} = 1$, $\Upsilon = 1$, $\sigma_{\mathrm{a}} = 8\,\mathrm{dB}$, lokale Leistungsregelung, $\mathbb{I}^{\mathrm{intra}} = \emptyset$ (aus [Ste96, Bild 4.4])

Da die mittlere Leistung der Interzellinterferenz proportional zu $\bar{K}$ ist, nimmt das mittlere C/I mit wachsendem $\bar{K}$ ab. Mit zunehmendem $\bar{K}$ wächst die Anzahl der Mobilstationen $\mu_{\tilde{m}}$, die Interzellinterferenz erzeugen. Deshalb nimmt

$\text{Var}\{(C/I)_m^{\text{u}}\}$ mit wachsendem $\bar{K}$ ab. Dieser Effekt ist die bereits in Abschnitt 4.2.2 und Tab. 4.1 erwähnte Interferenzdiversität, die zu mit wachsendem $\bar{K}$ steileren Verläufen von $\text{Pr}\{(C/I)_m^{\text{u}} \leq \Gamma\}$ in Bild 4.15 führt.

4.4.3.3 Senderstummschalten

Die Auswirkungen des Senderstummschaltens werden nachstehend anhand der in Bild 4.16 gezeigten Simulationsergebnisse veranschaulicht [Ste96, S. 95ff.]. Exemplarisch werden folgende Werte der Parameter Υ und P_{Pause} betrachtet:

1. P_{Pause} sei gleich 35%, ein für Sprachübertragung typischer Wert [Sas93], und Υ gleich 28%. Diese Parameterwahl modelliert ein Szenario, in dem die einzelnen Beiträge zur Interzellinterferenz als untereinander nicht synchronisiert angenommen werden. Es wird vorausgesetzt, daß eine Mobilstation $\mu_m \in \mathbb{M}$, die nicht aktiv ist, trotzdem noch immer Signalisierungsdaten sendet.

2. P_{Pause} sei gleich 35% und Υ gleich null. Diese spezielle Parameterwahl modelliert ein Szenario, in dem die einzelnen Beiträge zur Interzellinterferenz als untereinander synchronisiert angenommen werden. Wegen der vorausgesetzten Synchronität wird der Parameter Υ zu null gesetzt.

Bild 4.16 zeigt die Verläufe von $\text{Pr}\{(C/I)_m^{\text{u}} \leq \Gamma\}$ für die Aufwärtsstrecke eines CDMA–Mobilfunksystems mit gemeinsamer Detektion für $\bar{K}$ gleich vier, α gleich vier, σ_{a} gleich 8 dB, K_{s} gleich eins, lokale Leistungsregelung, P_{Pause} gleich 35% und r gleich eins und drei. Die in Bild 4.16 zu sehenden Verläufe von $\text{Pr}\{(C/I)_m^{\text{u}} \leq \Gamma\}$ gelten für die Parameterwerte Υ gleich 0%, 28% und 100%. Man erkennt aus Bild 4.16, daß sich die Verläufe $\text{Pr}\{(C/I)_m^{\text{u}} \leq \Gamma\}$ erwartungsgemäß mit wachsendem r und fallendem Υ in Richtung größerer Abszissenwerte Γ verschieben. Für die Parameter der in Bild 4.16 dargestellten Verläufe von $\text{Pr}\{(C/I)_m^{\text{u}} \leq \Gamma\}$, r gleich eins und Funktionswerte $\text{Pr}\{(C/I)_m^{\text{u}} \leq \Gamma\}$ gleich 1%, 10% und 50% beträgt diese Verschiebung beim Übergang

- von Υ gleich 100% auf 28% etwa 1,0 dB, 1,0 dB bzw. 1,3 dB und

- von Υ gleich 100% auf 0% etwa 1,4 dB, 1,5 dB bzw. 1,8 dB.

Für die Parameter der in Bild 4.16 dargestellten Verläufe von $\text{Pr}\{(C/I)_m^{\text{u}} \leq \Gamma\}$, r gleich drei und Funktionswerte $\text{Pr}\{(C/I)_m^{\text{u}} \leq \Gamma\}$ gleich 1%, 10% und 50% beträgt diese Verschiebung beim Übergang

- von Υ gleich 100% auf 28% etwa 0,9 dB, 1,0 dB bzw. 1,5 dB und

- von Υ gleich 100% auf 0% etwa 1,0 dB, 1,4 dB bzw. 2,5 dB.

Man erkennt, daß sich die Varianz $\text{Var}\{C/I\}$ des C/I für gegebenes r und $\bar{K}$ in der Situation nach Bild 4.16 kaum ändert, während der Erwartungswert $\text{E}\{C/I\}$ des C/I zunimmt.

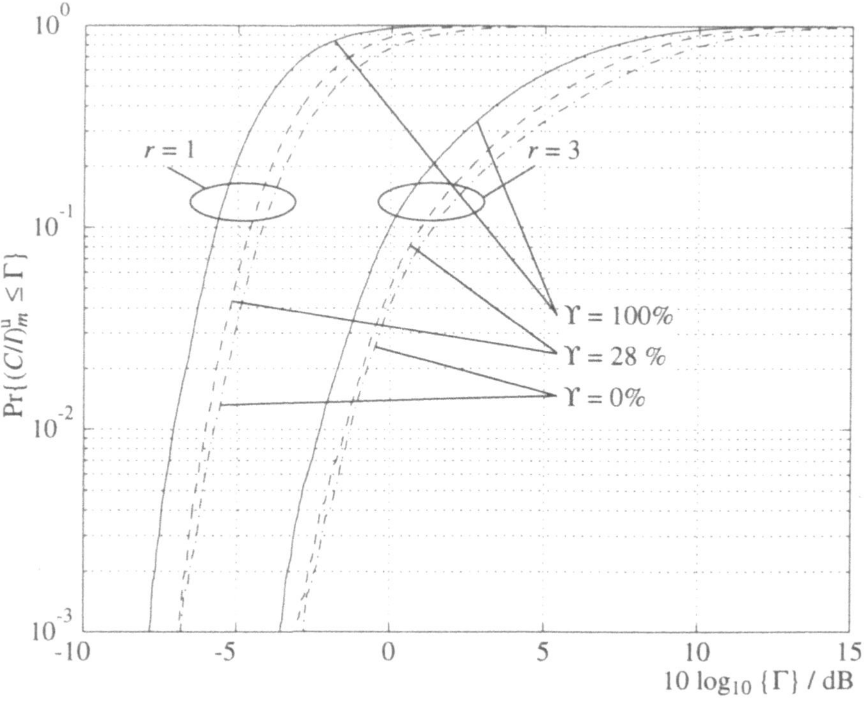

Bild 4.16. Einfluß des Senderstummschaltens auf $\mathrm{Pr}\{(C/I)^{\mathrm{u}}_m \leq \Gamma\}$; $\bar{K} = 4$, $K_{\mathrm{s}} = 1$, $\alpha = 4$, $\sigma_{\mathrm{a}} = 8\,\mathrm{dB}$, lokale Leistungsregelung, $\mathbb{I}^{\mathrm{intra}} = \emptyset$, $P_{\mathrm{Pause}} = 35\%$ (nach [Ste96, Bild 5.1])

4.4.3.4 Sektorisieren der Zellen

Die Auswirkungen des Sektorisierens der Zellen auf das Träger–zu–Interferenz–
Verhältnis C/I wird im folgenden anhand von Bild 4.17 betrachtet [Ste96, S.
97f.]. Die in Bild 4.17 dargestellten Verläufe von $\Pr\{(C/I)^{\mathrm{u}}_m \leq \Gamma\}$ gelten für die

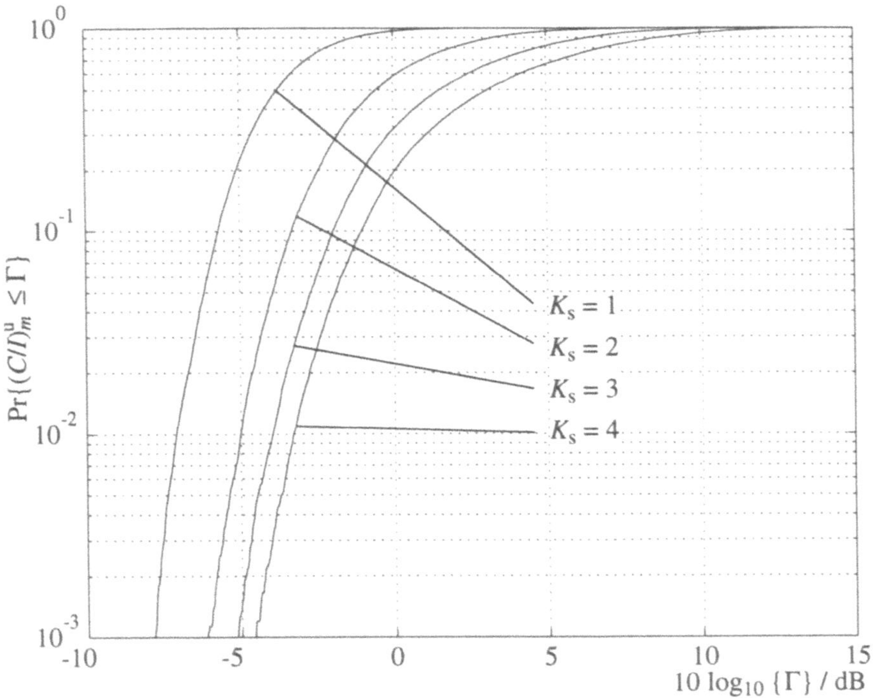

Bild 4.17. Einfluß der Sektorisierung auf $\Pr\{(C/I)^{\mathrm{u}}_m \leq \Gamma\}$; $\bar{K} = 4$, $r = 1$, $\alpha = 4$,
$\Upsilon = 1$, $\sigma_{\mathrm{a}} = 8\,\mathrm{dB}$, lokale Leistungsregelung, $\mathbb{I}^{\mathrm{intra}} = \emptyset$ (nach [Ste96,
Bild 5.2])

Aufwärtsstrecke eines CDMA–Mobilfunksystems mit gemeinsamer Detektion für
$\bar{K}$ gleich vier, α gleich vier, Υ gleich eins, σ_{a} gleich 8 dB, lokale Leistungsregelung
und r gleich eins. Die zu sehenden Verläufe von $\Pr\{(C/I)^{\mathrm{u}}_m \leq \Gamma\}$ gelten für K_{s}
gleich eins, zwei, drei und vier Sektoren. Der für K_{s} gleich eins abgebildete Verlauf
von $\Pr\{(C/I)^{\mathrm{u}}_m \leq \Gamma\}$ gilt für den nicht sektorisierten Fall.

Wie zu erwarten, verschieben sich die Verteilungsfunktionen $\Pr\{(C/I)^{\mathrm{u}}_m \leq \Gamma\}$
mit wachsendem K_{s} in Richtung größerer Abszissenwerte Γ. Für Funktionswerte
$\Pr\{(C/I)^{\mathrm{u}}_m \leq \Gamma\}$ gleich 1%, 10% und 50% ist C/I im Falle von K_{s} gleich vier
Sektoren für r gleich eins um etwa 3,8 dB, 4,6 dB bzw. 7,0 dB größer als im nicht

sektorisierten Fall. Weiterhin erkennt man anhand von Bild 4.17, daß die Varianz $\mathrm{Var}\{C/I\}$ des C/I mit größer werdender Zahl K_s der Sektoren zunimmt, da die Verläufe von $\Pr\{(C/I)^\mathrm{u}_m \leq \Gamma\}$ flacher werden.

4.4.3.5 Zeit- und Frequenzsprungverfahren

In den Bildern 4.18 und 4.19 sind die Verläufe von $\Pr\{(C/I)^\mathrm{u}_m \leq \Gamma\}$ für die Aufwärtsstrecke eines CDMA–Mobilfunksystems mit gemeinsamer Detektion für α gleich vier, Υ gleich eins, K_s gleich eins, σ gleich 8 dB, lokale Leistungsregelung, langsames TH oder SFH gemäß (4.33) über I_D gleich vier Bursts und r gleich eins beziehungsweise drei abhängig von $\bar{K}$ dargestellt. Betrachtet und vergleicht man

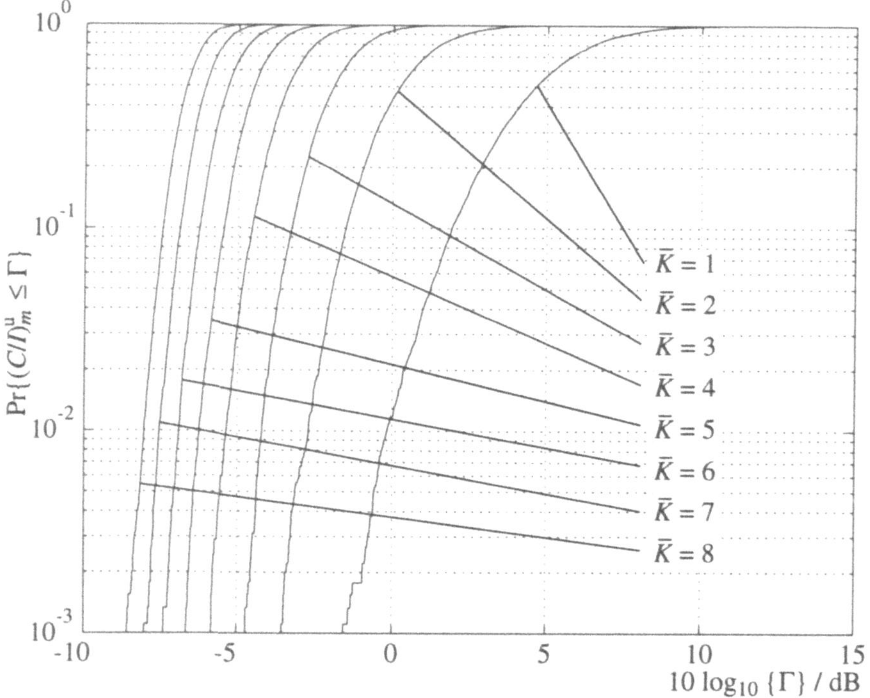

Bild 4.18. Einflüsse von langsamem TH oder SFH über vier Bursts auf $\Pr\{(C/I)^\mathrm{u}_m \leq \Gamma\}$; $r = 1$, $\alpha = 4$, $K_\mathrm{s} = 1$, $\Upsilon = 1$, lokale Leistungsregelung, $\sigma_\mathrm{a} = 8\,\mathrm{dB}$, $\mathbb{I}^\mathrm{intra} = \emptyset$ (nach [Ste96, Bild 5.11])

für fest gewähltes $\bar{K}$ und r die jeweils mit und ohne langsamem TH oder SFH gültigen Verteilungsfunktionen $\Pr\{(C/I)^\mathrm{u}_m \leq \Gamma\}$, so erkennt man, daß der Einsatz von langsamem TH oder SFH stets eine Vergrößerung der Steigung des C/I, das

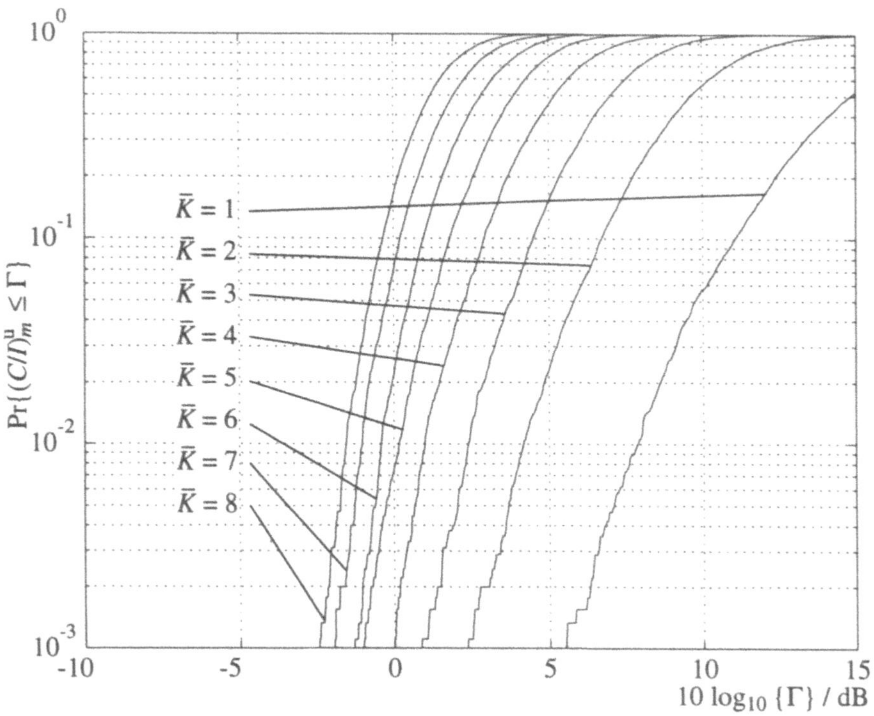

Bild 4.19. Einflüsse von langsamem TH oder SFH über vier Bursts auf $\Pr\{(C/I)_m^{\mathrm{u}} \leq \Gamma\}$; $r = 3$, $\alpha = 4$, $K_{\mathrm{s}} = 1$, $\Upsilon = 1$, lokale Leistungsregelung, $\sigma_{\mathrm{a}} = 8\,\mathrm{dB}$, $\mathbb{I}^{\mathrm{intra}} = \emptyset$ (nach [Ste96, Bild 5.12])

heißt eine Verringerung der Varianz $\mathrm{Var}\{C/I\}$, bewirkt. Diese Verringerung von $\mathrm{Var}\{C/I\}$ ist umso ausgeprägter, je kleiner $\bar{K}$ und je größer r ist.

Weiterhin zeigt dieser Vergleich, daß die Verteilungsfunktionen $\mathrm{Pr}\{(C/I)_m^u \leq \Gamma\}$ nach Bild 4.18 und 4.19 bei gegebenem $\bar{K}$ und r für Funktionswerte $\mathrm{Pr}\{(C/I)_m^u \leq \Gamma\}$ kleiner gleich 10% in allen Fällen rechts von den jeweiligen Kurven nach Bild 4.15 sind. Für die Parameter der in den Bildern 4.18 und 4.19 gezeigten Verläufe von $\mathrm{Pr}\{(C/I)_m^u \leq \Gamma\}$, für Werte von $\bar{K}$ aus dem Intervall $[1\ldots 8]$ und für Funktionswerte $\mathrm{Pr}\{(C/I)_m^u \leq \Gamma\}$ gleich 1%, 10% und 50% variiert C/I

- für r gleich eins in den Intervallen $[-8,0\,\mathrm{dB}\ldots-0,1\,\mathrm{dB}]$, $[-7,4\,\mathrm{dB}\ldots 2,0\,\mathrm{dB}]$ beziehungsweise $[-6,8\,\mathrm{dB}\ldots 4,8\,\mathrm{dB}]$ und

- für r gleich drei in den Intervallen $[-1,7\,\mathrm{dB}\ldots 7,9\,\mathrm{dB}]$, $[-0,2\,\mathrm{dB}\ldots 11,0\,\mathrm{dB}]$ beziehungsweise $[1,1\,\mathrm{dB}\ldots 15,0\,\mathrm{dB}]$.

4.4.3.6 Einflüsse des Reuse–Faktors r und des Algorithmus der Leistungsregelung

Anhand von Bild 4.20 werden die Einflüsse des Reuse–Faktors r und des Algorithmus der Leistungsregelung auf das Träger–zu–Interferenz–Verhältnis C/I diskutiert. Bild 4.20 zeigt die Verläufe von $\mathrm{Pr}\{(C/I)_m^u \leq \Gamma\}$ für die Aufwärtsstrecke eines CDMA–Mobilfunksystems mit gemeinsamer Detektion für $\bar{K}$ gleich vier, α gleich vier, K_s gleich eins, Υ gleich eins, σ_a gleich 8 dB abhängig von der Art der Leistungsregelung und vom Reuse–Faktor r. In den betrachteten CDMA–Mobilfunksystemen mit gemeinsamer Detektion hängt C/I nur von der Interzellinterferenz ab. Da die Interzellinterferenz mit wachsendem r abnimmt, wächst C/I mit r.

Für die Parameter der in Bild 4.20 dargestellten Verläufe von $\mathrm{Pr}\{(C/I)_m^u \leq \Gamma\}$, für eine lokale Leistungsregelung und für Funktionswerte $\mathrm{Pr}\{(C/I)_m^u \leq \Gamma\}$ gleich 1%, 10% und 50% beträgt die Differenz der Abszissenwerte Γ

- zwischen r gleich eins und drei etwa 4,8 dB, 5,8 dB bzw. 8,0 dB,

- zwischen r gleich drei und vier etwa 1,5 dB, 1,9 dB bzw. 2,8 dB und

- zwischen r gleich vier und sieben etwa 2,1 dB, 4,8 dB bzw. 5,1 dB.

Für die Parameter der in Bild 4.20 dargestellten Verläufe von $\mathrm{Pr}\{(C/I)_m^u \leq \Gamma\}$, für eine zentrale Leistungsregelung und für Funktionswerte $\mathrm{Pr}\{(C/I)_m^u \leq \Gamma\}$ gleich 1%, 10% und 50% beträgt die Differenz der Abszissenwerte Γ

- zwischen r gleich eins und drei etwa 5,0 dB, 6,0 dB bzw. 7,3 dB,

- zwischen r gleich drei und vier etwa 1,4 dB, 1,8 dB bzw. 2,1 dB und

- zwischen r gleich vier und sieben etwa 3,3 dB, 4,3 dB bzw. 4,8 dB.

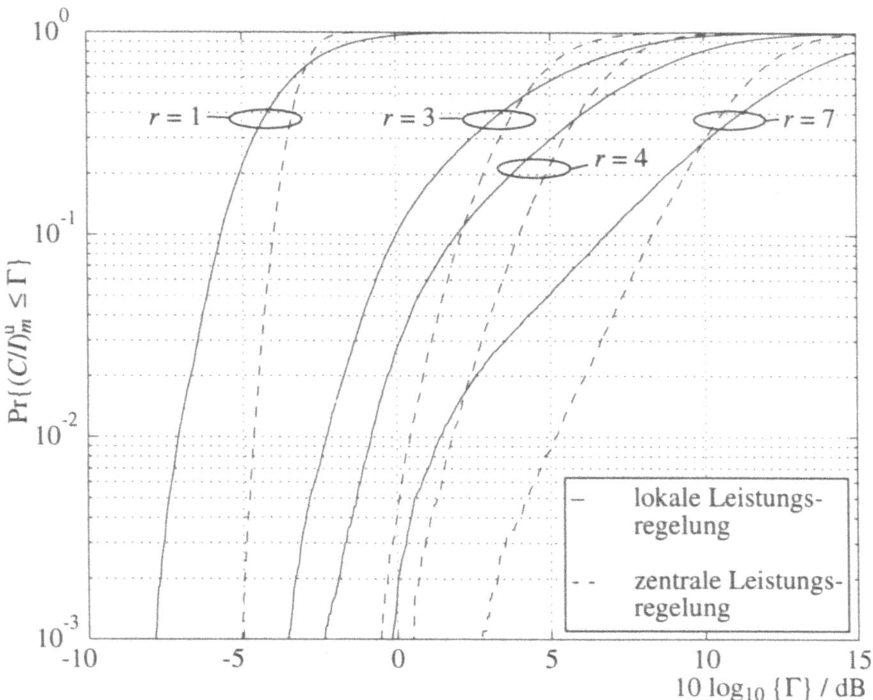

Bild 4.20. Einflüsse des Reuse–Faktors r und des Algorithmus der Leistungs-
regelung auf $\Pr\{(C/I)_m^{\mathrm{u}} \leq \Gamma\}$; $\bar{K} = 4$, $\alpha = 4$, $K_{\mathrm{s}} = 1$, $\Upsilon = 1$,
$\sigma_{\mathrm{a}} = 8\,\mathrm{dB}$, $\mathbb{I}^{\mathrm{intra}} = \emptyset$ (nach [Ste96, Bild 4.8])

Die Interferenzdiversität verringert sich mit steigendem r, weshalb die Steigung der Verläufe von $\Pr\{(C/I)^{\mathrm{u}}_m \leq \Gamma\}$ abnimmt. Aufgrund der bereits erwähnten Interferenzdiversität sind die Schwankungen der Interferenzleistung im allgemeinen deutlich geringer als diejenigen der Empfangsleistung. Wird die Empfangsleistung konstant gehalten, wie es bei der lokalen Leistungsregelung der Fall ist, so werden die Fluktuationen von C/I ausschließlich von denjenigen der Interferenzleistung verursacht. In Bild 4.20 sieht man weiterhin, daß diejenigen Verläufe von $\Pr\{(C/I)^{\mathrm{u}}_m \leq \Gamma\}$ die größte Steigung aufweisen, die für eine zentrale Leistungsregelung gelten. Bei einer solchen Leistungsregelung haben alle Basisstationen dasselbe C/I für ein gegebenes Szenario von Mobilstationen. Für Funktionswerte $\Pr\{(C/I)^{\mathrm{u}}_m \leq \Gamma\}$ kleiner gleich 10% sind die mit der zentralen Leistungsregelung erzielten Abszissenwerte Γ stets größer als die mit einer lokalen Leistungsregelungen erzielten.

4.5 Signal- und Systemstrukturen

4.5.1 Forderungen an die physikalische Schicht

DZM sollen die in Abschnitt 2.2 erläuterten Anforderungen erfüllen. Aus diesen Anforderungen, verbunden mit dem Ziel möglichst hoher Spektrumeffizienz η, ergeben sich drei wichtige Forderungen an die physikalische Schicht:

1. Es soll ein möglichst hoher Grad an Diversität erzielt werden.

2. Der Vielfachzugriff soll mit einem hybriden Vielfachzugriffsverfahren erfolgen, das möglichst flexibel und adaptiv ist.

3. Wegen Zeitvarianz und Frequenzselektivität des Mobilfunkkanals sollte die Datendetektion adaptiv und kohärent sein.

Adaptiv heißt, daß die Datendetektion an den momentanen Zustand des Mobilfunkkanals angepaßt erfolgt. Kohärent heißt, daß zeitdiskrete Kanalimpulsantworten des wirksamen Übertragungskanals nach Abschnitt 4.5.5 aus Modulator, Sendefilter, Sendeverstärker, Mobilfunkkanal, Empfangsverstärker, Empfangsfilter und A/D–Umsetzer nach Betrag und Phase bei der Datendetektion berücksichtigt werden. Die Datendetektion, die sowohl adaptiv als auch kohärent ist, heißt adaptive kohärente Datendetektion. Bei der adaptiven kohärenten Datendetektion müssen auf der Basis des Empfangssignals sowohl die genannten zeitdiskreten Kanalimpulsantworten geschätzt als auch die gesendeten Datensymbole auf der Grundlage der zeitdiskreten Kanalimpulsantworten detektiert werden, siehe auch [Nas95]. Das Schätzen von Kanalimpulsantworten heißt Kanalschätzung [Ste95].

Geschätzte Kanalimpulsantworten sind stets mit Schätzfehlern behaftet und somit nie identisch mit den wahren Kanalimpulsantworten. Wegen der auftretenden Schätzfehler ist die reale Datendetektion im grunde inkohärent. Daher arbeiten Datendetektoren in realen Systemen nie verlustfrei gegenüber echt kohärenten Datendetektoren mit perfekter Kenntnis der wahren Kanalimpulsantworten [Pro95, Anhang C].

Beflügelt von der Tatsache, daß eine echt kohärente Datendetektion im Mobilfunk nicht möglich ist, liegt die Verwendung inkohärenter Datendetektoren, wie sie beispielsweise in [Pro95, Abschnitt 5–4] betrachtet werden, nahe. Der Einsatz inkohärenter Datendetektoren bedeutet Abweichen von der oben angeführten dritten Forderung. Inkohärente Datendetektoren sind in der Regel einfacher zu realisieren als kohärente. Daher sind inkohärente Datendetektoren gerade für den Einsatz in preiswerten Mobilstationen interessant. Inkohärente Datendetektoren sind jedoch bezüglich des zum Gewährleisten einer bestimmten Übertragungsqualität erforderlichen Signal–Stör–Verhältnisses in der Regel anspruchsvoller als kohärente Datendetektoren. Die mit inkohärenten Datendetektoren erreichbare Spektrumeffizienz η ist deshalb auch im Mobilfunk in der Regel geringer als die mit kohärenten Datendetektoren erzielbare. Damit ist die gewünschte hohe Qualität der Nachrichtenübertragung beim Einsatz inkohärenter Datendetektoren unter Umständen nicht zu gewährleisten. Aus diesem Grund werden inkohärente Datendetektoren hier nicht weiter betrachtet.

Hier werden ausschließlich solche DZM betrachtet, deren Luftschnittstellen die drei obengenannten Anforderungen erfüllen.

4.5.2 Einflüsse auf die Signalstruktur

Wegen Zeitvarianz und Frequenzselektivität des Mobilfunkkanals ist die wiederholte Kanalschätzung und die adaptive kohärente Datendetektion zum Erzielen einer möglichst hohen spektralen Effizienz $\eta_{\ddot{u}}$ notwendig. Der Einsatz adaptiver kohärenter Datendetektoren ist nur dann sinnvoll möglich, wenn neben der zu übertragenden Nachricht auch dem Empfänger bekannte Anteile übertragen werden, die eine Kanalschätzung erlauben. Solche dem Empfänger bekannten Anteile heißen Lernfolgen oder Trainingssequenzen (Training Sequences) [Kam92, S. 588].

Die Konstruktion der Lernfolgen hängt sowohl von der Kohärenzbandbreite B_c des Mobilfunkkanals beziehungsweise von der Mehrwegespreizung T_M des Mobilfunkkanals als auch von der Teilnehmerbandbreite B_u ab. Je größer T_M ist beziehungsweise je kleiner B_c ist, umso länger dauern die zu schätzenden zeitdiskreten

Kanalimpulsantworten. Die maximale Dauer der zu schätzenden zeitdiskreten Kanalimpulsantworten heißt im folgenden τ_{max}. Je größer B_u ist, umso feiner werden die zeitdiskreten Kanalimpulsantworten zeitlich aufgelöst, das heißt, umso mehr Abtastwerte haben die geschätzten zeitdiskreten Kanalimpulsantworten.

Sowohl das zu erwartende τ_{max} als auch die zu erwartende Anzahl der Abtastwerte in den geschätzten zeitdiskreten Kanalimpulsantworten müssen bei der Konstruktion der Lernfolgen berücksichtigt werden. Ebenso ist die Anzahl K der gleichzeitig im selben Teilnehmerfrequenzband der Teilnehmerbandbreite B_u aktiven Teilnehmer und somit die Anzahl K der gleichzeitig zu schätzenden Kanalimpulsantworten beim Entwurf der Lernfolgen zu berücksichtigen [Ste95]. So können beispielsweise beim Verzicht auf eine CDMA–Komponente, das heißt im Fall K gleich eins, kürzere Lernfolgen verwendet werden als im Fall des Verwendens einer CDMA–Komponente, das heißt im Fall K größer als eins.

Beim Verwenden einer CDMA–Komponente ergibt sich zusätzlich eine Asymmetrie zwischen der Aufwärtsstrecke und der Abwärtsstrecke. Aufgrund dieser Asymmetrie spielt K in der Abwärtstrecke beim Entwurf der Lernfolgen keine Rolle. Die Anzahl K der gleichzeitig im selben Teilnehmerfrequenzband der Teilnehmerbandbreite B_u aktiven Teilnehmer geht jedoch in den Entwurf der Lernfolgen für die Aufwärtstrecke ein [Ste95].

Die Lernfolgen müssen wiederholt übertragen werden, damit der Datendetektor dem sich zeitlich ändernden Zustand des Mobilfunkkanals angepaßt werden kann. Es ist weiterhin sinnvoll, daß die Dauern der Teilnehmersignale deutlich geringer als die Korrelationsdauer T_k des Mobilfunkkanals sind, weil dann der Mobilfunkkanal für die Dauer des gesendeten Teilnehmersignals als zeitinvariant betrachtet werden kann. Solch kurze Teilnehmersignale heißen Bursts und haben die Dauer T_{bu} gleich T_u. Das Verwenden von Bursts der Dauer T_{bu} ist Voraussetzung für den Einsatz einer TDMA–Komponente. Jedoch können Bursts auch beim Verzicht auf die TDMA–Komponente eingesetzt werden.

Da der Mobilfunkkanal für die Dauer $T_{bu} \ll T_k$ eines Bursts nahezu zeitinvariant ist, muß die Kanalschätzung nur ein einziges Mal pro Burst durchgeführt werden [Jun93]. Da beim Verwenden von Bursts oft keine wiederholte Kanalschätzung innerhalb des Bursts erforderlich ist, können zum einen der Signalverarbeitungsaufwand bei der Datendetektion gering gehalten werden, was sich vorteilhaft auf Realisierungsaufwand und Energieverbrauch auswirkt, und zum anderen die Längen der Lernfolgen kurz gehalten werden, was hohe Datenraten erlaubt, da der Anteil der Lernfolgen an den Bursts im Vergleich zu den informationstragenden Teilen der Bursts gering ist. Bild 4.21 zeigt im Überblick die eben diskutierten Einflüsse auf die Signalstruktur.

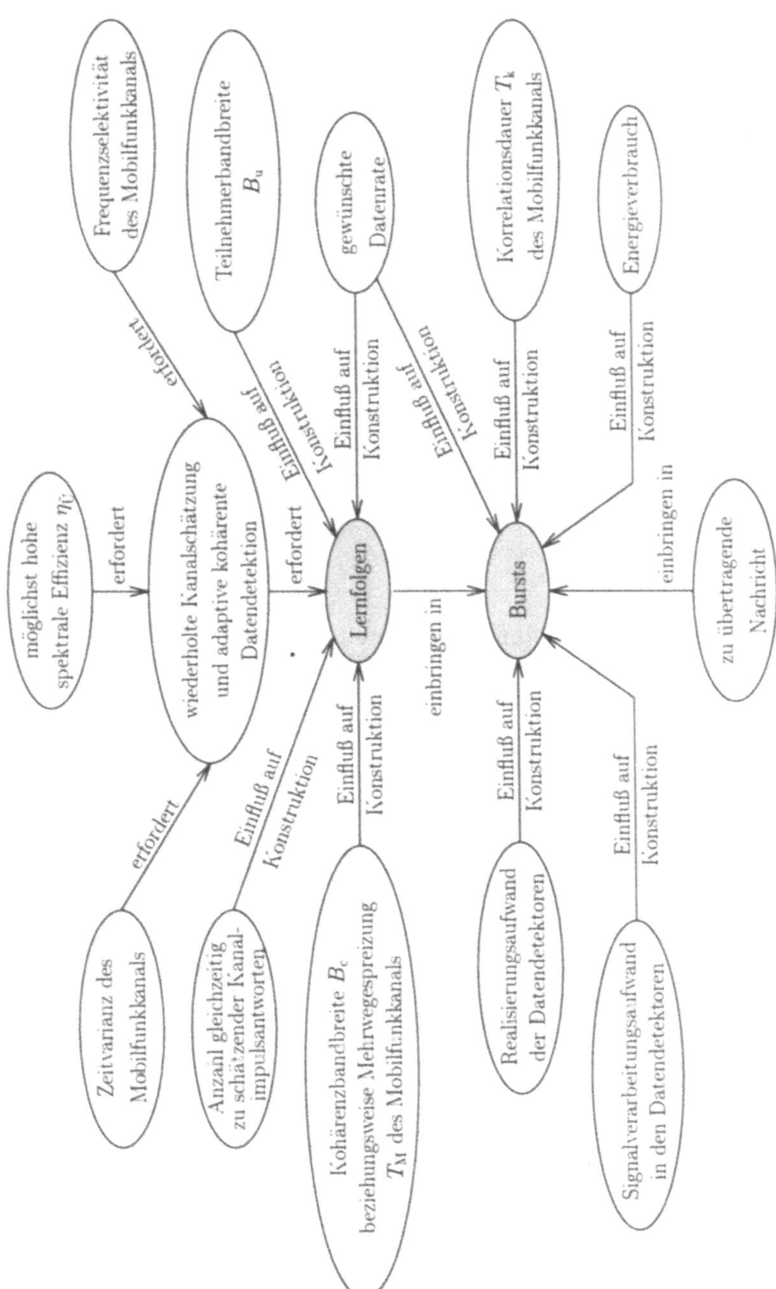

Bild 4.21. Einflüsse auf die Signalstruktur

4.5.3 Burststruktur

Bild 4.22 zeigt das üblicherweise verwendete Anordnen der Lernfolgen innerhalb
der Bursts [Ste95]. Wie bereits gesagt, besteht jeder Burst der Dauer T_{bu} aus

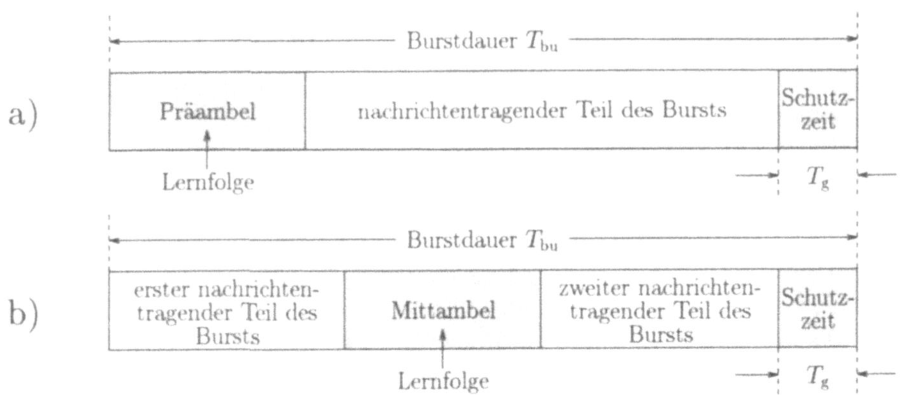

Bild 4.22. Anordnen der Lernfolge im Burst, siehe auch [Ste95, Bild 1.2]

    a) Lernfolge als Präambel

    b) Lernfolge als Mittambel

nachrichtentragenden Teilen, welche die Datensymbole enthalten, und aus der
Lernfolge. Außerdem hat jeder Burst eine Schutzzeit (GP, Guard Period) der
Dauer T_g. Während der Schutzzeit werden keine Datensymbole übertragen. Die
letztgenannte Schutzzeit erlaubt das sanfte Ein- und Ausschalten des Senders, wodurch ungewünschte spektrale Verbreiterungen der gesendeten Teilnehmersignale
vermieden werden, und trotz Mehrwegeausbreitung das einfache zeitliche Trennen der empfangenen Teilnehmersignale, die zu unmittelbar aufeinanderfolgend
gesendeten Bursts gehören.

Die Lernfolgen sind entweder in Form einer Präambel am Anfang der Bursts, wie
dies beispielsweise im IS–54 der Fall ist, oder in Form einer Mittambel in der
Mitte der Bursts, wie dies beispielsweise im GSM und im DCS 1800 der Fall ist,
siehe Bild 4.22. Präambeln haben den Vorteil, daß die empfangenen Teilnehmersignale nicht zwischengespeichert werden müssen, sondern die adaptive kohärente
Datendetektion gleichzeitig mit dem Empfang der Teilnehmersignale vonstatten
geht. Jedoch nimmt der Fehler der Kanalschätzung, der aufgrund der leichten
Zeitvarianz während der Burstdauer T_{bu} entsteht, nichtlinear mit dem zeitlichen

Abstand eines zu detektierenden Datensymbols von der Lernfolge zu [Bai89]. Deshalb ist das lernfolgenbasierte Ergebnis der Kanalschätzung für die Datensymbole am Ende der Bursts ungenauer als für die Datensymbole mit geringerem zeitlichem Abstand zur Lernfolge.

Die genannte Ungenauigkeit wirkt sich nachteilig auf die adaptive kohärente Datendetektion aus. Denn im Vergleich zu denjenigen Datensymbolen mit geringem zeitlichem Abstand zur Lernfolge erhöht sich wegen der zunehmenden Ungenauigkeit des lernfolgenbasierten Ergebnisses der Kanalschätzung für die zeitlich weit von der Lernfolge entfernten Datensymbole deren Symbol- beziehungsweise Bitfehlerverhältnis.

Mittambeln haben den Vorteil, daß das Ergebnis der Kanalschätzung trotz leichter Zeitvarianz auch für die Burstenden noch brauchbar ist. Dies wirkt sich vorteilhaft auf Symbol- beziehungsweise Bitfehlerverhältnis bei der adaptiven kohärenten Datendetektion aus. Jedoch müssen die empfangenen Teilnehmersignale beim Verwenden von Mittambeln zumindest teilweise zwischengespeichert werden. Da moderne Endgeräte ohnehin Speicher verwenden, ist dies kein gravierender Nachteil. Deshalb wird im folgenden davon ausgegangen, daß Mittambeln verwendet werden.

Der Vollständigkeit halber ist zu bemerken, daß es denkbar ist, die Lernfolgen auch als Postambeln am Ende der Bursts anzuordnen. Postambeln vereinen jedoch die Nachteile von Präambeln und Mittambeln gleichermaßen, ohne deren spezifische Vorteile zu haben. Daher sind Postambeln ohne Bedeutung für den Mobilfunk.

Im folgenden wird die allgemeine Burststruktur erläutert. Es wird davon ausgegangen, daß gleichzeitig K Teilnehmer im selben Teilnehmerfrequenzband der Breite B_u senden. Dies ist für ein DZM mit CDMA–Komponente der Fall. Wird auf CDMA–Komponenten verzichtet, so gilt K gleich eins. Bild 4.23 zeigt die allgemeine Burststruktur für Teilnehmer k, $k = 1 \cdots K$. Es wird weiterhin davon ausgegangen, daß durch einen Synchronisationsmechanismus die Teilnehmersignale bis auf wenige Mikrosekunden genau synchronisiert beim Empfänger eintreffen. Ein solcher Synchronisationsmechanismus ist seit dem Etablieren von GSM Stand der Technik. Beim Verwenden eines Synchronisationsmechanismus, der beispielsweise an denjenigen von GSM angelehnt sein könnte, spricht man von synchronen Systemen. Das im vorliegenden Abschnitt betrachtete Modell eines DZM sowie das in Abschnitt 6.2 behandelte GSM [MoP92] und das in Abschnitt 6.3 besprochene JD–CDMA [JuS94] sind im Sinne des hier eingeführten Begriffs synchrone Systeme. Jeder Burst der Dauer T_bu enthält

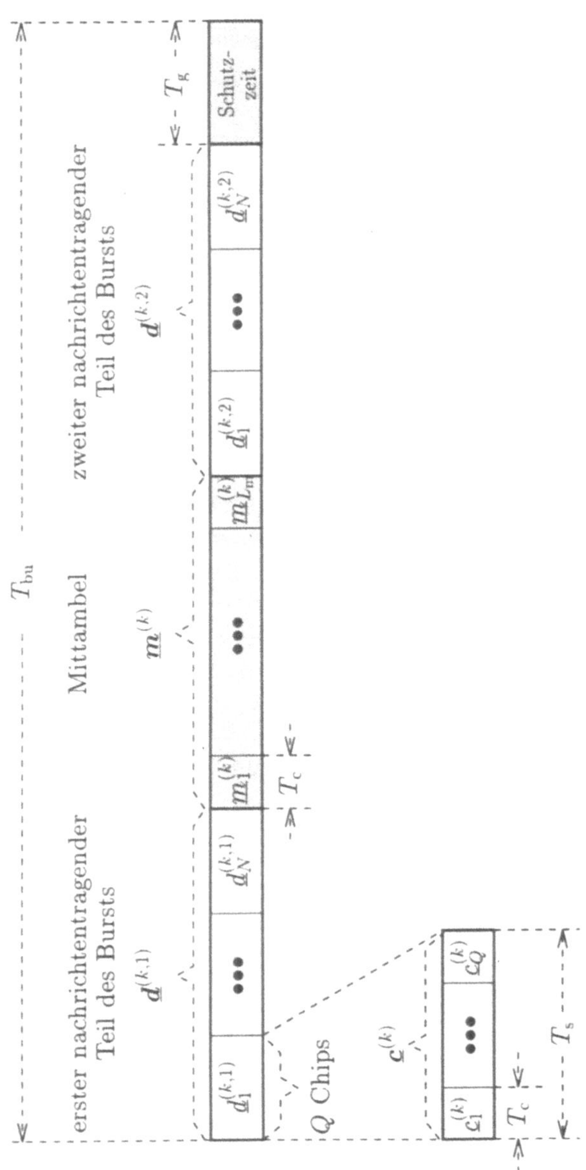

Bild 4.23. Allgemeine Burststruktur, siehe auch [Ste95]

– die zwei genannten nachrichtentragenden Teile, die aus den beiden Datenfolgen

$$\underline{d}^{(k,1)} \;=\; \left(\underline{d}_1^{(k,1)} \cdots \underline{d}_N^{(k,1)}\right)^{\mathrm{T}}, \tag{4.45a}$$

$$\underline{d}_n^{(k,1)} \in \underline{V}_{\mathrm{d}}, \; \underline{V}_{\mathrm{d}} \subset \mathbb{C}, \; k = 1 \cdots K, \; n = 1 \cdots N,$$

$$\underline{d}^{(k,2)} \;=\; \left(\underline{d}_1^{(k,2)} \cdots \underline{d}_N^{(k,2)}\right)^{\mathrm{T}}, \tag{4.45b}$$

$$\underline{d}_n^{(k,2)} \in \underline{V}_{\mathrm{d}}, \; \underline{V}_{\mathrm{d}} \subset \mathbb{C}, \; k = 1 \cdots K, \; n = 1 \cdots N,$$

mit jeweils N komplexen Datensymbolen $\underline{d}_n^{(k,i)}$, $k = 1 \cdots K$, $n = 1 \cdots N$, $i = 1, 2$, aus dem endlichen M–wertigen Symbolvorrat

$$\underline{V}_{\mathrm{d}} = \left\{\underline{v}_{\mathrm{d},1} \cdots \underline{v}_{\mathrm{d},M}\right\}, \quad \underline{v}_{\mathrm{d},\mu} \in \mathbb{C}, \; \mu = 1 \cdots M, \tag{4.46}$$

bestehen,

– die erwähnten teilnehmerspezifischen Mittambeln beziehungsweise Mittambelcodes

$$\underline{m}^{(k)} = \left(\underline{m}_1^{(k)} \cdots \underline{m}_{L_{\mathrm{m}}}^{(k)}\right)^{\mathrm{T}}, \quad \underline{m}_l^{(k)} \in \underline{V}_{\mathrm{m}}, \; \underline{V}_{\mathrm{m}} \subset \mathbb{C}, \; k = 1 \cdots K, \; l = 1 \cdots L_{\mathrm{m}}, \tag{4.47}$$

mit L_{m} komplexen Mittambelchips $\underline{m}_l^{(k)}$, $k = 1 \cdots K$, $l = 1 \cdots L_{\mathrm{m}}$, aus dem endlichen M_{m}–wertigen Symbolvorrat

$$\underline{V}_{\mathrm{m}} = \left\{\underline{v}_{\mathrm{m},1} \cdots \underline{v}_{\mathrm{m},M_{\mathrm{m}}}\right\}, \quad \underline{v}_{\mathrm{m},\mu} \in \mathbb{C}, \; \mu = 1 \cdots M_{\mathrm{m}}, \tag{4.48}$$

– und der genannten Schutzzeit der Dauer T_{g}.

Die Symboldauer eines jeden Datensymbols $\underline{d}_n^{(k,i)}$, $k = 1 \cdots K$, $n = 1 \cdots N$, $i = 1, 2$, ist T_{s}, und die Symbolrate ist $1/T_{\mathrm{s}}$. Die Chipdauer eines Mittambelchips $\underline{m}_l^{(k)}$, $k = 1 \cdots K$, $l = 1 \cdots L_{\mathrm{m}}$, ist T_{c}, und die Chiprate ist $1/T_{\mathrm{c}}$. Falls eine CDMA–Komponente verwendet wird, so wird jedes Datensymbol $\underline{d}_n^{(k,i)}$, $k = 1 \cdots K$, $n = 1 \cdots N$, $i = 1, 2$, mit dem teilnehmerspezifischen CDMA–Code

$$\underline{c}^{(k)} = \left(\underline{c}_1^{(k)} \cdots \underline{c}_Q^{(k)}\right)^{\mathrm{T}}, \quad \underline{c}_q^{(k)} \in \underline{V}_{\mathrm{c}}, \; \underline{V}_{\mathrm{c}} \subset \mathbb{C}, \; k = 1 \cdots K, \; q = 1 \cdots Q, \; K, Q > 1 \tag{4.49}$$

mit $Q > 1$ komplexen Chips $\underline{c}_q^{(k)}$, $k = 1 \cdots K$, $q = 1 \cdots Q$, $K, Q > 1$, aus dem endlichen $\tilde{M}$–wertigen Symbolvorrat

$$\underline{V}_{\mathrm{c}} = \left\{\underline{v}_{\mathrm{c},1} \cdots \underline{v}_{\mathrm{c},\tilde{M}}\right\}, \quad \underline{v}_{\mathrm{c},\mu} \in \mathbb{C}, \; \mu = 1 \cdots \tilde{M}, \tag{4.50}$$

gespreizt. Die Dauer eines Chips $\underline{c}_q^{(k)}$, $k = 1 \cdots K$, $q = 1 \cdots Q$, $K, Q > 1$, ist wiederum T_c, und die Chiprate ist $1/T_c$. Es gilt deshalb allgemein

$$T_s = Q \cdot T_c, \tag{4.51a}$$

$$\frac{1}{T_s} = \frac{1}{Q \cdot T_c}. \tag{4.51b}$$

Die Beziehungen (4.51a) und (4.51b) gelten für JD–CDMA nach Abschnitt 6.3. Falls keine CDMA–Komponente verwendet wird, gilt

$$Q = 1, \tag{4.52a}$$

$$K = 1, \tag{4.52b}$$

$$T_s = T_c, \tag{4.52c}$$

$$\frac{1}{T_s} = \frac{1}{T_c}, \tag{4.52d}$$

$$\underline{c}_1^{(1)} \stackrel{\text{def}}{=} 1. \tag{4.52e}$$

Die Beziehungen (4.52a) bis (4.52e) gelten für GSM nach Abschnitt 6.2.

4.5.4 Alternative Signalstrukturen

Alternativ zur zeitlich getrennten Übertragung von Lernfogen und nachrichtentragenden Teilen ist bei Mobilfunksystemen mit CDMA–Komponente deren gleichzeitige Übertragung möglich, siehe [IS–95]. Dasjenige Signal, welches die Lernfolge enthält, heißt Pilot. Diese Form der Übertragung hat folgende wesentliche Nachteile: Wegen der gleichzeitigen Übertragung interferieren nachrichtentragende Teile und Lernfolgen. Die zusätzliche Interferenz ist nachteilig für Kanalschätzung und Datendetektion. Außerdem ist die Realisierung einer konstanten Einhüllenden der gesendeten Teilnehmersignale schwierig. Deshalb sind gerade in der Aufwärtsstrecke energiesparende nichtlineare Sendeverstärker nicht einsetzbar. Mobilfunksysteme, die eine gleichzeitige Übertragung von Piloten und nachrichtentragenden Teilen verwenden, haben außerdem nur eingeschränkte Rückwärtskompatibilität zu dem weltweit bedeutendsten Mobilfunksystem GSM. Diese Art der Übertragung wird wegen der genannten Nachteile hier nicht weiter betrachtet.

Seit einigen Jahren werden kohärente Empfänger untersucht, die ohne Lernfolgen oder Piloten auskommen. Die übertragenen Signale enthalten dann nur nachrichtentragende Teile und gegebenenfalls Schutzzeiten. Wenn auf die Verwendung von Lernfolgen verzichtet wird, so muß eine blinde Kanalschätzung durchgeführt werden [ISG94, Sat95, Ses94]. Die blinde Kanalschätzung ermittelt die Parameter des Mobilfunkkanals anhand des datentragenden Teils der Empfangssignale. Verfahren zur blinden Kanalschätzung sind in der Regel aufwendiger als Verfahren, die auf dem Einsatz von Lernfolgen beruhen. Zum anderen ergeben sich bei Verfahren zur blinden Kanalschätzung oft größere Schätzfehler als bei den letztgenannten Verfahren. Verfahren zur blinden Kanalschätzung werden deshalb nicht weiter betrachtet.

Der Vollständigkeit sei angemerkt, daß derzeit Algorithmen zur gemeinsamen Kanalschätzung und Datendetektion für den Mobilfunk entwickelt und untersucht werden [MXRS94, XRSM93]. Solche Algorithmen sind sehr aufwendig und daher nur für den Einsatz in Basisstationen empfehlenswert. Deshalb wird das derzeit übliche getrennte Realisieren der Kanalschätzung in Kanalschätzern und der adaptiven kohärenten Datendetektion in Datendetektoren vorausgesetzt [Kam92].

4.5.5 Systemstruktur

Im vorliegenden Abschnitt wird die im Bild 4.24 gezeigte allgemeine Systemstruktur der Luftschnittstelle in einer beliebigen aber festen Zelle in einem DZM erläutert. Da im vorliegenden Buch nur der äquivalente Tiefpaßbereich betrachtet wird, sind in Bild 4.24 keine Mischer berücksichtigt. Es wird davon ausgegangen, daß K Sender gleichzeitig im selben Teilnehmerfrequenzband der Teilnehmerbandbreite B_u aktiv sind. Wie bereits im vorangegangenen Abschnitt gesagt, ist dies für ein DZM mit CDMA–Komponente der Fall. Wird auf die CDMA–Komponente verzichtet, so gelten K gleich eins und Q gleich eins, und die in Bild 4.24 gezeigte allgemeine Systemstruktur vereinfacht sich entsprechend. Weiterhin sei das betrachtete System ein synchrones System.

Die im folgenden betrachtete allgemeine Systemstruktur [JBN94] gilt sowohl für die Aufwärtsstrecke als auch für die Abwärtsstrecke. Im Fall der Aufwärtstrecke sind die K Sender an verschiedenen Orten. Dies sind die K Mobilstationen. Dagegen gibt es in der Abwärtsstrecke nur einen einzigen Sender, der alle K Teilnehmersignale mit derselben Sendeantenne sendet. Dies ist die Basisstation. Das Behandeln der Abwärtstrecke ist daher einfacher als das Behandeln der Aufwärtstrecke. Weiterhin berücksichtigt die im folgenden betrachtete allgemeine Systemstruktur explizit den Einsatz von K_a–facher Raumdiversität.

Jeder der K in Bild 4.24 gezeigten Sender enthält einen Quellencodierer, einen Kanalcodierer, einen Verschachteler (Interleaver), einen Burstbildner, einen Modulator, ein Sendefilter und einen Sendeverstärker. Jeder Sender hat eine einzige Sendeantenne. Die von den K Sendern gesendeten Teilnehmersignale gelangen über den Mobilfunkkanal zum Empfänger mit K_a–facher Raumdiversität. Der Mobilfunkkanal hat gemäß Bild 4.24

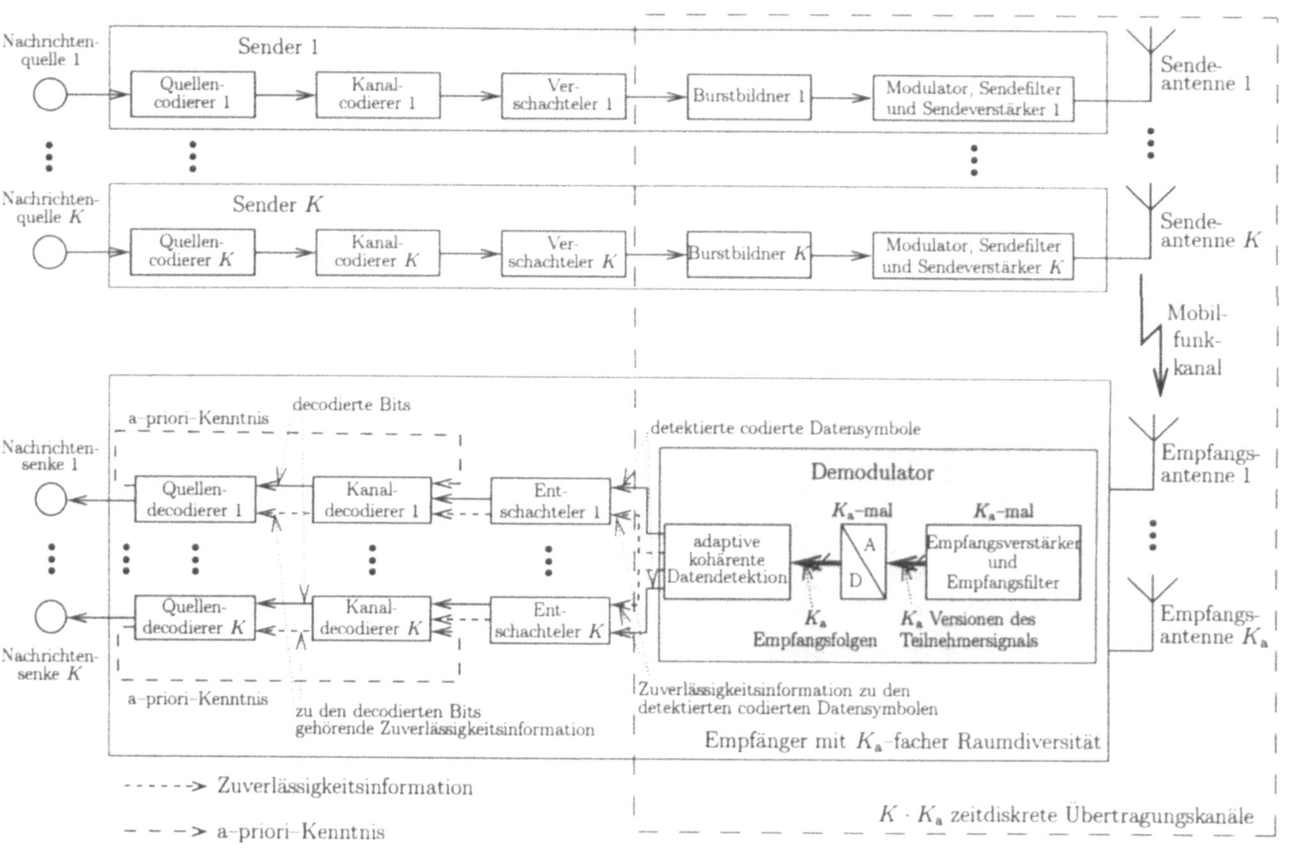

Bild 4.24. Allgemeine Systemstruktur der Luftschnittstelle

- K Eingänge, von denen Eingang k, $k = 1 \cdots K$, einem bestimmten Sender k, $k = 1 \cdots K$, eineindeutig zugeordnet ist, und

- K_{a} Ausgänge, von denen Ausgang k_{a}, $k_{\mathrm{a}} = 1 \cdots K_{\mathrm{a}}$, einem Empfangssensor k_{a}, $k_{\mathrm{a}} = 1 \cdots K_{\mathrm{a}}$, beispielsweise einer Empfangsantenne k_{a}, $k_{\mathrm{a}} = 1 \cdots K_{\mathrm{a}}$, eineindeutig zugeordnet ist.

Die Verbindung zwischen Sender k und Empfangssensor k_{a} wird durch die Kanalimpulsantwort $\underline{h}^{(k,k_{\mathrm{a}})}(\tau, t)$ nach (3.102) beschrieben. In Bild 4.24 werden also $K \cdot K_{\mathrm{a}}$ Kanalimpulsantworten vorausgesetzt. Insbesondere sind in der Aufwärtsstrecke die $K \cdot K_{\mathrm{a}}$ Kanalimpulsantworten in der Regel paarweise verschieden. Vom im Bild 4.24 dargestellten Empfänger aus gesehen sind in der Abwärtsstrecke die Kanalimpulsantworten $\underline{h}^{(k,k_{\mathrm{a}})}(\tau, t)$ nach (3.102) bei festem k_{a} für alle k, $k = 1 \cdots K$, identisch, da alle gesendeten Teilnehmersignale vom selben Ort ausgehen und deshalb den Empfangssensor k_{a} über dieselbe Funkstrecke erreichen. In der Abwärtsstrecke gibt es also nur K_{a} verschiedene Kanalimpulsantworten $\underline{h}^{(k,k_{\mathrm{a}})}(\tau, t)$ nach (3.102), da keine Abhängigkeit von k vorliegt. Die K_{a}–fache Raumdiversität des Empfängers wird durch die in Bild 4.24 gezeigten Antennensymbole angedeutet. Es wird angenommen, daß der Empfänger alle von den K Sendern gesendeten Nachrichten gemeinsam ermitteln soll. Ein solcher Empfänger heißt Empfänger mit gemeinsamer Detektion (JD, Joint Detection). Der Empfänger enthält K_{a} Empfangsverstärker, K_{a} Empfangsfilter, K_{a} A/D–Umsetzer, einen adaptiven kohärenten Datendetektor zur gemeinsamen Datendetektion, K Entschachteler (Deinterleaver), K Kanaldecodierer und K Quellendecodierer.

Nachfolgend wird die Funktionsweise der in Bild 4.24 gezeigten allgemeinen Systemstruktur der Luftschnittstelle dargelegt. Dabei wird der besseren Anschaulichkeit wegen weitgehend auf das Einstreuen von Formelzeichen verzichtet.

Die K Nachrichtenquellen erzeugen die zu übertragenden Nachrichten. Diese zu übertragenden Nachrichten können sowohl Analogsignale, wie dies bei Sprache, Musik und Video der Fall ist, als auch Digitalsignale sein, wie dies bei digitalisierten Bildern und digital gespeicherten Daten der Fall ist. Die Bandbreite der Analogsignale beziehungsweise die Datenraten der Digitalsignale bestimmen das im DZM einzuhaltende Signalisierungstempo [HeQ95]. Die Ausgangssignale der K Nachrichtenquellen werden in der Regel in zeitlich gleichlange Abschnitte unterteilt, die im folgenden Rahmen (Frames) genannt werden. Das Übertragen der Nachrichten erfolgt deshalb rahmenweise. Die Rahmen werden quellencodiert, kanalcodiert, verschachtelt, moduliert, übertragen, demoduliert, entschachtelt, kanaldecodiert und quellendecodiert. Diese Rahmen dauern bei Sprachübertragung oft wenige zehn Millisekunden, siehe zum Beispiel [MoP92].

Die K Quellencodierer setzen die von den K Nachrichtenquellen abgegebenen Signale in solche Signale um, welche im DZM übertragen werden können. Da nur eine gewisse Datenrate bereitgestellt werden kann, müssen die K Quellencodierer ihre Eingangssignale in Ausgangssignale mit möglichst wenig Redundanz umsetzen. Dieses Umsetzen durch die K Quellencodierer beinhaltet also eine Informationsverdichtung oder Datenkompression [HeQ95]. Das Ausgangssignal eines Quellencodierers ist digital. Die quellencodierten Datensymbole in diesem Ausgangssignal sind in der Regel einem binären Symbolvorrat entnommen und heißen deshalb quellencodierte Bits.

In einem DZM werden Kanalcodierung und Verschachtelung eingesetzt, um zum einen Zeitdiversität zu erreichen und zum anderen durch gezieltes Einbringen von Redundanz die Resistenz gegen Vielfachzugriffsinterferenz, insbesondere gegen Gleichkanalinterferenz, zu erhöhen. Die K Kanalcodierer fügen deshalb den von den K Quellencodierern erzeugten Ausgangssignalen wieder Redundanz hinzu, damit im Empfänger möglichst alle bei der Datendetektion gemachten Detektionsfehler im Kanaldecodierer erkannt und korrigiert werden können. Ein Detektionsfehler tritt immer dann auf, wenn im Empfänger ein gesendetes codiertes Datensymbol falsch detektiert wird. Durch das geeignete Hinzufügen von Redundanz in das Ausgangssignal des Quellencodierers entsteht ein effektiver Fehlerschutz. An den Ausgängen der K Kanalcodierer ergeben sich codierte Datensymbole. In der Regel verwendet man binäre Codes zur Kanalcodierung [ViO79]. Dann ist der Symbolvorrat der codierten Datensymbole binär, und die codierten binären Datensymbole heißen codierte Bits.

Ein effektiver Fehlerschutz durch Kanalcodierung ist besonders einfach zu erreichen, wenn die Detektionsfehler bei der Datendetektion statistisch unabhängig voneinander auftreten [Pro95]. In DZM sind Detektionsfehler jedoch wegen des Mobilfunkkanals oft statistisch abhängig und treten meist in Gruppen auf. Man spricht von Bündelfehlern. Der Einfluß dieser statistischen Abhängigkeit auftretender Detektionsfehler auf die Kanaldecodierung kann durch Ver- beziehungsweise Entschachtelung reduziert werden.

Nach der Verschachtelung werden die Bursts in den K Burstbildnern erzeugt. Es wird davon ausgegangen, daß im Burstbildner ein eventuelles Umsetzen der codierten Bits in Datensymbole aus einem höherwertigen, M–wertigen Symbolvorrat $\underline{V}_\mathrm{d}$ nach (4.46) geschieht und der eventuelle Einsatz einer TDMA–Komponente sowie einer CDMA–Komponente berücksichtigt wird. Wird beispielsweise eine TDMA–Komponente eingesetzt, so werden die Bursts der Dauer T_bu nur einmal pro TDMA–Rahmendauer T_fr an den Modulator weitergeleitet. Wird eine CDMA–Komponente eingesetzt, so findet das Spreizen mit den teilnehmerspezifischen CDMA–Codes $\underline{c}^{(k)}$, $k = 1 \cdots K$, nach (4.49) im Burstbildner statt.

Aufgabe der K Modulatoren ist das Erzeugen der K zu sendenden Teilnehmersignale. Die von den K Modulatoren erzeugten, zu sendenden Teilnehmersignale werden von den K Sendefiltern spektral geformt und in den K Sendeverstärkern verstärkt, bevor sie abgestrahlt werden.

Die K_a Empfangssignale, die am Empfängereingang vorliegen, werden K_a Empfangsverstärkern, K_a Empfangsfiltern und K_a A/D–Umsetzern zugeführt. Es wird angenommen, daß die Abtastrate der K_a A/D–Umsetzer gleich der Chiprate $1/T_c$ ist, falls eine CDMA–Komponente verwendet wird. Beim Verzicht auf eine CDMA–Komponente sei die Abtastrate dieser K_a A/D–Umsetzer gleich der Symbolrate $1/T_s$. Die K_a von den A/D–Umsetzern erzeugten Empfangsfolgen werden der adaptiven kohärenten Datendetektion einschließlich der dazu erforderlichen Kanalschätzung unterworfen, siehe die Abschnitte 5.2 und 5.3.

Die Kombination aus Empfangsverstärkern, Empfangsfiltern, A/D–Umsetzern und adaptivem kohärentem Datendetektor ist der Demodulator. Am Ausgang des adaptiven kohärenten Datendetektors liegen die detektierten codierten Datensymbole vor. Um das Arbeiten des Kanaldecodierers zu unterstützen und die Anzahl der korrigierbaren Detektionsfehler zu erhöhen, wird üblicherweise vom adaptiven kohärenten Datendetektor zu jedem detektierten codierten Datensymbol eine Zuverlässigkeitsinformation erzeugt und ausgegeben. In diesem Fall spricht man von weicher Entscheidung (Soft Decision) im adaptiven kohärenten Datendetektor. Im Gegensatz zur weichen Entscheidung wird bei der harten Entscheidung (Hard Decision) im adaptiven kohärenten Datendetektor auf das Erzeugen und Weitergeben von Zuverlässigkeitsinformation verzichtet.

Nach der adaptiven kohärenten Datendetektion wird die in den K Verschachtelern durchgeführte Verschachtelung der codierten Datensymbole in den K Entschachtelern wieder rückgängig gemacht. Die Entschachtelung betrifft neben den detektierten codierten Datensymbolen auch die zugehörige Zuverlässigkeitsinformation. Die K Kanaldecodierer erzeugen aus den entschachtelten detektierten codierten Datensymbolen und der zugehörigen entschachtelten Zuverlässigkeitsinformation unter Kenntnis der in den K Sendern verwendeten Codes eine Schätzung der Eingangssignale der K Kanalcodierer.

Es ist ebenfalls möglich, in den Kanaldecodierern eine Zuverlässigkeitsinformation zu erzeugen und vorteilhaft bei der Quellendecodierung auszunutzen. Vor kurzem begannen Forschungsarbeiten zur quellenkontrollierten Kanaldecodierung, bei der die Kanaldecodierung in zwei Schritten abläuft [Hag95].

Im ersten Schritt werden die Kanaldecodierung, die mit Kenntnis der verwendeten Codes aufgrund der entschachtelten detektierten codierten Datensymbole und der

zugehörigen entschachtelten Zuverlässigkeitsinformation erfolgt, und anschließend
die Quellendecodierung, die mit Kenntnis der verwendeten Algorithmen zur Quellencodierung basierend auf der von den K Kanaldecodierern erzeugten Schätzungen
der Eingangssignale der K Kanalcodierer und der zu diesen Schätzungen gehörenden Zuverlässigkeitsinformation erfolgt, durchgeführt. Die K Quellendecodierer
erzeugen in geeigneter Weise Zuverlässigkeitsinformation für die entschachtelten
detektierten codierten Datensymbole.

Diese letztgenannte Zuverlässigkeitsinformation wird im zweiten Schritt der quellenkontrollierten Kanaldecodierung als a–priori–Kenntnis ergänzend zu den entschachtelten detektierten codierten Datensymbolen und der vom Datendetektor
erzeugten Zuverlässigkeitsinformation bei der Kanaldecodierung berücksichtigt.
Anschließend an diese Kanaldecodierung findet die erneute Quellendecodierung
statt. Durch die quellenkontrollierte Kanaldecodierung kann die Übertragungsqualität beachtlich verbessert werden. Die quellenkontrollierte Kanaldecodierung
wird hier nicht weiter behandelt. Statt dessen wird der Leser auf [Hag95] verwiesen.
Die K Ausgangssignale der Quellendecodierer werden an die K Nachrichtensenken
ausgegeben.

Die K Modulatoren, die K Sendefilter, der Mobilfunkkanal, die K_a Empfangsverstärker, die K_a Empfangsfilter und die K_a A/D–Umsetzer können als $K \cdot K_\mathrm{a}$
äquivalente zeitdiskrete Übertragungskanäle beschrieben werden [Hub92, Bild 2.1],
siehe Bild 4.24. Es wird im folgenden davon ausgegangen, daß die $K \cdot K_\mathrm{a}$ zeitdiskreten Übertragungskanäle linear sind. Nachstehend wird deshalb ausschließlich das
zeitdiskrete Modell der in Bild 4.24 veranschaulichten Luftschnittstelle verwendet.

4.5.6 Empfangsfolgen

Im vorliegenden Abschnitt 4.5.6 wird das Aussehen der Empfangsfolgen veranschaulicht und mathematisch modelliert [Nas95]. Bild 4.25 zeigt schematisch das
Entstehen desjenigen ungestörten Anteils $\underline{e}^{(k,k_\mathrm{a})}$ der Empfangsfolge

$$\underline{e}^{(k_\mathrm{a})} = \sum_{k=1}^{K} \underline{e}^{(k,k_\mathrm{a})} + \underline{n}^{(k_\mathrm{a})}, \quad k_\mathrm{a} = 1 \cdots K_\mathrm{a}, \qquad (4.53)$$

der von Teilnehmer k, $k = 1 \cdots K$, am Empfangssensor k_a, $k_\mathrm{a} = 1 \cdots K_\mathrm{a}$, verursacht wird. In (4.53) ist $\underline{n}^{(k_\mathrm{a})}$, $k_\mathrm{a} = 1 \cdots K_\mathrm{a}$, die Folge der Störabtastwerte
$\underline{n}_n^{(k_\mathrm{a})}$, $n = 1 \cdots (2NQ + L_\mathrm{m} + W - 1)$, $k_\mathrm{a} = 1 \cdots K_\mathrm{a}$, am Empfangssensor k_a,
$k_\mathrm{a} = 1 \cdots K_\mathrm{a}$. Es gilt also

$$\underline{n}^{(k_\mathrm{a})} = \left(\underline{n}_1^{(k_\mathrm{a})} \cdots \underline{n}_{2NQ+L_\mathrm{m}+W-1}^{(k_\mathrm{a})} \right)^\mathrm{T}, \underline{n}_n^{(k_\mathrm{a})} \in \mathbb{C}, \qquad (4.54)$$

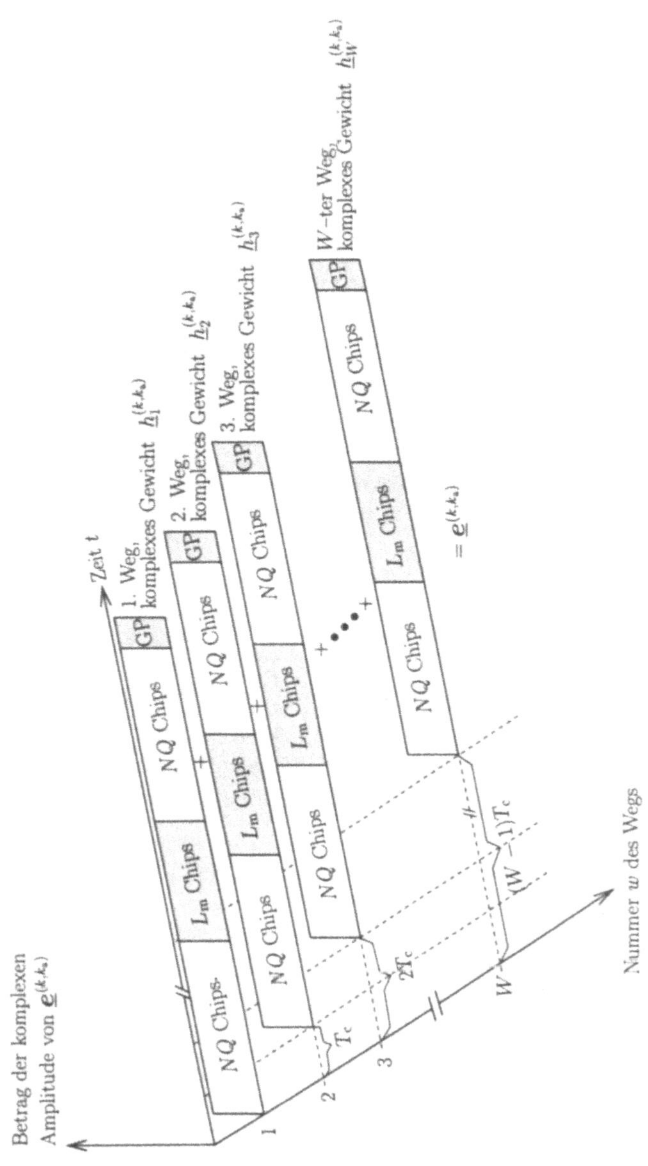

Bild 4.25. Zum Entstehen des ungestörten Anteils $\underline{e}^{(k,k_\mathrm{a})}$ der Empfangsfolge

$$\underline{e}^{(k_\mathrm{a})} = \sum_{k=1}^{K} \underline{e}^{(k,k_\mathrm{a})} + \underline{n}^{(k_\mathrm{a})},$$ der von Teilnehmer k, $k = 1 \cdots K$, am Empfangssensor k_a, $k_\mathrm{a} = 1 \cdots K_\mathrm{a}$, verursacht wird

$$n = 1 \cdots (2NQ + L_{\mathrm{m}} + W - 1),\ k_{\mathrm{a}} = 1 \cdots K_{\mathrm{a}}.$$

Die additive Störung $\underline{n}^{(k_{\mathrm{a}})}$, $k_{\mathrm{a}} = 1 \cdots K_{\mathrm{a}}$, nach (4.54) repräsentiert sowohl thermisches Rauschen als auch bei der adaptiven kohärenten Datendetektion unberücksichtige Vielfachzugriffsinterferenz, wie beispielsweise Nachbarkanalinterferenz und Interzellinterferenz. Der zeitdiskrete Übertragungskanal zwischen Sender k, $k = 1 \cdots K$, und Empfangssensor k_{a}, $k_{\mathrm{a}} = 1 \cdots K_{\mathrm{a}}$, hat $W \in \mathbb{N}$ Wege und die zeitdiskrete Kanalimpulsantwort

$$\underline{h}^{(k,k_{\mathrm{a}})} \;=\; \left(\underline{h}_1^{(k,k_{\mathrm{a}})} \cdots \underline{h}_W^{(k,k_{\mathrm{a}})} \right)^{\mathrm{T}}, \quad \underline{h}_w^{(k,k_{\mathrm{a}})} \in \mathbb{C}, \tag{4.55}$$

$$w = 1 \cdots W,\ k = 1 \cdots K,\ k_{\mathrm{a}} = 1 \cdots K_{\mathrm{a}}.$$

Gemäß Bild 4.25 beeinflußt dieser zeitdiskrete Übertragungskanal den von Teilnehmer k, $k = 1 \cdots K$, gesendeten Burst folgendermaßen. Im folgenden wird die Grundlaufzeit zwischen Sender und Empfänger ohne Beschränkung der Allgemeingültigkeit zu null gesetzt. Über den ersten Weg mit dem komplexen Gewicht $\underline{h}_1^{(k,k_{\mathrm{a}})}$, $k = 1 \cdots K$, $k_{\mathrm{a}} = 1 \cdots K_{\mathrm{a}}$, wird der von Teilnehmer k, $k = 1 \cdots K$, gesendete Burst unverzögert übertragen.

Der zweite Weg mit dem komplexen Gewicht $\underline{h}_2^{(k,k_{\mathrm{a}})}$, $k = 1 \cdots K$, $k_{\mathrm{a}} = 1 \cdots K_{\mathrm{a}}$, über den der von Teilnehmer k, $k = 1 \cdots K$, gesendete Burst übertragen wird, ist gegenüber dem ersten Weg um T_{c} verzögert. Der dritte Weg mit dem komplexen Gewicht $\underline{h}_3^{(k,k_{\mathrm{a}})}$, $k = 1 \cdots K$, $k_{\mathrm{a}} = 1 \cdots K_{\mathrm{a}}$, über den der von Teilnehmer k, $k = 1 \cdots K$, gesendete Burst übertragen wird, ist gegenüber dem zweiten Weg um T_{c} und gegenüber dem ersten Weg um $2 \cdot T_{\mathrm{c}}$ verzögert.

Der letzte und damit W–te Weg mit dem komplexen Gewicht $\underline{h}_W^{(k,k_{\mathrm{a}})}$, $k = 1 \cdots K$, $k_{\mathrm{a}} = 1 \cdots K_{\mathrm{a}}$, über den der von Teilnehmer k, $k = 1 \cdots K$, gesendete Burst übertragen wird, ist gegenüber dem ersten Weg folglich um $(W - 1) \cdot T_{\mathrm{c}}$ verzögert. Die W unterschiedlich gewichteten und verzögerten Versionen des von Teilnehmer k, $k = 1 \cdots K$, gesendeten Bursts werden addiert und ergeben dann $\underline{e}^{(k,k_{\mathrm{a}})}$. Der Anteil $\underline{e}^{(k,k_{\mathrm{a}})}$ an der Empfangsfolge $\underline{e}^{(k_{\mathrm{a}})}$ nach (4.53) und damit die Empfangsfolge $\underline{e}^{(k_{\mathrm{a}})}$ nach (4.53) selbst entstehen also durch zeitdiskrete Faltung der von den K Teilnehmern gesendeten Bursts mit den zeitdiskreten Kanalimpulsantworten $\underline{h}^{(k,k_{\mathrm{a}})}$, $k = 1 \cdots K$, $k_{\mathrm{a}} = 1 \cdots K_{\mathrm{a}}$, einschließlich dem additiven Überlagern mit den Folgen $\underline{n}^{(k_{\mathrm{a}})}$, $k_{\mathrm{a}} = 1 \cdots K_{\mathrm{a}}$ nach (4.54).

Bild 4.26 zeigt die Struktur der Empfangsfolge

$$\underline{e}^{(k_{\mathrm{a}})} \;=\; \left(\underline{e}_1^{(k_{\mathrm{a}})} \cdots \underline{e}_{2NQ+L_{\mathrm{m}}+W-1}^{(k_{\mathrm{a}})} \right)^{\mathrm{T}}, \tag{4.56}$$

$$\underline{e}_n^{(k_{\mathrm{a}})} \in \mathbb{C},\ n = 1 \cdots (2NQ + L_{\mathrm{m}} + W - 1),\ k_{\mathrm{a}} = 1 \cdots K_{\mathrm{a}},$$

nach (4.53). Die Empfangsfolge $\underline{e}^{(k_\mathrm{a})}$ nach (4.53) beziehungsweise (4.56) besteht gemäß Bild 4.26 aus fünf Anteilen [Ste95], nämlich

- einem Anteil (1) aus den NQ Abtastwerten $\underline{e}_1^{(k_\mathrm{a})}$ bis $\underline{e}_{NQ}^{(k_\mathrm{a})}$, der nur durch die Datenblöcke $\underline{d}^{(k,1)}$, $k = 1 \cdots K$, nach (4.45a) bestimmt ist,

- einem Mischterm (2) aus den $W - 1$ Abtastwerten $\underline{e}_{NQ+1}^{(k_\mathrm{a})}$ bis $\underline{e}_{NQ+W-1}^{(k_\mathrm{a})}$, der durch die Datenblöcke $\underline{d}^{(k,1)}$, $k = 1 \cdots K$, nach (4.45a) und durch die Mittambeln $\underline{m}^{(k)}$, $k = 1 \cdots K$, nach (4.47) bestimmt ist,

- einem Anteil (3) aus den $L_\mathrm{m} - W + 1$ Abtastwerten $\underline{e}_{NQ+W}^{(k_\mathrm{a})}$ bis $\underline{e}_{NQ+L_\mathrm{m}}^{(k_\mathrm{a})}$, der nur durch die Mittambeln $\underline{m}^{(k)}$, $k = 1 \cdots K$, nach (4.47) bestimmt ist,

- einem Mischterm (4) aus den $W - 1$ Abtastwerten $\underline{e}_{NQ+L_\mathrm{m}+1}^{(k_\mathrm{a})}$ bis $\underline{e}_{NQ+L_\mathrm{m}+W-1}^{(k_\mathrm{a})}$, der nur durch die Mittambeln $\underline{m}^{(k)}$, $k = 1 \cdots K$, nach (4.47) und durch die Datenblöcke $\underline{d}^{(k,2)}$, $k = 1 \cdots K$, nach (4.45b) bestimmt ist, und

- einem Anteil (5) aus den NQ Abtastwerten $\underline{e}_{NQ+L_\mathrm{m}+W}^{(k_\mathrm{a})}$ bis $\underline{e}_{2NQ+L_\mathrm{m}+W-1}^{(k_\mathrm{a})}$, der nur durch die Datenblöcke $\underline{d}^{(k,2)}$, $k = 1 \cdots K$, nach (4.45b) bestimmt ist.

Zur Kanalschätzung wird nur der in Bild 4.26 mit (3) bezeichnete Anteil

$$
\underline{e}_\mathrm{m}^{(k_\mathrm{a})} = \left(\underline{e}_{\mathrm{m},1}^{(k_\mathrm{a})} \cdots \underline{e}_{\mathrm{m},L_\mathrm{m}-W+1}^{(k_\mathrm{a})} \right)^\mathrm{T} = \left(\underline{e}_{NQ+W}^{(k_\mathrm{a})} \cdots \underline{e}_{NQ+L_\mathrm{m}}^{(k_\mathrm{a})} \right)^\mathrm{T}, \quad k_\mathrm{a} = 1 \cdots K_\mathrm{a},
\tag{4.57}
$$

von $\underline{e}^{(k_\mathrm{a})}$ nach (4.53) beziehungsweise (4.56) verwendet. Die Folge $\underline{e}_\mathrm{m}^{(k_\mathrm{a})}$, $k_\mathrm{a} = 1 \cdots K_\mathrm{a}$, nach (4.57) ist durch die Folge

$$
\underline{n}_\mathrm{m}^{(k_\mathrm{a})} = \left(\underline{n}_{\mathrm{m},1}^{(k_\mathrm{a})} \cdots \underline{n}_{\mathrm{m},L_\mathrm{m}-W+1}^{(k_\mathrm{a})} \right)^\mathrm{T} = \left(\underline{n}_{NQ+W}^{(k_\mathrm{a})} \cdots \underline{n}_{NQ+L_\mathrm{m}}^{(k_\mathrm{a})} \right)^\mathrm{T}, \quad k_\mathrm{a} = 1 \cdots K_\mathrm{a},
\tag{4.58}
$$

gestört.

Beispiel 4.7 Bei diesem Beispiel wird davon ausgegangen, daß auf eine CDMA-Komponente verzichtet wird und somit (4.52a) bis (4.52e) gelten. Ferner wird nur eine Empfangsantenne betrachtet. Der zeitdiskrete Übertragungskanal habe W gleich zwei Wege, und die Kanalimpulsantwort sei

$$
\underline{h}^{(1,1)} = \left(\underline{h}_1^{(1,1)}, \underline{h}_2^{(1,1)} \right)^\mathrm{T} = (+1,\, +1)^\mathrm{T}.
\tag{4.59}
$$

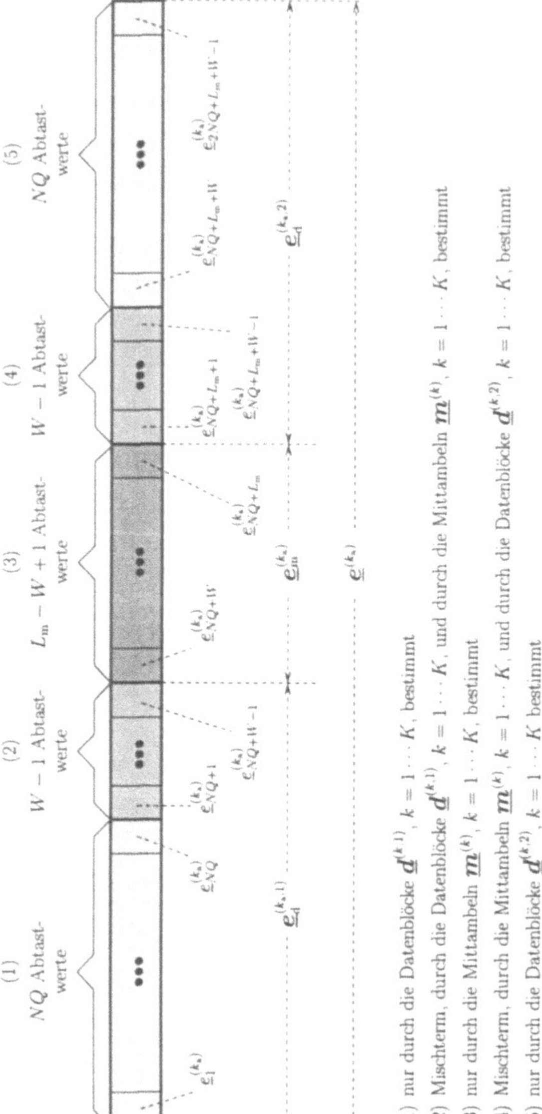

Bild 4.26. Struktur der Empfangsfolge $\underline{e}^{(k_{\mathrm{a}})}$ am Empfangssensor k_{a}, $k_{\mathrm{a}} = 1\cdots K_{\mathrm{a}}$, siehe zum Beispiel [Nas95, Bild 3.3] und [Ste95, Bild 4.3]

Es werde die Mittambel

$$\underline{m}^{(1)} = (-1,\ -1,\ +1,\ +1)^{\mathrm{T}} \qquad (4.60)$$

mit L_{m} gleich vier Mittambelchips gesendet. Die ungestörten Abtastwerte, die bei der Übertragung über den ersten Weg mit Gewicht $+1$ entstehen, sind -1, -1, $+1$ und $+1$. Dies sind ebenfalls die ungestörten Abtastwerte, welche sich bei der Übertragung über den zweiten Weg mit Gewicht $+1$ ergeben. Da die Übertragung über den zweiten Weg um die Dauer T_{c} eines Mittambelchips verzögert erfolgt, ergeben sich also insgesamt fünf Abtastwerte:

$$
\begin{array}{llrclcr}
1. \ \text{Abtastwert:} & & -1 & & & = & -1, \\
2. \ \text{Abtastwert:} & & -1 & + & -1 & = & -2, \\
3. \ \text{Abtastwert:} & & +1 & + & -1 & = & +0, \\
4. \ \text{Abtastwert:} & & +1 & + & +1 & = & +2, \\
5. \ \text{Abtastwert:} & & & & +1 & = & +1.
\end{array}
$$

Gemäß den Erläuterungen in diesem Abschnitt sind lediglich der zweite, dritte und vierte Abtastwert für die Kanalschätzung relevant. ♣

Die adaptive kohärente Datendetektion basiert auf den Anteilen (1) und (2) beziehungsweise (4) und (5) nach Bild 4.26, die durch die Folgen

$$
\begin{aligned}
\underline{e}_{\mathrm{d}}^{(k_{\mathrm{a}},1)} &= \left(\underline{e}_{\mathrm{d},1}^{(k_{\mathrm{a}},1)} \cdots \underline{e}_{\mathrm{d},NQ+W-1}^{(k_{\mathrm{a}},1)} \right)^{\mathrm{T}} \qquad\qquad (4.61\text{a}) \\
&= \left(\underline{e}_{1}^{(k_{\mathrm{a}})} \cdots \underline{e}_{NQ+W-1}^{(k_{\mathrm{a}})} \right)^{\mathrm{T}}, \\
&\quad k_{\mathrm{a}} = 1 \cdots K_{\mathrm{a}}, \\
\underline{e}_{\mathrm{d}}^{(k_{\mathrm{a}},2)} &= \left(\underline{e}_{\mathrm{d},1}^{(k_{\mathrm{a}},2)} \cdots \underline{e}_{\mathrm{d},NQ+W-1}^{(k_{\mathrm{a}},2)} \right)^{\mathrm{T}} \qquad\qquad (4.61\text{b}) \\
&= \left(\underline{e}_{NQ+L_{\mathrm{m}}+1}^{(k_{\mathrm{a}})} \cdots \underline{e}_{2NQ+L_{\mathrm{m}}+W-1}^{(k_{\mathrm{a}})} \right)^{\mathrm{T}}, \\
&\quad k_{\mathrm{a}} = 1 \cdots K_{\mathrm{a}},
\end{aligned}
$$

repräsentiert werden. Die Folge $\underline{e}_{\mathrm{d}}^{(k_{\mathrm{a}},1)}$ nach (4.61a) gehört zur ersten Bursthälfte, und die Folge $\underline{e}_{\mathrm{d}}^{(k_{\mathrm{a}},2)}$ nach (4.61b) gehört zur zweiten Bursthälfte. Die Folgen $\underline{e}_{\mathrm{d}}^{(k_{\mathrm{a}},1)}$ nach (4.61a) beziehungsweise $\underline{e}_{\mathrm{d}}^{(k_{\mathrm{a}},2)}$ nach (4.61b) enthalten gemäß (4.53) diejenige additive Störung, welche durch die Folgen

$$
\begin{aligned}
\underline{n}_{\mathrm{d}}^{(k_{\mathrm{a}},1)} &= \left(\underline{n}_{\mathrm{d},1}^{(k_{\mathrm{a}},1)} \cdots \underline{n}_{\mathrm{d},NQ+W-1}^{(k_{\mathrm{a}},1)} \right)^{\mathrm{T}} \qquad\qquad (4.62\text{a}) \\
&= \left(\underline{n}_{1}^{(k_{\mathrm{a}})} \cdots \underline{n}_{NQ+W-1}^{(k_{\mathrm{a}})} \right)^{\mathrm{T}},
\end{aligned}
$$

$$k_{\mathrm{a}} = 1 \cdots K_{\mathrm{a}},$$

$$\underline{n}_{\mathrm{d}}^{(k_{\mathrm{a}},2)} = \left(\underline{n}_{\mathrm{d},1}^{(k_{\mathrm{a}},2)} \cdots \underline{n}_{\mathrm{d},NQ+W-1}^{(k_{\mathrm{a}},2)} \right)^{\mathrm{T}} \tag{4.62b}$$

$$= \left(\underline{n}_{NQ+L_{\mathrm{m}}+1}^{(k_{\mathrm{a}})} \cdots \underline{n}_{2NQ+L_{\mathrm{m}}+W-1}^{(k_{\mathrm{a}})} \right)^{\mathrm{T}},$$

$$k_{\mathrm{a}} = 1 \cdots K_{\mathrm{a}},$$

gegeben ist. Bei der adaptiven kohärenten Datendetektion muß der Einfluß der Mittambeln $\underline{m}^{(k)}$, $k = 1 \cdots K$, nach (4.47) auf die Folgen $\underline{e}_{\mathrm{d}}^{(k_{\mathrm{a}},1)}$ nach (4.61a) und $\underline{e}_{\mathrm{d}}^{(k_{\mathrm{a}},2)}$ nach (4.61b) berücksichtigt werden.

Im Fall der linearen Datendetektoren ZF–BLE und MMSE–BLE und der Datendetektoren mit quantisierter Rückkopplung ZF–BDFE und MMSE–BDFE, siehe Abschnitt 5.3, wird der Einfluß der Mittambeln $\underline{m}^{(k)}$, $k = 1 \cdots K$, nach (4.47) auf die Folgen $\underline{e}_{\mathrm{d}}^{(k_{\mathrm{a}},1)}$ nach (4.61a) und $\underline{e}_{\mathrm{d}}^{(k_{\mathrm{a}},2)}$ nach (4.61b) aus diesen beiden Folgen $\underline{e}_{\mathrm{d}}^{(k_{\mathrm{a}},1)}$ nach (4.61a) und $\underline{e}_{\mathrm{d}}^{(k_{\mathrm{a}},2)}$ nach (4.61b) durch Subtraktion entfernt, bevor die adaptive kohärente Datendetektion stattfindet [Nas95].

Im Fall nichtlinearer Datendetektoren wie Folgenschätzern oder Symbolschätzern, denen ein Automatenmodell beziehungsweise ein Trellis–Diagramm zugrundeliegt, werden die bekannten Chips der Mittambeln $\underline{m}^{(k)}$, $k = 1 \cdots K$, nach (4.47) zum Initialisieren der Datendetektoren verwendet, siehe zum Beispiel [Jun93]. Ein Beispiel für die letztgenannten nichtlinearen Datendetektoren, denen ein Automatenmodell beziehungsweise ein Trellis–Diagramm zugrundeliegt, ist der bekannte Viterbi–Detektor [For72].

Da die adaptive kohärente Datendetektion für die Datenblöcke $\underline{d}^{(k,1)}$, $k = 1 \cdots K$, nach (4.45a) und $\underline{d}^{(k,2)}$, $k = 1 \cdots K$, nach (4.45b) gleichermaßen angewendet werden muß, ist für das Betrachten der Algorithmen zur adaptiven kohärenten Datendetektion nach Abschnitt 5.3 der Index i, $i = 1, 2$, bei $\underline{d}^{(k,i)}$, $k = 1 \cdots K$, beziehungsweise $\underline{e}_{\mathrm{d}}^{(k_{\mathrm{a}},i)}$, $k_{\mathrm{a}} = 1 \cdots K_{\mathrm{a}}$, unerheblich und wird deshalb fortan weggelassen.

Kapitel 5

Kanalschätzung und Datendetektion

5.1 Übersicht

In diesem Kapitel werden Prinzipien der Kanalschätzung und der Datendetektion behandelt. Abschnitt 5.2.1 erläutert zunächst das Ziel der Kanalschätzung. Abschnitt 5.2.2 bringt die prinzipielle Struktur des Kanalschätzers. Wichtige Algorithmen zur Kanalschätzung werden in Abschnitt 5.2.3 erklärt.

Abschnitt 5.3.1 bringt die Ziele der adaptiven kohärenten Datendetektion. Die Struktur des Datendetektors wird in Abschnitt 5.3.2 veranschaulicht. Die Abschnitte 5.3.3 und 5.3.4 behandeln optimale und suboptimale Datendetektoren.

5.2 Prinzipien der Kanalschätzung

5.2.1 Ziel der Kanalschätzung

Die im vorliegenden Abschnitt 5.2 erläuterten Prinzipien der Kanalschätzung betreffen die Kanalschätzung für K gleichzeitig im selben Teilnehmerfrequenzband der Teilnehmerbandbreite B_u aktive Teilnehmer, die derselben Zelle im DZM zugeordnet sind. Es wird angenommen, daß jedem Teilnehmer ein eigener Übertragungskanal zugeordnet ist, wie dies nach Abschnitt 4.5.5 für die Aufwärtsstrecke gilt. In der Abwärtstrecke sind die Kanalimpulsantworten vom Empfänger aus gesehen bei Empfangssensor k_a für alle empfangenen Teilnehmersignale gleich, da alle gesendeten Teilnehmersignale vom selben Ort ausgehen und deshalb den Empfangssensor k_a über dieselbe Funkstrecke erreichen. Die vorgestellten Betrachtungen erfassen deshalb Aufwärts- und Abwärtsstrecke gleichermaßen. Die im vorliegenden Abschnitt 5.2 erläuterte Theorie der Kanalschätzung wird in [Ste95] ausführlich behandelt.

Im vorliegenden Abschnitt wird davon ausgegangen, daß die Folgen $\underline{n}^{(k_a)}$, $k_a = 1 \cdots K_a$, nach (4.54), die an den K_a Empfangssensoren anliegen, paarweise statistisch unabhängig sind und multivariaten mittelwertfreien normalverteilten Zufallsprozessen entstammen. Die Annahme bezüglich der statistischen Unabhängigkeit ist gerechtfertigt.

Denn zum einen hat jeder Empfangssensor einen eigenen Empfangsverstärker. Die K_a Realisationen des thermischen Rauschens entstammen deshalb paarweise statistisch unabhängigen Zufallsprozessen. Zum anderen sind die an unterschiedlichen Empfangssensoren empfangenen Versionen eines bestimmten Teilnehmersignals gemäß den Ausführungen zur Antennendiversität in Abschnitt 4.2.2 weitgehend unkorreliert. Dieser Umstand gilt auch für die Vielfachzugriffsinterferenz.

Außerdem wird davon ausgegangen, daß die Kanalimpulsantworten $\underline{h}^{(k,k_a)}$, $k = 1 \cdots K$, $k_a = 1 \cdots K_a$, nach (4.55), die an den verschiedenen Empfangssensoren meßbar sind, statistisch unabhängig sind. Diese Annahme ist gemäß den Ausführungen zur Antennendiversität in Abschnitt 4.2.2 gerechtfertigt. In diesem Fall können pro Empfangssensor k_a, $k_a = 1 \cdots K_a$, die K geschätzten zeitdiskreten Kanalimpulsantworten

$$\underline{\hat{h}}^{(k,k_a)} = \left(\underline{\hat{h}}_1^{(k,k_a)} \cdots \underline{\hat{h}}_W^{(k,k_a)} \right)^{\mathrm{T}}, \quad \underline{\hat{h}}_w^{(k,k_a)} \in \mathbb{C}, \; w = 1 \cdots W, \; k = 1 \cdots K, \; k_a \text{ fest},$$

$$(5.1)$$

unabhängig von den anderen Empfangssensoren ermittelt werden. Alle Kanalimpulsantworten $\underline{h}^{(k,k_a)}$, $k = 1 \cdots K$, $k_a = 1 \cdots K_a$, nach (4.55) sollen multivariaten mittelwertfreien normalverteilten Zufallsprozessen entstammen. Die Realisationen $\underline{n}^{(k_a)}$, $k_a = 1 \cdots K_a$, nach (4.54), und $\underline{h}^{(k,k_a)}$, $k = 1 \cdots K$, $k_a = 1 \cdots K_a$, nach (4.55) seien ebenso paarweise statistisch unabhängig.

Das Problem der Kanalschätzung kann als Schätzproblem in einem MIMO (Multiple Input/Multiple Output)–System [Ste95] aufgefaßt werden, da $\underline{e}_{\mathrm{m}}^{(k_a)}$ nach (4.57) die von allen K Teilnehmern gleichzeitig gesendeten Mittambeln $\underline{m}^{(k)}$, $k = 1 \cdots K$, nach (4.47) enthält. Das Ziel der Kanalschätzung ist das Ermitteln optimal geschätzter Kanalimpulsantworten $\underline{\hat{h}}^{(k,k_a)}$, $k = 1 \cdots K$, k_a fest, nach (5.1) pro Empfangssensor k_a. Abhängig von der Wahl des Optimalitätskriteriums und der dem Kanalschätzer vorliegenden a–priori–Kenntnis sind verschiedene Realisierungen des Kanalschätzers möglich.

Da $\underline{e}_{\mathrm{m}}^{(k_a)}$ nach (4.57) gemäß Abschnitt 4.5.6 die Faltung der Mittambeln $\underline{m}^{(k)}$, $k = 1 \cdots K$, nach (4.47) mit den Kanalimpulsantworten $\underline{h}^{(k,k_a)}$, $k = 1 \cdots K$, nach

(4.55) enthält, ist die Kanalschätzung ein Entfaltungsproblem. Entfaltungsproble-me treten außer in der Nachrichtentechnik noch in weiteren Bereichen der Technik auf, so zum Beispiel in der Seismik und in der Regelungstechnik.

5.2.2 Prinzipielle Struktur des Kanalschätzers

Ausgehend von $\underline{e}_m^{(k_a)}$, $k_a = 1 \cdots K_a$, nach (4.57) ergibt sich die in Bild 5.1 gezeigte prinzipielle Struktur des Kanalschätzers für den Empfangssensor k_a, $k_a = 1 \cdots K_a$, siehe auch [Ste95, Bild 1.1]. Basierend auf $\underline{e}_m^{(k_a)}$ nach (4.57) er-

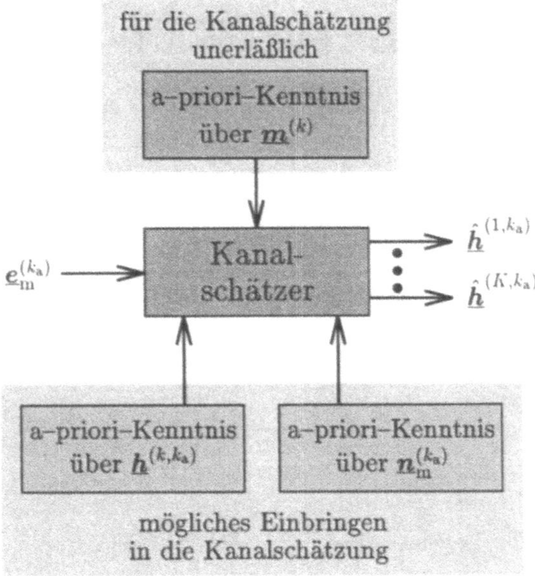

Bild 5.1. Prinzipielle Struktur des Kanalschätzers für den Empfangssensor k_a, $k_a = 1 \cdots K_a$ (nachempfunden [Ste95, Bild 1.1])

mittelt der Kanalschätzer nach Bild 5.1 die geschätzten Kanalimpulsantworten $\hat{\underline{h}}^{(k,k_a)}$, $k = 1 \cdots K$, k_a fest, nach (5.1). Dazu müssen die K Mittambeln $\underline{m}^{(k)}$, $k = 1 \cdots K$, nach (4.47) zwingend bekannt sein. Es ist weiterhin möglich, bei der Kanalschätzung a–priori–Kenntnis über die Kanalimpulsantworten $\underline{h}^{(k,k_a)}$, $k = 1 \cdots K$, nach (4.55) pro Empfangssensor k_a und über die Folgen $\underline{n}_m^{(k_a)}$ nach (4.58) zu verwenden.

A–priori–Kenntnis über die Kanalimpulsantworten $\underline{h}^{(k,k_a)}$, $k = 1 \cdots K$, nach (4.55) pro Empfangssensor k_a kann beispielsweise in Form der $KW \times KW$–Kovarianzmatrix $\underline{R}_h^{(k_a)}$ eingebracht werden, die sich mit der quadratischen $W \times W$–Matrix O_W, die nur Nullen enthält, zu

$$\underline{R}_h^{(k_a)} = \begin{pmatrix} \mathrm{E}\left\{\underline{h}^{(1,k_a)}\underline{h}^{(1,k_a)*\mathrm{T}}\right\} & \cdots & O_W \\ \vdots & \ddots & \vdots \\ O_W & \cdots & \mathrm{E}\left\{\underline{h}^{(K,k_a)}\underline{h}^{(K,k_a)*\mathrm{T}}\right\} \end{pmatrix} \tag{5.2}$$

ergibt. A–priori–Kenntnis über $\underline{n}_m^{(k_a)}$ nach (4.58) kann beispielsweise in Form der $(L_m - W + 1) \times (L_m - W + 1)$–Kovarianzmatrix

$$\underline{R}_{\underline{n}_m}^{(k_a)} = \mathrm{E}\left\{\underline{n}_m^{(k_a)}\underline{n}_m^{(k_a)*\mathrm{T}}\right\} \tag{5.3}$$

in die Kanalschätzung eingebracht werden.

Beispiel 5.1 Für $(NQ + W - 1) = 2$ gilt

$$\underline{R}_{\underline{n}_m}^{(k_a)} = \begin{pmatrix} \mathrm{E}\left\{\underline{n}_{m,1}^{(k_a)}\,\underline{n}_{m,1}^{*(k_a)}\right\} & \mathrm{E}\left\{\underline{n}_{m,1}^{(k_a)}\,\underline{n}_{m,(NQ+W-1)}^{*(k_a)}\right\} \\ \mathrm{E}\left\{\underline{n}_{m,(NQ+W-1)}^{(k_a)}\,\underline{n}_{m,1}^{*(k_a)}\right\} & \mathrm{E}\left\{\underline{n}_{m,(NQ+W-1)}^{(k_a)}\,\underline{n}_{m,(NQ+W-1)}^{*(k_a)}\right\} \end{pmatrix}$$

$$= \begin{pmatrix} \mathrm{E}\left\{\left|\underline{n}_{m,1}^{(k_a)}\right|^2\right\} & \mathrm{E}\left\{\underline{n}_{m,1}^{(k_a)}\,\underline{n}_{m,(NQ+W-1)}^{*(k_a)}\right\} \\ \mathrm{E}\left\{\underline{n}_{m,(NQ+W-1)}^{(k_a)}\,\underline{n}_{m,1}^{*(k_a)}\right\} & \mathrm{E}\left\{\left|\underline{n}_{m,(NQ+W-1)}^{(k_a)}\right|^2\right\} \end{pmatrix} \cdot \tag{5.4}$$

♣

Basierend auf anfänglich geschätzten Kanalimpulsantworten $\hat{\underline{h}}^{(k,k_a)}$, $k = 1 \cdots K$, k_a fest, können anhand bereits detektierter codierter Datensymbole adaptiv–iterative Algorithmen der Kanalschätzung zum Nachführen der geschätzten Kanalimpulsantworten $\hat{\underline{h}}^{(k,k_a)}$, $k = 1 \cdots K$, k_a fest, bei zeitlich stark veränderlichen Übertragungskanälen verwendet werden [Ste95]. Da hier jedoch angenommen wird, daß die Zeitvarianz des Mobilfunkkanals für die Dauer T_{bu} der Bursts vernachlässigbar ist, werden adaptiv–iterative Kanalschätzer hier nicht betrachtet.

Man unterscheidet nichtlineare und lineare Algorithmen der Kanalschätzung [Ste95]. Nichtlineare Algorithmen der Kanalschätzung spielen wegen des mit ihnen verbundenen hohen Realisierungsaufwands zur Zeit in der Mobilkommunikation keine Rolle. Deshalb wird auf solche Algorithmen nicht weiter eingegangen. Statt dessen werden nachfolgend lineare Algorithmen zur Kanalschätzung betrachtet. Es ist bekannt, daß lineare zeitdiskrete Modelle der Systemstruktur nach Bild 4.24 mit dem Matrix–Vektor–Formalismus handlich beschreibbar sind. Deshalb wird im vorliegenden Buch ebenfalls der Matrix–Vektor–Formalismus verwendet, wie er bereits in [Ste95] beschrieben wurde.

Es gelte

$$L \stackrel{\text{def}}{=} L_{\text{m}} - W + 1. \tag{5.5}$$

Mit den K verschiedenen $(L \times W)$–Matrizen

$$\underline{G}^{(k)} = \begin{pmatrix} \underline{m}_W^{(k)} & \underline{m}_{W-1}^{(k)} & \cdots & \underline{m}_2^{(k)} & \underline{m}_1^{(k)} \\ \underline{m}_{W+1}^{(k)} & \underline{m}_W^{(k)} & \cdots & \underline{m}_3^{(k)} & \underline{m}_2^{(k)} \\ \vdots & \vdots & & \vdots & \vdots \\ \underline{m}_{W+L-2}^{(k)} & \underline{m}_{W+L-3}^{(k)} & \cdots & \underline{m}_L^{(k)} & \underline{m}_{L-1}^{(k)} \\ \underline{m}_{W+L-1}^{(k)} & \underline{m}_{W+L-2}^{(k)} & \cdots & \underline{m}_{L+1}^{(k)} & \underline{m}_L^{(k)} \end{pmatrix}, \tag{5.6}$$

die aus den Mittambelchips $\underline{m}_w^{(k)}$ gebildet werden, und der aus $\underline{G}^{(k)}$ nach (5.6) gebildeten $L \times KW$–Matrix

$$\underline{G} = \left(\underline{G}^{(1)}, \underline{G}^{(2)} \cdots \underline{G}^{(K)} \right) \tag{5.7}$$

folgt mit der Folge

$$\underline{h}^{(k_{\text{a}})} = \left(\underline{h}^{(1,k_{\text{a}})\text{T}} \cdots \underline{h}^{(K,k_{\text{a}})\text{T}} \right)^{\text{T}} \tag{5.8}$$

aus den K Kanalimpulsantworten $\underline{h}^{(k,k_{\text{a}})}$, $k = 1 \cdots K$, nach (4.55) die Gleichung

$$\underline{e}_{\text{m}}^{(k_{\text{a}})} = \underline{G}\,\underline{h}^{(k_{\text{a}})} + \underline{n}_{\text{m}}^{(k_{\text{a}})}, \quad k_{\text{a}} = 1 \cdots K_{\text{a}}. \tag{5.9}$$

Beispiel 5.2 Im folgenden wird anhand eines einfachen Beispiels erläutert, wie sich $\underline{e}_{\text{m}}^{(k_{\text{a}})}$ nach (5.9) ergibt. Es wird angenommen, daß keine CDMA–Komponente verwendet wird. Somit gelten die Beziehungen (4.52a) bis (4.52e). Außerdem wird nur eine einzige Empfangsantenne betrachtet. Der zeitdiskrete Übertragungskanal habe W gleich zwei Wege. Seine Kanalimpulsantwort sei

$$\underline{h}^{(1,1)} = \left(\underline{h}_1^{(1,1)}, \underline{h}_2^{(1,1)} \right)^{\text{T}} = (+1\,,\,+1)^{\text{T}}. \tag{5.10}$$

Es werde die Mittambel

$$\underline{m}^{(1)} = (-1,\, -1,\, +1,\, +1)^{\mathrm{T}} \tag{5.11}$$

mit L_{m} gleich vier Mittambelchips verwendet. Daher folgt aus (5.5)

$$L = L_{\mathrm{m}} - W + 1 = 4 - 2 + 1 = 3. \tag{5.12}$$

Für $\underline{G}$ ergibt sich mit (5.6) und (5.11)

$$\underline{G} = \underline{G}^{(1)} = \begin{pmatrix} \underline{m}_2^{(1)} & \underline{m}_1^{(1)} \\ \underline{m}_3^{(1)} & \underline{m}_2^{(1)} \\ \underline{m}_4^{(1)} & \underline{m}_3^{(1)} \end{pmatrix} = \begin{pmatrix} -1 & -1 \\ +1 & -1 \\ +1 & +1 \end{pmatrix}. \tag{5.13}$$

Die Störung habe die Varianz σ^2 gleich 0,1. Die Realisation $\underline{n}_{\mathrm{m}}^{(1)}$ nach (4.58) sei

$$\underline{n}_{\mathrm{m}}^{(1)} = \left(\underline{n}_{\mathrm{m},1}^{(1)},\, \underline{n}_{\mathrm{m},2}^{(1)},\, \underline{n}_{\mathrm{m},3}^{(1)} \right)^{\mathrm{T}} = (-0,3,\, -0,1,\, +0,5)^{\mathrm{T}}. \tag{5.14}$$

Damit ergibt sich

$$\begin{aligned}
\underline{e}_{\mathrm{m}}^{(1)} &= \underline{G}\,\underline{h}^{(1)} + \underline{n}_{\mathrm{m}}^{(1)} = \begin{pmatrix} -1 & -1 \\ +1 & -1 \\ +1 & +1 \end{pmatrix} \cdot \begin{pmatrix} +1 \\ +1 \end{pmatrix} + \begin{pmatrix} -0,3 \\ -0,1 \\ +0,5 \end{pmatrix} \\[2mm]
&= \begin{pmatrix} -2 \\ +0 \\ +2 \end{pmatrix} + \begin{pmatrix} -0,3 \\ -0,1 \\ +0,5 \end{pmatrix} = \begin{pmatrix} -2,3 \\ -0,1 \\ +2,5 \end{pmatrix}.
\end{aligned} \tag{5.15}$$

♣

Die Matrix $\underline{G}$ nach (5.7) enthält nur bekannte Größen, während der Vektor $\underline{h}^{(k_{\mathrm{a}})}$ nach (5.8) unbekannte, zu ermittelnde Größen enthält. Die hier betrachteten linearen Kanalschätzer ermitteln mit der $KW \times L$-Matrix $\underline{M}_{\mathrm{h}}^{(k_{\mathrm{a}})}$, die Schätzmatrix heißt, den Vektor

$$\underline{\hat{h}}^{(k_{\mathrm{a}})} = \underline{M}_{\mathrm{h}}^{(k_{\mathrm{a}})}\,\underline{e}_{\mathrm{m}}^{(k_{\mathrm{a}})} = \left(\underline{\hat{h}}^{(1,k_{\mathrm{a}})\mathrm{T}} \cdots \underline{\hat{h}}^{(K,k_{\mathrm{a}})\mathrm{T}} \right)^{\mathrm{T}}. \tag{5.16}$$

Die Beschaffenheit der Schätzmatrix $\underline{M}_{\mathrm{h}}^{(k_{\mathrm{a}})}$ bestimmt die Art des linearen Kanalschätzers. Aus (5.16) folgt, daß die Qualität der Kanalschätzung

– von der Wahl der Mittambeln $\underline{m}^{(k)}$, $k = 1 \cdots K$, nach (4.47),

– vom gewählten linearen Kanalschätzer, das heißt von der gewählten Schätzmatrix $\underline{M}_{\mathrm{h}}^{(k_{\mathrm{a}})}$, und

– von der Qualität der im Kanalschätzer verwendeten a–priori–Kenntnis über $\underline{h}^{(k_{\mathrm{a}})}$ nach (5.8) und über $\underline{n}_{\mathrm{m}}^{(k_{\mathrm{a}})}$ nach (4.58)

abhängt. Verfahren zum günstigen Wählen der Mittambeln $\underline{m}^{(k)}$, $k = 1 \cdots K$, nach (4.47) sind beispielsweis in [Ste95, StJ94] erläutert und werden ebenso wie dort definierte Gütemaße hier nicht betrachtet. Im folgenden wird ein kurzer Überblick über vier verschiedene Algorithmen zur Kanalschätzung gegeben, siehe Tab. 5.1.

5.2.3 Wichtige Algorithmen zur Kanalschätzung

Der bekannteste Algorithmus zur Kanalschätzung ist die signalangepaßte Filterung. Das bei der signalangepaßten Filterung verwendete Filter heißt signalangepaßtes Filter (MF, Matched Filter). Es sei $\boldsymbol{I}_W$ die $W \times W$–Identitätsmatrix. Der Ausdruck $\boldsymbol{D}\mathrm{iag} < \underline{G}^{*\mathrm{T}} \underline{G} >$ bezeichne die aus den Diagonalelementen der Matrix $\underline{G}^{*\mathrm{T}} \underline{G}$ gebildete $KW \times KW$–Diagonalmatrix. Mit der reellen, quadratischen $KW \times KW$–Normierungsmatrix

$$L^{-1} = \left(\boldsymbol{D}\mathrm{iag} < \underline{G}^{*\mathrm{T}} \underline{G} > \right)^{-1} \tag{5.17}$$

gilt

$$\underline{M}_{\mathrm{h}}^{(k_{\mathrm{a}})} = L^{-1} \underline{G}^{*\mathrm{T}} \tag{5.18}$$

für die signalangepaßte Filterung. Falls alle Mittambelchips den Betrag eins haben, vereinfacht sich (5.18) zu

$$\underline{M}_{\mathrm{h}}^{(k_{\mathrm{a}})} = \frac{1}{L} \underline{G}^{*\mathrm{T}}. \tag{5.19}$$

Die signalangepaßte Filterung nutzt gemäß (5.19) a–priori–Kenntnis über die Mittambeln $\underline{m}^{(k)}$, $k = 1 \cdots K$, nach (4.47) aus. Die signalangepaßte Filterung braucht keinerlei Kenntnis über die Art der Störung $\underline{n}_{\mathrm{m}}^{(k_{\mathrm{a}})}$, $k_{\mathrm{a}} = 1 \cdots K_{\mathrm{a}}$, nach (4.58), oder die Eigenschaften der Kanalimpulsantworten $\underline{h}^{(k,k_{\mathrm{a}})}$, $k = 1 \cdots K$, $k_{\mathrm{a}} = 1 \cdots K_{\mathrm{a}}$, nach (4.55). Das Optimierungskriterium bei der signalangepaßten Filterung ist das maximale Signal–Stör–Verhältnis am Ausgang des Kanalschätzers. Dieses Optimalitätskriterium wird jedoch nur im Fall einer normalverteilten weißen Störung erfüllt. Die signalangepaßte Filterung liefert nur dann gut geschätzte Kanalimpulsantworten $\hat{\underline{h}}^{(k,k_{\mathrm{a}})}$ nach (5.1), wenn die Mittambeln $\underline{m}^{(k)}$, $k = 1 \cdots K$, nach

Tab. 5.1. Übersicht gebräuchlicher Algorithmen zur Kanalschätzung

Kanalschätzer	mathematisches Darstellen	Optimalitätskriterium	Verwenden von a-priori-Kenntnis über		
			$\underline{m}^{(k)}$	$\underline{n}_{\mathrm{m}}^{(k_{\mathrm{a}})}$	$\underline{h}^{(k_{\mathrm{a}})}$
signalangepaßte Filterung *)	$\underline{M}_{\mathrm{h}}^{(k_{\mathrm{a}})} = \underline{L}^{-1}\,\underline{G}^{*\mathrm{T}}$	maximales Signal–Stör–Verhältnis am Ausgang	ja	nein	nein
Gaußsche Schätzung	$\underline{M}_{\mathrm{h}}^{(k_{\mathrm{a}})} = \left(\underline{G}^{*\mathrm{T}}\,\underline{G}\right)^{-1}\underline{G}^{*\mathrm{T}}$	Erwartungstreue	ja	nein	nein
ML–Schätzung	$\underline{M}_{\mathrm{h}}^{(k_{\mathrm{a}})} = \left(\underline{G}^{*\mathrm{T}}\,\underline{R}_{\underline{n}_{\mathrm{m}}}^{(k_{\mathrm{a}})-1}\,\underline{G}\right)^{-1}\underline{G}^{*\mathrm{T}}\,\underline{R}_{\underline{n}_{\mathrm{m}}}^{(k_{\mathrm{a}})-1}$	Erwartungstreue	ja	ja	nein
MAP–Schätzung	$\underline{M}_{\mathrm{h}}^{(k_{\mathrm{a}})} = \left(\underline{G}^{*\mathrm{T}}\,\underline{R}_{\underline{n}_{\mathrm{m}}}^{(k_{\mathrm{a}})-1}\,\underline{G} + \underline{R}_{\mathrm{h}}^{(k_{\mathrm{a}})-1}\right)^{-1}\underline{G}^{*\mathrm{T}}\,\underline{R}_{\underline{n}_{\mathrm{m}}}^{(k_{\mathrm{a}})-1}$	minimaler mittlerer quadra-tischer Schätzfehler (MMSE)	ja	ja	ja

*) Die signalangepaßte Filterung hat im allgemeinen systematische Schätzfehler.

(4.47) ideale Korrelationseigenschaften haben, [Ste95, S. 53], das heißt, wenn

$$L^{-1}\,\underline{G}^{*\mathrm{T}}\,\underline{G} = I_{KW} \tag{5.20}$$

ist. Gilt (5.20) nicht, so ergeben sich bei der Kanalschätzung systematische Fehler, die sich im allgemeinen schädlich auf die Übertragungsqualität auswirken.

Beispiel 5.3 Beispiel 5.2 wird wieder aufgegriffen. Ausgehend von (5.13)

$$\underline{G} = \begin{pmatrix} -1 & -1 \\ +1 & -1 \\ +1 & +1 \end{pmatrix} \tag{5.21}$$

folgt aus (5.17)

$$\begin{aligned}
L^{-1} &= \left(D\mathrm{iag} < \underline{G}^{*\mathrm{T}}\,\underline{G} > \right)^{-1} \\
&= \left(D\mathrm{iag} < \begin{pmatrix} -1 & +1 & +1 \\ -1 & -1 & +1 \end{pmatrix} \cdot \begin{pmatrix} -1 & -1 \\ +1 & -1 \\ +1 & +1 \end{pmatrix} > \right)^{-1} = \\
&= \left(D\mathrm{iag} < \begin{pmatrix} 3 & 1 \\ 1 & 3 \end{pmatrix} > \right)^{-1} = \begin{pmatrix} 3 & 0 \\ 0 & 3 \end{pmatrix}^{-1} \\
&= \frac{1}{3} \cdot \begin{pmatrix} 1 & 0 \\ 0 & 1 \end{pmatrix} = \frac{1}{3} \cdot I_2.
\end{aligned} \tag{5.22}$$

Somit ergibt sich

$$\underline{M}_{\mathrm{h}}^{(1)} = \frac{1}{3} \begin{pmatrix} 1 & 0 \\ 0 & 1 \end{pmatrix} \cdot \begin{pmatrix} -1 & +1 & +1 \\ -1 & -1 & +1 \end{pmatrix} = \frac{1}{3} \begin{pmatrix} -1 & +1 & +1 \\ -1 & -1 & +1 \end{pmatrix} \tag{5.23}$$

aus (5.18), und es folgt aus (5.15) und (5.16)

$$\underline{\hat{h}}^{(1)} = \frac{1}{3} \begin{pmatrix} -1 & +1 & +1 \\ -1 & -1 & +1 \end{pmatrix} \cdot \begin{pmatrix} -2,3 \\ -0,1 \\ +2,5 \end{pmatrix} \approx \begin{pmatrix} +1,57 \\ +1,63 \end{pmatrix}. \tag{5.24}$$

Im störfreien Fall gilt

$$\hat{\underline{h}}^{(1)} = \frac{1}{3} \begin{pmatrix} -1 & +1 & +1 \\ -1 & -1 & +1 \end{pmatrix} \cdot \begin{pmatrix} -2,0 \\ -0,0 \\ +2,0 \end{pmatrix} = \begin{pmatrix} +4/3 \\ +4/3 \end{pmatrix}. \tag{5.25}$$

Selbst im störfreien Fall ist $\hat{\underline{h}}^{(1)} \neq \underline{h}^{(1)}$, denn es ist

$$\underline{L}^{-1}\,\underline{G}^{*\mathrm{T}}\,\underline{G} = \frac{1}{3} \begin{pmatrix} -1 & +1 & +1 \\ -1 & -1 & +1 \end{pmatrix} \cdot \begin{pmatrix} -1 & -1 \\ +1 & -1 \\ +1 & +1 \end{pmatrix} = \begin{pmatrix} 1 & 1/3 \\ 1/3 & 1 \end{pmatrix} \neq \underline{I}_2. \tag{5.26}$$

♣

Erwartungstreue Algorithmen der Kanalschätzung vermeiden systematische Schätzfehler der signalangepaßten Filterung und sind daher der signalangepaßten Filterung vorzuziehen. Die Gaußsche Schätzung oder Gauß–Schätzung, die im Englischen als Least Squares Estimation oder als Least Sum of Squared Errors Estimation bezeichnet wird, ist ein wichtiger Vertreter der erwartungstreuen Algorithmen. Für die Gaußsche Schätzung gilt

$$\underline{M}_{\mathrm{h}}^{(k_{\mathrm{a}})} = (\underline{G}^{*\mathrm{T}}\underline{G})^{-1}\underline{G}^{*\mathrm{T}}, \tag{5.27}$$

sofern $\underline{G}^{*\mathrm{T}}\underline{G}$ regulär ist. Die Regularität von $\underline{G}^{*\mathrm{T}}\underline{G}$ ist immer dann gegeben, wenn die Mittambeln $\underline{m}^{(k)}$, $k = 1 \cdots K$, nach (4.47) paarweise verschieden sind und wenn außerdem

$$KW \leq L \tag{5.28}$$

gilt [Ste95]. Die Gaußsche Schätzung nutzt gemäß (5.27) wie die signalangepaßte Filterung lediglich a–priori–Kenntnis über die Mittambeln $\underline{m}^{(k)}$, $k = 1 \cdots K$, nach (4.47) aus. Die Gaußsche Schätzung verwendet wie die signalangepaßte Filterung keinerlei Kenntnis über die Art der Störung $\underline{n}_{\mathrm{m}}^{(k_{\mathrm{a}})}$, $k_{\mathrm{a}} = 1 \cdots K_{\mathrm{a}}$, nach (4.58), oder die Eigenschaften der Kanalimpulsantworten $\underline{h}^{(k,k_{\mathrm{a}})}$, $k = 1 \cdots K$, $k_{\mathrm{a}} = 1 \cdots K_{\mathrm{a}}$, nach (4.55).

Beispiel 5.4 Beispiel 5.2 wird wieder aufgegriffen. Nach (5.26) gilt

$$\underline{G}^{*\mathrm{T}}\,\underline{G} = \begin{pmatrix} 3 & 1 \\ 1 & 3 \end{pmatrix} \tag{5.29}$$

und somit

$$(\underline{G}^{*\mathrm{T}}\underline{G})^{-1} = \begin{pmatrix} +3/8 & -1/8 \\ -1/8 & +3/8 \end{pmatrix}. \tag{5.30}$$

Man erhält

$$\underline{M}_{\mathrm{h}}^{(1)} = (\underline{G}^{*\mathrm{T}}\underline{G})^{-1}\underline{G}^{*\mathrm{T}} = \begin{pmatrix} -1/4 & +1/2 & +1/4 \\ -1/4 & -1/2 & +1/4 \end{pmatrix}, \tag{5.31}$$

und es folgt aus (5.15) und (5.16)

$$\hat{\underline{h}}^{(1)} = \begin{pmatrix} -1/4 & +1/2 & +1/4 \\ -1/4 & -1/2 & +1/4 \end{pmatrix} \cdot \begin{pmatrix} -2,3 \\ -0,1 \\ +2,5 \end{pmatrix} = \begin{pmatrix} +23/20 \\ +25/20 \end{pmatrix}$$

$$= \begin{pmatrix} +1,15 \\ +1,25 \end{pmatrix}. \tag{5.32}$$

Im störfreien Fall gilt

$$\hat{\underline{h}}^{(1)} = \frac{1}{3}\begin{pmatrix} -1/4 & +1/2 & +1/4 \\ -1/4 & -1/2 & +1/4 \end{pmatrix} \cdot \begin{pmatrix} -2,0 \\ -0,0 \\ +2,0 \end{pmatrix} = \begin{pmatrix} +1 \\ +1 \end{pmatrix}. \tag{5.33}$$

Im störfreien Fall ist $\hat{\underline{h}}^{(1)} = \underline{h}^{(1)}$. ♣

Liegt zusätzlich zur a–priori–Kenntnis über die Mittambeln $\underline{m}^{(k)}$, $k = 1 \cdots K$, nach (4.47) a–priori–Kenntnis über $\underline{n}_{\mathrm{m}}^{(k_{\mathrm{a}})}$ nach (4.58) in Form der Kovarianzmatrix $\underline{R}_{\underline{n}_{\mathrm{m}}}^{(k_{\mathrm{a}})}$ nach (5.3) vor, so kann die Gaußsche Schätzung zur Gauß–Markov–Schätzung [Ste95], die im Englischen Weighted Least Squares Estimation heißt, erweitert werden. Für die Gauß–Markov–Schätzung gilt

$$\underline{M}_{\mathrm{h}}^{(k_{\mathrm{a}})} = \left(\underline{G}^{*\mathrm{T}}\underline{R}_{\underline{n}_{\mathrm{m}}}^{(k_{\mathrm{a}})-1}\underline{G}\right)^{-1}\underline{G}^{*\mathrm{T}}\underline{R}_{\underline{n}_{\mathrm{m}}}^{(k_{\mathrm{a}})-1}, \tag{5.34}$$

wobei angenommen wird, daß $\underline{R}_{\underline{n}_{\mathrm{m}}}^{(k_{\mathrm{a}})}$ und $\left(\underline{G}^{*\mathrm{T}}\underline{R}_{\underline{n}_{\mathrm{m}}}^{(k_{\mathrm{a}})-1}\underline{G}\right)$ regulär sind. Die Gauß–Markov–Schätzung ist die ML (Maximum–Likelihood)–Schätzung für den Fall der vorausgesetzten multivariaten mittelwertfreien normalverteilten Störung. Die Schätzmatrizen $\underline{M}_{\mathrm{h}}^{(k_{\mathrm{a}})}$ nach (5.27) und (5.34) erfüllen die vier Moore–Pennrose–Bedingungen [GoL83, S. 139] und heißen deshalb auch Moore–Pennrose–Pseudoinversen.

Liegt neben der a–priori–Kenntnis über die Mittambeln $\underline{m}^{(k)}$, $k = 1 \cdots K$, nach (4.47) und über $\underline{n}_{\mathrm{m}}^{(k_{\mathrm{a}})}$ nach (4.58) in Form der Kovarianzmatrix $\underline{R}_{\underline{n}_{\mathrm{m}}}^{(k_{\mathrm{a}})}$ nach (5.3) auch a–priori–Kenntnis über die Kanalimpulsantworten $\underline{h}^{(k_{\mathrm{a}})}$ nach (5.8) in Form der Kovarianzmatrix $\underline{R}_{\mathrm{h}}^{(k_{\mathrm{a}})}$ nach (5.2) vor, so kann die ML–Schätzung zur MAP (Maximum a–Posteriori)–Schätzung,   die auch Wiener–Filterung und im Englischen Minimum Mean Square Error (MMSE) Estimation genannt wird, erweitert werden. Bei der MAP–Schätzung wird vorausgesetzt, daß $\underline{n}_{\mathrm{m}}^{(k_{\mathrm{a}})}$ nach (4.58) und $\underline{h}^{(k_{\mathrm{a}})}$ nach (5.8) Realisationen zweier statistisch unabhängiger multivariater mittelwertfreier normalverteilter Zufallsprozesse sind. Für die MAP–Schätzung gilt

$$\underline{M}_{\mathrm{h}}^{(k_{\mathrm{a}})} = \left(\underline{G}^{*\mathrm{T}}\, \underline{R}_{\underline{n}_{\mathrm{m}}}^{(k_{\mathrm{a}})-1}\, \underline{G} + \underline{R}_{\mathrm{h}}^{(k_{\mathrm{a}})-1} \right)^{-1} \underline{G}^{*\mathrm{T}}\, \underline{R}_{\underline{n}_{\mathrm{m}}}^{(k_{\mathrm{a}})-1}, \qquad (5.35)$$

wobei angenommen wird, daß $\underline{R}_{\underline{n}_{\mathrm{m}}}^{(k_{\mathrm{a}})}$, $\underline{R}_{\mathrm{h}}^{(k_{\mathrm{a}})}$ und $\left(\underline{G}^{*\mathrm{T}}\, \underline{R}_{\underline{n}_{\mathrm{m}}}^{(k_{\mathrm{a}})-1}\, \underline{G} + \underline{R}_{\mathrm{h}}^{(k_{\mathrm{a}})-1} \right)$ regulär sind. Am Ausgang des Kanalschätzers mit $\underline{M}_{\mathrm{h}}^{(k_{\mathrm{a}})}$ nach (5.35) ergibt sich ein minimaler mittlerer quadratischer Schätzfehler.

5.3 Prinzipien der adaptiven kohärenten Datendetektion

5.3.1 Ziele der adaptiven kohärenten Datendetektion

Im vorliegenden Abschnitt 5.3 werden Prinzipien der adaptiven kohärenten Datendetektion mit K_{a}–facher Raumdiversität behandelt [JuB95]. Die betrachteten Algorithmen zur adaptiven kohärenten Datendetektion erlauben die adaptive kohärente Datendetektion der Datensymbole aller K Teilnehmer gemeinsam. Diese Algorithmen heißen daher Algorithmen zur gemeinsamen Detektion oder auch JD–Algorithmen.

Die im vorliegenden Abschnitt 5.3 betrachteten JD–Algorithmen berücksichtigen explizit all diejenigen K Teilnehmersignale, welche von Teilnehmern derselben Zelle stammen, als gewünschte Teilnehmersignale. Diese Art der adaptiven kohärenten Datendetektion gestattet das Verringern des schädlichen Einflusses der Intrazellinterferenz auf das Systemverhalten. Die eben erwähnten K Teilnehmersignale tragen nicht zur Störung bei, und die Menge $\mathbb{I}_{m}^{\mathrm{intra}}$ nach (4.19) ist deshalb stets die leere Menge.

Das Erweitern der in diesem Abschnitt erläuterten Sachverhalte auf die adaptive kohärente Datendetektion für solche Teilnehmer, die unterschiedlichen Zellen des DZM zugeordnet sind, wird nicht betrachtet. Interzellinterferenz, insbesondere Gleichkanalinterferenz, die in anderen Zellen entsteht, wird statt dessen als Störung angesehen.

Das Symbol- beziehungsweise das Bitfehlerverhältnis bleiben bei der adaptiven kohärenten Datendetektion mit JD–Algorithmen für solche Datensymbole, welche von einem bestimmten Teilnehmer k, $k = 1 \cdots K$, gesendet wurden, im wesentlichen unberührt von den Empfangsleistungen aller übrigen empfangenen Teilnehmersignale, die von den Teilnehmern $1, 2 \cdots (k-1), (k+1) \cdots K$ stammen. Sehr unterschiedliche Empfangsleistungen der Teilnehmersignale werden in der Aufwärtsstrecke oft der einfachen Anschauung wegen mit unterschiedlichen Abständen der Mobilstationen zur Basisstation assoziiert. Deshalb heißen JD–Algorithmen, die von der Problematik stark unterschiedlicher Empfangsleistungen der Teilnehmersignale weitgehend unbetroffen sind, nah–fern–resistente Algorithmen zur adaptiven kohärenten Datendetektion.

Ebenso wie in Abschnitt 5.2 wird im vorliegenden Abschnitt 5.3 ein Matrix–Vektor–Formalismus zum mathematischen Modellieren verwendet. Die im vorliegenden Abschnitt 5.3 erläuterte adaptive kohärente Datendetektion basiert auf dem nach Bursthälften getrennten Zusammensetzen der Folgen $\underline{e}_{\mathrm{d}}^{(k_{\mathrm{a}})}$, $k_{\mathrm{a}} = 1 \cdots K_{\mathrm{a}}$, nach (4.61a) beziehungsweise (4.61b), die nach Bild 4.26 entweder zu der ersten Bursthälfte oder zu der zweiten Bursthälfte gehören, zu der Folge

$$\underline{e}_{\mathrm{d}} = \left(\underline{e}_{\mathrm{d}}^{(1)\mathrm{T}} \cdots \underline{e}_{\mathrm{d}}^{(K_{\mathrm{a}})\mathrm{T}} \right)^{\mathrm{T}} . \tag{5.36}$$

Entsprechend werden die Folgen $\underline{n}_{\mathrm{d}}^{(k_{\mathrm{a}})}$, $k_{\mathrm{a}} = 1 \cdots K_{\mathrm{a}}$, nach (4.62a) beziehungsweise (4.62b), die nach Bild 4.26 entweder zu der ersten Bursthälfte beziehungsweise zu der zweiten Bursthälfte gehören, zu der Folge

$$\underline{n}_{\mathrm{d}} = \left(\underline{n}_{\mathrm{d}}^{(1)\mathrm{T}} \cdots \underline{n}_{\mathrm{d}}^{(K_{\mathrm{a}})\mathrm{T}} \right)^{\mathrm{T}} \tag{5.37}$$

zusammengesetzt. Die Folge $\underline{n}_{\mathrm{d}}$ nach (5.37) repräsentiert sowohl thermisches Rauschen als auch Vielfachzugriffsinterferenz, wie beispielsweise Nachbarkanalinterferenz und Interzellinterferenz. Für die Störung $\underline{n}_{\mathrm{d}}$ nach (5.37) ergibt sich die folgende $K_{\mathrm{a}} \cdot (NQ + W - 1) \times K_{\mathrm{a}} \cdot (NQ + W - 1)$-Kovarianzmatrix:

$$\underline{R}_{\underline{n}_{\mathrm{d}}} = \mathrm{E}\left\{ \underline{n}_{\mathrm{d}}\, \underline{n}_{\mathrm{d}}^{*\mathrm{T}} \right\} = \begin{pmatrix} \underline{R}_{\underline{n}_{\mathrm{d}}}^{(1)(1)} & \underline{R}_{\underline{n}_{\mathrm{d}}}^{(1)(2)} & \cdots & \underline{R}_{\underline{n}_{\mathrm{d}}}^{(1)(K_{\mathrm{a}})} \\ \underline{R}_{\underline{n}_{\mathrm{d}}}^{(2)(1)} & \underline{R}_{\underline{n}_{\mathrm{d}}}^{(2)(2)} & \cdots & \underline{R}_{\underline{n}_{\mathrm{d}}}^{(2)(K_{\mathrm{a}})} \\ \vdots & \vdots & \ddots & \vdots \\ \underline{R}_{\underline{n}_{\mathrm{d}}}^{(K_{\mathrm{a}})(1)} & \underline{R}_{\underline{n}_{\mathrm{d}}}^{(K_{\mathrm{a}})(2)} & \cdots & \underline{R}_{\underline{n}_{\mathrm{d}}}^{(K_{\mathrm{a}})(K_{\mathrm{a}})} \end{pmatrix} ,$$

$$(5.38a)$$

$$\underline{R_{\underline{n}_{\mathrm{d}}}}^{(\mu)(\nu)} = \mathrm{E}\left\{\underline{n}_{\mathrm{d}}^{(\mu)}\,\underline{n}_{\mathrm{d}}^{(\nu)*\mathrm{T}}\right\}, \quad \mu,\nu = 1\cdots K_{\mathrm{a}}, \;\; K_{\mathrm{a}} \in \mathbb{N}. \tag{5.38b}$$

Aus den Kanalimpulsantworten $\underline{h}^{(k,k_{\mathrm{a}})}$, $k_{\mathrm{a}} = 1\cdots K_{\mathrm{a}}$, nach (4.55) und den teilnehmerspezifischen CDMA–Codes $\underline{c}^{(k)}$, $k = 1\cdots K$, nach (4.49) ergeben sich mit der im folgenden mit „$\star$" bezeichneten zeitdiskreten Faltung die kombinierten Kanalimpulsantworten

$$\underline{b}^{(k,k_{\mathrm{a}})} = \underline{c}^{(k)} \star \underline{h}^{(k,k_{\mathrm{a}})} = \left(\underline{b}_1^{(k,k_{\mathrm{a}})} \cdots \underline{b}_{Q+W-1}^{(k,k_{\mathrm{a}})}\right)^{\mathrm{T}}, \tag{5.39}$$
$$k = 1\cdots K, \, k_{\mathrm{a}} = 1\cdots K_{\mathrm{a}},$$

der $K \cdot K_{\mathrm{a}}$ für die adaptive kohärente Datendetektion wirksamen zeitdiskreten Übertragungskanäle. Mit der $(Q + W - 1) \times Q$–Matrix [Kle96, (2.26)]

$$\underline{C}^{(k)} = \left(\underline{C}_{\mu,\nu}^{(k)}\right), \quad \begin{aligned} \mu &= 1\cdots Q + W - 1, \\ \nu &= 1\cdots W, \\ k &= 1\cdots K, \end{aligned} \tag{5.40a}$$

$$\underline{C}_{\mu,\nu}^{(k)} = \begin{cases} \underline{c}_{\mu-\nu+1}^{(k)} & \text{für} \quad 1 \le \mu - \nu + 1 \le Q, \\ 0 & \text{sonst,} \end{cases} \tag{5.40b}$$

läßt sich Gleichung (5.39) auch folgendermaßen ausdrücken:

$$\underline{b}^{(k,k_{\mathrm{a}})} = \underline{C}^{(k)}\,\underline{h}^{(k,k_{\mathrm{a}})}, \quad k = 1\cdots K, \, k_{\mathrm{a}} = 1\cdots K_{\mathrm{a}}, \tag{5.41}$$

siehe auch [Kle96, (2.29)]. Die Kanalimpulsantworten $\underline{b}^{(k,k_{\mathrm{a}})}$, $k = 1\cdots K$, $k_{\mathrm{a}} = 1\cdots K_{\mathrm{a}}$, nach (5.39) berücksichtigen explizit das Verwenden einer CDMA–Komponente, wie dies beim JD–CDMA nach Abschnitt 6.3 der Fall ist. Wird wie im GSM auf eine CDMA–Komponente verzichtet, so sind $\underline{b}^{(k,k_{\mathrm{a}})}$, $k = 1\cdots K$, $k_{\mathrm{a}} = 1\cdots K_{\mathrm{a}}$, nach (5.39) und $\underline{h}^{(k,k_{\mathrm{a}})}$, $k = 1\cdots K$, $k_{\mathrm{a}} = 1\cdots K_{\mathrm{a}}$, identisch.

Beispiel 5.5 Für den Fall $Q = 3$ und $W = 4$ gilt $(Q + W - 1) = 6$, und es folgt

$$
\begin{pmatrix}
\underline{b}_1^{(k,k_\mathrm{a})} \\
\underline{b}_2^{(k,k_\mathrm{a})} \\
\underline{b}_3^{(k,k_\mathrm{a})} \\
\underline{b}_4^{(k,k_\mathrm{a})} \\
\underline{b}_5^{(k,k_\mathrm{a})} \\
\underline{b}_{Q+W-1}^{(k,k_\mathrm{a})}
\end{pmatrix}
=
\begin{pmatrix}
\underline{c}_1^{(k)} & 0 & 0 & 0 \\
\underline{c}_2^{(k)} & \underline{c}_1^{(k)} & 0 & 0 \\
\underline{c}_Q^{(k)} & \underline{c}_2^{(k)} & \underline{c}_1^{(k)} & 0 \\
0 & \underline{c}_Q^{(k)} & \underline{c}_2^{(k)} & \underline{c}_1^{(k)} \\
0 & 0 & \underline{c}_Q^{(k)} & \underline{c}_2^{(k)} \\
0 & 0 & 0 & \underline{c}_Q^{(k)}
\end{pmatrix}
\begin{pmatrix}
\underline{h}_1^{(k,k_\mathrm{a})} \\
\underline{h}_2^{(k,k_\mathrm{a})} \\
\underline{h}_3^{(k,k_\mathrm{a})} \\
\underline{h}_W^{(k,k_\mathrm{a})}
\end{pmatrix}
\tag{5.42}
$$

aus (5.41), siehe auch [Kle96, S. 39].   ♣

Mit der $K_\mathrm{a} \cdot (NQ + W - 1) \times KN$–Matrix

$$
\underline{A} = (\underline{A}_{\mu,\nu}) = \left(\underline{A}^{(1)\mathrm{T}} \cdots \underline{A}^{(K_\mathrm{a})\mathrm{T}} \right)^\mathrm{T},
\tag{5.43}
$$

die aus den $(NQ + W - 1) \times KN$–Matrizen

$$
\underline{A}^{(k_\mathrm{a})} = \left(\underline{A}_{\mu,\nu}^{(k_\mathrm{a})} \right), \quad
\begin{aligned}
\mu &= 1 \cdots NQ + W - 1, \\
\nu &= 1 \cdots KN, \\
k_\mathrm{a} &= 1 \cdots K_\mathrm{a},
\end{aligned}
\tag{5.44a}
$$

$$
\underline{A}_{Q\cdot(n-1)+l,\,N\cdot(k-1)+n}^{(k_\mathrm{a})} =
\begin{cases}
\underline{b}_l^{(k,k_\mathrm{a})} & \text{für} \quad
\begin{aligned}
k &= 1 \cdots K, \\
l &= 1 \cdots Q + W - 1, \\
n &= 1 \cdots N, \\
k_\mathrm{a} &= 1 \cdots K_\mathrm{a},
\end{aligned} \\[1em]
0 & \text{sonst,}
\end{cases}
\tag{5.44b}
$$

besteht, und der Datenfolge

$$
\underline{d} = \left(\underline{d}^{(1)\mathrm{T}} \cdots \underline{d}^{(K)\mathrm{T}} \right)^\mathrm{T}
\tag{5.45a}
$$

$$
= \left(\underline{d}_1^{(1)} \cdots \underline{d}_N^{(1)}, \underline{d}_1^{(2)} \cdots \underline{d}_N^{(2)} \cdots \underline{d}_1^{(K)} \cdots \underline{d}_N^{(K)} \right)^\mathrm{T}
\tag{5.45b}
$$

$$
= \left(\underline{d}_1 \cdots \underline{d}_{KN} \right)^\mathrm{T}
\tag{5.45c}
$$

ergibt sich die Systemgleichung

$$
\underline{e}_\mathrm{d} = \underline{A}\,\underline{d} + \underline{n}_\mathrm{d}.
\tag{5.46}
$$

Beispiel 5.6 Im störfreien Fall $\underline{n}_{\mathrm{d}} = \mathbf{0}_{K_{\mathrm{a}} \cdot (NQ+W-1)}$ gilt für $K = 1$, $K_{\mathrm{a}} = 1$, $Q = 3$, $W = 4$ und N gleich drei $K_{\mathrm{a}} \cdot (NQ + W - 1) = 12$, und es folgt

$$
\begin{pmatrix}
\underline{e}_{\mathrm{d},1} \\
\underline{e}_{\mathrm{d},2} \\
\underline{e}_{\mathrm{d},3} \\
\underline{e}_{\mathrm{d},4} \\
\underline{e}_{\mathrm{d},5} \\
\underline{e}_{\mathrm{d},6} \\
\underline{e}_{\mathrm{d},7} \\
\underline{e}_{\mathrm{d},8} \\
\underline{e}_{\mathrm{d},9} \\
\underline{e}_{\mathrm{d},10} \\
\underline{e}_{\mathrm{d},11} \\
\underline{e}_{\mathrm{d},K_{\mathrm{a}} \cdot (NQ+W-1)}
\end{pmatrix}
=
\begin{pmatrix}
\underline{b}_1^{(1,1)} & 0 & 0 \\
\underline{b}_2^{(1,1)} & 0 & 0 \\
\underline{b}_Q^{(1,1)} & 0 & 0 \\
\underline{b}_{Q+1}^{(1,1)} & \underline{b}_1^{(1,1)} & 0 \\
\underline{b}_5^{(1,1)} & \underline{b}_2^{(1,1)} & 0 \\
\underline{b}_{Q+W-1}^{(1,1)} & \underline{b}_Q^{(1,1)} & 0 \\
0 & \underline{b}_{Q+1}^{(1,1)} & \underline{b}_1^{(1,1)} \\
0 & \underline{b}_5^{(1,1)} & \underline{b}_2^{(1,1)} \\
0 & \underline{b}_{Q+W-1}^{(1,1)} & \underline{b}_Q^{(1,1)} \\
0 & 0 & \underline{b}_{Q+1}^{(1,1)} \\
0 & 0 & \underline{b}_5^{(1,1)} \\
0 & 0 & \underline{b}_{Q+W-1}^{(1,1)}
\end{pmatrix}
\begin{pmatrix}
\underline{d}_1^{(1)} \\
\underline{d}_2^{(1)} \\
\underline{d}_N^{(1)}
\end{pmatrix}
\tag{5.47}
$$

aus (5.46), siehe auch [Kle96, S. 40]. ♣

Beispiel 5.7 Im störfreien Fall $\underline{n}_{\mathrm{d}} = \mathbf{0}_{K_{\mathrm{a}} \cdot (NQ+W-1)}$ gilt für $K = 1$, $K_{\mathrm{a}} = 2$, $Q = 3$, $W = 4$ und N gleich drei $K_{\mathrm{a}} \cdot (NQ + W - 1) = 24$, und es folgt

$$
\begin{pmatrix}
\underline{e}_{\mathrm{d},1} \\
\underline{e}_{\mathrm{d},2} \\
\underline{e}_{\mathrm{d},3} \\
\underline{e}_{\mathrm{d},4} \\
\underline{e}_{\mathrm{d},5} \\
\underline{e}_{\mathrm{d},6} \\
\underline{e}_{\mathrm{d},7} \\
\underline{e}_{\mathrm{d},8} \\
\underline{e}_{\mathrm{d},9} \\
\underline{e}_{\mathrm{d},10} \\
\underline{e}_{\mathrm{d},11} \\
\underline{e}_{\mathrm{d},1\cdot(NQ+W-1)} \\
\underline{e}_{\mathrm{d},13} \\
\underline{e}_{\mathrm{d},14} \\
\underline{e}_{\mathrm{d},15} \\
\underline{e}_{\mathrm{d},16} \\
\underline{e}_{\mathrm{d},17} \\
\underline{e}_{\mathrm{d},18} \\
\underline{e}_{\mathrm{d},19} \\
\underline{e}_{\mathrm{d},20} \\
\underline{e}_{\mathrm{d},21} \\
\underline{e}_{\mathrm{d},22} \\
\underline{e}_{\mathrm{d},23} \\
\underline{e}_{\mathrm{d},K_{\mathrm{a}}\cdot(NQ+W-1)}
\end{pmatrix}
=
\begin{pmatrix}
\underline{b}_1^{(1,1)} & 0 & 0 \\
\underline{b}_2^{(1,1)} & 0 & 0 \\
\underline{b}_Q^{(1,1)} & 0 & 0 \\
\underline{b}_{Q+1}^{(1,1)} & \underline{b}_1^{(1,1)} & 0 \\
\underline{b}_5^{(1,1)} & \underline{b}_2^{(1,1)} & 0 \\
\underline{b}_{Q+W-1}^{(1,1)} & \underline{b}_Q^{(1,1)} & 0 \\
0 & \underline{b}_{Q+1}^{(1,1)} & \underline{b}_1^{(1,1)} \\
0 & \underline{b}_5^{(1,1)} & \underline{b}_2^{(1,1)} \\
0 & \underline{b}_{Q+W-1}^{(1,1)} & \underline{b}_Q^{(1,1)} \\
0 & 0 & \underline{b}_{Q+1}^{(1,1)} \\
0 & 0 & \underline{b}_5^{(1,1)} \\
0 & 0 & \underline{b}_{Q+W-1}^{(1,1)} \\
\underline{b}_1^{(1,2)} & 0 & 0 \\
\underline{b}_2^{(1,2)} & 0 & 0 \\
\underline{b}_Q^{(1,2)} & 0 & 0 \\
\underline{b}_{Q+1}^{(1,2)} & \underline{b}_1^{(1,2)} & 0 \\
\underline{b}_5^{(1,2)} & \underline{b}_2^{(1,2)} & 0 \\
\underline{b}_{Q+W-1}^{(1,2)} & \underline{b}_Q^{(1,2)} & 0 \\
0 & \underline{b}_{Q+1}^{(1,2)} & \underline{b}_1^{(1,2)} \\
0 & \underline{b}_5^{(1,2)} & \underline{b}_2^{(1,2)} \\
0 & \underline{b}_{Q+W-1}^{(1,2)} & \underline{b}_Q^{(1,2)} \\
0 & 0 & \underline{b}_{Q+1}^{(1,2)} \\
0 & 0 & \underline{b}_5^{(1,2)} \\
0 & 0 & \underline{b}_{Q+W-1}^{(1,2)}
\end{pmatrix}
\begin{pmatrix}
\underline{d}_1^{(1)} \\
\underline{d}_2^{(1)} \\
\underline{d}_N^{(1)}
\end{pmatrix}
\tag{5.48}
$$

aus (5.46).

Beispiel 5.8 Im störfreien Fall $\underline{n}_{\mathrm{d}} = \mathbf{0}_{K_{\mathrm{a}} \cdot (NQ+W-1)}$ gilt für $K = 2$, $K_{\mathrm{a}} = 1$, $Q = 3$, $W = 4$ und N gleich zwei $K_{\mathrm{a}} \cdot (NQ + W - 1) = 9$, und es folgt

$$
\begin{pmatrix}
\underline{e}_{\mathrm{d},1} \\
\underline{e}_{\mathrm{d},2} \\
\underline{e}_{\mathrm{d},3} \\
\underline{e}_{\mathrm{d},4} \\
\underline{e}_{\mathrm{d},5} \\
\underline{e}_{\mathrm{d},6} \\
\underline{e}_{\mathrm{d},7} \\
\underline{e}_{\mathrm{d},8} \\
\underline{e}_{\mathrm{d},K_{\mathrm{a}} \cdot (NQ+W-1)}
\end{pmatrix}
=
\begin{pmatrix}
\underline{b}_1^{(1,1)} & 0 & \underline{b}_1^{(K,1)} & 0 \\
\underline{b}_2^{(1,1)} & 0 & \underline{b}_2^{(K,1)} & 0 \\
\underline{b}_Q^{(1,1)} & 0 & \underline{b}_Q^{(K,1)} & 0 \\
\underline{b}_{Q+1}^{(1,1)} & \underline{b}_1^{(1,1)} & \underline{b}_{Q+1}^{(K,1)} & \underline{b}_1^{(K,1)} \\
\underline{b}_5^{(1,1)} & \underline{b}_2^{(1,1)} & \underline{b}_5^{(K,1)} & \underline{b}_2^{(K,1)} \\
\underline{b}_{Q+W-1}^{(1,1)} & \underline{b}_Q^{(1,1)} & \underline{b}_{Q+W-1}^{(K,1)} & \underline{b}_Q^{(K,1)} \\
0 & \underline{b}_{Q+1}^{(1,1)} & 0 & \underline{b}_{Q+1}^{(K,1)} \\
0 & \underline{b}_5^{(1,1)} & 0 & \underline{b}_5^{(K,1)} \\
0 & \underline{b}_{Q+W-1}^{(1,1)} & 0 & \underline{b}_{Q+W-1}^{(K,1)}
\end{pmatrix}
\cdot
\begin{pmatrix}
\underline{d}_1^{(1)} \\
\underline{d}_N^{(1)} \\
\underline{d}_1^{(K)} \\
\underline{d}_N^{(K)}
\end{pmatrix}
\tag{5.49}
$$

aus (5.46), siehe auch [Kle96, S. 42]. ♣

Ebenso wie die Kanalschätzung nach Abschnitt 5.2 ist die hier betrachtete adaptive kohärente Datendetektion ein Entfaltungsproblem in einem MIMO–System. Dieses Entfaltungsproblem wird ausgehend von der Systemgleichung (5.46) gelöst. Ziel der adaptiven kohärenten Datendetektion ist das optimale Ermitteln der detektierten Datensymbole $\hat{\underline{d}}_n^{(k)}$, $k = 1 \cdots K$, $n = 1 \cdots N$. Analog zur Folge $\underline{d}$ nach (5.45a) wird aus den detektierten Datensymbolen $\hat{\underline{d}}_n^{(k)}$, $k = 1 \cdots K$, $n = 1 \cdots N$, die Folge

$$
\hat{\underline{d}} = \left(\hat{\underline{d}}^{(1)\mathrm{T}} \cdots \hat{\underline{d}}^{(K)\mathrm{T}} \right)^{\mathrm{T}}
\tag{5.50a}
$$

$$
= \left(\hat{\underline{d}}_1^{(1)} \cdots \hat{\underline{d}}_N^{(1)}, \hat{\underline{d}}_1^{(2)} \cdots \hat{\underline{d}}_N^{(2)} \cdots \hat{\underline{d}}_1^{(K)} \cdots \hat{\underline{d}}_N^{(K)} \right)^{\mathrm{T}}
\tag{5.50b}
$$

$$
= \left(\hat{\underline{d}}_1 \cdots \hat{\underline{d}}_{KN} \right)^{\mathrm{T}}
\tag{5.50c}
$$

gebildet. Sind die detektierten Datensymbole $\hat{\underline{d}}_n^{(k)}$, $k = 1 \cdots K$, $n = 1 \cdots N$, bereits Elemente aus $\underline{V}_{\mathrm{d}}$ nach (4.46), so spricht man von quantisierten Schätzwerten $\hat{\underline{d}}_{\mathrm{q},n}^{(k)}$,

$k = 1 \cdots K$, $n = 1 \cdots N$, mit $\hat{\underline{d}}_{\mathrm{q},n}^{(k)} \in \underline{V}_{\mathrm{d}}$. Diese quantisierten Schätzwerte $\hat{\underline{d}}_{\mathrm{q},n}^{(k)}$, $k = 1 \cdots K$, $n = 1 \cdots N$, sind Elemente der Folge

$$\hat{\underline{d}}_{\mathrm{q}} = \left(\hat{\underline{d}}_{\mathrm{q}}^{(1)\mathrm{T}} \cdots \hat{\underline{d}}_{\mathrm{q}}^{(K)\mathrm{T}} \right)^{\mathrm{T}} \tag{5.51a}$$

$$= \left(\hat{\underline{d}}_{\mathrm{q},1}^{(1)} \cdots \hat{\underline{d}}_{\mathrm{q},N}^{(1)}, \hat{\underline{d}}_{\mathrm{q},1}^{(2)} \cdots \hat{\underline{d}}_{\mathrm{q},N}^{(2)} \cdots \hat{\underline{d}}_{\mathrm{q},1}^{(K)} \cdots \hat{\underline{d}}_{\mathrm{q},N}^{(K)} \right)^{\mathrm{T}} \tag{5.51b}$$

$$= \left(\hat{\underline{d}}_{\mathrm{q},1} \cdots \hat{\underline{d}}_{\mathrm{q},KN} \right)^{\mathrm{T}} . \tag{5.51c}$$

Sind die detektierten Datensymbole $\hat{\underline{d}}_{n}^{(k)}$, $k = 1 \cdots K$, $n = 1 \cdots N$, nicht quantisiert, so spricht man von wertekontinuierlichen Schätzwerten $\hat{\underline{d}}_{\mathrm{c},n}^{(k)}$, $k = 1 \cdots K$, $n = 1 \cdots N$, mit $\hat{\underline{d}}_{\mathrm{c},n}^{(k)} \in \mathbb{C}$. Diese wertekontinuierlichen Schätzwerte $\hat{\underline{d}}_{\mathrm{c},n}^{(k)}$, $k = 1 \cdots K$, $n = 1 \cdots N$, sind Elemente der Folge

$$\hat{\underline{d}}_{\mathrm{c}} = \left(\hat{\underline{d}}_{\mathrm{c}}^{(1)\mathrm{T}} \cdots \hat{\underline{d}}_{\mathrm{c}}^{(K)\mathrm{T}} \right)^{\mathrm{T}} \tag{5.52a}$$

$$= \left(\hat{\underline{d}}_{\mathrm{c},1}^{(1)} \cdots \hat{\underline{d}}_{\mathrm{c},N}^{(1)}, \hat{\underline{d}}_{\mathrm{c},1}^{(2)} \cdots \hat{\underline{d}}_{\mathrm{c},N}^{(2)} \cdots \hat{\underline{d}}_{\mathrm{c},1}^{(K)} \cdots \hat{\underline{d}}_{\mathrm{c},N}^{(K)} \right)^{\mathrm{T}} \tag{5.52b}$$

$$= \left(\hat{\underline{d}}_{\mathrm{c},1} \cdots \hat{\underline{d}}_{\mathrm{c},KN} \right)^{\mathrm{T}} . \tag{5.52c}$$

Die wertekontinuierlichen Schätzwerte können als Zuverlässigkeitsinformation angesehen werden [Nas95]. Aus den wertekontinuierlichen Schätzwerten $\hat{\underline{d}}_{\mathrm{c},n}^{(k)}$, $k = 1 \cdots K$, $n = 1 \cdots N$, können durch geeignete Quantisierungsvorschriften quantisierte Schätzwerte $\hat{\underline{d}}_{\mathrm{q},n}^{(k)}$, $k = 1 \cdots K$, $n = 1 \cdots N$, gebildet werden.

5.3.2 Prinzipielle Struktur des Datendetektors

Bild 5.2 zeigt die prinzipielle Struktur des Datendetektors. Für die adaptive kohärente Datendetektion ist es unerläßlich, daß sowohl a–priori–Kenntnis über die teilnehmerspezifischen CDMA–Codes $\underline{c}^{(k)}$, $k = 1 \cdots K$, nach (4.49) als auch über die geschätzten Kanalimpulsantworten $\hat{\underline{h}}^{(k,k_{\mathrm{a}})}$, $k_{\mathrm{a}} = 1 \cdots K_{\mathrm{a}}$, nach (5.1) vorliegt [Kle96]. Außerdem kann dem Datendetektor a–priori–Kenntnis über die Folge $\underline{d}$ nach (5.45a), zum Beispiel über die Mächtigkeit von $\underline{V}_{\mathrm{d}}$ nach (4.46), bekannt sein. Wird beispielsweise davon ausgegangen, daß $\underline{d}$ nach (5.45a) Realisation eines multivariaten Zufallsprozesses ist, so kann a–priori–Kenntnis auch in Form von Wahrscheinlichkeiten $\mathrm{Pr}\{\underline{d}\}$ beziehungsweise $\mathrm{Pr}\{\underline{d}_{n}^{(k)}\}$, oder in Form der Kovarianzmatrix

$$\underline{R}_{\mathrm{d}} = \mathrm{E}\left\{ \underline{d}\, \underline{d}^{*\mathrm{T}} \right\} , \tag{5.53}$$

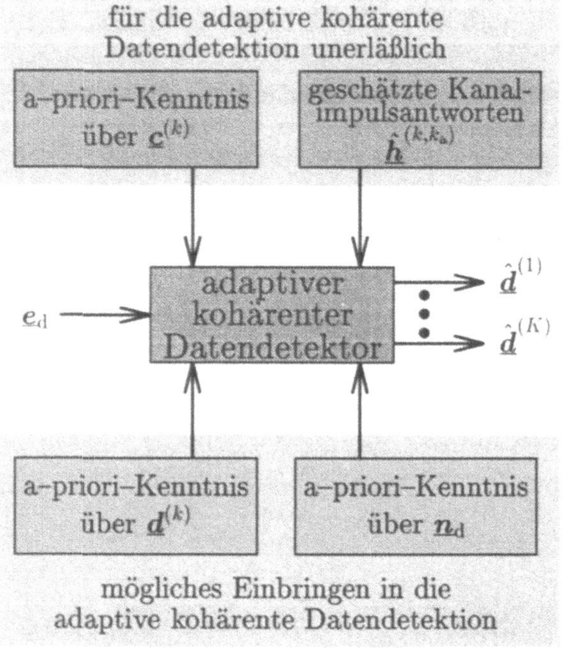

Bild 5.2. Prinzipielle Struktur des Datendetektors

in die adaptive kohärente Datendetektion eingebracht werden. In diesem Fall wird davon ausgegangen, daß $\underline{d}$ nach (5.45a) und $\underline{n}_d$ nach (5.37) Realisationen statistisch unabhängiger multivariater Zufallsprozesse sind. Außerdem kann a–priori-Kenntnis über $\underline{n}_d$ nach (5.37) in Form der Kovarianzmatrix $\underline{\underline{R}}_{\underline{n}_d}$ nach (5.38a) vorliegen.

Der Entwurf von adaptiven kohärenten Datendetektoren war und ist Gegenstand zahlreicher Forschungsaktivitäten. Aufgrund der Fülle entworfener adaptiver kohärenter Datendetektoren ist eine vollständige Darstellung unmöglich. Statt dessen konzentriert sich dieser Abschnitt 5.3 auf wenige Algorithmen zur adaptiven kohärenten Datendetektion, die für GSM und JD–CDMA wichtig sind. Die mathematische Formulierung erfolgt angelehnt an [JuB95, Nas95].

Man unterscheidet nichtlineare und lineare Datendetektoren, siehe Tab. 5.2 und Tab. 5.3. In diesem Zusammenhang sei angemerkt, daß ein solcher adaptiver kohärenter Datendetektor, welcher zunächst alle wertekontinuierlichen Schätzwerte $\hat{\underline{d}}_{c,n}^{(k)} \in \mathbb{C}$, $k = 1 \cdots K$, $n = 1 \cdots N$, ermittelt, bevor die quantisierten Schätzwerte $\hat{\underline{d}}_{q,n}^{(k)}$, $k = 1 \cdots K$, $n = 1 \cdots N$, mit einem Quantisierer erzeugt werden, dann als linearer adaptiver kohärenter Datendetektor bezeichnet wird, falls die Linearitätsbedingungen beim Ermitteln der $\hat{\underline{d}}_{c,n}^{(k)}$, $k = 1 \cdots K$, $n = 1 \cdots N$, nicht verletzt werden. All diejenigen adaptiven kohärenten Datendetektoren, bei welchen die Linearitätsbedingungen verletzt sind, heißen nichtlineare adaptive kohärente Datendetektoren. Die in Tab. 5.2 und Tab. 5.3 dargelegten adaptiven kohärenten Datendetektoren werden nachfolgend erläutert.

5.3.3 Optimale Datendetektoren

Optimale Datendetektoren sind nichtlinear und verwenden stets die a–priori-Kenntnis über $\underline{V}_d$ nach (4.46). Sie verwenden die a–priori-Kenntnis über die Kovarianzmatrix $\underline{\underline{R}}_{\underline{n}_d}$ nach (5.38a). Außerdem sind sie in der Lage, für ein gegebenes mittleres Signal–Stör–Verhältnis E_b/N_0 das geringstmögliche Fehlerverhältnis an ihrem Ausgang zu erzielen. Man unterscheidet Folgenschätzer und Symbolschätzer [Hub92].

Folgenschätzer bestimmen aus allen denkbaren Folgen $\underline{d}$ nach (5.45a) mit Elementen aus $\underline{V}_d$ nach (4.46) diejenige Folge $\hat{\underline{d}}$ nach (5.50a), die am wahrscheinlichsten gesendet wurde, und minimieren deshalb das Folgenfehlerverhältnis an ihrem Ausgang. Für den MAP–Folgenschätzer gilt

$$\hat{\underline{d}}_q = \arg\max_{\underline{d}} \left(\Pr\{\underline{d}|\underline{e}_d\} \right) = \arg\max_{\underline{d}} \left(p\left(\underline{e}_d|\underline{d}\right) \Pr\{\underline{d}\} \right). \tag{5.54}$$

Tab. 5.2. Übersicht optimaler Algorithmen zur adaptiven kohärenten Datendetektion, die im GSM nach Abschnitt 6.2 anwendbar sind

| Datendetektor | mathematisches Darstellen | Optimalitätskriterium | Verwenden von a–priori–Kenntnis über | | Verwenden von a–priori–Kenntnis über $\underline{d}$ in Form von | | | |
			$\underline{c}^{(k)}$	$\hat{\underline{h}}^{(k,k_\mathrm{a})}$	$\underline{V}_\mathrm{d}$	$\underline{R}_\mathrm{d}$	$\Pr\{\underline{d}\}$	$\Pr\{\underline{d}_n^{(k)}\}$
MAP-Folgenschätzer	$\hat{\underline{d}}_\mathrm{q} = \arg\max_{\underline{d}} (\mathrm{p}(\underline{e}_\mathrm{d}|\underline{d})\,\Pr\{\underline{d}\})$	minimale Folgenfehler-wahrscheinlichkeit	ja	ja	ja	nein	ja	nein
ML-Folgenschätzer *)	$\hat{\underline{d}}_\mathrm{q} = \arg\max_{\underline{d}} (\mathrm{p}(\underline{e}_\mathrm{d}|\underline{d}))$	minimale Folgenfehler-wahrscheinlichkeit	ja	ja	ja	nein	nein	nein
MAP-Symbolschätzer	$\hat{\underline{d}}_{\mathrm{q},n}^{(k)} = \arg\max_{\underline{d}_n^{(k)}} \left(\Pr\{\underline{d}_n^{(k)}|\underline{e}_\mathrm{d}\}\right)$	minimale Symbolfehler-wahrscheinlichkeit	ja	ja	ja	nein	nein	ja
ML-Symbolschätzer **)	$\hat{\underline{d}}_{\mathrm{q},n}^{(k)} = \arg\max_{\underline{d}_n^{(k)}} \left(\Pr\{\underline{d}_n^{(k)}|\underline{e}_\mathrm{d}\}\right)$	minimale Symbolfehler-wahrscheinlichkeit	ja	ja	ja	nein	nein	nein

*) Annahme, daß alle Realisationen von $\underline{d}$ gleichwahrscheinlich sind

**) Annahme, daß alle Realisationen von $\underline{d}_n^{(k)}$ gleichwahrscheinlich sind

Tab. 5.2. (fortgesetzt)

Datendetektor	Verwenden von a–priori–Kenntnis über $\underline{n}_d$ in Form von $\underline{R}_{\underline{n}_d}$	Algorithmus ist	Realisierung	Erzeugen von Zuverlässigkeits-information
MAP–Folgenschätzer	ja	nichtlinear	APRI–VA, APRI–SOVA	möglich mit APRI–SOVA
ML–Folgenschätzer *)	ja	nichtlinear	VA, SOVA	möglich mit SOVA
MAP–Symbolschätzer	ja	nichtlinear	rekursiv	inhärent
ML–Symbolschätzer **)	ja	nichtlinear	rekursiv	inhärent

*) Annahme, daß alle Realisationen von $\underline{d}$ gleichwahrscheinlich sind

**) Annahme, daß alle Realisationen von $\underline{d}_n^{(k)}$ gleichwahrscheinlich sind

Tab. 5.3. Übersicht suboptimaler Algorithmen zur adaptiven kohärenten Datendetektion, die im JD–CDMA nach Abschnitt 6.3 anwendbar sind

Datendetektor	mathematisches Darstellen	Optimalitätskriterium	Verwenden von a-priori-Kenntnis über		Verwenden von a-priori-Kenntnis über $\underline{d}$ in Form von			
			$\underline{c}^{(k)}$	$\hat{\underline{h}}^{(k,k_a)}$	$\underline{V}_{\mathrm{d}}$	$\underline{R}_{\mathrm{d}}$	$\mathrm{Pr}\{\underline{d}\}$	$\mathrm{Pr}\{\underline{d}_n^{(k)}\}$
ZF–BLE	$\underline{S}_{\mathrm{d}} = \underline{I}_{KN},$ $\underline{M}_{\mathrm{d}} = \left(\underline{A}^{*\mathrm{T}}\,\underline{R}_{\underline{n}_{\mathrm{d}}}^{-1}\,\underline{A}\right)^{-1}\,\underline{A}^{*\mathrm{T}}\,\underline{R}_{\underline{n}_{\mathrm{d}}}^{-1}$	Erwartungstreue	ja	ja	nein	nein	nein	nein
MMSE–BLE	$\underline{S}_{\mathrm{d}} = \underline{I}_{KN},$ $\underline{M}_{\mathrm{d}} = \left(\underline{A}^{*\mathrm{T}}\,\underline{R}_{\underline{n}_{\mathrm{d}}}^{-1}\,\underline{A} + \underline{R}_{\mathrm{d}}^{-1}\right)^{-1}\,\underline{A}^{*\mathrm{T}}\,\underline{R}_{\underline{n}_{\mathrm{d}}}^{-1}$	minimaler mittlerer quadratischer Schätz- fehler (MMSE)	ja	ja	nein	ja	nein	nein
ZF–BDFE	$\hat{\underline{d}} = \left(\left(\left[\hat{\underline{d}}_{\mathrm{c}}\right]_n^1\right)^{\mathrm{T}}, \left(\left[\hat{\underline{d}}_{\mathrm{q}}\right]_{KN}^{n+1}\right)^{\mathrm{T}}\right)^{\mathrm{T}},$ $\underline{S}_{\mathrm{d}} = \left(\left[\underline{I}_{KN}\right]_{KN,n}^{1,1}, \left[\underline{H} - \underline{I}_{KN}\right]_{KN,KN}^{1,n+1}\right),$ $\underline{M}_{\mathrm{d}} = \underline{\Sigma}^{-1}\left(\underline{H}^{*\mathrm{T}}\underline{\Sigma}\right)^{-1}\,\underline{A}^{*\mathrm{T}}\,\underline{R}_{\underline{n}_{\mathrm{d}}}^{-1}$	Erwartungstreue mit quantisierter Rückkopplung	ja	ja	ja	nein	nein	nein
MMSE–BDFE	$\hat{\underline{d}} = \left(\left(\left[\hat{\underline{d}}_{\mathrm{c}}\right]_n^1\right)^{\mathrm{T}}, \left(\left[\hat{\underline{d}}_{\mathrm{q}}\right]_{KN}^{n+1}\right)^{\mathrm{T}}\right)^{\mathrm{T}},$ $\underline{S}_{\mathrm{d}} = \left(\left[\underline{I}_{KN}\right]_{KN,n}^{1,1}, \left[\underline{H}' - \underline{I}_{KN}\right]_{KN,KN}^{1,n+1}\right),$ $\underline{M}_{\mathrm{d}} = \underline{\Sigma}'^{-1}\left(\underline{H}'^{*\mathrm{T}}\underline{\Sigma}'\right)^{-1}\,\underline{A}^{*\mathrm{T}}\,\underline{R}_{\underline{n}_{\mathrm{d}}}^{-1}$	MMSE mit quantisierter Rückkopplung	ja	ja	ja	ja	nein	nein

Tab. 5.3. (fortgesetzt)

Datendetektor	Verwenden von a-priori-Kenntnis über $\underline{n}_d$ in Form von $\boldsymbol{R}_{\underline{n}_d}$	Algorithmus ist	Realisierung	Erzeugen von Zuverlässigkeits-information
ZF–BLE	ja	linear	Cholesky–Zerlegung, QR–Zerlegung	inhärent
MMSE–BLE	ja	linear	Cholesky–Zerlegung, QR–Zerlegung	inhärent
ZF–BDFE	ja	nichtlinear	Cholesky–Zerlegung, QR–Zerlegung	inhärent
MMSE–BDFE	ja	nichtlinear	Cholesky–Zerlegung, QR–Zerlegung	inhärent

Der ML–Folgenschätzer ergibt sich zu

$$\hat{\underline{d}}_{\mathrm{q}} = \arg\max_{\underline{d}} \left(\mathrm{p}\left(\underline{e}_{\mathrm{d}} \middle| \underline{d}\right) \right). \tag{5.55}$$

Der MAP–Folgenschätzer berücksichtigt neben $\underline{R}_{\mathrm{n}}$ nach (5.38a) auch die a–priori–Kenntnis $\Pr\{\underline{d}\}$, während der ML–Folgenschätzer davon ausgeht, daß alle denkbaren Realisationen von $\underline{d}$ mit derselben Wahrscheinlichkeit auftreten. Da die zeitdiskreten Übertragungskanäle wegen der endlichen Anzahl W von Wegen und wegen des endlichen Symbolvorrats $\underline{V}_{\mathrm{d}}$ nach (4.46) als endliche Automaten betrachtet werden können, die mit einem Trellis–Diagramm beschreibbar sind, entspricht die Folgenschätzung der Suche nach einem bestimmten Pfad durch ein Trellis–Diagramm [Hub92].

Der MAP–Folgenschätzer kann durch den in [Hag95] vorgeschlagenen APRI–VA (Viterbi–Algorithmus mit Verwenden der a–priori–Kenntnis $\Pr\{\underline{d}\}$) realisiert werden. Der APRI–VA ist nicht in der Lage, Zuverlässigkeitsinformation für die detektierten Datensymbole $\hat{\underline{d}}_{n}^{(k)}$ zu erzeugen. Es ist jedoch möglich, den APRI–VA um das Erzeugen von Zuverlässigkeitsinformation zu erweitern. Der erweiterte APRI–VA heißt APRI–SOVA (Soft–Output–Viterbi–Algorithmus mit Verwenden der a–priori–Kenntnis $\Pr\{\underline{d}\}$). Der APRI–SOVA ist aufwendiger als der APRI–VA. Der ML–Folgenschätzer ohne Erzeugen von Zuverlässigkeitsinformation ist mit dem Viterbi–Algorithmus (VA) und der ML–Folgenschätzer mit Erzeugen von Zuverlässigkeitsinformation mit dem Soft–Output–Viterbi–Algorithmus (SOVA) realisierbar [Jun93]. Der SOVA ist aufwendiger als der VA.

Obwohl bei der Folgenschätzung alle möglichen Folgen $\underline{d}$ nach (5.45a) mit Elementen aus $\underline{V}_{\mathrm{d}}$ nach (4.46) betrachtet werden, wird bei der Symbolschätzung oft ein geringeres Symbolfehlerverhältnis erreicht. Die mathematische Darstellung des MAP–Symbolschätzers ist gleich der des ML–Symbolschätzers:

$$\hat{\underline{d}}_{\mathrm{q},n}^{(k)} = \arg\max_{\underline{d}_{n}^{(k)}} \left(\Pr\left\{\underline{d}_{n}^{(k)} \middle| \underline{e}_{\mathrm{d}}\right\} \right). \tag{5.56}$$

Nach (5.56) bestimmen MAP– und ML–Symbolschätzer aus allen denkbaren Realisationen der Datensymbole $\underline{d}_{n}^{(k)} \in \underline{V}_{\mathrm{d}}$, $k = 1 \cdots K$, $n = 1 \cdots N$, dasjenige Datensymbol $\hat{\underline{d}}_{\mathrm{q},n}^{(k)} \in \underline{V}_{\mathrm{d}}$, $k = 1 \cdots K$, $n = 1 \cdots N$, welches am wahrscheinlichsten gesendet wurde. Der MAP–Symbolschätzer berücksichtigt die a–priori–Kenntnis $\Pr\left\{\underline{d}_{n}^{(k)}\right\}$, während der ML–Symbolschätzer davon ausgeht, daß alle Realisationen $\underline{d}_{n}^{(k)} \in \underline{V}_{\mathrm{d}}$, $k = 1 \cdots K$, $n = 1 \cdots N$, mit gleicher Wahrscheinlichkeit auftreten.

Da die Symbolschätzung nicht wie die Folgenschätzung der Suche nach einem bestimmten Pfad durch das oben erwähnte Trellis–Diagramm entspricht, ist die von einem Symbolschätzer beim Verwenden einer Empfangsfolge $\underline{e}_\text{d}$ nach (5.46) ermittelte Folge $\underline{\hat{d}}_\text{q}$ nach (5.51a) nicht notwendigerweise gleich derjenigen Folge, die ein Folgenschätzer beim Verwenden derselben Empfangsfolge $\underline{e}_\text{d}$ nach (5.46) bestimmt. Der prinzipielle Unterschied zwischen Folgenschätzern und Symbolschätzern wird deutlich, wenn man sich die folgende Identität

$$\Pr\left\{\underline{d}_n^{(k)}|\underline{e}_\text{d}\right\} = \sum_{\substack{\text{alle möglichen Realisationen von}\\ \text{Datensymbolen mit Ausnahme von } \underline{d}_n^{(k)}}} \Pr\left\{\underline{d}|\underline{e}_\text{d}\right\} \qquad (5.57)$$

vergegenwärtigt. Symbolschätzer haben gegenüber Folgenschätzern den Vorteil, daß Zuverlässigkeitsinformation über die detektierten Datensymbole $\underline{\hat{d}}_{\text{q},n}^{(k)}$ als Nebenprodukt des Detektionsvorgangs abfällt. Wegen des hohen Realisierungsaufwands optimaler adaptiver kohärenter Datendetektoren sind diese nur für GSM, nicht aber für JD–CDMA relevant.

5.3.4 Suboptimale Datendetektoren

Adaptive kohärente Datendetektoren, die für JD–CDMA relevant sind, müssen aus Gründen der Realisierbarkeit suboptimal sein. Suboptimal heißt, daß sie weder minimales Folgenfehlerverhältnis noch minimales Symbolfehlerverhältnis beziehungsweise minimales Bitfehlerverhältnis erzielen. Deshalb ist im Vergleich zu den oben angeführten optimalen Datendetektoren beim Verwenden von suboptimalen Datendetektoren ein höheres mittleres Signal–Stör–Verhältnis E_b/N_0 zum Erzielen einer bestimmten Übertragungsqualität erforderlich. Nachfolgend werden die vier wichtigsten Datendetektoren für JD–CDMA erläutert. Diese sind

- Zero–Forcing–Blockentzerrer (ZF–BLE),

- Minimum–Mean–Square–Error–Blockentzerrer (MMSE–BLE),

- Zero–Forcing–Blockentzerrer mit quantisierter Rückkopplung (ZF–BDFE) und

- Minimum–Mean–Square–Error–Blockentzerrer mit quantisierter Rückkopplung (MMSE–BDFE).

Die quantisierte Rückkopplung wird auch Entscheidungsrückkopplung genannt. Die beim Einsatz der vier angeführten adaptiven kohärenten Datendetektoren ZF–BLE, MMSE–BLE, ZF–BDFE und MMSE–BDFE im JD–CDMA erzielbare Übertragungsqualität wird in Abschnitt 6.3 diskutiert [Nas95]. Weitere Datendetektoren, die für JD–CDMA geeignet sind, werden in [Kle96] beschrieben, sollen jedoch im Rahmen dieses Buches nicht angeführt und erläutert werden. Die vier adaptiven kohärenten Datendetektoren ZF–BLE, MMSE–BLE, ZF–BDFE und MMSE–BDFE erzeugen Zuverlässigkeitsinformation in Form von wertekontinuierlichen Schätzwerten $\hat{\underline{d}}_{c,n}^{(k)}$, $k = 1 \cdots K$, $n = 1 \cdots N$, als Nebenprodukt der adaptiven kohärenten Datendetektion.

Ausgehend von $\underline{e}_d$ nach (5.46) folgt die allgemeine Form

$$\underline{S}_d\, \hat{\underline{d}} = \underline{M}_d\, \underline{e}_d \tag{5.58}$$

für die im folgenden betrachteten vier Datendetektoren ZF–BLE, MMSE–BLE, ZF–BDFE und MMSE–BDFE. Die adaptive kohärente Datendetektion basiert also auf dem Lösen des Gleichungssystems nach (5.58). In (5.58) ist $\underline{S}_d$ eine quadratische $KN \times KN$-Matrix, und $\underline{M}_d$ ist eine $KN \times K_a \cdot (NQ + W - 1)$-Matrix. Das Aussehen der Matrizen $\underline{S}_d$ und $\underline{M}_d$ bestimmt die Art des Datendetektors.

Beim mathematischen Darstellen der vier Datendetektoren ZF–BLE, ZF–BDFE, MMSE–BLE und MMSE–BDFE wird vereinfachend angenommen, daß $\underline{A}$ nach (5.43) im Empfänger bekannt ist. Tatsächlich wird $\underline{A}$ nach (5.43) im Empfänger jedoch aus den bekannten teilnehmerspezifischen CDMA–Codes $\underline{c}^{(k)}$, $k = 1 \cdots K$, nach (4.49) und den geschätzten Kanalimpulsantworten $\hat{\underline{h}}^{(k,k_a)}$ nach (5.1) gebildet. Diese Annahme ist jedoch für die folgende Diskussion der genannten Datendetektoren keine unzulässige Einschränkung. Weiterhin wird im folgenden angenommen, daß $\underline{R}_{\underline{n}_d}$, $\underline{R}_d$, $\left(\underline{A}^{*\mathrm{T}} \underline{R}_{\underline{n}_d}^{-1} \underline{A}\right)$ und $\left(\underline{A}^{*\mathrm{T}} \underline{R}_{\underline{n}_d}^{-1} \underline{A} + \underline{R}_d^{-1}\right)$ regulär sind. Das Optimalitätskriterium Erwartungstreue führt mit der $KN \times KN$-Identitätsmatrix $\underline{I}_{KN}$ auf den ZF–BLE mit

$$\underline{S}_d \;=\; \underline{I}_{KN}, \tag{5.59a}$$
$$\underline{M}_d \;=\; \left(\underline{A}^{*\mathrm{T}} \underline{R}_{\underline{n}_d}^{-1} \underline{A}\right)^{-1} \underline{A}^{*\mathrm{T}} \underline{R}_{\underline{n}_d}^{-1}. \tag{5.59b}$$

Der ZF–BLE verwendet $\underline{R}_{\underline{n}_d}$ nach (5.38a). Jedoch macht der ZF–BLE keinerlei Annahme über die Art von $\underline{d}$ nach (5.45a). Somit verwendet der ZF–BLE weder a–priori–Kenntnis über $\underline{R}_d$ nach (5.53) noch über $\underline{V}_d$ nach (4.46). Der ZF–BLE realisiert die im Englischen als Weighted Least Squares Estimation bezeichnete Form der Schätzung. Der ZF–BLE ist linear und kann mit Cholesky–Zerlegung oder QR–Zerlegung aufwandsgünstig realisiert werden.

Das Optimalitätskriterium minimaler mittlerer quadratischer Fehler (MMSE) führt auf den MMSE–BLE mit

$$\underline{S}_d \;=\; \underline{I}_{KN}, \tag{5.60a}$$
$$\underline{M}_d \;=\; \left(\underline{A}^{*\mathrm{T}} \underline{R}_{\underline{n}_d}^{-1} \underline{A} + \underline{R}_d^{-1}\right)^{-1} \underline{A}^{*\mathrm{T}} \underline{R}_{\underline{n}_d}^{-1}. \tag{5.60b}$$

Der MMSE–BLE verwendet sowohl a–priori–Kenntnis über $\underline{R}_{\underline{n}_\mathrm{d}}$ nach (5.38a) als auch a–priori–Kenntnis über $\underline{R}_\mathrm{d}$ nach (5.53). Jedoch verwendet der MMSE–BLE keine a–priori–Kenntnis über $\underline{V}_\mathrm{d}$ nach (4.46). Der MMSE–BLE ist linear und kann wie der ZF–BLE mit Cholesky–Zerlegung oder QR–Zerlegung aufwandsgünstig realisiert werden.

Die nichtlinearen adaptiven Datendetektoren ZF–BDFE und MMSE–BDFE basieren auf den folgenden mathematischen Zusammenhängen. Es seien $\boldsymbol{\Sigma}\,\underline{H}$ beziehungsweise $\boldsymbol{\Sigma}'\,\underline{H}'$ Ergebnisse von Cholesky–Zerlegungen oder QR–Zerlegungen mit

$$\underline{A}^{*\mathrm{T}}\,\underline{R}_{\underline{n}_\mathrm{d}}^{-1}\,\underline{A} \;=\; (\boldsymbol{\Sigma}\,\underline{H})^{*\mathrm{T}}\,\boldsymbol{\Sigma}\,\underline{H}, \tag{5.61a}$$

$$\underline{A}^{*\mathrm{T}}\,\underline{R}_{\underline{n}_\mathrm{d}}^{-1}\,\underline{A} + \underline{R}_\mathrm{d}^{-1} \;=\; \left(\boldsymbol{\Sigma}'\,\underline{H}'\right)^{*\mathrm{T}}\,\boldsymbol{\Sigma}'\,\underline{H}'. \tag{5.61b}$$

In (5.61a) und (5.61b) sind

$$\underline{H} \;=\; (\underline{H}_{\mu,\nu}), \quad \underline{H}_{\mu,\nu} = 0\ \forall\,\mu > \nu,\ \underline{H}_{\mu,\mu} = 1\ \forall\,\mu, \tag{5.62a}$$
$$\mu,\nu = 1\cdots KN,$$

$$\underline{H}' \;=\; (\underline{H}'_{\mu,\nu}), \quad \underline{H}'_{\mu,\nu} = 0\ \forall\,\mu > \nu,\ \underline{H}'_{\mu,\mu} = 1\ \forall\,\mu, \tag{5.62b}$$
$$\mu,\nu = 1\cdots KN,$$

normierte obere $KN \times KN$–Dreiecksmatrizen, und

$$\boldsymbol{\Sigma} \;=\; \boldsymbol{D}\mathrm{iag}\,\langle \sigma_{\mu,\mu}\rangle, \quad \sigma_{\mu,\mu} \in \mathbb{R}_0^+,\ \mu = 1\cdots KN, \tag{5.63a}$$
$$\boldsymbol{\Sigma}' \;=\; \boldsymbol{D}\mathrm{iag}\,\langle \sigma'_{\mu,\mu}\rangle, \quad \sigma'_{\mu,\mu} \in \mathbb{R}_0^+,\ \mu = 1\cdots KN, \tag{5.63b}$$

sind reelle $KN \times KN$–Diagonalmatrizen. Mit den Operatoren

$$[\boldsymbol{x}]_\nu^\mu \;\overset{\mathrm{def}}{=}\; \left(\underline{x}_\mu, \underline{x}_{\mu+1}\cdots \underline{x}_\nu\right)^\mathrm{T}, \quad \mu \le \nu, \tag{5.64a}$$

$$[\underline{\boldsymbol{X}}]_{q,\nu}^{p,\mu} \;\overset{\mathrm{def}}{=}\; \begin{pmatrix} \underline{X}_{p,\mu} & \underline{X}_{p,\mu+1} & \cdots & \underline{X}_{p,\nu} \\ \underline{X}_{p+1,\mu} & \underline{X}_{p+1,\mu+1} & \cdots & \underline{X}_{p+1,\nu} \\ \vdots & \vdots & \cdots & \vdots \\ \underline{X}_{q,\mu} & \underline{X}_{q,\mu+1} & \cdots & \underline{X}_{q,\nu} \end{pmatrix}, \tag{5.64b}$$
$$p \le q,\ \mu \le \nu,$$

folgt für den ZF–BDFE

$$\underline{\boldsymbol{d}} \;=\; \left(\left(\left[\hat{\underline{d}}_\mathrm{c}\right]_n^1\right)^\mathrm{T}, \left(\left[\hat{\underline{d}}_\mathrm{q}\right]_{KN}^{n+1}\right)^\mathrm{T}\right)^\mathrm{T}, \tag{5.65a}$$

$$\underline{M}_\mathrm{d} \;=\; \boldsymbol{\Sigma}^{-1}\left(\underline{H}^{*\mathrm{T}}\boldsymbol{\Sigma}\right)^{-1}\underline{A}^{*\mathrm{T}}\,\underline{R}_{\underline{n}_\mathrm{d}}^{-1}, \tag{5.65b}$$

$$\underline{S}_\mathrm{d} \;=\; \left([\boldsymbol{I}_{KN}]_{KN,n}^{1,1}, [\underline{H} - \boldsymbol{I}_{KN}]_{KN,KN}^{1,n+1}\right). \tag{5.65c}$$

In analoger Weise zum ZF–BDFE ergibt sich

$$\underline{\hat{d}} = \left(\left(\left[\underline{\hat{d}}_{\mathrm{c}} \right]_n^1 \right)^{\mathrm{T}}, \left(\left[\underline{\hat{d}}_{\mathrm{q}} \right]_{KN}^{n+1} \right)^{\mathrm{T}} \right)^{\mathrm{T}}, \tag{5.66a}$$

$$\underline{M}_{\mathrm{d}} = \Sigma'^{-1} \left(\underline{H}'^{*\mathrm{T}} \Sigma' \right)^{-1} \underline{A}^{*\mathrm{T}} \underline{R}_{\underline{n}_{\mathrm{d}}}^{-1}, \tag{5.66b}$$

$$\underline{S}_{\mathrm{d}} = \left([I_{KN}]_{KN,n}^{1,1}, [\underline{H}' - I_{KN}]_{KN,KN}^{1,n+1} \right), \tag{5.66c}$$

für den MMSE–BDFE. Die beiden adaptiven kohärenten Datendetektoren ZF–BDFE und MMSE–BDFE verwenden also bei der quantisierten Rückkopplung die a–priori–Kenntnis über $\underline{V}_{\mathrm{d}}$ nach (4.46).

Kapitel 6

Beispiele digitaler zellularer Mobilfunksysteme

6.1 Übersicht

Im vorliegenden Kapitel werden zwei Beispiele betrachtet, nämlich GSM und JD–CDMA. In Abschnitt 6.2 wird zunächst ein kurzer Überblick über wichtige Hintergründe zu GSM gegeben [Hau94, MoP92]. Abschnitt 6.2.1 enthält einen kurzen Abriß der Entstehung von GSM. Abschnitt 6.2.2 veranschaulicht die Architektur von GSM, die in der Phase 1 von GSM realisiert ist [Bos91]. Wegen der Fülle an Lehrbüchern, die GSM bereits behandeln, werden im vorliegenden Buch keine detaillierten Angaben zur Realisierung der Luftschnittstelle von GSM gemacht. Statt dessen wird der Leser auf [DaB96, S. 305–369] und [Ste92, S. 677–765] verwiesen.

In Abschnitt 6.3 wird JD–CDMA [JuS94] behandelt, das im Gegensatz zu IS–95 das hybride Vielfachzugriffsverfahren F/T/CDMA einsetzt. Wichtige Grundlagen zu JD–CDMA findet man in [Kle96, Nas95, Ste95, Ste96] und dem darin angegebenen Schrifttum. Der Begriff der gemeinsamen Detektion wurde im Zusammenhang mit diesem digitalen zellularen Mobilfunksystem erstmals im Jahr 1993 veröffentlicht [NJS93]. Abschnitt 6.3.1 bringt die Situation zum Anfang der neunziger Jahre, welche die Entwicklung von JD–CDMA begünstigte. In Abschnitt 6.3.2 wird die Wahl wichtiger Systemparameter erläutert. In den Abschnitten 6.3.3 und 6.3.4 werden die Parametrisierung der Aufwärtsstrecke und der Abwärtsstrecke im JD–CDMA dargelegt. Abschnitt 6.3.5 behandelt das Verhalten von JD–CDMA in der Aufwärtsstrecke in einer einzelnen Zelle des Zellnetzes. Die Einflüsse des Zellnetzes auf das Systemverhalten in der Aufwärtsstrecke werden in Abschnitt 6.3.6 kurz diskutiert.

6.2 Global System for Mobile Communications (GSM)

6.2.1 Entstehung von GSM

Gemäß der Entscheidung im Rahmen der WARC'79 (World Administrative Radio Conference 1979), das 900 MHz–Band für terrestrische zellulare Mobilfunksysteme freizugeben, beschloß die CEPT (Conference of European Posts and Telecommunications Administrations) im Jahr 1982, die beiden Frequenzbereiche von 890 MHz bis 915 MHz sowie von 935 MHz bis 960 MHz in einem paneuropäischen Mobilfunksystem, das als Global System for Mobile Communications (GSM) bekannt ist, zu verwenden [MoP92]. Da in einigen Ländern Teile der vorgenannten Frequenzbereiche bereits in Mobilfunksystemen eingesetzt wurden und bis heute verwendet werden, war eine schnelle Entscheidung bezüglich der Lage der vorgenannten Frequenzbereiche notwendig. Durch diese schnelle Entscheidung der CEPT wurden nationale Alleingänge verhindert, welche das Entstehen von GSM auf Jahre hinaus behindert hätten [Hau94].

Die Entwicklung von GSM wurde durch die Schaffung einer Kooperationsgemeinschaft koordiniert. Diese Kooperationsgemeinschaft heißt GSM MoU (Memorandum of Understanding). Das MoU orientiert sich an der Zusammenarbeit der skandinavischen Länder. Zunächst gab es eine bilaterale Zusammenarbeit zwischen der Deutschen Bundespost und der France Télécom, dann kamen Italien und Großbritannien hinzu. Das MoU wird ständig erweitert.

Beim Entwurf von GSM wurde großer Wert auf die Kompatibilität zu ISDN gelegt [MoP92]. Deshalb wurden erstmals in der Geschichte der Mobilkommunikation Netzstruktur und Protokolle basierend auf dem bei ISDN verwendeten OSI (Open System Interconnect)–Schichtenmodell definiert.

GSM wurde durch die von der CEPT im Jahr 1982 eingesetzte Groupe Spécial Mobile erarbeitet [MoP92]. Den Vorsitz der Groupe Spécial Mobile hatte von 1982 bis 1992 der Schwede Thomas Haug. Da die Groupe Spécial Mobile aus Experten verschiedener Nationalitäten bestand, wurde gewährleistet, daß GSM als einheitliches paneuropäisches Mobilfunksystem entstehen und somit ein Massenmarkt erschlossen werden konnte [MoP92]. Beim GSM ist die Verwendbarkeit ein und desselben Endgeräts in einer ganzen Reihe verschiedener Länder garantiert. Dies ist eine wichtige Voraussetzung für internationale Mobilität.

Das Standardisieren von GSM dauerte etwa zehn Jahre [MoP92]. In der Zeit von
1982 bis 1984 wurden zunächst grundlegende Aspekte des neuen paneuropäischen
GSM erörtert. Um des anfänglich unterschätzten Aufwands beim Standardisieren von GSM Herr zu werden, wurden Anfang 1984 drei Arbeitsgruppen (WPs,
Working Parties) innerhalb der Groupe Spécial Mobile gegründet, nämlich

- WP1, die sich mit der Definition der Dienste in GSM befaßt,

- WP2, die sich mit der Spezifikation der Funkübertragung und somit der
  Luftschnittstelle von GSM befaßt, und

- WP3, die sich mit Netzstruktur, Protokollen und Schnittstellen zu anderen
  Telekommunikationssystemen wie ISDN und PSTN befaßt.

Diese drei Arbeitsgruppen WP1, WP2 und WP3 wurden wenig später um die

- WP4, die sich mit dem Implementieren von Datendiensten im GSM befaßt,

ergänzt.

Im Jahr 1985 wurde von der Groupe Spécial Mobile eine detaillierte Liste von über
einhundert für GSM zu erarbeitenden Empfehlungen (GSM Recommendations)
festgelegt, die mittlerweile GSM Technical Specifications heißen und größtenteils
europäische Telekommunikationsstandards (ETSs, European Telecommunication
Standards) sind. Die GSM Technical Specifications sind in zwölf Serien eingeteilt.
Seit 1986 wurde am Erstellen dieser GSM Technical Specifications gearbeitet. Die
GSM Technical Specifications enthalten die Definition der Luftschnittstelle, der
Netzstruktur, der Protokolle und der Schnittstellen zu anderen Telekommunikationssystemen. Die Koordination des Erstellens der GSM Technical Specifications
übernahm im Jahr 1986 eine kleine Gruppe von vollzeitbeschäftigten Sachver-
ständigen. Diese Gruppe mit Sitz in Paris hieß zunächst Permanent Nucleus (PN).

Eine der bedeutendsten Entscheidungen der Groupe Spécial Mobile, nämlich im
GSM digitale Übertragung zu verwenden, fiel 1987 [MoP92]. Dieser Entscheidung
ging im Zeitraum zwischen 1984 und 1986 das intensive Evaluieren verschiedener
Konzepte der Luftschnittstelle mit analoger und digitaler Übertragung voraus. Das
Evaluieren endete 1986 mit Feldtests in der Nähe von Paris, bei denen insgesamt
acht verschiedenen Prototypen miteinander verglichen wurden. Alle acht Prototypen, die fast alle von Firmen entwickelt wurden, verwendeten digitale Übertragung. Für GSM wurde jedoch keiner dieser acht Prototypen verwendet. Deshalb
wurden der erhebliche Prestigegewinn für die Entwickler des gewählten Prototyps gegenüber ihren Konkurrenten und die Wettbewerbsverzerrung zugunsten
der Entwickler des gewählten Prototyps und zu Ungunsten ihrer Konkurrenten
sowohl aufgrund des genannten Prestigegewinns als auch aufgrund des technolo-
gischen Vorsprungs der Entwickler des gewählten Prototyps vermieden.

Statt der Wahl eines der acht Prototypen wurden 1987 lediglich die folgenden Rahmenbedingungen für GSM festgelegt [MoP92]:

- Wahl der Teilnehmerbandbreite B_u gleich 200 kHz.

- Einsatz digitaler Sprachübertragung mit einer maximalen Datenrate von weniger als 16 kbit/s.

- Verwenden einer TDMA–Komponente mit etwa acht Zeitschlitzen pro TDMA–Rahmen beim Einsatz einer ersten Version der Quellencodierung für die Sprachübertragung, die Vollratenübertragung (Full Rate) heißt, siehe Abschnitt 6.2.2.

- Ergänzen der Vollratenübertragung durch die Halbratenübertragung (Half Rate), sobald ein geeigneter Algorithmus zur Quellencodierung für die Sprachübertragung verfügbar ist. Die Halbratenübertragung wird hier nicht weiter behandelt.

- Optionales Verwenden eines langsamen Frequenzsprungverfahrens (SFH, Slow Frequency Hopping).

Nach dem Gründen des ETSI im Jahre 1988 wurde die Groupe Spécial Mobile ein Technisches Komitee (TC, Technical Committee) des ETSI [MoP92]. Die vier Arbeitsgruppen WP1 bis WP4 wurden Technische Unterkomitees (STCs, Sub Technical Committees) und in GSM1 bis GSM4 umbenannt. Der PN wurde zur Projektgruppe 12 (PT12, Project Team 12) des ETSI. In den Jahren 1990 und 1991 wurden schließlich die GSM Technical Specifications publiziert. Im Jahr 1992 begann der Betrieb der ersten GSM–basierten Mobilfunknetze. In der Bundesrepublik Deutschland gibt es seit 1992 zwei als D1–Netz und D2–Netz bezeichnete GSM–basierte Mobilfunknetze. Das D1–Netz wird von der Deutschen Telekom MobilNet GmbH und das D2–Netz von der Mannesmann Mobilfunk GmbH betrieben.

Ende 1991 begannen im ETSI erste Aktivitäten zum Standardisieren von UMTS [MoP92]. Da diese Aktivitäten von der Groupe Spécial Mobile übernommen wurden, wurde zum Unterscheiden der Groupe Spécial Mobile vom GSM das Ändern der Nomenklatur erforderlich. Die Groupe Spécial Mobile heißt seit 1991 SMG (Special Mobile Group), und die STCs GSM1 bis GSM4 heißen SMG1 bis SMG4. Das 1991 gegründete STC SMG5 befaßt sich mit der Definition und dem Standardisieren von UMTS, während SMG1 bis SMG4 das Weiterentwickeln von GSM betreiben. Das 1992 eingesetzte STC SMG6 befaßt sich mit der Spezifikation im Bereich Betrieb und Wartung (Operation and Maintenance) von Mobilfunksystemen.

Ursprünglich sollte GSM in drei Stufen standardisiert werden [MoP92]. In der ersten Stufe sollten alle GSM Technical Specifications festgelegt werden. In der zweiten Stufe sollte das Validieren dieser GSM Technical Specifications erfolgen, und in der dritten Stufe sollten Feldtests durchgeführt werden. Es erwies sich jedoch als vorteilhaft, die ersten beiden Stufen, das Festlegen der GSM Technical Specifications und deren Validieren, zu kombinineren. Statt am genannten dreistufigen Standardisieren festzuhalten, entschloß man sich, GSM in drei Phasen einzuführen. Diese Phasen heißen Phase 1, Phase 2 und Phase 2+. Die in GSM verwendeten Endgeräte sollen ab Phase 2 aufwärtskompatibel und somit auch in Phase 2+ verwendbar sein. In der seit 1992 verwendeten Phase 1 sind grundlegende Dienste wie zum Beispiel

- Telefonie mit Vollratenübertragung bei 13 kbit/s,

- Anrufumleitung,

- Anrufunterdrückung,

- Notrufdienst (Emergency Calls),

- Kurzmitteilungsdienste (SMS, Short Message Services) und

- Fax

realisiert. Derzeit verwenden die meisten GSM–basierten Mobilfunknetze noch die Phase 1. In Abschnitt 6.2.2 wird ausschließlich die Phase 1 von GSM behandelt. Die Phase 2 enthält gegenüber der Phase 1 eine Reihe neuer Dienste, wie beispielsweise Halbratenübertragung und Datenübertragung bis 9,6 kbit/s, und Verbesserungen bereits in Phase 1 realisierter Dienste [Evc95]. Momentan wird die Phase 2+ standardisiert, die in der zweiten Hälfte dieses Jahrzehnts in Betrieb genommen werden soll. In Phase 2+ sollen solche Dienste eingeführt werden, die anfänglich nicht von der WP1 und der WP4 geplant wurden, damit auf die sich ändernden Anforderungen seitens der Teilnehmer reagiert werden kann [MoP92]. Diese Dienste sind

- Datenübertragung mit Datenraten von mehr als 9,6 kbit/s, (HSCSD, High Speed Circuit Switched Data)

- Paketübertragung von Daten (GPRS, Generalized Packet Radio Service),

- verbesserte Vollratenübertragung von Sprache und

- drahtloser Teilnehmeranschluß (RLL, Radio in the Local Loop) [Rei95].

Aus den Ausführungen dieses Abschnitts geht hervor, daß GSM ein evolvierender Standard ist, der ständig auf sich ändernde Gegebenheiten angepaßt und dadurch verbessert wird [MoP92]. GSM ist weltweit der erste evolvierende Mobilfunkstandard.

Neben GSM, das im 900 MHz–Band arbeitet, wird seit 1990 auf Initiative Groß-
britanniens die als DCS 1800 bekannte Version des GSM in den Standardisierungs-
prozeß durch die SMG einbezogen [MoP92]. Zwischen DCS 1800 und GSM gibt es
drei wesentliche Unterschiede. DCS 1800 arbeitet, wie bereits gesagt, im Gegensatz zu GSM im 1800 MHz–Band. Der für DCS 1800 verfügbare Frequenzbereich
ist größer als der für GSM verfügbare Frequenzbereich. Außerdem verwenden die
Endgeräte im DCS 1800 geringere Sendeleistungen als die Endgeräte im GSM.
Dadurch ergeben sich für DCS 1800 geringere Zellradien als bei GSM. Die Spezifikation von Phase 1 des DCS 1800 wurde 1991 abgeschlossen. Das Diensteangebot
dieser Phase 1 ist etwas reichhaltiger als das Diensteangebot der GSM Phase 1. Die
weiteren Phasen von GSM und DCS 1800 sind jedoch bezüglich ihres Diensteangebots identisch [MoP92]. In Deutschland heißt das DCS 1800–basierte Funknetz
E–Netz und wird von E–Plus Mobilfunk GmbH betrieben.

Wichtigste Schnittstelle im GSM ist die Luftschnittstelle, die erst durch die Standardisierung die internationale Beweglichkeit ermöglicht. Im GSM mußten außer
der Luftschnittstelle weitere Schnittstellen spezifiziert werden, um den Forderungen nach

- Bereitstellen standardisierter ISDN–basierter Dienste im Hinblick auf das
  Realisieren des mobilen Büros,

- guter Koordination mit der Vielfalt verschiedener europäischer PSTNs und

- Anbindbarkeit an bestehende und zukünftige Kommunikationsnetze

gerecht zu werden. Schließlich muß die Austauschbarkeit der von verschiedenen
Herstellern angebotenen Endgeräte für GSM gewährleistet werden, damit kein
Hersteller ein Monopol erreicht, sondern eine ausgewogene Konkurrenzsituation
verschiedener Hersteller existiert.

GSM ist zweifellos das weltweit bedeutendste DZM der zweiten Generation [Evc95,
Hau94, MoP92]. Dies zeigt sich an der fast globalen Verbreitung von GSM [Sie95].

Die Gründe für den Erfolg von GSM sind zahlreich. Die GSM Technical Specifications sind für jedermann beim ETSI erhältlich, da GSM, beispielsweise im
Gegensatz zu PDC, kein Firmenstandard ist. Weiterhin ist GSM ein paneuropäis-
ch entwickeltes, ausgewogenes DZM, das wegen des Vermeidens nationaler und
regionaler Alleingänge vollständige Kompatibilität der GSM–basierten Mobilfunknetze gewährleistet. Da keine einzelne Firma alle Schlüsselpatente zu GSM hält
und GSM klar definierte und offen zugängliche Schnittstellen hat, gibt es einen
freien Markt für Endgeräte und Netzkomponenten. Dieser freie Markt ermöglicht
erträgliche Preise für die Hardware. Da außerdem zahlreiche Diensteanbieter miteinander konkurrieren, verbessert und erweitert sich ständig das Diensteangebot

bei gleichbleibenden beziehungsweise sinkenden Gebühren. Das Verbessern und Erweitern des Diensteangebots wird vom ETSI dahingehend unterstützt, daß GSM ein evolvierender Standard ist. Weiterhin tragen richtungsweisende Beschlüsse des ETSI wie beispielsweise

- das Aufbauen auf ISDN,

- das Verwenden digitaler Übertragung,

- das Einführen des in UPT vorgeschlagenen Trennens von Endgerät und teilnehmerspezifischen Informationen,

- das Einführen des in UPT vorgeschlagenen Abrechnungssystems und

- das Realisieren internationaler Beweglichkeit

zum Erfolg von GSM bei. GSM ist das am umfassendsten standardisierte DZM der Welt. Die frühe Verfügbarkeit von Endgeräten und Netzkomponenten in großer Menge und zu erträglichen Preisen, die frühe Demonstration der Funktionstüchtigkeit und die erzielbaren hohen Teilnehmerzahlen führten und führen verbunden mit den bereits genannten Gründen zum weltweiten Einführen von GSM.

6.2.2 Architektur

Gemäß Bild 6.1 gibt es bei GSM drei verschiedene Subsysteme, nämlich [Hau94, MoP92]

- die Mobilstation (MS, Mobile Station),

- das Basisstationssystem (BSS, Base Station System) und

- das Netzwerk- und Vermittlungssystem (NSS, Network and Switching System).

Die Mobilstation enthält die Mobilausstattung (ME, Mobile Equipment), die nicht teilnehmerspezifisch ist, und das Identifikationsmodul (SIM), mit teilnehmerspezifischen Informationen wie dem Geheimschlüssel für die Verschlüsselung. Durch die Aufteilung der Mobilstation in ME und SIM kann jedes ME durch Einstecken des SIM teilnehmerspezifisch genutzt werden. Geführte Gespräche werden dem Eigentümer des SIM, nicht aber dem Eigentümer des ME in Rechnung gestellt. Das Aufteilen der Mobilstation in ME und SIM ist das Erfüllen einer Anforderung durch UPT.

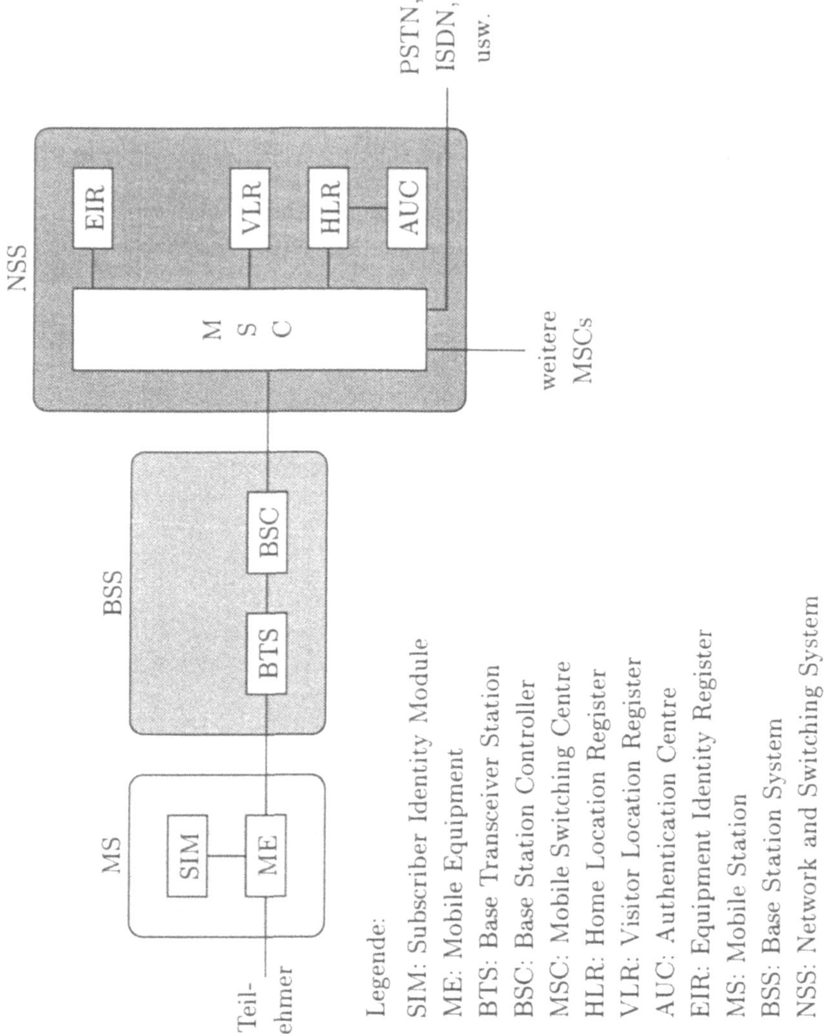

Bild 6.1. Prinzipielle Netzstruktur im GSM [Hau94]

Das BSS verbindet das Vermittlungszentrum (MSC, Mobile Switching Centre) mit den verschiedenen Mobilstationen. Das BSS besteht aus der Sende- und Empfangsstation (BTS, Base Transceiver Station), welche Sender, Empfänger und zur Signalisierung benötigte Einheiten enthält, und der Kontrollstelle (BSC, Base Station Controller), die unter anderem das Handover zwischen verschiedenen Zellen abwickelt, die vom betrachteten BSS versorgt werden. Die BSC verwaltet die Funkkanäle. Pro BSS gibt es deshalb nur eine BSC, jedoch existieren in der Regel mehrere BTSen pro BSS. Die Aufteilung des BSS in BTS und BSC hat wirtschaftliche Gründe. Diese Aufteilung ist vor allem in Gebieten mit geringem Funkverkehrsaufkommen günstig.

Das NSS vermittelt einerseits Funkverbindungen im GSM über große Distanzen, zum Beispiel zwischen Teilnehmern in verschiedenen Ländern, und andererseits Verbindungen zwischen mobilen Teilnehmern im GSM und anderen Netzen wie PSTN und ISDN. Bei der letztgenannten Vermittlung werden auch die verschiedenen netzspezifischen Protokolle, beispielsweise von ISDN und PSTN, ineinander umgesetzt. Die zentrale Komponente des NSS ist das MSC, das zwischen den verschiedenen angeschlossenen BSSen vermittelt. Wie bereits erwähnt, weist das MSC den BSSen die zu verwendenden Funkkanäle zu. Schließlich übernimmt das MSC durch den Zugang zu den vier Datenbanken [Hau94]

- Home Location Register (HLR),

- Authentication Centre (AUC),

- Visitor Location Register (VLR) und

- Equipment Identity Register (EIR)

teils die mobilen Teilnehmer, teils die verwendeten Endgeräte betreffende Funktionen.

Im HLR werden diejenigen mobilen Teilnehmer verwaltet, welche einem NSS zugeordnet sind. Im HLR sind sowohl die Art der von den mobilen Teilnehmern anforderbaren Dienste als auch die Aufenthaltsorte der mobilen Teilnehmer gespeichert. Durch diese im HLR gespeicherten Informationen wird der Verbindungsaufbau im GSM erst ermöglicht. Das VLR enthält Informationen zu den anforderbaren Telediensten sowie zu den Aufenthaltsorten derjenigen mobilen Teilnehmer, die nicht dem betreffenden NSS zugeordnet sind, sich aber im zum NSS gehörenden Gebiet aufhalten. Eine Funkverbindung zu einem solchen mobilen Teilnehmer kommt erst nach der Rückversicherung des betreffenden MSC bei demjenigen MSC zustande, welches den betreffenden mobilen Teilnehmer in seinem HLR verwaltet. Durch die im AUC gespeicherten Daten werden Authentikation und Verschlüsselung und damit die Abhörsicherheit gewährleistet. Das EIR verwaltet im Gegensatz zu HLR,

VLR und AUC keine teilnehmerspezifischen, sondern gerätespezifische Daten. Mit diesen im EIR enthaltenen Informationen können fehlerhaft arbeitende sowie gestohlene Geräte identifiziert und verfolgt werden.

Im GSM wird F/TDMA in Kombination mit FDD eingesetzt [MoP92]. Der Duplexabstand ist 45 MHz. Hier wird nur die Vollratenübertragung in der Phase 1 von GSM betrachtet.

Die Aufwärtsstrecke ist im Frequenzbereich zwischen 890,1 MHz und 914,9 MHz angesiedelt, während die Abwärtsstrecke auf den Frequenzbereich zwischen 935,1 MHz und 959,9 MHz festgelegt ist. Diese beiden Frequenzbereiche der Breite 24,8 MHz werden in 124 Frequenzkanäle der Teilnehmerbandbreite B_u gleich 200 kHz unterteilt. Dies ist die FDMA–Komponente.

Innerhalb eines jeden Frequenzkanals wird TDMA mit acht Zeitschlitzen pro TDMA–Rahmen verwendet [MoP92]. Durch Verwenden der TDMA–Komponente ist der Schaltungsaufwand im Hochfrequenzteil der BTS geringer, als er beim ausschließlichen Einsatz von FDMA wäre [Hau94]. Jeder TDMA–Rahmen dauert T_fr gleich 4,616 ms, die Dauer eines Bursts ist T_bu gleich 576,9 μs.

Jeder Burst enthält 156,25 Bits. Die nichtganze Anzahl von Bits je Burst ergibt sich, weil im GSM alle Zeitbasen auf einen Zentraltakt von 13 MHz bezogen werden. Die Bitrate beträgt $1/T_\mathrm{s}$ gleich 270,833 kbit/s, die Bitdauer ist T_s gleich 3,692 μs. Da jeder Teilnehmer nur für ein Achtel der 4,616 ms sendet, beträgt die Bitrate pro Teilnehmer 22,8 kbit/s. Bild 6.2 zeigt den Vielfachzugriff im GSM schematisch.

Im GSM werden fünf verschiedene Burstarten [MoP92] verwendet, siehe Bild 6.3. Alle Bursts enthalten nachrichtentragende Teile aus Daten und Schutzzeiten. Abgesehen von den Schutzzeiten werden Anfang und Ende eines jeden Bursts durch Tailbits, deren Werte festgelegt und sowohl dem Sender als auch dem Empfänger bekannt sind, angezeigt. Diese Tailbits können im Empfänger zur Initialisierung des adaptiven kohärenten Datendetektors benutzt werden.

Der Normal Burst [MoP92] wird zum Übertragen von Sprache und Daten sowie Kontrollinformation verwendet. Bei der hier betrachteten Vollratenübertragung wird als Quellencodierer für die Sprache ein RPE (Regular Pulse Excitation)–LTP (Long Term Prediction)–LPC (Linear Predictive Coding)–Codierer verwendet. Die Datenrate vor der Kanalcodierung beträgt 13 kbit/s. Der nachrichtentragende Teil des Normal Burst beginnt und endet mit jeweils drei Tailbits, die aus drei

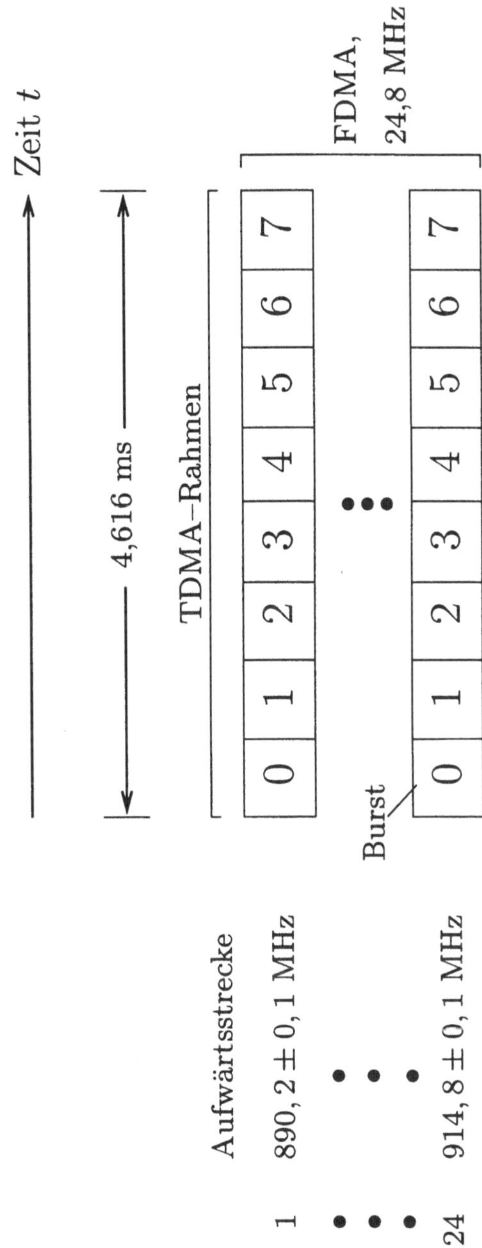

Bild 6.2. Vielfachzugriff [MoP92]

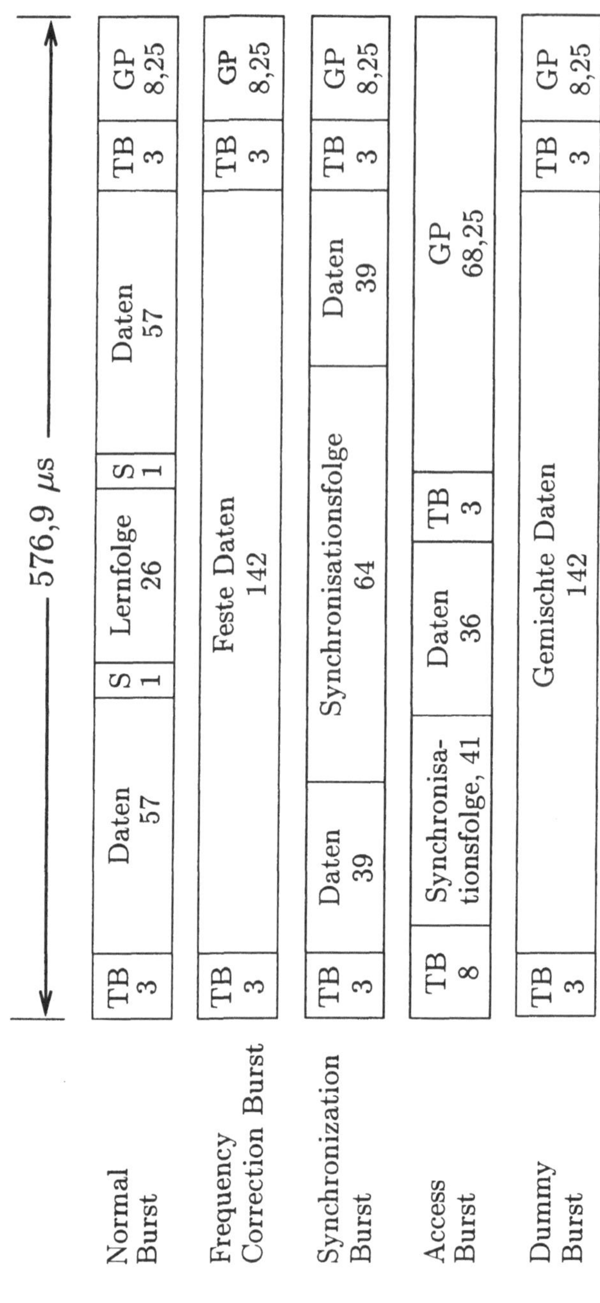

Bild 6.3. Burstarten [MoP92]

aufeinanderfolgenden Werten identisch logisch null gebildet werden. Die zu übertragenden Daten, die sich nach einer ausgewogenen Kombination aus Blockcodierung, Faltungscodierung und Verschachtelung aus der Quellinformation ergeben, werden in zwei Bündeln zu 57 Bits symmetrisch zur Burstmitte angeordnet. In der Burstmitte ist eine aus 26 Bits aufgebaute Mittambel. Die Zusammensetzung dieser Mittambel ist sowohl dem Sender als auch dem Empfänger bekannt. Sie wird zur Kanalschätzung verwendet, wodurch adaptive kohärente Datendetektion ermöglicht wird. Vor und nach der Mittambel werden zwei Stealing Flags gesendet, die zur Unterscheidung von Sprach- beziehungsweise Datenübertragung einerseits und Kontrollinformationsübertragung andererseits eingesetzt werden.

Der nur von der Basisstation gesendete Frequency Correction Burst [MoP92] dient zur Frequenzkorrektur des Oszillators der Mobilstationen. Sowohl die zweimal drei Tailbits als auch die insgesamt 142 festgelegten Datenbits haben den Wert logisch null. Deshalb ist das gesendete Signal eine Sinusschwingung.

Der Synchronization Burst [MoP92] wird wie der Frequency Correction Burst nur von der Basisstation gesendet. Dieser Burst wird zur Grobsynchronisation der Mobilstationen benötigt. Erneut haben die zweimal drei Tailbits den Wert logisch null. Die beiden aus jeweils 39 Bits bestehenden Datenfolgen enthalten Nachrichten über die sendende Basisstation. Die sowohl dem Sender als auch dem Empfänger bekannte Synchronisationsfolge, die aus 64 Bits besteht, wird zur Kanalschätzung und damit zur Synchronisation des Empfängers verwendet.

Um eine Verbindungsaufnahme zu einer Basisstation durchzuführen, wird von einer Mobilstation der Access Burst [MoP92] übertragen. Zu Beginn dieses Access Burst werden acht Tailbits und darauffolgend eine Synchronisationsfolge mit 41 Bits gesendet. Sowohl die Tailbits als auch die Synchronisationsfolge sind der angesprochenen Basisstation bekannt und sollen das Entdecken des gesendeten Access Burst durch die empfangende Basisstation ermöglichen. Die 36 Datenbits enthalten Information über die sendende Mobilstation. Der datentragende Teil des Access Burst wird mit drei Tailbits, die den Wert logisch null haben, abgeschlossen. Weiterhin enthält der Access Burst eine verlängerte Schutzzeit. Das von den drei zuerst vorgestellten Bursts abweichende Aussehen des Access Burst liegt in der noch nicht erfolgten Synchronisation der Mobilstation begründet. Da im GSM von Zellenradien von etwa 250 m bis zu 35 km ausgegangen wird, muß für eine ausreichend lange Schutzzeit von mindestens 200 μs im Access Burst gesorgt werden, damit eine Verbindungsaufnahme erfolgreich sein kann.

Mit speziell festgelegten Kontrollkanälen gelingt das regelmäßige Übertragen von Systeminformationen [MoP92]. Um das festgelegte Zeitraster nicht zu stören und die Messung der empfangenen Signalleistung in der Mobilstation zu ermöglichen, wird immer dann ein Dummy Burst übertragen, wenn durch die Basisstation keinerlei Systeminformation gesendet werden muß. Die zweimal drei Tailbits haben die Werte logisch null, während die gemischte Datenfolge nicht weiter spezifiziert ist.

Die auf diesen fünf Burstarten basierenden Teilnehmersignale werden mit einem GMSK (Gaussian Minimum Shift Keying)–Modulator erzeugt [MoP92]. Im GSM wird GMSK mit einem Zeit–Bandbreite–Produkt von 0,3 verwendet. GMSK ist eine Modulationsart mit stetiger Phase (CPM, Continuous Phase Modulation) [Jun93] und hat den Modulationsindex 1/2. Solche Modulationsarten können sowohl im Basisband als auch bei einer geeignet gewählten Zwischenfrequenz mit reellen Impulsen endlicher Dauer dargestellt werden. GMSK kann deshalb als lineare Modulationsart angenähert werden. Daher kann das in Abschnitt 4.5 diskutierte zeitdiskrete Modell der Systemstruktur auf GSM angewendet werden. Diese Tatsache erlaubt die aufwandsgünstige adaptive kohärente Datendetektion [Jun93].

Bei der Teilnehmerbandbreite B_u von 200 kHz ist bereits eine gute Frequenzdiversität beziehungsweise Mehrwegediversität erzielbar. Durch diese Frequenzdiversität beziehungsweise Mehrwegediversität wird das Erreichen einer guten Spektrumeffizienz η im GSM begünstigt.

Durch die digitale Übetragung im GSM sind Kanalcodierung und Verschachtelung zum Verbessern der Resistenz gegen Vielfachzugriffsinterferenz und zum Erzielen von Zeitdiversität einsetzbar. Wegen der durch Kanalcodierung gegenüber zellularen Mobilfunksystemen der ersten Generation erhöhten Interferenzresistenz kann im GSM der Reuse–Faktor r klein gewählt werden. Im GSM wird r gleich drei bis vier angestrebt [RaU91]. Derzeit ist r zwischen etwa neun und einundzwanzig. Jedoch wird intensiv am Verringern von r gearbeitet. Das Verringern von r führt zu einem Erhöhen der Spektrumeffizienz η.

Schließlich führt das optionale Verwenden des SFH mit zirka 217 hops/s und von Leistungsregelung bei GSM zu Interferenzdiversität. Raumdiversität ist im GSM ebenfalls möglich, wird jedoch in den GSM Technical Specifications nicht erwähnt.

Weiterhin können beim GSM wegen der TDMA–Komponente während der Sende- und Empfangspausen in den Mobilstationen Pegelmessungen bei anderen Frequenzkanälen durchgeführt werden, auf denen andere BTSen senden [MoP92]. Diese Pegelmessungen sind für das Handover wichtig. Wegen der leistungsfähigen Handover–Prozedur des GSM können im Vergleich zu zellularen Mobilfunksystemen der ersten Generation die Zellgrößen im GSM reduziert werden.

Tab. 6.1. Wichtige Parameter der Luftschnittstelle im GSM (Full Rate, Phase 1) [MoP92]

Umkreisradien der Zellen	250 m $\cdots$ 35 km

Anzahl der Zellen pro Cluster
    angestrebt
    derzeit erreicht
	
	$3 \cdots 4$
	$9 \cdots 21$

Vielfachzugriff
    optionales SFH
    FDMA–Komponente
        Aufwärtsstrecke
        Abwärtsstrecke
        Breite der Frequenzbänder
        Teilnehmerbandbreite B_u
        Duplexabstand
    TDMA–Komponente
        Dauer T_fr
        Anzahl der Zeitschlitze N_Z
        Dauer T_bu
	F/TDMA, FDD
	≈ 217 hops/s
	
	890,1 MHz $\cdots$ 914,9 MHz
	935,1 MHz $\cdots$ 959,9 MHz
	25 MHz, benutzt 24,8 MHz
	200 kHz
	45 MHz
	
	4,616 ms
	8
	576,9 μs

Bitrate	270,833 kbit/s
Modulationsart	GMSK; Zeit–Bandbreite–Produkt 0,3
Datendetektion	adaptiv und kohärent
Quellencodierung für Sprache	RPE–LTP–LPC (13 kbit/s)
Kanalcodierung	Blockcodes, Faltungscodes und Verschachtelung

erforderliches C/I
    mit SFH
    ohne SFH
	
	9 dB
	12 dB

spektrale Effizienz $\eta_\mathrm{\ddot{U}}$ Verkehrsdichte	$\approx 0,1$ bit/(s $\cdot$ Hz $\cdot$ Zelle) $27 \cdots 40$ Erl/km^2 $\approx 0,03$ Erl/(km$^2 \cdot$ Teilnehmer)

Um eine ausreichende Übertragungsqualität zu erzielen, muß im GSM ein Träger–zu–Interferenz–Verhältnis C/I am Empfängereingang von mindestens 12 dB ohne SFH und von mindestens 9 dB mit SFH eingehalten werden. Die mit GSM erreichte spektrale Effizienz $\eta_{\ddot{U}}$ liegt bei unter 0,1 bit/(s · Hz · Zelle). Die entsprechende Verkehrsdichte A_{max} liegt zwischen 27 Erl/km^2 und 40 Erl/km^2 [RaU91]. Dies entspricht etwa 0,03 Erl/(km^2· Teilnehmer). In Tab. 6.1 sind die wichtigsten Parameter der Luftschnittstelle im GSM übersichtlich zusammengefaßt.

6.3   JD–CDMA

6.3.1   Situation zu Beginn der neunziger Jahre

CDMA hat zwei unterschiedliche Wurzeln [Bai95]. Die erste Wurzel ist die Bandspreiztechnik (Spread Spectrum Techniques). Die Bandspreiztechnik wurde im wesentlichen in militärischen Funksystemen verwendet. Die zweite Wurzel von CDMA ist die Mehrteilnehmer–Kommunikation [GaC80].

CDMA erlangte aufgrund der folgenden Koinzidenz große Bedeutung für DZM der dritten Generation: Gegen Ende der achtziger Jahre dieses Jahrhunderts führte die weltweite Entspannungspolitik, ausgelöst durch die russische Perestroika, zum drastischen Reduzieren der Aufträge im Bereich Wehr- und Sicherungstechnik. Von diesem Reduzieren wurde die Forschung und Entwicklung im Bereich militärischer Kommunikationssysteme betroffen. Aus diesem Grund begann gegen Ende der achtziger Jahre dieses Jahrhunderts die Suche nach zivilen Anwendungen der seit Jahrzehnten kultivierten Bandspreiztechnik und damit nach zivilen Anwendungen von CDMA.

Außerdem wurde gegen Ende der achtziger Jahre dieses Jahrhunderts erkannt, daß DZM der zweiten Generation den Anforderungen nach Abschnitt 2.2 nicht gerecht werden und somit eine dritte Generation erforderlich ist. Somit lag es nahe, CDMA hinsichtlich der Anwendbarkeit in einem DZM anzupassen.

Seitdem die Firma QUALCOMM verheißungsvolle Vorteile bezüglich der Spektrumeffizienz η durch das Verwenden von CDMA postulierte [GJP91], gilt CDMA als aussichtsreicher Kandidat für den Einsatz in DZM der dritten Generation. Ausgelöst von den Publikationen seitens der Firma QUALCOMM entstanden zu Beginn der neunziger Jahre dieses Jahrhunderts zunächst euphorisch geprägte Forschungsaktivitäten, die CDMA als mögliches Vielfachzugriffsprinzip für DZM zum Gegenstand hatten. Der Begriff „CDMAgic" beschreibt die zu Beginn der neunziger Jahre dieses Jahrhunderts vorherrschende Stimmung treffend.

Mittlerweile wird der Einsatz von CDMA in DZM nüchterner beurteilt. Jedoch hat CDMA einige wichtige Vorteile gegenüber anderen Vielfachzugriffsprinzipien. Diese Vorteile lassen das Einführen einer CDMA-Komponente in DZM der dritten Generation als vielversprechend erscheinen.

Ergebnis einiger der genannten Forschungsaktivitäten sind Konzepte für DZM der dritten Generation mit CDMA-Komponenten. Neben den bereits erwähnten europäischen Konzepten für DZM mit CDMA-Komponente CODIT, ATM-CDMA und CTDMA [Rup94] ist als wichtigstes außereuropäisches Konzept eines DZM mit CDMA-Komponente das von der Firma QUALCOMM vorgeschlagene Q (QUALCOMM)-CDMA zu nennen, welches seit 1992 die Bezeichnung IS–95 hat. Auf die technischen Details der Konzepte CODIT, ATM–CDMA, CTDMA und IS–95 wird hier nicht eingegangen. Statt dessen wird das Konzept JD–CDMA behandelt.

6.3.2 Wahl wichtiger Systemparameter

JD–CDMA genügt den sechs wichtigen Architekturprinzipien, die in den Abschnitten 2.2.2 bis 2.2.7 erläutert wurden. Somit ist JD–CDMA für die dritte Mobilfunkgeneration geeignet. Im vorliegenden Abschnitt werden die Gründe für die Wahl wichtiger Parameter der Luftschnittstelle von JD–CDMA dargelegt.

Die Parameterwahl zur Realisierung bestimmter Dienste ist letztlich von einer Vielzahl von Aspekten, beispielsweise von der Umgebung und vom Qualitätskriterium, abhängig. Der Festlegung von Systemparametern muß stets eine genaue Analyse des Systemverhaltens vorausgehen. Diese wird nicht erschöpfend angegeben. Statt dessen wird das Systemverhalten anhand der Sprachübertragung in der Aufwärtsstrecke genau analysiert. Eine detaillierte Angabe der Systemparameter zum Realisieren der Sprachübertragung folgt in den Abschnitten 6.3.3 und 6.3.4. Die Vorgehensweise zur Analyse des Systemverhaltens bei Sprachübertragung ist auf die Untersuchung anderer Dienste übertragbar.

JD–CDMA verwendet das hybride Vielfachzugriffsverfahren F/T/CDMA. Im Hinblick auf die Realisierung einer robusten Luftschnittstelle ist die Festlegung einer Teilnehmerbandbreite B_u wichtig, die in allen Umgebungen gleich ist. Dadurch vereinfacht sich vor allem die Gestaltung der Digital/Analog–Umsetzung und des nachgeschalteten Hochfrequenzteils in den Sendern sowie des Hochfrequenzteils und des nachfolgenden Analog/Digital–Umsetzers in den Empfängern. Die Implementierung dieser Sender- und Empfängerkomponenten ist besonders günstig, wenn B_u nur wenige MHz beträgt.

Da einerseits die Gesamtübertragungsbandbreite B, über die ein Netzbetreiber verfügen wird, begrenzt ist, und andererseits hierarchische Zellnetze zu realisieren sind, bietet die Wahl eines kleinen B_u gegenüber einem großen B_u Flexibilitätsvorteile. Außerdem sollte die Wahl von B_u nicht kleiner als die Kohärenzbandbreite B_c des Mobilfunkkanals sein, um Frequenzdiversität nutzbar zu machen. Da weiterhin Interferenzdiversität durch den Einsatz einer CDMA–Komponente angestrebt wird, muß B_u deutlich größer als die in GSM verwendete Teilnehmerbandbreite von 200 kHz sein. Diese Aspekte führen zur Wahl

$$B_\mathrm{u} = 1,6\,\mathrm{MHz}, \qquad (6.1)$$

das heißt zu einer Verachtfachung der in GSM verwendeten Teilnehmerbandbreite.

Ausgehend von der gewählten Teilnehmerbandbreite B_u gleich 1,6 MHz ergibt sich unter Berücksichtigung einer möglichen spektralen Formung durch eine geeignet gewählte Spreizungsmodulation eine Chipdauer T_c von 0,5 μs. Die spektrale Formung wird mit einer GMSK–basierten Spreizungsmodulation erzielt. Motiviert durch die achtfach höhere Teilnehmerbandbreite B_u gleich 1,6 MHz als in GSM ist K gleich acht sinnvoll.

Die minimale Anzahl Q der Chips je informationstragendem Datensymbol ist gleich der Anzahl K der gleichzeitig je Zeitschlitz aktiven Teilnehmer. Um die Stabilität der Nachrichtenübertragung zu gewährleisten, ist $Q > K$ vorzuziehen. Deshalb wird im Fall der Aufwärtsstrecke Q gleich 14, siehe Tab. 6.2, und für die Abwärtsstrecke Q gleich 16 gewählt, siehe Tab. 6.3. Die entsprechenden Dauern T_s der Datensymbole sind 7 μs beziehungsweise 8 μs.

Um die Funkversorgung unterschiedlichster Umgebungen zu gewährleisten, sollte die TDMA–Komponente nach dem Vorbild des im RACE–Projekt ATDMA [CDE94] erarbeiteten Vorschlags flexibel gehalten werden. Die Anzahl und die Dauer der Zeitschlitze sollten daher den Gegebenheiten einer bestimmten Umgebung angepaßt werden könnnen. Die Dauer T_u eines Zeitschlitzes sollte jedoch grundsätzlich kleiner als die zu erwartende minimale Korrelationsdauer T_k des Mobilfunkkanals sein. Bei Trägerfrequenzen um 2 GHz und Geschwindigkeiten von bis zu etwa 360 km/h gilt

$$T_\mathrm{u} < T_\mathrm{k} \approx 750\,\mu\mathrm{s}. \qquad (6.2)$$

In den Abschnitten 6.3.3 und 6.3.4 werden zwei mögliche Burststrukturen vorgestellt, die für den Einsatz in Makrozellen geeignet sind. Für die Aufwärtsstrecke gilt T_u gleich $500\,\mu s$, siehe Tab. 6.2, und für die Abwärtsstrecke wird T_u gleich $577\,\mu s$ gewählt, siehe Tab. 6.3. Die Abwärtsstrecke ist eng an GSM angelehnt.

Jeder Burst enthält sowohl Signalisierungsinformation, wie beispielsweise Mittambeln, als auch Nutzinformation, bestehend aus informationstragenden Datensymbolen. Um eine möglichst hohe Spektrumeffizienz η erzielen zu können, muß der Anteil der Signalisierungsinformation so gering wie möglich sein. Die Festlegung des Anteils der Signalisierungsinformation wird nachstehend anhand der Mittambel diskutiert. Zunächst wird die Aufwärtsstrecke betrachtet. Mit der zu erwartenden maximalen Dauer τ_{max} der zu schätzenden Kanalimpulsantwort und mit der Anzahl K gleichzeitig aktiver Teilnehmer ergibt sich für die minimale Dauer der Mittambel

$$T_{m,min} = (K + 1) \cdot \tau_{max}. \tag{6.3}$$

Im Fall von Makrozellen ist $\tau_{max} \approx 14,5\,\mu s$ eine sinnvolle Annahme. Mit K gleich acht folgt $T_{m,min}$ gleich $130{,}5\,\mu s$. Längere Mittambeln erlauben ein verbessertes Schätzergebnis [Ste95]. Gemäß Tab. 6.2 wird die Mittambeldauer zu $134\,\mu s$ festgelegt.

Im Fall der Abwärtsstrecke ist $T_{m,min}$ allgemein geich $2 \cdot \tau_{max}$. Für Makrozellen ist deshalb $T_{m,min}$ geich $29\,\mu s$. Zwecks Verbesserung des Schätzergebnisses wird die Mittambeldauer nach Tab. 6.3 zu $64{,}5\,\mu s$ gewählt.

Mit der Mittambeldauer, der Burstdauer und der Symboldauer ergibt sich, daß in der Aufwärtsstrecke jeder Burst $2N$ gleich 48 Datensymbole enthält, während in der Abwärtsstrecke jeder Burst $2N$ gleich 60 Datensymbole hat. Mit der Anzahl N_Z der Zeitschlitze ist die Symbolrate je Teilnehmer

$$R_{Symbol} = \frac{2N}{N_Z \cdot T_u}. \tag{6.4}$$

Um eine möglichst große Anzahl an Verkehrskanälen zu realisieren, die eine Sende–Empfangs–Einrichtung in einer Basisstation bewältigen kann, muß N_Z groß sein. Andererseits ist ein großes N_Z mit langen Wartezeiten für die einzelnen Teilnehmer verbunden sowie einer hohen Symbolrate und damit einer hohen Datenrate abträglich. Zum Realisieren von wirtschaftlich relevanten Diensten, wie beispielsweise des Sprachübertragungsdienstes, mit sehr niedrigen Datenraten sollte die minimale Symbolrate etwa 8 ksymbol/s betragen. Als Dienste mit sehr niedrigen Datenraten werden im vorliegenden Buch solche Dienste bezeichnet, bei denen die Datenrate um 10 kbit/s oder darunter ist. Für R_{Symbol} gleich 8 ksymbol/s ergibt sich für die Aufwärtsstrecke

$$N_Z \leq 12. \tag{6.5}$$

Mit K gleich acht gleichzeitig aktiven Teilnehmern je Zeitschlitz und mit N_Z gleich zwölf Zeitschlitzen je TDMA–Rahmen kann eine Sende–Empfangs–Einrichtung 96

Verkehrskanäle in der Aufwärtsstrecke bewältigen. Dies ist eine Größenordnung mehr Verkehrskanäle je Sende–Empfangs–Einrichtung als bei GSM, bei dem nur acht Verkehrskanäle je Sende–Empfangs–Einrichtung möglich sind. Eine Sende–Empfangs–Einrichtung verarbeitet eine maximale Symbolrate von $96 \cdot 8$ ksymbol/s gleich 768 ksymbol/s in der Aufwärtsstrecke.

Im Fall der Abwärtsstrecke ist ebenfalls $N_Z \leq 12$. Da die Abwärtsstrecke eng an GSM angelehnt ist, gilt N_Z gleich acht. In der Abwärtsstrecke können demnach bis zu 64 Verkehrskanäle je Sende–Empfangs–Einrichtung verarbeitet werden, und R_{Symbol} ist gleich 13 ksymbol/s. Eine Sende–Empfangs–Einrichtung verarbeitet eine maximale Symbolrate von $64 \cdot 13$ ksymbol/s gleich 832 ksymbol/s in der Abwärtsstrecke.

Im folgenden wird die Sprachübertragung stellvertretend für Dienste mit sehr niedrigen Datenraten um 10 kbit/s und darunter betrachtet. Eine qualitativ hochwertige Sprachübertragung kann heutzutage mit Datenraten um 10 kbit/s realisiert werden. Da der Einsatz einer fehlerkorrigierenden Kanalcodierung unabdingbar ist, müssen die Kardinalität M von $\underline{V}_d$ zur Realisierung eines Sprachübertragungsdienstes mindestens vier und die informationstragenden Datensymbole daher vierwertig sein. Mit der Coderate R_c der fehlerkorrigierenden Kanalcodierung gilt

$$R = R_c \cdot \log_2(M) \cdot R_{\text{Symbol}} = \frac{R_c \cdot \log_2(M) \cdot 2N}{N_Z \cdot T_u} \tag{6.6}$$

für die Datenrate je Teilnehmer. Für R_c gleich 1/2 und M gleich vier ist R in der Aufwärtsstrecke gleich 8 kbit/s und in der Abwärtsstrecke gleich 13 kbit/s. Zur Realisierung einer Datenrate von 10 kbit/s muß R_c in der Aufwärtsstrecke 5/8 betragen, während R_c in der Abwärtsstrecke gleich 5/13 sein darf.

Dienste mit niedrigen Datenraten von bis zu einigen zehn kbit/s können auf verschiedene Arten erzielt werden. Hier wird davon ausgegangen, daß die Anzahl der Verkehrskanäle je Sende–Empfangs–Einrichtung unverändert bleiben soll. Der Einsatz von Kanalcodierung mit variabler Coderate R_c erlaubt die feine Abstimmung der Datenrate. Durch Erhöhen der Kardinalität M läßt sich eine etwas gröbere Veränderung der Datenrate erzielen. Sinnvoll sind neben M gleich vier, M gleich acht und M gleich sechzehn. Im Fall der Aufwärtsstrecke ergibt sich ausgehend von (6.6)

$$R = \begin{cases} R_c \cdot \frac{96\,\text{bit}}{6\,\text{ms}} & \text{für } M = 4, \\ R_c \cdot \frac{144\,\text{bit}}{6\,\text{ms}} & \text{für } M = 8, \\ R_c \cdot \frac{192\,\text{bit}}{6\,\text{ms}} & \text{für } M = 16, \end{cases} = \begin{cases} R_c \cdot 16\,\text{kbit/s} & \text{für } M = 4, \\ R_c \cdot 24\,\text{kbit/s} & \text{für } M = 8, \\ R_c \cdot 32\,\text{kbit/s} & \text{für } M = 16, \end{cases} \tag{6.7}$$

und im Fall der Abwärtsstrecke erhält man

$$R = \begin{cases} R_\mathrm{c} \cdot \frac{120\,\mathrm{bit}}{4{,}616\,\mathrm{ms}} & \text{für } M = 4, \\[4pt] R_\mathrm{c} \cdot \frac{180\,\mathrm{bit}}{4{,}616\,\mathrm{ms}} & \text{für } M = 8, \\[4pt] R_\mathrm{c} \cdot \frac{240\,\mathrm{bit}}{4{,}616\,\mathrm{ms}} & \text{für } M = 16, \end{cases} = \begin{cases} R_\mathrm{c} \cdot 26\,\mathrm{kbit/s} & \text{für } M = 4, \\[4pt] R_\mathrm{c} \cdot 39\,\mathrm{kbit/s} & \text{für } M = 8, \\[4pt] R_\mathrm{c} \cdot 52\,\mathrm{kbit/s} & \text{für } M = 16. \end{cases} \tag{6.8}$$

Gemäß (6.7) und (6.8) können also Dienste mit Datenraten bis zu 32 kbit/s in der Aufwärtsstrecke und bis zu 52 kbit/s in der Abwärtsstrecke realisiert werden, ohne die Anzahl der Verkehrskanäle je Sende–Empfangs–Einrichtung zu ändern.

Nachstehend werden Dienste mit mittleren Datenraten von bis zu einigen 100 kbit/s betrachtet. Solche Dienste sind durch Reduktion der Anzahl der Verkehrskanäle je Sende–Empfangs–Einrichtung mögich. Zunächst ist das Zuteilen von mehr als einem teilnehmerspezifischen CDMA–Code an einen Teilnehmer denkbar. Die Anzahl der gleichzeitig aktiven Teilnehmer wird sukzessive reduziert, bis nur noch ein einzelner Teilnehmer je Zeitschlitz aktiv ist. In diesem Fall verzichtet man zunehmend auf die CDMA–Komponente und realisiert letztlich ein F/TDMA–basiertes System. Da jedoch die Signalstruktur beibehalten wird, bleiben die spektralen Eigenschaften der Sendesignale erhalten, und es kann derselbe Empänger ohne einschneidende Änderungen verwendet werden. Mit der Anzahl K der teilnehmerspezifischen CDMA–Codes folgt im Fall der Aufwärtsstrecke

$$R = \begin{cases} R_\mathrm{c} \cdot K \cdot \frac{96\,\mathrm{bit}}{6\,\mathrm{ms}} & \text{für } M = 4, \\[4pt] R_\mathrm{c} \cdot K \cdot \frac{144\,\mathrm{bit}}{6\,\mathrm{ms}} & \text{für } M = 8, \\[4pt] R_\mathrm{c} \cdot K \cdot \frac{192\,\mathrm{bit}}{6\,\mathrm{ms}} & \text{für } M = 16, \end{cases} \overset{K=8}{=} \begin{cases} R_\mathrm{c} \cdot 128\,\mathrm{kbit/s} & \text{für } M = 4, \\[4pt] R_\mathrm{c} \cdot 192\,\mathrm{kbit/s} & \text{für } M = 8, \\[4pt] R_\mathrm{c} \cdot 256\,\mathrm{kbit/s} & \text{für } M = 16, \end{cases}$$
$$\tag{6.9}$$

und im Fall der Abwärtsstrecke erhält man

$$R = \begin{cases} R_\mathrm{c} \cdot K \cdot \frac{120\,\mathrm{bit}}{4{,}616\,\mathrm{ms}} & \text{für } M = 4, \\[4pt] R_\mathrm{c} \cdot K \cdot \frac{180\,\mathrm{bit}}{4{,}616\,\mathrm{ms}} & \text{für } M = 8, \\[4pt] R_\mathrm{c} \cdot K \cdot \frac{240\,\mathrm{bit}}{4{,}616\,\mathrm{ms}} & \text{für } M = 16, \end{cases} \overset{K=8}{=} \begin{cases} R_\mathrm{c} \cdot 208\,\mathrm{kbit/s} & \text{für } M = 4, \\[4pt] R_\mathrm{c} \cdot 312\,\mathrm{kbit/s} & \text{für } M = 8, \\[4pt] R_\mathrm{c} \cdot 416\,\mathrm{kbit/s} & \text{für } M = 16. \end{cases}$$
$$\tag{6.10}$$

Gemäß (6.9) und (6.10) können Dienste mit Datenraten bis zu 256 kbit/s in der Aufwärtsstrecke und bis zu 416 kbit/s in der Abwärtsstrecke realisiert werden. Sowohl in der Auf- als auch in der Abwärtsstrecke ist die Realisierung der Schmalband–ISDN–Übertragung mit einer Datenrate von 144 kbit/s je Teilnehmer möglich. Die Anzahl der Verkehrskanäle reduziert sich im Fall K gleich acht auf zwölf beziehungsweise acht je Sende–Empfangs–Einrichtung.

Alternativ zum Zuteilen von mehr als einem teilnehmerspezifischen CDMA–Code an einen Teilnehmer ist das Zusammenfassen von Zeitschlitzen möglich. In diesem

Fall verzichtet man zunehmen auf die TDMA–Komponente und realisiert letztlich ein F/CDMA–basiertes System. Mit der Anzahl N_Z der Zeitschitze je TDMA–Rahmen folgt für die Aufwärtsstrecke

$$R = \begin{cases} R_\mathrm{c} \cdot N_Z \cdot \frac{96\,\text{bit}}{6\,\text{ms}} & \text{für } M = 4, \\[2mm] R_\mathrm{c} \cdot N_Z \cdot \frac{144\,\text{bit}}{6\,\text{ms}} & \text{für } M = 8, \\[2mm] R_\mathrm{c} \cdot N_Z \cdot \frac{192\,\text{bit}}{6\,\text{ms}} & \text{für } M = 16, \end{cases} \quad \overset{N_Z=12}{=} \quad \begin{cases} R_\mathrm{c} \cdot 192\,\text{kbit/s} & \text{für } M = 4, \\[2mm] R_\mathrm{c} \cdot 288\,\text{kbit/s} & \text{für } M = 8, \\[2mm] R_\mathrm{c} \cdot 384\,\text{kbit/s} & \text{für } M = 16, \end{cases}$$

$$(6.11)$$

und im Fall der Abwärtsstrecke erhält man

$$R = \begin{cases} R_\mathrm{c} \cdot N_Z \cdot \frac{120\,\text{bit}}{4{,}616\,\text{ms}} & \text{für } M = 4, \\[2mm] R_\mathrm{c} \cdot N_Z \cdot \frac{180\,\text{bit}}{4{,}616\,\text{ms}} & \text{für } M = 8, \\[2mm] R_\mathrm{c} \cdot N_Z \cdot \frac{240\,\text{bit}}{4{,}616\,\text{ms}} & \text{für } M = 16, \end{cases}$$

$$\overset{N_Z=8}{=} \begin{cases} R_\mathrm{c} \cdot 208\,\text{kbit/s} & \text{für } M = 4, \\[2mm] R_\mathrm{c} \cdot 312\,\text{kbit/s} & \text{für } M = 8, \\[2mm] R_\mathrm{c} \cdot 416\,\text{kbit/s} & \text{für } M = 16. \end{cases} \qquad (6.12)$$

Gemäß (6.11) und (6.12) können Dienste mit Datenraten bis zu 384 kbit/s in der Aufwärtsstrecke und bis zu 416 kbit/s in der Abwärtsstrecke realisiert werden. Sowohl in der Auf- als auch in der Abwärtsstrecke ist wiederum die Realisierung der Schmalband–ISDN–Übertragung möglich. Die Anzahl der Verkehrskanäle reduziert sich in jedem Fall auf acht je Sende–Empfangs–Einrichtung.

Dienste mit Datenraten von mehr als 1 Mbit/s lassen sich durch gleichzeitiges Zusammenfassen von Zeitschlitzen und Zuteilen von mehr als einem teilnehmerspezifischen CDMA–Code an einen Teilnehmer erzielen. In diesem Fall verzichtet man zunehmen auf die CDMA– und die TDMA–Komponenten und realisiert letztlich ein FDMA–basiertes System. Mit der Anzahl K der teilnehmerspezifischen CDMA–Codes und der Anzahl N_Z der Zeitschitze je TDMA–Rahmen folgt für die Aufwärtsstrecke

$$R = \begin{cases} R_\mathrm{c} \cdot K \cdot N_Z \cdot \frac{96\,\text{bit}}{6\,\text{ms}} & \text{für } M = 4, \\[2mm] R_\mathrm{c} \cdot K \cdot N_Z \cdot \frac{144\,\text{bit}}{6\,\text{ms}} & \text{für } M = 8, \\[2mm] R_\mathrm{c} \cdot K \cdot N_Z \cdot \frac{192\,\text{bit}}{6\,\text{ms}} & \text{für } M = 16, \end{cases} \qquad (6.13)$$

$$\overset{K=8,\,N_Z=12}{=} \begin{cases} R_\mathrm{c} \cdot 1536\,\text{kbit/s} & \text{für } M = 4, \\[2mm] R_\mathrm{c} \cdot 2304\,\text{kbit/s} & \text{für } M = 8, \\[2mm] R_\mathrm{c} \cdot 3072\,\text{kbit/s} & \text{für } M = 16, \end{cases}$$

und im Fall der Abwärtsstrecke erhält man

$$
R \;=\; \begin{cases}
R_\mathrm{c} \cdot K \cdot N_\mathrm{Z} \cdot \frac{120\,\text{bit}}{4{,}616\,\text{ms}} & \text{für } M = 4, \\[2mm]
R_\mathrm{c} \cdot K \cdot N_\mathrm{Z} \cdot \frac{180\,\text{bit}}{4{,}616\,\text{ms}} & \text{für } M = 8, \\[2mm]
R_\mathrm{c} \cdot K \cdot N_\mathrm{Z} \cdot \frac{240\,\text{bit}}{4{,}616\,\text{ms}} & \text{für } M = 16,
\end{cases}
\tag{6.14}
$$

$$
\underset{K=8,\,N_\mathrm{Z}=8}{=} \begin{cases}
R_\mathrm{c} \cdot 1664\,\text{kbit/s} & \text{für } M = 4, \\[2mm]
R_\mathrm{c} \cdot 2496\,\text{kbit/s} & \text{für } M = 8, \\[2mm]
R_\mathrm{c} \cdot 3328\,\text{kbit/s} & \text{für } M = 16.
\end{cases}
$$

Gemäß (6.13) und (6.14) können also Dienste mit Datenraten bis zu 3072 kbit/s in der Aufwärtsstrecke und bis zu 3328 kbit/s in der Abwärtsstrecke realisiert werden. Die Anzahl der Verkehrskanäle je Sende–Empfangs–Einrichtung reduziert sich auf einen Verkehrskanal.

Eine weitere Erhöhung der Datenrate ist durch Zusammenfassen von mehreren Frequenzkanälen der Teilnehmerbandbreite B_u erzielbar. Dies wird hier jedoch nicht weiter betrachtet, da Dienste mit Datenraten bis 2 Mbit/s bereits mit einem einzigen Frequenzkanal realisierbar sind.

6.3.3 Parametrisieren der Aufwärtsstrecke

Im vorliegenden Abschnitt wird auf die Aufwärtsstrecke von JD–CDMA eingegangen. Tab. 6.2 gibt einen Überblick über die wichtigsten Parameter der Sprachübertragung in der Aufwärtsstrecke in JD–CDMA [Nas95].

Jede Mobilstation verwendet eine einzige Sendeantenne. Die Basisstationen verwenden entweder keine Raumdiversität, das heißt, es gilt K_a gleich eins, oder es werden K_a gleich zwei Empfangssensoren, das heißt K_a gleich zwei omnidirektionale Empfangsantennen, eingesetzt. Die Teilnehmerbandbreite beträgt B_u gleich 1,6 MHz. Die TDMA–Komponente in der Aufwärtsstrecke des JD–CDMA besteht aus TDMA–Rahmen der Dauer T_fr gleich 6 ms, die jeweils N_Z gleich zwölf Zeitschlitze hat. In jedem Zeitschlitz sind maximal K gleich acht Teilnehmer gleichzeitig im selben Teilnehmerfrequenzband der Teilnehmerbandbreite B_u gleich 1,6 MHz aktiv. Berücksichtigt man die weiter unten betrachtete Kanalcodierung mit Coderate R_c gleich 1/2 und die Mächtigkeit M gleich vier des Symbolalphabets, so ergeben sich Datenraten zwischen 8 kbit/s und 768 kbit/s je Teilnehmer.

Der Kanalschätzer basiert auf der in Abschnitt 5.2 beschriebenen Gaußsche Schätzung. Als Datendetektoren sind die in Abschnitt 5.3 beschriebenen Datende-

Tab. 6.2. Parameter der Aufwärtsstrecke im JD–CDMA [Nas95, Kapitel 6]

Allgemeine Parameter:	
Anzahl der Sendeantennen pro Mobilstation	1
Anzahl der Empfangssensoren pro Basisstation	$K_\mathrm{a} = 1, 2$
Teilnehmerbandbreite	$B_\mathrm{u} = 1, 6$ MHz
Dauer eines TDMA–Rahmens	$T_\mathrm{fr} = 6$ ms
Anzahl der Zeitschlitze pro TDMA–Rahmen	$N_\mathrm{Z} = 12$
Anzahl gleichzeitig aktiver Teilnehmer pro Zeitschlitz	$K = 8$
Datenrate pro Teilnehmer	8 kbit/s $\leq R \leq$ 768 kbit/s
Kanalschätzung	Gauß–Schätzung
Datendetektoren	ZF–BLE, MMSE–BLE, ZF–BDFE, MMSE–BDFE
Filter:	
analoges Sendefilter	Butterworth–Tiefpaß, Ordnung 4, Grenzfrequenz 1,6 MHz
analoges Empfangsfilter	Butterworth–Tiefpaß, Ordnung 10, Grenzfrequenz 1,2 MHz
digitales Empfangsfilter	approximierter idealer Tiefpaß, Grenzfrequenz 1 MHz
Kanalcodierer:	
NSC–Code	
Rückgrifftiefe	$K_\mathrm{c} = 5$
Rate	$R_\mathrm{c} = 1/2$
oktale Generatoren	23, 35
RSC–Code für TC5–BL	
Rückgrifftiefe	$K_\mathrm{c} = 5$
Rate	$R_\mathrm{c} = 1/2$
oktale Generatoren	37, 21
Blockverschachteler:	
Verschachtelungsmatrix	4 Zeilen, 96 Spalten
Verschachtelungstiefe	$I_\mathrm{D} = 4$ Bursts

Tab. 6.2. (fortgesetzt)

Burststruktur:	
Burstdauer	$T_\mathrm{u} = 500\ \mu\mathrm{s}$
Anzahl der Datensymbole pro Bursthälfte	$N = 24$
Symboldauer	$T_\mathrm{s} = 7\ \mu\mathrm{s}$
Mächtigkeit von $\underline{V}_\mathrm{d}$	$M = 4$
Anzahl der Mittambelchips	$L_\mathrm{m} = 268$
Anzahl der Chips pro CDMA–Code	$Q = 14$
Chipdauer	$T_\mathrm{c} = 0,5\ \mu\mathrm{s}$
Dauer der Schutzzeit	$T_\mathrm{g} = 30\ \mu\mathrm{s}$
Spreizungsmodulation	linearisiertes GMSK, Zeit–Bandbreite–Produkt 0,3

tektoren ZF–BLE, MMSE–BLE, ZF–BDFE und MMSE–BDFE in der Basisstation verfügbar.

Im Sender wird ein analoges Sendefilter verwendet. Dieses analoge Sendefilter ist ein Butterworth–Tiefpaß vierter Ordnung mit der Grenzfrequenz 1,6 MHz. Das Energiedichtespektrum $\Phi_\mathrm{Sende}(f)$ der Impulsantwort des analogen Sendefilters ist in Bild 6.4 dargestellt.

Die K_a Empfangsfilter nach Abschnitt 4.5.5 und Bild 4.24 werden als Kombination von analogen Empfangsfiltern und digitalen Empfangsfiltern realisiert. Die K_a analogen Empfangsfilter sind Butterworth–Tiefpässe zehnter Ordnung mit der Grenzfrequenz 1,2 MHz. Das Energiedichtespektrum $\Phi_\mathrm{Empfang}(f)$ der Impulsantwort eines Butterworth–Tiefpasses zehnter Ordnung mit der Grenzfrequenz 1,2 MHz ist in Bild 6.5 gezeigt. Die K_a digitalen Empfangsfilter sind näherungsweise ideale Tiefpässe mit der Grenzfrequenz 1 MHz. Die K_a digitalen Empfangsfilter approximieren die Übertragungsfunktion

$$A_\mathrm{TP}(f) = \begin{cases} 1 & \text{für} & |f| \leq \dfrac{1}{2T_\mathrm{c}}, \\ 0 & \text{sonst.} \end{cases} \tag{6.15}$$

Im betrachteten JD–CDMA werden Kanalcodierung und Verschachtelung eingesetzt, um die Resistenz gegenüber Vielfachzugriffsinterferenz zu erhöhen und Zeitdiversität nutzbar zu machen. In der Aufwärtsstrecke des JD–CDMA sind zwei verschiedene Kanalcodierer wählbar. Beide Kanalcodierer haben dieselbe Coderate

$$R_\mathrm{c} = \frac{1}{2}. \tag{6.16}$$

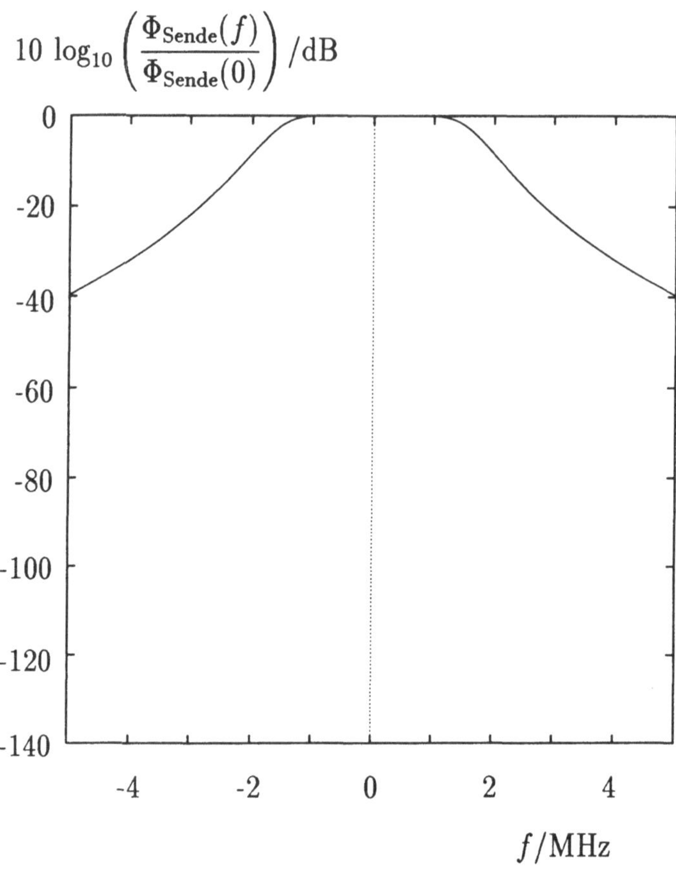

Bild 6.4. Energiedichtespektrum $\Phi_{\text{Sende}}(f)$ der Impulsantwort des analogen Sendefilters [Nas95, Bild 6.4]

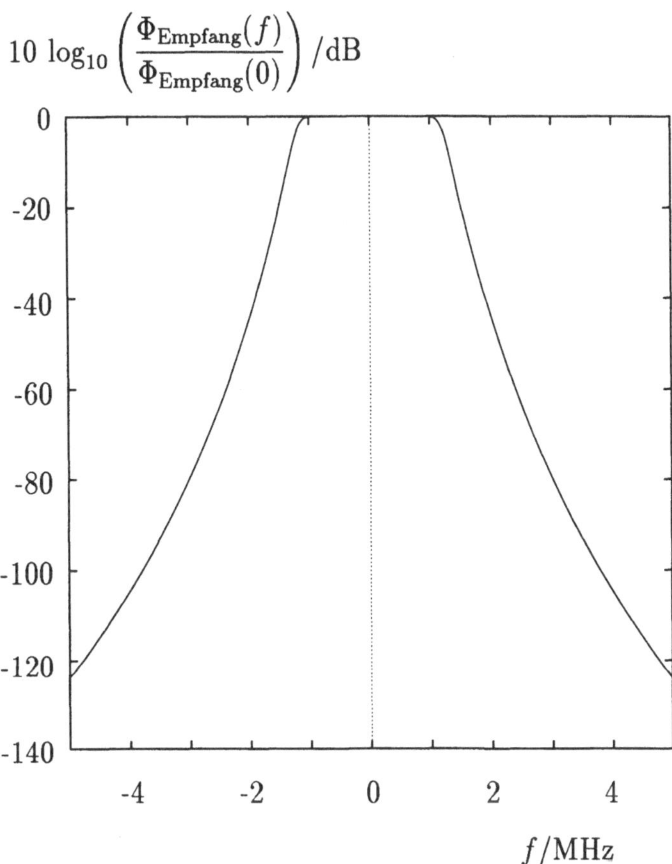

Bild 6.5. Energiedichtespektrum $\Phi_{\text{Empfang}}(f)$ der Impulsantwort eines Butterworth–Tiefpasses zehnter Ordnung mit der Grenzfrequenz 1,2 MHz [Nas95, Bild 6.5]

Der eine Kanalcodierer realisiert einen konventionellen Faltungscode mit Rückgrifftiefe

$$K_c = 5, \tag{6.17}$$

und den oktalen Generatoren

$$g_{\text{NSC},1} = 23, \tag{6.18a}$$

$$g_{\text{NSC},2} = 35. \tag{6.18b}$$

Dieser NSC–Code hat die freie Distanz sieben [Pro95, Tab. 8-2-1, S. 493]. Das Decodieren dieses konventionellen Faltungscodes erfolgt entsprechend den Ausführungen in [Pro95, Abschnitt 8-2-2] mit einem Viterbi–Decodierer. Der andere Kanalcodierer verwendet den in Anhang E betrachteten Turbo–Code TC5–BL. TC5–BL verwendet zwei identische RSC–Codierer mit Rückgrifftiefe K_c gleich fünf und den oktalen Generatoren

$$g_{\text{RSC},1} = 37, \tag{6.19a}$$

$$g_{\text{RSC},2} = 21. \tag{6.19b}$$

Beim Turbo–Code–Verschachteler im Codierer für Turbo–Codes handelt es sich um einen Blockverschachteler mit zwölf Zeilen und sechzehn Spalten. Das Decodieren von TC5–BL erfolgt entsprechend Abschnitt E.3. In Abschnitt E.3 wird vorausgesetzt, daß die Eingangsfolgen des Decodierers für Turbo–Codes durch additive weiße normalverteilte Störung gestört sind und daß dem Decodierer für Turbo–Codes die momentanen Amplituden $a_{\text{x},n}$ nach (E.11) und $a_{\text{y},n}$ nach (E.12) sowie die Varianz σ_T^2 der additiven weißen normalverteilten Störung perfekt bekannt sind. Da dem Decodierer für Turbo–Codes die Parameter $a_{\text{x},n}$ nach (E.11) und $a_{\text{y},n}$ nach (E.12) sowie σ_T^2 nicht bekannt sind, müssen diese vor Beginn der Decodierung auf der Basis der detektierten Datensymbole geschätzt werden.

Im betrachteten JD–CDMA wird ein Blockverschachteler mit einer Verschachtelungstiefe

$$I_D = 4 \tag{6.20}$$

verwendet. Mit N nach Tab. 6.2, M nach (6.23a) und I_D nach (6.20) werden durch den Blockverschachteler

$$N_{\text{bc}} = I_D \, 2 \, N \log_2(M) = 384 \tag{6.21}$$

vom Kanalcodierer erzeugte codierte Bits auf I_D gleich vier Blöcke mit jeweils

$$N_{\text{b}} = \frac{N_{\text{bc}}}{I_D} = 2 \, N \log_2(M) = 96 \tag{6.22}$$

verschachtelten codierten Bits verteilt. Die verschachtelten codierten Bits dieser I_D Blöcke werden in I_D aufeinanderfolgenden Bursts übertragen. Der verwendete Blockverschachteler hat I_D gleich vier Zeilen und N_{b} gleich 96 Spalten. Die vom Kanalcodierer erzeugten codierten Bits werden spaltenweise in den Blockverschachteler eingelesen. Die Ausgabe aus dem Blockverschachteler erfolgt zeilenweise. Im Empfänger muß das im Sender mit dem Blockverschachteler erfolgte Verschachteln der codierten Bits durch einen Entschachteler rückgängig gemacht werden. Der Entschachteler hat die gleiche Struktur wie der Blockverschachteler. Er hat ebenfalls I_D gleich vier Zeilen und N_b gleich 96 Spalten. Bei der Entschachtelung werden die detektierten verschachtelten codierten Bits zeilenweise ein- und spaltenweise ausgelesen. Der Entschachteler übergibt dem Kanaldecodierer N_bc gleich 96 wertekontinuierliche Schätzwerte der codierten Bits.

Die Dauer T_u eines Bursts ist gleich 500 μs. Jeder Burst besteht aus zweimal N gleich vierundzwanzig Datensymbolen $\underline{d}_n^{(k,i)}$, $k = 1 \cdots K$, $n = 1 \cdots N$, $i = 1,2$ der Symboldauer T_s gleich 7 μs. Jeder der beiden nachrichtentragenden Teile des Bursts dauert 168 μs. Die Datensymbole $\underline{d}_n^{(k,i)}$ sind vierwertig, und es gilt

$$M = 4, \tag{6.23a}$$

$$\underline{V}_\mathrm{d} = \left\{ \exp\left\{ \mathrm{j}\,\frac{\pi}{4} \right\}, \exp\left\{ \mathrm{j}\,\frac{3\pi}{4} \right\}, \exp\left\{ \mathrm{j}\,\frac{5\pi}{4} \right\}, \exp\left\{ \mathrm{j}\,\frac{7\pi}{4} \right\} \right\}. \tag{6.23b}$$

Die Mittambeln $\boldsymbol{m}^{(k)}$, $k = 1 \cdots K$, nach (4.47) haben L_m gleich 268 Mittambelchips und dauern jeweils 134 μs. Die teilnehmerspezifischen CDMA–Codes $\underline{c}^{(k)}$ nach (4.49) haben Q gleich vierzehn Chips. Die Chipdauer T_c ist 0,5 μs. Die Schutzzeit dauert T_g gleich 30 μs.

Als Modulation wird eine linearisierte Variante der schmalbandigen Modulationsart GMSK mit Zeit–Bandbreite–Produkt 0,3 verwendet. Diese Modulation heißt im folgenden Spreizungsmodulation. Die linearisierte Variante von GMSK [JBN94]. Da GMSK näherungsweise eine lineare Modulationsart ist [Jun94], läßt sich GMSK in guter Näherung auf der Grundlage eines einzigen reellen Grundimpulses $C_0(\tau)$ endlicher Dauer $5T_\mathrm{c}$ gleich 2,5 μs erzeugen. Der Grundimpuls $C_0(\tau)$ heißt im folgenden GMSK–Grundimpuls. Der GMSK–Grundimpuls $C_0(\tau)$ kann mit dem komplementären Gaußschen Fehlerintegral

$$\mathrm{erfc}(z) = \frac{1}{\sqrt{2\pi}} \int\limits_z^{+\infty} \exp\left\{ -\frac{\zeta^2}{2} \right\} \mathrm{d}\zeta \tag{6.24}$$

und den beiden reellen Funktionen

$$g(\tau) = \frac{1}{2T_\mathrm{c}} \left[\mathrm{erfc}\left(2\,\pi\,0,3\,\frac{\tau - 5T_\mathrm{c}/2}{T_\mathrm{c}\,\sqrt{\log_e(2)}} \right) - \mathrm{erfc}\left(2\,\pi\,0,3\,\frac{\tau - 3T_\mathrm{c}/2}{T_\mathrm{c}\,\sqrt{\log_e(2)}} \right) \right] \tag{6.25}$$

sowie

$$
S(\tau) = \begin{cases}
\sin\left(\pi \int\limits_0^\tau g(\tau')\mathrm{d}\tau'\right) & \text{für} \quad 0 \le \tau \le 4T_\mathrm{c}, \\[2em]
\sin\left(\dfrac{\pi}{2} - \pi \int\limits_0^{\tau - 4T_\mathrm{c}} g(\tau')\mathrm{d}\tau'\right) & \text{für} \quad 4T_\mathrm{c} < \tau \le 8T_\mathrm{c}, \\[2em]
0 & \text{sonst,}
\end{cases}
\tag{6.26}
$$

nach folgender Vorschrift berechnet werden

$$
C_0(\tau) = \begin{cases}
S(\tau) \displaystyle\prod_{l=1}^{3} S(\tau + lT_\mathrm{c}) & \text{für} \quad 0 \le \tau \le 5T_\mathrm{c}, \\[1.5em]
0 & \text{sonst.}
\end{cases}
\tag{6.27}
$$

In Bild 6.6 ist der GMSK–Grundimpuls $C_0(\tau)$ und dessen Energiedichtespektrum $\Phi_{C_0}(f)$ dargestellt. Die spektralen Eigenschaften der linearisierten Variante von GMSK werden durch das Energiedichtespektrum $\Phi_{C_0}(f)$ des GMSK–Grundimpulses $C_0(\tau)$ bestimmt. Ein Vergleich des Engergiedichtespektrums $\Phi_{C_0}(f)$ des GMSK–Grundimpulses $C_0(\tau)$, siehe Bild 6.6, mit dem Energiedichtespektrum $\Phi_{\mathrm{Sende}}(f)$ der Impulsantwort des analogen Sendefilters, siehe Bild 6.4, zeigt, daß das spektrale Formen beziehungsweise das Bandbegrenzen der gesendeten Teilnehmersignale im wesentlichen durch die Spreizungsmodulation erfolgt. Diese Tatsache wird in Bild 6.7, in dem das Energiedichtespektrum $\Phi_\mathrm{s}(f)$ eines gesendeten Teilnehmersignals gezeigt ist, verdeutlicht.

Der Grund für das Verwenden von GMSK als Spreizungsmodulation wird im folgenden angegeben. In einem DZM werden bevorzugt schmalbandige Modulationsarten mit einer konstanten Einhüllenden verwendet. Bandpaßsignale haben eine konstante Einhüllende, wenn ihre Tiefpaßäquivalente einen konstanten Betrag haben. Haben diese Tiefpaßäquivalente einen konstanten Betrag, so können nichtlineare Sendeverstärker verwendet werden, ohne daß es bei der Verstärkung zu unerwünschten Verzerrungen kommt. GMSK ist ein Beispiel für eine Modulationsart mit konstanter Einhüllender [Jun93]. Selbst die im vorliegenden Abschnitt 6.3.3 betrachtete linearisierte Variante von GMSK hat in guter Näherung eine konstante Einhüllende.

Da GMSK in JD–CDMA als Spreizungsmodulation eingesetzt wird, haben die Tiefpaßäquivalente der gesendeten Teilnehmersignale nicht notwendigerweise eine konstante Einhüllende. Vielmehr ist der Betrag des Tiefpaßäquivalents eines gesendeten Teilnehmersignals während des Übertragens einzelner Datensymbole näherungsweise konstant. Zwischen zwei Datensymbolen kommt es jedoch zu

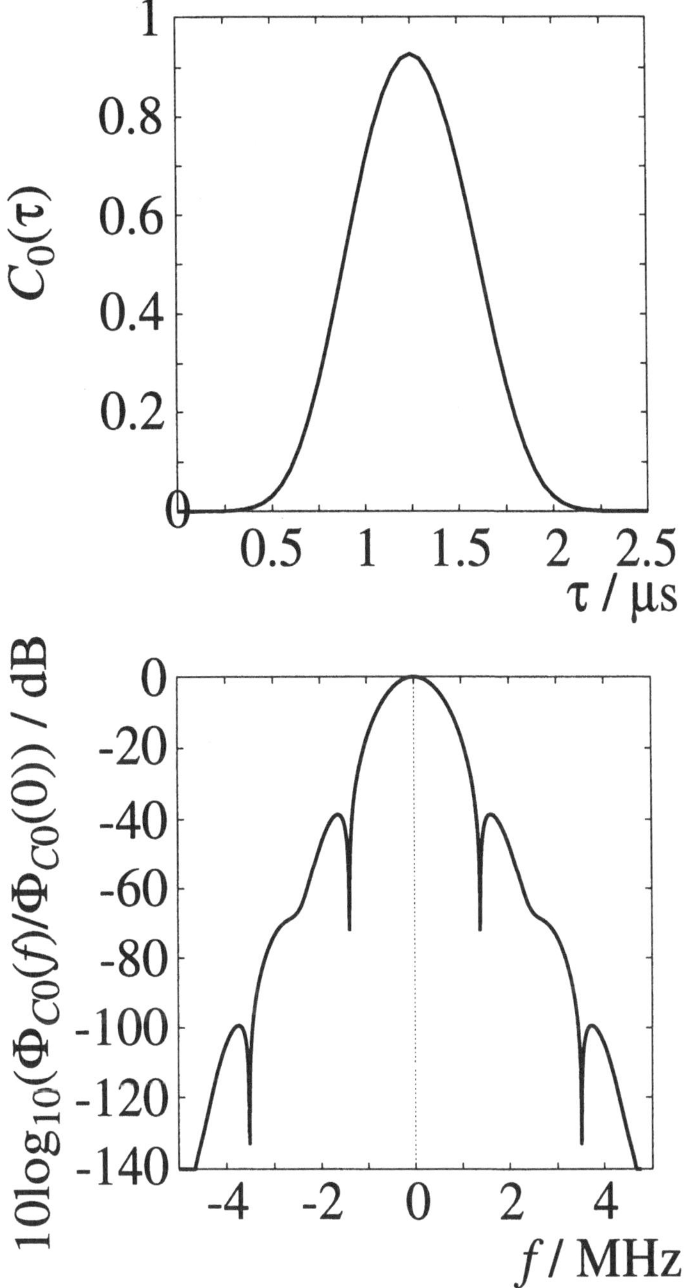

Bild 6.6. GMSK–Grundimpuls $C_0(\tau)$ und Energiedichtespektrum $\Phi_{C_0}(f)$ des
GMSK–Grundimpulses $C_0(\tau)$ bei T_c gleich 0,5 μs [Nas95, Bild 6.3]

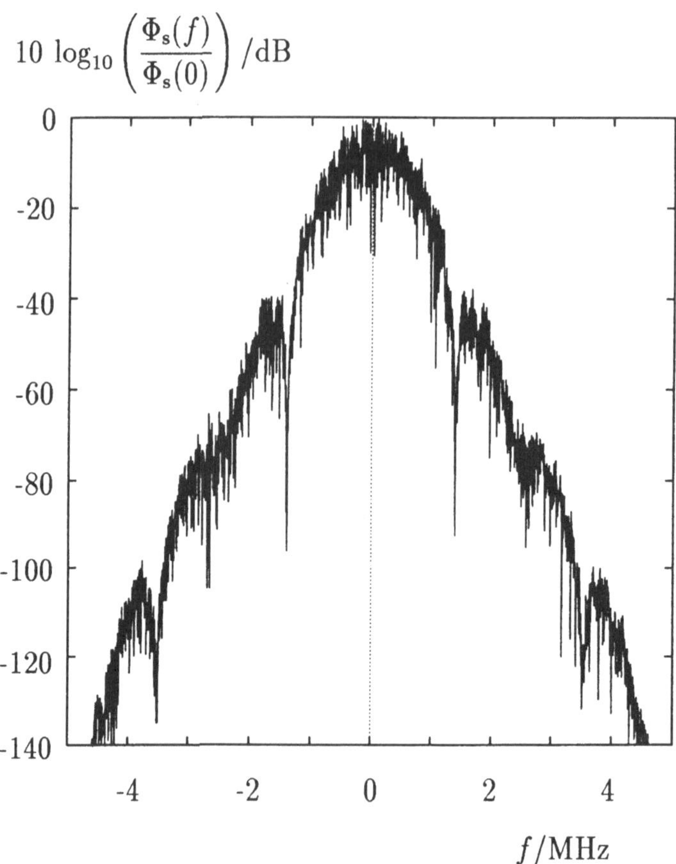

Bild 6.7. Energiedichtespektrum $\Phi_s(f)$ eines gesendeten Teilnehmersignals [Nas95, Bild 6.6]

Einbrüchen beziehungsweise Überhöhungen, da durch die im JD–CDMA verwendete Datenmodulation die Stetigkeit der Phase der gesendeten Teilnehmersignale verletzt wird. Die eben beschriebenen Eigenschaften der gesendeten Teilnehmersignale sind aus Bild 6.8 ersichtlich. Bild 6.8 zeigt den zeitlichen Verlauf des Be-

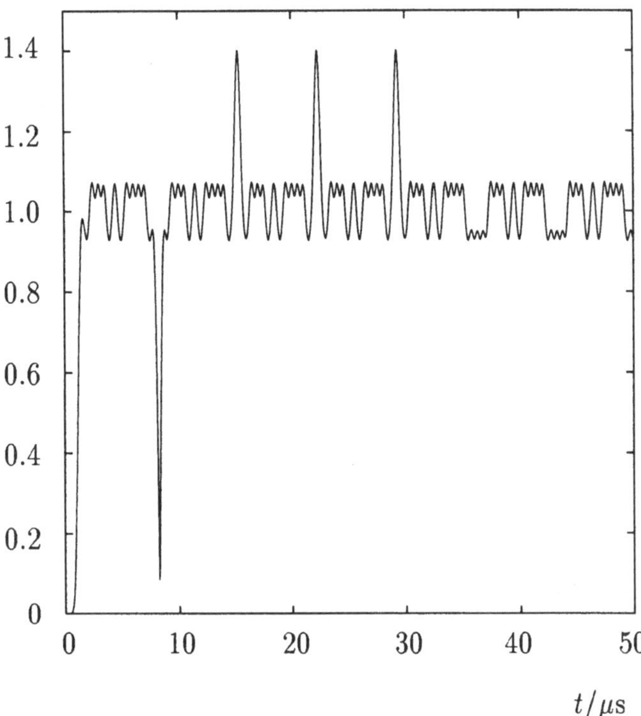

Bild 6.8. Betrag des Tiefpaßäquivalents eines gesendeten Teilnehmersignals im Zeitintervall [0, 50 µs] [Nas95, Bild 6.7]

trages des Tiefpaßäquivalents eines gesendeten Teilnehmersignals im Zeitintervall [0, 50 µs].

Im betrachteten JD–CDMA werden die Chips $\underline{c}_q^{(k)}$, $q = 1 \cdots Q$, $k = 1 \cdots K$, der CDMA–Codes $\underline{c}^{(k)}$, $k = 1 \cdots K$, der K Teilnehmer nach (4.49) dem Symbolvorrat

$$\underline{V}_c = \left\{ 1, \exp\left\{ j\frac{\pi}{2} \right\}, -1, \exp\left\{ j\frac{3\pi}{2} \right\} \right\} \tag{6.28}$$

der Wertigkeit

$$\tilde{M} = 4 \tag{6.29}$$

entnommen. Jeder der K gleich acht Teilnehmer verwendet einen teilnehmer-spezifischen CDMA–Code $\underline{c}^{(k)}$, $k = 1 \cdots K$, nach (4.49). Die Auswahl von $\underline{c}^{(k)}$, $k = 1 \cdots K$, ist zufällig.

Das Erzeugen der in JD–CDMA verwendeten Mittambeln $\underline{m}^{(k)}$, $k = 1 \cdots K$, nach (4.47) wird in [Ste95] beschrieben. Die Mittambelchips sind binär. Mit den verwendeten Mittambeln ist es möglich, acht zeitdiskrete Kanalimpulsanworten $\underline{\hat{h}}^{(k,k_{\mathrm{a}})}$, $k = 1 \cdots 8$, pro Empfangssensor k_{a} mit W gleich 29 Abtastwerten $\hat{\underline{h}}_{w}^{(k,k_{\mathrm{a}})}$, $k = 1 \cdots 8$, $w = 1 \cdots 29$, zu schätzen. Die maximale Dauer dieser Kanalimpulsant-worten $\underline{\hat{h}}^{(k,k_{\mathrm{a}})}$, $k = 1 \cdots 8$, pro Empfangssensor k_{a} ist [Nas95, Kapitel 6]

$$\tau_{\mathrm{max}} = WT_{\mathrm{c}} = 14,5 \ \mu\mathrm{s}. \tag{6.30}$$

6.3.4 Parametrisieren der Abwärtsstrecke

Im vorliegenden Abschnitt 6.3.4 wird auf die Abwärtsstrecke von JD–CDMA ein-gegangen [NSK95]. Tab. 6.3 gibt einen Überblick über die wichtigsten Parameter der Sprachübertragung in der Abwärtsstrecke von JD–CDMA.

Jede Basisstation verwendet eine einzige Sendeantenne. Die Mobilstationen ver-wenden entweder keine Raumdiversität, das heißt, es gilt K_{a} gleich eins, oder es werden K_{a} gleich zwei Empfangssensoren eingesetzt. Die Raumdiversität bei den Mobilstationen kann in Anlehnung an PDC erfolgen. Wie in der Aufwärtsstrecke beträgt die Teilnehmerbandbreite B_{u} gleich 1,6 MHz. Die TDMA–Komponente in der Abwärtsstrecke von JD–CDMA besteht aus TDMA–Rahmen der Dauer T_{fr} gleich 4,616 ms mit jeweils N_{Z} gleich acht Zeitschlitzen. In jedem Zeitschlitz sind maximal K gleich acht Teilnehmer gleichzeitig im selben Teilnehmerfrequenz-band der Teilnehmerbandbreite B_{u} gleich 1,6 MHz aktiv. Somit können in jedem TDMA–Rahmen maximal 64 unterschiedliche Teilnehmer in einem Teilnehmerfre-quenzband der Teilnehmerbandbreite B_{u} gleich 1,6 MHz aktiv sein.

Ähnlich wie in der Aufwärtsstrecke kann die Datenrate eines aktiven Teilnehmers dadurch variiert werden, daß diesem Teilnehmer mehrere Zeitschlitze pro TDMA–Rahmen und mehrere teilnehmerspezifische CDMA–Codes zugewiesen werden. Berücksichtigt man M gleich vier und Kanalcodierung mit R_{c} gleich 1/2, so erge-ben sich Datenraten zwischen 13 kbit/s und 832 kbit/s je Teilnehmer.

Tab. 6.3. Parameter der Abwärtsstrecke von JD–CDMA, siehe auch [NSK95]

Allgemeine Parameter:	
Anzahl der Sendeantennen pro Basisstation	1
Anzahl der Empfangssensoren pro Mobilstation	$K_\mathrm{a} = 1,2$
Teilnehmerbandbreite	$B_\mathrm{u} = 1,6$ MHz
Dauer eines TDMA–Rahmens	$T_\mathrm{fr} = 4,616$ ms
Anzahl der Zeitschlitze pro TDMA–Rahmen	$N_\mathrm{Z} = 8$
Anzahl gleichzeitig aktiver Teilnehmer pro Zeitschlitz	$K = 8$
Datenrate pro Teilnehmer	13 kbit/s $\leq R \leq$ 832 kbit/s
Kanalschätzung	Gauß–Schätzung
Datendetektoren	ZF–BLE, MMSE–BLE, ZF–BDFE, MMSE–BDFE
Filter:	
analoges Sendefilter	Butterworth–Tiefpaß, Ordnung 4, Grenzfrequenz 1,6 MHz
analoges Empfangsfilter	Butterworth–Tiefpaß, Ordnung 10, Grenzfrequenz 1,2 MHz
digitales Empfangsfilter	approximierter idealer Tiefpaß, Grenzfrequenz 1 MHz
Kanalcodierer: NSC–Code	
Rückgrifftiefe	$K_\mathrm{c} = 5$
Rate	$R_\mathrm{c} = 1/2$
oktale Generatoren	23, 35
Blockverschachteler:	
Verschachtelungsmatrix	4 Zeilen, 120 Spalten
Verschachtelungstiefe	$I_\mathrm{D} = 4$ Bursts

Tab. 6.3. (fortgesetzt)

Burststruktur:	
Burstdauer	$T_\mathrm{u} = 577\ \mu s$
Anzahl der Datensymbole pro Bursthälfte	$N = 30$
Symboldauer	$T_\mathrm{s} = 8\ \mu s$
Mächtigkeit von $\underline{V}_\mathrm{d}$	$M = 4$
Anzahl der Mittambelchips	$L_\mathrm{m} = 129$
Anzahl der Chips pro CDMA–Code	$Q = 16$
Chipdauer	$T_\mathrm{c} = 0,5\ \mu s$
Dauer der Schutzzeit	$T_\mathrm{g} = 32,5\ \mu s$
Spreizungsmodulation	linearisiertes GMSK, Zeit–Bandbreite–Produkt 0,3

Der Kanalschätzer basiert auf der in Abschnitt 5.2 beschriebenen Gaußschen Schätzung. Als Datendetektoren sind die in Abschnitt 5.3 beschriebenen Datendetektoren ZF–BLE, MMSE–BLE, ZF–BDFE und MMSE–BDFE in der Mobilstation verfügbar.

Im Sender wird ein analoges Sendefilter verwendet. Dieses analoge Sendefilter ist ein Butterworth–Tiefpaß der Ordnung vier mit der Grenzfrequenz 1,6 MHz. Die K_a Empfangsfilter werden als Kombination von analogen Empfangsfiltern und digitalen Empfangsfiltern realisiert. Die K_a analogen Empfangsfilter sind Butterworth–Tiefpässe der Ordnung zehn mit der Grenzfrequenz 1,2 MHz. Die K_a digitalen Empfangsfilter sind näherungsweise ideale Tiefpässe der Grenzfrequenz 1 MHz.

In der Abwärtsstrecke des JD–CDMA ist kein Turbo–Code, sondern nur ein konventioneller Faltungscode verfügbar, da die Decodierung des Faltungscodes weniger aufwendig ist als die Decodierung des Turbo–Codes. Dieser NSC–Code hat Rückgrifftiefe K_c gleich fünf, Coderate R_c gleich 1/2 und die oktalen Generatoren 23 und 35. Wie in der Aufwärtsstrecke wird ein Blockverschachteler verwendet. Dieser Blockverschachteler hat eine Verschachtelungsmatrix mit vier Zeilen und 120 Spalten. Die Verschachtelungstiefe ist I_D gleich vier Bursts.

Die Dauer T_u eines Bursts ist gleich 577 μs. Jeder Burst besteht aus zweimal N gleich dreißig Datensymbolen $\underline{d}_n^{(k,i)}$, $k = 1 \cdots K$, $n = 1 \cdots N$, $i = 1,2$, der Symboldauer T_s gleich 8 μs. Jeder der beiden nachrichtentragenden Teile des Bursts dauert 240 μs. Die Datensymbole $\underline{d}_n^{(k,i)}$ sind vierwertig, und es gelten (6.23a) und (6.23b). Die Mittambeln $\underline{m}^{(k)}$, $k = 1 \cdots K$, nach (4.47) haben L_m gleich 129 Mittambelchips und dauern jeweils 64,5 μs. Die teilnehmerspezifischen CDMA–Codes

$\underline{c}^{(k)}$ nach (4.49) haben Q gleich sechzehn Chips. Die Chipdauer T_c ist 0,5 μs. Als Spreizungsmodulation wird wie in der Aufwärtsstrecke, siehe Abschnitt 6.3.3, eine linearisierte Variante von GMSK mit Zeit–Bandbreite–Produkt 0,3 verwendet. Die Schutzzeit dauert T_g gleich 32,5 μs.

Wie in der Aufwärtsstrecke werden auch in der Abwärtsstrecke die Elemente $\underline{c}_q^{(k)}$, $q = 1 \cdots Q$, $k = 1 \cdots K$, der teilnehmerspezifischen CDMA–Codes $\underline{c}^{(k)}$, $k = 1 \cdots K$, nach (4.49) dem vierwertigen Symbolvorrat $\underline{V}_c$ nach (6.28) entnommen. Im Gegensatz zur Aufwärtsstrecke ist es in der Abwärtsstrecke vorteilhaft, die teilnehmerspezifischen CDMA–Codes $\underline{c}^{(k)}$, $k = 1 \cdots K$, nach (4.49) orthogonal zu wählen, da alle Teilnehmersignale über denselben Mobilfunkkanal pro Empfangssensor k_a übertragen werden und somit ihre Orthogonalität nicht vollständig aufgehoben wird. Die derartige Wahl der teilnehmerspezifischen CDMA–Codes $\underline{c}^{(k)}$, $k = 1 \cdots K$, nach (4.49) ist vorteilhaft für das Systemverhalten.

In der Abwärtstrecke werden wie in der Aufwärtsstrecke binäre Mittambeln verwendet. Da in der Abwärtststrecke aber nur eine einzige Kanalimpulsantwort $\underline{\hat{h}}^{(k_a)}$ pro Empfangssensor k_a zu schätzen ist, sind die verwendeten Mittambeln nicht teilnehmerspezifisch.

6.3.5 Systemsimulation der Aufwärtsstrecke

Zunächst wird das Verhalten von JD–CDMA in der Aufwärtsstrecke in einer einzelnen Zelle des Zellnetzes betrachtet [Nas95]. Nachstehend werden uncodierte und codierte Bitfehlerverhältnisse P_b, das heißt Bitfehlerverhältnisse P_b ohne und mit Kanalcodierung, angegeben. Die angegebenen Bitfehlerverhältnisse P_b werden in Abhängigkeit von unterschiedlichen Parametern, zum Beispiel in Abhängigkeit

- vom Ausbreitungsgebiet

- von der Anzahl K der gleichzeitig im selben Teilnehmerfrequenzband der Teilnehmerbandbreite B_u aktiven Teilnehmer der betrachteten einzelnen Zelle des Zellnetzes,

- von der Geschwindigkeit v der Teilnehmer und

- von der Anzahl K_a der Empfangssensoren

dargelegt. Als Empfangssensoren werden omnidirektionale Empfangsantennen angenommen. Die Bitfehlerverhältnisse P_b werden als Funktionen der mittleren empfangenen Energie E_b eines Nachrichtenbits pro Empfangsantenne bezogen auf die spektrale Störleistungsdichte N_0 angegeben. Bei den Simulationen ist die additive normalverteilte Störung am Empfängereingang weiß. Deshalb gilt für $\underline{n}_{\mathrm{m}}^{(k_{\mathrm{a}})}$ nach (4.58) und für $\underline{n}_{\mathrm{d}}$ nach (5.37)

$$\underline{R}_{\underline{n}_{\mathrm{m}}}^{(k_{\mathrm{a}})} \approx \frac{2N_0}{T_{\mathrm{c}}} \cdot \boldsymbol{I}_{L_{\mathrm{m}}-W+1}, \tag{6.31a}$$

$$\underline{R}_{\underline{n}_{\mathrm{d}}} \approx \frac{2N_0}{T_{\mathrm{c}}} \cdot \boldsymbol{I}_{K_{\mathrm{a}} \cdot (NQ+W-1)}. \tag{6.31b}$$

Weiterhin wird bei den gesendeten Datensymbolen von

$$\underline{R}_{\mathrm{d}} = \boldsymbol{I}_{KN} \tag{6.32}$$

ausgegangen.

Bei den hier betrachteten Simulationsergebnissen wird davon ausgegangen, daß A/D–Umsetzer und D/A–Umsetzer ideale Umsetzer mit unendlich großen Wortbreiten sind und daß deshalb keine Quantisierung der Abtastwerte erfolgt. Weiterhin wird davon ausgegangen, daß keine nichtlinearen Sendeverstärker und keine nichtlinearen Empfangsverstärker verwendet werden. In den nachfolgend dargestellten Bildern bedeutet NSC, daß der Kanalcodierer den konventionellen Faltungscode verwendet. TC5–BL bedeutet, daß der Kanalcodierer den Turbo–Code TC5–BL verwendet. Im Fall TC5–BL ist die Anzahl der Decodieriterationen, die im Decodierer für Turbo–Codes durchgeführt werden, in allen Simulationen gleich zehn. In allen Simulationen wird eine Trägerfrequenz

$$f_0 = 1800 \text{ MHz} \tag{6.33}$$

angenommen. Der Einfluß der nicht perfekten Kanalschätzung auf das uncodierte Bitfehlerverhältnis P_{b} beziehungsweise auf das codierte Bitfehlerverhältnis P_{b} ist in allen Simualtionsergebnissen enthalten. Nicht perfekte Kanalschätzung bedeutet, daß die Kanalschätzung auf der Grundlage der gestörten Empfangssignale $\underline{e}_{\mathrm{m}}^{(k_{\mathrm{a}})}$, $k_{\mathrm{a}} = 1 \cdots K_{\mathrm{a}}$, nach (5.9) erfolgt. Der Einfluß einer nicht perfekten Kanalschätzung auf das uncodierte Bitfehlerverhältnis P_{b} wird in [Ste95] ausführlich untersucht. Bei den Simulationen werden die in Abschnitt 3.6 angegebenen Modelle des Mobilfunkkanals nach COST207 verwendet. Bezüglich des schnellen Schwundes erfolgt keine Leistungsregelung bei den Simulationen. Die Leistungsregelung bezüglich des langsamen Schwundes des Mobilfunkkanals wird in allen Simulationen als perfekt vorausgesetzt, da die Modellierung des analogen Mobilfunkkanals nach COST207 nur den schnellen Schwund berücksichtigt. In allen Simulationen wird eine einzige Sendeantenne verwendet. Im Empfänger werden K_{a} gleich eine Empfangsantenne oder K_{a} gleich zwei Empfangsantennen in betracht gezogen.

In Tab. 6.4 und Tab. 6.5 ist zusammengefaßt, welche Einflüsse auf das uncodierte Bitfehlerverhältnis P_b beziehungsweise auf das codierte Bitfehlerverhältnis P_b im folgenden behandelt werden und in welchen Bildern die entsprechenden Simulationsergebnisse dargestellt sind. Die jeweiligen Simulationsparameter können

Tab. 6.4. Behandelte Einflüsse auf das uncodierte Bitfehlerverhältnis P_b [Nas95, Abschnitt 7.3]

Behandelter Einfluß	Bild
Anzahl K der Teilnehmer; Ausbreitungsgebiet RA, TU, BU	6.9 bis 6.11
Geschwindigkeit v der Teilnehmer	6.12
Anzahl K_a der Empfangsantennen	6.13, 6.14
Datendetektor	6.14

Tab. 6.5. Behandelte Einflüsse auf das codierte Bitfehlerverhältnis P_b [Nas95, Abschnitt 7.3]

Behandelter Einfluß	Bild
Anzahl K_a der Empfangsantennen	6.15 bis 6.18
Kanalcodierung mit NSC, TC5–BL; Datendetektor	6.15, 6.16
Ausbreitungsgebiet RA, BU; Geschwindigkeit v der Teilnehmer	6.17, 6.18

den entsprechenden Bildern beziehungsweise den Bildunterschriften entnommen werden. In Tab. 6.6 und Tab. 6.7 sind die zum Erreichen eines codierten Bitfehlerverhältnisses P_b gleich 10^{-3} benötigten Werte des E_b/N_0. Das codierte Bitfehlerverhältnis P_b gleich 10^{-3} wird aus folgendem Grund als herausragend angesehen. Ein codiertes Bitfehlerverhältnis P_b von etwa 10^{-3} genügt für eine ausreichend hohe Sprachqualität im GSM. Das codierte Bitfehlerverhältnis P_b gleich 10^{-3} wird in der Aufwärtsstrecke von JD–CDMA erreicht, falls das uncodierte Bitfehlerverhältnis P_b im Prozentbereich liegt.

Die Simulationsergebnisse, die in den Bildern 6.9 bis 6.11 dargestellt sind, zeigen den Einfluß der Anzahl K der gleichzeitig im selben Teilnehmerfrequenzband der Teilnehmerbandbreite B_u gleich 1,6 MHz aktiven Teilnehmer auf das uncodierte Bitfehlerverhältnis P_b. In Tab. 6.6 und Tab. 6.7 ist der Einfluß der Anzahl K der gleichzeitig im selben Teilnehmerfrequenzband der Teilnehmerbandbreite B_u gleich 1,6 MHz aktiven Teilnehmer auf das codierte Bitfehlerverhältnis P_b dargelegt.

Tab. 6.6. Zum Erreichen eines codierten Bitfehlerverhältnisses P_b gleich 10^{-3} benötigter Wert von E_b/N_0 mit dem Ausbreitungsgebiet, mit K und mit v als Parametern; NSC; ZF–BLE; $K_\mathrm{a} = 1$ [Nas95, Tab. 7.6]

Aus-breitungs-gebiet	K	$10\log_{10}\left(E_\mathrm{b}/N_0\right)/\mathrm{dB}$			
		3 km/h	30 km/h	150 km/h	250 km/h
RA	2	18,0	12,5	13,5	(∗)
	4	19,5	14,0	14,5	(∗)
	6	21,0	15,5	16,0	(∗)
	8	23,0	17,5	19,0	(∗)
TU	2	12,0	8,5	9,5	10,5
	4	13,0	10,0	11,0	12,0
	6	14,0	11,5	12,5	14,5
	8	16,5	14,5	15,0	22,0
BU	2	10,5	8,5	8,5	9,5
	4	11,5	10,0	10,5	11,5
	6	13,0	12,0	12,5	14,0
	8	16,0	14,0	15,0	20,0

(∗) P_b gleich 10^{-3} wird auch für unendlich große Werte von E_b/N_0 nicht erreicht.

Tab. 6.7. Zum Erreichen eines codierten Bitfehlerverhältnisses P_b gleich 10^{-3} benötigter Wert von E_b/N_0 mit dem Ausbreitungsgebiet, mit K und mit v als Parametern; NSC; ZF–BLE; $K_a = 2$ [Nas95, Tab. 7.7]

Aus-breitungs-gebiet	K	$10\log_{10}(E_b/N_0)/\text{dB}$			
		3 km/h	30 km/h	150 km/h	250 km/h
RA	2	10,0	7,0	7,0	8,5
	4	11,0	7,5	8,0	9,0
	6	11,5	8,5	8,5	10,0
	8	12,0	9,0	9,5	11,0
TU	2	6,5	5,5	6,0	6,0
	4	7,5	6,5	6,5	6,5
	6	8,0	7,0	7,0	7,5
	8	9,0	8,0	7,5	8,5
BU	2	6,0	5,5	5,5	5,5
	4	7,5	6,0	6,5	6,5
	6	8,0	7,0	7,0	7,5
	8	8,5	8,0	8,0	9,0

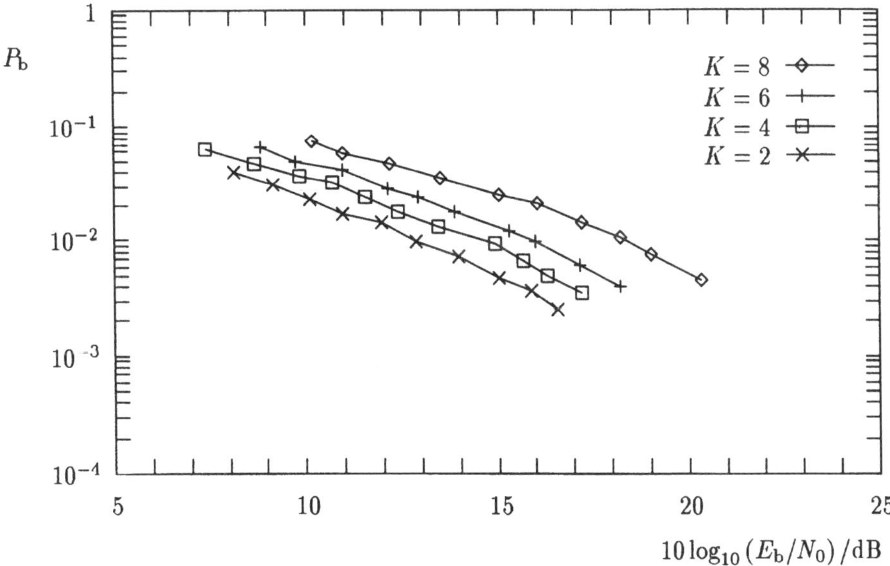

Bild 6.9. Uncodiertes Bitfehlerverhältnis P_b mit K als Parameter; RA; $v = 3$ km/h; ZF–BLE; $K_a = 1$ [Nas95, Bild 7.1]

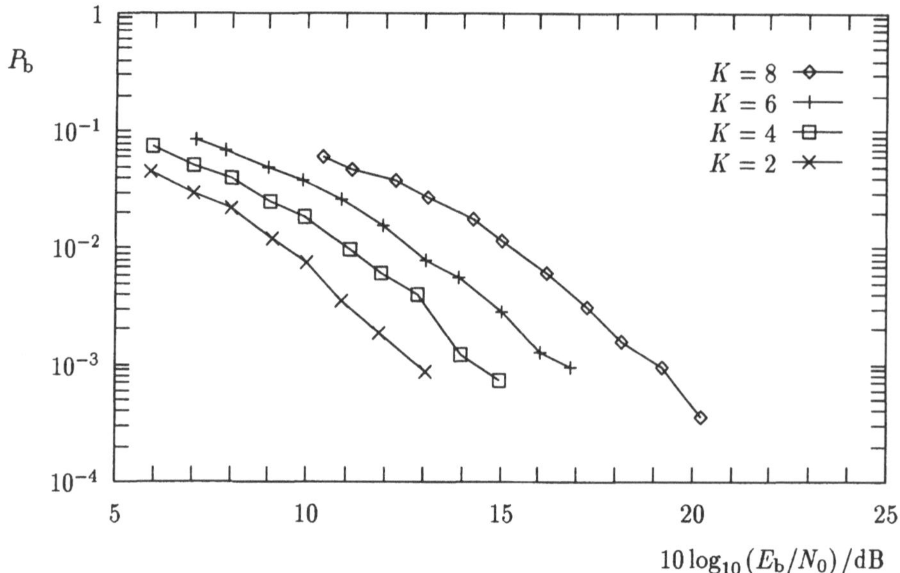

Bild 6.10. Uncodiertes Bitfehlerverhältnis P_b mit K als Parameter; TU; $v = 3$ km/h; ZF–BLE; $K_a = 1$ [Nas95, Bild 7.2]

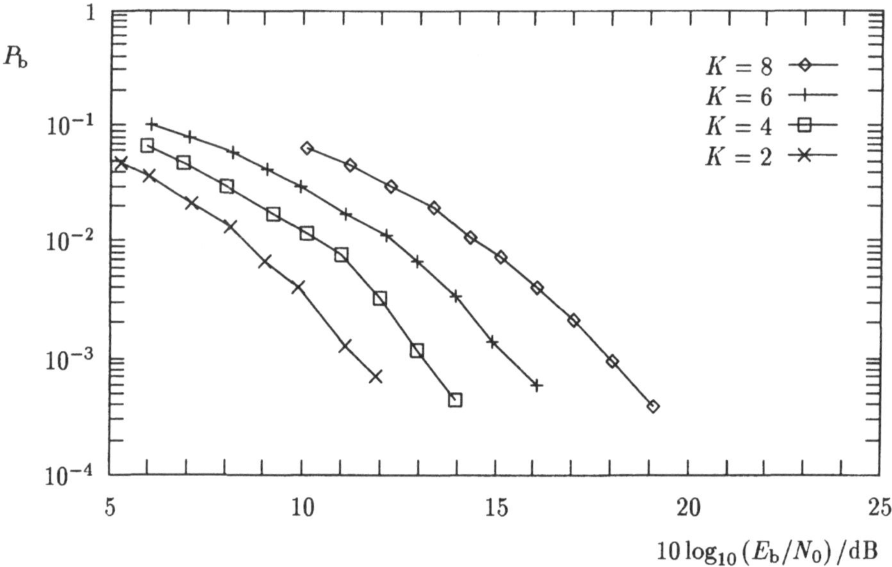

Bild 6.11. Uncodiertes Bitfehlerverhältnis P_b mit K als Parameter; BU; $v = 3$ km/h; ZF–BLE; $K_a = 1$ [Nas95, Bild 7.3]

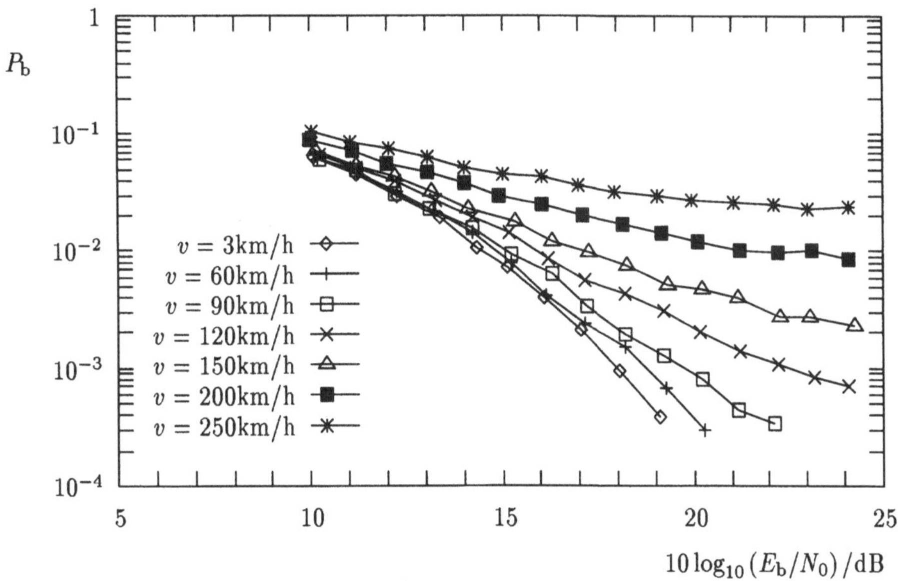

Bild 6.12. Uncodiertes Bitfehlerverhältnis P_b mit v als Parameter; BU; $K = 8$; ZF–BLE; $K_a = 1$ [Nas95, Bild 7.4]

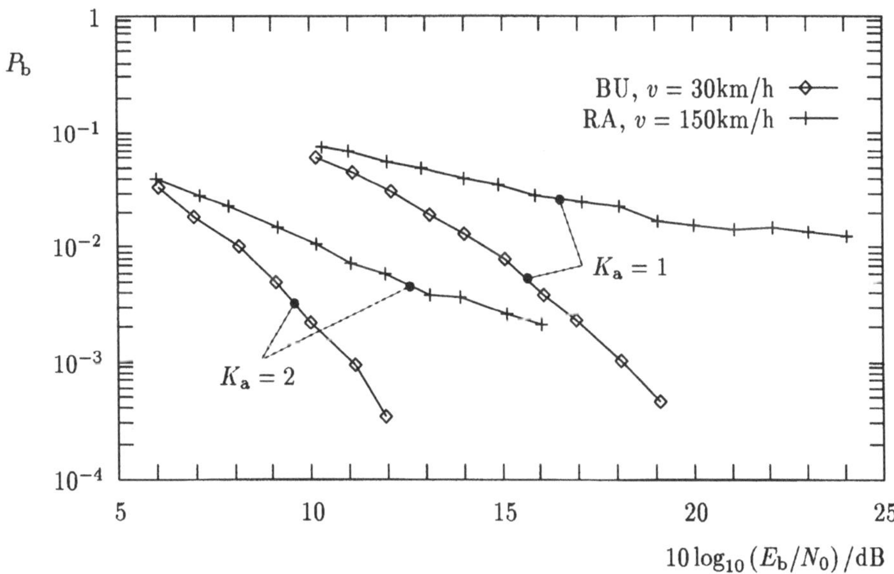

Bild 6.13. Uncodiertes Bitfehlerverhältnis P_b mit dem Ausbreitungsgebiet, mit v und mit K_a als Parametern; $K = 8$; ZF–BLE [Nas95, Bild 7.9]

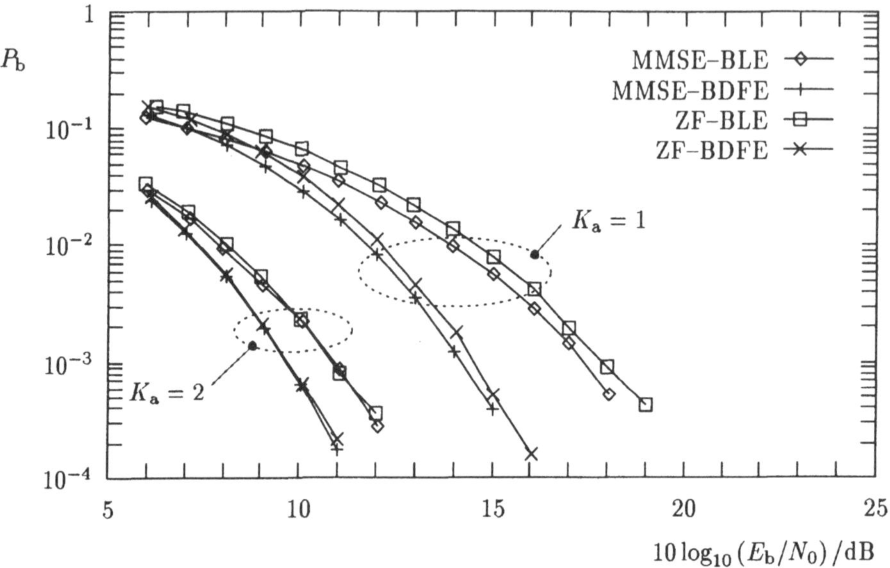

Bild 6.14. Uncodiertes Bitfehlerverhältnis P_b für unterschiedliche Datendetektoren und mit K_a als Parameter; BU; $K = 8$; $v = 30$ km/h [Nas95, Bild 7.10]

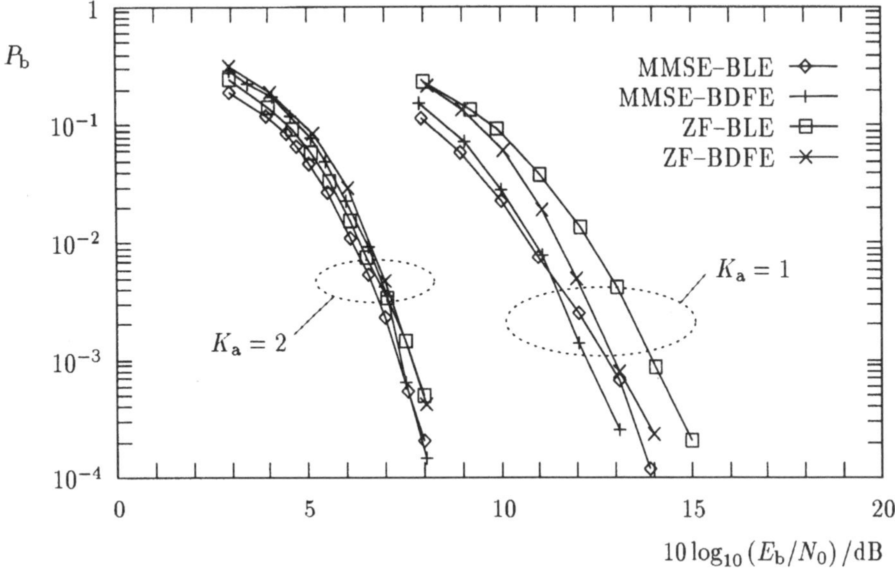

Bild 6.15. Codiertes Bitfehlerverhältnis P_b für unterschiedliche Datendetektoren und mit K_a als Parameter; NSC; BU; $K = 8$; $v = 30$ km/h [Nas95, Bild 7.11]

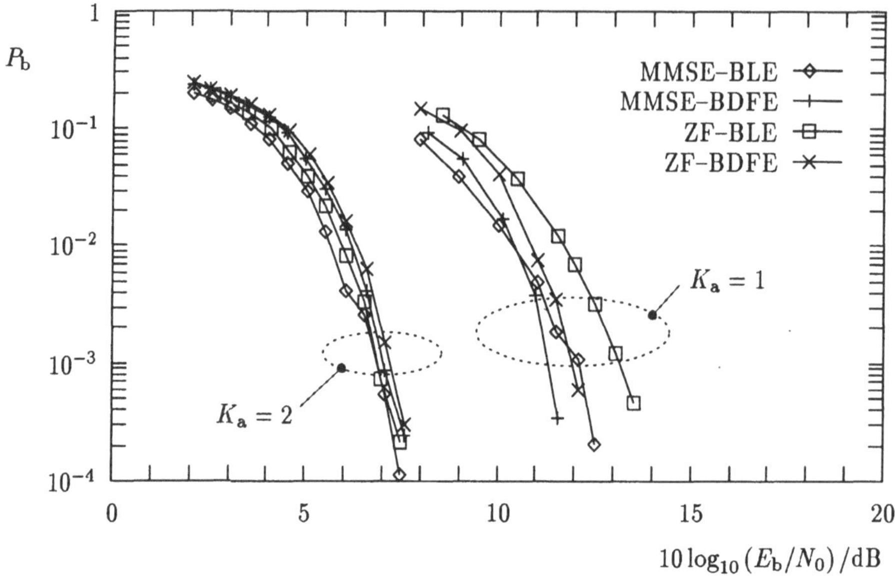

Bild 6.16. Codiertes Bitfehlerverhältnis P_b für unterschiedliche Datendetektoren und mit K_a als Parameter; TC5–BL; BU; $K = 8$; $v = 30$ km/h [Nas95, Bild 7.12]

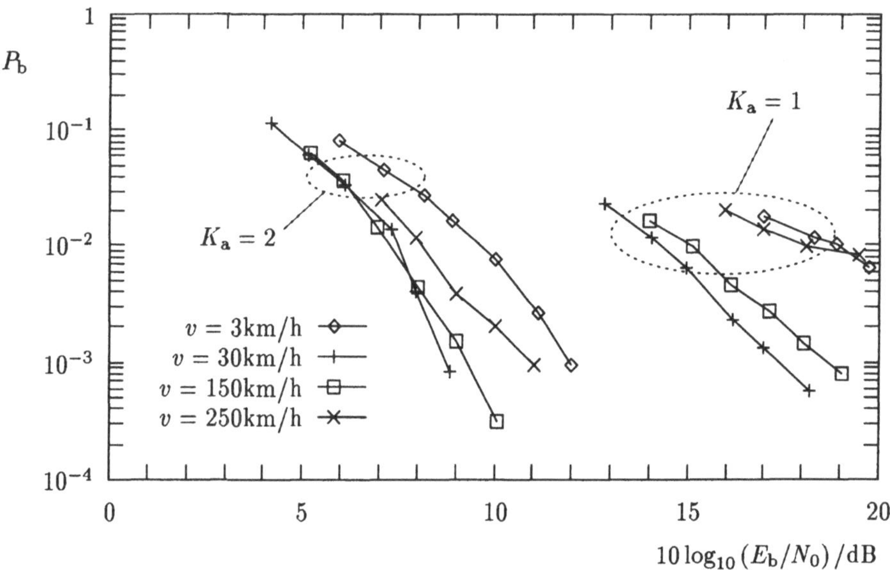

Bild 6.17. Codiertes Bitfehlerverhältnis P_b mit v und mit K_a als Parametern; NSC; RA; $K = 8$; ZF–BLE [Nas95, Bild 7.13]

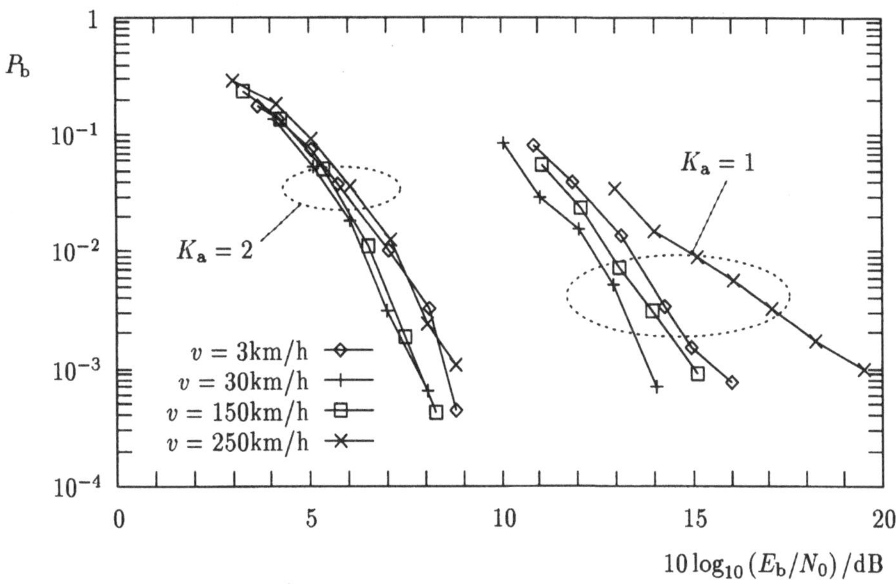

Bild 6.18. Codiertes Bitfehlerverhältnis P_{b} mit v und mit K_{a} als Parametern; NSC; BU; $K = 8$; ZF–BLE [Nas95, Bild 7.14]

Mit abnehmender Anzahl K der gleichzeitig im selben Teilnehmerfrequenzband der Teilnehmerbandbreite B_{u} gleich 1,6 MHz aktiven Teilnehmer wird zum Erreichen eines bestimmten uncodierten beziehungsweise codierten Bitfehlerverhältnisses P_{b} ein kleinerer Wert von E_{b}/N_0 benötigt, siehe die Bilder 6.9 bis 6.11 und Tab. 6.6 sowie Tab. 6.7. Dies ist die bereits in Abschnitt 4.3.2.3 angeführte weiche Degradation. Ursache für diesen Effekt ist zum einen, daß die Degradationen bei der adaptiven kohärenten Datendetektion mit abnehmender Anzahl K der Teilnehmer kleiner werden. Zum anderen werden die schädlichen Einflüsse der nicht perfekten Kanalschätzung auf das uncodierte Bitfehlerverhältnis P_{b} beziehungsweise auf das codierte Bitfehlerverhältnis P_{b} mit abnehmender Anzahl K der Teilnehmer kleiner [Ste95], da die Qualität der Kanalschätzung mit abnehmender Anzahl K der Teilnehmer besser wird.

Die Abstände $\Delta(E_{\mathrm{b}}/N_0)$ zwischen den Kurven der Bitfehlerverhältnisse P_{b} für verschiedene Anzahlen K der Teilnehmer sind für K_{a} gleich zwei Empfangsantennen kleiner als für K_{a} gleich eine Empfangsantenne, siehe Tab. 6.6 und Tab. 6.7. Dieser Effekt wird im wesentlichen durch die mit zunehmender Anzahl K_{a} der Empfangsantennen kleiner werdenden Degradationen bei der adaptiven kohärenten Datendetektion verursacht.

Die Simulationsergebnisse, die in den Bildern 6.9 bis 6.11 dargestellt sind, zeigen weiterhin den Einfluß des Ausbreitungsgebiets auf das uncodierte Bitfehlerverhältnis P_b. Tab. 6.6 und Tab. 6.7 [Nas95] sowie die Simulationsergebnisse, die in den Bildern 6.17 und 6.18 dargestellt sind, dokumentieren diesen Einfluß auf das codierte Bitfehlerverhältnis P_b. Bei sonst gleichen Simulationsparametern wird zum Erreichen eines bestimmten uncodierten beziehungsweise codierten Bitfehlerverhältnisses P_b für das Ausbreitungsgebiet TU ein kleinerer Wert von E_b/N_0 benötigt als für das Ausbreitungsgebiet RA, beziehungsweise für das Ausbreitungsgebiet BU ein kleinerer Wert von E_b/N_0 als für das Ausbreitungsgebiet TU, siehe die Bilder 6.9 bis 6.11, 6.17, 6.18 und Tab. 6.6 sowie Tab. 6.7. Ursache dieses Effektes ist das in den Ausbreitungsgebieten RA, TU und BU unterschiedlich große Potential an Mehrwegediversität. Das Potential an Mehrwegediversität ist im Ausbreitungsgebiet RA am kleinsten und im Ausbreitungsgebiet BU am größten.

Die Simulationsergebnisse, die in Bild 6.12 dargestellt sind, zeigen den Einfluß der Geschwindigkeit v auf das uncodierte Bitfehlerverhältnis P_b. Für einen festen Wert von E_b/N_0 steigt das uncodierte Bitfehlerverhältnis P_b mit zunehmender Geschwindigkeit v der Teilnehmer. Sowohl die Kanalschätzung als auch die adaptive kohärente Datendetektion setzen voraus, daß der Mobilfunkkanal während der Übertragung eines Bursts zeitinvariant ist. Das Verletzen dieser Voraussetzung führt zu systematischen Fehlern bei der Kanalschätzung beziehungsweise bei der adaptiven kohärenten Datendetektion und damit zu einem mit zunehmender Geschwindigkeit v der Teilnehmer steigenden uncodierten Bitfehlerverhältnis P_b.

Für Geschwindigkeiten v der Teilnehmer größer als 0 km/h konvergiert das uncodierte Bitfehlerverhältnis P_b für unendlich große Werte von E_b/N_0 gegen einen festen Wert. Man spricht von einem irreduziblen Fehlerteppich (Irreducible Error Floor). Derjenige Wert, gegen welchen das uncodierte Bitfehlerverhältnis P_b für unendlich große Werte von E_b/N_0 konvergiert, steigt mit zunehmender Geschwindigkeit v der Teilnehmer. Der irreduzible Fehlerteppich des uncodierten Bitfehlerverhältnisses P_b ist in Bild 6.12 für die Geschwindigkeiten v der Teilnehmer gleich 3 km/h und 60 km/h nicht zu erkennen, da das uncodierte Bitfehlerverhältnis P_b in beiden Fällen für unendlich große Werte von E_b/N_0 gegen einen Wert kleiner als 10^{-6} konvergiert.

In Bild 6.12 ist für Geschwindigkeiten v der Teilnehmer gleich 90 km/h, 120 km/h und 150 km/h der Beginn des irreduziblen Fehlerteppichs des uncodierten Bitfehlerverhältnisses P_b zu sehen. Für Geschwindigkeiten v der Teilnehmer gleich 200 km/h und 250 km/h ist der irreduzible Fehlerteppich des uncodierten Bitfehlerverhältnisses P_b deutlich zu sehen. Beispielsweise konvergiert das uncodierte Bitfehlerverhältnis P_b für eine Geschwindigkeit v der Teilnehmer gleich 250 km/h für unendlich große Werte von E_b/N_0 gegen $2 \cdot 10^{-2}$.

Diejenigen Simulationsergebnisse, welche in den Bildern 6.17 und 6.18 dargestellt sind, zeigen den Einfluß der Geschwindigkeit v auf das codierte Bitfehlerverhältnis P_b. Für einen festen Wert von E_b/N_0 und zunehmende Geschwindigkeit v der Teilnehmer sinkt zuerst das codierte Bitfehlerverhältnis P_b. Für Geschwindigkeiten v der Teilnehmer, die zwischen 30 km/h und 80 km/h liegen, erreicht das codierte Bitfehlerverhältnis P_b ein absolutes Minimum. Für weiter wachsende Geschwindigkeiten v der Teilnehmer über etwa 80 km/h nimmt das codierte Bitfehlerverhältnis P_b im Vergleich zu ihrem absoluten Minimum zu. Dies geht aus den Bildern 6.17 und 6.18 sowie aus Tab. 6.6 und Tab. 6.7 herhor.

Dieser zunächst paradox erscheinende Effekt kann wie folgt erklärt werden: Bei sehr kleinen Geschwindigkeiten v der Teilnehmer, zum Beispiel v gleich 3 km/h, sind die Detektionsfehler statistisch abhängig, da die Zeitvarianz des Mobilfunkkanals für die Dauer mehrerer aufeinanderfolgender TDMA–Rahmen gering ist. Deshalb kann durch Verschachtelung gemäß Abschnitt 6.3.3 die statistische Abhängigkeit auftretender Detektionsfehler nicht reduziert werden. Wegen der geringen Zeitvarianz des Mobilfunkkanals für kleine Geschwindigkeiten v der Teilnehmer ist außerdem die nutzbare Zeitdiversität gering. Mit zunehmender Geschwindigkeit v der Teilnehmer wird durch Verschachtelung die statistische Abhängigkeit auftretender Detektionsfehler reduziert, und die nutzbare Zeitdiversität wächst. Deshalb nimmt das codierte Bitfehlerverhältnis P_b für Geschwindigkeiten v der Teilnehmer zwischen 30 km/h und 80 km/h das bereits erwähnte absolute Minimum an.

Für Geschwindigkeiten v der Teilnehmer, die größer als etwa 80 km/h sind, führen die oben erwähnten systematischen Fehler bei der Kanalschätzung aufgrund der merklichen Zeitvarianz des Mobilfunkkanals dazu, daß trotz zunehmendem Grad an Zeitdiversität das codierte Bitfehlerverhältnis P_b steigt.

Diejenigen Simulationsergebnisse, welche in den Bildern 6.13 und 6.14 dargestellt sind, zeigen den Einfluß der Anzahl K_a der Empfangsantennen auf das uncodierte Bitfehlerverhältnis P_b. Die in Tab. 6.6 und Tab. 6.7 sowie die in den Bildern 6.15 bis 6.18 dargelegten Simulationsergebnisse dokumentieren den Einfluß der Anzahl K_a der Empfangsantennen auf das codierte Bitfehlerverhältnis P_b.

Mit zunehmender Anzahl K_a der Empfangsantennen wird zum einen der nutzbare Grad an Raumdiversität größer, und zum anderen werden, wie oben gesagt, mit zunehmender Anzahl K_a der Empfangsantennen die Degradationen bei der adaptiven kohärenten Datendetektion kleiner. Derjenige Grad an Raumdiversität, welcher durch das Verwenden von K_a gleich zwei Empfangsantennen nutzbar ist, ist abhängig vom jeweiligen Ausbreitungsgebiet.

Der in einem bestimmten Ausbreitungsgebiet nutzbare Grad an Raumdiversität ist umso größer, je kleiner der Grad an Mehrwegediversität in diesem Ausbreitungsgebiet ist. Die Abstände $\Delta(E_b/N_0)$ zwischen den Kurven der Bitfehlerverhältnisse P_b für K_a gleich eine Empfangsantenne und K_a gleich zwei Empfangsantennen sind deshalb für das Ausbreitungsgebiet RA größer als für das Ausbreitungsgebiet TU. Die Abstände $\Delta(E_b/N_0)$ zwischen den Bitfehlerverhältniskurven für K_a gleich eine Empfangsantenne und K_a gleich zwei Empfangsantennen sind für das Ausbreitungsgebiet TU größer als für das Ausbreitungsgebiet BU, siehe Tab. 6.6 und Tab. 6.7.

Die Abstände $\Delta(E_b/N_0)$ zwischen den Bitfehlerverhältniskurven für K_a gleich eine Empfangsantenne und K_a gleich zwei Empfangsantennen sind nicht nur abhängig vom jeweiligen Ausbreitungsgebiet. Die Abstände $\Delta(E_b/N_0)$ sind auch abhängig von der Anzahl K der Teilnehmer und der Geschwindigkeit v der Teilnehmer, siehe Tab. 6.6 und Tab. 6.7. Die Abstände $\Delta(E_b/N_0)$ zwischen den Bitfehlerverhältniskurven für verschiedene Anzahlen K der Teilnehmer, für verschiedene Geschwindigkeiten v der Teilnehmer und für verschiedene bei der adaptiven kohärenten Datendetektion verwendete Datendetektoren sind für K_a gleich eine Empfangsantenne größer als für K_a gleich zwei Empfangsantennen, siehe zum Beispiel die Bilder 6.15 bis 6.18 sowie Tab. 6.6 und Tab. 6.7. Ursachen dieses Effektes sind zum einen die mit zunehmender Anzahl K_a der Empfangsantennen kleiner werdenden Degradationen bei der adaptiven kohärenten Datendetektion. Zum anderen werden mit zunehmender Anzahl K_a der Empfangsantennen die Einflüsse der Geschwindigkeit v der Teilnehmer, die Einflüsse der Anzahl K der Teilnehmer und so weiter auf das uncodierte Bitfehlerverhältnis P_b kleiner. Letzteres ergibt sich aufgrund des höheren Grads an Diversität, der mit mehreren Empfangsantennen gegenüber dem Fall einer einzelnen Empfangsantenne nutzbar ist.

Die Simulationsergebnisse, die in Bild 6.14 dargestellt sind, zeigen den Einfluß der Wahl des bei der adaptiven kohärenten Datendetektion verwendeten Datendetektors auf das uncodierte Bitfehlerverhältnis P_b. Die Simulationsergebnisse, die in den Bildern 6.15 und 6.16 dargestellt sind, zeigen denselben Einfluß auf das codierte Bitfehlerverhältnis P_b. Die Simulationsergebnisse, die in den Bildern 6.15 und 6.16 dargestellt sind, ermöglichen außerdem einen Vergleich der codierten Bitfehlerverhältnisse P_b, wenn der Kanalcodierer einmal den konventionellen Faltungscode und einmal den Turbo–Code TC5–BL verwendet.

Ausgehend von Bild 6.14 ergeben sich die in Tab. 6.8 angegebenen Werte von E_b/N_0, die beim Verwenden verschiedener Datendetektoren zum Erreichen eines uncodierten Bitfehlerverhältnisses P_b gleich 10^{-2} benötigt werden. In Tab. 6.9 sind die zum Erreichen eines codierten Bitfehlerverhältnisses P_b gleich 10^{-3} benötigten Werte von E_b/N_0 beim Verwenden verschiedener Datendetektoren zusammengefaßt. Die in Tab. 6.9 angegebenen Werte wurden aus den in den Bildern 6.15 und

Tab. 6.8. Zum Erreichen eines uncodierten Bitfehlerverhältnisses P_b gleich 10^{-2} benötigter Wert von E_b/N_0 beim Verwenden verschiedener Datendetektoren und mit K_a als Parameter [Nas95, Tab. 7.8]

K_a	$10\log_{10}(E_\mathrm{b}/N_0)/\mathrm{dB}$	
	1	2
MMSE–BLE	14,0	7,9
MMSE–BDFE	11,8	7,3
ZF–BLE	14,7	8,1
ZF–BDFE	12,2	7,4

Tab. 6.9. Zum Erreichen eines codierten Bitfehlerverhältnisses P_b gleich 10^{-3} benötigter Wert von E_b/N_0 beim Verwenden verschiedener Datendetektoren und mit K_a als Parameter [Nas95, Tab. 7.9]

K_a	$10\log_{10}(E_\mathrm{b}/N_0)/\mathrm{dB}$			
	NSC		TC5–BL	
	1	2	1	2
MMSE–BLE	12,8	7,3	12,1	6,9
MMSE–BDFE	12,3	7,4	11,3	7,0
ZF–BLE	14,0	7,7	13,1	6,9
ZF–BDFE	13,0	7,7	11,9	7,2

6.16 dargestellten Simulationsergebnissen ermittelt.

Zuerst werden die in Bild 6.14 dargestellten Simulationsergebnisse für den Fall K_a gleich eine Empfangsantenne diskutiert. Aus den in Bild 6.14 dargestellten Simulationsergebnissen folgt, daß zum Erreichen eines bestimmten uncodierten Bitfehlerverhältnisses P_b mit dem MMSE–BLE ein kleinerer Wert von E_b/N_0 benötigt wird als mit dem ZF–BLE, beziehungsweise mit dem MMSE–BDFE ein kleinerer Wert von E_b/N_0 als mit dem ZF–BDFE, siehe Tab. 6.8. Zum Erreichen eines uncodierten Bitfehlerverhältnisses P_b gleich 10^{-2} wird mit dem MMSE–BDFE ein kleinerer Wert von E_b/N_0 benötigt als mit dem MMSE–BLE, beziehungsweise mit dem ZF–BDFE ein kleinerer Wert von E_b/N_0 als mit dem ZF–BLE. Bei der quantisierten Rückkopplung detektierter Datensymbole ist der Nutzen durch die quantisierte Rückkopplung von richtig detektierten Datensymbolen größer als der Schaden durch die quantisierte Rückkopplung von falsch detektierten Datensymbolen.

Mit einem steigenden uncodierten Bitfehlerverhältnis P_b wird der Abstand $\Delta(E_b/N_0)$ zwischen den Bitfehlerverhältniskurven für den MMSE–BDFE und den MMSE–BLE beziehungsweise der Abstand $\Delta(E_b/N_0)$ zwischen den Bitfehlerverhältniskurven für den ZF–BDFE und den ZF–BLE kleiner. Ursache dafür ist, daß mit einem steigenden uncodierten Bitfehlerverhältnis P_b immer häufiger falsch detektierte Datensymbole rückgekoppelt werden. Mit steigendem uncodiertem Bitfehlerverhältnis P_b wird der Nutzen durch die quantisierte Rückkopplung von richtig detektierten Datensymbolen immer kleiner und der Schaden durch die quantisierte Rückkopplung von falsch detektierten Datensymbolen immer größer. Werden falsch detektierte Datensymbole rückgekoppelt, kommt es zu einer Fehlerfortpflanzung (Error Propagation), bei der ein falsch detektiertes Datensymbol, das rückgekoppelt wird, ein falsches Detektieren von mehreren anderen Datensymbolen zur Folge hat.

Für K_a gleich zwei Empfangsantennen sind, wie bereits oben erwähnt, die Abstände $\Delta(E_b/N_0)$ zwischen den Bitfehlerverhältniskurven für das Verwenden verschiedener Datendetektoren kleiner als bei K_a gleich einer Empfangsantenne. Für K_a gleich eine Empfangsantenne wird zum Erreichen eines codierten Bitfehlerverhältnisses P_b gleich 10^{-3} mit dem MMSE–BDFE der kleinste und mit dem ZF–BLE der größte Wert von E_b/N_0 benötigt. Dies gilt unabhängig von der verwendeten Kanalcodierung. Für K_a gleich zwei Empfangsantennen unterscheiden sich die von den vier Datendetektoren zum Erreichen eines codierten Bitfehlerverhältnisses P_b gleich 10^{-3} benötigten Werte von E_b/N_0 beim Verwenden des konventionellen Faltungscodes beziehungsweise des Turbo–Codes TC5–BL im Kanalcodierer um weniger als 0,4 dB, siehe Tab. 6.9.

In Anhang E werden die codierten Bitfehlerverhältnisse P_b im Fall des AWGN–Kanals und des Rayleigh–Kanals für konventionelle Faltungscodes und den Turbo–Code TC5–BL analysiert. Bei dieser Analyse wird vorausgesetzt, daß dem Decodierer die Varianz σ_T^2 des AWGN beziehungsweise die spektrale Störleistungsdichte N_0 und die Amplituden $a_{x,n}$ nach (E.11) und $a_{y,n}$ nach (E.12) beziehungsweise die Energien, mit denen die codierten Bits übertragen wurden, perfekt bekannt sind. Werden beim Decodieren des Turbo–Codes TC5–BL zehn Decodieriterationen durchgeführt, so wird beispielsweise für den AWGN–Kanal zum Erreichen eines codierten Bitfehlerverhältnisses P_b gleich 10^{-3} ein um 1,3 dB kleinerer Wert von E_b/N_0 als beim Verwenden des konventionellen Faltungscodes benötigt.

Die in den Bildern 6.15 und 6.16 dargestellten Simulationsergebnisse und Tab. 6.9 zeigen, daß im betrachteten JD–CDMA zum Erreichen eines codierten Bitfehlerverhältnisses P_b gleich 10^{-3} beim Verwenden des Turbo–Codes TC5–BL anstelle des konventionellen Faltungscodes ein im Mittel für die vier Blockentzerrer um $\approx 1,0$ dB kleinerer Wert von E_b/N_0 für K_a gleich eine Empfangsantenne beziehungsweise ein im Mittel für die vier Blockentzerrer um $\approx 0,5$ dB kleinerer Wert von E_b/N_0 für K_a gleich zwei Empfangsantennen benötigt wird.

Die im Fall des betrachteten JD–CDMA kleineren Abstände $\Delta(E_b/N_0)$ zwischen den Kurven der codierten Bitfehlerverhältnisse P_b des Turbo–Codes TC5–BL und des NSC–Codes als beispielsweise im Fall des AWGN–Kanals werden im wesentlichen durch folgenden Sachverhalt verursacht: Wie oben erwähnt, sind im Fall des AWGN–Kanals dem Decodierer für Turbo–Codes und dem Decodierer des NSC–Codes die Varianz σ_T^2 beziehungsweise die spektrale Störleistungsdichte N_0 und die Amplituden $a_{x,n}$ nach (E.11) und $a_{y,n}$ nach (E.12) beziehungsweise die Energien, mit denen die codierten Bits übertragen wurden, perfekt bekannt. Im Fall des betrachteten JD–CDMA müssen σ_T^2 und $a_{x,n}$ nach (E.11) sowie $a_{y,n}$ nach (E.12) vor dem Decodieren des Turbo–Codes geschätzt werden.

Die Schätzwerte der gesendeten Datensymbole werden auf der Basis der Kanalschätzung und der adaptiven kohärenten Datendetektion ermittelt. Dabei wird vorausgesetzt, daß die Zeitvarianz des Mobilfunkkanals während der Übertragung eines Bursts vernachlässigbar ist.

Aufgrund der Zeitvarianz des Mobilfunkkanals kommt es zu systematischen Fehlern bei der Kanalschätzung. Diese systematischen Fehler bei der Kanalschätzung führen ihrerseits zu systematischen Fehlern beim Ermitteln der Schätzwerte für σ_T^2 und $a_{x,n}$ nach (E.11) sowie $a_{y,n}$ nach (E.12).

Beim Decodieren des konventionellen Faltungscodes wird der Schätzwert derjenigen Energie, die einem empfangenen codierten Bit zugeordnet ist, einbezogen.

Aufgrund systematischer Fehler bei der Kanalschätzung kommt es beim Ermitteln dieses Schätzwerts der Energie ebenfalls zu systematischen Fehlern.

Der Einfluß der systematischen Fehler beim Ermitteln der Schätzwerte für σ_T^2 und $a_{x,n}$ nach (E.11) sowie $a_{y,n}$ nach (E.12) auf das codierte Bitfehlerverhältnis P_b ist beim Decodieren des Turbo–Codes TC5–BL größer als der Einfluß des systematischen Fehlers beim Ermitteln des Schätzwertes der Energie, die einem empfangenen codierten Bit zugeordnet ist, auf das codierte Bitfehlerverhältnis P_b beim Decodieren des konventionellen Faltungscodes. Deshalb sind die Abstände $\Delta(E_b/N_0)$ zwischen den Bitfehlerverhältniskurven, die im Fall von JD–CDMA für den konventionallen Faltungscode beziehungsweise den Turbo–Code TC5–BL gelten, kleiner als im Fall des AWGN–Kanals.

6.3.6 Systemverhalten in der Aufwärtsstrecke

Grundidee des Ermittelns der Spektrumeffizienz η ist es, die mittlere maximale Anzahl $\bar{K}^G$ an Teilnehmern zu bestimmen, die im betrachteten Mobilfunksystem unter Einhaltung einer bestimmten Übertragungsqualität gleichzeitig aktiv sein dürfen, siehe Abschnitt 2.3. Dabei wird die Übertragungsqualität charakterisiert durch die Angabe einer zulässigen Obergrenze P_b^G des Bitfehlerverhältnisses P_b und einer zulässigen Obergrenze P_{out}^G der Ausfallwahrscheinlichkeit P_{out}. Ausgehend von $\bar{K}^G$ können die spektrale Effizienz $\hat{\eta}_{\ddot{U}}$, die spektrale Verkehrseffizienz $\hat{\eta}_V$ und die spektrale Teilnehmereffizienz $\hat{\eta}_T$ bestimmt werden. Die Ausführungen des vorliegenden Abschnitts 6.3.6 folgen [Ste96, Kapitel 8].

Da E_b/N_0 und K Zufallsgrößen sind, ist auch P_b eine Zufallsgröße. Die Häufigkeit eines Systemausfalls ist durch die Ausfallwahrscheinlichkeit

$$P_{out} = \Pr\{P_b > P_b^G\} \tag{6.34}$$

gegeben. Bei gegebener Obergrenze P_b^G entspricht jedem K eine Untergrenze $(E_b/N_0)^G(K)$ des Signal–Stör–Verhältnisses E_b/N_0, die in $100P_{out}\%$ aller Fälle nicht unterschritten werden darf, siehe die Tabellen 6.6 und 6.7. Unter Berücksichtigung der Wahrscheinlichkeit $\Pr\{K\}$, mit der eine Teilnehmergruppe aus K Teilnehmern besteht, folgt

$$P_{out} = \sum_{K=1}^{\infty} \Pr\left\{\frac{E_b}{N_0} \le \left(\frac{E_b}{N_0}\right)^G(K)\right\} \Pr\{K\} \tag{6.35}$$

für (6.34). Da zwischen dem Signal–Stör–Verhältnis E_b/N_0 und dem Träger–zu–Interferenz–Verhältnis C/I ein umkehrbar eindeutiger Zusammenhang besteht, ergibt sich mit dem von $\bar{K}$ abhängigen Träger–zu–Interferenz–Verhältnis

$$P_{\text{out}}(\bar{K}) = \sum_{K=1}^{\infty} \text{Pr}\left\{ \left(\frac{C}{I}\right)(\bar{K},K) \le \left(\frac{C}{I}\right)^{\text{G}}(K) \right\} \text{Pr}\{K\} \qquad (6.36)$$

aus (6.35). Bei gegebenem P_{b}^{G} und $\text{Pr}\{K\}$ hängt P_{out} nur noch von $\bar{K}$, jedoch nicht mehr von K ab. Fordert man nun, daß die Ausfallwahrscheinlichkeit $P_{\text{out}}(\bar{K})$ nach (6.36) eine tolerierbare Obergrenze $P_{\text{out}}^{\text{G}}$ nicht überschreitet, kann man aus (6.36) den größten Wert $\bar{K}^{\text{G}}$ bestimmen. Dieser Wert $\bar{K}^{\text{G}}$ erfüllt die Beziehung

$$P_{\text{out}}(\bar{K}^{\text{G}}) \le P_{\text{out}}^{\text{G}}, \qquad \bar{K}^{\text{G}} \text{ maximal.} \qquad (6.37)$$

Mit dem durch (6.37) implizit definierten $\bar{K}^{\text{G}}$, der Anzahl N_{Z} der Zeitschlitze je TDMA–Rahmen und der Anzahl

$$N_{\text{F}} = \left\lfloor \frac{B}{B_{\text{u}}} \right\rfloor, \qquad N_{\text{F}} \in \mathbb{N}, \qquad (6.38)$$

der zur Verfügung stehenden Frequenzbänder der Breite B_{u} ist

$$\bar{K}_{\text{sys}}^{\text{G}} = \bar{K}^{\text{G}} N_{\text{Z}} N_{\text{F}} \qquad (6.39)$$

die mittlere maximale Anzahl an Teilnehmern, die gleichzeitig je Cluster im betrachteten Mobilfunksystem aktiv sein dürfen, ohne daß (6.34) in mehr als $100 P_{\text{out}}^{\text{G}}\%$ aller Fälle verletzt wird.

Da sowohl $(E_{\text{b}}/N_0)^{\text{G}}(K)$ als auch $\text{Pr}\{C/I \le \Gamma\}$ durch Simulation gewonnen wurden, sind die nachfolgend für ermittelten Werte für $\hat{\eta}_{\ddot{\text{U}}}$, $\hat{\eta}_{\text{V}}$ und $\hat{\eta}_{\text{T}}$ streng genommen als Schätzwerte der wahren Werte anzusehen. Im folgenden wird vereinfachend nicht zwischen ermittelter Schätzung und wahrem Wert unterschieden.

Nachstehend werden exemplarische Werte der spektralen Effizienz $\eta_{\ddot{\text{U}}}$ ermittelt. Setzt man für alle Teilnehmer des betrachteten Mobilfunksystems denselben Dienst mit der Datenrate R voraus, so ist

$$R_{\text{sys}}^{\text{G}} = \bar{K}_{\text{sys}}^{\text{G}} R = \bar{K}^{\text{G}} N_{\text{Z}} N_{\text{F}} R \qquad (6.40)$$

die zulässige gesamte maximale Datenrate, die je Cluster innerhalb von B übertragen werden darf, ohne daß (6.34) in mehr als $100 P_{\text{out}}^{\text{G}}\%$ aller Fälle verletzt wird. Da in jeder Zelle lediglich der r–te Teil von B verwendet wird, ist die in einer Zelle zulässige maximale Datenrate ebenfalls um den Faktor r kleiner als $R_{\text{sys}}^{\text{G}}$ nach (6.40). Somit muß $R_{\text{sys}}^{\text{G}}$ nach (6.40) zum Bestimmen der spektralen Effizienz $\eta_{\ddot{\text{U}}}$ durch r dividiert und auf B bezogen werden, das heißt

$$\eta_{\ddot{\text{U}}} = \frac{R_{\text{sys}}^{\text{G}}/r}{B} = \frac{\bar{K}^{\text{G}} N_{\text{Z}} N_{\text{F}} R}{r N_{\text{F}} B_{\text{u}}} = \frac{\bar{K}^{\text{G}} N_{\text{Z}} R}{r B_{\text{u}}}. \qquad (6.41)$$

Die Größe $\eta_{\ddot{\mathrm{U}}}$ nach (6.41) hat die Einheit bit/(s Hz Zelle). Die gemäß (6.41) bestimmten Werte der spektralen Effizienz $\eta_{\ddot{\mathrm{U}}}$ hängen von der geforderten Übertragungsqualität, das heißt von $P_{\mathrm{b}}^{\mathrm{G}}$ und $P_{\mathrm{out}}^{\mathrm{G}}$, ab. Je größer die tolerierbaren Werte für $P_{\mathrm{b}}^{\mathrm{G}}$ und $P_{\mathrm{out}}^{\mathrm{G}}$ sind, desto größer wird $\bar{K}^{\mathrm{G}}$ nach (6.37) und somit auch $\eta_{\ddot{\mathrm{U}}}$ nach (6.41).

Nachstehend wird der angenommene Zusammenhang zwischen dem Signal-Stör-Verhältnis E_{b}/N_0 und dem Träger–zu–Interferenz–Verhältnis C/I erläutert. Es wird ausschließlich der interferenzbegrenzte Fall betrachtet und vorausgesetzt, daß die wirksame Störung nur auf die Leistung I der Gleichkanalinterferenz zurückzuführen ist. Für die zweiseitige spektrale Störleistungsdichte $N_0/2$ wird

$$\frac{N_0}{2} = \frac{I}{2B_{\mathrm{u}}} \qquad (6.42)$$

angenommen. Mit der Dauer T_{c} eines Chips, der Anzahl Q der Chips je teilnehmerspezifischem CDMA–Code, der Wertigkeit M des Datensymbolalphabets, der Rate R_{c} des verwendeten Kanalcodierers sowie der pro Bit empfangenen mittleren Nutzenergie E_{b} ergibt sich

$$C = \frac{R_{\mathrm{c}} \log_2(M)}{QT_{\mathrm{c}}} E_{\mathrm{b}}, \qquad (6.43)$$

denn in der Zeit $QT_{\mathrm{c}}/(R_{\mathrm{c}} \log_2(M))$ wird ein Informationsbit übertragen. Mit (6.42) und (6.43) kann man nun das Träger–zu–Interferenz–Verhältnis C/I und das Signal–Stör–Verhältnis E_{b}/N_0 durch

$$\frac{C}{I} = \frac{R_{\mathrm{c}} \log_2(M)}{QT_{\mathrm{c}}B_{\mathrm{u}}} \cdot \frac{E_{\mathrm{b}}}{N_0} \qquad (6.44)$$

ineinander umrechnen. Einsetzen der Parameter nach Tabelle 6.2 in (6.44) liefert $10/112$ für das Verhältnis aus C/I und E_{b}/N_0 beziehungsweise $-10,5\,\mathrm{dB}$ für die Differenz von $10\log_{10}(C/I)$ und $10\log_{10}(E_{\mathrm{b}}/N_0)$.

Nachfolgend werden exemplarische Werte der spektralen Effizienz $\eta_{\ddot{\mathrm{U}}}$ nach (6.41) bestimmt. Bei den ermittelten Schätzwerten wird angenommen, daß

- lokale Leistungsregelung verwendet wird,

- omnidirektionale Empfangsantennen eingesetzt werden,

- die Gaußsche Schätzung zur Kanalschätzung verwendet wird,

- der ZF-BLE zur adaptiven kohärenten Datendetektion verwendet wird,

- der konventionelle Faltungscode verwendet wird und

– optional ein langsames Frequenzspringen über vier Zeitschlitze verwendbar ist.

Sektorisierung und Senderstumschalten werden außer Acht gelassen. Da wegen der gemeinsamen Detektion keine Intrazellinterferenz vorhanden ist, sind die Verteilungsfunktionen $\mathrm{Pr}\{(C/I)^{\mathrm{u}}_m \leq \Gamma\}$ in guter Näherung unabhängig von K. Außerdem ist K gleich $\bar{K}$, und (6.36) vereinfacht sich wegen [Ste96, S. 52] zu

$$P_{\mathrm{out}}(\bar{K}) = \mathrm{Pr}\left\{ \left(\frac{C}{I}\right)(\bar{K}) \leq \left(\frac{C}{I}\right)^{\mathrm{G}}(\bar{K}) \right\}. \tag{6.45}$$

Ausgehend von (6.45) kann die Größe $P^{\mathrm{G}}_{\mathrm{out}}$ unter Vorgabe von $\bar{K}^{\mathrm{G}}$ beziehungsweise $\eta_{\ddot{\mathrm{U}}}$ bestimmt werden. Gibt man $\bar{K}^{\mathrm{G}}$ gleich vier und r gleich eins vor, so ergibt sich aus (6.41) mit N_{Z} gleich 12, B_{u} gleich 1,6 MHz und R gleich 8 kbit/s eine spektrale Effizienz $\eta_{\ddot{\mathrm{U}}}$ von 0,24 bit/(s Hz Zelle), und gesucht ist der zugehörige Wert von $P^{\mathrm{G}}_{\mathrm{out}}$. Betrachtet man für $\bar{K}^{\mathrm{G}}$ gleich vier das Ausbreitungsgebiet BU und eine Geschwindigkeit v gleich 30 km/h und K_{a} gleich zwei Empfangsantennen, so entnimmt man Tab. 6.7 [Nas95, Tab. 7.7] den Zahlenwert von 6,0 dB für die Untergrenze $(E_{\mathrm{b}}/N_0)^{\mathrm{G}}$. Dem genannten Zahlenwert für $(E_{\mathrm{b}}/N_0)^{\mathrm{G}}$ entspricht nach (6.44) ein um 10,5 dB kleinerer Zahlenwert für $(C/I)^{\mathrm{G}}$, also -4,5 dB. Aus der für r gleich eins und langsames Frequenzspringen über vier Bursts gültigen Verteilungsfunktion $\mathrm{Pr}\{(C/I)^{\mathrm{u}}_m \leq \Gamma\}$ nach Bild 4.18 [Ste96, Bild 5.11] kann man den zum Abszissenwert -4,5 dB gehörenden Ordinatenwert zu etwa 0,11 ablesen. Dieser Ordinatenwert von 0,11 ist wegen (6.37) und (6.45) identisch mit $P^{\mathrm{G}}_{\mathrm{out}}$. Auf die geschilderte Weise erhält man ein Wertepaar $(P^{\mathrm{G}}_{\mathrm{out}}, \eta_{\ddot{\mathrm{U}}})$.

Interpoliert man die in den Tabellen 6.6 und 6.7 fehlenden Untergrenzen $(E_{\mathrm{b}}/N_0)^{\mathrm{G}}$ für K gleich eins, drei, fünf und sieben, so können die Wertepaare $(P^{\mathrm{G}}_{\mathrm{out}}, \eta_{\ddot{\mathrm{U}}})$ für alle $\bar{K}^{\mathrm{G}}$ aus dem Intervall $[1 \ldots 8]$ bestimmt werden. Diese Wertepaare $(P^{\mathrm{G}}_{\mathrm{out}}, \eta_{\ddot{\mathrm{U}}})$ kann man beispielsweise für das Ausbreitungsgebiet BU und eine Geschwindigkeit v gleich 30 km/h und für das Ausbreitungsgebiet RA und eine Geschwindigkeit v gleich 150 km/h jeweils für K_{a} gleich eins und zwei Empfangsantennen ermitteln. Trägt man an Ordinate und Abszisse $P^{\mathrm{G}}_{\mathrm{out}}$ beziehungsweise $\eta_{\ddot{\mathrm{U}}}$ ab, so erhält man auf die soeben beschriebene Weise die in den Bildern 6.19 beziehungsweise 6.20 gezeigte graphische Veranschaulichung des Zusammenhangs zwischen $P^{\mathrm{G}}_{\mathrm{out}}$ und $\eta_{\ddot{\mathrm{U}}}$ [Ste96, Bilder 7.1 und 7.2].

In den Bildern 6.19 und 6.20 sind die ermittelten Wertepaare $(P^{\mathrm{G}}_{\mathrm{out}}, \eta_{\ddot{\mathrm{U}}})$ für r gleich eins durch „x" und für r gleich drei durch „o" gekennzeichnet. Da $\bar{K}$ nicht notwendigerweise ganzzahlig sein muß, sind die Wertepaare $(P^{\mathrm{G}}_{\mathrm{out}}, \eta_{\ddot{\mathrm{U}}})$ durch Kurven verbunden, die durch Interpolation gewonnen wurden. Da $K \leq 8$ ist, sind 0,48 bit/(s Hz Zelle) für r gleich eins und 0,16 bit/(s Hz Zelle) für r gleich drei die maximale spektrale Effizienz $\eta_{\ddot{\mathrm{U}}}$ für JD–CDMA. Die in den Bildern 6.19 und

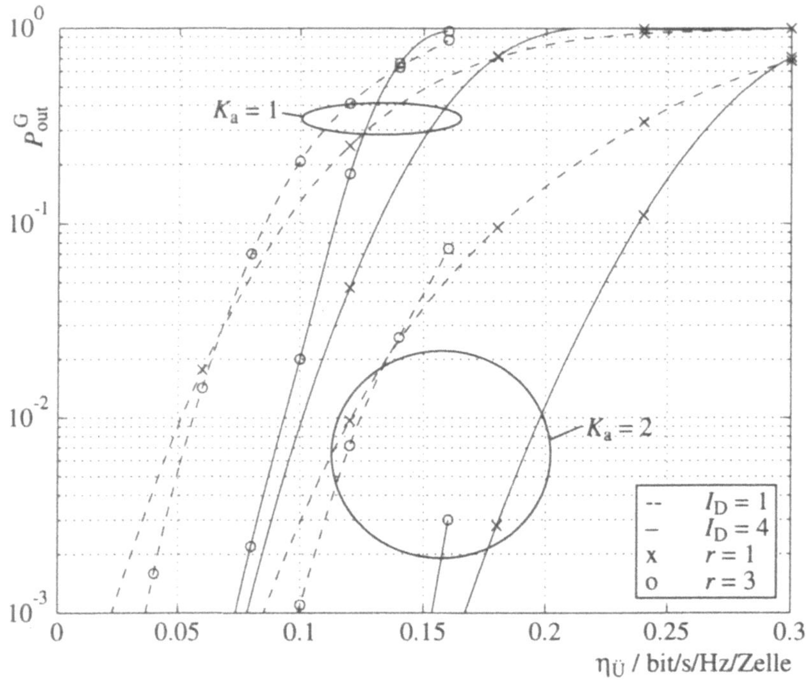

Bild 6.19. $P_\mathrm{out}^\mathrm{G}$ als Funktion von $\eta_\mathrm{\ddot{U}}$ nach (6.41) für die Aufwärtsstrecke, das Ausbreitungsgebiet BU und eine Geschwindigkeit $v = 30\,\mathrm{km/h}$ und $P_\mathrm{b}^\mathrm{G} = 10^{-3}$ [Ste96, Bild 7.1]

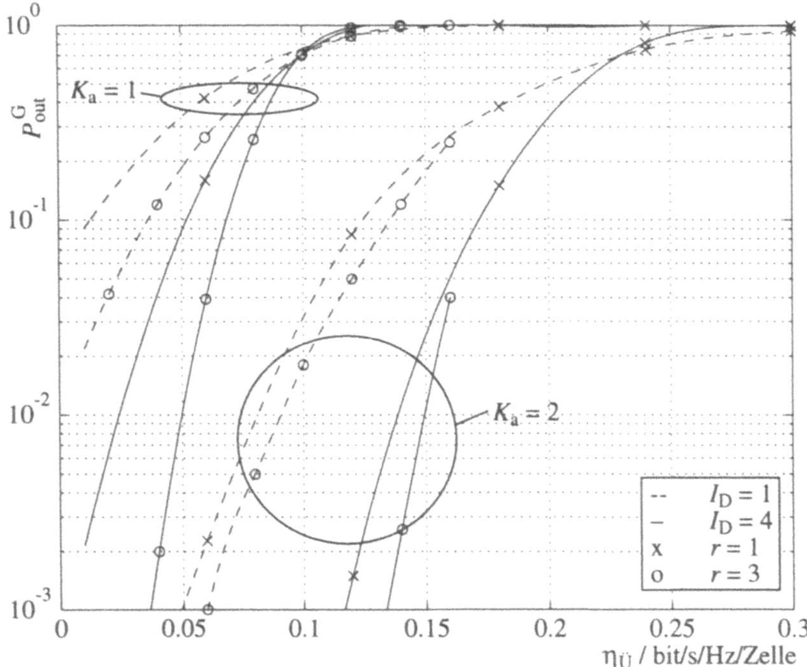

Bild 6.20. $P_\mathrm{out}^\mathrm{G}$ als Funktion von $\eta_{\ddot{\mathrm{U}}}$ nach (6.41) für die Aufwärtsstrecke, das Ausbreitungsgebiet RA und eine Geschwindigkeit $v = 150\,\mathrm{km/h}$ und $P_\mathrm{b}^\mathrm{G} = 10^{-3}$ [Ste96, Bild 7.2]

6.20 für langsames Frequenzspringen über vier Bursts geltenden Kurven stellen eine eher pessimistische Abschätzung im Sinne eines zu hohen $P_{\mathrm{out}}^{\mathrm{G}}$ dar, weil beim Ermitteln der Untergrenzen $(E_{\mathrm{b}}/N_0)^{\mathrm{G}}$ zwar Interleaving über vier Bursts, nicht aber SFH berücksichtigt wurde [Nas95].

Anhand der in den Bildern 6.19 und 6.20 dargestellten Kurven erkennt man, daß die spektrale Effizienz $\eta_{\ddot{\mathrm{U}}}$ nach (6.41) bei gegebenem $P_{\mathrm{out}}^{\mathrm{G}}$ mit steigender Interferenzdiversität und mit der Anzahl K_{a} der verwendeten Empfangsantennen deutlich zunimmt. Das Ausnutzen von Interferenz- und/oder Antennendiversität ist deshalb ein geeignetes Mittel zum Verbessern der spektralen Effizienz $\eta_{\ddot{\mathrm{U}}}$ nach (6.41). Aus den in den Bildern 6.19 und 6.20 gezeigten Kurven ist weiterhin der Einfluß des Reuse–Faktors r auf $\eta_{\ddot{\mathrm{U}}}$ nach (6.41) ersichtlich.

Die höchste spektrale Effizienz $\eta_{\ddot{\mathrm{U}}}$ wird nicht unbedingt für r gleich eins erreicht, was sich wie folgt erklären läßt: Bei gegebenem N_{Z}, R und B_{u} hängt $\eta_{\ddot{\mathrm{U}}}$ nach (6.41) vom Verhältnis $\bar{K}^{\mathrm{G}}/r$ ab. Gibt man ein bestimmtes $P_{\mathrm{out}}^{\mathrm{G}}$ vor, so erreicht man mit einem höheren r genau dann ein höheres $\eta_{\ddot{\mathrm{U}}}$, falls $\bar{K}^{\mathrm{G}}$ für das erhöhte r um mehr als denjenigen Faktor größer ist, um den r erhöht wurde.

Ein solcher Fall ist in Bild 6.20 zu sehen: Bei einem Ordinatenwert $P_{\mathrm{out}}^{\mathrm{G}}$ gleich 10^{-2} liest man für r gleich eins und drei etwa 0,14 bit/(s Hz Zelle) beziehungsweise 0,15 bit/(s Hz Zelle) ab. Aus diesen Zahlenwerten kann mit (6.41) für $\bar{K}^{\mathrm{G}}/r$ die Werte 2,3 beziehungsweise 2,5 ausrechnen, weshalb die spektrale Effizienz $\eta_{\ddot{\mathrm{U}}}$ bei $P_{\mathrm{out}}^{\mathrm{G}}$ gleich 10^{-2} für r gleich drei geringfügig größer als für r gleich eins ist. Akzeptiert man 1% als tolerierbaren Wert für $P_{\mathrm{out}}^{\mathrm{G}}$, so ergibt sich für die Situation nach den Bildern 6.19 und 6.20 eine maximale spektrale Effizienz $\eta_{\ddot{\mathrm{U}}}$ von etwa 0,2 bit/(s Hz Zelle) beziehungsweise 0,15 bit/(s Hz Zelle)}. Die maximale spektrale Effizienz $\eta_{\ddot{\mathrm{U}}}$ wird in der Situation nach Bild 6.19 für r gleich eins, in der Situation nach Bild 6.20 für r gleich drei erreicht. Man erkennt allerdings auch, daß sich die spektrale Effizienz $\eta_{\ddot{\mathrm{U}}}$ nach Bild 6.20 nur geringfügig verschlechtert, wenn nicht r gleich drei, sondern r gleich eins angenommen wird. Der Vollständigkeit halber sei angemerkt, daß in der Abwärtsstrecke um den Faktor zwei höhere spektrale Effizienzen $\eta_{\ddot{\mathrm{U}}}$ nach (6.41) möglich sind. Diese höheren Werte für $\eta_{\ddot{\mathrm{U}}}$ hängen mit der besseren Kanalschätzung in der Abwärtsstrecke zusammen [NSK95].

Es wird nun ein reines Verlustsystem mit vollkommener Erreichbarkeit betrachtet, siehe Abschnitt 2.4.3. Aus der Beschreibung des klassischen verkehrstheoretischen Modells ist ersichtlich, daß die Übertragungsqualität der Verkehrskanäle als beliebig gut angenommen wird. In zellularen Mobilfunksystemen ist die Übertragungsqualität der Verkehrskanäle jedoch nicht beliebig gut, sondern kann, wie bereits mehrfach erwähnt, beispielsweise durch die Angabe von $P_{\mathrm{b}}^{\mathrm{G}}$ und $P_{\mathrm{out}}^{\mathrm{G}}$ charakterisiert werden. Um die Übertragungsqualität in das Modell zum Bestimmen der spektralen Verkehrseffizienz η_V mit einzubeziehen, liegt es nahe, vereinfachend die Anzahl $\bar{K}^G_{sys}$ nach (6.39) als diejenige Anzahl an Verkehrskanälen je Cluster anzusehen, die unter Einhaltung der durch P^G_b und P^G_{out} charakterisierten Übertragungsqualität gleichzeitig belegt sein dürfen, das heißt, es wird

$$N_{E,ges} = \bar{K}^G_{sys} = \bar{K}^G N_Z N_F \qquad (6.46)$$

angenommen. Abhängig vom Reuse–Faktor wird in einer Zelle nur der r-te Teil von $N_{E,ges}$ nach (6.46) verwendet. Deshalb ist mit (2.6)

$$N_E = \left\lfloor \frac{N_{E,ges}}{r} \right\rfloor = \left\lfloor \frac{\bar{K}^G N_Z N_F}{r} \right\rfloor \qquad (6.47)$$

die mittlere Anzahl an Verkehrskanälen je Zelle. Aus N_E nach (6.47) und einer Vorgabe für die Verlustwahrscheinlichkeit B_E kann dasjenige Angebot A_E aus (2.20) ermittelt werden, welches unter Beibehalten der Übertragungsqualität in einer Zelle erzielbar ist, siehe zum Beispiel [Sie81, Tabelle 2.5]. Das so gefundene A_E muß zum Bestimmen der spektralen Verkehrseffizienz η_V auf B bezogen werden:

$$\eta_V = \frac{A_E}{B}. \qquad (6.48)$$

Die Größe η_V nach (6.48) hat die Einheit Erl/(Hz Zelle). Die gemäß (6.48) gewonnenen Werte der spektralen Verkehrseffizienz η_V hängen wie gewünscht von der geforderten Übertragungsqualität, das heißt von P^G_b und P^G_{out}, ab. Je größer die tolerierbaren Werte für P^G_b und P^G_{out} sind, desto größer wird $\bar{K}^G_{sys}$ nach (6.37) und somit auch $N_{E,ges}$ nach (6.46) beziehungsweise η_V nach (6.48).

Um η_V nach (6.48) zu ermitteln, muß wegen des bereits angesprochenen nichtlinearen Zusammenhangs zwischen A_E und N_E ein Wert für die Systembandbreite B angenommen werden. Mit diesem angenommenen Wert kann N_F nach (6.38) und daraus N_E nach (6.47) berechnet werden. Nach Wissen des Verfassers standen Mitte 1995 jedem der beiden deutschen GSM–Netzbetreiber bundesweit 57 Frequenzbänder der Breite 200 kHz zur Verfügung, was einer Systembandbreite von B gleich 11,4 MHz entspricht. Für JD–CDMA wird exemplarisch eine Systembandbreite von B gleich 11,2 MHz gewählt. Durch diese spezielle Wahl ergibt sich mit B_u gleich 1,6 MHz aus (6.38) der ganzzahlige Wert N_F gleich sieben.

Nachfolgend werden exemplarische Werte der spektralen Verkehrseffizienz η_V nach (6.48) auf der Grundlage von (6.44) und (6.45) für die Situation nach Bild 6.19 und 6.20 bestimmt. Die Vorgehensweise zum Ermitteln eines Wertepaares (P^G_{out}, η_V) wird anhand des bereits oben verwendeten Beispiels illustriert. Betrachtet man abermals $\bar{K}^G$ gleich vier, r gleich eins, das Ausbreitungsgebiet BU und eine Geschwindigkeit v gleich 30 km/h, K_a gleich zwei Empfangsantennen und langsames

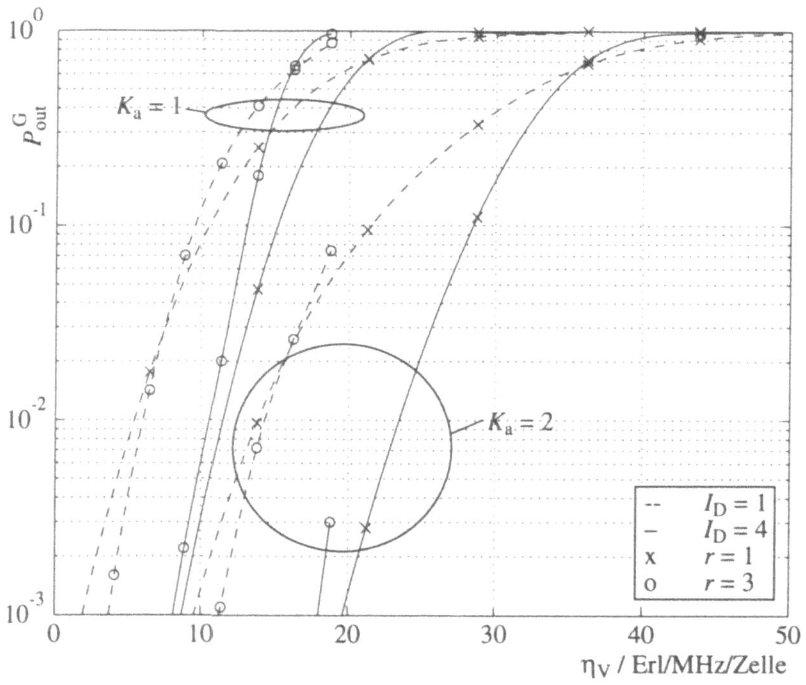

Bild 6.21. $P_{\text{out}}^{\text{G}}$ als Funktion von η_V nach (6.48) für die Aufwärtsstrecke, B_{E} gleich 2%, B gleich 11,2 MHz, das Ausbreitungsgebiet BU und eine Geschwindigkeit v gleich 30 km/h [Ste96, Bild 7.3]

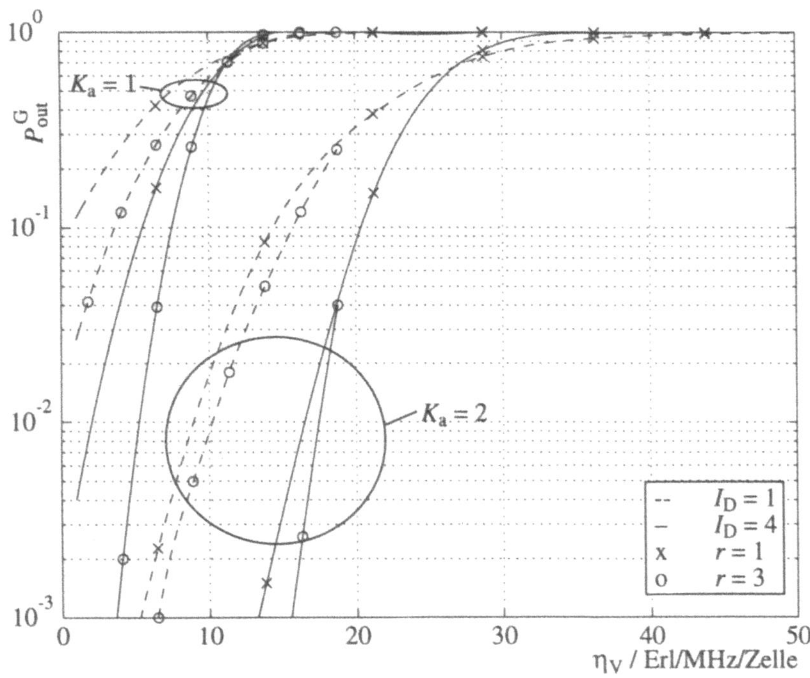

Bild 6.22. $P_\mathrm{out}^\mathrm{G}$ als Funktion von η_V nach (6.48) für die Aufwärtsstrecke, B_E gleich 2%, B gleich 11,2 MHz, das Ausbreitungsgebiet RA und eine Geschwindigkeit v gleich 150 km/h [Ste96, Bild 7.4]

Frequenzspringen über vier Bursts, so ist $P_{\text{out}}^{\text{G}}$ gleich 0,11. Mit $\bar{K}^{\text{G}}$ gleich vier, r gleich eins, N_{F} gleich sieben und N_{Z} gleich 12 ergeben sich aus (6.47) N_{E} gleich 336 Verkehrskanäle je Zelle. Diesem Wert von N_{E} entspricht bei einer angenommenen Verlustwahrscheinlichkeit B_{E} gleich 2% das Angebot A_{E} gleich 321,7 Erl je Zelle beziehungsweise eine spektrale Verkehrseffizienz η_{V} gleich 28,7 Erl/(MHz Zelle). Die Bilder 6.21 und 6.22 stellen den Zusammenhang zwischen $P_{\text{out}}^{\text{G}}$ und η_{V} dar.

Die in den Bildern 6.19 und 6.21 beziehungsweise 6.20 und 6.22 mit gleicher Linien- und Symbolart dargestellten Kurven beruhen auf jeweils gleichen Parametern. Der Vergleich der in den Bildern 6.21 und 6.22 zu sehenden Kurven mit denjenigen der Bilder 6.19 beziehungsweise 6.20 zeigt, daß die Form korrespondierender Kurven ähnlich ist. Deshalb gelten für die Kurven der Bilder 6.21 und 6.22 die gleichen qualitativen Aussagen wie für die der Bilder 6.19 beziehungsweise 6.20. Erachtet man wiederum 1% als tolerierbaren Wert für $P_{\text{out}}^{\text{G}}$, so ergibt sich für die Situation nach den Bildern 6.21 und 6.22 eine maximale spektrale Verkehrseffizienz η_{V} von etwa 23 Erl/(MHz Zelle) beziehungsweise 17 Erl/(MHz Zelle).

Nun wird ein bestimmtes Angebot pro Teilnehmer λ_{T} angenommen. Dieses Angebot pro Teilnehmer λ_{T} ist dienstabhängig. So wird derzeit davon ausgegangen, daß

$$\lambda_{\text{T}} = 0,03 \, \frac{\text{Erl}}{\text{Teilnehmer}} \tag{6.49}$$

für die Sprachübertragung realistisch ist. Aus (6.48) folgt damit für die spektrale Teilnehmereffizienz

$$\eta_{\text{T}} = \frac{A_{\text{E}}}{B} \cdot \frac{1}{\lambda_{\text{T}}}. \tag{6.50}$$

Die Größe η_{T} nach (6.50) hat die Einheit Teilnehmer/(Hz Zelle).

Die Vorgehensweise zum Ermitteln eines Wertepaares $(P_{\text{out}}^{\text{G}}, \eta_{\text{T}})$ wird anhand des oben angeführten Beispiels erklärt. Betrachtet man abermals $\bar{K}^{\text{G}}$ gleich vier, r gleich eins, das Ausbreitungsgebiet BU und eine Geschwindigkeit v gleich 30 km/h, K_{a} gleich zwei Empfangsantennen und langsames Frequenzspringen über vier Bursts, so ist $P_{\text{out}}^{\text{G}}$ gleich 0,11. Mit $\bar{K}^{\text{G}}$ gleich vier, r gleich eins, N_{F} gleich sieben und N_{Z} gleich 12 ergeben sich aus (6.47) N_{E} gleich 336 Verkehrskanäle je Zelle. Jede Zelle kann also maximal 336/0,03 gleich 11.200 Teilnehmer versorgen. Dem Wert von N_{E} gleich 336 Verkehrskanäle je Zelle entspricht bei einer angenommenen Verlustwahrscheinlichkeit B_{E} gleich 2% des Angebot A_{E} gleich 321,7 Erl je Zelle beziehungsweise 321,7/0,03 gleich 10.723 Teilnehmer je Zelle. Für die spektrale Teilnehmereffizienz η_{T} nach (6.50) folgt dann 940 Teilnehmer/(MHz Zelle).

Die Bilder 6.23 und 6.24 stellen den Zusammenhang zwischen $P_{\text{out}}^{\text{G}}$ und η_{T} dar. Die in den Bildern 6.19 und 6.20 beziehungsweise 6.23 und 6.24 mit gleicher Linien-

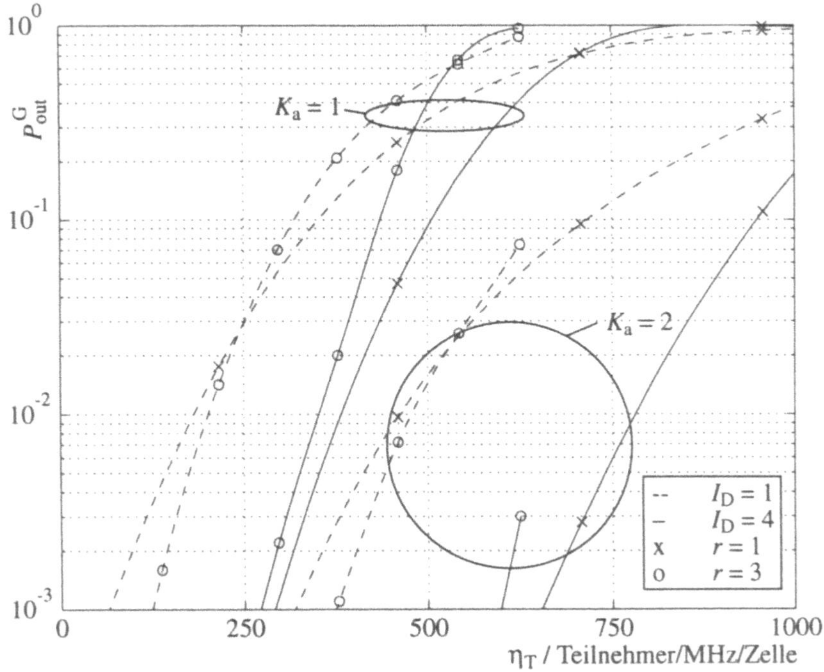

Bild 6.23. $P_{\mathrm{out}}^{\mathrm{G}}$ als Funktion von η_{T} nach (6.50) für die Aufwärtsstrecke, B_{E} gleich 2%, B gleich 11,2 MHz, das Ausbreitungsgebiet BU und eine Geschwindigkeit v gleich 30 km/h

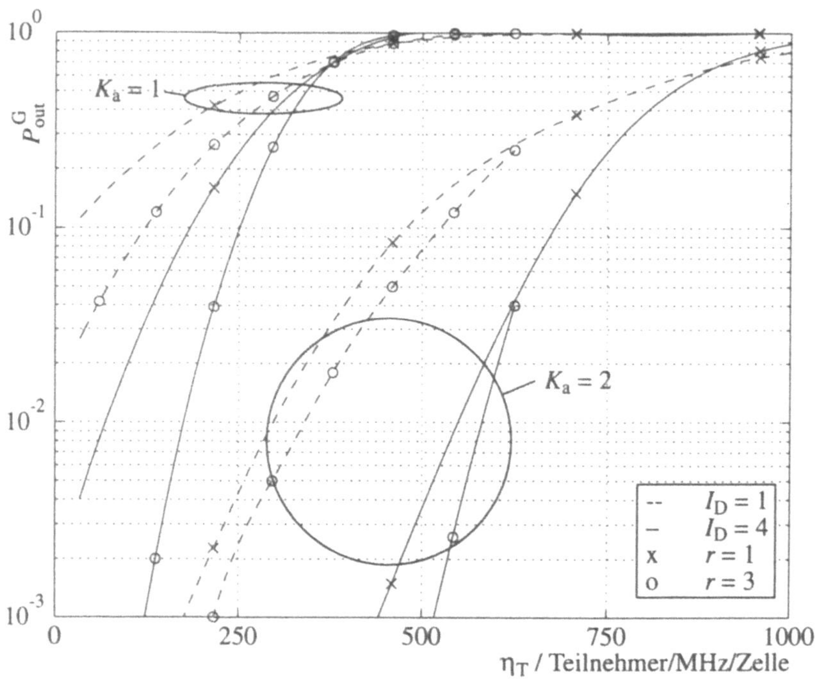

Bild 6.24. $P_\mathrm{out}^\mathrm{G}$ als Funktion von η_T nach (6.50) für die Aufwärtsstrecke, B_E gleich 2%, B gleich 11,2 MHz, das Ausbreitungsgebiet RA und eine Geschwindigkeit v gleich 150 km/h

und Symbolart dargestellten Kurven beruhen auf jeweils gleichen Parametern. Der Vergleich der in den Bildern 6.23 und 6.24 zu sehenden Kurven mit denjenigen der Bilder 6.19 beziehungsweise 6.20 zeigt, daß die Form korrespondierender Kurven ähnlich ist. Deshalb gelten für die Kurven der Bilder 6.23 und 6.24 die gleichen qualitativen Aussagen wie für die der Bilder 6.19 beziehungsweise 6.20. Erachtet man wiederum 1% als tolerierbaren Wert für $P_{\mathrm{out}}^{\mathrm{G}}$, so ergibt sich für die Situation nach den Bildern 6.21 und 6.22 eine maximale spektrale Verkehrseffizienz η_{T} von etwa 767 Teilnehmer/(MHz Zelle) beziehungsweise 567 Teilnehmer/(MHz Zelle).

Anhang A
Vollständige Pflasterung einer zweidimensionalen Ebene mit regelmäßigen Sechsecken

A.1 Mathematische Grundlagen

In diesem Anhang A werden mögliche Reuse–Faktoren r für den Fall eines unendlich ausgedehnten regelmäßigen hexagonalen Gitters in der Ebene $\mathbb{R}^2$ der reellen Zahlen hergeleitet [Ste96, Anhang A]. Die nachfolgende Herleitung basiert auf der Theorie der mehrdimensionalen Fouriertransformation [Mar91].

Mit den Vektoren

$$
\begin{aligned}
\boldsymbol{x}' &= (x_1', x_2')^{\mathrm{T}}, & \text{(A.1)} \\
\boldsymbol{k} &= (k_1, k_2)^{\mathrm{T}} & \text{(A.2)}
\end{aligned}
$$

gilt für die zweidimensionale Fouriertransformierte einer skalaren Funktion $f(\boldsymbol{x}')$

$$
\begin{aligned}
F(\boldsymbol{k}) &= \int_{\boldsymbol{x}'} f(\boldsymbol{x}') \exp\left\{-\mathrm{j}2\pi \boldsymbol{k}^{\mathrm{T}} \boldsymbol{x}'\right\} \mathrm{d}\boldsymbol{x}' \\
&= \int_{-\infty}^{\infty} \int_{-\infty}^{\infty} f(x_1', x_2') \exp\left\{-\mathrm{j}2\pi(k_1 x_1' + k_2 x_2')\right\} \mathrm{d}x_1'\, \mathrm{d}x_2'. \quad \text{(A.3)}
\end{aligned}
$$

Aus $F(\boldsymbol{k})$ nach (A.3) folgt

$$
\begin{aligned}
f(\boldsymbol{x}') &= \int_{\boldsymbol{k}} F(\boldsymbol{k}) \exp\left\{+\mathrm{j}2\pi \boldsymbol{x}'^{\mathrm{T}} \boldsymbol{k}\right\} \mathrm{d}\boldsymbol{k} \\
&= \int_{-\infty}^{\infty} \int_{-\infty}^{\infty} F(k_1, k_2) \exp\left\{+\mathrm{j}2\pi(x_1' k_1 + x_2' k_2)\right\} \mathrm{d}k_1\, \mathrm{d}k_2 \quad \text{(A.4)}
\end{aligned}
$$

durch die inverse zweidimensionale Fouriertransformation. Die Funktionen $f(x')$ und $F(k)$ bilden wegen (A.3) und (A.4) ein Transformationspaar

$$f(x') \leftrightarrow F(k). \tag{A.5}$$

Mit dem zweidimensionalen Dirac–Impuls

$$\delta(x') \overset{\text{def}}{=} \delta(x_1')\delta(x_2'), \tag{A.6}$$

dem Vektor

$$m = (m_1, m_2)^{\mathrm{T}}, \tag{A.7}$$

dessen Komponenten m_1, m_2 nur ganzzahlige Werte annehmen können, und der linearen Abbildung

$$P = \begin{pmatrix} p_{11} & p_{12} \\ p_{21} & p_{22} \end{pmatrix} \tag{A.8}$$

wird $f(k)$ in die skalare reellwertige periodische Funktion

$$
\begin{aligned}
f_{\mathrm{p}}(x') \;=\;& f(x') * \left\{ \sum_{m} \delta(x' - Pm) \right\} \\[2mm]
=\;& f(x') * \left\{ \sum_{m_1=-\infty}^{\infty} \sum_{m_2=-\infty}^{\infty} \delta(x_1' - (p_{11}m_1 + p_{12}m_2)) \right. \\[2mm]
& \left. \delta(x_2' - (p_{21}m_1 + p_{22}m_2)) \right\} \\[2mm]
=\;& \int_{-\infty}^{\infty} \int_{-\infty}^{\infty} \sum_{m_1=-\infty}^{\infty} \sum_{m_2=-\infty}^{\infty} \delta(t_1' - (p_{11}m_1 + p_{12}m_2)) \\[2mm]
& \delta(t_2' - (p_{21}m_1 + p_{22}m_2)) \cdot f(t_1' - x_1', t_2' - x_2')\, \mathrm{d}t_1'\, \mathrm{d}t_2' \\[2mm]
=\;& \sum_{m_1=-\infty}^{\infty} \sum_{m_2=-\infty}^{\infty} f(x_1' - (p_{11}m_1 + p_{12}m_2), x_2' - (p_{21}m_1 + p_{22}m_2))
\end{aligned}
\tag{A.9}
$$

überführt. Im folgenden wird davon ausgegangen, daß die (2×2)-Matrix P nach (A.8) nicht singulär ist

$$\det\{P\} \neq 0. \tag{A.10}$$

Die (2×2)-Matrix P nach (A.8) wird im folgenden als Periodizitätsmatrix [Mar91] bezeichnet. Mit dem Transformationspaar

$$\sum_{m} \delta(x' - Pm) \leftrightarrow |\det\{Q|\} \sum_{m} \delta(k - Qm), \tag{A.11}$$

wobei

$$Q = P^{-\mathrm{T}} \tag{A.12}$$

gilt [Mar91], läßt sich die Fouriertransformierte von $f_\mathrm{p}(x')$ nach (A.9) ganz allgemein als

$$
\begin{aligned}
F_\mathrm{p}(k) &= \int_{x'} f_\mathrm{p}(x') \exp\left\{-\mathrm{j}2\pi k^\mathrm{T} x'\right\} \, \mathrm{d}x' \\[2mm]
&= F(k) \, |\det\{Q\}| \sum_{m} \delta(k - Qm) \\[2mm]
&= |\det\{Q\}| \sum_{m} F(k = Qm) \, \delta(k - Qm)
\end{aligned}
\tag{A.13}
$$

darstellen. Wegen der Periodizität wird $F_\mathrm{p}(k)$ nach (A.13) durch die Funktionswerte $F(k)$ nach (A.3) an den diskreten Stellen

$$\tilde{k} = Qm \tag{A.14}$$

bestimmt. Fordert man

$$
|F(\tilde{k})| \overset{!}{=}
\begin{cases}
|F(0_2)|, & \text{falls} \quad \tilde{k} = 0_2, \\[2mm]
0, & \text{falls} \quad \tilde{k} \neq 0_2,
\end{cases}
\tag{A.15}
$$

das heißt, $F(k)$ soll an den diskreten Stellen $\tilde{k}$ nach (A.14) mit Ausnahme der Stelle $\tilde{k} = 0_2$ verschwinden, dann folgen

$$
\begin{aligned}
F_\mathrm{p}(k) &= |\det\{Q\}| \, F(0_2) \, \delta(k) \tag{A.16} \\
f_\mathrm{p}(x') &= |\det\{Q\}| \, F(0_2) \quad \forall\, x'. \tag{A.17}
\end{aligned}
$$

A.2 Überprüfen der lückenlosen und überlagerungsfreien Abdeckbarkeit

Will man mit den im vorangegangenen Abschnitt A.1 dargestellten Zusammenhängen prüfen, ob mit einer gegebenen zweidimensionalen geschlossenen geometrischen Form eine zweidimensionale Ebene lückenlos und überlagerungsfrei abgedeckt werden kann, so geht man wie folgt vor: Zunächst wird die Funktion $f(x')$ so definiert, daß sie nur innerhalb des von der gegebenen zweidimensionalen geschlossenen geometrischen Form beschriebenen Gebiets von null verschieden und konstant ist. Anschließend berechnet man $F(\boldsymbol{k})$ und versucht eine Periodizitätsmatrix $\boldsymbol{P}$ zu finden, mit der die Forderung (A.15) erfüllt wird. Gelingt dies, so ist der Nachweis erbracht, daß mit der gegebenen zweidimensionalen geschlossenen geometrischen Form eine zweidimensionale Ebene lückenlos und überlagerungsfrei abgedeckt werden kann. Diese Vorgehensweise wird im folgenden am einfachen Beispiel des regelmäßigen Sechsecks erläutert.

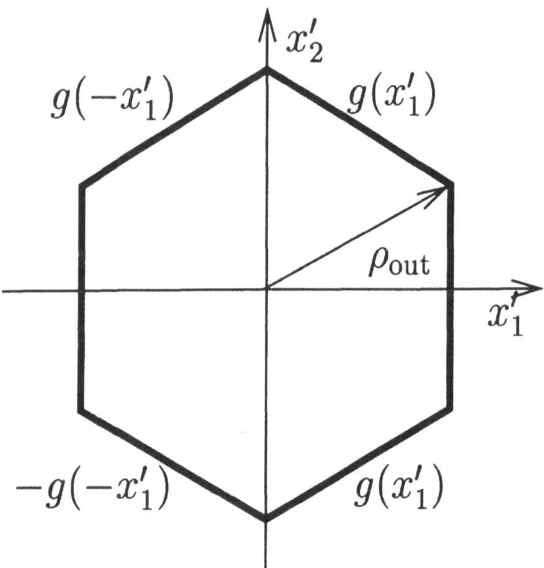

Bild A.1. Betrachtetes regelmäßiges Sechseck der Fläche $3\sqrt{3}\rho_{\text{out}}^2/2$

Ausgangspunkt ist das in Bild A.1 gezeigte regelmäßige Sechseck mit Umkreisradius ρ_{out}. Mit den kartesischen Koordinaten x'_1, x'_2 nach Bild A.1 und der skalaren Funktion

$$
g'(x'_1) = \begin{cases} \rho_{\text{out}} - \dfrac{x'_1}{\sqrt{3}}, & \text{falls} \quad 0 \leq x'_1 \leq \dfrac{\sqrt{3}}{2}\rho_{\text{out}}, \\ 0, & \text{sonst}, \end{cases} \tag{A.18}
$$

ergibt sich

$$
f(\boldsymbol{x}') = f(x_1', x_2') = \begin{cases}
1, & \text{falls} \quad |x_1'| < \dfrac{\sqrt{3}}{2}\rho_{\text{out}} \quad \text{und} \quad |x_2'| \leq |g'(|x_1'|)|, \\[2em]
\dfrac{1}{2}, & \text{falls} \quad x_2' = g'(x_1') \quad \text{und} \quad |x_1'| < \dfrac{\sqrt{3}}{2}\rho_{\text{out}}, \\[2em]
\dfrac{1}{3}, & \text{falls} \quad x_2' = g'(x_1') \quad \text{und} \quad |x_1'| = \dfrac{\sqrt{3}}{2}\rho_{\text{out}}, \\[2em]
0 & \text{sonst.}
\end{cases}
$$

$$\tag{A.19}$$

Die skalare Funktion $f(\boldsymbol{x}')$ nach (A.19) nimmt innerhalb des Sechsecks nach Bild A.1 den Wert eins an. Außerhalb des Sechsecks nach Bild A.1 verschwindet $f(\boldsymbol{x}')$ identisch. Die zweidimensionale Fouriertransformierte von $f(\boldsymbol{x}')$ nach (A.19) ist

$$
\begin{aligned}
F(\boldsymbol{k}) \;=\;& \int_{x_1'=-\rho_{\text{out}}}^{0} \int_{x_2'=-g'(-x_1')}^{g'(-x_1')} \exp\left\{-\mathrm{j}2\pi(k_1\tilde{x}_1 + k_2\tilde{x}_2)\right\} \mathrm{d}\tilde{x}_1\,\mathrm{d}\tilde{x}_2 \\[1em]
& + \int_{x_1'=0}^{\rho_{\text{out}}} \int_{x_2'=-g'(x_1')}^{g'(x_1')} \exp\left\{-\mathrm{j}2\pi(k_1\tilde{x}_1 + k_2\tilde{x}_2)\right\} \mathrm{d}\tilde{x}_1\,\mathrm{d}\tilde{x}_2 \\[1em]
=\;& \int_{x_1'=-\rho_{\text{out}}}^{0} \exp\left\{-\mathrm{j}2\pi k_1\tilde{x}_1\right\} \left\{ \int_{x_2'=-g'(-x_1')}^{g'(-x_1')} \exp\left\{-\mathrm{j}2\pi k_2\tilde{x}_2\right\} \mathrm{d}\tilde{x}_2 \right\} \mathrm{d}\tilde{x}_1 \\[1em]
& + \int_{x_1'=0}^{\rho_{\text{out}}} \exp\left\{-\mathrm{j}2\pi k_1\tilde{x}_1\right\} \left\{ \int_{x_2'=-g'(x_1')}^{g'(x_1')} \exp\left\{-\mathrm{j}2\pi k_2\tilde{x}_2\right\} \mathrm{d}\tilde{x}_2 \right\} \mathrm{d}\tilde{x}_1.
\end{aligned}
$$

$$\tag{A.20}$$

Durch Integration der rechten Seite von (A.20) bezüglich der noch von x_1' abhängigen Variablen x_2' ergibt sich

$$
F(\boldsymbol{k}) = \frac{2}{\pi k_2} \int_{x_1'=0}^{\rho_{\text{out}}} \cos\left\{2\pi k_1\tilde{x}_1\right\} \sin\left\{2\pi k_2\left(\rho_{\text{out}} - \frac{\tilde{x}_1}{\sqrt{3}}\right)\right\} \mathrm{d}\tilde{x}_1. \tag{A.21}
$$

Aus (A.21) folgt [GrR80, S. 140, 2.532, Nr. 2]

$$
\begin{aligned}
F(\boldsymbol{k}) \;=\;& F(k_1, k_2) \\[0.5em]
=\;& \frac{3k_1 \sin\{\pi k_1\sqrt{3}\rho_{\text{out}}\}\sin\{\pi k_2\rho_{\text{out}}\}}{\pi^2 k_2\left(k_2^2 - 3k_1^2\right)} +
\end{aligned}
$$

$$+\frac{\sqrt{3}\left(\cos\{\pi k_1\sqrt{3}\rho_{\text{out}}\}\cos\{\pi k_2\rho_{\text{out}}\} - \cos\{2\pi k_2\rho_{\text{out}}\}\right)}{\pi^2\left(k_2^2 - 3k_1^2\right)}.$$

(A.22)

Läßt man in (A.22) den Vektor $\boldsymbol{k}$ gegen den Nullvektor $\boldsymbol{0}_2$ streben, so ergibt sich erwartungsgemäß

$$F(\boldsymbol{0}_2) = \lim_{\boldsymbol{k}\to\boldsymbol{0}_2}\{F(\boldsymbol{k})\} = \frac{3\sqrt{3}}{2}\rho_{\text{out}}^2,$$

(A.23)

also die Fläche des regelmäßigen Sechsecks nach Bild A.1.

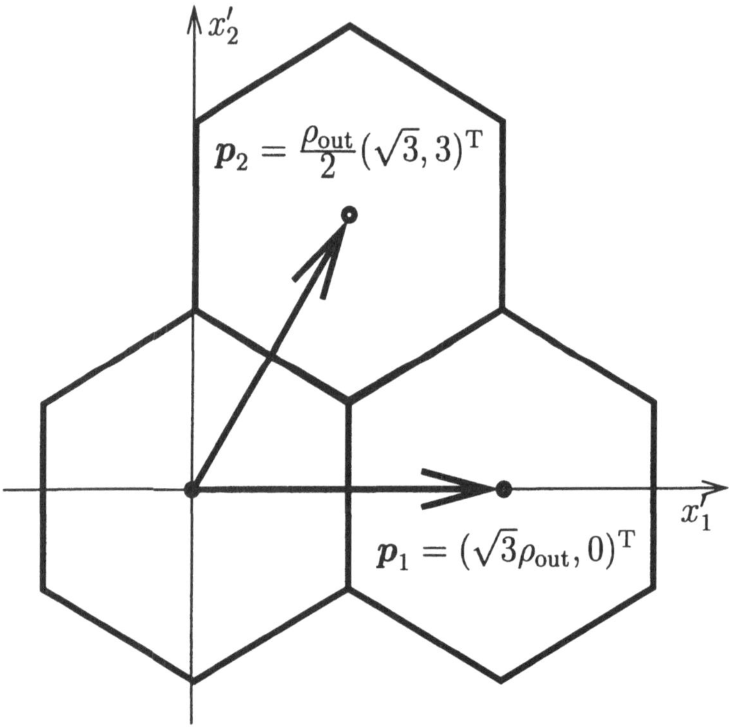

Bild A.2. Zur Definition der Periodizitätsmatrix $\boldsymbol{P}$ nach (A.8)

Die Periodizitätsmatrix $\boldsymbol{P}$ nach (A.8) wird nach [Mar91] aus zwei linear unabhängigen Vektoren $\boldsymbol{p}_1$ und $\boldsymbol{p}_2$ gemäß der Vorschrift

$$\boldsymbol{P} = (\boldsymbol{p}_1\ \boldsymbol{p}_2)$$

(A.24)

konstruiert. Die Vektoren $\boldsymbol{p}_1$ und $\boldsymbol{p}_2$ beschreiben die gewünschte Verschiebung beschreiben. Aus Bild A.2 folgt also

$$\boldsymbol{P} = \begin{pmatrix} \sqrt{3}\rho_{\text{out}} & \dfrac{\sqrt{3}}{2}\rho_{\text{out}} \\[2ex] 0 & \dfrac{3}{2}\rho_{\text{out}} \end{pmatrix}, \tag{A.25}$$

$$\boldsymbol{Q} = \begin{pmatrix} \dfrac{1}{\sqrt{3}\rho_{\text{out}}} & 0 \\[2ex] -\dfrac{1}{3\rho_{\text{out}}} & \dfrac{2}{3\rho_{\text{out}}} \end{pmatrix}. \tag{A.26}$$

Die Determinante von $\boldsymbol{Q}$ hat den reziproken Wert der Fläche des regelmäßigen Sechsecks nach Bild A.1:

$$|\det\{\boldsymbol{Q}\}| = \frac{1}{|\det\{\boldsymbol{P}\}|} = \frac{2}{3\sqrt{3}\rho_{\text{out}}^2}. \tag{A.27}$$

$F(\boldsymbol{k})$ nach (A.22) muß an den diskreten Stellen

$$\tilde{\boldsymbol{k}} = \boldsymbol{Q}\boldsymbol{m} = \left(\frac{m_1}{\sqrt{3}\rho_{\text{out}}}, \frac{-m_1 + 2m_2}{3\rho_{\text{out}}} \right) \tag{A.28}$$

ausgewertet werden. Einsetzen von (A.28) in (A.22) und Berücksichtigen von (A.27) liefert schließlich

$$|F(\tilde{\boldsymbol{k}})| = \begin{cases} 1, & \text{falls} \quad \tilde{\boldsymbol{k}} = \boldsymbol{0}_2, \\[1ex] 0, & \text{falls} \quad \tilde{\boldsymbol{k}} \neq \boldsymbol{0}_2. \end{cases} \tag{A.29}$$

Mit (A.15), (A.16) und (A.29) ist

$$F_{\text{p}}(\boldsymbol{k}) = \delta(\boldsymbol{k}) \tag{A.30}$$

die Fouriertransformierte der mit $\boldsymbol{P}$ nach (A.25) durch (A.9) definierten skalaren reellen periodischen Funktion $f_{\text{p}}(\boldsymbol{x}')$, für die aus (A.17)

$$f_{\text{p}}(\boldsymbol{x}') = 1 \quad \forall \boldsymbol{x}' \tag{A.31}$$

folgt. Also läßt sich eine zweidimensionale Ebene mit regelmäßigen Sechsecken erwartungsgemäß lückenlos und überlagerungsfrei abdecken.

A.3   Herleiten der Reuse–Faktoren als rhombische Zahlen

Mit der linearen Abbildung

$$W = \begin{pmatrix} s\cos(\theta) & -s\sin(\theta) \\ s\sin(\theta) & s\cos(\theta) \end{pmatrix}, \qquad (A.32)$$

die eine im mathematischen Sinne positive Drehung um den Winkel θ bei gleichzeitiger Streckung mit dem reellen Faktor s beschreibt, erhält man die Periodizitätsmatrix

$$\tilde{P} = (\tilde{p}_1\ \tilde{p}_2) = WP = (Wp_1\ Wp_2). \qquad (A.33)$$

Die Anzahl r der durch die Periodizitätsmatrix $\tilde{P}$ erfaßten regelmäßigen Sechsecke ist

$$r = \frac{|\det\{\tilde{P}\}|}{|\det\{P\}|} = |\det\{W\}| = s^2 \qquad (A.34)$$

und gleich dem auf die Fläche des regelmäßigen Sechsecks nach Abbildung A.1 bezogenen Flächeninhalt des durch die Vektoren $\tilde{p}_1$ und $\tilde{p}_2$ nach (A.33) aufgespannten Parallelogramms. Ist r nach (A.34) keine ganze Zahl, so kann schon aus der Anschauung heraus die Ebene $\mathbb{R}^2$ der reellen Zahlen nicht lückenlos und überlagerungsfrei abgedeckt werden. Um sicherzustellen, daß r nach (A.33) eine nichtnegative ganze Zahl ist, wird die lineare Abbildung (A.32) auf ganzzahlige Vielfache eines regelmäßigen Sechsecks nach Bild A.1 eingeschränkt. Dazu wird s mit den in Bild A.3 eingeführten nichtnegativen ganzzahligen Indizes i und j als

$$s = \frac{\|ip_1 + jp_2\|}{\|p_1\|} = \frac{\|ip_1 + jp_2\|}{\|p_2\|} = \sqrt{i^2 + j^2 + ij}, \quad i \geq j, \quad i + j \neq 0, \quad (A.35)$$

definiert, woraus für den Winkel θ aus Bild A.3

$$\tan(\theta) = \frac{j\dfrac{\sqrt{3}}{2}}{i + \dfrac{j}{2}} \qquad (A.36)$$

folgt. Einsetzen von (A.35) und (A.36) in (A.32) liefert

$$W = \begin{pmatrix} i + \dfrac{j}{2} & -j\dfrac{\sqrt{3}}{2} \\[2ex] j\dfrac{\sqrt{3}}{2} & i + \dfrac{j}{2} \end{pmatrix}. \qquad (A.37)$$

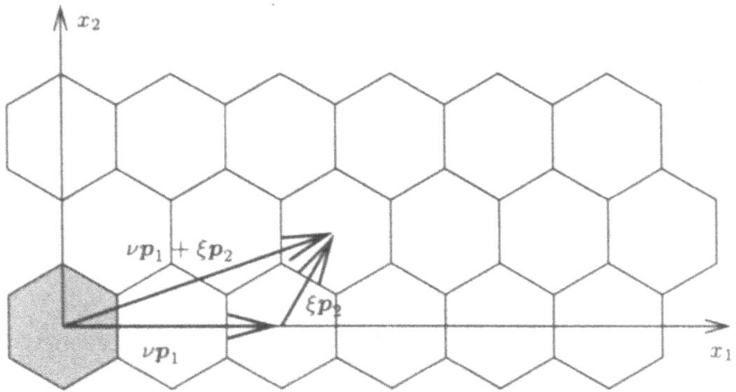

Bild A.3. Zur Definition der Indizes i und j, gezeigt für $i = 2$ und $j = 1$

Vom Ursprung des kartesischen Koordinatensystems nach Bild A.3 ausgehend werden insgesamt r aneinandergrenzende regelmäßige Sechsecke zu einem Cluster zusammengefaßt. Mit (A.19) und mit geeignet gewählten Verschiebungsvektoren $\boldsymbol{v}_n$, $n' = 0 \cdots r - 1$, kann das Cluster mathematisch durch

$$\tilde{z}(\boldsymbol{x}') = f(\boldsymbol{x}') * \sum_{n'=0}^{r-1} \delta(\boldsymbol{x}' - \boldsymbol{v}_{n'}) = \sum_{n'=0}^{r-1} f(\boldsymbol{x}' - \boldsymbol{v}_{n'}) \tag{A.38}$$

beschrieben werden. Für den in (A.38) auftretenden Vektor $\boldsymbol{v}_0$ gelte

$$\boldsymbol{v}_0 = \boldsymbol{0}_2. \tag{A.39}$$

Entsprechend ist

$$\tilde{Z}(\boldsymbol{k}) = \sum_{n'=0}^{r-1} F(\boldsymbol{k}) \exp\left\{ -\mathrm{j}2\pi \boldsymbol{k}^{\mathrm{T}} \boldsymbol{v}_{n'} \right\} = F(\boldsymbol{k}) \sum_{n'=0}^{r-1} \exp\left\{ -\mathrm{j}2\pi \boldsymbol{k}^{\mathrm{T}} \boldsymbol{v}_{n'} \right\} \tag{A.40}$$

die zweidimensionale Fouriertransformierte von $\tilde{z}(\boldsymbol{x}')$ nach (A.38). Die zweidimensionale Fouriertransformierte der mit $\tilde{\boldsymbol{P}}$ nach (A.33) periodisch fortgesetzten skalaren Funktion

$$\begin{aligned}
\tilde{z}_{\tilde{\mathrm{p}}}(\boldsymbol{x}') &= \tilde{z}(\boldsymbol{x}') * \left\{ \sum_{\tilde{\boldsymbol{m}}} \delta(\boldsymbol{x}' - \tilde{\boldsymbol{P}}\boldsymbol{m}) \right\} \\
&= \sum_{\tilde{m}_1=-\infty}^{\infty} \sum_{\tilde{m}_2=-\infty}^{\infty} \tilde{z}(x_1' - (\tilde{p}_{11}\tilde{m}_1 + \tilde{p}_{12}\tilde{m}_2), x_2' - (\tilde{p}_{21}\tilde{m}_1 + \tilde{p}_{22}\tilde{m}_2))
\end{aligned}$$

$$\tag{A.41}$$

lautet mit (A.40)

$$\tilde{Z}_{\tilde{p}}(\boldsymbol{k}) = |\det\{\tilde{Q}\}| \sum_{\tilde{m}} \tilde{Z}(\boldsymbol{k} = \tilde{Q}\tilde{m})\delta(\boldsymbol{k} - \tilde{Q}\tilde{m})$$

$$= |\det\{\tilde{Q}\}| \sum_{\tilde{m}} \left\{ F(\tilde{Q}\tilde{m}) \sum_{n'=0}^{r-1} \exp\left\{ -\mathrm{j}2\pi(\tilde{Q}\tilde{m})^{\mathrm{T}} v_{n'} \right\} \right\} \delta(\boldsymbol{k} - \tilde{Q}\tilde{m}).$$

$$\text{(A.42)}$$

Wegen (A.12) gilt

$$\tilde{Q} = \tilde{P}^{-\mathrm{T}} = W^{-\mathrm{T}} P^{-\mathrm{T}} \qquad\qquad \text{(A.43)}$$

für die in (A.42) auftretende Matrix $\tilde{Q}$. Ist die Matrix W wie in (A.37) definiert, so gibt es im Falle des regelmäßigen Sechsecks nach Bild A.1 neben v_0 nach (A.39) noch $r - 1$ weitere Verschiebungsvektoren $v_{n'}$, $n' = 1 \cdots r - 1$ mit

$$\sum_{n'=0}^{r-1} \exp\left\{ -\mathrm{j}2\pi(\tilde{Q}\tilde{m})^{\mathrm{T}} v_{n'} \right\} = \begin{cases} r, & \text{falls} \quad \tilde{Q}\tilde{m} = Qm, \\ 0 & \text{sonst.} \end{cases} \qquad \text{(A.44)}$$

Zusammenfassen von (A.29) und (A.44) liefert

$$\tilde{Z}_{\tilde{p}}(\boldsymbol{k}) = \delta(\boldsymbol{k}). \qquad\qquad \text{(A.45)}$$

Aus (A.45) folgt, daß mit einem aus

$$r = i^2 + j^2 + ij, \quad i,j \in \mathbb{N}_0, \quad i \geq j, \quad i + j \neq 0, \qquad \text{(A.46)}$$

regelmäßigen Sechsecken nach Bild A.1 bestehenden Cluster die zweidimensionale Ebene lückenlos und überlagerungsfrei abgedeckt werden kann. Die durch (A.46) definierten ganzen Zahlen sind in der Mathematik unter dem Namen rhombische Zahlen bekannt.

Abschließend sei angemerkt, daß es noch zwei weitere Möglichkeiten gibt, die zweidimensionale Ebene mit Polygonen lückenlos und überlagerungsfrei abzudecken. Die verwendbaren Polygone sind das gleichschenklige Dreieck und das Rechteck [DaB96, S. 143]. Beispielsweise ist die Annanhme quadratischer Zellen ein brauchbares Modell zur Beschreibung von Büroumgebungen. Betrachtet man solche quadratischen Zellen, so findet man

$$r_\square = i^2 + j^2, \quad i,j \in \mathbb{N}_0, \quad i \geq j, \quad i + j \neq 0, \qquad \text{(A.47)}$$

als mögliche Clustergrößen [Cox82].

Anhang B

Suboptimale Datendetektoren

B.1 Herleitung des signalangepaßten Filters

B.1.1 Cauchy–Schwarzsche Ungleichung

In diesem Abschnitt wird die Cauchy–Schwarzsche Ungleichung für Vektoren mit komplexen Komponenten hergeleitet. Gegeben seien zwei Spaltenvektoren $\underline{m}_\nu$ und $\underline{a}$ mit jeweils $K_\mathrm{a} \cdot (NQ + W - 1)$ Komponenten. Die Spaltenvektoren $\underline{m}_\nu$ und $\underline{a}$ seien nicht Nullvektoren. Mit gegebenem $\tilde{\lambda} \in \mathbb{R}$ gilt

$$
\begin{aligned}
||\underline{m}_\nu - \tilde{\lambda}\underline{a}||^2 &= \left(\underline{m}_\nu^{*\mathrm{T}} - \tilde{\lambda}\underline{a}^{*\mathrm{T}}\right)\left(\underline{m}_\nu - \tilde{\lambda}\underline{a}\right) \\
&= ||\underline{m}_\nu||^2 + \tilde{\lambda}^2||\underline{a}||^2 - \tilde{\lambda}\underline{m}_\nu^{*\mathrm{T}}\underline{a} - \tilde{\lambda}\underline{a}^{*\mathrm{T}}\underline{m}_\nu \\
&= ||\underline{m}_\nu||^2 + \tilde{\lambda}^2||\underline{a}||^2 - \tilde{\lambda}\underline{m}_\nu^{*\mathrm{T}}\underline{a} - \tilde{\lambda}\left(\underline{m}_\nu^{*\mathrm{T}}\underline{a}\right)^* \\
&= ||\underline{m}_\nu||^2 + \tilde{\lambda}^2||\underline{a}||^2 - 2\tilde{\lambda}\mathrm{Re}\left\{\underline{m}_\nu^{*\mathrm{T}}\underline{a}\right\} \\
&= ||\underline{m}_\nu||^2 + \tilde{\lambda}^2||\underline{a}||^2 - 2\tilde{\lambda}\left(\underline{m}_\nu^{*\mathrm{T}}\underline{a} - \mathrm{Im}\{\underline{m}_\nu^{*\mathrm{T}}\underline{a}\}\right). \quad (\text{B.1})
\end{aligned}
$$

Der Ausdruck $||\underline{m}_\nu - \tilde{\lambda}\underline{a}||^2$ wird gemäß (B.1) minimal, wenn $\mathrm{Im}\{\underline{m}_\nu^{*\mathrm{T}}\underline{a}\}$ gleich null ist. In diesem Fall ist $\underline{m}_\nu^{*\mathrm{T}}\underline{a}$ rein reell. Dies wird fortan vorausgesetzt. Aus (B.1) ergibt sich dann

$$
||\underline{m}_\nu - \tilde{\lambda}\underline{a}||^2 = ||\underline{m}_\nu||^2 + \tilde{\lambda}^2||\underline{a}||^2 - 2\tilde{\lambda}\underline{m}_\nu^{*\mathrm{T}}\underline{a}, \quad \tilde{\lambda} \in \mathbb{R}. \quad (\text{B.2})
$$

Da $||\underline{m}_\nu - \tilde{\lambda}\underline{a}||^2$ nach (B.1) beziehungsweise (B.2) reell und nichtnegativ ist, folgt weiter

$$
0 \leq ||\underline{m}_\nu||^2 + \tilde{\lambda}^2||\underline{a}||^2 - 2\tilde{\lambda}\underline{m}_\nu^{*\mathrm{T}}\underline{a}, \quad \tilde{\lambda} \in \mathbb{R}. \quad (\text{B.3})
$$

Mit der speziellen Wahl

$$
\tilde{\lambda} = \frac{\underline{m}_\nu^{*\mathrm{T}}\underline{a}}{||\underline{a}||^2} \quad (\text{B.4})
$$

ergibt sich aus (B.3)

$$0 \leq \|\underline{m}_\nu\|^2 + \left(\frac{\underline{m}_\nu^{*\mathrm{T}}\underline{a}}{\|\underline{a}\|^2}\right)^2 \|\underline{a}\|^2 - 2\,\frac{\underline{m}_\nu^{*\mathrm{T}}\underline{a}}{\|\underline{a}\|^2}\,\underline{m}_\nu^{*\mathrm{T}}\underline{a}$$

$$\Longleftrightarrow \quad 0 \leq \|\underline{m}_\nu\|^2\,\|\underline{a}\|^2 - \left|\underline{m}_\nu^{*\mathrm{T}}\underline{a}\right|^2$$

$$\Longleftrightarrow \quad \left|\underline{m}_\nu^{*\mathrm{T}}\underline{a}\right|^2 \leq \|\underline{m}_\nu\|^2\,\|\underline{a}\|^2. \tag{B.5}$$

Gleichung (B.5) heißt Cauchy–Schwarzsche Ungleichung. Die Gleichheit in (B.5) gilt nur für

$$\underline{m}_\nu = \lambda_{\mathrm{MF},\nu}\underline{a}, \quad \lambda_{\mathrm{MF},\nu} \in \mathbb{R}. \tag{B.6}$$

B.1.2   Herleitung des signalangepaßten Filters für weiße Störung

In diesem Abschnitt B.1.2 wird das signalangepaßte Filter als Empfangsfilter für die Übertragung eines einzelnen isolierten Datensymbols $\underline{d}_\nu$, $\nu \in \{1 \cdots KN\}$, betrachtet. Für ν gilt nachstehend

$$\nu = N \cdot (k-1) + n, \quad k = 1 \cdots K, \quad n = 1 \cdots N. \tag{B.7}$$

Mit dem KN–komponentigen Vektor

$$\hat{\underline{e}}_\nu = (\;\underbrace{0 \cdots 0}_{\nu-1\ \text{Nullen}}\;,\;\overbrace{1}^{\nu-\text{te Stelle}}\;,0 \cdots 0)^{\mathrm{T}}, \quad \nu \in \{1 \cdots KN\}, \tag{B.8}$$

folgt für den Datenvektor

$$\underline{d} = \underline{d}_\nu \cdot \hat{\underline{e}}_\nu. \tag{B.9}$$

Mit der Systemgleichung (5.46) ergibt sich für den Empfangsvektor

$$\underline{e}_{\mathrm{d}} = \underline{A}\,\underline{d} + \underline{n}_{\mathrm{d}} = \underline{d}_\nu \cdot \underline{A}\,\hat{\underline{e}}_\nu + \underline{n}_{\mathrm{d}}. \tag{B.10}$$

Der Vektor $\hat{\underline{e}}_\nu$ selektiert den ν–ten Spaltenvektor $\underline{a}_\nu$ der Matrix $\underline{A}$ nach (5.43). Deshalb erhält man aus (B.10)

$$\underline{e}_{\mathrm{d}} = \underline{d}_\nu \cdot \underline{a}_\nu + \underline{n}_{\mathrm{d}}. \tag{B.11}$$

Das Signal–Stör–Verhältnis am Kanalausgang ist mit (5.43) und mit der Varianz σ^2 der Störung durch

$$\gamma_{\mathrm{e}}(\nu) = \frac{\mathrm{E}\left\{|\underline{d}_\nu|^2\right\}}{\sigma^2} \sum_{k_{\mathrm{a}}=1}^{K_{\mathrm{a}}} \|\underline{b}^{(k,k_{\mathrm{a}})}\|^2, \quad \nu \in \{1 \cdots KN\}. \tag{B.12}$$

gegeben.

Am Ausgang des gesuchten Empfangsfilters ergibt sich gemäß (5.58)

$$\hat{\underline{d}} = \underline{M}_{\mathrm{d}}\,\underline{e}_{\mathrm{d}} = \underline{d}_{\nu}\,\underline{M}_{\mathrm{d}}\,\underline{a}_{\nu} + \underline{M}_{\mathrm{d}}\,\underline{n}_{\mathrm{d}}. \tag{B.13}$$

Es wird zunächst davon ausgegangen, daß die Störung weiß und mittelwertfrei ist. Mit der Varianz σ^2 ist die Kovarianzmatrix der Störung

$$\underline{R}_{\underline{n}_{\mathrm{d}}} = \sigma^2 I_{K_{\mathrm{a}}\cdot(NQ+W-1)}. \tag{B.14}$$

Das Signal–Stör–Verhältnis am Ausgang dieses Empfangsfilters ist dann

$$
\begin{aligned}
\gamma_{\mathrm{a}}(\nu) &= \frac{\hat{e}_{\nu}^{\mathrm{T}}\,\mathrm{E}\left\{\hat{\underline{d}}\,\hat{\underline{d}}^{*\mathrm{T}}\right\}\,\hat{e}_{\nu}\Big|_{\underline{d}\,=\,\underline{d}_{\nu}}\cdot\hat{e}_{\nu},\ \ \underline{n}_{\mathrm{d}} = 0_{K_{\mathrm{a}}\cdot(NQ+W-1)}}{\hat{e}_{\nu}^{\mathrm{T}}\,\underline{M}_{\mathrm{d}}\,\mathrm{E}\left\{\underline{n}_{\mathrm{d}}\,\underline{n}_{\mathrm{d}}^{*\mathrm{T}}\right\}\,\underline{M}_{\mathrm{d}}^{*\mathrm{T}}\,\hat{e}_{\nu}} \\[2ex]
&= \frac{\hat{e}_{\nu}^{\mathrm{T}}\,\underline{M}_{\mathrm{d}}\,\underline{a}_{\nu}\,\mathrm{E}\left\{\underline{d}_{\nu}\,\underline{d}_{\nu}^{*}\right\}\,\underline{a}_{\nu}^{*\mathrm{T}}\,\underline{M}_{\mathrm{d}}^{*\mathrm{T}}\,\hat{e}_{\nu}}{\hat{e}_{\nu}^{\mathrm{T}}\,\underline{M}_{\mathrm{d}}\,\underline{R}_{\underline{n}_{\mathrm{d}}}\,\underline{M}_{\mathrm{d}}^{*\mathrm{T}}\,\hat{e}_{\nu}} \\[2ex]
&= \frac{\mathrm{E}\left\{|\underline{d}_{\nu}|^2\right\}}{\sigma^2}\,\frac{\hat{e}_{\nu}^{\mathrm{T}}\,\underline{M}_{\mathrm{d}}\,\underline{a}_{\nu}\,\underline{a}_{\nu}^{*\mathrm{T}}\,\underline{M}_{\mathrm{d}}^{*\mathrm{T}}\,\hat{e}_{\nu}}{\hat{e}_{\nu}^{\mathrm{T}}\,\underline{M}_{\mathrm{d}}\,\underline{M}_{\mathrm{d}}^{*\mathrm{T}}\,\hat{e}_{\nu}} \\[2ex]
&= \frac{\mathrm{E}\left\{|\underline{d}_{\nu}|^2\right\}}{\sigma^2}\,\frac{|\hat{e}_{\nu}^{\mathrm{T}}\,\underline{M}_{\mathrm{d}}\,\underline{a}_{\nu}|^2}{\hat{e}_{\nu}^{\mathrm{T}}\,\underline{M}_{\mathrm{d}}\,\underline{M}_{\mathrm{d}}^{*\mathrm{T}}\,\hat{e}_{\nu}}.
\end{aligned}
\tag{B.15}
$$

Der Vektor $\hat{e}_{\nu}^{\mathrm{T}}$ selektiert den ν–ten Zeilenvektor $\underline{m}_{\nu}^{*\mathrm{T}}$ der Matrix $\underline{M}_{\mathrm{d}}$. Aus (B.15) ergibt sich dann

$$\gamma_{\mathrm{a}}(\nu) = \frac{\mathrm{E}\left\{|\underline{d}_{\nu}|^2\right\}}{\sigma^2}\,\frac{|\underline{m}_{\nu}^{*\mathrm{T}}\,\underline{a}_{\nu}|^2}{\underline{m}_{\nu}^{*\mathrm{T}}\,\underline{m}_{\nu}} = \frac{\mathrm{E}\left\{|\underline{d}_{\nu}|^2\right\}}{\sigma^2}\,\frac{|\underline{m}_{\nu}^{*\mathrm{T}}\,\underline{a}_{\nu}|^2}{||\underline{m}_{\nu}||^2}. \tag{B.16}$$

Mit (5.43) und mit der Cauchy–Schwarzschen Ungleichung (B.5) wird (B.16) zu

$$\gamma_{\mathrm{a}}(\nu) \leq \frac{\mathrm{E}\left\{|\underline{d}_{\nu}|^2\right\}}{\sigma^2}\,||\underline{a}||^2 = \frac{\mathrm{E}\left\{|\underline{d}_{\nu}|^2\right\}}{\sigma^2}\,\sum_{k_{\mathrm{a}}=1}^{K_{\mathrm{a}}}||\underline{b}^{(k,k_{\mathrm{a}})}||^2 = \gamma_{\mathrm{e}}(\nu). \tag{B.17}$$

Wegen (B.6) wird $\gamma_{\mathrm{a}}(\nu)$ maximal für $\underline{m}_{\nu}$ gleich $\lambda_{\mathrm{MF},\nu}\underline{a}$, $\lambda_{\mathrm{MF},\nu} \in \mathbb{R}$. In diesem Fall ist $\gamma_{\mathrm{a}}(\nu)$ gleich $\gamma_{\mathrm{e}}(\nu)$ nach (B.12).

Die vorgestellten Sachverhalte gelten für jedes $\nu \in \{1\cdots KN\}$. Außerdem variiert der Wert $\lambda_{\mathrm{MF},\nu}$ mit ν. Zur Vereinfachung der Schreibweise wird nun die reelle Normierungsmatrix

$$\underline{L}^{-1} = \underline{D}\mathrm{iag} < \lambda_{\mathrm{MF},\nu} >, \quad \lambda_{\mathrm{MF},\nu} \in \mathbb{R}, \tag{B.18}$$

gebildet. Die $KN \times KN$-Matrix L^{-1} hat nur auf ihrer Diagonalen von Null verschiedene Werte. Das ν-te Diagonalelement von L^{-1} ist $\lambda_{\mathrm{MF},\nu}$. Für die Matrix $\underline{M}_{\mathrm{d}}$ aus (B.13) folgt mit (B.15) und (B.16)

$$\underline{M}_{\mathrm{d}} = L^{-1} \underline{A}^{*\mathrm{T}}. \tag{B.19}$$

Die Wahl der Normierungsmatrix ist frei. Eine mögliche spezielle Wahl ist

$$L^{-1} = \left(D\mathrm{iag} < \underline{A}^{*\mathrm{T}} \underline{A} > \right)^{-1}. \tag{B.20}$$

Das Empfangsfilter mit $\underline{M}_{\mathrm{d}}$ gemäß (B.19) ist an das über den Kanal mit $\underline{A}$ übertragenen Signal angepaßt und heißt deshalb signalangepaßtes Filter (MF, Matched Filter). Wie bereits erwähnt, ist das signalangepaßte Filter durch maximales Signal–Stör–Verhältnis am Ausgang charakterisiert.

B.1.3   Herleitung des signalangepaßten Filters für farbige Störung

Im Falle einer farbigen mittelwertfreien Störung ist die Kovarianzmatrix $\underline{R}_{\underline{n}_{\mathrm{d}}}$ keine Diagonalmatrix mehr. Bei real existierenden Systemen ist $\underline{R}_{\underline{n}_{\mathrm{d}}}$ stets positiv semidefinit und singulär mit der Wahrscheinlichkeit gleich Null. Deshalb existiert die Inverse $\underline{R}_{\underline{n}_{\mathrm{d}}}^{-1}$ fast sicher. Mit der Cholesky–Zerlegung

$$\underline{R}_{\underline{n}_{\mathrm{d}}}^{-1} = \underline{L}_{\underline{n}_{\mathrm{d}}}^{*\mathrm{T}} \underline{L}_{\underline{n}_{\mathrm{d}}}, \tag{B.21}$$

$$\underline{R}_{\underline{n}_{\mathrm{d}}} = \underline{L}_{\underline{n}_{\mathrm{d}}}^{-1} \left(\underline{L}_{\underline{n}_{\mathrm{d}}}^{*\mathrm{T}} \right)^{-1} \tag{B.22}$$

der Kovarianzmatrix ergibt sich ein Filter $\underline{L}_{\underline{n}_{\mathrm{d}}}$, das die nachstehend beschriebene Eigenschaft hat. Wendet man $\underline{L}_{\underline{n}_{\mathrm{d}}}$ auf die farbige Störung $\underline{n}_{\mathrm{d}}$, so ergibt sich die Störung

$$\underline{n}_{\mathrm{d}}' = \underline{L}_{\underline{n}_{\mathrm{d}}} \underline{n}_{\mathrm{d}} \tag{B.23}$$

mit der Kovarianzmatrix

$$\underline{R}_{\underline{n}_{\mathrm{d}}'} = \mathrm{E}\left\{ \underline{n}_{\mathrm{d}}' \underline{n}_{\mathrm{d}}'^{*\mathrm{T}} \right\} = \underline{L}_{\underline{n}_{\mathrm{d}}} \mathrm{E}\{ \underline{n}_{\mathrm{d}} \underline{n}_{\mathrm{d}}^{*\mathrm{T}} \} \underline{L}_{\underline{n}_{\mathrm{d}}}^{*\mathrm{T}}$$

$$= \underline{L}_{\underline{n}_{\mathrm{d}}} \underline{R}_{\underline{n}_{\mathrm{d}}} \underline{L}_{\underline{n}_{\mathrm{d}}}^{*\mathrm{T}} = \underline{L}_{\underline{n}_{\mathrm{d}}} \underline{L}_{\underline{n}_{\mathrm{d}}}^{-1} \left(\underline{L}_{\underline{n}_{\mathrm{d}}}^{*\mathrm{T}} \right)^{-1} \underline{L}_{\underline{n}_{\mathrm{d}}}^{*\mathrm{T}}$$

$$= I_{K_{\mathrm{a}} \cdot (NQ+W-1)}. \tag{B.24}$$

Die Störung $\underline{n}_{\mathrm{d}}'$ nach (B.23) ist weiß und mittelwertfrei und hat die Varianz 1. Das Filter mit $\underline{L}_{\underline{n}_{\mathrm{d}}}$ heißt deshalb Whitening–Filter oder Dekorrelationsfilter (DF, Decorrelating Filter).

Schaltet man dem signalangepaßten Filter zunächst ein Vorfilter mit $\underline{\boldsymbol{L}}_{\underline{\boldsymbol{n}}_{\mathrm{d}}}$ vor, so ergibt sich am Ausgang dieses Vorfilters der Vektor

$$\underline{\boldsymbol{e}}'_{\mathrm{d}} = \underbrace{\underline{\boldsymbol{L}}_{\underline{\boldsymbol{n}}_{\mathrm{d}}} \, \boldsymbol{A}}_{=\underline{\boldsymbol{A}}'} \, \boldsymbol{d} + \underbrace{\underline{\boldsymbol{L}}_{\underline{\boldsymbol{n}}_{\mathrm{d}}} \, \underline{\boldsymbol{n}}_{\mathrm{d}}}_{=\underline{\boldsymbol{n}}'_{\mathrm{d}}} = \underline{\boldsymbol{A}}' \, \boldsymbol{d} + \underline{\boldsymbol{n}}'_{\mathrm{d}}. \tag{B.25}$$

Ersetzt man (B.10) durch (B.25), so erhält man aus der Analyse nach Abschnitt B.1.2

$$\underline{\boldsymbol{M}}'_{\mathrm{d}} = \boldsymbol{L}^{-1} \, \underline{\boldsymbol{A}}'^{*\mathrm{T}} = \boldsymbol{L}^{-1} \left(\underline{\boldsymbol{L}}_{\underline{\boldsymbol{n}}_{\mathrm{d}}} \, \boldsymbol{A} \right)^{*\mathrm{T}} = \boldsymbol{L}^{-1} \, \underline{\boldsymbol{A}}^{*\mathrm{T}} \, \underline{\boldsymbol{L}}_{\underline{\boldsymbol{n}}_{\mathrm{d}}}^{*\mathrm{T}} \tag{B.26}$$

für die Matrix des signalangepaßten Filters, siehe auch (B.19).

Die Kombination aus Vorfilter mit der Matrix $\underline{\boldsymbol{L}}_{\underline{\boldsymbol{n}}_{\mathrm{d}}}$ und signalangepaßtem Filter mit der Matrix $\underline{\boldsymbol{M}}'_{\mathrm{d}}$ ergibt das dekorrelierende signalangepaßte Filter (DMF, Decorrelating Matched Filter) mit der Matrix

$$\underline{\boldsymbol{M}}''_{\mathrm{d}} = \boldsymbol{L}^{-1} \, \underline{\boldsymbol{A}}'^{*\mathrm{T}} \, \underline{\boldsymbol{L}}_{\underline{\boldsymbol{n}}_{\mathrm{d}}} = \boldsymbol{L}^{-1} \left(\underline{\boldsymbol{L}}_{\underline{\boldsymbol{n}}_{\mathrm{d}}} \, \boldsymbol{A} \right)^{*\mathrm{T}} \underline{\boldsymbol{L}}_{\underline{\boldsymbol{n}}_{\mathrm{d}}} = \boldsymbol{L}^{-1} \, \underline{\boldsymbol{A}}^{*\mathrm{T}} \, \underline{\boldsymbol{R}}_{\underline{\boldsymbol{n}}_{\mathrm{d}}}^{-1}, \tag{B.27}$$

die direkt auf (B.10) angewendet wird. Eine mögliche spezielle Wahl der Normierungsmatrix $\boldsymbol{L}^{-1}$ ist im Falle des dekorrelierenden signalangepaßten Filters

$$\boldsymbol{L}^{-1} = \left(\mathcal{D}\mathrm{iag} < \underline{\boldsymbol{A}}^{*\mathrm{T}} \, \underline{\boldsymbol{R}}_{\underline{\boldsymbol{n}}_{\mathrm{d}}}^{-1} \, \boldsymbol{A} > \right)^{-1}. \tag{B.28}$$

Gemäß (B.15) folgt

$$
\begin{aligned}
\gamma_{\mathrm{a}}(\nu) &= \frac{\hat{\boldsymbol{e}}_\nu^{\mathrm{T}} \, \mathrm{E}\left\{ \underline{\hat{\boldsymbol{d}}} \, \underline{\hat{\boldsymbol{d}}}^{*\mathrm{T}} \right\} \hat{\boldsymbol{e}}_\nu \Big|_{\underline{\boldsymbol{d}} = \underline{d}_\nu \cdot \hat{\boldsymbol{e}}_\nu, \; \underline{\boldsymbol{n}}_{\mathrm{d}} = \boldsymbol{0}_{K_{\mathrm{a}} \cdot (NQ+W-1)}}}{\hat{\boldsymbol{e}}_\nu^{\mathrm{T}} \, \boldsymbol{L}^{-1} \, \underline{\boldsymbol{A}}^{*\mathrm{T}} \, \underline{\boldsymbol{R}}_{\underline{\boldsymbol{n}}_{\mathrm{d}}}^{-1} \, \underline{\boldsymbol{R}}_{\underline{\boldsymbol{n}}_{\mathrm{d}}} \, (\underline{\boldsymbol{R}}_{\underline{\boldsymbol{n}}_{\mathrm{d}}}^{-1})^{*\mathrm{T}} \, \underline{\boldsymbol{A}}^{*\mathrm{T}} \, \boldsymbol{L}^{-1} \, \hat{\boldsymbol{e}}_\nu} \\[2mm]
&= \frac{\hat{\boldsymbol{e}}_\nu^{\mathrm{T}} \, \boldsymbol{L}^{-1} \, \mathrm{E}\left\{ \underline{\boldsymbol{A}}^{*\mathrm{T}} \, \underline{\boldsymbol{R}}_{\underline{\boldsymbol{n}}_{\mathrm{d}}}^{-1} \, \boldsymbol{A} \, \hat{\boldsymbol{e}}_\nu \, \underline{d}_\nu \, \underline{d}_\nu^* \, \hat{\boldsymbol{e}}_\nu^{\mathrm{T}} \, \underline{\boldsymbol{A}}^{*\mathrm{T}} \, (\underline{\boldsymbol{R}}_{\underline{\boldsymbol{n}}_{\mathrm{d}}}^{-1})^{*\mathrm{T}} \, \underline{\boldsymbol{A}} \right\} \boldsymbol{L}^{-1} \, \hat{\boldsymbol{e}}_\nu}{\lambda_{\mathrm{MF},\nu}^2 \, \hat{\boldsymbol{e}}_\nu^{\mathrm{T}} \, \underline{\boldsymbol{A}}^{*\mathrm{T}} \, \underline{\boldsymbol{R}}_{\underline{\boldsymbol{n}}_{\mathrm{d}}}^{-1} \, \underline{\boldsymbol{A}}^{*\mathrm{T}} \hat{\boldsymbol{e}}_\nu} \\[2mm]
&= \frac{\lambda_{\mathrm{MF},\nu}^2 \, \hat{\boldsymbol{e}}_\nu^{\mathrm{T}} \, \mathrm{E}\left\{ \underline{\boldsymbol{A}}^{*\mathrm{T}} \, \underline{\boldsymbol{R}}_{\underline{\boldsymbol{n}}_{\mathrm{d}}}^{-1} \, \boldsymbol{A} \, \hat{\boldsymbol{e}}_\nu \, \underline{d}_\nu \, \underline{d}_\nu^* \, \hat{\boldsymbol{e}}_\nu^{\mathrm{T}} \, \underline{\boldsymbol{A}}^{*\mathrm{T}} \, (\underline{\boldsymbol{R}}_{\underline{\boldsymbol{n}}_{\mathrm{d}}}^{-1})^{*\mathrm{T}} \, \underline{\boldsymbol{A}} \right\} \hat{\boldsymbol{e}}_\nu}{\lambda_{\mathrm{MF},\nu}^2 \, \hat{\boldsymbol{e}}_\nu^{\mathrm{T}} \, \underline{\boldsymbol{A}}^{*\mathrm{T}} \, \underline{\boldsymbol{R}}_{\underline{\boldsymbol{n}}_{\mathrm{d}}}^{-1} \, \underline{\boldsymbol{A}}^{*\mathrm{T}} \hat{\boldsymbol{e}}_\nu} \\[2mm]
&= \frac{\hat{\boldsymbol{e}}_\nu^{\mathrm{T}} \, \underline{\boldsymbol{A}}^{*\mathrm{T}} \, \underline{\boldsymbol{R}}_{\underline{\boldsymbol{n}}_{\mathrm{d}}}^{-1} \, \boldsymbol{A} \, \hat{\boldsymbol{e}}_\nu \, \mathrm{E}\left\{ |\underline{d}_\nu|^2 \right\} \hat{\boldsymbol{e}}_\nu^{\mathrm{T}} \, \underline{\boldsymbol{A}}^{*\mathrm{T}} \, \underline{\boldsymbol{R}}_{\underline{\boldsymbol{n}}_{\mathrm{d}}}^{-1} \, \boldsymbol{A} \, \hat{\boldsymbol{e}}_\nu}{\hat{\boldsymbol{e}}_\nu^{\mathrm{T}} \, \underline{\boldsymbol{A}}^{*\mathrm{T}} \, \underline{\boldsymbol{R}}_{\underline{\boldsymbol{n}}_{\mathrm{d}}}^{-1} \, \underline{\boldsymbol{A}}^{*\mathrm{T}} \hat{\boldsymbol{e}}_\nu} \\[2mm]
&= \mathrm{E}\left\{ |\underline{d}_\nu|^2 \right\} \hat{\boldsymbol{e}}_\nu^{\mathrm{T}} \, \underline{\boldsymbol{A}}^{*\mathrm{T}} \, \underline{\boldsymbol{R}}_{\underline{\boldsymbol{n}}_{\mathrm{d}}}^{-1} \, \boldsymbol{A} \, \hat{\boldsymbol{e}}_\nu \\[2mm]
&= \mathrm{E}\left\{ |\underline{d}_\nu|^2 \right\} \left[\underline{\boldsymbol{A}}^{*\mathrm{T}} \, \underline{\boldsymbol{R}}_{\underline{\boldsymbol{n}}_{\mathrm{d}}}^{-1} \, \boldsymbol{A} \right]_{\nu,\nu},
\end{aligned}
\tag{B.29}
$$
$$\nu = N \cdot (k-1) + n, \; k = 1 \cdots K, \; n = 1 \cdots N,$$

für das Signal–Stör–Verhältnis am Ausgang des dekorrelierenden signalangepaßten Filters. In (B.29) ist $\left[\underline{A}^{*\mathrm{T}} \, \underline{R}_{\underline{n}_\mathrm{d}}^{-1} \, \underline{A} \right]_{\nu,\nu}$ das ν–te Diagonalelement der Matrix $\underline{A}^{*\mathrm{T}} \, \underline{R}_{\underline{n}_\mathrm{d}}^{-1} \, \underline{A}$.

Die Kovarianzmatrix der Störung

$$\underline{n}_\mathrm{d}'' = \underline{L}^{-1} \, \underline{A}^{*\mathrm{T}} \, \underline{R}_{\underline{n}_\mathrm{d}}^{-1} \, \underline{n}_\mathrm{d} \tag{B.30}$$

am Ausgang des dekorrelierenden signalangepaßten Filters ist

$$
\begin{aligned}
\underline{R}_{\underline{n}_\mathrm{d}''} \;&=\; \mathrm{E}\left\{ \underline{L}^{-1} \, \underline{A}^{*\mathrm{T}} \, \underline{R}_{\underline{n}_\mathrm{d}}^{-1} \, \underline{n}_\mathrm{d} \, \underline{n}_\mathrm{d}^{*\mathrm{T}} \, \underline{R}_{\underline{n}_\mathrm{d}}^{-1} \, \underline{A} \, \underline{L}^{-1} \right\} \\[2mm]
&=\; \underline{L}^{-1} \, \underline{A}^{*\mathrm{T}} \, \underline{R}_{\underline{n}_\mathrm{d}}^{-1} \, \mathrm{E}\left\{ \underline{n}_\mathrm{d} \, \underline{n}_\mathrm{d}^{*\mathrm{T}} \right\} \, \underline{R}_{\underline{n}_\mathrm{d}}^{-1} \, \underline{A} \, \underline{L}^{-1} \\[2mm]
&=\; \underline{L}^{-1} \, \underline{A}^{*\mathrm{T}} \, \underline{R}_{\underline{n}_\mathrm{d}}^{-1} \, \underline{R}_{\underline{n}_\mathrm{d}} \, \underline{R}_{\underline{n}_\mathrm{d}}^{-1} \, \underline{A} \, \underline{L}^{-1} \\[2mm]
&=\; \underline{L}^{-1} \, \underline{A}^{*\mathrm{T}} \, \underline{R}_{\underline{n}_\mathrm{d}}^{-1} \, \underline{A} \, \underline{L}^{-1}.
\end{aligned}
\tag{B.31}
$$

Da $\underline{R}_{\underline{n}_\mathrm{d}''}$ in der Regel keine Diagonalmatrix ist, ist die Störung $\underline{n}_\mathrm{d}''$ nach (B.30) farbig. Diese Tatsache macht eine optimale Datendetektion am Ausgang des dekorrelierenden signalangepaßten Filters mit dem Ziel eines minimalen Fehlerverhältnisses schwierig. Es ist daher wünschenswert, zwischen dekorrelierendem signalangepaßtem Filter und Datendetektor ein weiteres Whitening–Filter einzubringen. Diese Vorgehensweise findet man beispielsweise bei [For72]. Nachstehend wird das benötigte Whitening–Filter berechnet. Mit der Cholesky–Zerlegung

$$\underline{R}_{\underline{n}_\mathrm{d}''}^{-1} \;=\; \underline{L}_{\underline{n}_\mathrm{d}''}^{*\mathrm{T}} \, \underline{L}_{\underline{n}_\mathrm{d}''}, \tag{B.32}$$

$$\underline{R}_{\underline{n}_\mathrm{d}''} \;=\; \underline{L}_{\underline{n}_\mathrm{d}''}^{-1} \, \left(\underline{L}_{\underline{n}_\mathrm{d}''}^{*\mathrm{T}} \right)^{-1} \tag{B.33}$$

folgt für die Kovarianzmatrix $\underline{R}_{\underline{n}_\mathrm{d}'''}$ der Störung

$$\underline{n}_\mathrm{d}''' = \underline{L}_{\underline{n}_\mathrm{d}''} \, \underline{L}^{-1} \, \underline{A}^{*\mathrm{T}} \, \underline{R}_{\underline{n}_\mathrm{d}}^{-1} \, \underline{n}_\mathrm{d} \tag{B.34}$$

am Ausgang des Whitening–Filters, welches dem dekorrelierenden signalangepaßten Filter nachgeschaltet ist,

$$
\begin{aligned}
\underline{R}_{\underline{n}_\mathrm{d}'''} \;&=\; \mathrm{E}\left\{ \underline{n}_\mathrm{d}''' \, \underline{n}_\mathrm{d}'''^{*\mathrm{T}} \right\} = \underline{L}_{\underline{n}_\mathrm{d}''} \, \underline{L}^{-1} \, \underline{A}^{*\mathrm{T}} \, \underline{R}_{\underline{n}_\mathrm{d}}^{-1} \, \mathrm{E}\left\{ \underline{n}_\mathrm{d} \, \underline{n}_\mathrm{d}^{*\mathrm{T}} \right\} \, \underline{R}_{\underline{n}_\mathrm{d}}^{-1} \, \underline{A} \, \underline{L}^{-1} \, \underline{L}_{\underline{n}_\mathrm{d}''}^{*\mathrm{T}} \\[2mm]
&=\; \underline{L}_{\underline{n}_\mathrm{d}''} \, \underline{R}_{\underline{n}_\mathrm{d}''} \, \underline{L}_{\underline{n}_\mathrm{d}''}^{*\mathrm{T}} = \underline{L}_{\underline{n}_\mathrm{d}''} \, \underline{L}_{\underline{n}_\mathrm{d}''}^{-1} \, \left(\underline{L}_{\underline{n}_\mathrm{d}''}^{*\mathrm{T}} \right)^{-1} \, \underline{L}_{\underline{n}_\mathrm{d}''}^{*\mathrm{T}} \\[2mm]
&=\; \underline{I}_{KN}.
\end{aligned}
\tag{B.35}
$$

Die Störung $\underline{n}_{\mathrm{d}}'''$ gemäß (B.34) ist weiß und mittelwertfrei und hat die Varianz 1. Die Kombination aus Whitening–Filter mit der Matrix $\underline{L}_{\underline{n}_{\mathrm{d}}''}$ und dekorrelierendem signalangepaßtem Filter mit der Matrix $\underline{M}_{\mathrm{d}}''$ nach (B.27) ergibt ein Filter mit der Matrix

$$\underline{M}_{\mathrm{d}}''' \;=\; \underline{L}_{\underline{n}_{\mathrm{d}}''}\, L^{-1}\, \underline{A}^{'*\mathrm{T}}\, \underline{L}_{\underline{n}_{\mathrm{d}}} = \underline{L}_{\underline{n}_{\mathrm{d}}''}\;\; \underbrace{L^{-1}\left(\underline{L}_{\underline{n}_{\mathrm{d}}}\,\underline{A}\right)^{*\mathrm{T}}\underline{L}_{\underline{n}_{\mathrm{d}}}}_{\text{Decorrelating Matched Filter}}$$

$$\phantom{\underline{M}_{\mathrm{d}}'''} \;=\; \underline{L}_{\underline{n}_{\mathrm{d}}''}\, L^{-1}\, \underline{A}^{*\mathrm{T}}\, \underline{R}_{\underline{n}_{\mathrm{d}}}^{-1}. \tag{B.36}$$

Dieses Filter heißt dekorrelierendes weißgemachtes signalangepaßtes Filter (DWMF, Decorrelating Whitened Matched Filter). Das Filter mit der Matrix $\underline{L}_{\underline{n}_{\mathrm{d}}''}\, L^{-1}\left(\underline{L}_{\underline{n}_{\mathrm{d}}}\,\underline{A}\right)^{*\mathrm{T}}$ heißt weißgemachtes signalangepaßtes Filter (WMF, Whitened Matched Filter) [For72].

Für die spezielle Wahl

$$L^{-1} = I_{KN} \tag{B.37}$$

folgt mit (5.61a) und (B.33) für die Matrix des Whitening–Filters am Ausgang des dekorrelierenden signalangepaßten Filters

$$\underline{L}_{\underline{n}_{\mathrm{d}}''} = \left(\underline{H}^{*\mathrm{T}}\Sigma\right)^{-1}. \tag{B.38}$$

B.2 Herleitung des ZF–BLE

Die vorgestellten Ausführungen folgen [Kay93, Kapitel 15]. Der ZF–BLE ergibt sich aus

$$\hat{\underline{d}} = \arg\min_{\underline{d}_{\mathrm{c}}}\left\{(\underline{e}_{\mathrm{d}} - \underline{A}\,\underline{d}_{\mathrm{c}})^{*\mathrm{T}}\, \underline{R}_{\underline{n}_{\mathrm{d}}}^{-1}\, (\underline{e}_{\mathrm{d}} - \underline{A}\,\underline{d}_{\mathrm{c}})\right\} = \arg\min_{\underline{d}_{\mathrm{c}}}\left\{J\right\}, \tag{B.39}$$

wobei

$$\begin{aligned} J \;&=\; (\underline{e}_{\mathrm{d}} - \underline{A}\,\underline{d}_{\mathrm{c}})^{*\mathrm{T}}\, \underline{R}_{\underline{n}_{\mathrm{d}}}^{-1}\, (\underline{e}_{\mathrm{d}} - \underline{A}\,\underline{d}_{\mathrm{c}}) \\[2mm] &=\; \underline{e}_{\mathrm{d}}^{*\mathrm{T}}\, \underline{R}_{\underline{n}_{\mathrm{d}}}^{-1}\, \underline{e}_{\mathrm{d}} - \underline{e}_{\mathrm{d}}^{*\mathrm{T}}\, \underline{R}_{\underline{n}_{\mathrm{d}}}^{-1}\, \underline{A}\,\underline{d}_{\mathrm{c}} - \underline{d}_{\mathrm{c}}^{*\mathrm{T}}\, \underline{A}^{*\mathrm{T}}\, \underline{R}_{\underline{n}_{\mathrm{d}}}^{-1}\, \underline{e}_{\mathrm{d}} + \underline{d}_{\mathrm{c}}^{*\mathrm{T}}\, \underline{A}^{*\mathrm{T}}\, \underline{R}_{\underline{n}_{\mathrm{d}}}^{-1}\, \underline{A}\,\underline{d}_{\mathrm{c}} \end{aligned}$$
$$\tag{B.40}$$

gilt. Unter Verwendung der komplexen Gradientenbildung [Kay93, S. 519 ff.]

$$\frac{\partial J}{\partial \underline{d}_{\mathrm{c}}} = 0_{KN} - \left(\underline{A}^{*\mathrm{T}} \underline{R}_{\underline{n}_{\mathrm{d}}}^{-1} \underline{e}_{\mathrm{d}}\right)^{*} - 0_{KN} + \left(\underline{A}^{*\mathrm{T}} \underline{R}_{\underline{n}_{\mathrm{d}}}^{-1} \underline{A}\,\underline{d}_{\mathrm{c}}\right)^{*}$$

$$= -\left\{\underline{A}^{*\mathrm{T}} \underline{R}_{\underline{n}_{\mathrm{d}}}^{-1} \left(\underline{e}_{\mathrm{d}} - \underline{A}\,\underline{d}_{\mathrm{c}}\right)\right\}^{*} \tag{B.41}$$

erhält man mit $\partial J/\partial \underline{d}_{\mathrm{c}} = 0_{KN}$

$$\hat{\underline{d}} = \left(\underline{A}^{*\mathrm{T}} \underline{R}_{\underline{n}_{\mathrm{d}}}^{-1} \underline{A}\right)^{-1} \underline{A}^{*\mathrm{T}} \underline{R}_{\underline{n}_{\mathrm{d}}}^{-1} \underline{e}_{\mathrm{d}}. \tag{B.42}$$

Dies ist die in Abschnitt 5.3.4 erläuterte Form des ZF–BLE.

Für die spezielle Wahl $\underline{L}^{-1} = \underline{I}_{KN}$ und (B.38) folgt mit (B.27) aus (B.42)

$$\hat{\underline{d}} = \underbrace{\underline{L}_{\underline{n}_{\mathrm{d}}''}^{*\mathrm{T}}}_{\text{Interferenzeliminierer}} \underbrace{\underline{L}_{\underline{n}_{\mathrm{d}}''}}_{\text{Whitening–Filter}} \cdot$$

$$\cdot \underbrace{\left(\underline{L}_{\underline{n}_{\mathrm{d}}} \underline{A}\right)^{*\mathrm{T}}}_{\text{signalangepaßtes Filter}} \underbrace{\underline{L}_{\underline{n}_{\mathrm{d}}}}_{\text{Dekorrelationsfilter}} \underline{e}_{\mathrm{d}}$$

$$= \underbrace{\left(\underline{\Sigma}\,\underline{H}\right)^{-1}}_{\text{Interferenzeliminierer}} \underbrace{\left(\underline{H}^{*\mathrm{T}} \underline{\Sigma}\right)^{-1} \underline{A}^{*\mathrm{T}} \underline{R}_{\underline{n}_{\mathrm{d}}}^{-1}}_{\text{DWMF}} \underline{e}_{\mathrm{d}}. \tag{B.43}$$

Gemäß (B.43) besteht der ZF–BLE aus der Hintereinanderschaltung eines dekorrelierenden weißgemachten signalangepaßten Filters und einem linearen Interferenzeliminierer.

B.3 Herleitung des MMSE–BLE

Die nachstehenden Ausführungen folgen [Wha71, Abschnitt 11.5]. Der MMSE–BLE ergibt sich aus

$$\underline{\hat{d}} = \arg\min_{\underline{\hat{d}}_{\mathrm{c}}} \left\{\mathrm{E}\left\{||\underline{\hat{d}}_{\mathrm{c}} - \underline{d}||^{2}\right\}\right\}. \tag{B.44}$$

Mit der aus (5.58) folgenden Beziehung

$$\underline{\hat{d}}_{\mathrm{c}} = \underline{M}_{\mathrm{d}}\,\underline{e}_{\mathrm{d}} \tag{B.45}$$

erhält man

$$E\left\{\|\hat{\underline{d}}_c - \underline{d}\|^2\right\} = E\left\{\left(\underline{e}_d^{*T}\,\underline{M}_d^{*T} - \underline{d}^{*T}\right)\left(\underline{M}_d\,\underline{e}_d - \underline{d}\right)\right\}$$

$$= E\left\{\underline{e}_d^{*T}\,\underline{M}_d^{*T}\,\underline{M}_d\,\underline{e}_d - 2\mathrm{Re}\left\{\underline{e}_d^{*T}\,\underline{M}_d^{*T}\,\underline{d}\right\} + \|\underline{d}\|^2\right\}.$$

$$(B.46)$$

Im folgenden wird Variationsrechnung angewendet. Die Matrix des gesuchten MMSE–BLE sei $\underline{M}_{d,\text{optimal}}$. Allgemein gilt deshalb für die Matrix $\underline{M}_d$ irgendeines Filters mit der beliebigen, aber fest gewählten $KN \times K_a \cdot (NQ + W - 1)$-Matrix $\underline{V}_d$

$$\underline{M}_d = \underline{M}_{d,\text{optimal}} + \epsilon \cdot \underline{V}_d, \quad \epsilon \in \mathbb{R}. \tag{B.47}$$

$\underline{M}_{d,\text{optimal}}$ folgt aus

$$0 = \frac{\mathrm{d}}{\mathrm{d}\epsilon}E\left\{\|\hat{\underline{d}}_c - \underline{d}\|^2\right\}\bigg|_{\epsilon=0}. \tag{B.48}$$

Einsetzen von (B.46) in (B.48) liefert

$$0 = E\Bigg\{\underline{e}_d^{*T}\,\underline{M}_{d,\text{optimal}}^{*T}\,\underline{V}_d\,\underline{e}_d + \underline{e}_d^{*T}\,\underline{V}_d^{*T}\,\underline{M}_{d,\text{optimal}}\,\underline{e}_d - $$

$$\underline{e}_d^{*T}\,\underline{V}_d^{*T}\,\underline{d} - \underline{d}^{*T}\,\underline{V}_d\,\underline{e}_d\Bigg\}$$

$$\Longleftrightarrow 0 = \mathrm{Re}\left\{E\left\{\underline{e}_d^{*T}\,\underline{M}_{d,\text{optimal}}^{*T}\,\underline{V}_d\,\underline{e}_d - \underline{d}^{*T}\,\underline{V}_d\,\underline{e}_d\right\}\right\}$$

$$\Longleftrightarrow 0 = \mathrm{Re}\left\{E\left\{\left(\underline{d} - \underline{M}_{d,\text{optimal}}\,\underline{e}_d\right)^{*T}\,\underline{V}_d\,\underline{e}_d\right\}\right\} \tag{B.49}$$

Da (B.49) für beliebiges $\underline{V}_d$ gilt, führt die spezielle Wahl $\underline{V}_d$ gleich $\underline{M}_{d,\text{optimal}}$ zu der wahren Aussage

$$0 = \mathrm{Re}\left\{E\left\{\left(\underline{d} - \underline{M}_{d,\text{optimal}}\,\underline{e}_d\right)^{*T}\,\underline{M}_{d,\text{optimal}}\,\underline{e}_d\right\}\right\} \tag{B.50}$$

Der Ausdruck $(\underline{d} - \underline{M}_{d,\text{optimal}}\,\underline{e}_d)$ ist der Schätzfehler $\underline{\varepsilon}$ und $\underline{M}_{d,\text{optimal}}\,\underline{e}_d$ ist der am Ausgang des MMSE–BLE entstehende geschätzte Datenvektor. Gemäß (B.50) sind Schätzfehler und geschätzte Datenvektor also im Mittel orthogonal. Diese Tatsache heißt Orthogonalitätsprinzip.

Mit der Identität

$$E\left\{\underline{\varepsilon}^{*T}\,\underline{V}_d\,\underline{e}_d\right\} = E\left\{\sum_{i,j}\varepsilon_i^*\,[\underline{V}_d]_{i,j}\,\underline{e}_{dj}\right\} = \sum_{i,j}[\underline{V}_d]_{i,j}\,\underbrace{E\left\{\underline{e}_{dj}\,\varepsilon_i^*\right\}}_{[\underline{R}_{\underline{e}_d,\underline{\varepsilon}}]_{i,j}}$$

$$= \; \mathrm{sp}\left\{\underline{V}_\mathrm{d}\,\underline{R}_{\underline{e}_\mathrm{d},\epsilon}\right\}, \tag{B.51}$$

wobei $\mathrm{sp}\left\{\underline{V}_\mathrm{d}\,\underline{R}_{\underline{e}_\mathrm{d},\epsilon}\right\}$ die Spur der Matrix $\underline{V}_\mathrm{d}\,\underline{R}_{\underline{e}_\mathrm{d},\epsilon}$ ist, folgt aus (B.49)

$$0 \; = \; \mathrm{Re}\left\{\mathrm{sp}\left\{\underline{V}_\mathrm{d}\,\mathrm{E}\left\{\underline{e}_\mathrm{d}\,(\underline{d}-\underline{M}_\mathrm{d,optimal}\,\underline{e}_\mathrm{d})^{*\mathrm{T}}\right\}\right\}\right\}$$

$$\Longleftrightarrow 0 \; = \; \mathrm{Re}\left\{\mathrm{sp}\left\{\underline{V}_\mathrm{d}\left(\underbrace{\mathrm{E}\left\{\underline{e}_\mathrm{d}\,\underline{d}^{*\mathrm{T}}\right\}}_{\underline{R}^{*\mathrm{T}}_{\underline{d},\underline{e}_\mathrm{d}}}-\underbrace{\mathrm{E}\left\{\underline{e}_\mathrm{d}\,\underline{e}_\mathrm{d}^{*\mathrm{T}}\right\}}_{\underline{R}_{\underline{e}_\mathrm{d}}}\underline{M}^{*\mathrm{T}}_\mathrm{d,optimal}\right)\right\}\right\}$$

$$\Longleftrightarrow 0 \; = \; \mathrm{Re}\left\{\mathrm{sp}\left\{\underline{V}_\mathrm{d}\left(\underline{R}^{*\mathrm{T}}_{\underline{d},\underline{e}_\mathrm{d}}-\underline{R}_{\underline{e}_\mathrm{d}}\,\underline{M}^{*\mathrm{T}}_\mathrm{d,optimal}\right)\right\}\right\}. \tag{B.52}$$

Beziehung (B.52) wird erfüllt, falls

$$\underline{M}_\mathrm{d,optimal} \; = \; \underline{R}_{\underline{d},\underline{e}_\mathrm{d}}\,\underline{R}^{-1}_{\underline{e}_\mathrm{d}} \tag{B.53}$$

gilt. Da

$$\underline{R}_{\underline{e}_\mathrm{d}} \; = \; \underline{A}\,\underline{R}_\mathrm{d}\,\underline{A}^{*\mathrm{T}}+\underline{R}_{\underline{n}_\mathrm{d}} \tag{B.54}$$

und

$$\underline{R}_{\underline{d},\underline{e}_\mathrm{d}} \; = \; \underline{R}_\mathrm{d}\,\underline{A}^{*\mathrm{T}} \tag{B.55}$$

gelten, folgt aus (B.53)

$$\underline{M}_\mathrm{d,optimal} \; = \; \underline{R}_\mathrm{d}\,\underline{A}^{*\mathrm{T}}\left(\underline{A}\,\underline{R}_\mathrm{d}\,\underline{A}^{*\mathrm{T}}+\underline{R}_{\underline{n}_\mathrm{d}}\right)^{-1}. \tag{B.56}$$

Unter der Voraussetzung

$$\mathrm{E}\{\underline{d}\} \; = \; \mathbf{0}_{KN} \tag{B.57}$$

folgt

$$\hat{\underline{d}} = \underline{R}_\mathrm{d}\,\underline{A}^{*\mathrm{T}}\left(\underline{A}\,\underline{R}_\mathrm{d}\,\underline{A}^{*\mathrm{T}}+\underline{R}_{\underline{n}_\mathrm{d}}\right)^{-1}\underline{e}_\mathrm{d}. \tag{B.58}$$

Für die Kovarianzmatrix des Schätzfehlers gilt

$$\underline{R}_\Delta \; = \; \mathrm{E}\left\{(\hat{\underline{d}}-\underline{d})\,(\hat{\underline{d}}-\underline{d})^{*\mathrm{T}}\right\}$$

$$= \; \underline{R}_\mathrm{d}-\underline{R}_\mathrm{d}\,\underline{A}^{*\mathrm{T}}\left(\underline{A}\,\underline{R}_\mathrm{d}\,\underline{A}^{*\mathrm{T}}+\underline{R}_{\underline{n}_\mathrm{d}}\right)^{-1}\underline{A}\,\underline{R}_\mathrm{d}. \tag{B.59}$$

Mit dem Lemma der Matrixinversion, siehe zum Beispiel [Mar87, S. 68], folgen die Identitäten

$$\left(\underline{R}_{\mathrm{d}}^{-1} + \underline{A}^{*\mathrm{T}}\,\underline{R}_{\underline{n}_{\mathrm{d}}}^{-1}\,\underline{A}\right)^{-1} = \underline{R}_{\mathrm{d}} - \underline{R}_{\mathrm{d}}\,\underline{A}^{*\mathrm{T}}\left(\underline{A}\,\underline{R}_{\mathrm{d}}\,\underline{A}^{*\mathrm{T}} + \underline{R}_{\underline{n}_{\mathrm{d}}}\right)^{-1}\underline{A}\,\underline{R}_{\mathrm{d}},$$

$$\text{(B.60)}$$

$$\left(\underline{A}\,\underline{R}_{\mathrm{d}}\,\underline{A}^{*\mathrm{T}} + \underline{R}_{\underline{n}_{\mathrm{d}}}\right)^{-1} = \underline{R}_{\underline{n}_{\mathrm{d}}}^{-1} - \underline{R}_{\underline{n}_{\mathrm{d}}}^{-1}\left(\underline{R}_{\underline{n}_{\mathrm{d}}}^{-1} + \left(\underline{A}\,\underline{R}_{\mathrm{d}}\,\underline{A}^{*\mathrm{T}}\right)^{-1}\right)^{-1}\underline{R}_{\underline{n}_{\mathrm{d}}}^{-1}.$$

$$\text{(B.61)}$$

Aus (B.61) erhält man

$$\left(\underline{A}\,\underline{R}_{\mathrm{d}}\,\underline{A}^{*\mathrm{T}} + \underline{R}_{\underline{n}_{\mathrm{d}}}\right)^{-1} = \underline{R}_{\underline{n}_{\mathrm{d}}}^{-1}$$

$$- \left(I_{K_{\mathrm{a}}\cdot(NQ+W-1)} + \left(\underline{A}\,\underline{R}_{\mathrm{d}}\,\underline{A}^{*\mathrm{T}}\right)^{-1}\underline{R}_{\underline{n}_{\mathrm{d}}}\right)^{-1}\cdot$$

$$\cdot\underline{R}_{\underline{n}_{\mathrm{d}}}^{-1}$$

$$= \underline{R}_{\underline{n}_{\mathrm{d}}}^{-1} - \left(\underline{A}\,\underline{R}_{\mathrm{d}}\,\underline{A}^{*\mathrm{T}} + \underline{R}_{\underline{n}_{\mathrm{d}}}\right)^{-1}\underline{A}\,\underline{R}_{\mathrm{d}}\,\underline{A}^{*\mathrm{T}}\,\underline{R}_{\underline{n}_{\mathrm{d}}}^{-1}.$$

$$\text{(B.62)}$$

Wendet man $\underline{R}_{\mathrm{d}}\,\underline{A}^{*\mathrm{T}}$ von links auf (B.62), so ergibt sich mit (B.60)

$$\underline{R}_{\mathrm{d}}\,\underline{A}^{*\mathrm{T}}\left(\underline{A}\,\underline{R}_{\mathrm{d}}\,\underline{A}^{*\mathrm{T}} + \underline{R}_{\underline{n}_{\mathrm{d}}}\right)^{-1} = \underline{R}_{\mathrm{d}}\,\underline{A}^{*\mathrm{T}}\,\underline{R}_{\underline{n}_{\mathrm{d}}}^{-1}$$

$$- \underline{R}_{\mathrm{d}}\,\underline{A}^{*\mathrm{T}}\left(\underline{A}\,\underline{R}_{\mathrm{d}}\,\underline{A}^{*\mathrm{T}} + \underline{R}_{\underline{n}_{\mathrm{d}}}\right)^{-1}\cdot$$

$$\cdot\underline{A}\,\underline{R}_{\mathrm{d}}\,\underline{A}^{*\mathrm{T}}\,\underline{R}_{\underline{n}_{\mathrm{d}}}^{-1}$$

$$= \left(\underline{R}_{\mathrm{d}}\right.$$

$$- \underline{R}_{\mathrm{d}}\,\underline{A}^{*\mathrm{T}}\left(\underline{A}\,\underline{R}_{\mathrm{d}}\,\underline{A}^{*\mathrm{T}} + \underline{R}_{\underline{n}_{\mathrm{d}}}\right)^{-1}\cdot$$

$$\left.\cdot\underline{A}\,\underline{R}_{\mathrm{d}}\right)\cdot$$

$$\cdot\underline{A}^{*\mathrm{T}}\,\underline{R}_{\underline{n}_{\mathrm{d}}}^{-1}$$

$$= \left(\underline{R}_{\mathrm{d}}^{-1} + \underline{A}^{*\mathrm{T}}\, \underline{R}_{\underline{n}_{\mathrm{d}}}^{-1}\, \underline{A}\right)^{-1} \underline{A}^{*\mathrm{T}}\, \underline{R}_{\underline{n}_{\mathrm{d}}}^{-1}.$$

$$\text{(B.63)}$$

Deshalb folgt aus (B.56) und (B.58)

$$\underline{M}_{\mathrm{d,optimal}} = \left(\underline{A}^{*\mathrm{T}}\, \underline{R}_{\underline{n}_{\mathrm{d}}}^{-1}\, \underline{A} + \underline{R}_{\mathrm{d}}^{-1}\right)^{-1} \underline{A}^{*\mathrm{T}}\, \underline{R}_{\underline{n}_{\mathrm{d}}}^{-1}, \qquad \text{(B.64)}$$

$$\underline{\hat{d}} = \left(\underline{A}^{*\mathrm{T}}\, \underline{R}_{\underline{n}_{\mathrm{d}}}^{-1}\, \underline{A} + \underline{R}_{\mathrm{d}}^{-1}\right)^{-1} \underline{A}^{*\mathrm{T}}\, \underline{R}_{\underline{n}_{\mathrm{d}}}^{-1}\, \underline{e}_{\mathrm{d}}. \qquad \text{(B.65)}$$

Dies ist die in Abschnitt 5.3.4 erläuterte Form des MMSE–BLE.

Aus (B.64) ergibt sich weiterhin

$$\underline{M}_{\mathrm{d,optimal}} = \left(\left(\underline{A}^{*\mathrm{T}}\, \underline{R}_{\underline{n}_{\mathrm{d}}}^{-1}\, \underline{A}\right)\left(\underline{I}_{KN} + \left(\underline{A}^{*\mathrm{T}}\, \underline{R}_{\underline{n}_{\mathrm{d}}}^{-1}\, \underline{A}\right)^{-1} \underline{R}_{\mathrm{d}}^{-1}\right)\right)^{-1} \cdot$$

$$\cdot\, \underline{A}^{*\mathrm{T}}\, \underline{R}_{\underline{n}_{\mathrm{d}}}^{-1}$$

$$= \underbrace{\left(\underline{I}_{KN} + \left(\underline{R}_{\mathrm{d}}\, \underline{A}^{*\mathrm{T}}\, \underline{R}_{\underline{n}_{\mathrm{d}}}^{-1}\, \underline{A}\right)^{-1}\right)^{-1}}_{\text{Wiener–Filter } \underline{W}_{\mathrm{o}}} \cdot$$

$$\cdot\, \underbrace{\left(\underline{A}^{*\mathrm{T}}\, \underline{R}_{\underline{n}_{\mathrm{d}}}^{-1}\, \underline{A}\right)^{-1} \underline{A}^{*\mathrm{T}}\, \underline{R}_{\underline{n}_{\mathrm{d}}}^{-1}}_{\text{ZF–BLE}}.$$

$$\text{(B.66)}$$

Der MMSE–BLE besteht also aus einem ZF–BLE und einem dem ZF–BLE nachgeschalteten Wiener–Filter [Wha71, S. 373]. Deshalb enthält der MMSE–BLE wie der ZF–BLE ein dekorrelierendes weißgemachtes signalangepaßtes Filter und einem linearen Interferenzeliminierer, siehe (B.43).

B.4 Datendetektoren mit quantisierter Rückkopplung

B.4.1 Prinzip

Das Prinzip der Datendetektion mit quantisierter Rückkopplung ist in Bild B.1 gezeigt. Prinzipiell ergibt sich nach Bild B.1 und nach (5.46)

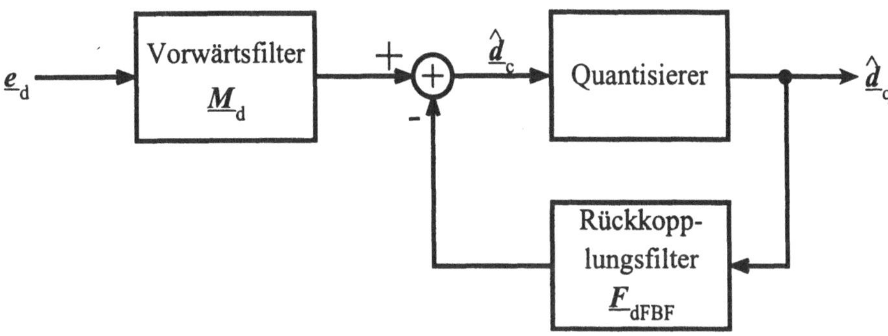

Bild B.1. Struktur eines Datendetektors mit quantisierter Rückkopplung (nachempfunden [Kle96, Bild 2.13])

$$\hat{\underline{d}}_\mathrm{c} = \underline{M}_\mathrm{d}\,\underline{e}_\mathrm{d} - \underline{F}_\mathrm{dFBF}\,\hat{\underline{d}}_\mathrm{q} = \underbrace{\underline{M}_\mathrm{d}\,\underline{A}}_{\underline{F}_\mathrm{d}}\,\underline{d} - \underline{F}_\mathrm{dFBF}\,\hat{\underline{d}}_\mathrm{q} + \underline{M}_\mathrm{d}\,\underline{n}_\mathrm{d}$$

$$= \underline{F}_\mathrm{d}\,\underline{d} - \underline{F}_\mathrm{dFBF}\,\hat{\underline{d}}_\mathrm{q} + \underline{M}_\mathrm{d}\,\underline{n}_\mathrm{d}. \tag{B.67}$$

Das Filter mit der Matrix $\underline{M}_\mathrm{d}$ heißt Vorwärtsfilter (FFF, Feedforward Transversal Filter) und das Filter mit der Matrix $\underline{F}_\mathrm{dFBF}$ heißt Rückkopplungsfilter (FBF, Feedback Transversal Filter) [Pro95, S. 621].

B.4.2 Herleitung des ZF–BDFE

Aus (B.43) folgt

$$\underline{H}\,\hat{\underline{d}}_\mathrm{c} = \underbrace{\underline{\Sigma}^{-1}}_{\text{Normierungsfilter}} \underbrace{\left(\underline{H}^{*\mathrm{T}}\,\underline{\Sigma}\right)^{-1}}_{\text{Whitening–Filter}} \underbrace{\underline{A}^{*\mathrm{T}}\,\underline{R}_{\underline{n}_\mathrm{d}}^{-1}}_{\text{DMF}}\,\underline{e}_\mathrm{d} \tag{B.68}$$

Addiert man auf der linken Seite von (B.68) $\mathbf{0}_{KN} = -\mathbf{I}_{KN}\,\hat{\underline{d}}_{\mathrm{c}} + \hat{\underline{d}}_{\mathrm{c}}$, so ergibt sich

$$
\begin{aligned}
\underline{H}\,\hat{\underline{d}}_{\mathrm{c}} - \mathbf{I}_{KN}\,\hat{\underline{d}}_{\mathrm{c}} + \hat{\underline{d}}_{\mathrm{c}} &= \Sigma^{-1}\left(\underline{H}^{*\mathrm{T}}\,\Sigma\right)^{-1}\underline{A}^{*\mathrm{T}}\,\underline{R}_{\underline{n}_{\mathrm{d}}}^{-1}\,\underline{e}_{\mathrm{d}} \\
\Longleftrightarrow (\underline{H} - \mathbf{I}_{KN})\,\hat{\underline{d}}_{\mathrm{c}} + \hat{\underline{d}}_{\mathrm{c}} &= \Sigma^{-1}\left(\underline{H}^{*\mathrm{T}}\,\Sigma\right)^{-1}\underline{A}^{*\mathrm{T}}\,\underline{R}_{\underline{n}_{\mathrm{d}}}^{-1}\,\underline{e}_{\mathrm{d}} \\
\Longleftrightarrow \hat{\underline{d}}_{\mathrm{c}} &= \Sigma^{-1}\left(\underline{H}^{*\mathrm{T}}\,\Sigma\right)^{-1}\underline{A}^{*\mathrm{T}}\,\underline{R}_{\underline{n}_{\mathrm{d}}}^{-1}\,\underline{e}_{\mathrm{d}} - (\underline{H} - \mathbf{I}_{KN})\,\hat{\underline{d}}_{\mathrm{c}}.
\end{aligned}
\tag{B.69}
$$

Ersetzt man $\hat{\underline{d}}_{\mathrm{c}}$ auf der rechten Seite von (B.69) durch $\hat{\underline{d}}_{\mathrm{q}}$, so ergibt sich

$$
\hat{\underline{d}}_{\mathrm{c}} = \underbrace{\Sigma^{-1}\left(\underline{H}^{*\mathrm{T}}\,\Sigma\right)^{-1}\underline{A}^{*\mathrm{T}}\,\underline{R}_{\underline{n}_{\mathrm{d}}}^{-1}}_{\underline{M}_{\mathrm{d}}}\,\underline{e}_{\mathrm{d}} - \underbrace{(\underline{H} - \mathbf{I}_{KN})}_{\underline{F}_{\mathrm{dFBF}}}\,\hat{\underline{d}}_{\mathrm{q}}
\tag{B.70}
$$

Gemäß (B.67) gilt also

$$
\underline{M}_{\mathrm{d}} = \Sigma^{-1}\left(\underline{H}^{*\mathrm{T}}\,\Sigma\right)^{-1}\underline{A}^{*\mathrm{T}}\,\underline{R}_{\underline{n}_{\mathrm{d}}}^{-1}
\tag{B.71}
$$

$$
\underline{F}_{\mathrm{dFBF}} = \underline{H} - \mathbf{I}_{KN}.
\tag{B.72}
$$

Die Darstellung (B.70) ist lediglich eine nicht komponentenorientierte Variante der in Kapitel 5.3.4 benutzten Schreibweise.

Bild B.2 verdeutlicht die Arbeitsweise des ZF–BDFE. Vektoren und Matrizen werden in Bild B.2 gemäß ihrer Dimension durch verschieden große Rechtecke und Quadrate symbolisiert. Bekannte Komponenten von Vektoren oder Matrizen erscheinen in Bild B.2 als gerasterte Flächen. Die Matrix $\left(\underline{A}^{*\mathrm{T}}\,\underline{R}_{\underline{n}_{\mathrm{d}}}^{-1}\,\underline{A}\right)$ wird durch Cholesky–Zerlegung und anschließender Schurzerlegung in das Produkt einer unteren Dreiecksmatrix $\underline{H}^{*\mathrm{T}}$ und einer oberen Dreiecksmatrix $\left(\Sigma^2\,\underline{H}\right)$ überführt.

Der Vektor $\underline{e}'_{\mathrm{d}}$ ergibt sich aus dem Matrix–Vektor–Produkt von $\left(\underline{A}^{*\mathrm{T}}\,\underline{R}_{\underline{n}_{\mathrm{d}}}^{-1}\right)$ und $\underline{e}_{\mathrm{d}}$. Der unbekannte Vektor $\underline{z}$, der aus dem Matrix–Vektor–Produkt von $\left(\Sigma^2\,\underline{H}\right)$ und $\hat{\underline{d}}$ besteht, kann durch das rekursive Auflösen eines trivialen Gleichungssystems, beginnend mit der ersten Komponente von $\underline{z}$, bestimmt werden. Dieses rekursive Auflösen des Gleichungssystems wird in Bild B.2 durch einen von oben nach unten gerichteten Pfeil verdeutlicht.

Mit Hilfe des nun bekannten Vektors $\underline{z}$ werden die Komponenten des Vektors $\hat{\underline{d}}$ aus einem zweiten trivialen Gleichungssystem, beginnend mit der letzten Komponente von $\hat{\underline{d}}$, rekursiv bestimmt. Bei Datendetektoren mit quantisierter Rückkopplung,

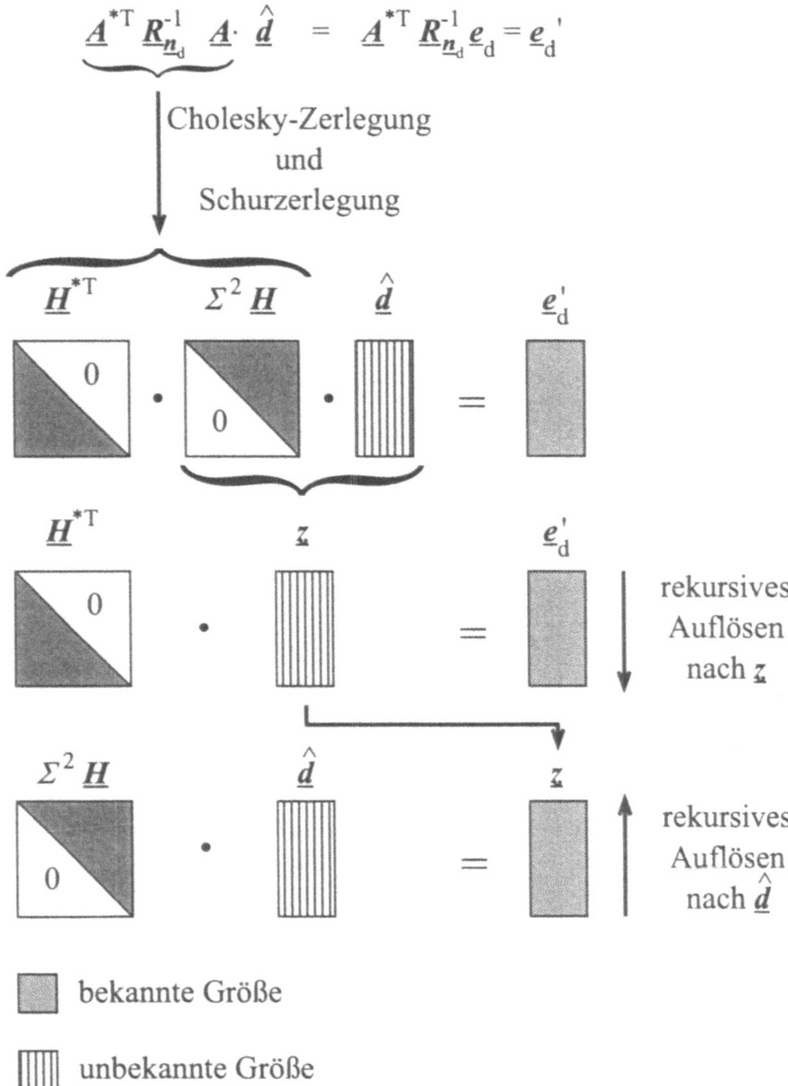

Bild B.2. Arbeitsweise des ZF–BDFE (nachempfunden [Kle96, Bild 2.18])

wie dem ZF–BDFE und dem in Abschnitt B.4.3 betrachteten MMSE–BDFE, werden bereits bestimmte Komponenten von $\hat{\underline{d}}$ beim rekursiven Auflösen des zweiten trivialen Gleichungssystems quantisiert, bevor sie zur Bestimmung weiterer Komponenten herangezogen werden. Wegen der ohnehin notwendigen Quantisierung der Komponenten von $\hat{\underline{d}}$ verursacht das Prinzip der quantisierten Rückkopplung bei der beim Datendetektion keinen Mehraufwand gegenüber den entsprechenden linearen Datendetektoren.

B.4.3   Herleitung des MMSE–BDFE

Der MMSE–BDFE ergibt sich in analoger Weise zum ZF–BDFE, siehe Abschnitt B.4.2. Man erhält mit (5.61b)

$$\hat{\underline{d}}_{\mathrm{c}} = \underbrace{\underline{\Sigma}'^{-1} \left(\underline{H}'^{*\mathrm{T}} \underline{\Sigma}'\right)^{-1} \underline{A}^{*\mathrm{T}} \underline{R}_{\underline{n}_{\mathrm{d}}}^{-1}}_{\underline{M}_{\mathrm{d}}} \underline{e}_{\mathrm{d}} - \underbrace{(\underline{H}' - \underline{I}_{KN})}_{\underline{F}_{\mathrm{dFBF}}} \hat{\underline{d}}_{\mathrm{q}} \qquad (\mathrm{B.73})$$

und somit

$$\underline{M}_{\mathrm{d}} = \underline{\Sigma}'^{-1} \left(\underline{H}'^{*\mathrm{T}} \underline{\Sigma}'\right)^{-1} \underline{A}^{*\mathrm{T}} \underline{R}_{\underline{n}_{\mathrm{d}}}^{-1}, \qquad (\mathrm{B.74})$$

$$\underline{F}_{\mathrm{dFBF}} = \underline{H}' - \underline{I}_{KN}. \qquad (\mathrm{B.75})$$

Die Arbeitsweise des MMSE–BDFE ist derjenigen des ZF–BDFE identisch, vergleiche Bild B.2.

Anhang C
Bestimmen des Signal–Stör–Verhältnisses am Datendetektorausgang

C.1 Lineare Datendetektoren

C.1.1 Vorgehensweise

In diesem Abschnitt C.1.1 wird eine Vorgehensweise zum Bestimmen des Signal–Stör–Verhältnisses am Ausgang eines linearen Datendetektors mit der Matrix $\underline{M}_{\mathrm{d}}$ vorgestellt. Lineare Datendetektoren basieren gemäß Abschnitt 5.3, (5.46) und (5.58), auf der allgemeinen Beziehung

$$
\hat{\underline{d}} = \underline{M}_{\mathrm{d}}\,\underline{e}_{\mathrm{d}}
$$

$$
= \underbrace{\underline{M}_{\mathrm{d}}\,\underline{A}}_{\underline{F}_{\mathrm{d}}}\,\underline{d} + \underline{M}_{\mathrm{d}}\,\underline{n}_{\mathrm{d}}
$$

$$
= \underline{F}_{\mathrm{d}}\,\underline{d} + \underline{M}_{\mathrm{d}}\,\underline{n}_{\mathrm{d}} \tag{C.1}
$$

Das Signal–Stör–Verhältnis am Ausgang des Datendetektors ist

$$
\gamma_{\mathrm{a}}(\nu) = \frac{\hat{e}_{\nu}^{\mathrm{T}}\,\mathrm{E}\left\{\hat{\underline{d}}\,\hat{\underline{d}}^{*\mathrm{T}}\right\}\hat{e}_{\nu}\Big|_{\underline{d} = d_{\nu}\,\cdot\,\hat{e}_{\nu},\ \underline{n}_{\mathrm{d}} = \mathbf{0}_{K_{\mathrm{a}}\cdot(NQ+W-1)}}}{\hat{e}_{\nu}^{\mathrm{T}}\,\mathrm{E}\left\{\hat{\underline{d}}\,\hat{\underline{d}}^{*\mathrm{T}}\right\}\hat{e}_{\nu}\Big|_{\underline{d}_{\nu} = 0}}, \tag{C.2}
$$

$$
\nu = N\cdot(k-1) + n, \quad k = 1\cdots K, \quad n = 1\cdots N.
$$

Der Zähler von $\gamma_{\mathrm{a}}(\nu)$ nach (C.2) läßt sich folgendermaßen ausdrücken:

$$
Z(\nu) = \hat{e}_{\nu}^{\mathrm{T}}\,\mathrm{E}\left\{\hat{\underline{d}}\,\hat{\underline{d}}^{*\mathrm{T}}\right\}\hat{e}_{\nu}\Big|_{\underline{d} = d_{\nu}\,\cdot\,\hat{e}_{\nu},\ \underline{n}_{\mathrm{d}} = \mathbf{0}_{K_{\mathrm{a}}\cdot(NQ+W-1)}}
$$

$$= \hat{e}_\nu^{\mathrm{T}} \underline{F}_{\mathrm{d}}\, \hat{e}_\nu\, \mathrm{E}\left\{|\underline{d}_\nu|^2\right\} \hat{e}_\nu^{\mathrm{T}} \underline{F}_{\mathrm{d}}^{*\mathrm{T}} \hat{e}_\nu$$

$$= \mathrm{E}\left\{|\underline{d}_\nu|^2\right\} |[\underline{F}_{\mathrm{d}}]_{\nu,\nu}|^2 ,$$
$$\nu = N \cdot (k-1) + n, \quad k = 1\cdots K, \quad n = 1\cdots N. \tag{C.3}$$

Für den Nenner, der sich aus dem Einfluß von ISI, MAI und Störung ergibt, erhält man mit (C.1) und

$$\underline{d}_{\mathrm{S}} = \underline{d} - \underline{d}_\nu \cdot \hat{e}_\nu \tag{C.4}$$

die nachstehenden Beziehungen:

$$\hat{\underline{d}}_{\mathrm{S}} = \underline{F}_{\mathrm{d}}\, \underline{d} - \underline{F}_{\mathrm{d}}\, \hat{e}_\nu\, \underline{d}_\nu + \underline{M}_{\mathrm{d}}\, \underline{n}_{\mathrm{d}}, \tag{C.5}$$

$$\hat{\underline{d}}_{\mathrm{S}}^{*\mathrm{T}} = \underline{d}^{*\mathrm{T}} \underline{F}_{\mathrm{d}}^{*\mathrm{T}} - \hat{e}_\nu^{\mathrm{T}} \underline{F}_{\mathrm{d}}^{*\mathrm{T}} \underline{d}_\nu^* + \underline{n}_{\mathrm{d}}^{*\mathrm{T}} \underline{M}_{\mathrm{d}}^{*\mathrm{T}}. \tag{C.6}$$

Es gilt deshalb

$$\begin{aligned}
\hat{\underline{d}}_{\mathrm{S}}\, \hat{\underline{d}}_{\mathrm{S}}^{*\mathrm{T}} = {}& \underline{F}_{\mathrm{d}}\, \underline{d}\, \underline{d}^{*\mathrm{T}} \underline{F}_{\mathrm{d}}^{*\mathrm{T}} \\
& -\underline{F}_{\mathrm{d}}\, \underline{d}\, \underline{d}_\nu^*\, \hat{e}_\nu^{\mathrm{T}} \underline{F}_{\mathrm{d}}^{*\mathrm{T}} \\
& +\underline{F}_{\mathrm{d}}\, \underline{d}\, \underline{n}_{\mathrm{d}}^{*\mathrm{T}} \underline{M}_{\mathrm{d}}^{*\mathrm{T}} \\
& -\underline{F}_{\mathrm{d}}\, \hat{e}_\nu\, \underline{d}_\nu\, \underline{d}^{*\mathrm{T}} \underline{F}_{\mathrm{d}}^{*\mathrm{T}} \\
& +\underline{F}_{\mathrm{d}}\, \hat{e}_\nu\, |\underline{d}_\nu|^2\, \hat{e}_\nu^{\mathrm{T}} \underline{F}_{\mathrm{d}}^{*\mathrm{T}} \\
& -\underline{F}_{\mathrm{d}}\, \hat{e}_\nu\, \underline{d}_\nu\, \underline{n}_{\mathrm{d}}^{*\mathrm{T}} \underline{M}_{\mathrm{d}}^{*\mathrm{T}} \\
& +\underline{M}_{\mathrm{d}}\, \underline{n}_{\mathrm{d}}\, \underline{d}^{*\mathrm{T}} \underline{F}_{\mathrm{d}}^{*\mathrm{T}} \\
& -\underline{M}_{\mathrm{d}}\, \underline{n}_{\mathrm{d}}\, \hat{e}_\nu^{\mathrm{T}} \underline{F}_{\mathrm{d}}^{*\mathrm{T}} \underline{d}_\nu^* \\
& +\underline{M}_{\mathrm{d}}\, \underline{n}_{\mathrm{d}}\, \underline{n}_{\mathrm{d}}^{*\mathrm{T}} \underline{M}_{\mathrm{d}}^{*\mathrm{T}}.
\end{aligned} \tag{C.7}$$

Mit

$$\underline{d}_\nu^* = \underline{d}^{*\mathrm{T}} \hat{e}_\nu \tag{C.8}$$

folgen die Identitäten

$$\mathrm{E}\left\{\underline{d}\, \underline{d}_\nu^*\right\} \hat{e}_\nu^{\mathrm{T}} = \mathrm{E}\left\{\underline{d}\, \underline{d}^{*\mathrm{T}}\right\} \hat{e}_\nu\, \hat{e}_\nu^{\mathrm{T}} = \underline{R}_{\mathrm{d}}\, \hat{e}_\nu\, \hat{e}_\nu^{\mathrm{T}}, \tag{C.9}$$

$$\hat{e}_\nu\, \mathrm{E}\left\{\underline{d}_\nu\, \underline{d}^{*\mathrm{T}}\right\} = \hat{e}_\nu\, \hat{e}_\nu^{\mathrm{T}} \mathrm{E}\left\{\underline{d}\, \underline{d}^{*\mathrm{T}}\right\} = \hat{e}_\nu\, \hat{e}_\nu^{\mathrm{T}} \underline{R}_{\mathrm{d}}. \tag{C.10}$$

Aus (C.7), (C.9) und (C.10) folgt für den Nenner in (C.2)

$$\begin{aligned}
N(\nu) = {}& \hat{e}_\nu^{\mathrm{T}} \mathrm{E}\left\{\hat{\underline{d}}_{\mathrm{S}}\, \hat{\underline{d}}_{\mathrm{S}}^{*\mathrm{T}}\right\} \hat{e}_\nu \\
= {}& [\underline{F}_{\mathrm{d}}\, \underline{R}_{\mathrm{d}}\, \underline{F}_{\mathrm{d}}^{*\mathrm{T}}]_{\nu,\nu} \\
& -[\underline{F}_{\mathrm{d}}\, \underline{R}_{\mathrm{d}}]_{\nu,\nu}\, [\underline{F}_{\mathrm{d}}]_{\nu,\nu}^*
\end{aligned}$$

$$
\begin{aligned}
&+0 \\
&-[\underline{\boldsymbol{F}}_{\mathrm{d}}\,\underline{\boldsymbol{R}}_{\mathrm{d}}]^{*}_{\nu,\nu}\,[\underline{\boldsymbol{F}}_{\mathrm{d}}]_{\nu,\nu} \\
&+\mathrm{E}\left\{|\underline{d}_{\nu}|^{2}\right\}\,\left|[\underline{\boldsymbol{F}}_{\mathrm{d}}]_{\nu,\nu}\right|^{2} \\
&-0 \\
&+0 \\
&-0 \\
&+[\underline{\boldsymbol{M}}_{\mathrm{d}}\,\underline{\boldsymbol{R}}_{\underline{\boldsymbol{n}}_{\mathrm{d}}}\,\underline{\boldsymbol{M}}_{\mathrm{d}}^{*\mathrm{T}}]_{\nu,\nu} \\
=\ &[\underline{\boldsymbol{F}}_{\mathrm{d}}\,\underline{\boldsymbol{R}}_{\mathrm{d}}\,\underline{\boldsymbol{F}}_{\mathrm{d}}^{*\mathrm{T}}]_{\nu,\nu}-2\mathrm{Re}\left\{[\underline{\boldsymbol{F}}_{\mathrm{d}}\,\underline{\boldsymbol{R}}_{\mathrm{d}}]_{\nu,\nu}\,[\underline{\boldsymbol{F}}_{\mathrm{d}}]^{*}_{\nu,\nu}\right\} \\
&+\mathrm{E}\left\{|\underline{d}_{\nu}|^{2}\right\}\,\left|[\underline{\boldsymbol{F}}_{\mathrm{d}}]_{\nu,\nu}\right|^{2}+[\underline{\boldsymbol{M}}_{\mathrm{d}}\,\underline{\boldsymbol{R}}_{\underline{\boldsymbol{n}}_{\mathrm{d}}}\,\underline{\boldsymbol{M}}_{\mathrm{d}}^{*\mathrm{T}}]_{\nu,\nu}, \\
&\nu = N\cdot(k-1)+n,\quad k=1\cdots K,\quad n=1\cdots N.
\end{aligned}
\tag{C.11}
$$

Mit (C.3) und (C.11) folgt

$$
\gamma_{\mathrm{a}}(\nu)=\frac{\mathrm{E}\left\{|\underline{d}_{\nu}|^{2}\right\}\,\left|[\underline{\boldsymbol{F}}_{\mathrm{d}}]_{\nu,\nu}\right|^{2}}{\left(\begin{aligned}&[\underline{\boldsymbol{F}}_{\mathrm{d}}\,\underline{\boldsymbol{R}}_{\mathrm{d}}\,\underline{\boldsymbol{F}}_{\mathrm{d}}^{*\mathrm{T}}]_{\nu,\nu}\\&\quad-2\mathrm{Re}\left\{[\underline{\boldsymbol{F}}_{\mathrm{d}}\,\underline{\boldsymbol{R}}_{\mathrm{d}}]_{\nu,\nu}\,[\underline{\boldsymbol{F}}_{\mathrm{d}}]^{*}_{\nu,\nu}\right\}\\&\qquad+\mathrm{E}\left\{|\underline{d}_{\nu}|^{2}\right\}\,\left|[\underline{\boldsymbol{F}}_{\mathrm{d}}]_{\nu,\nu}\right|^{2}\\&\qquad\quad+[\underline{\boldsymbol{M}}_{\mathrm{d}}\,\underline{\boldsymbol{R}}_{\underline{\boldsymbol{n}}_{\mathrm{d}}}\,\underline{\boldsymbol{M}}_{\mathrm{d}}^{*\mathrm{T}}]_{\nu,\nu}\end{aligned}\right)}
$$
$$
\nu = N\cdot(k-1)+n,\quad k=1\cdots K,\quad n=1\cdots N.
\tag{C.12}
$$

aus (C.2).

C.1.2 Dekorrelierendes signalangepaßtes Filter

Beim dekorrelierenden signalangepaßten Filter gilt gemäß (B.27)

$$
\underline{\boldsymbol{M}}_{\mathrm{d}}'' = L^{-1}\,\underline{\boldsymbol{A}}^{*\mathrm{T}}\,\underline{\boldsymbol{R}}_{\underline{\boldsymbol{n}}_{\mathrm{d}}}^{-1},
\tag{C.13}
$$

$$
\underline{\boldsymbol{F}}_{\mathrm{d}} = L^{-1}\,\underline{\boldsymbol{A}}^{*\mathrm{T}}\,\underline{\boldsymbol{R}}_{\underline{\boldsymbol{n}}_{\mathrm{d}}}^{-1}\,\underline{\boldsymbol{A}}.
\tag{C.14}
$$

Daher gilt

$$
\gamma_{\mathrm{a}}(\nu)=\frac{\mathrm{E}\left\{|\underline{d}_{\nu}|^{2}\right\}\,\left([\underline{\boldsymbol{A}}^{*\mathrm{T}}\,\underline{\boldsymbol{R}}_{\underline{\boldsymbol{n}}_{\mathrm{d}}}^{-1}\,\underline{\boldsymbol{A}}]_{\nu,\nu}\right)^{2}}{\left(\begin{aligned}&[\underline{\boldsymbol{A}}^{*\mathrm{T}}\,\underline{\boldsymbol{R}}_{\underline{\boldsymbol{n}}_{\mathrm{d}}}^{-1}\,\underline{\boldsymbol{A}}\,\underline{\boldsymbol{R}}_{\mathrm{d}}\,\underline{\boldsymbol{A}}^{*\mathrm{T}}\,\underline{\boldsymbol{R}}_{\underline{\boldsymbol{n}}_{\mathrm{d}}}^{-1}\,\underline{\boldsymbol{A}}]_{\nu,\nu}\\&\ +\left(1-2\mathrm{Re}\left\{[\underline{\boldsymbol{A}}^{*\mathrm{T}}\,\underline{\boldsymbol{R}}_{\underline{\boldsymbol{n}}_{\mathrm{d}}}^{-1}\,\underline{\boldsymbol{A}}\,\underline{\boldsymbol{R}}_{\mathrm{d}}]_{\nu,\nu}\right\}\right)[\underline{\boldsymbol{A}}^{*\mathrm{T}}\,\underline{\boldsymbol{R}}_{\underline{\boldsymbol{n}}_{\mathrm{d}}}^{-1}\,\underline{\boldsymbol{A}}]_{\nu,\nu}\\&\quad+\mathrm{E}\left\{|\underline{d}_{\nu}|^{2}\right\}\,\left([\underline{\boldsymbol{A}}^{*\mathrm{T}}\,\underline{\boldsymbol{R}}_{\underline{\boldsymbol{n}}_{\mathrm{d}}}^{-1}\,\underline{\boldsymbol{A}}]_{\nu,\nu}\right)^{2}\end{aligned}\right)}
$$
$$
\nu = N\cdot(k-1)+n,\quad k=1\cdots K,\quad n=1\cdots N.
\tag{C.15}
$$

C.1.3   ZF–BLE

Beim ZF–BLE ergibt sich nach Abschnitt 5.3.4

$$\underline{M}_{\mathrm{d}} = \left(\underline{A}^{*\mathrm{T}}\,\underline{R}_{\underline{n}_{\mathrm{d}}}^{-1}\,\underline{A}\right)^{-1}\underline{A}^{*\mathrm{T}}\,\underline{R}_{\underline{n}_{\mathrm{d}}}^{-1}, \tag{C.16}$$

$$\underline{F}_{\mathrm{d}} = \underline{I}_{KN}. \tag{C.17}$$

Daher gilt

$$\gamma_{\mathrm{a}}(\nu) = \frac{\mathrm{E}\left\{|\underline{d}_{\nu}|^2\right\}}{\left[\left(\underline{A}^{*\mathrm{T}}\,\underline{R}_{\underline{n}_{\mathrm{d}}}^{-1}\,\underline{A}\right)^{-1}\right]_{\nu,\nu}}$$

$$\nu = N\cdot(k-1)+n, \quad k = 1\cdots K, \quad n = 1\cdots N. \tag{C.18}$$

C.1.4   MMSE–BLE

Beim MMSE–BLE erhält man nach Abschnitt 5.3.4

$$\underline{M}_{\mathrm{d}} = \underbrace{\left(\underline{I}_{KN} + \left(\underline{R}_{\mathrm{d}}\,\underline{A}^{*\mathrm{T}}\,\underline{R}_{\underline{n}_{\mathrm{d}}}^{-1}\,\underline{A}\right)^{-1}\right)^{-1}}_{\underline{W}_{\mathrm{o}}}\underbrace{\left(\underline{A}^{*\mathrm{T}}\,\underline{R}_{\underline{n}_{\mathrm{d}}}^{-1}\,\underline{A}\right)^{-1}\underline{A}^{*\mathrm{T}}\,\underline{R}_{\underline{n}_{\mathrm{d}}}^{-1}}_{\text{ZF–BLE}},$$

$$\tag{C.19}$$

$$\underline{F}_{\mathrm{d}} = \underline{W}_{\mathrm{o}}. \tag{C.20}$$

Daher gilt

$$\gamma_{\mathrm{a}}(\nu) = \frac{\mathrm{E}\left\{|\underline{d}_{\nu}|^2\right\}\,|[\underline{W}_{\mathrm{o}}]_{\nu,\nu}|^2}{[\underline{W}_{\mathrm{o}}\,\underline{R}_{\mathrm{d}}]_{\nu,\nu} - 2\mathrm{Re}\left\{[\underline{W}_{\mathrm{o}}\,\underline{R}_{\mathrm{d}}]_{\nu,\nu}\,[\underline{W}_{\mathrm{o}}]_{\nu,\nu}^{*}\right\} + \mathrm{E}\left\{|\underline{d}_{\nu}|^2\right\}\,|[\underline{W}_{\mathrm{o}}]_{\nu,\nu}|^2}$$

$$\nu = N\cdot(k-1)+n, \quad k = 1\cdots K, \quad n = 1\cdots N. \tag{C.21}$$

C.2 Datendetektoren mit quantisierter Rückkopplung

C.2.1 Vorbemerkung

Im vorliegenden Abschnitt C.2 werden obere Schranken $\gamma_{a,max}(\nu)$ des Signal–Stör–Verhältnisses am Ausgang des ZF–BDFE und des MMSE–BDFE bestimmt. Diese oberen Schranken $\gamma_{a,max}(\nu)$ gelten, wenn keine Fehlerfortpflanzung bei der Datendetektion vorkommt. Dazu werden die Gleichungen, welche ZF–BDFE und MMSE–BDFE beschreiben, auf die in (C.1) angegebene Struktur zurückgeführt und danach die in Abschnitt C.1.1 vorgestellte Vorgehensweise angewendet.

C.2.2 ZF–BDFE

Mit

$$\underline{M}_d = \underline{\Sigma}^{-1} \left(\underline{H}^{*T} \underline{\Sigma} \right)^{-1} \underline{A}^{*T} \underline{R}_{\underline{n}_d}^{-1} = \underline{H} \left(\underline{A}^{*T} \underline{R}_{\underline{n}_d}^{-1} \underline{A} \right)^{-1} \underline{A}^{*T} \underline{R}_{\underline{n}_d}^{-1} \underline{e}_d \tag{C.22}$$

folgt allgemein aus (B.70)

$$\begin{aligned}
\hat{\underline{d}} &= \underline{M}_d \underline{A} \underline{d} + \underline{M}_d \underline{n}_d - (\underline{H} - \underline{I}_{KN}) \hat{\underline{d}}_q \\
&= \underline{H} \underline{d} - \underline{d} + \underline{d} - (\underline{H} - \underline{I}_{KN}) \hat{\underline{d}}_q + \underline{M}_d \underline{n}_d \\
&= (\underline{H} - \underline{I}_{KN}) \underline{d} - (\underline{H} - \underline{I}_{KN}) \hat{\underline{d}}_q + \underline{d} + \underline{M}_d \underline{n}_d \\
&= (\underline{H} - \underline{I}_{KN})(\underline{d} - \hat{\underline{d}}_q) + \underline{d} + \underline{M}_d \underline{n}_d.
\end{aligned} \tag{C.23}$$

Für den optimistischen Fall fehlender Fehlerfortpflanzung gilt

$$\underline{d} = \hat{\underline{d}}_q, \tag{C.24}$$

und (C.23) reduziert sich zu

$$\hat{\underline{d}} = \underline{d} + \underline{M}_d \underline{n}_d. \tag{C.25}$$

Der Vergleich mit (C.1) liefert

$$\underline{F}_d = \underline{I}_{KN}. \tag{C.26}$$

Deshalb folgt mit (B.70) und (C.12)

$$\begin{aligned}
\gamma_{a,max}(\nu) &= E\left\{ |\underline{d}_\nu|^2 \right\} \left([\underline{\Sigma}]_{\nu,\nu} \right)^2, \\
\nu &= N \cdot (k-1) + n, \quad k = 1 \cdots K, \quad n = 1 \cdots N.
\end{aligned} \tag{C.27}$$

C.2.3 MMSE–BDFE

Mit

$$
\begin{aligned}
\underline{M}_{\mathrm{d}} &= \underline{\Sigma}'^{-1} \left(\underline{H}'^{*\mathrm{T}} \underline{\Sigma}' \right)^{-1} \underline{A}^{*\mathrm{T}} \underline{R}_{\underline{n}_{\mathrm{d}}}^{-1} \\
&= \underline{H}' \left(\underline{A}^{*\mathrm{T}} \underline{R}_{\underline{n}_{\mathrm{d}}}^{-1} \underline{A} + \underline{R}_{\mathrm{d}}^{-1} \right)^{-1} \underline{A}^{*\mathrm{T}} \underline{R}_{\underline{n}_{\mathrm{d}}}^{-1}
\end{aligned}
\tag{C.28}
$$

erhält man aus (B.73)

$$
\begin{aligned}
\underline{\hat{d}}\Big|_{\underline{d}=\underline{\hat{d}}_{\mathrm{q}}} &= \underline{M}_{\mathrm{d}} \underline{A}\, \underline{d} + \underline{M}_{\mathrm{d}}\, \underline{n}_{\mathrm{d}} - (\underline{H}' - I_{KN})\underline{\hat{d}}_{\mathrm{q}}\Big|_{\underline{d}=\underline{\hat{d}}_{\mathrm{q}}} \\
&= \left(\underline{M}_{\mathrm{d}} \underline{A} - (\underline{H}' - I_{KN}) \right) \underline{d} + (\underline{H}' - I_{KN})\,(\underline{d} - \underline{\hat{d}}_{\mathrm{q}}) + \underline{M}_{\mathrm{d}}\, \underline{n}_{\mathrm{d}}\Big|_{\underline{d}=\underline{\hat{d}}_{\mathrm{q}}} \\
&= \left(\underline{M}_{\mathrm{d}} \underline{A} - \underline{H}' + I_{KN} \right) \underline{d} + \underline{M}_{\mathrm{d}}\, \underline{n}_{\mathrm{d}}.
\end{aligned}
\tag{C.29}
$$

Der Vergleich mit (C.1) liefert hier

$$
\underline{F}_{\mathrm{d}} = \left(\underline{M}_{\mathrm{d}} \underline{A} - \underline{H}' + I_{KN} \right)
\tag{C.30}
$$

und somit

$$
\begin{aligned}
\gamma_{\mathrm{a,max}}(\nu) &= \\
&= \frac{ \mathrm{E}\left\{ |\underline{d}_\nu|^2 \right\} \left| \left([\underline{\Sigma}']_{\nu,\nu} \right)^2 - [(\underline{H}'\, \underline{R}_{\mathrm{d}})^{-1}]_{\nu,\nu} \right|^2 }{ \mathrm{E}\left\{ |\underline{d}_\nu|^2 \right\} \left| [(\underline{H}'\, \underline{R}_{\mathrm{d}})^{-1}]_{\nu,\nu} \right|^2 - 2\mathrm{Re}\left\{ [(\underline{H}'\, \underline{R}_{\mathrm{d}})^{-1}]_{\nu,\nu} \right\} + \left([\underline{\Sigma}']_{\nu,\nu} \right)^2 }, \\
&\quad \nu = N \cdot (k-1) + n, \quad k = 1 \cdots K, \quad n = 1 \cdots N.
\end{aligned}
\tag{C.31}
$$

Anhang D
Maximum–Likelihood–Folgenschätzer

D.1 Forney–Metrik

Im vorliegenden Abschnitt wird der ML–Folgenschätzer für normalverteilte, mittelwertfreie Störung hergeleitet. Für $p(\underline{e}_d|\underline{d})$ gilt [Kay93, S. 529]

$$p(\underline{e}_d|\underline{d}) \;=\; \frac{1}{\pi^{K_a \cdot (NQ+W-1)} \det\{\underline{R}_{\underline{n}_d}\}}$$
$$\cdot \exp\left\{-(\underline{e}_d - \underline{A}\,\underline{d})^{*T}\, \underline{R}_{\underline{n}_d}^{-1}\, (\underline{e}_d - \underline{A}\,\underline{d})\right\}. \tag{D.1}$$

Die Maximierung gemäß (5.54) ist wegen der Konstanz des Vorfaktors $1/(\pi^{K_a \cdot (NQ+W-1)} \det\{\underline{R}_{\underline{n}_d}\})$ und der strengen Monotonie der Exponentialfunktion gleichbedeutend mit der Minimierung des Arguments

$$J(\underline{d}) \;=\; (\underline{e}_d - \underline{A}\,\underline{d})^{*T}\, \underline{R}_{\underline{n}_d}^{-1}\, (\underline{e}_d - \underline{A}\,\underline{d}) \tag{D.2}$$

der Exponentialfunktion in (D.1). Mit der Cholesky–Zerlegung

$$\underline{R}_{\underline{n}_d}^{-1} \;=\; \underline{L}_{\underline{n}_d}^{*T}\, \underline{L}_{\underline{n}_d} \tag{D.3}$$

ergibt sich das Dekorrelationsfilter (DF, Decorrelating Filter) mit der $K_a \cdot (NQ + W - 1) \times K_a \cdot (NQ + W - 1)$–Matrix $\underline{L}_{\underline{n}_d}$, an dessen Ausgang die Störung weiß ist und Varianz eins hat, siehe Abschnitt B.1.3. Setzt man (D.3) in (D.2) ein, so erhält man

$$J(\underline{d}) \;=\; (\underline{e}_d - \underline{A}\,\underline{d})^{*T}\, \underline{L}_{\underline{n}_d}^{*T}\, \underline{L}_{\underline{n}_d}\, (\underline{e}_d - \underline{A}\,\underline{d})$$
$$=\; \left(\underline{L}_{\underline{n}_d}\,\underline{e}_d - \underline{L}_{\underline{n}_d}\,\underline{A}\,\underline{d}\right)^{*T} \left(\underline{L}_{\underline{n}_d}\,\underline{e}_d - \underline{L}_{\underline{n}_d}\,\underline{A}\,\underline{d}\right)$$
$$=\; \left\|\underline{L}_{\underline{n}_d}\,\underline{e}_d - \underline{L}_{\underline{n}_d}\,\underline{A}\,\underline{d}\right\|^2 \tag{D.4}$$

Mit (D.4) erhält man für den ML–Folgenschätzer

$$\hat{\underline{d}}_q \;=\; \arg\min_{\underline{d}} \left(\left\|\underline{L}_{\underline{n}_d}\,\underline{e}_d - \underline{L}_{\underline{n}_d}\,\underline{A}\,\underline{d}\right\|^2\right). \tag{D.5}$$

Der ML–Folgenschätzer gemäß (D.5) bestimmt also dasjenige $\hat{\underline{d}}_q$, das zur geringsten Euklidschen Distanz $\|\underline{L}_{\underline{n}_d}\,\underline{e}_d - \underline{L}_{\underline{n}_d}\,\underline{A}\,\underline{d}\|$ führt.

Beispiel D.1 Betrachtet wird die Nachrichtenübertragung mit den folgenden Parametern: Es gibt nur einen einzigen Teilnehmer, das heißt, es ist $K = 1$. Es gibt keine CDMA–Komponente, und daher ist $Q = 1$. Die Nachrichtenübertragung findet über Kanäle mit $W = 2$ Wegen statt. Im Empfänger gibt es $K_a = 2$ Empfangsantennen. Die gewählten kombinierten Kanalimpulsantworten seien

$$\underline{b}^{(1,1)} \;=\; \frac{\sqrt{2}}{2}\cdot(1\,,\,1)^{\mathrm{T}}, \quad \|\underline{b}^{(1,1)}\|^2 = 1, \tag{D.6}$$

$$\underline{b}^{(1,2)} \;=\; \left(\frac{\sqrt{3}}{2}\,,\,\frac{1}{2}\right)^{\mathrm{T}}, \quad \|\underline{b}^{(1,2)}\|^2 = 1. \tag{D.7}$$

Der Teilnehmer sendet einen Datenvektor

$$\underline{d} = \underline{d}^{(1)} = (+1\,,\,-1)^{\mathrm{T}} \tag{D.8}$$

mit $N = 2$ binären Datensymbolen. Es ergibt sich dann die 6×2–Matrix

$$\underline{A} \;=\; \begin{pmatrix} \underline{b}_1^{(1,1)} & 0 \\ \underline{b}_2^{(1,1)} & \underline{b}_1^{(1,1)} \\ 0 & \underline{b}_2^{(1,1)} \\ \underline{b}_1^{(1,2)} & 0 \\ \underline{b}_2^{(1,2)} & \underline{b}_1^{(1,2)} \\ 0 & \underline{b}_2^{(1,2)} \end{pmatrix} \;=\; \begin{pmatrix} \frac{\sqrt{2}}{2} & 0 \\ \frac{\sqrt{2}}{2} & \frac{\sqrt{2}}{2} \\ 0 & \frac{\sqrt{2}}{2} \\ \frac{\sqrt{3}}{2} & 0 \\ \frac{1}{2} & \frac{\sqrt{3}}{2} \\ 0 & \frac{1}{2} \end{pmatrix}. \tag{D.9}$$

Die Störung sei an den beiden Antennen unkorreliert. An jeder Antenne liegt mittelwertfreie, weiße und normalverteilte Störung der Varianz $\sigma^2 = 0{,}1$ an. Damit ist die Kovarianzmatrix der Störung gleich der 6×6–Matrix

$$\underline{R}_{\underline{n}_d} = \sigma^2\cdot\underline{I}_6 = 0{,}1\cdot \begin{pmatrix} 1 & 0 & 0 & 0 & 0 & 0 \\ 0 & 1 & 0 & 0 & 0 & 0 \\ 0 & 0 & 1 & 0 & 0 & 0 \\ 0 & 0 & 0 & 1 & 0 & 0 \\ 0 & 0 & 0 & 0 & 1 & 0 \\ 0 & 0 & 0 & 0 & 0 & 1 \end{pmatrix}. \tag{D.10}$$

Ihre Inverse ist

$$\underline{R}_{\underline{n}_{\mathrm{d}}}^{-1} = \sigma^{-2} \cdot I_6 = 10 \cdot I_6. \tag{D.11}$$

Damit folgt für die Matrix des Dekorrelationsfilters

$$\underline{L}_{\underline{n}_{\mathrm{d}}} = \sigma^{-1} \cdot I_6 = \sqrt{10} \cdot I_6. \tag{D.12}$$

Es ergibt sich daraus

$$\underline{L}_{\underline{n}_{\mathrm{d}}} \underline{A} = \sqrt{10} \cdot \begin{pmatrix} \frac{\sqrt{2}}{2} & 0 \\ \frac{\sqrt{2}}{2} & \frac{\sqrt{2}}{2} \\ 0 & \frac{\sqrt{2}}{2} \\ \frac{\sqrt{3}}{2} & 0 \\ \frac{1}{2} & \frac{\sqrt{3}}{2} \\ 0 & \frac{1}{2} \end{pmatrix}. \tag{D.13}$$

Für die weiteren numerischen Auswertungen wird der folgende Vektor der Störung betrachtet:

$$\underline{n} = (+0,0187\,,\ +0,5683\,,\ +0,0835\,,\ +0,2756\,,\ -0,4573\,,\ -0,2217)^{\mathrm{T}}. \tag{D.14}$$

Es ergibt sich der Empfangsvektor

$$\begin{aligned} \underline{e} &= \underline{A}\,\underline{d} + \underline{n} \\ &= \left(\frac{\sqrt{2}}{2}\,,\ 0\,,\ -\frac{\sqrt{2}}{2}\,,\ \frac{\sqrt{3}}{2}\,,\ \left(\frac{1}{2} - \frac{\sqrt{3}}{2} \right),\ -\frac{1}{2} \right)^{\mathrm{T}} + \\ &\quad\ (+0,0187\,,\ +0,5683\,,\ +0,0835\,,\ +0,2756\,,\ -0,4573\,,\ -0,2217)^{\mathrm{T}} \\ &= (+0,7258\,,\ +0,5683\,,\ -0,6236\,,\ +1,1416\,,\ -0,8233\,,\ -0,7217)^{\mathrm{T}}. \end{aligned} \tag{D.15}$$

Am Ausgang des Dekorreltionsfilters liegt die Folge

$$\underline{L}_{\underline{n}_{\mathrm{d}}}\,\underline{e} = (+2,2952\,,\ +1,7971\,,\ -1,9720\,,\ +3,6101\,,\ -2,6036\,,\ -2,2822)^{\mathrm{T}}. \tag{D.16}$$

Da $N = 2$ ist und die Datensymbole binär sind, gibt es insgesamt vier mögliche gesendete Datenvektoren

$$\underline{d}(1) = (-1\,,\ -1)^{\mathrm{T}}, \tag{D.17}$$

$$\underline{d}(2) = (-1\,,\ +1)^{\mathrm{T}}, \tag{D.18}$$

$$\underline{d}(3) = (+1\,,\ -1)^{\mathrm{T}}, \tag{D.19}$$

$$\underline{d}(4) = (+1\,,\ +1)^{\mathrm{T}}. \tag{D.20}$$

Diese vier möglichen gesendeten Datenvektoren heißen Hypothesen. Der ML–Folgenschätzer soll denjenigen dieser vier Datenvektoren herausfinden, welcher tatsächlich gesendet wurde. Die zu treffende Entscheidung ist in dem vorliegenden Beispiel dann richtig, falls auf $\underline{d}(3)$ entschieden wird. Es ergibt sich sofort

$$J(\underline{d}(1)) = 103,6491, \qquad (D.21)$$

$$J(\underline{d}(2)) = 110,8477, \qquad (D.22)$$

$$J(\underline{d}(3)) = 6,6452, \qquad (D.23)$$

$$J(\underline{d}(4)) = 88,4848. \qquad (D.24)$$

Da $J(\underline{d}(3))$ den kleinsten Wert hat, entscheidet der ML–Folgenschätzer den Datenvektor $\underline{d}(3)$ und trifft somit die richtige Entscheidung.   ♣

Bei Überabtastung oder bei Verwenden einer CDMA–Komponente muß (D.5) im Takt der Überabtastung beziehungsweise im Chiptakt $1/T_c$ ausgewertet werden. Sowohl Takt der Überabtastung als auch Chiptakt $1/T_c$ sind in der Regel größer als der zur Datendetektion tatsächlich benötigte Symboltakt $1/T_s$. Die ML–Folgenschätzung bei Überabtastung beziehungsweise im Chiptakt $1/T_c$ ist zum einen rechenleistungsintensiv und benötigt zum anderen viel elektrische Leistung. Insbesondere letzteres ist für Mobilstationen nachteilig, weil deren Erreichbarkeitsdauer mit ein und demselben Akku verringert werden. Es ist daher wünschenswert, den ML–Folgenschätzer im Symboltakt $1/T_s$ zu formulieren. Dabei ist unbedingt darauf zu achten, daß das Signal–Stör–Verhältnis an dessen Eingang gegenüber der ursprünglichen Formulierung nicht verringert wird. Die Formulierung des ML–Folgenschätzer im Symboltakt $1/T_s$ muß deshalb unter Verwendung eines dem ML–Folgenschätzer vorgeschalteten dekorrelierenden signalangepaßten Filters (DMF, Decorrelating Matched Filter) erfolgen, siehe (B.27). Das dekorrelierende signalangepaßte Filter hat nach (B.27) die einfachste Form

$$\underline{M}_d'' = \underbrace{\left(\underline{L}_{\underline{n}_d}\,\underline{A}\right)^{*T}}_{\substack{\text{signalangepaßtes}\\\text{Filter}}} \underbrace{\underline{L}_{\underline{n}_d}}_{\text{Dekorrelationsfilter}} = \underline{A}^{*T}\,\underline{R}_{\underline{n}_d}^{-1}. \qquad (D.25)$$

Die Störung am Ausgang des dekorrelierenden signalangepaßten Filters hat gemäß Abschnitt B.1.3 die Kovarianzmatrix

$$\underline{R}_{\underline{n}_d''} = \underline{A}^{*T}\,\underline{R}_{\underline{n}_d}^{-1}\,\underline{A}. \qquad (D.26)$$

Somit wird (D.1) zu

$$\mathrm{p}\,(\underline{e}_d|\underline{d}) = \frac{1}{\pi^{KN}\,\det\{\underline{R}_{\underline{n}_d''}\}}$$
$$\cdot \exp\left\{-\left(\underline{M}_d''\,\underline{e}_d - \underline{M}_d''\,\underline{A}\,\underline{d}\right)^{*T}\,\underline{R}_{\underline{n}_d''}^{-1}\,\left(\underline{M}_d''\,\underline{e}_d - \underline{M}_d''\,\underline{A}\,\underline{d}\right)\right\}.$$
$$(D.27)$$

Mit der Cholesky–Zerlegung nach (B.32) ergibt sich aus $\underline{R}_{\underline{n}_\mathrm{d}''}^{-1}$ das Whitening–Filter $\underline{L}_{\underline{n}_\mathrm{d}''}$. Für das negative Argument der Exponentialfunktion in (D.27) erhält man

$$
\begin{aligned}
J'(\underline{d}) &= \left(\underline{M}_\mathrm{d}''\,\underline{e}_\mathrm{d} - \underline{M}_\mathrm{d}''\,\underline{A}\,\underline{d}\right)^{*\mathrm{T}} \underline{L}_{\underline{n}_\mathrm{d}''}^{*\mathrm{T}} \underline{L}_{\underline{n}_\mathrm{d}''} \left(\underline{M}_\mathrm{d}''\,\underline{e}_\mathrm{d} - \underline{M}_\mathrm{d}''\,\underline{A}\,\underline{d}\right) \\
&= \left(\underline{L}_{\underline{n}_\mathrm{d}''}\,\underline{M}_\mathrm{d}''\,\underline{e}_\mathrm{d} - \underline{L}_{\underline{n}_\mathrm{d}''}\,\underline{M}_\mathrm{d}''\,\underline{A}\,\underline{d}\right)^{*\mathrm{T}} \left(\underline{L}_{\underline{n}_\mathrm{d}''}\,\underline{M}_\mathrm{d}''\,\underline{e}_\mathrm{d} - \underline{L}_{\underline{n}_\mathrm{d}''}\,\underline{M}_\mathrm{d}''\,\underline{A}\,\underline{d}\right) \\
&= \| \underbrace{\underline{L}_{\underline{n}_\mathrm{d}''}\,\underline{M}_\mathrm{d}''}_{\mathrm{DWMF}}\,\underline{e}_\mathrm{d} - \underbrace{\underline{L}_{\underline{n}_\mathrm{d}''}\,\underline{M}_\mathrm{d}''}_{\mathrm{DWMF}}\,\underline{A}\,\underline{d}\|^2 .
\end{aligned}
\tag{D.28}
$$

Gemäß (B.36) ist $\underline{L}_{\underline{n}_\mathrm{d}''}\,\underline{M}_\mathrm{d}''$ in (D.28) die Matrix eines dekorrelierenden weißgemachten signalangepaßten Filters (DWMF, Decorrelating Whitened Matched Filter). Diese Form der Metrik wurde erstmals von G.D. Forney [For72] angegeben und wird Forney–Metrik genannt. Mit der Kurzschreibweise

$$
\underline{y} = \underline{L}_{\underline{n}_\mathrm{d}''}\,\underline{M}_\mathrm{d}''\,\underline{e}_\mathrm{d}
\tag{D.29}
$$

lautet der ML–Folgenschätzer dann

$$
\begin{aligned}
\hat{\underline{d}}_\mathrm{q} &= \arg\min_{\underline{d}} \left(\left\| \underline{L}_{\underline{n}_\mathrm{d}''}\,\underline{M}_\mathrm{d}''\,\underline{e}_\mathrm{d} - \underline{L}_{\underline{n}_\mathrm{d}''}\,\underline{M}_\mathrm{d}''\,\underline{A}\,\underline{d} \right\|^2 \right) \\
&= \arg\min_{\underline{d}} \left(\left\| \underline{y} - \left(\underline{L}_{\underline{n}_\mathrm{d}''}^{*\mathrm{T}}\right)^{-1} \underline{d} \right\|^2 \right) .
\end{aligned}
\tag{D.30}
$$

Beispiel D.2 Gemäß Beispiel D.1 ist die Inverse der Kovarianzmatrix $\underline{R}_{\underline{n}_\mathrm{d}}$ gleich

$$
\underline{R}_{\underline{n}_\mathrm{d}}^{-1} = \sigma^{-2} \cdot \underline{I}_6 = 10 \cdot \underline{I}_6 .
\tag{D.31}
$$

Somit erhält man für die Matrix des dekorrelierenden signalangepaßten Filters

$$
\underline{M}_\mathrm{d}'' = \underline{A}^{*\mathrm{T}}\,\underline{R}_{\underline{n}_\mathrm{d}}^{-1} = \begin{pmatrix} 5\sqrt{2} & 5\sqrt{2} & 0 & 5\sqrt{3} & 5 & 0 \\ 0 & 5\sqrt{2} & 5\sqrt{2} & 0 & 5\sqrt{3} & 5 \end{pmatrix} .
\tag{D.32}
$$

Man erhält die Kovarianzmatrix

$$
\underline{R}_{\underline{n}_\mathrm{d}''} = \begin{pmatrix} 20 & 9{,}3301 \\ 9{,}3301 & 20 \end{pmatrix}
\tag{D.33}
$$

mit der Inversen

$$
\underline{R}_{\underline{n}_\mathrm{d}''}^{-1} = \begin{pmatrix} 0{,}0639 & -0{,}0298 \\ -0{,}0298 & 0{,}0639 \end{pmatrix} .
\tag{D.34}
$$

Für das am Ausgang des dekorrelierenden signalangepaßten Filters benötigte Whitening–Filter gilt die Matrix

$$\underline{L}_{\underline{n}''_{\mathrm{d}}} = \begin{pmatrix} 0,2528 & -0,1179 \\ 0 & 0,2236 \end{pmatrix}. \tag{D.35}$$

Am Ausgang des dekorrelierenden weißgemachten signalangepaßten Filter ergibt sich der Vektor

$$\underline{y} = (5,0846,\ -2,4887)^{\mathrm{T}}. \tag{D.36}$$

Mit der Matrix

$$\left(\underline{L}^{*\mathrm{T}}_{\underline{n}''_{\mathrm{d}}}\right)^{-1} = \begin{pmatrix} 3,9557 & 0 \\ 2,0863 & 4,4721 \end{pmatrix} \tag{D.37}$$

erhält man

$$J'(\underline{d}(1)) = 98,2889, \tag{D.38}$$
$$J'(\underline{d}(2)) = 105,4875, \tag{D.39}$$
$$J'(\underline{d}(3)) = 1,2850, \tag{D.40}$$
$$J'(\underline{d}(4)) = 83,1246. \tag{D.41}$$

Da $J'(\underline{d}(3))$ den kleinsten Wert hat, detektiert der ML–Folgenschätzer den Datenvektor $\underline{d}(3)$ und trifft somit die richtige Entscheidung.   ♣

Aus (D.30) erhält man

$$\begin{aligned} \hat{\underline{d}}_{\mathrm{q}} &= \arg\min_{\underline{d}} \sum_{\nu=1}^{KN} \left| \underline{y}_{\nu} - \left[\left(\underline{L}^{*\mathrm{T}}_{\underline{n}''_{\mathrm{d}}}\right)^{-1} \underline{d} \right]_{\nu} \right|^2 \\ &= \arg\min_{\underline{d}} \sum_{\nu=1}^{KN} \left| \underline{y}_{\nu} - \sum_{\nu'=1}^{KN} \left[\left(\underline{L}^{*\mathrm{T}}_{\underline{n}''_{\mathrm{d}}}\right)^{-1} \right]_{\nu,\nu'} \underline{d}_{\nu'} \right|^2 \end{aligned} \tag{D.42}$$

Der ML–Folgenschätzer kann wegen (D.42) mit dem Viterbi–Algorithmus realisiert werden [For72].

D.2   Ungerböck–Metrik

Aus (D.2) folgt

$$J(\underline{d}) = \underline{e}^{*\mathrm{T}}_{\mathrm{d}}\, \underline{R}^{-1}_{\underline{n}_{\mathrm{d}}}\, (\underline{e}_{\mathrm{d}} - \underline{A}\,\underline{d}) - \underline{d}^{*\mathrm{T}}\, \underline{A}^{*\mathrm{T}}\, \underline{R}^{-1}_{\underline{n}_{\mathrm{d}}}\, (\underline{e}_{\mathrm{d}} - \underline{A}\,\underline{d})$$

$$
\begin{aligned}
&= \underline{e}_d^{*T}\, \underline{R}_{\underline{n}_d}^{-1}\, \underline{e}_d - \underline{e}_d^{*T}\, \underline{R}_{\underline{n}_d}^{-1}\, \underline{A}\,\underline{d} \\
&\qquad - \underline{d}^{*T}\, \underline{A}^{*T}\, \underline{R}_{\underline{n}_d}^{-1}\, \underline{e}_d + \underline{d}^{*T}\, \underline{A}^{*T}\, \underline{R}_{\underline{n}_d}^{-1}\, \underline{A}\,\underline{d} \\
&= \underline{e}_d^{*T}\, \underline{R}_{\underline{n}_d}^{-1}\, \underline{e}_d - 2\mathrm{Re}\left\{ \underline{d}^{*T}\, \underline{A}^{*T}\, \underline{R}_{\underline{n}_d}^{-1}\, \underline{e}_d \right\} + \underline{d}^{*T}\, \underline{A}^{*T}\, \underline{R}_{\underline{n}_d}^{-1}\, \underline{A}\,\underline{d}
\end{aligned}
\tag{D.43}
$$

Einsetzen von (D.43) in (D.1) liefert

$$
\begin{aligned}
\mathrm{p}\,(\underline{e}_d|\underline{d}) \;=\;& \frac{1}{\pi^{K_a \cdot (NQ+W-1)}\, \det\{\underline{R}_{\underline{n}_d}\}} \cdot \exp\left\{ -\underline{e}_d^{*T}\, \underline{R}_{\underline{n}_d}^{-1}\, \underline{e}_d \right\} \\
&\cdot \exp\left\{ 2\,\mathrm{Re}\left\{ \underline{d}^{*T}\, \underline{A}^{*T}\, \underline{R}_{\underline{n}_d}^{-1}\, \underline{e}_d \right\} - \underline{d}^{*T}\, \underline{A}^{*T}\, \underline{R}_{\underline{n}_d}^{-1}\, \underline{A}\,\underline{d} \right\}.
\end{aligned}
\tag{D.44}
$$

Der Ausdruck $\underline{e}_d^{*T}\, \underline{R}_{\underline{n}_d}^{-1}\, \underline{e}_d$ ist unabhängig von $\underline{d}$ und daher irrelevant für die ML–Folgenschätzung. Die Maximierung von (D.1) beziehungsweise (D.44) ist gleichbedeutend mit der Maximierung von

$$
\begin{aligned}
J''(\underline{d}) \;=\;& 2\,\mathrm{Re}\left\{ \underline{d}^{*T}\, \underline{A}^{*T}\, \underline{R}_{\underline{n}_d}^{-1}\, \underline{e}_d \right\} - \underline{d}^{*T}\, \underline{A}^{*T}\, \underline{R}_{\underline{n}_d}^{-1}\, \underline{A}\,\underline{d} \\
=\;& 2\,\mathrm{Re}\left\{ \underline{d}^{*T}\, \underline{M}_d''\, \underline{e}_d \right\} - \underline{d}^{*T}\, \underline{R}_{\underline{n}_d''}\, \underline{d},
\end{aligned}
\tag{D.45}
$$

wobei $\underline{M}_d''$ die Matrix des dekorrelierenden signalangepaßten Filters, siehe (B.27), und $\underline{R}_{\underline{n}_d''}$ die Kovarianzmatrix nach (B.31) sind. Der Ausdruck $J''(\underline{d})$ wurde in ähnlicher Form erstmals von G. Ungerböck [Ung74] angegeben und heißt deshalb Ungerböck–Metrik. Die Ungerböck–Metrik ist eine verallgemeinerte Korrelationsmetrik. Der ML–Folgenschätzer ist durch

$$
\begin{aligned}
\hat{\underline{d}}_q \;=\;& \arg\max_{\underline{d}} \left(2\,\mathrm{Re}\left\{ \underline{d}^{*T}\, \underline{A}^{*T}\, \underline{R}_{\underline{n}_d}^{-1}\, \underline{e}_d \right\} - \underline{d}^{*T}\, \underline{A}^{*T}\, \underline{R}_{\underline{n}_d}^{-1}\, \underline{A}\,\underline{d} \right) \\
=\;& \arg\max_{\underline{d}} \left(2\,\mathrm{Re}\left\{ \underline{d}^{*T}\, \underline{M}_d''\, \underline{e}_d \right\} - \underline{d}^{*T}\, \underline{R}_{\underline{n}_d''}\, \underline{d} \right)
\end{aligned}
\tag{D.46}
$$

gegeben.

Mit der Kurzschreibweise

$$
\underline{e}_d' = \underline{M}_d''\, \underline{e}_d
\tag{D.47}
$$

nimmt (D.45) die folgende Gestalt an:

$$
J''(\underline{d}) \;=\; \mathrm{Re}\left\{ 2\,\underline{d}^{*T}\, \underline{e}_d' - \underline{d}^{*T}\, \underline{R}_{\underline{n}_d''}\, \underline{d} \right\}.
\tag{D.48}
$$

Beispiel D.3 Die Beispiele D.1 und D.2 werden fortgesetzt. Am Ausgang des dekorrelierenden signalangepaßten Filters ergibt sich der Vektor

$$\underline{e}'_{\mathrm{d}} = (14,9209\,,\ -11,1298)^{\mathrm{T}}. \tag{D.49}$$

Mit der Kovarianzmatrix

$$\underline{R}_{\underline{n}''_{\mathrm{d}}} = \begin{pmatrix} 20 & 9,3301 \\ 9,3301 & 20 \end{pmatrix} \tag{D.50}$$

folgt

$$
\begin{aligned}
J''(\underline{d}(1)) &= -66,2424\,, & \text{(D.51)} \\
J''(\underline{d}(2)) &= -73,4410\,, & \text{(D.52)} \\
J''(\underline{d}(3)) &= +30,7615\,, & \text{(D.53)} \\
J''(\underline{d}(4)) &= -51,0781\,. & \text{(D.54)}
\end{aligned}
$$

Da $J''(\underline{d}(3))$ den größten Wert hat, entscheidet der ML–Folgenschätzer den Datenvektor $\underline{d}(3)$ und trifft somit die richtige Entscheidung.   ♣

Da $\underline{R}_{\underline{n}''_{\mathrm{d}}}$ hermitesch ist, kann man folgenden Zusammenhang angeben:

$$\underline{R}_{\underline{n}''_{\mathrm{d}}} = \underline{X}^{*\mathrm{T}} + \underline{B} + \underline{X}. \tag{D.55}$$

In (D.55) ist $\underline{B}$ eine reelle $KN \times KN$–Diagonalmatrix

$$\underline{B} = ([\underline{B}]_{\mu,\nu}) = D\mathrm{iag} < \underline{R}_{\underline{n}''_{\mathrm{d}}} > = D\mathrm{iag} < \underline{A}^{*\mathrm{T}} \underline{R}_{\underline{n}_{\mathrm{d}}}^{-1} \underline{A} > . \tag{D.56}$$

Weiterhin ist $\underline{X}$ eine strikte untere $KN \times KN$–Dreiecksmatrix

$$
\begin{aligned}
\underline{X} &= ([\underline{X}]_{\mu,\nu}) = T\mathrm{ri} < \underline{A}^{*\mathrm{T}} \underline{R}_{\underline{n}_{\mathrm{d}}}^{-1} \underline{A} >, \\
&[\underline{X}]_{\mu,\nu} = 0 \ \forall \ \mu \le \nu, \quad \mu,\nu = 1 \cdots KN,
\end{aligned}
\tag{D.57}
$$

und $\underline{X}^{*\mathrm{T}}$ ist daher eine strikte obere $KN \times KN$–Dreiecksmatrix. Betrachtet man den diskreten Zeitpunkt ν, so folgt mit der Aufspaltung der Kovarianzmatrix $\underline{R}_{\underline{n}''_{\mathrm{d}}}$ nach (D.55) sofort

$$\hat{\underline{e}}_{\nu}^{\mathrm{T}} \underline{B}\,\underline{d} = [\underline{B}]_{\nu,\nu}\,\underline{d}_{\nu}, \tag{D.58}$$

$$\hat{\underline{e}}_{\nu}^{\mathrm{T}} \underline{X}\,\underline{d} = \sum_{\nu'=1}^{\nu-1} [\underline{X}]_{\nu,\nu'}\,\underline{d}_{\nu'} = [\underline{X}]_{\nu,1}\,\underline{d}_{1} + \cdots [\underline{X}]_{\nu,\nu-1}\,\underline{d}_{\nu-1}, \tag{D.59}$$

$$\hat{\underline{e}}_{\nu}^{\mathrm{T}} \underline{X}^{*\mathrm{T}}\,\underline{d} = \sum_{\nu'=\nu+1}^{KN} [\underline{X}]_{\nu,\nu'}^{*}\,\underline{d}_{\nu'} = [\underline{X}]_{\nu,\nu+1}^{*}\,\underline{d}_{\nu+1} + \cdots [\underline{X}]_{\nu,KN}^{*}\,\underline{d}_{KN},$$

$$\tag{D.60}$$

Zum diskreten Zeitpunkt ν hängt entsprechend (D.58) $\underline{\underline{B}}\,\underline{d}$ nur vom aktuellen Datensymbol $\underline{d}_\nu$ ab, während $\underline{\underline{X}}\,\underline{d}$ gemäß (D.59) lediglich die Vergangenheit der Nachrichtenübertragung berücksichtigt. Nach (D.60) enthält $\underline{\underline{X}}^{*\mathrm{T}}\underline{d}$ die Zukunft der Nachrichtenübertragung. Eine kausale Formulierung des ML–Folgenschätzers darf $\underline{\underline{X}}^{*\mathrm{T}}\underline{d}$ nicht enthalten. Nachstehend wird die kausale Formulierung des ML–Folgenschätzers hergeleitet.

Mit (D.55) folgt aus (D.48)

$$
\begin{aligned}
J''(\underline{d}) &= \operatorname{Re}\left\{2\,\underline{d}^{*\mathrm{T}}\,\underline{e}'_{\mathrm{d}} - \underline{d}^{*\mathrm{T}}\left(\underline{\underline{X}}^{*\mathrm{T}} + \underline{\underline{B}} + \underline{\underline{X}}\right)\underline{d}\right\} \\
&= \operatorname{Re}\left\{2\,\underline{d}^{*\mathrm{T}}\,\underline{e}'_{\mathrm{d}} - \underline{d}^{*\mathrm{T}}\,\underline{\underline{X}}^{*\mathrm{T}}\,\underline{d} - \underline{d}^{*\mathrm{T}}\,\underline{\underline{B}}\,\underline{d} - \underline{d}^{*\mathrm{T}}\,\underline{\underline{X}}\,\underline{d}\right\} \\
&= \operatorname{Re}\left\{2\,\underline{d}^{*\mathrm{T}}\,\underline{e}'_{\mathrm{d}} - \left(\underline{d}^{*\mathrm{T}}\,\underline{\underline{X}}\,\underline{d}\right)^{*} - \underline{d}^{*\mathrm{T}}\,\underline{\underline{X}}\,\underline{d} - \underline{d}^{*\mathrm{T}}\,\underline{\underline{B}}\,\underline{d}\right\} \\
&= 2\operatorname{Re}\left\{\underline{d}^{*\mathrm{T}}\,\underline{e}'_{\mathrm{d}} - \underline{d}^{*\mathrm{T}}\,\underline{\underline{X}}\,\underline{d}\right\} - \underline{d}^{*\mathrm{T}}\,\underline{\underline{B}}\,\underline{d}. \qquad (\mathrm{D}.61)
\end{aligned}
$$

Aus (D.61) folgt die kausale Formulierung des ML–Folgenschätzers

$$
\hat{\underline{d}}_{\mathrm{q}} = \arg\max_{\underline{d}}\left(2\operatorname{Re}\left\{\underline{d}^{*\mathrm{T}}\,\underline{e}'_{\mathrm{d}} - \underline{d}^{*\mathrm{T}}\,\underline{\underline{X}}\,\underline{d}\right\} - \underline{d}^{*\mathrm{T}}\,\underline{\underline{B}}\,\underline{d}\right). \qquad (\mathrm{D}.62)
$$

Der ML–Folgenschätzer nach (D.62) läßt sich vereinfachen, sofern eine Modulationsart verwendet wird, bei der die gesendeten Datensymbole alle denselben Betrag haben. Dies ist zum Beispiel bei allen Phasensprungmodulationsarten (PSK, Phase Shift Keying) und bei binärer Modulation mit stetiger Phase (CPM, Continuous Phase Modulation) wie GMSK der Fall. Dann ist

$$
\underline{d}^{*\mathrm{T}}\,\underline{\underline{B}}\,\underline{d} = \sum_{\nu=1}^{KN}[\underline{\underline{B}}]_{\nu,\nu}\underbrace{|\underline{d}_\nu|^2}_{=\mathrm{const.}} = \mathrm{const.}\cdot\sum_{\nu=1}^{KN}[\underline{\underline{B}}]_{\nu,\nu} \qquad (\mathrm{D}.63)
$$

Daher ist $\underline{d}^{*\mathrm{T}}\,\underline{\underline{B}}\,\underline{d}$ unabhängig von der Wahl des Datenvektors $\underline{d}$. In diesem Fall reduziert sich (D.61) zu

$$
\begin{aligned}
J'''(\underline{d}) &= \operatorname{Re}\left\{\underline{d}^{*\mathrm{T}}\,\underline{e}'_{\mathrm{d}} - \underline{d}^{*\mathrm{T}}\,\underline{\underline{X}}\,\underline{d}\right\} \\
&= \operatorname{Re}\left\{\underline{d}^{*\mathrm{T}}\left(\underline{e}'_{\mathrm{d}} - \underline{\underline{X}}\,\underline{d}\right)\right\} \\
&= \operatorname{Re}\left\{\sum_{\nu=1}^{KN}\underline{d}_\nu^{*}\left(\underline{e}'_{\mathrm{d},\nu} - \sum_{\nu'=1}^{\nu-1}[\underline{\underline{X}}]_{\nu,\nu'}\,\underline{d}_{\nu'}\right)\right\}. \qquad (\mathrm{D}.64)
\end{aligned}
$$

Mit (D.64) wird (D.46) zu

$$
\hat{\underline{d}}_{\mathrm{q}} = \arg\max_{\underline{d}}\left(\operatorname{Re}\left\{\underline{d}^{*\mathrm{T}}\left(\underline{e}'_{\mathrm{d}} - \underline{\underline{X}}\,\underline{d}\right)\right\}\right)
$$

$$= \underset{\underline{d}}{\arg\max} \left(\mathrm{Re} \left\{ \sum_{\nu=1}^{KN} \underline{d}_\nu^* \left(\underline{e}'_{\mathrm{d},\nu} - \sum_{\nu'=1}^{\nu-1} [\underline{X}]_{\nu,\nu'} \, \underline{d}_{\nu'} \right) \right\} \right). \qquad (D.65)$$

Der ML–Folgenschätzer ist also auch beim Verwenden der Ungerböck–Metrik mit dem Viterbi–Algorithmus realisierbar. Der in (D.65) angegebene ML–Folgenschätzer ist für den Einsatz im GSM tauglich.

Beispiel D.4 Die Beispiele D.1 bis D.3 werden fortgesetzt. Da die betrachteten Datensymbole binär und betragsmäßig eins sind, kann der vereinfachte ML–Folgenschätzer mit der Ungerböck–Metrik verwendet werden. Denn es gilt

$$\underline{d}(1)^{*\mathrm{T}} \underline{B} \, \underline{d}(1) = \underline{d}(2)^{*\mathrm{T}} \underline{B} \, \underline{d}(2) = \underline{d}(3)^{*\mathrm{T}} \underline{B} \, \underline{d}(3) = \underline{d}(4)^{*\mathrm{T}} \underline{B} \, \underline{d}(4) = 40, \quad (D.66)$$

wobei

$$\underline{B} = \begin{pmatrix} 20 & 0 \\ 0 & 20 \end{pmatrix} \qquad (D.67)$$

ist. Mit

$$\underline{X} = \begin{pmatrix} 0 & 0 \\ 9,3301 & 0 \end{pmatrix} \qquad (D.68)$$

folgt

$$\begin{aligned}
J'''(\underline{d}(1)) &= -13,1212\,, & (D.69) \\
J'''(\underline{d}(2)) &= -16,7205\,, & (D.70) \\
J'''(\underline{d}(3)) &= +35,3808\,, & (D.71) \\
J'''(\underline{d}(4)) &= -5,5391\,. & (D.72)
\end{aligned}$$

Da $J'''(\underline{d}(3))$ den größten Wert hat, entscheidet der ML–Folgenschätzer den Datenvektor $\underline{d}(3)$ und trifft somit die richtige Entscheidung. ♣

D.3 Veranschaulichen des Viterbi–Algorithmus für endlich lange Datenfolgen

Im vorliegenden Abschnitt wird der Viterbi-Algorithmus (VA) für endlich lange Datenfolgen veranschaulicht. Der Viterbi-Algorithmus ist ein Spezialfall des

Bellmanschen Optimalitätsprinzips und beruht auf der Suche nach dem kürzesten Pfad durch einen regelmäßigen Graphen. Im Fall der Maximum–Likelihood–Folgenschätzung ist dieser regelmäßige Graph das Trellis–Diagramm. Der Viterbi–Algorithmus erlaubt die aufwandsgünstige Realisierung der Maximum–Likelihood–Folgenschätzung durch rekursive Berechnung der Ausdrücke $J(\underline{d})$ nach (D.2), $J'(\underline{d})$ nach (D.28), $J''(\underline{d})$ nach (D.45) oder $J'''(\underline{d})$ nach (D.64). Denn die direkte Auswertung dieser Ausdrücke ist oft technisch nicht realisierbar.

Die folgende Darstellung orientiert sich weitgehend an [Jun93] und ist auf den Entwurf und die mikroelektronische Realisierung von Viterbi–Detektoren für GSM zugeschnitten. Eine alternative Betrachtung ist in [Kam92, Abschnitt 14.5.3] behandelt. Eine ausführliche Behandlung des Viterbi–Algorithmus wird an dieser Stelle nicht gegeben. Statt dessen wird eine Analogie aus der Geographie gebracht.

Gesucht wird die kürzeste Autobahnverbindung zwischen Kaiserslautern und München. Zur Debatte stehen acht verschiedene Routen, die dem Baumdiagramm in Bild D.1 zu entnehmen sind. Da Kaiserslautern (KL) der Startpunkt der Reise ist, beginnen alle acht Routen bei einem gemeinsamen Wurzelknoten „KL“. Jede der acht Route hat vier Etappen. Jede Etappe ist durch eine Kante im Baumdiagramm dargestellt. Eine Kante verbindet zwei Knoten miteinander und repräsentiert deshalb den Übergang zwischen einem in der Vergangenheit erreichten Knoten und einem in der Zukunft zu erreichenden. Jede Etappe endet mit einem Etappenziel, das einem Knoten des Baumdiagramms entspricht. Infrage kommende Etappenziele sind Frankfurt (F), Ludwigshafen (LU), Würzburg (WÜ), Karlsruhe (KA), Nürnberg (N), Stuttgart (S) und natürlich München (M).

Beispielsweise führen die in Bild D.1 gezeigten oberen vier Routen über das Etappenziel Frankfurt (F), das im Baumdiagramm mit dem Knoten „F“ verdeutlicht wird. Die unteren vier Routen führen über Ludwigshafen (LU), welches dem Knoten „LU“ entspricht. Die Knoten „KA“ und „WÜ“ kommen in Bild D.1 jeweils zweimal, die Knoten „N“ und „S“ sogar viermal vor. Da die Reise in München endet, enden alle acht Routen bei einem der acht Knoten „M“. Weiterhin ist bemerkenswert, daß von jedem Knoten mit Ausnahme der Knoten „N“, „S“ und „M“ jeweils zwei Kanten ausgehen.

Sucht man aus einem Autoatlas die Längen der Etappen heraus, berechnet dann die Gesamtlängen der acht Routen und vergleicht diese schließlich miteinander, so erhält man „KL“, „LU“, „KA“, „S“, „M“ als kürzeste Route und damit als günstigsten Pfad durch das Baumdiagramm.

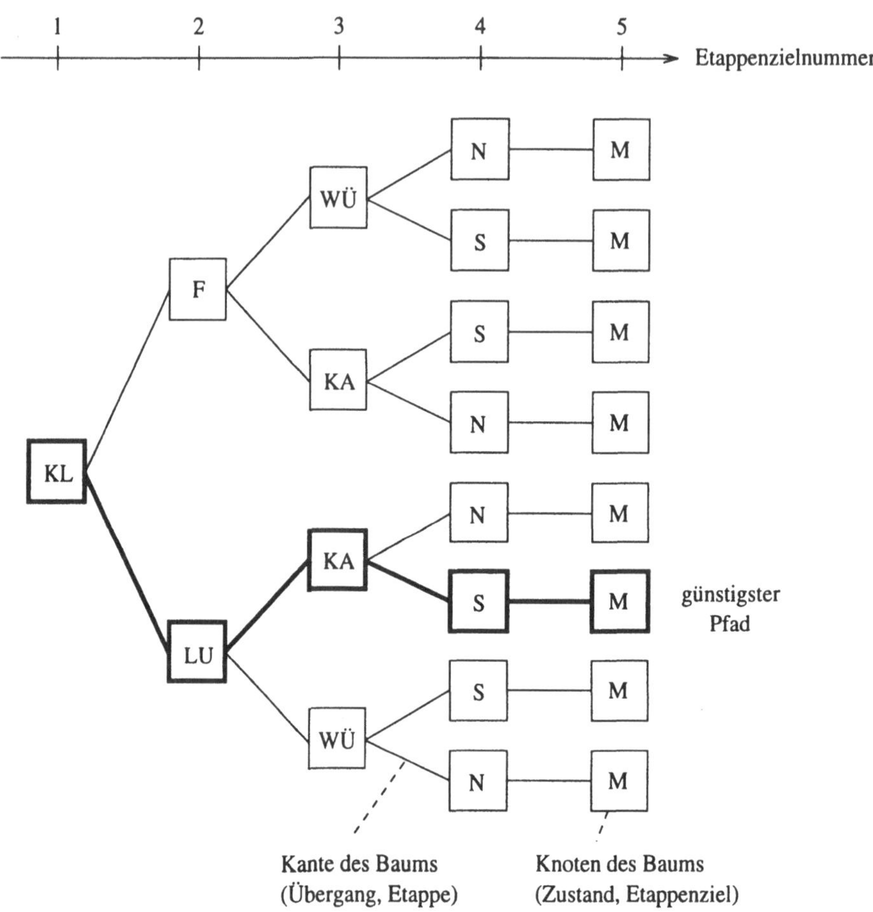

Bild D.1. Geographisches Analogon zum Viterbi–Algorithmus

Letztlich veranschaulicht das Baumdiagramm gemäß Bild D.1 einen endlichen Automaten. Deshalb kann jeder Knoten als ein innerer Zustand des Automaten gesehen werden. Zu jeder Etappenzielnummer, das heißt zu jeder Automatenzeit, gehören jedoch nur maximal zwei verschiedene Etappenziele. Man kann deshalb das Baumdiagramm durch das in Bild D.2 gezeigte Trellis–Diagramm ersetzen.

Das in Bild D.2 gezeigte Trellis–Diagramm beginnt und endet jeweils in einem einzigen Knoten beziehungsweise Zustand „KL" beziehungsweise „M". Derjenige Zustand am Beginn des Trellis–Diagramms heißt Anfangszustand, derjenige am Ende Endzustand. Die Datendetektion mit dem Viterbi–Algorithmus ist besonders vorteilhaft, wenn dem Viterbi–Detektor Anfangs- und Endzustand bekannt sind. Dies setzt voraus, daß die Nachrichtenübertragung mit bekannten Datensymbolen beginnt und endet. Solche Datensymbole heißen im GSM Tailbits. Beim geographischen Analogon ist das Wissen um Anfangs- und Endzustand aus der zu Beginn gemachten Vorgabe, die kürzeste Autobahnverbindung zwischen Kaiserslautern und München zu bestimmen, zu entnehmen.

Zu den Etappenzielnummern 2, 3 und 4 gibt es jeweils zwei verschiedene Knoten beziehungsweise Zustände. Entsprechend dem in Bild D.1 gezeigten Baumdiagramm gehen auch im Trellis–Diagramm nach Bild D.2 von jedem Knoten mit Ausnahme der Knoten „N", „S" und „M" jeweils zwei Kanten aus. Abgesehen von den Knoten „KL", „F" und „LU" enden jeweils zwei Kanten bei jedem Knoten. Jede Kante entspricht, wie bereits in Bild D.1, einer Etappe beziehungsweise einem Übergang zwischen zwei Zuständen. Die Länge einer Etappe inkrementiert den Kilometerstand, der ausgehend von „KL" angesammelt wurde. Deshalb heißt die Länge einer Etappe auch Metrikinkrement oder Übergangsmetrik. Die Länge der Etappe zwischen „KL" und „LU" ist laut Autoatlas etwa 80 km, während die Länge der Etappe zwischen „KL" und „F" etwa 120 km beträgt. Bild D.2 enthält außerdem alle weiteren Längen der vorkommenden Etappen.

Jeder Knoten beziehungsweise Zustand wird durch ein Rechteck symbolisiert. Die Aufteilung dieses Rechtecks ist wie folgt. Links steht der Name des Zustands, beispielsweise „KL". Danach folgen zwei übereinander angeordnete Felder. Diese Felder enthalten mögliche Gesamtmetriken, die zu den beiden beim jeweiligen Zustand endenden Kanten gehören. Die möglichen Gesamtmetriken sind diejenigen Kilometerstände, die sich dann ergeben würden, wenn eine bestimmte Route gefahren würde. Die möglichen Gesamtmetriken ergeben sich ausgehend vom Anfangszustand „KL". Eine mögliche Gesamtmetrik ist gleich der Summe der Gesamtmetrik eines Vorgängerzustands und der Länge der Etappe zwischen diesem Vorgängerzustand und dem betrachtetem Zustand. Dieser Berechnungsschritt heißt Addierschritt (Add).

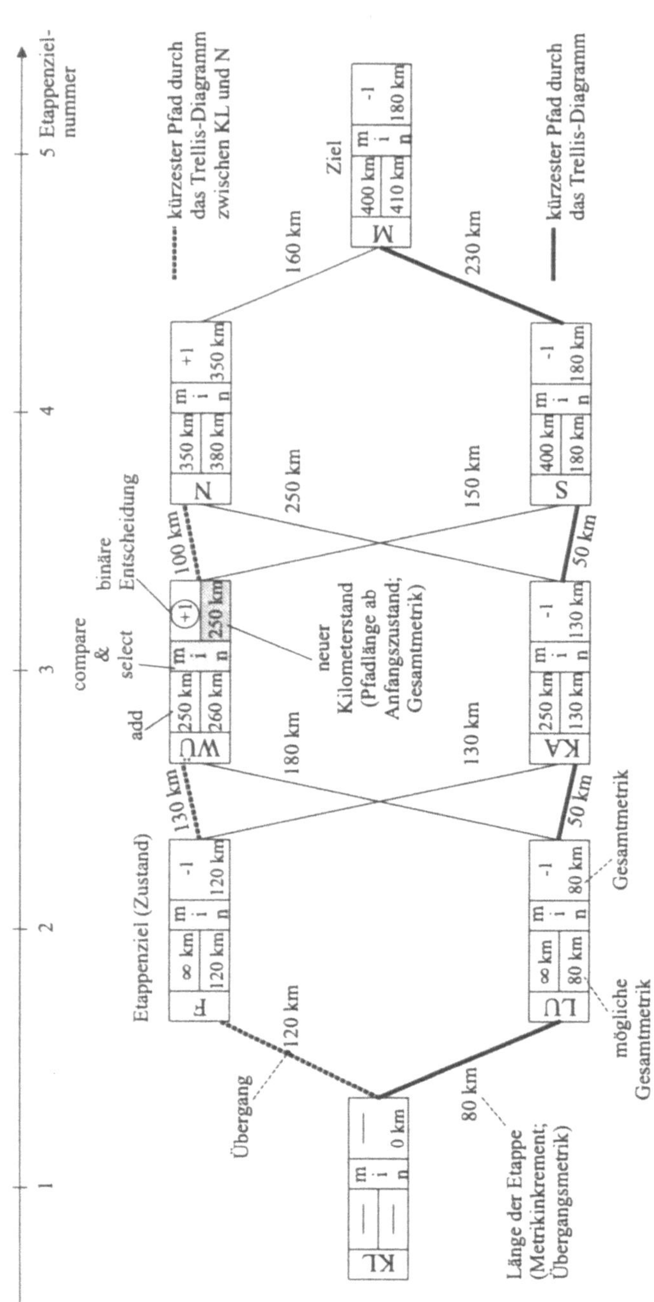

Bild D.2. Trellis–Diagramm

Zur Verdeutlichung wird der Zustand „WÜ" betrachtet. Diejenige Route, welche
von „KL" aus über „F" nach „WÜ" führt, hat eine Länge von 250 km und ist die
mögliche Gesamtmetrik im oberen Feld des Knotens „WÜ". Diese Länge ergibt
sich durch Addition der Gesamtmetrik 120 km des Vorgängerzustands „F" und
der Länge 130 km der Etappe zwischen „F" und „WÜ". Diejenige Route, welche von „KL" aus über „LU" nach „WÜ" führt, hat eine Länge von 260 km und
ist die mögliche Gesamtmetrik im unteren Feld des Knotens „WÜ". Diese Länge
erhält man durch Zusammenzählen der Gesamtmetrik 80 km des Vorgängerzustands „LU" und der Länge 180 km der Etappe zwischen „LU" und „WÜ".

Nach Namen und möglichen Gesamtmetriken deutet $\genfrac{}{}{0pt}{}{m}{\genfrac{}{}{0pt}{}{i}{n}}$ die im Viterbi-
Algorithmus benötigte Vergleichs- und Auswahloperation (Compare Select) an.
Im rechten Teil des Rechtecks steht oben das Ergebnis der binären Entscheidung
und unten die zum entschiedenen Pfad gehörende neue Gesamtmetrik. Die neue
Gesamtmetrik ist derjenige Kilometerstand, der sich ab „KL" auf der kürzesten
Route zum jeweiligen Knoten ergibt. Diese kürzeste Route ist der kürzeste Pfad
von „KL" bis zum betrachteten Knoten. Daher ist die neue Gesamtmetrik die
Pfadlänge ab Anfangszustand.

Zur Verdeutlichung wird wiederum der Zustand „WÜ" betrachtet. Die Vergleichs-
und Auswahloperation liefert, daß die über „F" führende Route die kürzere ist. Da
„F" im Trellis–Diagramm oberhalb des konkurrierenden Knotens „LU" angeordnet
ist, ist das Ergebnis der binären Entscheidung +1. Die neue Gesamtmetrik ist 250
km.

Das Prinzip des dem Viterbi–Algorithmus zugrundeliegenden Bellmannschen Optimalitätsprinzips besagt auf das betrachtete Beispiel bezogen das folgende:
Führen der kürzeste Pfad von „KL" nach „KA" über „LU" und der kürzeste Pfad
von „KL" nach „S" über „KA", so führt der kürzeste Pfad von „KL" nach „S"
auch über „LU". Daher können zum Bestimmen des kürzesten Pfades durch das
Trellis–Diagramm Vorentscheidungen getroffen werden. Sofern wie beim Viterbi-
Algorithmus alle möglichen Pfade berücksichtigt werden, realisiert der verwendete Algorithmus die ML–Folgenschätzung. Jedoch sind auch aufwandsreduzierte
suboptimale Folgenschätzer denkbar, die nicht alle möglichen Pfade berücksichtigen. Bekannte suboptimale Folgenschätzer basieren auf M–Algorithmus, Stack-
Algorithmus und Generalized–Stack–Algorithmus [Sau89]. Die letztgenannten
drei Algorithmen werden nicht weiter betrachtet.

Der für endlich lange Datenfolgen verwendbare Viterbi–Algorithmus berechnet
zunächst in einer Vorwärtsrekursion für jeden Zustand zu jeder Etappenzielnummer die beiden möglichen Gesamtmetriken, vergleicht für jeden Zustand zu jeder Etappenzielnummer diese beiden möglichen Gesamtmetriken, entscheidet den

kürzesten Pfad bis zu jedem Zustand zu jeder Etappenzielnummer und speichert die Entscheidung nebst neuer Gesamtmetrik. Da die Additions- (Add), Vergleichs- (Compare) und Auswahloperationen (Select) die bestimmenden Vorgänge dieser Vorwärtsrekursion sind, spricht man auch von Add–Compare–Select–Rekursion oder ACS–Rekursion

Um den kürzesten Pfad durch das Trellis–Diagramm bestimmen zu können, ist vor allem die Speicherung der je Zustand getroffenen Entscheidungen notwendig. Diese Entscheidungen bilden eine Entscheidungsmatrix, die hier die folgende Gestalt hat:

$$\boldsymbol{M} = \begin{pmatrix} M_{1,1} & M_{1,2} & M_{1,3} & M_{1,4} \\ M_{2,1} & M_{2,2} & M_{2,3} & M_{2,4} \end{pmatrix} = \begin{pmatrix} -1 & +1 & +1 & - \\ -1 & -1 & -1 & -1 \end{pmatrix}. \tag{D.73}$$

Die Anzahl der Zeilen von $\boldsymbol{M}$ entspricht der Anzahl der verschiedenen Zustände je Etappenzielnummer. Die Anzahl der Spalten von $\boldsymbol{M}$ entspricht der Anzahl der Etappen. Hier ist $\boldsymbol{M}$ bis in die dritte Spalte voll besetzt. Daraus folgt, daß es bis zu den Knoten „N" und „S" zwei konkurrierende kürzeste Pfade durch das Trellis–Diagramm gibt, siehe Bild D.2. $M_{1,4}$ existiert nicht, da es nur einen einzigen Endzustand gibt. Dies wird in $\boldsymbol{M}$ durch „–" angezeigt und verdeutlicht, daß schließlich einer der beiden konkurrierenden kürzeste Pfade durch das Trellis–Diagramm, die bis „N" und „S" existieren, verworfen wird.

In einer Rückwärtsrekursion (Trace–Back) wird dann ausgehend vom Endzustand „M" der kürzeste Pfad durch das Trellis–Diagramm bestimmt. Mit $M_{2,4} = -1$ folgt, daß der Knoten „S" zum kürzesten Pfad durch das Trellis–Diagramm gehört. Da „S" mit $M_{2,3} = -1$ korrespondiert, ergibt sich „KA" als zum kürzesten Pfad durch das Trellis–Diagramm gehörender Vorgängerzustand von „S". Zu „KA" gehört $M_{2,2} = -1$ und somit der Vorgängerzustand „LU". Da $M_{2,1} = -1$ gilt, ist der Vorgängerzustand von „LU" erwartungsgemäß „KL". Nun muß die ermittelte Zustandfolge „M", „S", „KA", „LU", „KL" lediglich in umgekehrter Reihenfolge ausgegeben werden, und der gesuchte kürzeste Pfad durch das Trellis–Diagramm ist gefunden. Damit ist die ML–Folgenschätzung durchgeführt.

Es sei abschließend bemerkt, daß die Berechnung der Übergangsmetriken ebenso wie die Wahl der Vergleichs- und Auswahloperation (Compare Select) vom verwendeten Ausdruck $J(\underline{\boldsymbol{d}})$ nach (D.2), $J'(\underline{\boldsymbol{d}})$ nach (D.28), $J''(\underline{\boldsymbol{d}})$ nach (D.45) oder $J'''(\underline{\boldsymbol{d}})$ nach (D.64) abhängt. Wird $J(\underline{\boldsymbol{d}})$ nach (D.2) oder $J'(\underline{\boldsymbol{d}})$ nach (D.28) zugrunde gelegt, so gilt die eben beschriebene Vorgehensweise. Benutzt man $J''(\underline{\boldsymbol{d}})$ nach (D.45) oder $J'''(\underline{\boldsymbol{d}})$ nach (D.64), so ist die Minimumbildung $\min\limits_{\substack{i\\n}}$ in den Rechtecken nach Bild D.2 durch eine Maximumbildung $\max\limits_{\substack{a\\x}}$ zu ersetzen. Der kürzeste Pfad durch das Trellis–Diagramm führt dann zum größten Wert von $J''(\underline{\boldsymbol{d}})$ nach (D.45) beziehungsweise von $J'''(\underline{\boldsymbol{d}})$ nach (D.64).

D.4 Zusammenfassung wichtiger Aussagen

Zusammenfassend werden die nachfolgenden wichtige Aussagen zur ML–Folgenschätzung und zum Viterbi–Algorithmus angegeben:

1. Der Entwurf eines ML–Folgenschätzers hängt vom Aussehen der bedingten Wahrscheinlichkeitsdichte $p\left(\underline{e}_d | \underline{d}\right)$ ab.

2. Ausgehend von ein und derselben bedingten Wahrscheinlichkeitsdichte $p\left(\underline{e}_d | \underline{d}\right)$ sind stets verschiedene Varianten des ML–Folgenschätzers möglich.

3. Der Viterbi–Algorithmus ist eine Spezialfall der dynamischen Programmierung und baut auf dem Bellmannschen Optimalitätsprinzip auf.

4. Die Anwendung des Viterbi–Algorithmus setzt die Modellierung des gesamten Übertragungskanals als endlicher Automat voraus.

5. Anfangs- und Endzustand sollten vorteilhafterweise mit bekannten Datensymbolen, zum Beispiel mit Tailbits, festgelegt werden.

6. Der Viterbi–Algorithmus ist eine aufwandsgünstige Möglichkeit, einen ML–Folgenschätzer zu realisieren.

7. Viterbi–Algorithmus und ML–Folgenschätzer sind nicht synonym.

Anhang E
Turbo–Codes

E.1 Vorbemerkung

In den fünfziger und sechziger Jahren dieses Jahrhunderts wurde bei der Kanalcodierung der Blockcodierung mehr Aufmerksamkeit gewidmet als der Faltungscodierung. Parallel zur Blockcodierung entwickelte sich die von Elias im Jahr 1955 begründete Faltungscodierung [Eli55] deren algebraische Eigenschaften von Forney eingehend untersucht wurden [For70]. Mit der Entwicklung eines einfachen, jedoch optimalen Decodieralgorithmus durch Viterbi [Vit67] erlangte die Faltungscodierung die gleiche Bedeutung wie die Blockcodierung. Auf die Grundlagen der Faltungscodierung beziehungsweise der Blockcodierung wird nicht näher eingegangen, siehe dazu [Bos92]. Zur Kanalcodierung werden seit Anfang der neunziger Jahre binäre parallel verkettete rekursive systematische Faltungscodes untersucht, die als Turbo–Codes bezeichnet werden [BGT93]. Durch Verwenden von Turbo–Codes anstelle von Faltungscodes läßt sich insbesondere beim Übertragen von großen Blöcken von Bits, zum Beispiel von Blöcken mit mehr als eintausend Bits, ein erheblich besserer Fehlerschutz erzielen [Rob94a, Rob94b]. Eine wichtige Voraussetzung für diesen verbesserten Fehlerschutz ist die Decodierung mit MAP–Symbolschätzern.

E.2 Codieren mit Turbo–Codes

E.2.1 Struktur des Codierers für Turbo–Codes

Die Ausführungen in diesem Anhang folgen weitgehend der Darstellung in [Nas95, Kapitel 5]. In Bild E.1 ist das Blockschaltbild des Codierers für Turbo–Codes dargestellt [BGT93, Nas95]. Die den Turbo–Codes zugrundeliegende Idee ist das par-

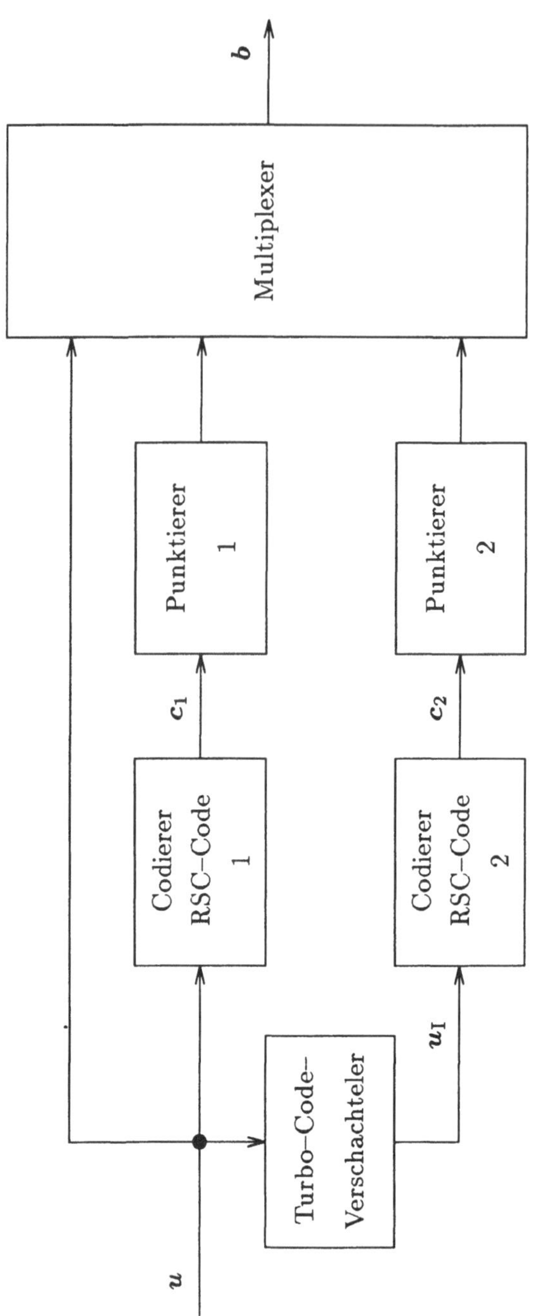

Bild E.1. Blockschaltbild des Codierers für Turbo–Codes [BGT93, Nas95]

allele Verketten zweier binärer rekursiver systematischer Faltungscodierer (RSC–
Codierer, Recursive Systematic Convolutional Encoder) unter Verwenden eines
Turbo–Code–Verschachtelers (Turbo–Code–Interleaver), siehe Bild E.1. Beim
Turbo–Code–Verschachteler handelt es sich nicht um den in der Struktur nach
Bild 4.24 dargestellten Verschachteler, sondern um einen Verschachteler, der in
Bild 4.24 im Block Kanalcodierer enthalten ist. Im Codierer für Turbo–Codes
werden meist zwei identische binäre RSC–Codierer verwendet [Nas95]. Aufgrund
des Turbo–Code–Verschachtelers ist der Codierer für Turbo–Codes blockorien-
tiert, das heißt, die Eingangsfolge $\boldsymbol{u}$ des Codierers für Turbo–Codes, die nach
dem Turbo–Code–Verschachteler zur Folge $\boldsymbol{u}_\mathrm{I}$ wird, enthält eine endliche Anzahl
N_T von Bits. Im folgenden werden ausschließlich Turbo–Codes mit der Coderate
[Bos92, S. 147]

$$R_\mathrm{c} = \frac{1}{2} \tag{E.1}$$

betrachtet. Für diese Turbo–Codes wird das Erzeugen der Ausgangsfolge $\boldsymbol{b}$ des
Codierers für Turbo–Codes beschrieben [Nas95, Kapitel 5]. Die Eingangsfolge $\boldsymbol{u}$
des Codierers für Turbo–Codes ist

$$\boldsymbol{u} = (u_1 \cdots u_{N_\mathrm{T}})^\mathrm{T}, \quad u_n \in \{0,1\}, \quad n = 1 \cdots N_\mathrm{T}. \tag{E.2}$$

Von den beiden RSC–Codierern 1 und 2 wird Redundanz erzeugt, die durch die
Folgen

$$\boldsymbol{c}_\chi = (c_{\chi,1} \cdots c_{\chi,N_\mathrm{T}})^\mathrm{T}, \quad c_{\chi,n} \in \{0,1\}, \quad \chi = 1,2, \quad n = 1 \cdots N_\mathrm{T}, \tag{E.3}$$

dargestellt werden. RSC–Codierer 1 wird durch χ gleich eins gekennzeichnet, RSC–
Codierer 2 durch χ gleich zwei. Die Punktierer beziehungsweise der Multiplexer
erzeugen aus der Eingangsfolge $\boldsymbol{u}$ des Codierers für Turbo–Codes nach (E.2) und
der Redundanz $\boldsymbol{c}_\chi$, $\chi = 1,2$, der RSC–Codierer nach (E.3) die Ausgangsfolge

$$\boldsymbol{b} = (b_1 \cdots b_{2N_\mathrm{T}})^\mathrm{T} \tag{E.4}$$

des Codierers für Turbo–Codes. Für die Elemente b_n, $n = 1 \cdots 2N_\mathrm{T}$, der Ausgangsfolge $\boldsymbol{b}$ des Codierers für Turbo–Codes nach (E.4) gilt

$$\begin{aligned}
b_{2n-1} &= u_n, & n &= 1 \cdots N_\mathrm{T}, \\
b_{4n-2} &= c_{1,2n-1}, & n &= 1 \cdots N_\mathrm{T}/2, \\
b_{4n} &= c_{2,2n}, & n &= 1 \cdots N_\mathrm{T}/2 \quad \text{für } N_\mathrm{T} \text{ gerade},
\end{aligned} \tag{E.5}$$

und

$$\begin{aligned}
b_{2n-1} &= u_n, & n &= 1 \cdots N_\mathrm{T}, \\
b_{4n-2} &= c_{1,2n-1}, & n &= 1 \cdots (N_\mathrm{T}+1)/2, \\
b_{4n} &= c_{2,2n}, & n &= 1 \cdots (N_\mathrm{T}-1)/2 \quad \text{für } N_\mathrm{T} \text{ ungerade}.
\end{aligned} \tag{E.6}$$

Beispielsweise ist für N_T gleich 8 die Ausgangsfolge b des Codierers für Turbo–Codes gleich

$$b = (u_1, c_{1,1}, u_2, c_{2,2}, u_3, c_{1,3}, u_4, c_{2,4}, u_5, c_{1,5}, u_6, c_{2,6}, u_7, c_{1,7}, u_8, c_{2,8})^\mathrm{T}. \qquad \text{(E.7)}$$

Der Codierer für Turbo–Codes erzeugt einen systematischen Code [Bos92, S. 151], da die Eingangsfolge u nach (E.2) vollständig in der Ausgangsfolge b nach (E.4) enthalten ist, siehe (E.5) beziehungsweise (E.6). Die Eingangsfolge u des Codierers für Turbo–Codes nach (E.2) wird auch als systematische Information des Turbo–Codes bezeichnet. Die Redundanz c_1 wird so im Punktierer 1 punktiert, daß in der Ausgangsfolge b des Codierers für Turbo–Codes nach (E.4) nur Elemente $c_{1,n}$ mit einem ungeraden Index n enthalten sind, siehe (E.5) beziehungsweise (E.6). Die Redundanz c_2 wird so im Punktierer 2 punktiert, daß in der Ausgangsfolge b des Codierers für Turbo–Codes nach (E.4) nur Elemente $c_{2,n}$ mit einem geraden Index n enthalten sind, siehe (E.5) beziehungsweise (E.6). Die punktierte Redundanz der beiden RSC–Codierer 1 beziehungsweise 2, die in der Ausgangsfolge b des Codierers für Turbo–Codes nach (E.4) enthalten ist, kann zu der Folge

$$c = (c_1 \cdots c_{N_\mathrm{T}})^\mathrm{T}, \quad c_n = \begin{cases} c_{1,n} & \text{für } n \text{ ungerade,} \\ c_{2,n} & \text{für } n \text{ gerade,} \end{cases} \qquad \text{(E.8)}$$
$$n = 1 \cdots N_\mathrm{T},$$

zusammengefaßt werden.

E.2.2   RSC–Codierer

Ein wichtiger Parameter binärer Faltungscodes ist die freie Distanz [Bos92, S. 154]. Die freie Distanz eines binären Faltungscodes wird auch als minimale freie Distanz bezeichnet und ist gleich der kleinsten Hammingdistanz $\delta_{\min}$ zwischen allen möglichen Ausgangsfolgen des binären Faltungscodes. Binäre RSC–Codierer erzeugen die gleiche freie Distanz wie binäre nichtsystematische Faltungscodierer (NSC–Codierer, Nonsystematic Convolutional Encoder) [For70]. Das Erzeugen eines binären RSC–Codierers kann zum Beispiel wie in [For70] gezeigt erfolgen. Die von binären RSC–Codierern erzeugte freie Distanz ist immer größer gleich zwei.

Das Gewicht einer binären Folge ist definiert als die Anzahl der in der Folge enthaltenen Einsen. Sei die Eingangsfolge eines binären RSC–Codierers unendlich lang und habe das Gewicht eins, das heißt, die Eingangsfolge sei unendlich lang und enthält außer genau einer Eins nur Nullen. Das Gewicht der Ausgangsfolge des binären RSC–Codierer auf eine solche Eingangsfolge ist aufgrund der Rekursivität unendlich. Die Information, die in der Eingangsfolge enthalten ist, wird daher zeitlich über die gesamte Ausgangsfolge des binären RSC–Codierer gespreizt.

Zwischen dem Gewicht der Ausgangsfolge eines binären RSC–Codierers auf eine Eingangsfolge mit Gewicht eins und der Dauer der Impulsantwort eines rekursiven Filters besteht eine Analogie, da die Dauer der Impulsantwort eines rekursiven Filters unendlich lang ist. Das Gewicht einer unendlich langen Eingangsfolge eines binären RSC–Codierers muß mindestens gleich zwei sein, um eine Ausgangsfolge mit endlichem Gewicht zu generieren.

Trotzdem führt bei binären RSC–Codierern eine Eingangsfolge mit Gewicht größer als eins nicht notwendigerweise auf eine Ausgangsfolge mit einem geringen Gewicht [BeG96]. Bei RSC–Codierern muß für eine Eingangsfolge mit Gewicht zwei die Anzahl der Nullen zwischen den zwei Einsen eine bestimmte Bedingung erfüllen, um eine Ausgangsfolge mit niedrigem Gewicht zu erzeugen. Diese Eigenschaft wird beim Entwurf von Codierern für Turbo–Codes, insbesondere beim Optimieren von Turbo–Code–Verschachtelern, ausgenutzt. Eine ausführliche Analyse ist beispielsweise in [BeG96] zu finden.

E.2.3 Turbo–Code–Verschachteler

Der Turbo–Code–Verschachteler hat einen erheblichen Einfluß auf die freie Distanz des Turbo–Codes [BeG96]. Diese Tatsache wird im folgenden kurz erläutert. In Abschnitt E.2.2 wurde gesagt, daß bei binären RSC–Codierern für eine Eingangsfolge mit Gewicht zwei die Anzahl der Nullen zwischen den beiden Einsen eine bestimmte Bedingung erfüllen muß, um eine Ausgangsfolge mit geringem Gewicht zu erzeugen. Ein geringes Gewicht führt aber zu einem geringen Fehlerschutz und daher oft zu einem hohen Bitfehlerverhältnis. Deshalb ist man bestrebt, durch Optimieren des Turbo–Code–Verschachtelers Ausgangsfolgen b des Codierers für Turbo–Codes nach (E.4) mit geringem Gewicht zu vermeiden [BeG96].

Das Optimieren des Turbo–Code–Verschachtelers nutzt die folgende Eigenschaft von Turbo–Codes aus. Angenommen, die Eingangsfolge u nach (E.2) des Codierers für Turbo–Codes führt zu einer Redundanz c_1 nach (E.3) mit niedrigem Gewicht. Durch den Turbo–Code–Verschachteler kann erreicht werden, daß die Ausgangsfolge b des Codierers für Turbo–Codes nach (E.4) kein niedriges Gewicht hat. Dazu muß die Eingangsfolge u des Codierers für Turbo–Codes, die zu einer Redundanz c_1 nach (E.3) mit niedrigem Gewicht führt, durch den Turbo–Code–Verschachteler derart verwürfelt werden, daß die verwürfelte Eingangsfolge u_I zu einer Redundanz c_2 nach (E.3) mit möglichst hohem Gewicht führt.

Verfahren zum Entwurf beziehungsweise zum Optimieren des Turbo–Code–Verschachtelers sind in [BeG96, JuN94a, Rob94a, Rob94b] beschrieben. In

[JuN94b] wird gezeigt, daß für kleine Blöcke von Bits, das heißt N_T kleiner als zum Beispiel 200, sogar einfache Blockverschachteler geeignet sind, um leistungsfähige Turbo–Codes zu erzeugen. Das Optimieren des Turbo–Code–Verschachtelers führt zu einem erheblich leistungsfähigeren Turbo–Code, wenn sehr große Blöcke von Bits mit N_T größer als etwa eintausend übertragen werden [Rob94a, Rob94b]. Auf das Optimieren des Turbo–Code–Verschachtelers wird in der vorliegenden Arbeit nicht näher eingegangen. Statt dessen wird auf [BeG96, JuN94a, JuN94b, Rob94a, Rob94b] verwiesen.

E.3 Iteratives Decodieren von Turbo-Codes

E.3.1 Überblick

Im vorliegenden Abschnitt E.3 wird das iterative Decodieren von Turbo–Codes beschrieben. In Abschnitt E.3.2 werden das Prinzip des iterativen Decodierens und die Entstehung des Namens Turbo–Code [BGT93] erläutert. Im Decodierer für Turbo–Codes werden üblicherweise zwei Decodierer eingesetzt, die MAP–Symbolschätzer [BCJ74] enthalten. Durch den Einsatz von MAP–Symbolschätzern werden die geringstmöglichen Bitfehlerverhältnisse erzielt, siehe Abschnitt 5.3 sowie [Nas95, Abschnitt 5.3.3]. In Abschnitt E.3.3 wird die Arbeitsweise eines beim iterativen Decodieren von Turbo–Codes verwendeten MAP–Symbolschätzers detailliert beschrieben.

E.3.2 Prinzip

Das Decodieren von Turbo–Codes kann iterativ erfolgen, da der Codierer für Turbo–Codes auf der parallelen Verkettung der beiden RSC–Codierer 1 und 2 basiert [BGT93]. In Bild E.2 ist das Blockschaltbild des iterativen Decodierers für Turbo–Codes dargestellt. Der Decodierer für Turbo–Codes besteht aus einem Multiplexer, einem Speicher, den beiden Decodierern DEC1 und DEC2, einem Turbo–Code–Verschachteler, zwei Turbo–Code–Entschachtelern und einem Schwellwertentscheider. Eingangsfolge des Decodierers für Turbo–Codes ist diejenige Folge

$$x = (x_1 \cdots x_{N_T})^{\mathrm{T}}, \quad x_n \in \mathbb{R}, \quad n = 1 \cdots N_T, \tag{E.9}$$

welche die systematische Information u nach (E.2) enthält, und diejenige Folge

$$y = (y_1 \cdots y_{N_T})^{\mathrm{T}}, \quad y_n \in \mathbb{R}, \quad n = 1 \cdots N_T, \tag{E.10}$$

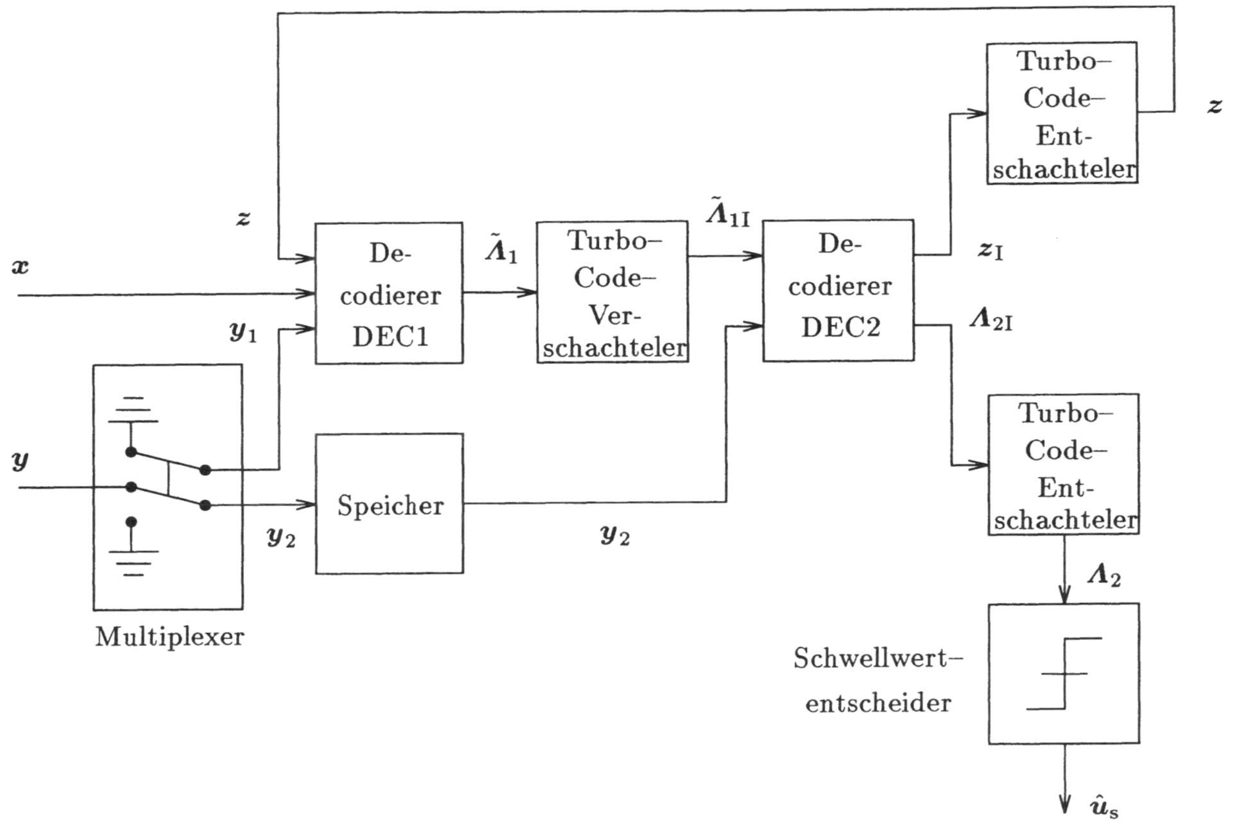

Bild E.2. Blockschaltbild des iterativen Decodierers für Turbo–Codes [Nas95]

welche die von den beiden RSC–Codierern 1 und 2 erzeugte, punktierte Redundanz c nach (E.8) enthält. Im folgenden wird davon ausgegangen, daß die in der Folge x nach (E.9) enthaltenen Abtastwerte x_n, $n = 1 \cdots N_\mathrm{T}$, über einen Übertragungskanal mit einem einzigen Weg der zeitlich veränderlichen reellen Amplitude

$$a_{\mathrm{x},n}, \quad n = 1 \cdots N_\mathrm{T}, \quad a_{\mathrm{x},n} \in \mathbb{R}, \tag{E.11}$$

übertragen wird und durch additives weißes normalverteiltes Rauschen gestört sind. In analoger Weise wird angenommen, daß die in der Folge y nach (E.10) enthaltenen Abtastwerte y_n, $n = 1 \cdots N_\mathrm{T}$, über einen Übertragungskanal mit einem einzigen Weg der zeitlich veränderlichen reellen Amplitude

$$a_{\mathrm{y},n}, \quad n = 1 \cdots N_\mathrm{T}, \quad a_{\mathrm{y},n} \in \mathbb{R}, \tag{E.12}$$

übertragen wird und ebenfalls durch additives weißes normalverteiltes Rauschen gestört wird. Falls

$$a_{\mathrm{x},n} = a_{\mathrm{y},n} = 1, \quad \forall\, n \in \{1 \cdots N_\mathrm{T}\}, \tag{E.13}$$

gilt, so heißt der jeweilige Übertragungskanal AWGN (Additive White Gaussian Noise)–Kanal [Pro95]. Falls die Amplituden $a_{\mathrm{x},n}$ nach (E.11) beziehungsweise $a_{\mathrm{y},n}$ nach (E.12) paarweise statistisch voneinander unabhängige Realisationen eines Zufallsprozesses mit Rayleigh–Verteilung sind, so heißt der jeweilige Übertragungskanal Rayleigh–Kanal. Ausgangsfolge des Decodierers für Turbo–Codes ist die vom Schwellwertentscheider erzeugte Folge

$$\hat{u}_\mathrm{s} = (\hat{u}_{\mathrm{s},1} \cdots \hat{u}_{\mathrm{s},N_\mathrm{T}})^\mathrm{T}, \quad \hat{u}_{\mathrm{s},n} \in \{-1, 1\}, \quad n = 1 \cdots N_\mathrm{T}, \tag{E.14}$$

siehe Bild E.2. Aus (E.14) kann durch die Operation

$$\hat{u}_n = \frac{\hat{u}_{\mathrm{s},n} + 1}{2}, \quad n = 1 \cdots N_\mathrm{T}, \tag{E.15}$$

die Folge

$$\hat{u} = (\hat{u}_1 \cdots \hat{u}_{N_\mathrm{T}})^\mathrm{T}, \quad \hat{u}_n \in \{0, 1\}, \quad n = 1 \cdots N_\mathrm{T}, \tag{E.16}$$

von Schätzwerten $\hat{u}_n$, $n = 1 \cdots N_\mathrm{T}$, der Bits u_n, $n = 1 \cdots N_\mathrm{T}$, nach (E.2) berechnet werden.

Das Decodieren von Turbo–Codes geschieht folgendermaßen: Die Folge x nach (E.9) wird dem ersten Decodierer DEC1 zugeführt. Die Folge y nach (E.10) wird zuerst zum Multiplexer geleitet, der die beiden Folgen

$$\begin{aligned} y_1 &= (y_1, 0, y_3, 0 \cdots y_{N_\mathrm{T}-1}, 0)^\mathrm{T}, \\ y_2 &= (0, y_2, 0, y_4 \cdots 0, y_{N_\mathrm{T}})^\mathrm{T} \quad\quad \text{für } N_\mathrm{T} \text{ gerade}, \end{aligned} \tag{E.17}$$

beziehungsweise

$$y_1 = (y_1, 0, y_3, 0 \cdots 0, y_{N_\mathrm{T}})^\mathrm{T},$$
$$y_2 = (0, y_2, 0, y_4 \cdots y_{N_\mathrm{T}-1}, 0)^\mathrm{T} \qquad \text{für } N_\mathrm{T} \text{ ungerade}, \qquad (E.18)$$

erzeugt. Die Folge y_1 nach (E.17) und (E.18) enthält ausschließlich die durch den RSC–Codierer 1 erzeugte Redundanz, siehe (E.3) und (E.8), während die Folge y_2 nach (E.17) und (E.18) ausschließlich die durch den RSC–Codierer 2 generierte Redundanz enthält, siehe (E.3) und (E.8). Das regelmäßige Einstreuen von Nullen in y_1 beziehungsweise y_2 trägt der Punktierung im Codierer für Turbo–Codes Rechnung. Neben der Folge x nach (E.9) werden dem Decodierer DEC1 die Folge y_1 nach (E.17) und (E.18) und die Folge

$$z = (z_1 \cdots z_{N_\mathrm{T}})^\mathrm{T}, \quad z_n \in \mathrm{I\!R}, \quad n = 1 \cdots N_\mathrm{T}, \qquad (E.19)$$

der extrinsischen Information zugeführt. Die Folge z nach (E.19), die durch Decodierer DEC2 erzeugt wird, hängt wie die Folge x nach (E.9) nur von der systematischen Information u nach (E.2) ab. Die Bezeichnung extrinsisch hat in diesem Zusammenhang die Bedeutung „zusätzlich, von außen kommend". Zu Beginn der ersten Decodieriteration besteht die Folge z nach (E.19) nur aus Nullen, da der Decodierer DEC2 noch nicht gearbeitet hat. Das Erzeugen der Folge z nach (E.19) durch den Decodierer DEC2 wird in Abschnitt E.3.3 erläutert. Der Name Turbo–Code rührt vom rückkopplungsartigen Einbeziehen der Folge z nach (E.19) in den Decodiervorgang her, die an die Arbeitsweise eines Turbo–Laders eines Verbrennungsmotors erinnert [BGT93]. Der Decodierer DEC1 bestimmt aus den Folgen x nach (E.9), y_1 nach (E.17) und (E.18) und z nach (E.19) die Folge

$$\tilde{\Lambda}_1 = (\tilde{\Lambda}_{1,1} \cdots \tilde{\Lambda}_{1,N_\mathrm{T}})^\mathrm{T}, \quad \tilde{\Lambda}_{1,n} \in \mathrm{I\!R}, \quad n = 1 \cdots N_\mathrm{T}, \qquad (E.20)$$

von Zuverlässigkeitsinformation. Bei der Zuverlässigkeitsinformation $\tilde{\Lambda}_{1,n}$, $i = 1 \cdots N_\mathrm{T}$, nach (E.20) handelt es sich um wertekontinuierliche Schätzwerte für die Bits u_n, $n = 1 \cdots N_\mathrm{T}$, nach (E.2) [Nas95]. Die Folge $\tilde{\Lambda}_1$ nach (E.20) enthält wie die Folge z nach (E.19) die systematische Information u nach (E.2). Außerdem enthält $\tilde{\Lambda}_1$ nach (E.20) explizit die Folge x nach (E.9), siehe Abschnitt E.3.3. Deshalb dient die aus $\tilde{\Lambda}_1$ nach (E.20) durch Verschachtelung mit dem Turbo–Code–Verschachteler gewonnene Folge $\tilde{\Lambda}_{1\mathrm{I}}$ zusammen mit der im Speicher des Decodierers für Turbo–Codes abgelegten Folge y_2 nach (E.17) beziehungsweise (E.18) als Eingabe für den Decodierer DEC2. Der Decodierer DEC2 erzeugt die Folge

$$z_\mathrm{I} = (z_{\mathrm{I},1} \cdots z_{\mathrm{I},N_\mathrm{T}})^\mathrm{T}, \quad z_{\mathrm{I},n} \in \mathrm{I\!R}, \quad n = 1 \cdots N_\mathrm{T}, \qquad (E.21)$$

von Zuverlässigkeitsinformation $z_{\mathrm{I},n}$, die nach dem Entschachteln im Turbo–Code–Entschachteler als Elemente der Folge z nach (E.19) bei einer weiteren Decodieriteration als Eingabe für den Decodierer DEC1 verwendet werden. Außerdem generiert der Decodierer DEC2 die Folge

$$\Lambda_{2\mathrm{I}} = (\Lambda_{2\mathrm{I},1} \cdots \Lambda_{2\mathrm{I},N_\mathrm{T}})^\mathrm{T}, \quad \Lambda_{2\mathrm{I},n} \in \mathrm{I\!R}, \quad n = 1 \cdots N_\mathrm{T}, \qquad (E.22)$$

die nach dem Entschachteln im Turbo–Code–Entschachteler in die Folge

$$\boldsymbol{\Lambda}_2 = (\Lambda_{2,1} \cdots \Lambda_{2,N_{\mathrm{T}}})^{\mathrm{T}}, \quad \Lambda_{2,n} \in \mathbb{R}, \quad n = 1 \cdots N_{\mathrm{T}}, \tag{E.23}$$

von logarithmischen a–Posteriori–Wahrscheinlichkeitsverhältnissen (LLRs, Log–Likelihood Ratios)

$$\Lambda_{2,n} = \log_e \left[\frac{\Pr\left\{ u_n = 1 | \tilde{\boldsymbol{\Lambda}}_{1\mathrm{I}}, \boldsymbol{y}_2 \right\}}{\Pr\left\{ u_n = 0 | \tilde{\boldsymbol{\Lambda}}_{1\mathrm{I}}, \boldsymbol{y}_2 \right\}} \right], \quad n = 1 \cdots N_{\mathrm{T}}, \tag{E.24}$$

übergeht. In (E.24) ist $\Pr\left\{ u_n = i | \tilde{\boldsymbol{\Lambda}}_{1\mathrm{I}}, \boldsymbol{y}_2 \right\}$ die bedingte a–Posteriori–Wahrscheinlichkeit für das Senden des Bits u_n gleich null oder eins unter Berücksichtigung der Beobachtungen $\tilde{\boldsymbol{\Lambda}}_{1\mathrm{I}}$ und $\boldsymbol{y}_2$ [Nas95].

Mit

$$\Pr\left\{ u_n = 1 | \tilde{\boldsymbol{\Lambda}}_{1\mathrm{I}}, \boldsymbol{y}_2 \right\} = 1 - \Pr\left\{ u_n = 0 | \tilde{\boldsymbol{\Lambda}}_{1\mathrm{I}}, \boldsymbol{y}_2 \right\}, \quad n = 1 \cdots N_{\mathrm{T}}, \tag{E.25}$$

folgt aus (E.24)

$$\Lambda_{2,n} = \log_e \left[\frac{1}{\Pr\left\{ u_n = 0 | \tilde{\boldsymbol{\Lambda}}_{1\mathrm{I}}, \boldsymbol{y}_2 \right\}} - 1 \right], \quad n = 1 \cdots N_{\mathrm{T}}. \tag{E.26}$$

Da die bedingte Wahrscheinlichkeit $\Pr\left\{ u_n = 0 | \tilde{\boldsymbol{\Lambda}}_{1\mathrm{I}}, \boldsymbol{y}_2 \right\}$ für nichtverschwindende additive weiße normalverteilte Störung stets größer als null und kleiner als eins ist, ist das Argument des Logarithmus in (E.24) beziehungsweise (E.26) stets größer als null. Falls $\Pr\left\{ u_n = 0 | \tilde{\boldsymbol{\Lambda}}_{1\mathrm{I}}, \boldsymbol{y}_2 \right\}$ größer als 1/2 ist, ist u_n gleich null mit größerer Wahrscheinlichkeit gesendet worden als u_n gleich eins. In diesem Fall ist das Argument des Logarithmus in (E.24) beziehungsweise (E.26) kleiner als eins, und damit ist $\Lambda_{2,n}$ kleiner als null. Ist $\Pr\left\{ u_n = 0 | \tilde{\boldsymbol{\Lambda}}_{1\mathrm{I}}, \boldsymbol{y}_2 \right\}$ kleiner als 1/2, so ist u_n gleich null mit geringerer Wahrscheinlichkeit gesendet worden als u_n gleich eins. In diesem Fall ist das Argument des Logarithmus in (E.24) beziehungsweise (E.26) größer als eins, und damit ist $\Lambda_{2,n}$ größer als null.

Aufgrund dieser Eigenschaft der LLRs nach (E.24) beziehungsweise (E.26) kann mit einem Schwellwertentscheider die Folge $\hat{\boldsymbol{u}}_{\mathrm{S}}$ nach (E.14) ermittelt werden, aus der durch die bereits angeführte Operation (E.15) die Folge $\hat{\boldsymbol{u}}$ nach (E.16) von Schätzwerten $\hat{u}_n$, $n = 1 \cdots N_{\mathrm{T}}$, der Bits u_n, $n = 1 \cdots N_{\mathrm{T}}$, nach (E.2) bestimmt werden kann. Die Ausgabe der Folge $\hat{\boldsymbol{u}}_{\mathrm{S}}$ nach (E.14) und damit das Bestimmen der Folge $\hat{\boldsymbol{u}}$ nach (E.16) kann nach jeder Decodieriteration erfolgen. Nach einer hinreichend großen Anzahl von Decodieriterationen stehen die endgültigen Folgen $\hat{\boldsymbol{u}}_{\mathrm{S}}$ nach (E.14) sowie $\hat{\boldsymbol{u}}$ nach (E.16) fest.

Die Art und Weise des Bestimmens von $\tilde{\Lambda}_1$ nach (E.20), Λ_2 nach (E.23) und z nach (E.19) ist für die minimal erzielbare Fehlerwahrscheinlichkeit der zu übertragenden Bits von entscheidender Bedeutung. Da die Folgen $\tilde{\Lambda}_1$ nach (E.20), Λ_2 nach (E.23) und z nach (E.19) Zuverlässigkeitsinformation für jedes binäre Datensymbol u_n, $n = 1 \cdots N_T$, nach (E.2) enthalten, ist das Verwenden von Symbolschätzern in den Decodierern DEC1 und DEC2 sinnvoll. Die geringsten Bitfehlerverhältnisse können mit MAP-Symbolschätzern erzielt werden. Deshalb werden in der vorliegenden Arbeit ausschließlich MAP-Symbolschätzer zum Decodieren von Turbo-Codes betrachtet. Die Arbeitsweise eines MAP-Symbolschätzers, wie er im Decodierer DEC1 verwendet wird, wird im Abschnitt E.3.3 beschrieben. Weitere Arten von Decodierern für Turbo-Codes werden zum Beispiel in [Jun96] behandelt.

E.3.3 Rekursive MAP-Symbolschätzung

Die prinzipielle Arbeitsweise eines MAP-Symbolschätzers ist seit Anfang der siebziger Jahre bekannt [BCJ74]. Von entscheidender Bedeutung ist das Einbringen der a-priori-Kenntnis, das heißt derjenigen Kenntnis, welche der MAP-Symbolschätzer vor der Schätzung über die zu schätzenden Bits hat. Das Einbringen der a-priori-Kenntnis beim Decodieren von Turbo-Codes für die in den Decodieren DEC1 und DEC2 enthaltenen MAP-Symbolschätzer ist bisher nur in [Nas95] ausführlich, anschaulich und konsistent beschrieben worden. Deshalb wird im vorliegenden Abschnitt E.3.3 die Arbeitsweise des im Decodierer DEC1 enthaltenen MAP-Symbolschätzers und insbesondere das Einbringen der a-priori-Kenntnis für diesen MAP-Symbolschätzer ausführlich erläutert.

Ausgehend von den Folgen x nach (E.9), y_1 nach (E.17) beziehungsweise (E.18) und z nach (E.19) berechnet der im Decodierer DEC1 verwendete MAP-Symbolschätzer die Folge

$$\Lambda_1 = (\Lambda_{1,1} \cdots \Lambda_{1,N_T})^{\mathrm{T}}, \quad \Lambda_{1,n} \in \mathbb{R}, \quad n = 1 \cdots N_T, \tag{E.27}$$

von LLRs

$$\Lambda_{1,n} = \log_{\mathrm{e}} \left[\frac{\Pr\{u_n = 1 | x, y_1, z\}}{\Pr\{u_n = 0 | x, y_1, z\}} \right], \quad n = 1 \cdots N_T. \tag{E.28}$$

Wie bereits in Abschnitt E.3.2 angedeutet, sind LLRs Maße für die Zuverlässigkeit einer getroffenen Entscheidung bezüglich des gesendeten binären Datensymbols u_n, $n = 1 \cdots N_T$. Auf der Grundlage der LLRs $\Lambda_{1,n}$, $n = 1 \cdots N_T$, nach (E.28) wird schließlich, wie weiter unten beschrieben, die Folge $\tilde{\Lambda}_1$ nach (E.20) erzeugt, die entsprechend Bild E.2 die Ausgabe des Decodierers DEC1 ist. Im folgenden wird zunächst das rekursive Bestimmen von Λ_1 nach (E.27) und anschließend das Bilden der Folge $\tilde{\Lambda}_1$ nach (E.20) erläutert.

Der RSC–Codierer 1, als endlicher Automat aufgefaßt, kann mit einem Trellis–Diagramm mit M_{T}, $M_{\mathrm{T}} \in \mathbb{N}$, möglichen Zuständen beschrieben werden. Der Zustand des RSC–Codierers 1 zum Zeitpunkt n wird im folgenden mit S_n, $S_n \in \{1 \cdots M_{\mathrm{T}}\}$, bezeichnet. Aus (E.28) folgt

$$\Lambda_{1,n} = \log_e \left[\frac{\sum_{m_{\mathrm{T}}=1}^{M_{\mathrm{T}}} \mathrm{Pr}\{u_n = 1, S_n = m_{\mathrm{T}} | \boldsymbol{x}, \boldsymbol{y}_1, \boldsymbol{z}\}}{\sum_{m_{\mathrm{T}}=1}^{M_{\mathrm{T}}} \mathrm{Pr}\{u_n = 0, S_n = m_{\mathrm{T}} | \boldsymbol{x}, \boldsymbol{y}_1, \boldsymbol{z}\}} \right], \quad n = 1 \cdots N_{\mathrm{T}}. \qquad \text{(E.29)}$$

Zum Vereinfachen der Schreibweise wird die Folge

$$[\boldsymbol{r}]_\nu^\mu \overset{\mathrm{def}}{=} (R_\mu \cdots R_\nu)^{\mathrm{T}}, \quad 1 \leq \mu < \nu \leq N_{\mathrm{T}}, \qquad \text{(E.30)}$$

aus den Wertetripeln

$$R_n = (x_n, y_{1,n}, z_n), \qquad \text{(E.31)}$$

eingeführt. Mit $[\boldsymbol{r}]_{N_{\mathrm{T}}}^1$ nach (E.30) beziehungsweise (E.31) folgt aus (E.29)

$$\Lambda_{1,n} = \log_e \left[\frac{\sum_{m_{\mathrm{T}}=1}^{M_{\mathrm{T}}} \mathrm{Pr}\left\{u_n = 1, S_n = m_{\mathrm{T}} | [\boldsymbol{r}]_{N_{\mathrm{T}}}^1\right\}}{\sum_{m_{\mathrm{T}}=1}^{M_{\mathrm{T}}} \mathrm{Pr}\left\{u_n = 0, S_n = m_{\mathrm{T}} | [\boldsymbol{r}]_{N_{\mathrm{T}}}^1\right\}} \right], \quad n = 1 \cdots N_{\mathrm{T}}. \qquad \text{(E.32)}$$

Das Berechnen der LLRs $\Lambda_{1,n}$ nach (E.32) kann, wie bereits in Abschnitt E.3.1 angedeutet, rekursiv erfolgen. Durch Anwenden des Satzes von Bayes [Pap84] folgt für die in (E.32) enthaltene bedingte Wahrscheinlichkeit $\mathrm{Pr}\left\{u_n = i_{\mathrm{u}}, S_n = m_{\mathrm{T}} | [\boldsymbol{r}]_{N_{\mathrm{T}}}^1\right\}$ mit (E.30) beziehungsweise (E.31)

$$\begin{aligned}
\mathrm{Pr}&\left\{u_n = i_{\mathrm{u}}, S_n = m_{\mathrm{T}} | [\boldsymbol{r}]_{N_{\mathrm{T}}}^1\right\} = \\
&= \frac{\mathrm{p}\left(u_n = i_{\mathrm{u}}, S_n = m_{\mathrm{T}}, [\boldsymbol{r}]_n^1, [\boldsymbol{r}]_{N_{\mathrm{T}}}^{n+1}\right)}{\mathrm{p}\left([\boldsymbol{r}]_n^1, [\boldsymbol{r}]_{N_{\mathrm{T}}}^{n+1}\right)} \\
&= \frac{\mathrm{p}\left(u_n = i_{\mathrm{u}}, S_n = m_{\mathrm{T}}, [\boldsymbol{r}]_n^1\right)}{\mathrm{p}\left([\boldsymbol{r}]_n^1\right)} \cdot \frac{\mathrm{p}\left([\boldsymbol{r}]_{N_{\mathrm{T}}}^{n+1} | u_n = i_{\mathrm{u}}, S_n = m_{\mathrm{T}}, [\boldsymbol{r}]_n^1\right)}{\mathrm{p}\left([\boldsymbol{r}]_{N_{\mathrm{T}}}^{n+1} | [\boldsymbol{r}]_n^1\right)} \\
&= \mathrm{Pr}\left\{u_n = i_{\mathrm{u}}, S_n = m_{\mathrm{T}} | [\boldsymbol{r}]_n^1\right\} \cdot \frac{\mathrm{p}\left([\boldsymbol{r}]_{N_{\mathrm{T}}}^{n+1} | S_n = m_{\mathrm{T}}\right)}{\mathrm{p}\left([\boldsymbol{r}]_{N_{\mathrm{T}}}^{n+1} | [\boldsymbol{r}]_n^1\right)} \\
&= \alpha_n^{i_{\mathrm{u}}}(m_{\mathrm{T}}) \cdot \beta_n(m_{\mathrm{T}}), \\
&\qquad i_{\mathrm{u}} = 0, 1, \quad m_{\mathrm{T}} = 1 \cdots M_{\mathrm{T}}, \quad n = 1 \cdots N_{\mathrm{T}}, \qquad \text{(E.33)}
\end{aligned}$$

wobei die Beziehungen

$$\mathrm{p}\left([r]_{N_\mathrm{T}}^{n+1}|u_n = i_\mathrm{u}, S_n = m_\mathrm{T}, [r]_n^1\right) = \mathrm{p}\left([r]_{N_\mathrm{T}}^{n+1}|S_n = m_\mathrm{T}\right), \qquad (\mathrm{E.34})$$

$$\alpha_n^{i_\mathrm{u}}(m_\mathrm{T}) = \mathrm{Pr}\left\{u_n = i_\mathrm{u}, S_n = m_\mathrm{T}|[r]_n^1\right\}, \qquad (\mathrm{E.35})$$

$$\beta_n(m_\mathrm{T}) = \frac{\mathrm{p}\left([r]_{N_\mathrm{T}}^{n+1}|S_n = m_\mathrm{T}\right)}{\mathrm{p}\left([r]_{N_\mathrm{T}}^{n+1}|[r]_n^1\right)} \qquad (\mathrm{E.36})$$

verwendet werden. In (E.34) wird von der Tatsache Gebrauch gemacht, daß $[r]_{N_\mathrm{T}}^{n+1}$ für einen bekannten Zustand S_n gleich m_T des RSC–Codierers 1 weder von u_n und noch von $[r]_n^1$ abhängt. Mit (E.33) folgt aus (E.32) für $\Lambda_{1,n}$, $n = 1 \cdots N_\mathrm{T}$, nach (E.28)

$$\Lambda_{1,n} = \log_\mathrm{e}\left[\frac{\displaystyle\sum_{m_\mathrm{T}=1}^{M_\mathrm{T}} \alpha_n^1(m_\mathrm{T}) \cdot \beta_n(m_\mathrm{T})}{\displaystyle\sum_{m_\mathrm{T}=1}^{M_\mathrm{T}} \alpha_n^0(m_\mathrm{T}) \cdot \beta_n(m_\mathrm{T})}\right], \quad n = 1 \cdots N_\mathrm{T}. \qquad (\mathrm{E.37})$$

Aufgrund der Definitionen von $\alpha_n^{i_\mathrm{u}}(m_\mathrm{T})$ nach (E.35) und $\beta_n(m_\mathrm{T})$ nach (E.36) lassen sich $\alpha_n^{i_\mathrm{u}}(m_\mathrm{T})$ mit einer Vorwärtsrekursion beginnend beim Zeitpunkt 1 und $\beta_n(m_\mathrm{T})$ mit einer Rückwärtsrekursion beginnend beim Zeitpunkt N_T bestimmen. Diese beiden Rekursionen werden im folgenden ausführlich beschrieben [Nas95].

Zunächst wird die rekursive Berechnung von $\alpha_n^{i_\mathrm{u}}(m_\mathrm{T})$ nach (E.35) erläutert. Aus (E.35) folgt

$$\begin{aligned}
\alpha_n^{i_\mathrm{u}}(m_\mathrm{T}) &= \\
&= \frac{\mathrm{p}\left(u_n = i_\mathrm{u}, S_n = m_\mathrm{T}, [r]_n^1\right)}{\mathrm{p}\left([r]_n^1\right)} \\
&= \frac{\mathrm{p}\left(u_n = i_\mathrm{u}, S_n = m_\mathrm{T}, [r]_{n-1}^1, R_n\right)}{\mathrm{p}\left([r]_{n-1}^1, R_n\right)} \\
&= \frac{\mathrm{p}\left(u_n = i_\mathrm{u}, S_n = m_\mathrm{T}, R_n|[r]_{n-1}^1\right) \cdot \mathrm{p}\left([r]_{n-1}^1\right)}{\mathrm{p}\left(R_n|[r]_{n-1}^1\right) \cdot \mathrm{p}\left([r]_{n-1}^1\right)} \\
&= \frac{\mathrm{p}\left(u_n = i_\mathrm{u}, S_n = m_\mathrm{T}, R_n|[r]_{n-1}^1\right)}{\mathrm{p}\left(R_n|[r]_{n-1}^1\right)}
\end{aligned}$$

$$
= \frac{\displaystyle\sum_{m'_\mathrm{T}=1}^{M_\mathrm{T}} \sum_{j_\mathrm{u}=0}^{1} \mathrm{p}\left(u_n = i_\mathrm{u}, u_{n-1} = j_\mathrm{u}, S_n = m_\mathrm{T}, S_{n-1} = m'_\mathrm{T}, R_n \middle| [r]_{n-1}^1\right)}{\mathrm{p}\left(R_n \middle| [r]_{n-1}^1\right)}
$$

$$
= \frac{1}{\mathrm{p}\left(R_n \middle| [r]_{n-1}^1\right)} \cdot \sum_{m'_\mathrm{T}=1}^{M_\mathrm{T}} \sum_{j_\mathrm{u}=0}^{1}
$$

$$
\mathrm{p}\left(u_n = i_\mathrm{u}, S_n = m_\mathrm{T}, R_n \middle| u_{n-1} = j_\mathrm{u}, S_{n-1} = m'_\mathrm{T}, [r]_{n-1}^1\right)
$$
$$
\cdot \mathrm{Pr}\left\{u_{n-1} = j_\mathrm{u}, S_{n-1} = m'_\mathrm{T} \middle| [r]_{n-1}^1\right\}
$$

$$
= \frac{\displaystyle\sum_{m'_\mathrm{T}=1}^{M_\mathrm{T}} \sum_{j_\mathrm{u}=0}^{1} \mathrm{p}\left(u_n = i_\mathrm{u}, S_n = m_\mathrm{T}, R_n \middle| S_{n-1} = m'_\mathrm{T}\right) \cdot \alpha_{n-1}^{j_\mathrm{u}}(m'_\mathrm{T})}{\displaystyle\sum_{m''_\mathrm{T}=1}^{M_\mathrm{T}} \sum_{l_\mathrm{u}=0}^{1} \mathrm{p}\left(u_n = l_\mathrm{u}, S_n = m''_\mathrm{T}, R_n \middle| [r]_{n-1}^1\right)}
$$

$$
= \frac{\displaystyle\sum_{m'_\mathrm{T}=1}^{M_\mathrm{T}} \sum_{j_\mathrm{u}=0}^{1} \gamma_n^{i_\mathrm{u}}(R_n, m'_\mathrm{T}, m_\mathrm{T}) \cdot \alpha_{n-1}^{j_\mathrm{u}}(m'_\mathrm{T})}{\displaystyle\sum_{m''_\mathrm{T}=1}^{M_\mathrm{T}} \sum_{l_\mathrm{u}=0}^{1} \left[\sum_{m'_\mathrm{T}=1}^{M_\mathrm{T}} \sum_{j_\mathrm{u}=0}^{1} \gamma_n^{l_\mathrm{u}}(R_n, m'_\mathrm{T}, m''_\mathrm{T}) \cdot \alpha_{n-1}^{j_\mathrm{u}}(m'_\mathrm{T}) \right]}
$$

$$
= \frac{\displaystyle\sum_{m'_\mathrm{T}=1}^{M_\mathrm{T}} \sum_{j_\mathrm{u}=0}^{1} \gamma_n^{i_\mathrm{u}}(R_n, m'_\mathrm{T}, m_\mathrm{T}) \cdot \alpha_{n-1}^{j_\mathrm{u}}(m'_\mathrm{T})}{\displaystyle\sum_{m''_\mathrm{T}=1}^{M_\mathrm{T}} \sum_{m'_\mathrm{T}=1}^{M_\mathrm{T}} \sum_{l_\mathrm{u}=0}^{1} \sum_{j_\mathrm{u}=0}^{1} \gamma_n^{l_\mathrm{u}}(R_n, m'_\mathrm{T}, m''_\mathrm{T}) \cdot \alpha_{n-1}^{j_\mathrm{u}}(m'_\mathrm{T})},
$$

$$
i_\mathrm{u} = 0, 1, \quad m_\mathrm{T} = 1 \cdots M_\mathrm{T}, \quad n = 1 \cdots N_\mathrm{T}. \tag{E.38}
$$

In (E.38) wird von der Tatsache Gebrauch gemacht, daß die bedingte Wahrscheinlichkeitsdichte $\mathrm{p}\left(u_n = i_\mathrm{u}, S_n = m_\mathrm{T}, R_n \middle| u_{n-1} = j_\mathrm{u}, S_{n-1} = m'_\mathrm{T}, [r]_{n-1}^1\right)$ für einen bekannten Zustand S_{n-1} gleich m'_T nicht von u_{n-1} und von $[r]_{n-1}^1$ abhängt. Es gilt deshalb

$$
\mathrm{p}\left(u_n = i_\mathrm{u}, S_n = m_\mathrm{T}, R_n \middle| u_{n-1} = j_\mathrm{u}, S_{n-1} = m'_\mathrm{T}, [r]_{n-1}^1\right) =
$$
$$
= \mathrm{p}\left(u_n = i_\mathrm{u}, S_n = m_\mathrm{T}, R_n \middle| S_{n-1} = m'_\mathrm{T}\right). \tag{E.39}
$$

Weiterhin wird in (E.38) die Abkürzung

$$
\gamma_n^{i_\mathrm{u}}(R_n, m'_\mathrm{T}, m_\mathrm{T}) =
$$
$$
= \mathrm{p}\left(u_n = i_\mathrm{u}, S_n = m_\mathrm{T}, R_n \middle| S_{n-1} = m'_\mathrm{T}\right)
$$

$$
= \frac{\mathrm{p}\left(R_n, u_n = i_\mathrm{u}, S_n = m_\mathrm{T}, S_{n-1} = m'_\mathrm{T}\right)}{\mathrm{Pr}\left\{S_{n-1} = m'_\mathrm{T}\right\}}
$$

$$
= \mathrm{p}\left(R_n | u_n = i_\mathrm{u}, S_n = m_\mathrm{T}, S_{n-1} = m'_\mathrm{T}\right)
$$

$$
\cdot \frac{\mathrm{Pr}\left\{u_n = i_\mathrm{u}, S_n = m_\mathrm{T}, S_{n-1} = m'_\mathrm{T}\right\}}{\mathrm{Pr}\left\{S_{n-1} = m'_\mathrm{T}\right\}}
$$

$$
= \mathrm{p}\left(R_n | u_n = i_\mathrm{u}, S_n = m_\mathrm{T}, S_{n-1} = m'_\mathrm{T}\right)
$$

$$
\cdot \mathrm{Pr}\left\{u_n = i_\mathrm{u}, S_n = m_\mathrm{T} | S_{n-1} = m'_\mathrm{T}\right\},
$$

$$
i_\mathrm{u} = 0,1, \quad m_\mathrm{T} = 1 \cdots M_\mathrm{T}, \quad m'_\mathrm{T} = 1 \cdots M_\mathrm{T}, \quad n = 1 \cdots N_\mathrm{T},
$$

$$
\tag{E.40}
$$

verwendet. Abhängig vom gewählten RSC–Codierer ist die bedingte Wahrscheinlichkeit $\mathrm{Pr}\left\{u_n = i_\mathrm{u}, S_n = m_\mathrm{T} | S_{n-1} = m'_\mathrm{T}\right\}$ entweder null oder eins. Das Wissen über den Wert der bedingten Wahrschlichkeit $\mathrm{Pr}\left\{u_n = i_\mathrm{u}, S_n = m_\mathrm{T} | S_{n-1} = m'_\mathrm{T}\right\}$ stellt a–priori–Kenntnis beim Decodieren des RSC–Codierer 1 dar. Für den Fall, daß die Abtastwerte x_n, $y_{1,n}$ und z_n paarweise statistisch unabhängig sind, folgt aus (E.40)

$$
\gamma_n^{i_\mathrm{u}}(R_n, m'_\mathrm{T}, m_\mathrm{T}) =
$$

$$
= \mathrm{p}\left(x_n | u_n = i_\mathrm{u}, S_n = m_\mathrm{T}, S_{n-1} = m'_\mathrm{T}\right)
$$

$$
\cdot \mathrm{p}\left(y_{1,n} | u_n = i_\mathrm{u}, S_n = m_\mathrm{T}, S_{n-1} = m'_\mathrm{T}\right)
$$

$$
\cdot \mathrm{p}\left(z_n | u_n = i_\mathrm{u}, S_n = m_\mathrm{T}, S_{n-1} = m'_\mathrm{T}\right)
$$

$$
\cdot \mathrm{Pr}\left\{u_n = i_\mathrm{u}, S_n = m_\mathrm{T} | S_{n-1} = m'_\mathrm{T}\right\},
$$

$$
i_\mathrm{u} = 0,1, \quad m_\mathrm{T} = 1 \cdots M_\mathrm{T}, \quad m'_\mathrm{T} = 1 \cdots M_\mathrm{T}, \quad n = 1 \cdots N_\mathrm{T}.
$$

$$
\tag{E.41}
$$

Da der RSC–Codierer 1 systematisch ist, gilt

$$
\mathrm{p}\left(x_n | u_n = i_\mathrm{u}, S_n = m_\mathrm{T}, S_{n-1} = m'_\mathrm{T}\right) \;=\; \mathrm{p}\left(x_n | u_n = i_\mathrm{u}\right), \tag{E.42}
$$

$$
\mathrm{p}\left(z_n | u_n = i_\mathrm{u}, S_n = m_\mathrm{T}, S_{n-1} = m'_\mathrm{T}\right) \;=\; \mathrm{p}\left(z_n | u_n = i_\mathrm{u}\right). \tag{E.43}
$$

Da $\boldsymbol{x}$ nach (E.9) und $\boldsymbol{y}_1$ nach (E.17) beziehungsweise (E.18) durch additive weiße normalverteilte Störung gestört sind, gilt

$$
\mathrm{p}\left(x_n | u_n = i_\mathrm{u}\right) = \frac{1}{\sqrt{2\pi} \cdot \sigma_\mathrm{T}} \exp\left\{ -\frac{\left(x_n - a_{\mathrm{x},n} \cdot [2 i_\mathrm{u} - 1]\right)^2}{2\sigma_\mathrm{T}^2} \right\} \tag{E.44}
$$

und

$$
\mathrm{p}\left(y_{1,n} | u_n = i_\mathrm{u}, S_n = m_\mathrm{T}, S_{n-1} = m'_\mathrm{T}\right) =
$$

$$
= \frac{1}{\sqrt{2\pi} \cdot \sigma_\mathrm{T}} \exp\left\{ -\frac{\left(y_{1,n} - a_{\mathrm{y},n} \cdot \tilde{c}_{1,n}\right)^2}{2\sigma_\mathrm{T}^2} \right\}, \quad \tilde{c}_{1,n} \in \{-1, +1\},
$$

$$
\tag{E.45}
$$

wobei σ_{T}^2 die Varianz der additiven weißen normalverteilten Störung ist und $\tilde{c}_{1,n}$ vom Übergang von S_{n-1} nach S_n abhängt.

Zum Bestimmen von $\mathrm{p}\,(z_n | u_n = i_{\mathrm{u}})$ wird wie folgt vorgegangenvorgegangen: Da z_n, siehe (E.19), auf der Grundlage eines LLR gebildet wird, wird der folgende empirische Ansatz [Rob94a]

$$z_n = \log_{\mathrm{e}} \left[\frac{\mathrm{p}\,(z_n | u_n = 1)}{\mathrm{p}\,(z_n | u_n = 0)} \right], \quad n = 1 \cdots N_{\mathrm{T}}, \qquad (\mathrm{E}.46)$$

$$\mathrm{p}\,(z_n | u_n = 1) = 1 - \mathrm{p}\,(z_n | u_n = 0), \quad n = 1 \cdots N_{\mathrm{T}}, \qquad (\mathrm{E}.47)$$

gewählt. Aus (E.46) und (E.47) folgen die Beziehungen

$$\mathrm{p}\,(z_n | u_n = 1) = \frac{\exp\{z_n\}}{1 + \exp\{z_n\}}, \quad n = 1 \cdots N_{\mathrm{T}}, \qquad (\mathrm{E}.48)$$

$$\mathrm{p}\,(z_n | u_n = 0) = \frac{1}{1 + \exp\{z_n\}}, \quad n = 1 \cdots N_{\mathrm{T}}, \qquad (\mathrm{E}.49)$$

beziehungsweise zusammengefaßt

$$\mathrm{p}\,(z_n | u_n = i_{\mathrm{u}}) = \frac{\exp\{i_{\mathrm{u}} \cdot z_n\}}{1 + \exp\{z_n\}}, \quad i_{\mathrm{u}} = 0, 1, \quad n = 1 \cdots N_{\mathrm{T}}. \qquad (\mathrm{E}.50)$$

Mit (E.44), (E.45) und (E.50) entsteht aus (E.41)

$$\gamma_n^{i_{\mathrm{u}}}(R_n, m'_{\mathrm{T}}, m_{\mathrm{T}}) =$$
$$= \frac{1}{\sqrt{2\pi} \cdot \sigma_{\mathrm{T}}} \exp\left\{ -\frac{(x_n - a_{\mathrm{x},n} \cdot [2i_{\mathrm{u}} - 1])^2}{2\sigma_{\mathrm{T}}^2} \right\} \cdot$$
$$\frac{1}{\sqrt{2\pi} \cdot \sigma_{\mathrm{T}}} \exp\left\{ -\frac{(y_{1,n} - a_{\mathrm{y},n} \cdot \tilde{c}_{1,n})^2}{2\sigma_{\mathrm{T}}^2} \right\} \cdot$$
$$\frac{\exp\{i_{\mathrm{u}} \cdot z_n\}}{1 + \exp\{z_n\}} \cdot$$
$$\mathrm{Pr}\,\{u_n = i_{\mathrm{u}}, S_n = m_{\mathrm{T}} | S_{n-1} = m'_{\mathrm{T}}\},$$
$$i_{\mathrm{u}} = 0, 1, \quad m_{\mathrm{T}} = 1 \cdots M_{\mathrm{T}}, \quad m'_{\mathrm{T}} = 1 \cdots M_{\mathrm{T}}, \quad n = 1 \cdots N_{\mathrm{T}}.$$
$$(\mathrm{E}.51)$$

In (E.51) wird das Einbringen von a–priori–Kenntnis deutlich. Wie schon gesagt, wird a–priori–Kenntnis durch die bedingte Wahrscheinlichkeit $\mathrm{Pr}\,\{u_n = i_{\mathrm{u}}, S_n = m_{\mathrm{T}} | S_{n-1} = m'_{\mathrm{T}}\}$ eingebracht. Zum anderen wird a–priori–Kenntnis durch $\mathrm{p}\,(z_n | u_n = i_{\mathrm{u}})$ nach (E.50) eingebracht, da die Folge z nach (E.19) nur die systematische Information u nach (E.2) enthält und $\mathrm{p}\,(z_n | u_n = i_{\mathrm{u}})$ bei der i-ten Decodieriteration a–priori–Kenntnis aufgrund aller $i - 1$ vorherigen Decodieriterationen darstellt.

Im folgenden wird die rekursive Berechnung von $\beta_n(m_{\mathrm{T}})$ dargelegt. Aus (E.36) folgt mit (E.38) und (E.40)

$$\beta_n(m_{\mathrm{T}}) =$$

$$= \frac{\mathrm{p}\left([r]_{N_{\mathrm{T}}}^{n+1}|S_n = m_{\mathrm{T}}\right)}{\mathrm{p}\left([r]_{N_{\mathrm{T}}}^{n+1}|[r]_n^1\right)}$$

$$= \frac{\mathrm{p}\left([r]_{N_{\mathrm{T}}}^{n+1}|S_n = m_{\mathrm{T}}\right)}{\mathrm{p}\left([r]_{N_{\mathrm{T}}}^{n+2}, R_{n+1}|[r]_n^1\right)}$$

$$= \frac{\mathrm{p}\left([r]_{N_{\mathrm{T}}}^{n+1}|S_n = m_{\mathrm{T}}\right)}{\mathrm{p}\left([r]_{N_{\mathrm{T}}}^{n+2}|[r]_{n+1}^1\right) \cdot \mathrm{p}\left(R_{n+1}|[r]_n^1\right)}$$

$$= \frac{1}{\mathrm{p}\left(R_{n+1}|[r]_n^1\right)} \cdot \sum_{m_{\mathrm{T}}'=1}^{M_{\mathrm{T}}} \sum_{j_{\mathrm{u}}=0}^{1}$$

$$\frac{\mathrm{p}\left(u_{n+1} = j_{\mathrm{u}}, S_{n+1} = m_{\mathrm{T}}', [r]_{N_{\mathrm{T}}}^{n+2}, R_{n+1}|S_n = m_{\mathrm{T}}\right)}{\mathrm{p}\left([r]_{N_{\mathrm{T}}}^{n+2}|[r]_{n+1}^1\right)}$$

$$= \frac{1}{\mathrm{p}\left(R_{n+1}|[r]_n^1\right)} \cdot \sum_{m_{\mathrm{T}}'=1}^{M_{\mathrm{T}}} \sum_{j_{\mathrm{u}}=0}^{1} \frac{\mathrm{p}\left([r]_{N_{\mathrm{T}}}^{n+2}|S_{n+1} = m_{\mathrm{T}}'\right)}{\mathrm{p}\left([r]_{N_{\mathrm{T}}}^{n+2}|[r]_{n+1}^1\right)}$$

$$\cdot \mathrm{p}\left(u_{n+1} = j_{\mathrm{u}}, S_{n+1} = m_{\mathrm{T}}', R_{n+1}|S_n = m_{\mathrm{T}}\right)$$

$$= \frac{1}{\mathrm{p}\left(R_{n+1}|[r]_n^1\right)} \cdot \sum_{m_{\mathrm{T}}'=1}^{M_{\mathrm{T}}} \sum_{j_{\mathrm{u}}=0}^{1} \beta_{n+1}(m_{\mathrm{T}}') \cdot \gamma_{n+1}^{j_{\mathrm{u}}}(R_{n+1}, m_{\mathrm{T}}, m_{\mathrm{T}}')$$

$$= \frac{\sum_{m_{\mathrm{T}}'=1}^{M_{\mathrm{T}}} \sum_{j_{\mathrm{u}}=0}^{1} \beta_{n+1}(m_{\mathrm{T}}') \cdot \gamma_{n+1}^{j_{\mathrm{u}}}(R_{n+1}, m_{\mathrm{T}}, m_{\mathrm{T}}')}{\sum_{m_{\mathrm{T}}''=1}^{M_{\mathrm{T}}} \sum_{l_{\mathrm{u}}=0}^{1} \mathrm{p}\left(u_{n+1} = l_{\mathrm{u}}, S_{n+1} = m_{\mathrm{T}}'', R_{n+1}|[r]_n^1\right)}$$

$$= \frac{\sum_{m_{\mathrm{T}}'=1}^{M_{\mathrm{T}}} \sum_{j_{\mathrm{u}}=0}^{1} \beta_{n+1}(m_{\mathrm{T}}') \cdot \gamma_{n+1}^{j_{\mathrm{u}}}(R_{n+1}, m_{\mathrm{T}}, m_{\mathrm{T}}')}{\sum_{m_{\mathrm{T}}''=1}^{M_{\mathrm{T}}} \sum_{m_{\mathrm{T}}'=1}^{M_{\mathrm{T}}} \sum_{l_{\mathrm{u}}=0}^{1} \sum_{j_{\mathrm{u}}=0}^{1} \gamma_{n+1}^{l_{\mathrm{u}}}(R_{n+1}, m_{\mathrm{T}}', m_{\mathrm{T}}'') \cdot \alpha_n^{j_{\mathrm{u}}}(m_{\mathrm{T}}')},$$

$$m_{\mathrm{T}} = 1 \cdots M_{\mathrm{T}}, \quad n = 1 \cdots N_{\mathrm{T}} - 1. \tag{E.52}$$

Mit (E.38) und (E.52) sowie

$$\gamma_n^{i_{\mathrm{u}}}(R_n, m_{\mathrm{T}}', m_{\mathrm{T}}) =$$

$$
\begin{aligned}
&= \ \mathrm{p}\,(x_n|u_n = i_\mathrm{u}) \\
&\quad \cdot \mathrm{p}\,(z_n|u_n = i_\mathrm{u}) \\
&\quad \cdot \underbrace{\left(
\begin{array}{l}
\mathrm{p}\,(y_{1,n}|u_n = i_\mathrm{u}, S_n = m_\mathrm{T}, S_{n-1} = m'_\mathrm{T}) \\
\qquad\qquad \cdot \Pr\{u_n = i_\mathrm{u}, S_n = m|S_{n-1} = m'_\mathrm{T}\}
\end{array}
\right)}_{\gamma_n^{i_\mathrm{u}}(y_{1,n}, m'_\mathrm{T}, m_\mathrm{T})} ,
\end{aligned}
$$

$$
i_\mathrm{u} = 0, 1, \quad m_\mathrm{T} = 1 \cdots M_\mathrm{T}, \quad m'_\mathrm{T} = 1 \cdots M_\mathrm{T}, \quad n = 1 \cdots N_\mathrm{T},
\tag{E.53}
$$

folgt aus (E.37)

$$
\begin{aligned}
\Lambda_{1,n} &= \\
&= \ \log_\mathrm{e}\left[
\frac{\displaystyle\sum_{m_\mathrm{T}=1}^{M_\mathrm{T}} \sum_{m'_\mathrm{T}=1}^{M_\mathrm{T}} \sum_{j_\mathrm{u}=0}^{1} \gamma_n^1(R_n, m'_\mathrm{T}, m_\mathrm{T}) \cdot \alpha_{n-1}^{j_\mathrm{u}}(m'_\mathrm{T}) \cdot \beta_n(m_\mathrm{T})}
{\displaystyle\sum_{m_\mathrm{T}=1}^{M_\mathrm{T}} \sum_{m'_\mathrm{T}=1}^{M_\mathrm{T}} \sum_{j_\mathrm{u}=0}^{1} \gamma_n^0(R_n, m'_\mathrm{T}, m_\mathrm{T}) \cdot \alpha_{n-1}^{j_\mathrm{u}}(m'_\mathrm{T}) \cdot \beta_n(m_\mathrm{T})}
\right] \\[2ex]
&= \ \log_\mathrm{e}\left[\frac{\mathrm{p}\,(z_n|u_n = 1)}{\mathrm{p}\,(z_n|u_n = 0)}\right] + \log_\mathrm{e}\left[\frac{\mathrm{p}\,(x_n|u_n = 1)}{\mathrm{p}\,(x_n|u_n = 0)}\right] \\[1ex]
&\quad + \log_\mathrm{e}\left[
\frac{\displaystyle\sum_{m_\mathrm{T}=1}^{M_\mathrm{T}} \sum_{m'_\mathrm{T}=1}^{M_\mathrm{T}} \sum_{j_\mathrm{u}=0}^{1} \gamma_n^1(y_{1,n}, m'_\mathrm{T}, m_\mathrm{T}) \cdot \alpha_{n-1}^{j_\mathrm{u}}(m'_\mathrm{T}) \cdot \beta_n(m_\mathrm{T})}
{\displaystyle\sum_{m_\mathrm{T}=1}^{M_\mathrm{T}} \sum_{m'_\mathrm{T}=1}^{M_\mathrm{T}} \sum_{j_\mathrm{u}=0}^{1} \gamma_n^0(y_{1,n}, m'_\mathrm{T}, m_\mathrm{T}) \cdot \alpha_{n-1}^{j_\mathrm{u}}(m'_\mathrm{T}) \cdot \beta_n(m_\mathrm{T})}
\right] \\[2ex]
&= \ z_n + \\
&\quad \underbrace{\left(
\begin{array}{l}
\frac{2}{\sigma_\mathrm{T}^2} \cdot a_{\mathrm{x},n} \cdot x_n + \\[1ex]
\log_\mathrm{e}\left[
\frac{\displaystyle\sum_{m_\mathrm{T}=1}^{M_\mathrm{T}} \sum_{m'_\mathrm{T}=1}^{M_\mathrm{T}} \sum_{j_\mathrm{u}=0}^{1} \gamma_n^1(y_{1,n}, m'_\mathrm{T}, m_\mathrm{T}) \cdot \alpha_{n-1}^{j_\mathrm{u}}(m'_\mathrm{T}) \cdot \beta_n(m_\mathrm{T})}
{\displaystyle\sum_{m_\mathrm{T}=1}^{M_\mathrm{T}} \sum_{m'_\mathrm{T}=1}^{M_\mathrm{T}} \sum_{j_\mathrm{u}=0}^{1} \gamma_n^0(y_{1,n}, m'_\mathrm{T}, m_\mathrm{T}) \cdot \alpha_{n-1}^{j_\mathrm{u}}(m'_\mathrm{T}) \cdot \beta_n(m_\mathrm{T})}
\right]
\end{array}
\right)}_{\tilde{\Lambda}_{1,n}} \\[2ex]
&= \ z_n + \tilde{\Lambda}_{1,n}, \quad n = 1 \cdots N_\mathrm{T}.
\end{aligned}
\tag{E.54}
$$

Somit entsteht $\tilde{\Lambda}_{1,n}$ durch Subtraktion der Eingabe z_n von $\Lambda_{1,n}$, das heißt

$$
\tilde{\Lambda}_{1,n} = \Lambda_{1,n} - z_n, \quad n = 1 \cdots N_\mathrm{T}.
\tag{E.55}
$$

Durch diese Subtraktion wird verhindert, daß das zum Zeitpunkt n vom Decodierer DEC2 erzeugte z_n auf den Eingang dieses Decodierers DEC2 rückgekoppelt wird [BGT93]. Da $\tilde{\Lambda}_{1,n}$ beim Decodierer DEC2 in gleicher Weise wie z_n beim Decodierer DEC1 behandelt wird, wird z_n aus $\Lambda_{2,n}$ durch die folgende Subtraktion

$$z_n = \Lambda_{2,n} - \tilde{\Lambda}_{1,n}, \quad n = 1 \cdots N_{\mathrm{T}}, \tag{E.56}$$

gewonnen, damit das zum Zeitpunkt n gewonnene $\tilde{\Lambda}_{1,n}$ nicht auf den Eingang des Decodierers DEC1 rückgekoppelt wird.

Das rekursive Berechnen der LLRs $\Lambda_{1,n}$ wird wie folgt ausgeführt: Zunächst werden $\alpha_n^{i_{\mathrm{u}}}(m_{\mathrm{T}})$ nach (E.35) und $\beta_n(m_{\mathrm{T}})$ nach (E.36) initialisiert. Sei $m_{\mathrm{T}}^{\mathrm{init}}$ der Anfangszustand sowie der Endzustand des RSC–Codierer. Dann gilt

$$\alpha_0^{i_{\mathrm{u}}}\left(m_{\mathrm{T}}^{\mathrm{init}}\right) = 1, \quad i_{\mathrm{u}} = 0,1, \tag{E.57}$$

$$\alpha_0^{i_{\mathrm{u}}}(m_{\mathrm{T}}) = 0, \quad \forall\, m_{\mathrm{T}} \in \{1 \cdots M_{\mathrm{T}}\} \setminus \{m_{\mathrm{T}}^{\mathrm{init}}\}, \; i_{\mathrm{u}} = 0,1, \tag{E.58}$$

$$\beta_{N_{\mathrm{T}}}\left(m_{\mathrm{T}}^{\mathrm{init}}\right) = 1, \tag{E.59}$$

$$\beta_{N_{\mathrm{T}}}(m_{\mathrm{T}}) = 0, \quad \forall\, m_{\mathrm{T}} \in \{1 \cdots M_{\mathrm{T}}\} \setminus \{m_{\mathrm{T}}^{\mathrm{init}}\}. \tag{E.60}$$

In der Regel sind der Anfangszustand und der Endzustand dem Decodierer für Turbo–Codes nur bei einem der beiden im Codierer für Turbo–Codes enthaltenen RSC–Codierer bekannt. Sei dem Decodierer für Turbo–Codes nur der Anfangszustand $m_{\mathrm{T}}^{\mathrm{init}}$ des RSC–Codierers 2 bekannt, der Endzustand sei unbekannt. In diesem Fall wird die empirische Initialisierung

$$\alpha_0^{i_{\mathrm{u}}}\left(m_{\mathrm{T}}^{\mathrm{init}}\right) = 1, \quad i_{\mathrm{u}} = 0,1, \tag{E.61}$$

$$\alpha_0^{i_{\mathrm{u}}}(m_{\mathrm{T}}) = 0, \quad \forall\, m_{\mathrm{T}} \in \{1 \cdots M_{\mathrm{T}}\} \setminus \{m_{\mathrm{T}}^{\mathrm{init}}\}, \; i_{\mathrm{u}} = 0,1, \tag{E.62}$$

$$\beta_{N_{\mathrm{T}}}(m_{\mathrm{T}}) = \alpha_{N_{\mathrm{T}}}^0(m_{\mathrm{T}}) + \alpha_{N_{\mathrm{T}}}^1(m_{\mathrm{T}}), \quad \forall\, m_{\mathrm{T}} \in \{1 \cdots M_{\mathrm{T}}\}, \tag{E.63}$$

vorgenommen. In [BaP95] wird eine Möglichkeit vorgeschlagen, dem Decodierer für Turbo–Codes die Anfangszustände und die Endzustände beider RSC–Codierer bekanntzumachen. Diese Möglichkeit wird in der vorliegenden Arbeit nicht betrachtet.

Die Vorwärtsrekursion wird wie folgt ausgeführt: Für jedes Wertetripel R_n gleich $(x_n, y_{1,n}, z_n)$, $n = 1 \cdots N_{\mathrm{T}}$, werden zunächst alle $\gamma_n^{i_{\mathrm{u}}}(R_n, m_{\mathrm{T}}', m_{\mathrm{T}})$ nach (E.51) und daraus alle $\alpha_n^{i_{\mathrm{u}}}(m_{\mathrm{T}})$ nach (E.38) berechnet und gespeichert. Ist die Vorwärtsrekursion abgeschlossen, so werden bei der Rückwärtsrekursion alle $\beta_n(m_{\mathrm{T}})$ nach (E.52) bestimmt. Aus $\alpha_n^{i_{\mathrm{u}}}(m_{\mathrm{T}})$ nach (E.38), $\gamma_n^{i_{\mathrm{u}}}(R_n, m_{\mathrm{T}}', m_{\mathrm{T}})$ gemäß (E.51) sowie $\beta_n(m_{\mathrm{T}})$ nach (E.52) werden schließlich die LLRs $\Lambda_{1,n}$ nach (E.54) und daraus $\tilde{\Lambda}_{1,n}$ nach (E.55) berechnet.

E.4   Simulationsergebnisse

Im vorliegenden Abschnitt E.4 wird das Verhalten von Turbo–Codes anhand von Simulationsergebnissen erläutert. Diese Simulationsergebnisse werden mit Simulationsergebnissen verglichen, die mit konventionellen NSC–Codierern ermittelt wurden. Die betrachteten Übertragungskanäle sind der AWGN–Kanal und der Rayleigh–Kanal. Sowohl die momentanen Amplituden $a_{x,n}$ und $a_{y,n}$ als auch die Varianz σ_T^2 der Störung sind dem Decodierer für Turbo–Codes exakt bekannt.

Betrachtet werden die drei in [JuN95] behandelten Turbo–Codes TC3–BL, TC4–BL und TC5–BL mit Coderate R_c gleich 1/2 und N_T gleich 192, die für die Sprachübertragung im JD–CDMA nach Kapitel 6.3 entwickelt wurden. Jeder dieser Turbo–Codes enthält zwei identische RSC–Codierer. Die Nomenklatur der Turbo–Codes ist wie folgt:

1. „TC" steht für „Turbo–Code".

2. Die Ziffern „3", „4" beziehungsweise „5" bezeichnen die Rückgrifftiefen der jeweiligen RSC–Codierer im betrachteten Turbo–Code.

3. „BL" steht für „Blockverschachteler"; in allen drei Turbo–Codes TC3–BL, TC4–BL und TC5–BL wird derselbe einfache Blockverschachteler mit zwölf Zeilen und sechzehn Spalten verwendet.

TC3–BL enthält zwei identische RSC–Codierer mit Rückgrifftiefe drei und den oktalen Generatoren 5 und 7. TC4–BL enthält zwei identische RSC–Codierer mit Rückgrifftiefe vier und den oktalen Generatoren 15 und 17. TC5–BL enthält zwei identische, von Berrou [BGT93] vorgeschlagene RSC–Codierer mit Rückgrifftiefe fünf und den oktalen Generatoren 37 und 21. TC3–BL ist derjenige betrachtete Turbo–Code mit dem geringsten Aufwand. TC5–BL ist der aufwendigste betrachtete Turbo–Code.

Bild E.3 zeigt die mit TC5–BL im Fall des AWGN–Kanals durch Simulation ermittelten Bitfehlerverhältnisse P_b am Ausgang des Decodierers für Turbo–Codes in Abhängigkeit vom Signal–Stör–Verhältnis E_b/N_0 mit der Nummer der Decodieriteration als Parameter. Es zeigt sich, daß mit zunehmender Nummer der Decodieriteration dasjenige E_b/N_0 zum Erreichen eines bestimmten maximalen Bitfehlerverhältnisses immer weiter abnimmt und daß die Bitfehlerverhältniskurven mit zunehmender Nummer der Decodieriteration steiler werden. Dieses Verhalten der Bitfehlerverhältniskurven erinnert an die Ausführungen in Abschnitt 4.2 zur Diversität. Tatsächlich weist die iterative Decodierung von Turbo–Codes Ähnlichkeiten mit dem Einsatz von Diversität auf: Die Folge z nach (E.19) enthält

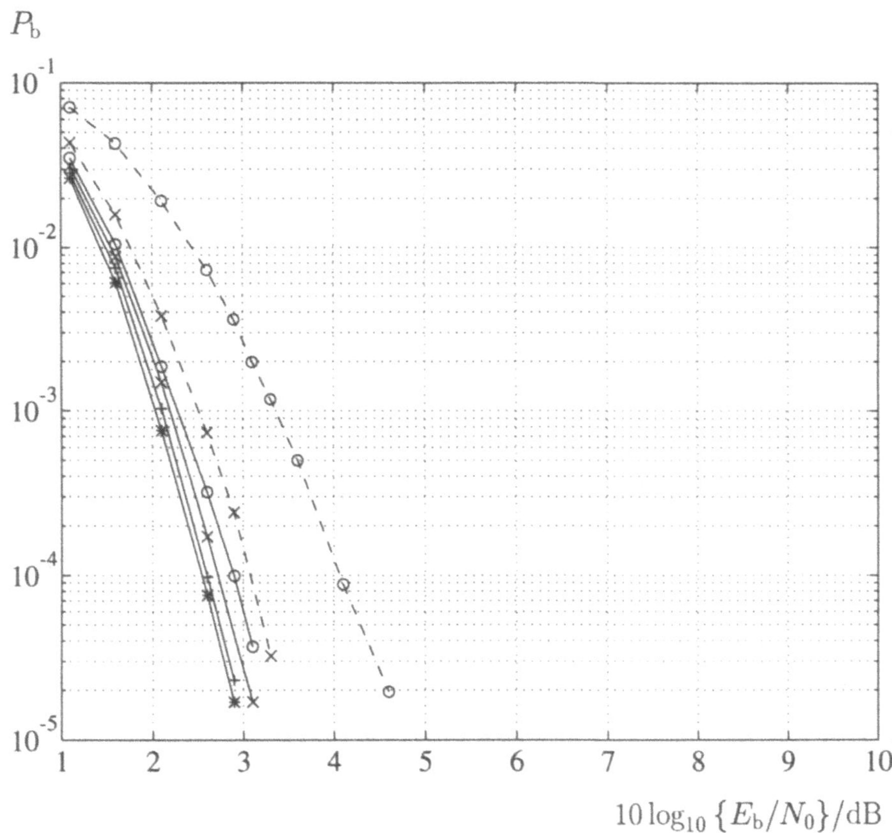

Bild E.3. Bitfehlerverhältnisse P_b für Turbo–Code TC5–BL im Fall des AWGN–Kanals; Legende siehe Tab. E.1

Tab. E.1. Legende zu Bild E.3

– –o– –	erste Decodieriteration
– –x– –	zweite Decodieriteration
—o—	dritte Decodieriteration
—x—	vierte Decodieriteration
—+—	sechste Decodieriteration
—*—	zehnte Decodieriteration

bekanntlich wie die Folge $\boldsymbol{x}$ nach (E.9) die systematische Information $\boldsymbol{u}$ nach (E.2) und ist somit eine weitere empfangene Version der gesendeten systematischen Information $\boldsymbol{u}$ nach (E.2). Außerdem wird der Folge $\boldsymbol{z}$ nach (E.19) nach jeder Decodieriteration gegenüber der vorhergehenden Decodieriteration eine weitere Version der gesendeten systematischen Information $\boldsymbol{u}$ nach (E.2) hinzugefügt, die bei einer erneuten Decodieriteration zusätzlich ausgenutzt wird. Dies ist vergleichbar mit dem Erhöhen des Grades an Diversität.

Einen weiteren Einblick in die Arbeitsweise des Decodierers für Turbo–Codes erlaubt das Darstellen des Schätzwerts $\sigma^2_{\mathrm{LLR,N}}$ der normierten Varianz $\mathrm{Var}\{\Lambda_{2,n}\}/\left(\mathrm{E}\{\Lambda_{2,n}\cdot u_n\}\right)^2$ am Ausgang des Decodierers DEC2 als Funktion der Nummer der Decodieriteration und des E_b/N_0, siehe Bild E.4. Der Schätzwert

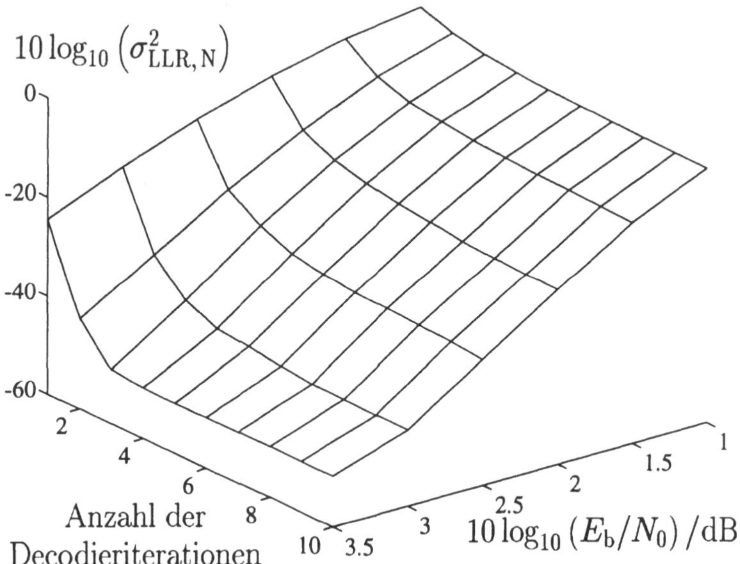

Bild E.4. Schätzwert $\sigma^2_{\mathrm{LLR,N}}$ der normierten Varianz $\mathrm{Var}\{\Lambda_{2,n}\}/\left(\mathrm{E}\{\Lambda_{2,n}\cdot u_n\}\right)^2$ am Ausgang des Decodierers DEC2 bei der Decodierung des Turbo–Codes TC5–BL im Fall des AWGN–Kanals

$\sigma^2_{\mathrm{LLR,N}}$ nimmt sowohl mit zunehmendem E_b/N_0 als auch mit der wachsenden Nummer der Decodieriteration ab. Aus Bild E.3 und Bild E.4 folgt, daß bereits nach etwa der dritten Decodieriteration mit jeder weiteren Decodieriteration nur noch geringe Verbesserungen der Übertragungsqualität erzielbar sind. Nach etwa der zehnten Decodieriteration sind die Verbesserungen der Übertragungsqualität mit jeder weiteren Decodieriteration vernachlässigbar. Deshalb wird nachfolgend die nach der zehnten Decodieriteration erreichte Übertragungsqualität herangezogen.

Die Bilder E.5 und E.6 zeigen die simulierten Bitfehlerverhältnisse P_b im Fall des AWGN–Kanals beziehungsweise des Rayleigh–Kanals für die drei Turbo–Codes TC3–BL, TC4–BL und TC5–BL nach der zehnten Decodieriteration im Vergleich zu konventionellen NSC–Codierern mit Coderate R_c gleich 1/2 und den Rückgrifftiefen drei bis neun. Die NSC–Codierer wurden mit einem Viterbi–Decodierer [Pro95] decodiert. Es zeigt sich, daß die drei Turbo–Codes TC3–BL, TC4–BL und TC5–BL bis zu einem Bitfehlerverhältnis unter 10^{-4} eine bessere Übertragungsqualität als die betrachteten konventionellen NSC–Codierers erlauben. Die beiden Turbo–Codes TC4–BL und TC5–BL gestatten eine etwa gleiche Übertragungsqualität, während TC3–BL eine etwas schlechtere Übertragungsqualität hat. Durch Verwenden eines geeigneten Turbo–Code–Verschachtelers ließe sich dieser Nachteil von TC3–BL jedoch beheben.

Turbo–Codes haben folgende Vorteile:

1. Turbo–Codes erlauben selbst für kurze Blöcke von N_T kleiner als 200 Bits eine bessere Übertragungsqualität als konventionelle NSC–Codierer und sind daher auch für die Sprachübertragung geeignet.

2. Turbo–Codes erlauben durch Einsatz geeigneter Turbo–Code–Verschachteler mit einstellbarem N_T das adaptive flexible Verbessern der Übertragungsqualität, ohne daß die verwendeten RSC–Codierer verändert werden müssen [Rob94a, Rob94b]. Bei größerem N_T steigt im Decodierer für Turbo–Codes im wesentlichen nur der Speicheraufwand. Turbo–Codes sind deshalb interessant für Kommunikationssysteme, die viele unterschiedliche Dienste und Anwendungen flexibel bereitstellen müssen, wie dies bei zukünftigen digitalen zellularen Mobilfunksystemen der Fall sein wird.

Turbo–Codes haben im Vergleich zu konventionellen NSC–Codierers folgende Nachteile:

1. Die Amplituden $a_{x,n}$, $a_{y,n}$, $n = 1 \cdots N_T$, und die Varianz σ_T^2 der additiven weißen normalverteilten Störung müssen dem Decodierer für Turbo–Codes bekannt sein, damit die gewünschte Übertragungsqualität erreichbar ist. Dies ist im Mobilfunk wegen der Zeitvarianz des Mobilfunkkanals nicht möglich. Sind $a_{x,n}$ und $a_{y,n}$ und σ_T^2 jedoch nicht genau bekannt, wie dies im Mobilfunk der Fall ist, reduzieren sich die mit Turbo–Codes gegenüber konventionellen NSC–Codierers erreichbaren Verbesserungen der Übertragungsqualität.

2. Die Decodierung von Turbo–Codes ist aufwendiger als die Decodierung konventioneller NSC–Codierers.

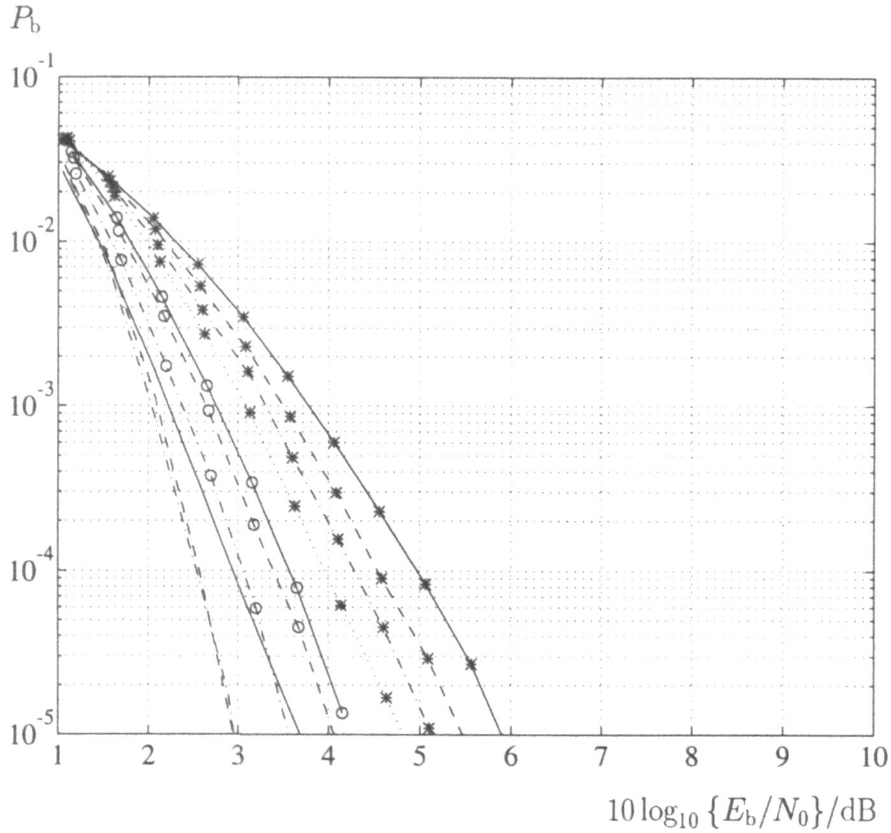

Bild E.5. Bitfehlerverhältnisse P_b im Fall des AWGN–Kanals; Legende siehe
Tab. E.2

Tab. E.2. Legende zu den Bildern E.5 und E.6

–*–	Konventioneller NSC–Codierer mit Coderate R_c = 1/2, Rückgrifftiefe K_c = 3 und den oktalen Generatoren 5 und 7
– –*– –	Konventioneller NSC–Codierer mit Coderate R_c = 1/2, Rückgrifftiefe K_c = 4 und den oktalen Generatoren 15 und 17
–·–*–·–	Konventioneller NSC–Codierer mit Coderate R_c = 1/2, Rückgrifftiefe K_c = 5 und den oktalen Generatoren 23 und 35
···*···	Konventioneller NSC–Codierer mit Coderate R_c = 1/2, Rückgrifftiefe K_c = 6 und den oktalen Generatoren 53 und 75
–o–	Konventioneller NSC–Codierer mit Coderate R_c = 1/2, Rückgrifftiefe K_c = 7 und den oktalen Generatoren 133 und 171
– –o– –	Konventioneller NSC–Codierer mit Coderate R_c = 1/2, Rückgrifftiefe K_c = 8 und den oktalen Generatoren 247 und 371
–·–o–·–	Konventioneller NSC–Codierer mit Coderate R_c = 1/2, Rückgrifftiefe K_c = 9 und den oktalen Generatoren 561 und 753
—	Turbo–Code TC3–BL, zehnte Decodieriteration
– –	Turbo–Code TC4–BL, zehnte Decodieriteration
–·–	Turbo–Code TC5–BL, zehnte Decodieriteration

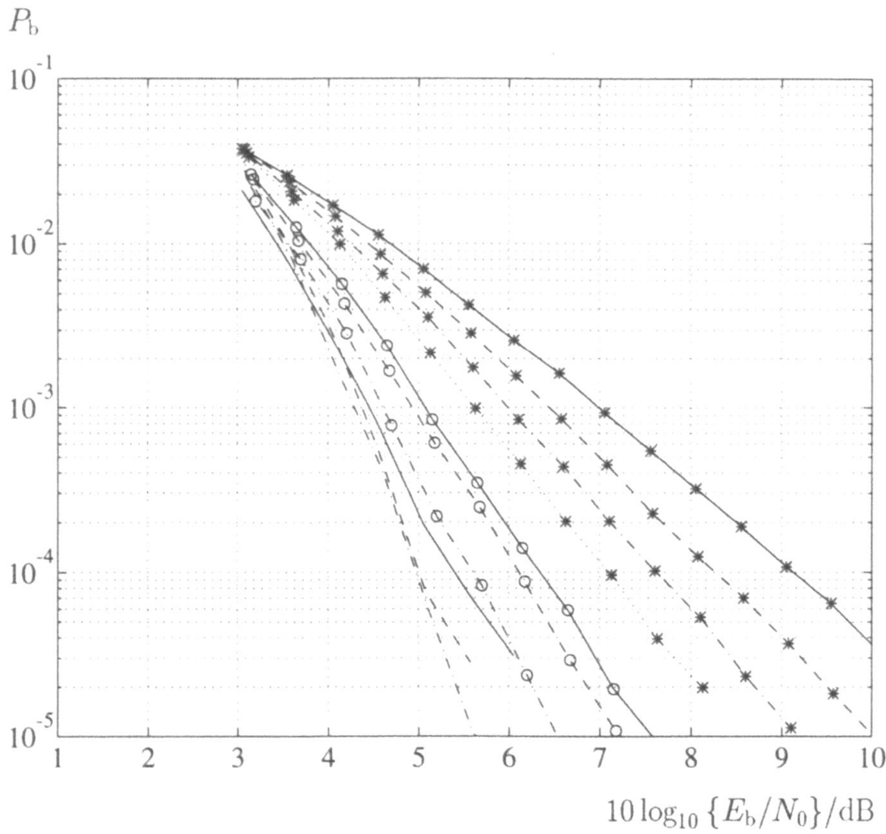

Bild E.6. Bitfehlerverhältnisse P_b im Fall des Rayleigh–Kanals; Legende siehe Tab. E.2

Literaturverzeichnis

Kapitel 1

[Arm92]   Armbrüster, H.: Dritte Generation der Mobilkommunikation. Über flexible Luftschnittstellen und intelligente Infrastruktur zu „Advanced Mobility". Siemens Telcom Report, Bd. 15 (1992), S. 57–63.

[Boc76]   Bocker, P.: Datenübertragung — Band I · Grundlagen. Berlin: Springer, 1976.

[Cal88]   Calhoun, G.: Digital cellular radio. Boston: Artech House, 1988.

[Hau94]   Haug, T.: Overview of GSM: Philosophy and results. International Journal of Wireless Information Networks, Bd. 1 (1994), S. 7–16.

[JBS92]   Jeruchim, M.C.; Balaban, P.; Shanmugan, K.S.: Simulation of communication systems. New York: Plenum Press, 1992.

[JuS94]   Jung, P.; Steiner, B.: Konzept eines CDMA–Mobilfunksystems mit gemeinsamer Detektion für die dritte Mobilfunkgeneration. Teil 1: Nachrichtentechnik/Elektronik, Bd. 45 (1994), Nr. 1, S. 12–16. Teil 2: Nachrichtentechnik/Elektronik, Bd. 45 (1994), Nr. 2, S. 24–27.

[Kam86]   Kammerlander, K.: Factors influencing the design of economical cellular radio networks. Siemens Telcom Report, Bd. 9 (1986), S. 9–16.

[Kat94]   Katz, R.H.: Adaption and mobility in wireless information systems. IEEE Personal Communications Magazine, Bd. 1 (1994), Nr. 1, S. 6–17.

[KeH93]   Kedaj, J.; Hentschel, G.: Mobilfunk — Das Handbuch der mobilen Sprach-, Text- und Daten-Kommunikation. 5. Ergänzungslieferung, Ulm: Neue Mediengesellschaft, 1993.

[Mac91]   Macario, R.C.V. (Ed.): Personal & mobile radio systems. London: Peter Peregrinus Ltd., 1991.

[MoP92]   Mouly, P.; Pautet, M.B.: The GSM–system for mobile communications. Veröffenticht von den Autoren, ISBN 2-9507190-0-7, 1992.

[Nas95]   Naßhan, M.M.: Realitätsnahe Modellierung und Simulation nachrichtentechnischer Systeme, gezeigt am Beispiel eines CDMA–Mobilfunksystems. Fortschrittberichte VDI, Reihe 10, Nr. 384, Düsseldorf: VDI-Verlag, 1995.

[PCS94]   Frison, B.; Woinsky, M.; Kripalani, A. (Eds.): PCS standards. IEEE Personal Communications Magazine, Special Issue, Bd. 1 (1994), Nr. 4.

[PGH95]   Padgett, J.E.; Günther, C.G.; Hattori, T.: Overview of wireless personal communications. IEEE Communications Magazine, Bd. 33 (1995), Nr. 1, S. 28–41.

[PPC95]   Pahlavan, K.; Probert, T.H.; Chase, M.E.: Trends in local wireless networks. IEEE Communications Magazine, Bd. 33 (1995), Nr. 3, S. 88–95.

[Rus94]   Russell, J.E.: Universal personal communications: Emergence of a paradigm shift in the communications industry. International Journal of Wireless Information Networks, Bd. 1 (1994), S. 149–163.

[Sie95]   Variationen zum Thema Mobilfunk. Siemens Telcom Report, Bd. 18 (1995), S. 29–33.

[SiF95]   Schwarz da Silva, J.A.; Fernandes, B.E.: The European reserach program for advanced mobile systems. IEEE Personal Communications Magazine, Bd. 2 (1995), Nr. 1, S. 14–19.

[Sil94]   Schwarz da Silva, J.A.: Mobile and personal communications in ACTS. Proceedings of the RACE Mobile Telecommunications Workshop, Amsterdam (1994), S. 14–21. (Zu erhalten bei Commission of the European Communities, Directorate General XIII, 200 Rue de la Loi, B–1049 Brüssel, Belgien)

[Ste92]   Steele, R. (Ed.): Mobile radio communications. London: Pentech Press Ltd., 1992.

[UMTS]   Grillo, D.; Chia, S.T.S.; Ruelle, N. (Eds.): The European path toward UMTS. IEEE Personal Communications Magazine, Special Issue, Bd. 2 (1995), Nr. 1.

[ViO79]   Viterbi, A.J.; Omura, J.K.: Principles of digital communication and coding. New York: McGraw-Hill, 1979.

Kapitel 2

[ACTS]   European Commission, Directorate General XIII–B: ACTS, Advanced Communications Technologies and Services — Workplan. European Commission, Directorate General DGXIII–B, 17. August 1994.

[Boc76]   Bocker, P.: Datenübertragung — Band I · Grundlagen. Berlin: Springer, 1976.

[JBS92]   Jeruchim, M.C.; Balaban, P.; Shanmugan, K.S.: Simulation of communication systems. New York: Plenum Press, 1992.

[JuS94]   Jung, P.; Steiner, B.: Konzept eines CDMA–Mobilfunksystems mit gemeinsamer Detektion für die dritte Mobilfunkgeneration. Teil 1: Nachrichtentechnik/Elektronik, Bd. 45 (1994), Nr. 1, S. 12–16. Teil 2: Nachrichtentechnik/Elektronik, Bd. 45 (1994), Nr. 2, S. 24–27.

[Kam86]   Kammerlander, K.: Factors influencing the design of economical cellular radio networks. Siemens Telcom Report, Bd. 9 (1986), S. 9–16.

[KeH93]   Kedaj, J.; Hentschel, G.: Mobilfunk — Das Handbuch der mobilen Sprach-, Text- und Daten-Kommunikation. 5. Ergänzungslieferung, Ulm: Neue Mediengesellschaft, 1993.

[Kit94]   Kittel, L.: Bewertung von Mobilfunkvorhaben. Proceedings of the 8. Aachener Kolloquium Signaltheorie, Aachen (1994), S. 317–322.

[KSS96]   Klein, A.; Steiner, B.; Steil, A.: Known and novel diversity approaches as a powerful means to enhance the performance of cellular mobile radio systems. IEEE Journal on Selected Areas in Communications, Bd. 14 (1996), S. 1784–1795.

[Lee82]   Lee, W.C.Y.: Mobile communications engineering. New York: McGraw-Hill, 1982.

[MoP92]   Mouly, P.; Pautet, M.B.: The GSM–system for mobile communications. Veröffenticht von den Autoren, ISBN 2-9507190-0-7, 1992.

[Nas95]   Naßhan, M.M.: Realitätsnahe Modellierung und Simulation nachrichtentechnischer Systeme, gezeigt am Beispiel eines CDMA–Mobilfunksystems. Fortschrittberichte VDI, Reihe 10, Nr. 384, Düsseldorf: VDI-Verlag, 1995.

[RaU91]   Raith, K.; Uddenfeldt, J.: Capcity of digital cellular TDMA systems. IEEE Transactions on Vehicular Technology, Bd. VT–40 (1991), S. 323–332.

[Rup93]   Rupprecht, W.T.: Signale und Übertragungssysteme — Modelle und Verfahren für die Informationstechnik. Berlin: Springer, 1993.

[Rus94]   Russell, J.E.: Universal personal communications: Emergence of a paradigm shift in the communications industry. International Journal of Wireless Information Networks, Bd. 1 (1994), S. 149–163.

[SiF95]   Schwarz da Silva, J.A.; Fernandes, B.E.: The European reserach program for advanced mobile systems. IEEE Personal Communications Magazine, Bd. 2 (1995), Nr. 1, S. 14–19.

[SOS85]   Simon, M.K.; Omura, J.K.; Scholtz, R.A.; Levitt, B.K.: Spread Spectrum Communications. Bd. III, Rockville: Computer Science Press, 1985.

[Ste92]   Steele, R. (Ed.): Mobile radio communications. London: Pentech Press Ltd., 1992.

[Ste96]   A. Steil: Spektrale Effizienz digitaler zellularer CDMA–Mobilfunksysteme mit gemeinsamer Detektion. Fortschrittberichte VDI, Reihe 10, Nr. 437, Düsseldorf: VDI–Verlag, 1996.

[UMTS]   Grillo, D.; Chia, S.T.S.; Ruelle, N. (Eds.): The European path toward UMTS. IEEE Personal Communications Magazine, Special Issue, Bd. 2 (1995), Nr. 1.

Kapitel 3

[BaL93]   Barbot, J.P.; Levy A.J.: Indoor wideband measurements at 2.2 GHz in a shopping centre. Proceedings of the 4th IEEE International Symposium on Personal, Indoor and Mobile Radio Communications PIMRC'93, Yokohama (1993), S. 397–401.

[BBJ95]   Blanz, J.J.; Baier, P.W.; Jung, P.: A flexibly configurable statistical channel model for mobile radio systems with directional diversity. Proceedings of the ITG Conference on Mobile Radio, (1995), S. 93–100.

[Bel63]   Bello, P.A.: Characterization of randomly time–variant linear channels. IEEE Transactions on Communications Systems. Bd. CS–11 (1963), S. 360–393.

[BlJ95]   Blanz, J.J.; Jung, P.: Benefits of directional antennas on the performance of third generation mobile radio systems. Proceedings of the 2nd IEEE International Conference on Telecommunications ICT'95, Bali (1995), S. 367–370.

[COST207] COST 207: Digital land mobile radio communications. Final report. Luxemburg: Office for Official Publications of the European Communities, 1989.

[Egg94]   Eggers, P. C.: TSUNAMI: Spatial radio spreading as seen by directive antennas. COST231 TD(94)119, Darmstadt (1994).

[FBK95]   Felhauer, T.; Baier, P.W.; König, W.; Mohr, W.: Wideband characterization of fading outdoor radio channels at 1800 MHz to support mobile radio system design. Wireless Personal Communications — An International Journal (Kluwer), Bd. 1 (1995), S. 137–149.

[Fel94]   Felhauer, T.: Optimale erwartungstreue Algorithmen zur hochauflösenden Kanalschätzung mit Bandspreizsignalformen. Fortschrittberichte VDI, Reihe 10, Nr. 278, Düsseldorf: VDI-Verlag, 1994.

[FlD94]   Fleury, B.H.; Dahlhaus, D.: Investigations on the time variations of the wide–band radio channel for random receiver movements. Proceedings of the 3rd IEEE International Symposium on Spread Spectrum Techniques and Applications ISSSTA'94, Oulu (1994), S. 631–636.

[Hoe90]   Höher, P.: Kohärenter Empfang trelliscodierter PSK–Signale auf frequenzselektiven Mobilfunkkanälen — Entzerrung, Decodierung und Kanalparameterschätzung. Fortschrittberichte VDI, Reihe 10, Nr. 147, Düsseldorf: VDI–Verlag, 1990.

[Hoe92]   Höher, P.: A statistical discrete time model for the WSSUS multipath channel. IEEE Transactions on Vehicular Technology, Bd. VT–41 (1992), S. 461–468.

[Jak74]   Jakes, W.C.: Microwave mobile communications. New York: Wiley, 1974.

[JBN94]   Jung, P.; Blanz, J.J.; Naßhan, M.M.; Baier, P.W.: Simulation of the uplink of JD–CDMA mobile radio systems with coherent receiver antenna diversity. Wireless Personal Communications — An International Journal (Kluwer), Bd. 1 (1994), S. 61–89.

[KaL91]   Kadel, G.; Lorenz, R.W.: Breitbandige Ausbreitungsmessungen zur Charakterisierung des Funkkanals beim GSM-System. Frequenz, Bd. 45 (1991), S. 158–163.

[KCW93]   Kürner, T.; Cichon, D.J.; Wiesbeck, W.: Concepts and results for 3D digital terrain based wave propagation models — An overview. IEEE Journal on Selected Areas in Communications, Bd. SAC–11 (1993), S. 1002–1012.

[Lan86]   Langewellpott, U.: Anwendung der Spread-Spectrum-Technik im Mobilfunk. Frequenz, Bd. 40 (1986), S. 249–254.

[Lor85]   Lorenz, R.W.: Modelling of the Time and Frequency Variation of the Mobile Radio Channel. Digital Land Mobile Radio-Communication Workshop, Pontecchio Marconi/Italien (1985), S. 63–72.

[Mar94]   Martin, U.: Ausbreitung in Mobilfunkkanälen: Beiträge zum Entwurf von Meßgeräten und zur Echoschätzung. Dissertation, Universität Erlangen, 1994.

[MeG86]   Meinke, H.; Gundlach, F.W.: Taschenbuch der Hochfrequenztechnik. Berlin: Springer, 1986.

[Nas95]   Naßhan, M.M.: Realitätsnahe Modellierung und Simulation nachrichtentechnischer Systeme, gezeigt am Beispiel eines CDMA–Mobilfunksystems. Fortschrittberichte VDI, Reihe 10, Nr. 384, Düsseldorf: VDI-Verlag, 1995.

[Pap84]   Papoulis, A.: Probability, random variables, and stochastic processes. New York: McGraw–Hill, 1984.

[Par92]   Parsons, D.: The mobile radio propagation channel. London: Pentech Press Ltd., 1992.

[Pro95]   Proakis, J.G.: Digital communications. Dritte Auflage, New York: McGraw–Hill, 1995.

[Sch89]   Schulze, H.: Stochastische Modelle und digitale Simulation von Mobilfunkkanälen. Kleinheubacher Berichte, Bd. 32 (1989), S. 473–483.

[Skl88]   Sklar, B.: Digital communications. Englewood Cliffs: Prentice Hall, 1988.

[StB96]   Steil, A.; Blanz, J.J.: Spectral efficiency of JD–CDMA mobile radio systems applying coherent receiver antenna diversity with directional antennas. Proceedings of the 4th IEEE International Symposium on Spread Spectrum Techniques and Applications ISSSTA'96, Mainz (1996), S. 313–319.

[StJ67] Stein, S.; Jones, J.J.: Modern communication principles. New York: McGraw–Hill, 1967.

[Ver86] Verdú, S.: Minimum probability of error for asynchronous Gaussian multiple–access channels. IEEE Transactions on Information Theory, Bd. IT–32 (1986), S. 85–96.

[YoM93] Yoshida, S.; Mizuno, M.: The realities and myths of multipath propagation. IEICE Transactions on Communications, Bd. E76–B (1993), S. 90–97.

[Zol93] Zollinger, E.: Eigenschaften von Funkübertragungsstrecken in Gebäuden. Dissertation Nr. 10064, ETH Zürich, 1993.

Kapitel 4

[Bai89] Baier, A.: Correlative and iterative channel estimation in adaptive Viterbi equalizers for TDMA mobile radio systems. ITG-Fachbericht „Stochastische Modelle und Methoden in der Informationstechnik", Berlin: VDE, Bd. 107 (1989), S. 67–75.

[FaN94] Farsakh, C.; Nossek, J.A.: Application of space division multiple access to mobile radio. Proceedings of the 5th IEEE International Symposium on Personal, Indoor and Mobile Radio Communications PIMRC'94, Den Haag (1994), S. 736–739.

[FaP93] Fazel, K.; Papke, L.: On the performance of convolutionally–coded CDMA/OFDM for mobile communcation systems. Proceedings of the 4th IEEE International Symposium on Personal, Indoor and Mobile Radio Communications PIMRC'93, Yokohama (1993), S. 468–472.

[For72] Forney, G.D.: Maximum–likelihood sequence estimation of digital sequences in the presence of intersymbol interference. IEEE Transactions on Information Theory, Bd. IT–18 (1972), S. 363–378.

[FSA94] Fettweis, G.; Shaikh Bahai, A.; Anvari, K.: On multi–carrier code division multiple access (MC–CDMA) modem design. Proceedings of the 44th IEEE Vehicular Technology Conference VTC'94, Stockholm (1994), S. 1670–1674.

[Fye90]   Fye, D.M.: Design of fiber optic antenna remoting links for cellular radio applications. Proceedings of the 40th IEEE Vehicular Technology Conference VTC'90, Orlando (1990), S. 622–625.

[GJP91]   Gilhousen, K.S.; Jacobs, I.M.; Padovani, R.; Viterbi, A.J.; Weaver, L.A., Jr.; Wheatley, C.E., III: On the capacity of a cellular CDMA system. IEEE Transactions on Vehicular Technology, Bd. VT–40 (1991), S. 303–312.

[GVG93]   Grandhi, S.A.; Vijayan, R.; Goodman, D.J.; Zander, J.: Centralized power control in cellular radio systems. IEEE Transactions on Vehicular Technology, Bd. VT–42 (1993), S. 466–468.

[Hag95]   Hagenauer, J.: Source–controlled channel decoding. IEEE Transactions on Communications, Bd. COM–43 (1995), S. 2449–2457.

[HeQ95]   Heise, W.; Quattrocchi, P.: Informations- und Codierungstheorie. Dritte Auflage, Berlin: Springer, 1995.

[Hub92]   Huber, J.: Trelliscodierung. Berlin: Springer, 1992.

[IS–95]   QUALCOMM, Inc.: An overview of the application of code division multiple access (CDMA) to digital cellular systems and personal cellular networks. Eingereicht bei TIA TS45.5 am 21. Mai 1992, zu erhalten vom FTP–Server mit der Adresse „ftp.qualcomm.com".

[ISG94]   Iltis, R.A.; Shynk, J.J.; Giridhar, K.: Bayesian algorithms for blind equalization using parallel adaptive filtering. IEEE Transactions on Communications, Bd. COM–42 (1994), S. 1017–1032.

[JBN94]   Jung, P.; Blanz, J.J.; Naßhan, M.M.; Baier, P.W.: Simulation of the uplink of JD–CDMA mobile radio systems with coherent receiver antenna diversity. Wireless Personal Communications — An International Journal (Kluwer), Bd. 1 (1994), S. 61–89.

[JBP96a]   Jung, P.; Berens, F.; Plechinger, J.: A generalized view on multicarrier CDMA mobile radio systems with joint detection. Frequenz, erscheint voraussichtlich im Sommer 1997.

[JBP96b]   Jung, P.; Berens, F.; Plechinger, J.: Joint detection for multicarrier CDMA mobile radio systems — Part I: System model. Proceedings of the 4th IEEE International Symposium on Spread Spectrum Techniques and Applications ISSSTA'96, Mainz (1996), S. 991-995.

[JBS93]   Jung, P.; Baier, P.W.; Steil, A.: Advantages of CDMA and spread spectrum techniques over FDMA and TDMA in cellular mobile radio applications. IEEE Transactions on Vehicular Technology, Bd. VT–42 (1993), S. 357-364.

[JKB96] Jung, P.; Kammerlander, K.; Berens, F.; Plechinger, J.: On multicarrier CDMA mobile radio systems with joint detection and coherent receiver antenna diversity. Proceedings of the IEEE International Conference on Universal Personal Communications ICUPC'96, Cambridge (1996), S. 61-65.

[Jun93] Jung, P.: Entwurf und Realisierung von Viterbi-Detektoren für Mobilfunkkanäle. Fortschrittberichte VDI, Reihe 10, Nr. 238, Düsseldorf: VDI–Verlag, 1993.

[JuS94] Jung, P.; Steiner, B.: Konzept eines CDMA–Mobilfunksystems mit gemeinsamer Detektion für die dritte Mobilfunkgeneration. Teil 1: Nachrichtentechnik/Elektronik, Bd. 45 (1994), Nr. 1, S. 12–16. Teil 2: Nachrichtentechnik/Elektronik, Bd. 45 (1994), Nr. 2, S. 24–27.

[Kam92] Kammeyer, K.D.: Nachrichtenübertragung. Stuttgart: Teubner, 1992.

[Kle96] Klein, A.: Multi–user detection of CDMA signals — algorithms and their application to cellular mobile radio. Fortschrittberichte VDI, Reihe 10, Nr. 423, Düsseldorf: VDI-Verlag, 1996.

[KSS96] Klein, A.; Steiner, B.; Steil, A.: Known and novel diversity approaches as a powerful means to enhance the performance of cellular mobile radio systems. IEEE Journal on Selected Areas in Communications, Bd. 14 (1996), S. 1784–1795.

[Lor93] Lorenz, R.W.: Vergleich der digitalen Mobilfunksysteme in Europa (GSM) und in Japan (JDC) unter besonderer Berücksichtigung der Wirtschaftlichkeitsaspekte. Der Fernmelde–Ingenieur, Bd. 47 (1993), Nr. 1&2/'93.

[MHK94] McTiffin, M.J.; Hulbert, A.P.; Ketseoglou, T.J.; Heimsch, W.; Crisp, G.: Mobile access to an ATM network using a CDMA air interface. IEEE Journal on Selected Areas in Communications, Bd. SAC–12 (1994), S. 900–908.

[MoP92] Mouly, P.; Pautet, M.B.: The GSM–system for mobile communications. Veröffentlicht von den Autoren, ISBN 2–9507190–0–7, 1992.

[Moz80] Mozingo, R.A.; Miller, W.T.: Introduction to adaptive arrays. New York: Wiley, 1980.

[MXRS94]   Moon, T.K.; Xie, Z.; Rushforth, C.K.; Short, R.T.: Parameter estimation in a multi–user communication system. IEEE Transactions on Communications, Bd. COM–42 (1994), S. 2553–2559.

[Nas95]   Naßhan, M.M.: Realitätsnahe Modellierung und Simulation nachrichtentechnischer Systeme, gezeigt am Beispiel eines CDMA–Mobilfunksystems. Fortschrittberichte VDI, Reihe 10, Nr. 384, Düsseldorf: VDI-Verlag, 1995.

[NGT91]   Nanda, S.; Goodman, D.J.; Timor, U.: Performance of PRMA: A packet voice protocol for cellular systems. IEEE Transactions on Vehicular Technology, Bd. VT–40 (1991), S. 584–598.

[Pro95]   Proakis, J.G.: Digital communications. Dritte Auflage, New York: McGraw–Hill, 1995.

[Sas93]   Sasaoka, H.: High capacity TDMA cellular system using coded 16QAM and cyclical slow frequency hopping. Proceedings of the 43rd IEEE Vehicular Technology Conference VTC'93, Secaucus (1993), S. 285–288.

[Sat95]   Sato, Y.: A blind sequence detection and its application to digital mobile communication. IEEE Journal on Selected Areas in Communications, Bd. SAC–13 (1995), S. 49–58.

[SBS66]   Schwartz, M.; Bennett, W.R.; Stein, S.: Communication systems and techniques. New York: McGraw–Hill, 1966.

[Ses94]   Seshadri, N.: Joint data and channel estimation using blind trellis search techniques. IEEE Transactions on Communications, Bd. COM–42 (1994), S. 1000–1011.

[SOS85]   Simon, M.K.; Omura, J.K.; Scholtz, R.A.; Levitt, B.K.: Spread spectrum communications. Bd. III, Rockville: Computer Science Press, 1985.

[Ste95]   Steiner, B.: Ein Beitrag zur Mobilfunkkanalschätzung unter besonderer Berücksichtigung synchroner CDMA–Mobilfunksysteme mit Joint Detection. Fortschrittberichte VDI, Reihe 10, Nr. 337, Düsseldorf: VDI-Verlag, 1995.

[Ste96]   A. Steil: Spektrale Effizienz digitaler zellularer CDMA–Mobilfunksysteme mit gemeinsamer Detektion. Fortschrittberichte VDI, Reihe 10, Nr. 437, Düsseldorf: VDI–Verlag, 1996.

[ViO79]   Viterbi, A.J.; Omura, J.K.: Principles of digital communication and coding. New York: McGraw-Hill, 1979.

[VVG94]   Viterbi, A.J.; Viterbi, A.M.; Gilhousen, K.S.; Zehavi, E.: Soft handoff extends CDMA cell coverage and increases reverse link capacity. IEEE Transactions on Vehicular Technology, Bd. VT–12 (1994), S. 1281–1288.

[XRSM93] Xie, Z.; Rushforth, C.K.; Short, R.T.; Moon, T.K.: Joint signal detection and parameter estimation in multiuser communications. IEEE Transactions on Communications, Bd. COM–41 (1993), S. 1208–1216.

[YLF93]   Yee, N.; Linnartz, J.-P.; Fettweis, G.: Multicarrier CDMA in indoor wireless radio networks. Proceedings of the 4th IEEE International Symposium on Personal, Indoor and Mobile Radio Communications PIMRC'93, Yokohama (1993), S. 109–113.

[Zan92]   Zander, J.: Performance of optimum transmitter power control in cellular radio systems. IEEE Transactions on Vehicular Technology, Bd. VT–41 (1992), S. 57–62.

Kapitel 5

[GoL83]   Golub, G.H.; van Loan, C.F.: Matrix computations. Baltimore: The John Hopkins University Press, 1983.

[Hag95]   Hagenauer, J.: Source–controlled channel decoding. IEEE Transactions on Communications, Bd. COM–43 (1995), S. 2449–2457.

[Hub92]   Huber, J.: Trelliscodierung. Berlin: Springer, 1992.

[JuB95]   Jung, P.; Blanz, J.J.: Joint detection with coherent receiver antenna diversity in CDMA mobile radio systems. IEEE Transactions on Vehicular Technology, Bd. VT–44 (1995), S. 76–88.

[Jun93]   Jung, P.: Entwurf und Realisierung von Viterbi-Detektoren für Mobilfunkkanäle. Fortschrittberichte VDI, Reihe 10, Nr. 238, Düsseldorf: VDI-Verlag, 1993.

[Kle96]   Klein, A.: Multi–user detection of CDMA signals — algorithms and their application to cellular mobile radio. Fortschrittberichte VDI, Reihe 10, Nr. 423, Düsseldorf: VDI-Verlag, 1996.

[Nas95]   Naßhan, M.M.: Realitätsnahe Modellierung und Simulation nachrichtentechnischer Systeme, gezeigt am Beispiel eines CDMA–Mobilfunksystems. Fortschrittberichte VDI, Reihe 10, Nr. 384, Düsseldorf: VDI-Verlag, 1995.

[Ste95]   Steiner, B.: Ein Beitrag zur Mobilfunkkanalschätzung unter besonderer Berücksichtigung synchroner CDMA–Mobilfunksysteme mit Joint Detection. Fortschrittberichte VDI, Reihe 10, Nr. 337, Düsseldorf: VDI-Verlag, 1995.

[StJ94]   Steiner, B.; Jung, P.: Optimum and suboptimum channel estimation for the uplink of CDMA mobile radio systems with joint detection. European Transactions on Telecommunications and Related Technologies (ETT), Bd. 5 (1994), S. 39–50.

Kapitel 6

[Bai95]   Baier, P.W.: Spread–Spectrum–Technik und CDMA — Eine ursprünglich militärische Technik erobert den zivilen Bereich. Telekom Praxis, Bd. 72 (1995), S. 9–14.

[Bos91]   Bossert, M.: Funkübertragung im GSM–System. Teil 1: Funkschau (1991), Nr. 22, S. 68–74. Teil 2: Funkschau (1991), Nr. 23, S. 77–78.

[CDE94]   Cygan, D.; David, K.; Eul, H.-J.; Hofmann, J.; Metzner, N.; Mohr, W.: RACE–II advanced TDMA mobile access project — an approach for UMTS. International Zurich Seminar on Digital Communications, Zürich, März 1994; in: C.G. Günther (Ed.), Lecture Notes in Computer Science, Bd. 783: Mobile communications, advanced systems and components. Berlin: Springer (1994), S. 428–439.

[DaB96]   David, K.; Benkner, T.: Digitale Mobilfunksysteme. Stuttgart: Teubner, 1996.

[Evc95]   Evci, C.C.: GSM to UMTS — A perspective on the future. Proceedings of the 2nd IEEE International Conference on Telecommnications ICT'95, Bali (1995), S. 351–358.

[GaC80]   El Gamal, A.; Cover, T.M.: Multiple user information theory. Proceedings of the IEEE, Bd. 68 (1980), S. 1466–1483.

[GJP91] Gilhousen, K.S.; Jacobs, I.M.; Padovani, R.; Viterbi, A.J.; Weaver, Jr., L.A.; Wheatley III, C.E.: On the capacity of a cellular CDMA system. IEEE Transactions on Vehicular Technology, Bd. VT–40 (1991), S. 303–312.

[Hau94] Haug, T.: Overview of GSM: Philosophy and results. International Journal of Wireless Information Networks, Bd. 1 (1994), S. 7–16.

[JBB93] Jung, P.; Blanz, J.J.; Baier, P.W.: Coherent receiver antenna diversity for CDMA mobile radio systems using joint detection. Proceedings of the 4th IEEE International Symposium on Personal, Indoor and Mobile Radio Communications PIMRC'93, Yokohama (1993), S. 488–492.

[JBN94] Jung, P.; Blanz, J.J.; Naßhan, M.M.; Baier, P.W.: Simulation of the uplink of JD–CDMA mobile radio systems with coherent receiver antenna diversity. Wireless Personal Communications — An International Journal (Kluwer), Bd. 1 (1994), S. 61–89.

[Jun93] Jung, P.: Entwurf und Realisierung von Viterbi-Detektoren für Mobilfunkkanäle. Fortschrittberichte VDI, Reihe 10, Nr. 238, Düsseldorf: VDI–Verlag, 1993.

[Jun94] Jung, P.: Laurent's representation of binary digital continuous phase modulated signals with modulation index 1/2 revisited. IEEE Transactions on Communications, Bd. COM–42 (1994), S. 221–224.

[JuS94] Jung, P.; Steiner, B.: Konzept eines CDMA–Mobilfunksystems mit gemeinsamer Detektion für die dritte Mobilfunkgeneration. Teil 1: Nachrichtentechnik/Elektronik, Bd. 45 (1994), Nr. 1, S. 12–16. Teil 2: Nachrichtentechnik/Elektronik, Bd. 45 (1994), Nr. 2, S. 24–27.

[KlB92] Klein, A.; Baier, P.W.: Simultaneous cancellation of cross interference and ISI in CDMA mobile radio communications. Proceedings of the IEEE International Symposium on Personal, Indoor and Mobile Radio Communications PIMRC'92, Boston (1992), S. 118–122.

siehe auch

Klein, A.; Baier, P.W.: Linear unbiased data estimation in mobile radio systems applying CDMA. IEEE Journal on Selected Areas in Communications, Bd. 11 (1993), S. 1058–1066.

[Kle96] Klein, A.: Multi–user detection of CDMA signals — algorithms and their application to cellular mobile radio. Fortschrittberichte VDI, Reihe 10, Nr. 423, Düsseldorf: VDI-Verlag, 1996.

[KWZ93]   Klein, A.; Werner, M.; Zimmermann, T.: CDMA mobile radio system with joint detection, TCM and exploitation of reliability information at the receiver. Proceedings of the 4th IEEE International Symposium on Personal, Indoor and Mobile Radio Communications PIMRC'93, Yokohama (1993), S. 473–477.

[Lor93]   Lorenz, R.W.: Vergleich der digitalen Mobilfunksysteme in Europa (GSM) und in Japan (JDC) unter besonderer Berücksichtigung der Wirtschaftlichkeitsaspekte. Der Fernmelde–Ingenieur, Bd. 47 (1993), Nr. 1&2/'93.

[MoP92]   Mouly, P.; Pautet, M.B.: The GSM–system for mobile communications. Veröffentlicht von den Autoren, ISBN 2–9507190–0–7, 1992.

[Nas95]   Naßhan, M.M.: Realitätsnahe Modellierung und Simulation nachrichtentechnischer Systeme, gezeigt am Beispiel eines CDMA–Mobilfunksystems. Fortschrittberichte VDI, Reihe 10, Nr. 384, Düsseldorf: VDI-Verlag, 1995.

[NJS93]   Naßhan, M.M.; Jung, P.; Steil, A.; Baier, P.W.: On the effects of quantization, nonlinear amplification and band–limitation in CDMA mobile radio systems using joint detection. Proceedings of the 5th Annual International Conference on Wireless Communications Wireless'93, Calgary (1993), S. 173–186.

[NSK95]   Naßhan, M.M.; Steil, A.; Klein, A.; Jung, P.: Downlink cellular radio capacity of a joint detection CDMA mobile radio system. Proceedings of the 45th IEEE Vehicular Technology Conference VTC'95, Chicago (1995), S. 474–478.

[PCS94]   Frison, B.; Woinsky, M.; Kripalani, A. (Eds.): PCS standards. IEEE Personal Communications Magazine, Special Issue, Bd. 1 (1994), Nr. 4.

[Pro95]   Proakis, J.G.: Digital communications. Dritte Auflage, New York: McGraw–Hill, 1995.

[RaU91]   Raith, K.; Uddenfeldt, J.: Capacity of digital cellular TDMA systems. IEEE Transactions on Vehicular Technology, Bd. VT–40 (1991), S. 323–332.

[Rei95]   Reiß, M.: Drahtlos zum Freizeichen. Siemens Telcom Report, Bd. 18 (1995), S. 34–37.

[Rup94] Ruprecht, J.: Code time division multiple access: A method for the orthogonalization of CDMA signals in multipath environment. Proceedings of the 8. Aachener Kolloquium Signaltheorie, Aachen (1994), S. 163–170.

[Sie81] Siemens Aktiengesellschaft (Hrsg.): Tabellenbuch Fernsprechtheorie. Siemens Aktiengesellschaft München, 1981.

[Sie95] —: Variationen zum Thema Mobilfunk. Siemens Telcom Report, Bd. 18 (1995), S. 29–33.

[Ste92] Steele, R. (Ed.): Mobile radio communications. London: Pentech Press Ltd., 1992.

[Ste95] Steiner, B.: Ein Beitrag zur Mobilfunkkanalschätzung unter besonderer Berücksichtigung synchroner CDMA–Mobilfunksysteme mit Joint Detection. Fortschrittberichte VDI, Reihe 10, Nr. 337, Düsseldorf: VDI-Verlag, 1995.

[Ste96] A. Steil: Spektrale Effizienz digitaler zellularer CDMA–Mobilfunksysteme mit gemeinsamer Detektion. Fortschrittberichte VDI, Reihe 10, Nr. 437, Düsseldorf: VDI–Verlag, 1996.

Anhang A

[Cox82] Cox, D.C.: Cochannel interference considerations in frequency reuse small–coverage–area radio systems. IEEE Transactions on Communications, Bd. COM–30 (1982), S. 135–142.

[DaB96] David, K.; Benkner, T.: Digitale Mobilfunksysteme. Stuttgart: Teubner, 1996.

[GrR80] Gradshteyn, I.S.; Ryzhik, I.M.: Table of integrals, series, and products. Vierte erweiterte Auflage, New York: Academic Press, 1980.

[Mar91] Marks, R.J.: Introduction to shannon sampling and interpolation theory. Berlin: Springer–Verlag, 1991.

[Ste96] A. Steil: Spektrale Effizienz digitaler zellularer CDMA–Mobilfunksysteme mit gemeinsamer Detektion. Fortschrittberichte VDI, Reihe 10, Nr. 437, Düsseldorf: VDI–Verlag, 1996.

Anhang B

[For72]   Forney, G.D.: Maximum–likelihood sequence estimation of digital se-
           quences in the presence of intersymbol interference. IEEE Transac-
           tions on Information Theory, Bd. IT–18 (1972), S. 363–378.

[Kay93]   Kay, S.M.: Fundamentals of statistical signal processing — Estimation
           theory. Englewood Cliffs: Prentice–Hall, 1993.

[Kle96]   Klein, A.: Multi–user detection of CDMA signals — algorithms and
           their application to cellular mobile radio. Fortschrittberichte VDI,
           Reihe 10, Nr. 423, Düsseldorf: VDI-Verlag, 1996.

[Mar87]   Marple, S.L.: Digital spectral analysis with applications. Englewood
           Cliffs: Prentice–Hall, 1987.

[Pro95]   Proakis, J.G.: Digital communications. Dritte Auflage, New York:
           McGraw–Hill, 1995.

[Wha71]   Whalen, A.D.: Detection of signals in noise. New York: Academic
           Press, 1971.

Anhang D

[For72]   Forney, G.D.: Maximum–likelihood sequence estimation of digital se-
           quences in the presence of intersymbol interference. IEEE Transac-
           tions on Information Theory, Bd. IT–18 (1972), S. 363–378.

[Jun93]   Jung, P.: Entwurf und Realisierung von Viterbi-Detektoren für Mo-
           bilfunkkanäle. Fortschrittberichte VDI, Reihe 10, Nr. 238, Düsseldorf:
           VDI–Verlag, 1993.

[Kam92]   Kammeyer, K.D.: Nachrichtenübertragung. Stuttgart: Teubner, 1992.

[Kay93]   Kay, S.M.: Fundamentals of statistical signal processing — Estimation
           theory. Englewood Cliffs: Prentice–Hall, 1993.

[Sau89]   Sauer–Greff, W.: Optimale und suboptimale Empfänger für verzerr-
           te und gestörte Datensignale unter besonderer Berücksichtigung der
           aufwandsreduzierten Detektion mittels M–Algorithmus. Dissertation,
           Fachbereich Elektrotechnik, Universität Kaiserslautern, 1989.

[Ung74]   Ungerböck, G.: Adaptive maximum–likelihood receiver receiver for carrier–modulated data transmission systems. IEEE Transactions on Communications, Bd. COM–22 (1974), S. 624–636.

Anhang E

[BaP95]   Barbulescu, A.S.; Pietrobon, S.S.: Terminating the trellis of Turbo–Codes in the same state. Electronics Letters, Bd. 31 (1995), S. 22–23.

[BeG96]   Berrou, C.; Glavieux, A.: Near optimum error correcting coding and decoding: Turbo–Codes. IEEE Transactions on Communications, Bd. COM–44 (1996), S. 1261–1271.

[BCJ74]   Bahl, L.R.; Cocke, J.; Jelinek; F.; Raviv, J.: Optimal decoding of linear codes for minimizing symbol error rate. IEEE Transactions on Information Theory, Bd. IT–20 (1974), S. 284–287.

[BGT93]   Berrou, C.; Glavieux, A.; Thitimajshima, P.: Near Shannon limit error–correcting coding and decoding: Turbo–Codes (1). Proceedings of the IEEE International Conference on Communications ICC'93, Genf (1993), S. 1064–1070.

[Bos92]   Bossert, M.: Kanalcodierung. Stuttgart: Teubner, 1992.

[Eli55]   Elias, P.: Coding for noisy channels. IRE Convention Record, Teil 5 (1955), S. 37–47.

[For70]   Forney, G.D.: Convolutional codes I: Algebraic structure. IEEE Transactions on Information Theory, Bd. IT–16 (1970), S. 720–738.

[JuN94a]   Jung, P.; Naßhan, M.M.: Performance evaluation of Turbo–Codes for short frame transmission systems. Electronics Letters, Bd. 30 (1994), S. 111–113.

[JuN94b]   Jung, P., Naßhan, M.M.: Dependence of the error performance of Turbo–Codes on the interleaver structure in short frame transmission systems. Electronics Letters, Bd. 30 (1994), S. 287–288.

[JuN95]   Jung, P.; Naßhan, M.M.: Designing Turbo–Codes for speech transmission in digital mobile radio systems. Proceedings of the 2nd IEEE International Conference on Telecommnications ICT'95, Bali (1995), S. 180–183.

[Jun96]   Jung, P.: Comparison of Turbo–Code decoders applied to short frame transmission system. IEEE Journal on Selected Areas in Communications, Special Issue on „Wireless Local Communications I", Bd. SAC–14 (1996), S. 530–537.

[Nas95]   Naßhan, M.M.: Realitätsnahe Modellierung und Simulation nachrichtentechnischer Systeme, gezeigt am Beispiel eines CDMA–Mobilfunksystems. Fortschrittberichte VDI, Reihe 10, Nr. 384, Düsseldorf: VDI-Verlag, 1995.

[Pap84]   Papoulis, A.: Probability, random variables, and stochastic processes. New York: McGraw–Hill, 1984.

[Pro95]   Proakis, J.G.: Digital communications. Dritte Auflage, New York: McGraw–Hill, 1995.

[Rob94a]   Robertson, P.: Improving decoder and code structure of parallel concatenated recursive systematic (turbo) codes. Proceedings of the IEEE International Conference on Universal Personal Communications ICUPC'94, San Diego, (1994), S. 183–187.

[Rob94b]   Robertson, P.: Illuminating the structure of decoders for parallel concatenated recursive systematic (turbo) codes. Proceedings of the IEEE GLOBECOM'94, San Francisco (1994), S. 1298–1303.

[Vit67]   Viterbi, A.J.: Error bounds for convolutional codes and an asymptotically optimum decoding algorithm. IEEE Transactions on Information Theory, Bd. IT–13 (1967), S. 260–269.

Häufig verwendete Abkürzungen

A	Österreich.
ACI	Adjacent Channel Interference (Nachbarkanalinterferenz).
ACTS	Advanced Communications Technologies and Services.
A/D	Analog/Digital.
ADC	American Digital Cellular System.
AGC	Automatic Gain Control.
AMPS	Advanced Mobile Phone Service.
APRI–SOVA	Soft–Output–Viterbi–Algorithmus mit Verwenden der a–priori–Kenntnis $\Pr\{\underline{d}\}$.
APRI–VA	Viterbi–Algorithmus mit Verwenden der a–priori–Kenntnis $\Pr\{\underline{d}\}$.
ASIC	Application Specific Integrated Circuit.
ATDMA	Advanced TDMA Mobile Access.
ATM	Asynchronous Transfer Mode.
ATM–CDMA	Asynchronous Transfer Mode Code Division Multiple Access.
AUC	Authentication Centre.
AWGN	Additive weiße normalverteilte Störung (Additive White Gaussian Noise).
B	Belgien.
BER	Bit Error Ratio.
BFV	Bitfehlerverhältnis.
BL	Blockverschachteler (Block Interleaver).

BSC	Base Station Controller.
BSS	Base Station System.
BTS	Base Transceive Station.
BU	Ausbreitungsgebiet Bad Urban.
CCI	Co–Channel Interference (Gleichkanalinterferenz).
CDMA	Code Division Multiple Access.
CEPT	Conference of European Posts and Telecommunications Administrations.
CEST	Cellular Environment Simulation Tool.
CH	Schweiz.
CODIT	UMTS Code Division Testbed.
COST	European Cooperation in the Field of Scientific and Technical Research.
CPC	Zentrale Leistungsregelung (Centralized Power Control).
CPM	Continuous Phase Modulation.
CTDMA	Code Time Division Multiple Access.
CZ	Tschechien.
D	Deutschland.
D/A	Digital/Analog.
DCA	Dynamische Kanalzuweisung (Dynamic Channel Assignment oder Dynamic Channel Allocation).
DCS 1800	Digital Cellular System 1800.
DCT	Digital Cordless Telecommunications, basiert auf DECT.
DEC	Decodierer.
DECT	Digital Enhanced Cordless Telecommunications.
DF	Dekorrelationsfilter (Decorrelating Filter).

DFG	Deutsche Forschungsgemeinschaft.
DFT	Discrete Fourier Transform.
DK	Dänemark.
DOA	Einfallsrichtung (Direction of Arrival).
DS–CDMA	Direct Sequence Code Division Multiple Access.
DSP	Digital Signal Processing.
DTX	Discontinuous Transmission.
DWMF	Dekorrelierendes weißgemachtes signalangepaßtes Filter (Decorrelating Whitened Matched Filter).
DZM	Digitales zellulares Mobilfunksystem.
EFTA	European Free Trade Areas.
EGC	Gleichgewinnkombinieren (Equal Gain Combining).
EIR	Equipment Identity Register.
ETSI	European Telecommunications Standards Institute.
ETR	ETSI European Technical Report.
ETS	European Telecommunication Standard.
EU	Europäische Union.
EWG	Europäische Wirtschaftsgemeinschaft.
F	Frankreich.
F/CDMA	Hybrides Vielfachzugriffsverfahren, bestehend aus der Kombination von FDMA und CDMA.
F/TDMA	Hybrides Vielfachzugriffsverfahren, bestehend aus der Kombination von FDMA und TDMA.
F/T/CDMA	Hybrides Vielfachzugriffsverfahren, bestehend aus der Kombination von FDMA, TDMA und CDMA.
FDD	Frequency Domain Duplex.
FDMA	Frequency Division Multiple Access.

FFH	Schnelles Frequenzsprungverfahren (Fast Frequency Hopping).
FFT	Fast Fourier Transform.
FH	Frequenzsprungverfahren (Frequency Hopping).
FH–CDMA	Frequency Hopping Code Division Multiple Access.
FIN	Finnland.
FPLMTS	Future Public Land Mobile Telecommunications System.
FRAMES	Future Radio Wideband Multiple–Access Systems.
GB	Großbritannien.
GMSK	Gaussian Minimum Shift Keying.
GP	Schutzzeit (Guard Period).
GPS	Global Positioning System.
GSM	Global System for Mobile Communications.
HF	Hochfrequenz.
HLR	Home Location Register.
HT	Ausbreitungsgebiet Hilly Terrain.
I	Italien.
I–Komponente	Inphase–Komponente.
IBC	Integrated Broadband Communication.
IC	Interferenzeliminierung (Interference Cancellation).
IMT–2000	International Mobile Telecommunications 2000, neue Bezeichnung für FPLMTS.
IS–54	Interim Standard 54.
IS–95	Interim Standard 95.
ISDN	Integrated Services Digital Network.
ISI	Intersymbolinterferenz (Intersymbol Interference).

ISO	International Standardization Organization.
ITU	International Telecommunications Union.
JD	Gemeinsame Detektion (Joint Detection).
JD–CDMA	Joint Detection Code Division Multiple Access.
JoDeCS	Joint Detection CDMA Simulator.
JTACS	Japan Total Access Communication System.
JTC	Joint Technical Committee.
LESIT	Leistungselektronik, Systemtechnik, Informationstechnologie.
LLR	Logarithmisches Wahrscheinlichkeitsverhältnis (Log–Likelihood Ratio).
LOS	Line of Sight.
LPC	Linear Predictive Coding.
LTP	Long Term Prediction.
MAI	Vielfachzugriffsinterferenz (Multiple Access Interference).
MAP	Maximum a–Posteriori.
MBS	Mobile Broadband System.
MC–CDMA	Multicarrier Code Division Multiple Access.
MCT	Multiträgerübertragung (Multicarrier Transmission).
MD	Mehrteilnehmerdetektion (Multi–User Detection).
ME	Mobile Equipment.
MF	Signalangepaßtes Filter (Matched Filter).
MIMO	Multiple Input/Multiple Output.
MINAST	Mikro- und Nanosystemtechnik.
ML	Maximum–Likelihood.
MMSE	Minimaler mittlerer quadratischer Fehler (Minimum Mean Square Error).

MMSE–BDFE Minimum–Mean–Square–Error–Blockentzerrer mit quantisierter Rückkopplung (Minimum Mean Square Error Block Decision Feedback Equalizer).

MMSE–BLE Minimum–Mean–Square–Error–Blockentzerrer (Minimum Mean Square Error Block Linear Equalizer).

MRC Maximalverhältniskombinieren (Maximal–Ratio Combining).

MS Mobile Station.

MSC Mobile Switching Centre.

NL Niederlande.

NMT Nordic Mobile Telephone.

NSC–Codierer Nichtsystematischer Faltungscodierer (Nonsystematic Convolutional Encoder).

NSS Network and Switching System.

OFDM/CDMA Orthogonal Frequency Division Multiplexing Code Division Multiple Access.

OSI Open System Interconnect.

P Portugal.

PACS Personal Access Communications System.

PCN Personal Communications Network.

PCS Personal Communications Services.

PCS 1900 Personal Communications Services 1900, basiert auf DCS 1800.

PDC Personal Digital Cellular System.

PeCoCS Personal Communications CDMA Simulator.

PL Polen.

PMR Private Mobile Radio.

PN Permanent Nucleus.

PRMA Packet Reservation Multiple Access.

PSK   Phasensprungmodulation (Phase Shift Keying).

PSTN   Public Switched Telephone Network.

PT12   Project Team 12.

Q–Komponente Quadratur–Komponente.

Q–CDMA   QUALCOMM Code Division Multiple Access.

RA   Ausbreitungsgebiet Rural Area.

RACE   Research and Development of Advanced Communications Technologies in Europe.

RC 2000   RadioCom 2000.

RCR   Research & Development Center for Radio Systems.

RLL   Drahtloser Teilnehmeranschluß (Radio in the Local Loop).

RPE   Regular Pulse Excitation.

RSC–Codierer Rekursiver systematischer Faltungscodierer (Recursive Systematic Convolutional Encoder).

S   Schweden.

SC   Auswahlkombinieren (Selection Combining).

SD   Einzelteilnehmerdetektion (Single–User Detection).

SDMA   Space Division Multiple Access.

SFH   Langsames Frequenzsprungverfahren (Slow Frequency Hopping).

SIM   Subscriber Identity Module.

SMG   Special Mobile Group.

SMS   Short Message Services.

SNI   Siemens–Nixdorf Informationstechnik.

SOVA   Soft–Output–Viterbi–Algorithmus.

STC   Sub Technical Committee.

STC SMG 5   Sub Technical Committee Special Mobile Group 5.

TACS	Total Access Communication System.
TB	Tailbit.
TC	Technical Committee.
TC3–BL	Turbo–Code mit Blockverschachteler und zwei identischen RSC–Codierern mit Rückgrifftiefe drei und den oktalen Generatoren 5 und 7, siehe Anhang E.
TC4–BL	Turbo–Code mit Blockverschachteler und zwei identischen RSC–Codierern mit Rückgrifftiefe vier und den oktalen Generatoren 15 und 17, siehe Anhang E.
TC5–BL	Turbo–Code mit Blockverschachteler und zwei identischen RSC–Codierern mit Rückgrifftiefe fünf und den oktalen Generatoren 37 und 21, siehe Anhang E.
TCM	Trelliscodierte Modulation (Trellis Coded Modulation).
TDD	Time Domain Duplex.
TDMA	Time Division Multiple Access.
TH	Zeitsprungverfahren (Time Hopping).
TIA	Telecommunications Industry Association.
TSUNAMI	Technology in Smart Antennas for Universal Advanced Mobile Infrastructure.
TU	Ausbreitungsgebiet Typical Urban.
UMTS	Universal Mobile Telecommunications System.
UPC	Universal Personal Communications.
UPT	Universal Personal Telecommunications.
USA	Vereinigte Staaten von Amerika.
VA	Viterbi–Algorithmus.
VLR	Visitor Location Register.
W–CDMA	Wideband–CDMA.
WARC	World Administrative Radio Conference.

WLAN	Wireless Local Area Network.
WMF	Weißgemachtes signalangepaßtes Filter (Whitened Matched Filter).
WP	Working Party.
WSSUS	Wide Sense Stationary Uncorrelated Scattering.
ZF–BDFE	Zero–Forcing–Blockentzerrer mit quantisierter Rückkopplung (Zero Forcing Block Decision Feedback Equalizer).
ZF–BLE	Zero–Forcing–Blockentzerrer (Zero Forcing Block Linear Equalizer).

Sachverzeichnis

David/Benkner
Digitale Mobilfunksysteme

Grundlagen und aktuelle Systeme

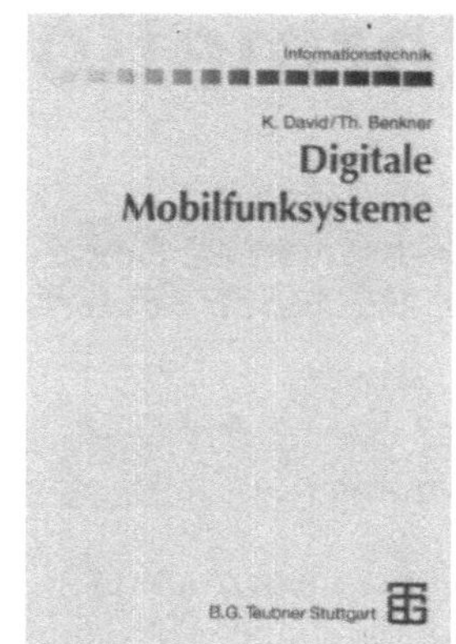

Eine der neuesten Technologien unserer Zeit stellen digitale Mobilfunksysteme dar, die einen standortunabhängigen Informationsaustausch via Sprache, Daten und Fax etc. erlauben. Mit heute schon mehr als 3 Millionen Teilnehmern in Deutschland gehört der Mobilfunk zu einem der am schnellsten wachsenden Segmente der Zukunfts- und Wachstumsbranche Telekommunikation. Dieses Buch behandelt die theoretischen Grundlagen zellularer Mobilfunknetze. Aufbauend darauf werden bestehende digitale Systeme (D-Netze, E1-Netz) und zukünftige (CDMA, UMTS) diskutiert.
Angesprochen werden Studierende der Elektrotechnik sowie Praktiker aus Industrie und Forschung, die sich aus ihrer spezifischen Situation heraus für Aspekte des digitalen Mobilfunks interessieren. Grundkenntnisse der Nachrichtentechnik werden vorausgesetzt.

Aus dem Inhalt

Mobilfunkkanal: Effekte der Mehrwegeausbreitung – Fading - Funkfelddämpfung – Pfadverlust-Vorhersagemodelle – Diversity; *Zellulare Netze:* Interferenz – Gleichkanalstörabstand – Cluster – Sektorisierung – Dynamische Kanalzuteilungsverfahren – Funknetzplanung – Netzkapazität; *Modulations- und Codierverfahren:* Übertragung über Mobilfunkkanäle – GMSK – OFDM – Interleaving – Faltungscoder – Viterbi-Decodierung; *Zugriffsverfahren:* FDMA – TDMA – CDMA – ALOHA – PRMA; *GSM (D-Netze):* Systembeschreibung – Roaming – Handover – Sprachcoder – Sicherheitsfunktionen – Dienste/Anwendungen; *Weitere Systeme:* schnurlose Telefone (CT, DECT) – Funkruf (ERMES) – Datenfunk (MODACOM, MOBITEX) – Bündelfunk (TETRA) – Flugtelefon (TFTS) – Satellitenfunk (INMARSAT, IRIDIUM) – IS95 – zukünftige Systeme (UMTS)

Von Dr.-Ing.
Klaus David
DeTe Mobil GmbH,
Münster
und Dr.-Ing.
Thorsten Benkner
Universität –
Gesamthochschule
Siegen

1996. XIII, 457 Seiten.
16,2 x 22,9 cm.
Geb. DM 76,–
ÖS 555,– / SFr 68,–
ISBN 3-519-06181-3

(Informationstechnik)

Preisänderungen vorbehalten.

B.G. Teubner Stuttgart · Leipzig

Informationstechnik

Herausgegeben von
Prof. Dr.-Ing. **Norbert Fliege,** Mannheim
Prof. Dr.-Ing. **Martin Bossert,** Ulm

Systemtheorie
Von Prof. Dr.-Ing. **N. Fliege,** Hamburg-Harburg
1991. XV, 403 Seiten mit 135 Bildern. ISBN 519-06140-6

Nachrichtenübertragung
Von Prof. Dr.-Ing. **K. D. Kammeyer,** Bremen
2., neubearbeitete und erweiterte Auflage.
1996. XVIII, 759 Seiten mit 405 Bildern. ISBN 3-519-16142-7

Multiraten-Signalverarbeitung
Von Prof. Dr.-Ing. **N. Fliege,** Hamburg-Harburg
1993. XVII, 405 Seiten mit 314 Bildern. ISBN 3-519-06155-4

Pseudorandom-Signalverarbeitung
Von Prof. Dr.-Ing. habil. **A. Finger,** Dresden
1997. XI, 308 Seiten mit 135 Bildern. ISBN 3-519-06184-8

Systemtheorie der visuellen Wahrnehmung
Von Prof. Dr.-Ing. **G. Hauske,** München
1994. XI, 270 Seiten mit 138 Bildern. ISBN 3-519-06156-2

Architekturen der digitalen Signalverarbeitung
Von Prof. Dr.-Ing. **P. Pirsch,** Hannover
1996. IX, 368 Seiten mit 207 Bildern. ISBN 3-519-06157-0

Signaltheorie
Von Dr.-Ing. **A. Mertins,** Hamburg-Harburg
1996. XI, 312 Seiten mit 101 Bildern. ISBN 3-519-06178-3

Digitale Audiosignalverarbeitung
Von Dr.-Ing. **U. Zölzer,** Hamburg-Harburg
2., durchgesehene Auflage. 1997. IX, 303 Seiten mit 277 Bildern.
ISBN 3-519-16180-X

B. G. Teubner Stuttgart · Leipzig

Informationstechnik

B. G. Teubner Stuttgart · Leipzig

Kammeyer
Nachrichtenübertragung

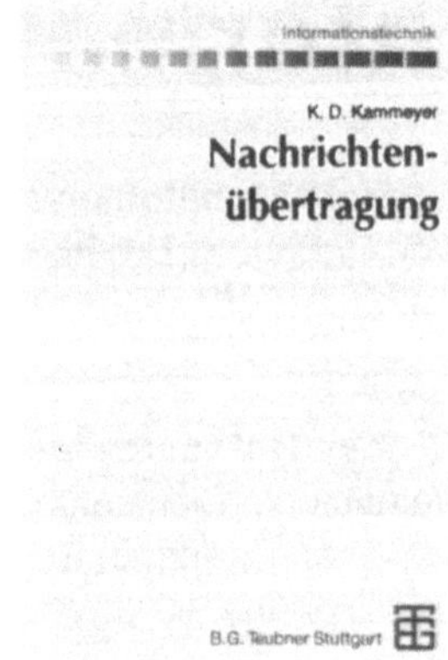

Die hier vorgelegte zweite Auflage des Lehrbuchs »Nachrichtenübertragung« wurde gründlich überarbeitet und um einige Teile ergänzt. Die wichtigste Erweiterung stellt das gegenüber der ersten Auflage neu hinzugekommene Kapitel 16 dar. Es befaßt sich mit der Codemultiplex-Technik (CDMA, Code Division Multiple Access) und trägt damit modernen Entwicklungen auf dem Gebiet des zellularen Mobilfunks Rechnung. Nach der Darstellung der elementaren Grundlagen werden zwei konkrete CDMA-Konzepte vorgestellt: das in Europa entwickelte CODIT-System und das bekannte QUALCOMM-Konzept, das inzwischen für die amerikanische Mobilfunk-Telefonie standardisiert wurde.

Das Buch gliedert sich in vier Teile: in der nachfolgenden Inhaltsübersicht werden stark überarbeitete oder ergänzte Abschnitte gekennzeichnet.

Teil I: Komplexe Signale und Systeme – Eigenschaften von Übertragungskanälen – Mobilfunkkanäle (ergänzt)

Teil II: Analoge Basisbandübertragung – Diskretisierung analoger Quellensignale – PCM/DPCM – Nyquist-Bedingungen – Partial-Response Codierung – adaptive Entzerrung (ergänzt) – Zeitmultiplexsysteme

Teil III: Analoge Modulationsformen – Spektraleigenschaften – Demodulation – Einflüsse linearer Verzerrungen – Rauscheinfluß – Informationstheoretischer Vergleich

Teil IV: Digitale Modulationsformen – Spektraleigenschaften – Maximum

Von Prof. Dr.-Ing.
Karl Dirk Kammeyer
Universität Bremen

2., neubearbeitete und erweiterte Auflage.
1996. XVIII, 759 Seiten mit 405 Bildern und 18 Tabellen
16,2 x 22,9 cm.
Geb. DM 89,–
ÖS 650,– / SFr 80,–
ISBN 3-519-16142-7

(Informationstechnik)

Preisänderungen vorbehalten.

Likelihood Detektion – Lineare Verzerrungen – Viterbi-Entzerrung – Multiträger-Systeme – Codemultiplex-Prinzip (neu) – praktische CDMA-Konzepte (neu)

Anhänge: Vektorielle Signaldarstellung (ergänzt) – Zeitdiskrete Simulation (ergänzt) – Verbunddichte von Gaußprozessen (ergänzt) – Lattice-Entzerrer – Bedingungen für den T/2-Entzerrer (neu) – MSE-Lösung für Entzerrer mit quantisierter Rückführung (neu) – Matrix-Inversionslemma (neu)

B.G. Teubner Stuttgart · Leipzig